SolidWorks 产品造型及3D打印实现

CAD/CAM/CAE 技术联盟◎编著

清華大學出版社
北 京

内 容 简 介

《SolidWorks 产品造型及 3D 打印实现》基于 SolidWorks 2016 软件建模，通过 3D 打印软件和 3D 打印机打印模型，并对模型进行优化、修补得到最终模型。全书分为 9 章，分别介绍了 3D 打印概述、SolidWorks 2016 软件基础，以及生活用品、机械产品、电子产品、电器产品、曲面造型、飞机和柱塞泵的建模及打印过程。

本书适合关注 3D 打印的有关人员阅读，也可用于从事工艺设计和机械设计的读者作为学习读本，还可用作职业培训、职业教育的教材。

图书在版编目（CIP）数据

SolidWorks 产品造型及 3D 打印实现/CAD/CAM/CAE 技术联盟编著. —北京：清华大学出版社，2018（2024.9重印）
ISBN 978-7-302-50600-3

Ⅰ. ①S… Ⅱ. ①C… Ⅲ. ①工业产品-造型设计-计算机辅助设计-应用软件 ②立体印刷-印刷术 Ⅳ. ①TB472-39

中国版本图书馆 CIP 数据核字（2018）第 153401 号

责任编辑： 杨静华
封面设计： 杜广芳
版式设计： 魏 远
责任校对： 马子杰
责任印制： 宋 林

出版发行： 清华大学出版社
网　　址： https://www.tup.com.cn，https://www.wqxuetang.com
地　　址： 北京清华大学学研大厦 A 座　　**邮　　编：** 100084
社 总 机： 010-83470000　　**邮　　购：** 010-62786544
投稿与读者服务： 010-62776969，c-service@tup.tsinghua.edu.cn
质 量 反 馈： 010-62772015，zhiliang@tup.tsinghua.edu.cn
印 装 者： 河北盛世彩捷印刷有限公司
开　　本： 203mm×260mm　　**印　　张：** 22.5　　**字　　数：** 663
版　　次： 2018 年 9 月第 1 版　　**印　　次：** 2024 年 9 月第 6 次印刷
定　　价： 69.80 元

产品编号：064085-01

前 言

Preface

3D 打印出现在 20 世纪 90 年代中期，是利用光固化和纸层叠等技术的最新快速成型装置。它与普通打印工作原理基本相同，打印机内装有液体或粉末等“打印材料”，与计算机连接后，通过计算机控制把“打印材料”一层层叠加起来，最终把计算机上的蓝图变成实物。

有关 3D 打印的新闻近来在媒体上经常出现，如 3D 打印零件、3D 打印房屋、3D 打印器官的新闻不停地刷新着民众对 3D 打印的认识。有人把 3D 打印称作一场新的革命，这种提法并不过分，3D 打印在未来对人们的生活方式将产生重要的影响。世界各国都在投入巨资发展 3D 打印。在 2014 年美国的国情咨文中，时任总统奥巴马煞费笔墨地谈论了 3D 打印的重要性，让产业工人重视 3D 打印技术，学习这项有可能颠覆工业的新技术。日本政府在 2014 年预算案中划拨了 40 亿日元，将由经济产业省组织实施以 3D 成型技术为核心的制造革命计划。2014 年 6 月份，韩国政府宣布成立 3D 打印工业发展委员会，并批准了一份旨在使韩国在 3D 打印领域争取领先位置的总体规划。该规划的目标包括到 2020 年培养 1000 万名创客（Maker），并在全国范围内建立 3D 打印基础设施。2015 年 2 月 28 日，我国工业和信息化部联合发改委、财政部发文，制定了我国未来关于 3D 打印的战略发展规划。推进计划指出，到 2016 年，初步建立较为完善的增材制造（3D 打印）产业体系，整体技术水平与国际保持同步，在航空航天等直接制造领域达到国际先进水平，在国际市场上占有较大的市场份额。

SolidWorks 是世界上第一套基于 Windows 系统开发的三维 CAD 软件。该软件以参数化特征造型为基础，具有功能强大、易学、易用等特点，是当前最优秀的中档三维 CAD 软件之一。SolidWorks 能够提供不同的设计方案，减少设计过程中的错误并提高产品质量。自从 1996 年 SolidWorks 引入中国以来，受到了业界的广泛好评，许多高等院校也将 SolidWorks 用作本科生教学和课程设计的首选软件。

SolidWorks 软件因其强大的三维设计能力，目前是在工业设计和 3D 造型领域得到最广泛应用的 CAD/CAM/CAE 软件之一。其功能强大的各种插件更是在产品设计阶段的众多仿真实验中都得到广泛的应用。本书主要描述利用 SolidWorks 软件各种强大的 3D 造型功能，设计并将设计的 3D 零件利用 3D 打印机快速打印成所需零件的原理及过程。本书第 1 章主要介绍 3D 打印概述；第 2 章主要介绍 SolidWorks 软件的建模基础；第 3 章主要介绍生活用品的建模及打印过程；第 4 章主要介绍机械产品的建模及打印过程；第 5 章主要介绍电子类产品的建模及打印过程；第 6 章主要介绍电器类产品的建模及打印过程；第 7 章主要介绍曲面造型的建模及打印过程；第 8 章主要介绍飞机的建模及打印过程；第 9 章主要介绍柱塞泵中各个零件的建模及打印过程。

本书提供了极为丰富的学习配套资源，可通过扫描书中和封底二维码下载查看。扫描书后刮刮卡二维码，即可绑定书中二维码的读取权限，再扫描书中二维码，即可在手机中观看对应教学视频。充分利用碎片化时间，随时随地提升。需要强调的是，书中给出的是实例的重点步骤，详细操作过程还需读者通过视频来仔细领会。

本书由 CAD/CAM/CAE 技术联盟主编。CAD/CAM/CAE 技术联盟是一个从事 CAD/CAM/CAE 技术研讨、工程开发、培训咨询和图书创作的工程技术人员协作联盟，包含 20 多位专职和众多兼职

Note

CAD/CAM/CAE 工程技术专家。

在本书的写作过程中，赵志超、张辉、赵黎黎、朱玉莲、徐声杰、卢园、杨雪静、孟培、闫聪聪、李兵、甘勤涛、孙立明、李亚莉、王敏、宫鹏涵、左昉、李谨、刘昌丽、康士廷、胡仁喜、王培合等参与了具体章节的编写或为本书的出版提供了必要的帮助，在此对他们的付出表示真诚的感谢。由于时间仓促，加上编者水平有限，书中不足之处在所难免，还请广大读者批评指正，编者将不胜感激。

编　者

目　录

Contents

Note

第1章 3D打印概述

3D 打印是科技融合体模型中最新的高“维度”的体现之一，近些年来 3D 打印机逐渐进入人们的视野。所谓“3D 打印机”，就是打印三维立体物件的机器，听起来很玄妙，其实已经存在很久了。3D 打印机，是快速成型技术的一种机器，它是一种以数字模型文件为基础，运用粉末状金属或塑料等可粘合材料，通过逐层打印的方式来构造物体的技术。过去其常在模具制造、工业设计等领域被用于制造模型，现正逐渐用于一些产品的直接制造，这意味着该项技术正在普及。

3D 打印机能打印出汽车、步枪甚至房子，听起来不可思议，3D 打印机的原理是什么呢？本章将进行简要探讨。

任务驱动&项目案例

1.1 3D 打印基本简介

Note

3D 打印（3D printing）技术又称三维打印技术，是一种以数字模型文件为基础，运用粉末状金属或塑料等可粘合材料，通过逐层打印的方式来构造物体的技术。它无须机械加工或任何模具，就能直接从计算机图形数据中生成任何形状的零件，从而极大地缩短产品的研制周期，提高生产率和降低生产成本。灯罩、身体器官、珠宝、根据球员脚型定制的足球靴、赛车零件、固态电池以及为个人定制的手机、小提琴等都可以用该技术制造出来。

1.1.1 3D 打印发展历史

3D 打印技术的核心制造思想起源于 19 世纪末的美国，20 世纪 80 年代已有雏形，其学名为“快速成型”（SLS）。1979 年，类似过程由 RF. Housholder 获得专利，但没有被商业化。在 20 世纪 80 年代中期，SLS 被美国德克萨斯州大学奥斯汀分校的 Deckard 博士开发出来并获得专利。到 20 世纪 80 年代后期，3D 打印技术发展成熟并被广泛应用。

1995 年，麻省理工学院创造了“三维打印”一词，当时的毕业生 Jim Bredt 和 Tim Anderson 修改了喷墨打印机方案，变为把约束溶剂挤压到粉末床的解决方案，而不是把墨水挤压在纸张上的方案。

在此之前，三维打印机数量很少，大多集中在“科学怪人”和电子产品爱好者手中，主要用来打印像珠宝、玩具、工具、厨房用品之类的东西，甚至有汽车专家打印出了汽车零部件，然后根据塑料模型去订制真正市面上买到的零部件。

人们可以在一些电子产品商店购买到这类打印机，工厂也在进行直接销售。不过物以稀为贵，一套三维打印机的价格从一般的 750 美元到上等质量的 27000 美元不等。

科学家们表示，三维打印机的使用范围还很有限，不过在未来的某一天人们一定可以通过 3D 打印机打印出更实用的物品。

2005 年，市场上首个高清晰彩色 3D 打印机 Spectrum Z510 由 ZCorp 公司研制成功。

2010 年 11 月，世界上第一辆由 3D 打印机打印而成的汽车 Urbee 问世。

2011 年 6 月 6 日，发布了全球第一款 3D 打印的比基尼。

2011 年 7 月，英国研究人员开发出世界上第一台 3D 巧克力打印机。

2011 年 8 月，南安普敦大学的工程师们开发出世界上第一架 3D 打印的飞机。

2012 年 11 月，苏格兰科学家利用人体细胞首次用 3D 打印机打印出人造肝脏组织。

2013 年 10 月，全球首次成功拍卖一款名为“ONO 之神”的 3D 打印艺术品。

2013 年 11 月，美国德克萨斯州奥斯汀的 3D 打印公司“固体概念”（SolidConcepts）设计制造出 3D 打印金属手枪。

3D 打印带来了世界性的制造业革命，以前的部件设计完全依赖于生产工艺能否实现，而 3D 打印机的出现，将会颠覆这一生产思路，这使得企业在生产部件时不再考虑生产工艺问题，任何复杂形状的设计均可以通过 3D 打印机来实现。无须机械加工或模具，就能直接由计算机图形数据打印生成任何形状的物体，从而极大地缩短了产品的生产周期，提高了生产率。尽管仍有待完善，但 3D 打印技术市场潜力巨大，势必成为未来制造业的众多突破技术之一。

1.1.2 3D 打印的应用领域

利用 3D 打印机，工程师可以验证开发中的新产品，把手中的 CAD 数字模型用 3D 打印机制造成实体模型，可以方便地对设计进行验证，及时发现问题，相比传统的方法可以节约大量的时间和成本。

3D 打印机也可以用于小批量产品的生产，这样就可以快速地把产品的样品提供给客户，或进行市场宣传，不用等模具造好后才造出成品，对于某些小批量定制的产品甚至连模具的成本都可以省去，如电影中用到的各种定制道具。如图 1-1 所示，左边的是某工艺品的原型，右边的是 3D 打印出来的复制品，从造型上看，两者基本上没有什么差别。如图 1-2 所示，电影《机械公敌》中的奥迪 RSQ 汽车就是使用 3D 打印制作的。

图 1-1 3D 打印与实物对比

图 1-2 3D 打印制作的奥迪 RSQ 汽车

至于家用和个人市场方面，3D 打印的应用就因人而异了，不过要推广开的话可是困难重重。首先目前个人用 3D 打印机并不能说便宜，价格从几千到几万都有。3D 打印的原材料也不便宜，这些材料的价格便宜的几百元一公斤，最贵的要四万元左右。

1.1.3 3D 打印技术的五大发展趋势

在近几年中，更多的资本、更多的公司、更多的创意都涌向了 3D 打印领域。据此，行业也对未来 3D 打印发展前景进行了预测，认为未来一年 3D 打印的以下五大发展趋势值得关注。

1. 更好更快更廉价

企业家正从各方涌向 3D 打印领域。未来，3D 打印不仅是一种打印、扫描和共享内容的新方式，而且还将增加打印的精密度、规模以及更好的材料，而且打印成本也将下降。总体而言，功能性材料将进入市场，而且还将出现更加先进的打印程序，不久的将来将会看到更加先进的 3D 打印机走向市场。一些初创型企业也会研发出更快、更便宜的 3D 打印设备。

2. 传统公司需要创新和改进

为了维持自己在快速增长的 3D 打印行业内的统治地位，传统的 3D Systems 公司和 Stratasys 公司

都将执行简单的战略，即要么收购对方，要么阻击对方。然而这种并购并不一定会产生效果，毕竟整合业务或业务并购都非常困难，因此这样的措施或许还会适得其反。随着惠普之类的公司进入 3D 打印市场，再加上一些初创企业的冲击，传统的 3D 打印巨头急需加速内部创新，并努力推出更好、更便宜的解决方案，从而增加其市场份额。对这些公司而言，需要改进的两大重要领域就是 3D 打印速度和材料价格。

Note

3. 3D 照相馆的崛起

一些公司已经开设了一些小规模的店内 3D 大头照拍摄馆。简单的 3D 扫描设备和软件将会越来越普及，而且消费成本也会越来越便宜，甚至还会出现一些便携式的 3D 拍摄设备，以后还将有更多的新企业开设 3D 拍摄馆。更为重要的是，这些扫描和拍照工具将为大规模的定制化拍摄奠定基础，并能够让更多的公司为每一个客户拍摄定制化的 3D 照片。

4. 战争武器

尽管使用类似于机器人的热熔胶枪来制作一支真枪并不是获得武器的最有效方式，但这种做法肯定会产生轰动效应。以后更多的枪支、手榴弹以及一些更夸张的武器将会出现。管理者也会担忧 3D 打印机可能会成为引发混乱状态的最终工具。

5. 医疗神器

3D 打印技术最具潜力的作用将体现在医疗健康领域。人们已经看到从颅骨和面部植入假体材料到低成本的假体，再到可更换的气管等在内的诸多 3D 打印产品。未来，在此领域还将充满更多的新创意。尽管打印完全功能的器官还需要一段时间，但是，为个别患者定制打印某种器官的能力将会出现。医生们也因有了强大的 3D 打印工具而能更加舒适地工作，并能够获得更好的体验，与此同时，人们的生活也会因此而更加美好。

1.1.4 发展前景

1. 价格因素

大多数桌面级 3D 打印机的售价在 2 万元人民币左右，一些仿制品价格可以低到 6000 元。但是据 3D 打印机代理商透露，这些仿制的 3D 打印机虽然价格低，但质量很难保障。

对于桌面级 3D 打印机来说，由于仅能打印塑料产品，因此使用范围非常有限，而且对于家庭用户来说，3D 打印机的使用成本仍然很高。因为在打印一个物品之前，用户必须要懂得 3D 建模，然后将数据转换成 3D 打印机能够读取的格式，最后再进行打印。

2. 原材料

3D 打印不是一项高深艰难的技术，它与普通打印的区别就在于打印材料。

据了解，以色列的 Object 是掌握最多打印材料的公司。它已经可以使用 14 种基本材料并在此基础上混搭出 107 种材料，两种材料的混搭使用、上色也已经实现。但是，这些材料种类与人们生活的大千世界里的材料相比，还相差甚远，而且价格很高。

3. 社会风险成本

如同核反应既能发电，又能破坏一样。3D 打印技术在初期就让人们看到了一系列隐忧，而未来

的发展也会令不少人担心。如果任何物体都能彻底复制，想到什么就能制造出什么，听上去很美的同时，也着实让人恐惧。

Note

4. 著名的 3D 打印悖论

3D 打印是一层层来制作物品，如果想把物品制作得更精细，则需要每层厚度减小；如果想提高打印速度，则需要增加层厚，而这势必影响产品的精度质量。若生产同样精度的产品，同传统的大规模工业生产相比，3D 打印没有成本上的优势，尤其是考虑到时间成本、规模成本之后。

5. 整个行业没有标准，难以形成产业链

进入 21 世纪，3D 打印机生产商的出现呈百花齐放的态势。3D 打印机缺乏标准，同一个 3D 模型给不同的打印机打印，所得到的结果是大不相同的。

此外，打印原材料也缺乏标准，3D 打印机厂商都想让消费者买自己提供的打印原料，这样他们能获取稳定的收入。这样做虽然可以理解，毕竟普通打印机也走这一模式，但 3D 打印机生产商所用的原料一致性太差，从形式到内容千差万别，这让材料生产商很难进入，研发成本和供货风险都很大，难以形成产业链。

表面上是 3D 打印机捆绑了 3D 打印材料，事实上却是材料捆绑了打印机，非常不利于降低成本和抵抗风险。

6. 意料之外的工序：3D 打印前所需的准备工序，打印后的处理工序

很多人可能以为 3D 打印就是计算机上设计一个模型，不管多复杂的内面、结构，按一下按钮，3D 打印机就能打印一个成品。这个印象其实不正确。真正设计一个模型，特别是一个复杂的模型，需要大量的工程、结构方面的知识，需要精细的技巧，并根据具体情况进行调整。用塑料熔融打印来举例，如果在一个复杂部件内部没有设计合理的支撑，打印的结果很可能是会变形的。后期的工序也通常避免不了。媒体将 3D 打印描述成打印完毕就能直接使用的神器。可事实上制作完成后还需要一些后续工艺：或打磨，或烧结，或组装，或切割，这些过程通常需要大量的手工工作。

7. 缺乏杀手锏产品及设计

都说 3D 打印能带给人们巨大的生产自由度，能生产前所未有的东西。可直到现在，这种“杀手”级别的产品还很少，几乎没有。做些小规模的饰品、艺术品是可以的，做逆向工程也是可以的，但要谈到大规模工业生产，3D 打印还不能取代传统的生产方式。如果 3D 打印能生产其他工艺所不能生产的产品，而这种产品又能极大提高某些性能，或能极大改善生活的品质，这样或许能更快地促进 3D 打印机的普及。

1.2 3D 打印机

说到 3D 打印，就不得不提 3D 打印机。3D 打印机又称三维打印机，是一种累积制造技术，可以通过打印一层层的粘合材料来制造三维的物体。现阶段三维打印机被用来制造产品，销售逐渐扩大，价格也开始下降。

3D 打印机是可以“打印”出真实的 3D 物体的一种设备，由一位名为恩里科·迪尼（Enrico Dini）的发明家设计。3D 打印机不仅可以“打印”出一幢完整的建筑，如图 1-3 所示，甚至可以在航天飞

船中给宇航员打印出所需的任何形状的物品。2014 年，美国“太空制造”公司为国际空间站提供了一台 3D 打印机，供宇航员在太空中直接生产零部件，无须再从地球运输零部件。

Note

图 1-3　3D 打印埃菲尔铁塔

1. 家用 3D 打印机

德国发布了一款迄今为止最高速的纳米级别微型 3D 打印机——Photonic Professional GT。这款 3D 打印机能制作纳米级别的微型结构，以最高的分辨率，快速的打印速度，打印出宽度不超过人类头发直径的三维物体。

2. 最小的 3D 打印机

目前世界上最小的 3D 打印机来自维也纳技术大学，由其化学研究员和机械工程师研制。这款迷你 3D 打印机只有大装牛奶盒大小，重量约 3.3 磅（约 1.5 千克），造价 1200 欧元（约 1.1 万元人民币）。相比于其他的打印技术，这款 3D 打印机的成本大大降低。研发人员还在对打印机进行材料和技术的进一步实验，以使之能够早日面世。

3. 最大的 3D 打印机

华中科技大学史玉升科研团队经过十多年努力，实现重大突破，研发出全球最大的 3D 打印机。这一 3D 打印机可加工零件最大长宽尺寸均达到 1.2 米。从理论上说，只要长宽尺寸小于 1.2 米的零件（高度无须限制），都可通过这部机器“打印”出来。这项技术将复杂的零件制造变为简单的由下至上的二维叠加，大大降低了设计与制造的复杂度，让一些传统方式无法加工的奇异结构制造变得快捷，一些复杂铸件的生产周期由传统的 3 个月缩短到 10 天左右。

大连理工大学参与研发的最大加工尺寸达 1.8 米的世界最大激光 3D 打印机已进入调试阶段，其采用“轮廓线扫描”的独特技术路线，可以制作大型工业样件及结构复杂的铸造模具。这种基于“轮廓失效”的激光三维打印方法已获得两项国家发明专利。该激光 3D 打印机只需打印零件每一层的轮廓线，使轮廓线上砂子的覆膜树脂碳化失效，再按照常规方法在 180℃加热炉内将打印过的砂子加热固化和后处理剥离，就可以得到原型件或铸模。这种打印方法的加工时间与零件的表面积成正比，大大提升打印效率，打印速度可达到一般 3D 打印的 5～15 倍。

4. 彩印 3D 打印机

2013 年 5 月上市了 3D 打印机新产品 ProJet x60 系列。ProJet 品牌主要是使用光硬化性树脂造型，包括用激光硬化光硬化性树脂液面的类型、从喷嘴喷出光硬化性树脂后照射光进行硬化的类型（这种

类型的造型材料还可以使用蜡）、向薄膜上的光硬化性树脂照射经过掩模的光的类型。高端机型 ProJet 660Pro 和 ProJet 860Pro 可以使用 CMYK（青色、洋红、黄色、黑色）4 种颜色的粘合剂，实现 600 万色以上的颜色（ProJet 260C 和 ProJet 460Plus 使用 CMY 3 种颜色的粘合剂）。

Note

1.3 3D 打印的材料

3D 打印存在许多不同的技术。它们的不同之处主要为材料的类型不同，并以不同层的方式创建部件，如表 1-1 所示。3D 打印常用的材料有尼龙玻纤、耐用性尼龙材料、石膏材料、铝材料、钛合金、不锈钢、镀银、镀金、橡胶类材料。

表 1-1 打印材料

类　　型	累 积 技 术	基 本 材 料
挤压	熔融沉积式（FDM）	热塑性材料，共晶系统金属、可食用材料
线	电子束自由成形制造（EBF）	几乎任何合金
粒状	选择性激光熔化成型（SLM）	钛合金，钴铬合金，不锈钢，铝
	直接金属激光烧结（DMLS）	几乎任何合金
	电子束熔化成型（EBM）	钛合金
	选择性激光烧结（SLS）	热塑性塑料、金属粉末、陶瓷粉末
	选择性热烧结（SHS）	热塑性粉末
光聚合	数字光处理（DLP）	光硬化树脂
	立体平版印刷（SLA）	光硬化树脂
层压	分层实体制造（LOM）	纸、金属膜、塑料薄膜
粉末层喷头三维打印	石膏 3D 打印	石膏

下面介绍常用的几种 3D 打印材料。

1. 工程塑料

工程塑料是指被用作工业零件或外壳材料的工业用塑料，是强度、耐冲击性、耐热性、硬度及抗老化性均优的塑料。工程塑料是当前应用最广泛的一类 3D 打印材料，常见的有 Acrylonitrile Butadiene Styrene（ABS）类材料、Polycarbonate（PC）类材料、尼龙类材料等。ABS 材料是 Fused Deposition Modeling（FDM，熔融沉积造型）快速成型工艺常用的热塑性工程塑料，具有强度高、韧性好、耐冲击等优点，正常变形温度超过 90℃，可进行机械加工（钻孔、攻螺纹）、喷漆及电镀等。

2. 光敏树脂

光敏树脂即 Ultraviolet Rays（UV）树脂，由聚合物单体与预聚体组成，其中加有光（紫外光）引发剂（或称为光敏剂）。在一定波长的紫外光（250～300nm）照射下能立刻引起聚合反应完成固化。光敏树脂一般为液态，可用于制作高强度、耐高温、防水材料。目前，研究光敏材料 3D 打印技术的主要有美国 3Dsystem 公司和以色列 Object 公司。常见的光敏树脂有 Somos NEXT 材料、树脂 Somos11122 材料、Somos19120 材料和环氧树脂等。

3. 橡胶类材料

橡胶类材料具备多种级别弹性材料的特征，这些材料所具备的硬度、断裂伸长率、抗撕裂强度和拉伸强度，使其非常适合于要求防滑或柔软表面的应用领域。3D 打印的橡胶类产品主要有消费类电子产品、医疗设备以及汽车内饰、轮胎、垫片等。

4. 金属材料

近年来，3D 打印技术逐渐应用于实际产品的制造，其中，金属材料的 3D 打印技术发展尤其迅速。在国防领域，欧美发达国家非常重视 3D 打印技术的发展，不惜投入巨资加以研究，而 3D 打印金属零部件一直是研究和应用的重点。3D 打印所使用的金属粉末一般要求纯净度高、球形度好、粒径分布窄、氧含量低等。目前，应用于 3D 打印的金属粉末材料主要有钛合金、钴铬合金、不锈钢和铝合金材料等，此外还有用于打印首饰用的金、银等贵金属粉末材料。

1.4 3D 打印步骤

首先要有三维模型数据，如动物模型、人物或者微缩建筑等，然后通过 SD 卡或者 U 盘将其复制到 3D 打印机中，进行打印设置后，打印机就可以把它们打印出来。3D 打印机的工作原理和传统打印机基本一样，都是由控制组件、机械组件、打印头、耗材和介质等架构组成的，打印原理是一样的。3D 打印机主要是打印前在计算机上设计了一个完整的三维立体模型，然后再进行打印输出。

三维模型数据的获得方式简单来讲有 3 种：

☑ 通过三维软件建模获得。

☑ 通过扫描仪扫描实物获得其模型数据。

☑ 通过拍照的方式拍取实物多角度照片，然后通过相关软件将照片数据转化成模型数据。

3D 打印与激光成型技术一样，采用了分层加工、叠加成型来完成 3D 实体打印。每一层的打印过程分为两步，首先在需要成型的区域喷洒一层特殊胶水，胶水液滴本身很小，且不易扩散。然后是喷洒一层均匀的粉末，粉末遇到胶水会迅速固化黏结，而没有胶水的区域仍保持松散状态。这样在一层胶水一层粉末的交替下，实体模型将会被“打印”成型，打印完毕后只要扫除松散的粉末即可“刨”出模型，而剩余粉末还可循环利用。

1. 三维设计

三维打印的设计过程是：先通过计算机建模软件建模，再将建成的三维模型“分区”成逐层的截面，即切片，从而指导打印机逐层打印。设计软件和打印机之间协作的标准文件格式是 STL 文件格式。一个 STL 文件使用三角面来近似模拟物体的表面。三角面越小，其生成的表面分辨率越高。PLY 是一种通过扫描产生的三维文件的扫描器，其生成的 VRML 或者 WRL 文件经常被用作全彩打印的输入文件。

2. 打印过程

打印机通过读取文件中的横截面信息，用液体状、粉状或片状的材料将这些截面逐层地打印出来，再将各层截面以各种方式粘合起来从而制造出一个实体。这种技术的特点在于其几乎可以造出任何形状的物品。打印机打出的截面的厚度（即 Z 方向）以及平面方向（即 X-Y 方向）的分辨率是以 dpi（像素每英寸）或者微米来计算的。一般的厚度为 100 微米，即 0.1 毫米，也有部分打印机，如 Objet

Connex 系列还有三维 Systems' ProJet 系列，可以打印出 16 微米厚度的一层。而平面方向则可以打印出跟激光打印机相近的分辨率。打印出来的“墨水滴”的直径通常为 50～100 微米。用传统方法制造出一个模型通常需要数小时到数天，时长根据模型的尺寸以及复杂程度而定。而用三维打印的技术则可以将时间缩短为数个小时，当然其是由打印机的性能以及模型的尺寸和复杂程度决定的。传统的制造技术如注塑法可以以较低的成本大量制造聚合物产品，而三维打印技术则可以以更快、更有弹性以及更低成本的办法生产数量相对较少的产品。一个桌面尺寸的三维打印机就可以满足设计者或概念开发小组制造模型的需要。

Note

3. 制作完成

三维打印机的分辨率对大多数应用来说已经足够（在制作弯曲的表面时可能会比较粗糙，像图像上的锯齿一样），要获得更高分辨率的物品可以采用如下方法：先用当前的三维打印机打出稍大一点的物体，再稍微经过表面打磨即可得到表面光滑的“高分辨率”物品。有些技术可以同时使用多种材料进行打印。有些技术在打印的过程中还会用到支撑物，如在打印出一些有倒挂状的物体时就需要用到一些易于除去的材料（如可溶的材料）作为支撑物。

1.5 3D 打印技术

快速成型技术从产生以来，出现了十几种不同的方法。本书仅介绍目前工业领域较为常用的工艺方法。目前占主导地位的快速成型技术共有如下 6 类。

1.5.1 FDM 打印技术

熔积成型法（Fused Deposition Modeling，FDM）是将丝状的热熔性材料加热融化，同时三维喷头在计算机的控制下，根据截面轮廓信息，将材料选择性地涂敷在工作台上，快速冷却后形成一层截面。一层成型完成后，机器工作台下降一个高度（即分层厚度）再成型下一层，直至形成整个实体造型，打印原理如图 1-4 所示。

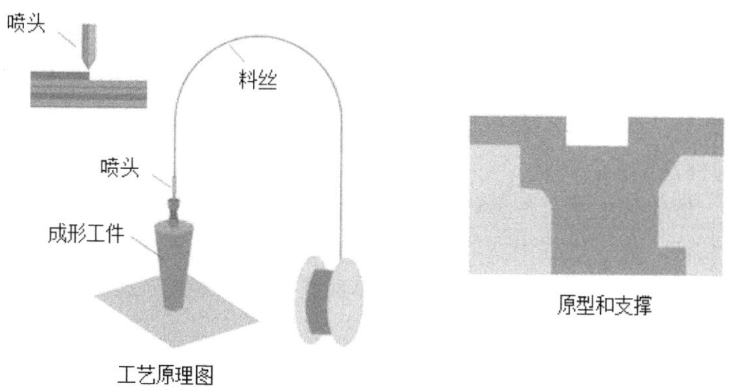

图 1-4 FDM 打印原理

FDM 技术的优点如下。

（1）操作环境干净、安全，材料无毒，可以在办公室、家庭环境下进行，没有产生毒气和化学

污染的危险。

（2）无须激光器等贵重元器件，因此价格便宜。

（3）原材料为卷轴丝形式，节省空间，易于搬运和替换。

（4）材料利用率高，可备选材料很多，价格也相对便宜。

FDM 技术的缺点如下。

（1）成型后表面粗糙，需后续抛光处理。最高精度只能达到 0.1mm。

（2）因为喷头做机械运动，速度较慢。

（3）需要材料作为支撑结构。

1.5.2 SLS 打印技术

选择性激光烧结（Selective Laser Sintering，SLS）技术采用铺粉将一层粉末材料平铺在已成型零件的上表面，并加热至恰好低于该粉末烧结点的某一温度，控制系统控制激光束按照该层的截面轮廓在粉层上扫描，使粉末的温度升到熔化点，进行烧结并与下面已成型的部分实现粘结。一层完成后，工作台下降一层厚度，铺料辊在上面铺上一层均匀密实的粉末，进行新一层截面的烧结，直至完成整个模型，原理如图 1-5 所示。

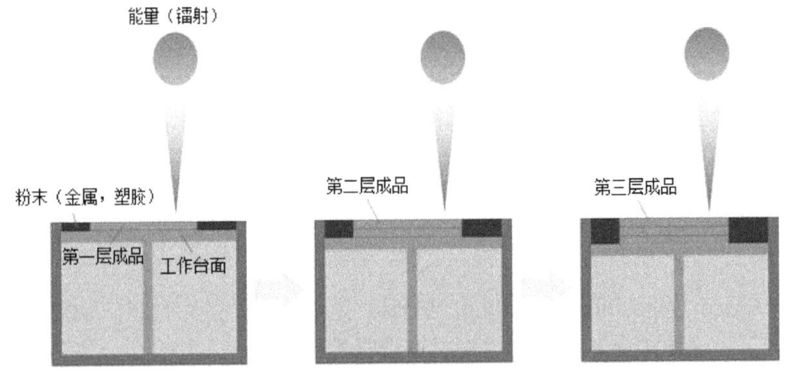

图 1-5　SLS 打印原理

SLS 技术的优点如下。

（1）可用多种材料。其可用材料包括高分子、金属、陶瓷、石膏、尼龙等多种粉末材料。特别是金属粉末材料，是目前 3D 打印技术中最热门的发展方向之一。

（2）制造工艺简单。由于可用材料比较多，该工艺按材料的不同可以直接生产复杂形状的原型、型腔模三维构建或部件及工具。

（3）高精度。一般能够达到工件整体范围内 0.05～2.5mm 的公差。

（4）无须支撑结构。叠层过程出现的悬空层可直接由未烧结的粉末来支撑。

（5）材料利用率高。由于不需要支撑，无须添加底座，在常见几种 3D 打印技术中材料利用率最高，且价格相对便宜。

SLS 技术的缺点如下。

（1）表面粗糙。由于原材料是粉状的，原型建造是由材料粉层经过加热熔化实现逐层粘结的，因此，原型表面严格来讲是粉粒状的，表面质量不高。

（2）烧结过程有异味。SLS 工艺中粉层需要激光使其加热达到熔化状态，高分子材料或者粉粒在激光烧结时会挥发异味气体。

Note

（3）无法直接成型高性能的金属和陶瓷零件，成型大尺寸零件时容易发生翘曲变形。

（4）加工时间长。加工前，要有两个小时的预热时间；零件构建后，还需 5～10 小时冷却，才能将模型从粉末缸中取出。

（5）由于使用了大功率激光器，除了本身的设备成本，还需要很多辅助保护工艺，整体技术难度大，制造和维护成本非常高，普通用户无法承受。

1.5.3 SLA 打印技术

光固化法（Stereo Lithography Apparatus，SLA）是目前应用最为广泛的一种快速原型制造工艺。在液槽中充满液态光敏树脂，其在激光器所发射的紫外激光束照射下会快速固化（SLA 与 SLS 所用的激光不同，SLA 用的是紫外激光，而 SLS 用的是红外激光）。在成型开始时，可使升降工作台处于液面以下，刚好一个截面层厚的高度。通过透镜聚焦后的激光束，按照机器指令将截面轮廓沿液面进行扫描。扫描区域的树脂快速固化，从而完成一层截面的加工过程，得到一层塑料薄片。然后，工作台下降一层截面层厚的高度，再固化另一层截面，原理如图 1-6 所示。这样层层叠加构成建构三维实体。

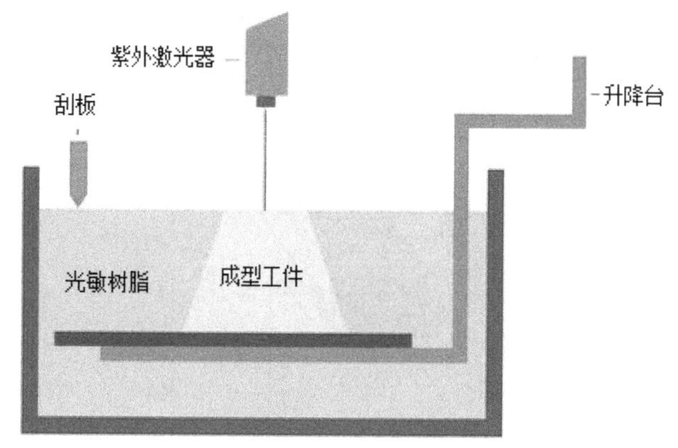

图 1-6　SLA 打印原理

SLA 技术的优点如下。

（1）发展时间最长，工艺最成熟，应用最广泛。在全世界安装的快速成型机中，光固化成型系统约占 60%。

（2）成型速度较快，系统工作稳定。

（3）具有高度柔性。

（4）精度很高，可以做到微米级别。

（5）表面质量好，比较光滑：适合做精细零件。

SLA 技术的缺点如下。

（1）需要设计支撑结构。支撑结构需要未完全固化时去除，容易破坏成型件。

（2）设备造价高昂，而且使用和维护成本都不低。SLA 系统需要对液体进行操作的精密设备，对工作环境要求苛刻。

（3）光敏树脂有轻微毒性，对环境有污染，对部分人体皮肤会造成过敏反应。

（4）树脂材料价格贵，成型后强度、刚度、耐热性都有限，不利于长时间保存。

（5）由于是树脂材料，温度过高会熔化，工作温度不能超过 100℃。且固化后较脆，易断裂，可加工性不好。成型件易吸湿膨胀，抗腐蚀能力不强。

Note

1.5.4 LOM 打印技术

纸叠层制造（Lamited Object Manufacturing，LOM）技术是利用分层叠加原理制成原型或模型。其基本原理是将涂有热熔胶的纸铺在工作台上，先用加热辊施压使纸张与工作台上模型架粘合，然后用激光（或尖刀）在第一层纸上切割出模型平面轮廓，制好第一层后，转动送纸器，按上述原理加工第二层，直至加工好模型为止。用纸张做的模型还要进行封蜡、油漆、防潮处理等后处理工序。这种制造技术的优点是工作可靠，模型支撑性好，有类似木质外观，更适合于制造外形结构复杂，内部结构简单的零件；缺点是前后处理费时费力，且不能制造中空结构件。

LOM 工艺的基本原理如图 1-7 所示。先将单面涂有热熔胶的纸片通过加热辊加热粘接在一起，位于上方的激光器按照 CAD 分层模型获得数据，用激光束将纸切割成所制零件的内外轮廓，然后新的一层纸再叠加在上面，通过热压装置和下面已切割层粘合在一起，激光束再次切割，这样反复逐层切割—粘合—切割，直到整个零件模型制作完成。此方法只需切割轮廓，特别适合制造实心零件。一旦零件完成，多余的材料必须手动去除，过程可以通过用激光在三维零件周围切割一些方格形小孔而简单化。

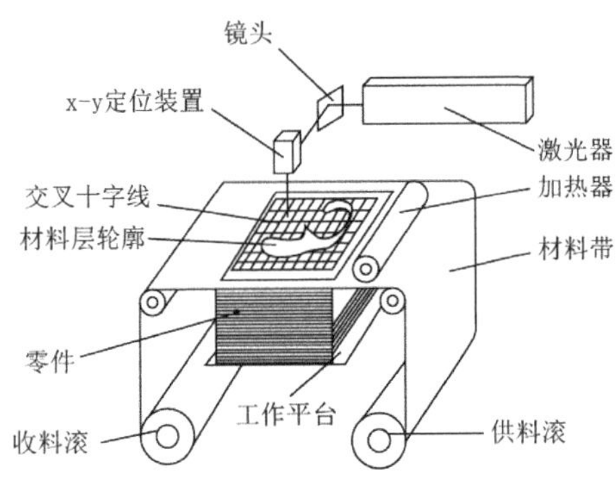

图 1-7　叠层制造工艺原理图

LOM 技术的优点如下。

（1）无须设计和构建支撑。

（2）激光束只是沿着物体的轮廓扫描，无须填充扫描，成型效率高。

（3）成型件的内应力和翘曲变形小；制造成本低。

LOM 技术的缺点如下。

（1）材料利用率低。

（2）表面质量差。

（3）后处理难度大，尤其是中空零件的内部残余废料不易去除。

（4）可以选择的材料种类有限，目前常用的主要是纸。

（5）对环境有一定的污染。

LOM 工艺适合制作大中型原型件，翘曲变形小和形状简单的实体类零件。通常用于产品设计的概念建模和功能测试零件，且由于制成的零件具有木质属性，特别适用于直接制作砂型铸造模。

1.5.5 DLP 打印技术

DLP 激光成型技术和 SLA 立体平版印刷技术比较相似，不过它是使用高分辨率的数字光处理器

（DLP）投影仪来固化液态光聚合物，逐层的进行光固化，由于每层固化时通过幻灯片似的片状固化，因此速度比同类型的 SLA 立体平版印刷技术速度更快。该技术成型精度高，在材料属性、细节和表面光洁度方面可匹敌注塑成型的耐用塑料部件。

Note

1.5.6　UV 打印技术

UV 紫外线成型技术和 SLA 立体平版印刷技术比较相似类似，不同的是它利用 UV 紫外线照射液态光敏树脂，一层一层由下而上堆栈成型，成型的过程中没有噪音产生，在同类技术中成型的精度最高，通常应用于精度要求高的珠宝和手机外壳等行业。

1.6　3D 打印机的分类

1. 按市场定位分

目前国内还没有一个明确的 3D 打印机分类标准，但是可以根据设备的市场定位将其简单分为 3 类：个人级、专业级和工业级。

（1）个人级 3D 打印机。

国内各大电商网站上销售的个人 3D 打印机，如图 1-8 所示，大部分国产的 3D 打印机都是基于国外开源技术延伸生产的，由于采用开源技术，技术成本得到了很大的压缩，因此售价在 3 千至 1 万元人民币不等，十分有吸引力。国外进口的品牌个人 3D 打印机价格都在 2 万至 4 万元之间。

这类设备都属于熔丝堆积技术（FDM 技术为代表），设备打印材料都以 ABS 塑料或者 PLA 塑料为主，主要满足个人用户生活中的使用要求，因此各项技术指标都并不突出，优点在于体积小巧，性价比高。

图 1-8　个人 3D 打印机

（2）专业级 3D 打印机。

专业级的 3D 打印机如图 1-9 所示，可供选择的成型技术和耗材（塑料、尼龙、光敏树脂、高分子、金属粉末等）要比个人 3D 打印机丰富很多。设备结构和技术原理更先进，自动化程度更高，应用软件的功能以及设备的稳定性也是 3D 个人打印机望尘莫及的，这类设备售价都在十几万至上百万元人民币。

（3）工业级 3D 打印机。

工业级 3D 打印机如图 1-10 所示。工业级的设备除了要满足材料上的特殊性，制造大尺寸的物件等要求，更关键的是物品制造后需要符合一系列的特殊应用标准，因为这类设备制造出来的物体是直接应用的。

例如飞机制造中用到的钛铝合金材料，就需要对物件的刚性、任性、强度等参数有一系列的要求，

由于很多设备是根据需求定制的，因此价格很难估量。

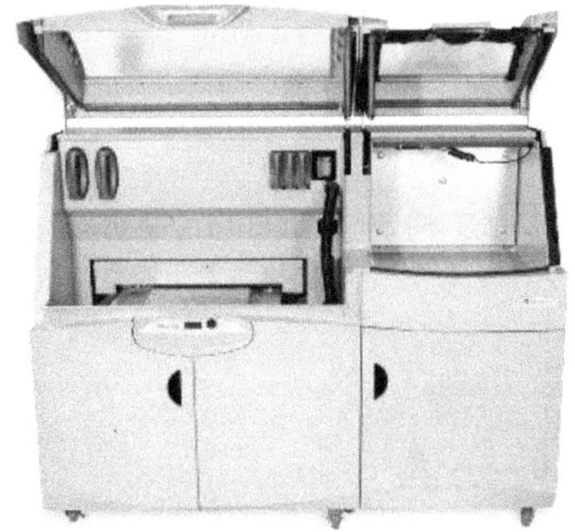

图 1-9 专业级 3D 打印机

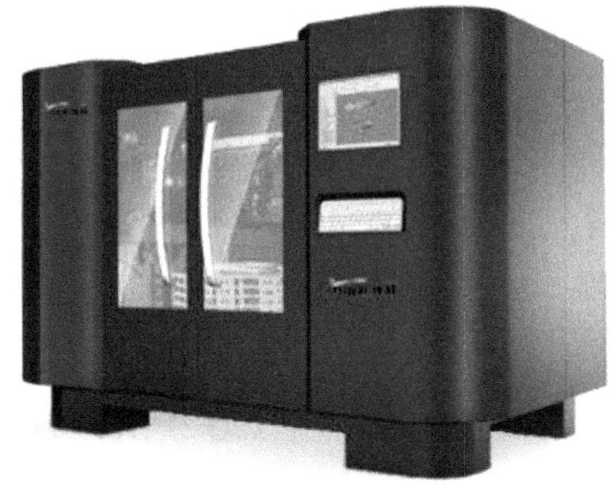

图 1-10 工业级 3D 打印机

2. 按原材料分

3D 打印机与传统打印机最大的区别在于使用的“墨水”是实实在在的原材料，堆叠薄层的形式多种多样，可用于打印的介质种类多样，从繁多的塑料到金属、陶瓷以及橡胶类物质。根据使用的介质不同可以分为喷墨 3D 打印机、粉剂 3D 打印和生物 3D 打印。

（1）喷墨 3D 打印机。

部分 3D 打印机使用喷墨打印机的原理进行打印。Objet 公司是以色列的一家 3D 打印机生产企业，其生产的打印机是利用喷墨头在一个托盘上喷出超薄的液体塑料层，并经过紫外线照射而凝固。此时，托盘略微降低，在原有薄层的基础上添加新的薄层。另一种方式是熔融沉淀型。总部位于尼阿波利斯的 Stratasys 公司应用的就是这种方法，具体过程是在一个打印机头里将塑料熔化，然后喷出丝状材料，从而构成一层层薄层。

（2）粉剂 3D 打印。

粉剂 3D 打印是利用粉剂作为打印材料，这些粉剂在托盘上被分布成一层薄层，然后由喷出的液体粘结而凝固。在一个被称为激光烧结的处理程序中，通过激光的作用，这些粉剂可以熔融成想要的样式，德国的 EOS 公司把这一技术应用于他们的添加剂制造机之中。据了解，瑞典的 Arcam 公司通过真空中的电子束将打印机中的粉末熔融在一起，用于 3D 打印。

为了制作一些内部空间和结构复杂的构件，凝胶以及其他材料被用来做支撑，或者空间预留出来，用没有熔融的粉末填满，填充材料随后可以被冲洗或吹掉。现在，能够用于 3D 打印的材料范围非常广泛，塑料、金属、陶瓷以及橡胶等材料都可用于打印。

（3）生物 3D 打印。

一些研究人员开始使用 3D 打印机去复制一些简单的生命体组织，如皮肤、肌肉以及血管等。有可能大的人体组织，如肾脏、肝脏甚至心脏，在将来的某一天也可以进行打印，如果生物打印机能够使用病人自己的干细胞进行打印，那么在进行器官移植后，其身体就不可能对打印出来的器官产生排斥。

食物也可以被打印。康奈尔大学的研究人员已经成功打印出了蛋糕。几乎每个人都同意，这个制造食品的终极武器将会打印出巧克力来。

1.7 常用3D打印软件

Note

目前 3D 打印软件很多，有些公司的 3D 打印机配有自行研发的软件，也有可以通用的 3D 打印软件，下面介绍几款常用软件。

1. Cura 软件

Cura 是 Ultimaker 公司设计的 3D 打印软件，使用 Python 开发，集成 C++开发的 CuraEngine 作为切片引擎。由于其有切片速度快、切片稳定、对 3D 模型结构包容性强、设置参数少等诸多优点，拥有越来越多的用户群。Cura 软件更新的比较快，几乎每隔两个月就会发布新版本，其版本号一般为"年数.月数"，如 Cura14.09 就表示该版本是 2014 年 9 月发布的。

Cura 的主要功能有：载入 3D 模型进行切片，载入图片生成浮雕并切片，连接打印机打印模型。

Cura 软件的优点在于兼容性非常高。虽然它可以兼容多款打印机，但是 Ultimaker3D 打印机的兼容表现是最好的。因此这款软件主要应用于 Ultimaker3D 打印机。Cura 既可以进行切片，也有 3D 打印机控制接口。由于 Cura 使用 Python 开发，汉化比较方便，所以国内出现很多汉化版本。

软件界面提供了支撑和可解决翘边的平台附着类型，能够帮助客户尽可能地成功打印。另外，根据不同的参数设置，软件计算的打印完成时间也不同。

Cura 软件具有以下优势功能。

（1）自动切片。打开一个文件时，Cura 自动切片，显示预计时间和预估米数，并且参数修改后，切片自动进行，预计时间和预计米数变化。

（2）浮雕功能。3D 打印是三维打印，打印前需要建立一个三维的立体模型，浮雕功能可以实现二维平面的三维打印。选中一张图片，直接拖入 Cura 的操作界面，可以设置高度和深度，一键生成三维模型，非常简便。

2. Magics 软件

Magics 是一个强大的 STL 文件自动化处理工具，可以对 STL 文件进行浏览、测量和修补，还可以对 STL 文件进行分割、冲孔、布尔运算、生成中心腔体等操作，并进行表面缺陷、零件冲突检测。Magics 是一个能很好满足快速成型工艺要求和特点的软件，此软件可提供在一个表面上同时生成几种不同支撑类型，以及不同支撑结构的组合支撑类型，并可以快速地对含有各种错误的 STL 文件进行修复，使文件格式转换过程中产生的损坏三角面片得以修复，除此之外，Magics 软件兼容所有主要的 CAD 文件格式，例如 IGES、VDA 和 STL，结合 STL 修改器，Magics 可以让用户输出任何文件给快速成型系统。

Magics 软件具有如下功能。

（1）三维模型的可视化。在 Magics 中可方便、清楚地观看 STL 零件中的任何细节，并能测量、标注等。

（2）STL 文件错误自动检查和修复。

（3）Magics 能够接受 PROE、UG、CATIA、STL、DXF、VDA*或 IGES*、STEP 等格式文件，还有 ASC 点云文件，SLC 层文件等，并转化成 STL 文件，直接进行编辑。

（4）functionty 能够将多个零件快速而方便地放在加工平台上，可以从库中调用各种不同加工机

器的参数，放置零件。底部平面功能能够在几秒钟将零件转为所希望的成型角度。

（5）分层功能。可将 STL 文件切片，能输出不同的文件格式（SLC、CLT、F&S、SSL），并能够快速简便地执行切片校验。

（6）STL 操作。直接对 STL 文件进行修改和设计操作，包括移动、旋转、镜像、阵列、拉伸、偏移、分割、抽壳等。

即使是非常复杂的零件也能通过偏置功能方便地抽出薄壳，因为在成型过程中产生的内部应力较少，所以做出的零件更精确，并且成型速度更快。

☑ 能够沿着设定的路径分割零件。

☑ 能把面拉成实体。

☑ 三角缩减使 STL 文件大小更趋向合理化。

☑ 布尔操作。

☑ 能创建 STL 格式体素（如球体、圆柱体、立方体、四面体、棱柱体）。

☑ Z 轴补偿提高了零件在竖直方向的精度。

（7）支撑设计模块。能在很短的时间内自动设计支撑。支撑可选多种形式，例如经常采用点状支撑，可使支撑容易去除，并能保证支撑面的光洁度。

3. RPdata 软件

西安交通大学研发的 RPdata 数据处理软件，是在基于 Windows 环境的基础上，切实考虑快速成型技术的实际需要，经过大量的程序改进、优化制作的 Windows 软件，并且增加了多模型制作模块。采用了面向对象的程序设计方法及基于 OpenGL 的图形处理功能，功能强大、界面友好。

4. Makerware 软件

Makerware 是针对 Makerbot 机型专门设计的 3D 打印控制软件，但也支持其他 3D 打印机产品。目前，国内还没有比较完整的汉化版本，全英文界面，对于非英文用户还是不太容易上手。但是由于 Makerware 本身软件的设计比较简单，操作起来比较直观，因此，对于基础 3D 打印机用户而言，使用起来没有特别大的困难。

Makerware 的主界面相对简洁直观。界面上左方的按钮主要是对模型进行移动和编辑，上方按钮主要是对模型的载入保存和打印。

值得注意的是，Makerware 的支撑是自动生成的，虽然可以为初学者提供便利，但限制了用户的编辑自由性。同一打印对象，Makerware 的切片速度略慢一些，并且完成速度达到 64%后，切片容易出现错误，从而不能完成切片。

Makerware 具有以下优势功能。

（1）查看便捷。Makerware 载入模型文件后，左键选中，滑动鼠标可以很方便地从不同角度查看模型。

（2）预览功能。虽然这不是一个 Makerware 独有的功能，Flashprint 在切片后也有预览的功能，但是 Flashprint 需要在文件保存后才能预览；但是 Makerware 在切片后，选中预览功能，可以直接预览，方便使用者修改。在这点上 Makerware 的设计者还是考虑到了使用者的舒适度的，非常人性化。

5. Flashprint 软件

Flashprint 是闪铸科技针对 Dreamer（梦想家）机型专门研发的软件。自 Dreamer 机型开始，闪铸科技在新产品上均使用该软件，现在覆盖机型包括 Dreamer、Finder、Guider。

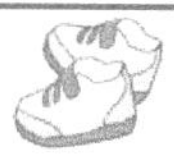

在首次启动 Flashprint 时，用户需要根据提示对所用机型进行选择。Flashprint 在界面上默认为中文界面，但是可以根据需要改成其他语言界面，并且闪铸为了能够让用户获得更好的用户体验，在出厂之前针对用户的语言习惯进行了语言设置。

就支撑而言，Flashprint 有自动生成支撑和手动编辑支撑，并提供了线状支撑和树状支撑两种方案。树状支撑是闪铸科技独有的支撑方案，很大程度上解决了支撑难以去除的难题。另外，相比线状支撑，树状支撑能够更大程度上节省耗材。用户还可以手动添加支撑和修改支撑，对于 3D 打印用户来说，在使用方面的操作性大大提高。

Flashprint 具有以下优势功能。

（1）浮雕功能。Flashprint 的浮雕功能和 Cura 一样很简便，一键生成。

（2）切割功能。当打印模型的尺寸超过打印机打印的尺寸时，可以使用切割功能。同时，为了更方便地打印，也可以将模型切割再打印。这样打印的成功率可以大大增加。使用切割功能还可以有效地减少支撑的数量，从而节省耗材。切割方向可以根据用户自己的需求确定，操作也非常简便，即使首次使用，也可以轻松上手。

6. XYZware 软件

XYZware 可以导入 STL 格式的 3D 模型文件，并导出为三纬 da Vinci 1.0 3D 打印机专有格式。.3w 格式是经过 XYZware 切片后的文件格式，可以直接在三纬 da Vinci 1.0 上进行打印，从而省去每次打印需要对 3D 模型做切片的步骤。

XYZware 界面左侧一列为查看和调整 3D 数字模型的操作选项，可以设置顶部、底部、前、后、左、右 6 个查看视角。选中模型后还可以进行移动、旋转、缩放等调整，不过，调整好的模型需要先保存再进行切片。

XYZware 具有以下优势功能。

（1）细致易用。三纬 da Vinci 1.0 3D 打印机的打印软件 XYZware 起到查看、调整、保存 3D 模型的作用，并且对 3D 模型切片，转换为 3D 打印机能够识别的数字模型。

（2）高级选项。在高级选项中，可以设置更为详细的打印参数。3D 密度决定了模型内部蜂窝状结构的多少，密度越高，蜂窝状结构越多，成品的强度越好。

本书主要介绍如何利用 Cura、Magics 和 RPdata 软件进行模型的 3D 打印。

SolidWorks 2016 基础

本章主要介绍 SolidWorks 软件的基本操作，如打开和关闭文件。同时简单介绍了软件术语，对后面章节的应用起到很大作用。

任务驱动&项目案例

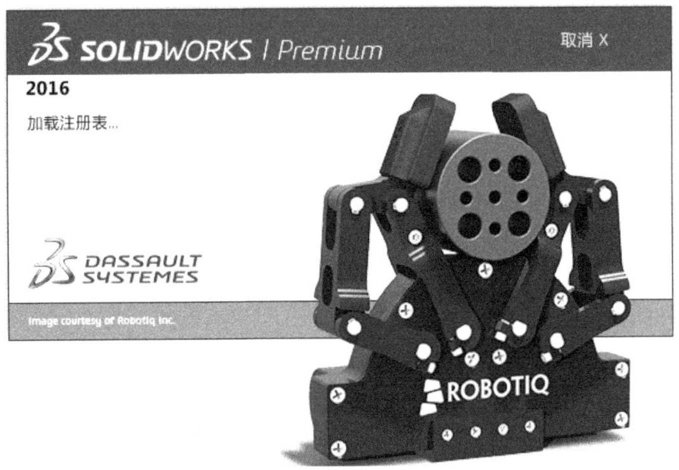

2.1　SolidWorks 2016 简介

SolidWorks 是达索系统（Dassault Systemes S.A）旗下的子公司（专门负责研发与销售机械设计软件）推出的视窗产品。达索公司是负责系统性的软件供应，并为制造厂商提供具有 Internet 整合能力的支援服务。

SolidWorks 公司推出的 SolidWorks 2016 在创新性、使用的方便性以及界面的人性化等方面都得到了增强，性能和质量进行了大幅度的完善，同时开发了更多 SolidWorks 新设计功能，使产品开发流程发生根本性的变革；支持全球性的协作和连接，增强了项目的广泛合作。

SolidWorks 2016 在用户界面、草图绘制、特征、成本、零件、装配体、SolidWorks Enterprise PDM、Simulation、运动算例、工程图、出详图、钣金设计、输出和输入以及网络协同等方面都得到了增强，使用户可以更方便地使用该软件。本节将介绍 SolidWorks 2016 的一些基本操作。

2.1.1　启动 SolidWorks 2016

SolidWorks 2016 安装完成后，就可以启动该软件了。在 Windows 操作环境下，选择屏幕左下角的“开始”→“所有程序”→SolidWorks 2016→SolidWorks 2016×64 Edition 命令，或者双击桌面上 SolidWorks 2016×64 Edition 的快捷图标就可以启动该软件。在图 2-1 显示了 SolidWorks 2016 的随机启动画面。

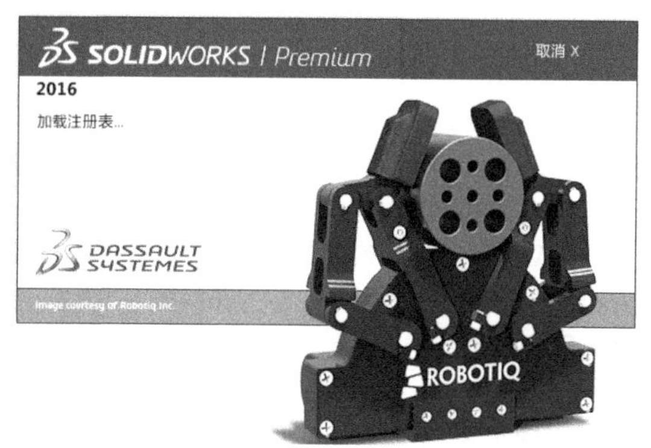

图 2-1　SolidWorks 2016 的随机启动画面

启动画面消失后，系统进入 SolidWorks 2016 的初始界面，初始界面中只有快速访问工具栏，如图 2-2 所示，用户可在设计过程中根据自己的需要打开其他工具栏。

2.1.2　退出 SolidWorks 2016

在文件编辑并保存完成后，就可以退出 SolidWorks 2016 系统。选择“文件”→“退出”命令，或者单击系统操作界面右上角的“退出”按钮✕，可直接退出。

如果对文件进行了编辑而没有保存文件，或者在操作过程中不小心执行了“退出”命令，则系统会弹出如图 2-3 所示的提示框。如果要保存对文件的修改，则选择提示框中的“全部保存”选项，系统会保存修改后的文件，并退出 SolidWorks 系统。如果不保存对文件的修改，则选择提示框中的“不保存”选项，系统不保存修改后的文件，并退出 SolidWorks 系统。单击“取消”按钮，则取消退出操作，回到原来的操作界面。

Note

图 2-2　SolidWorks 2016 的初始界面

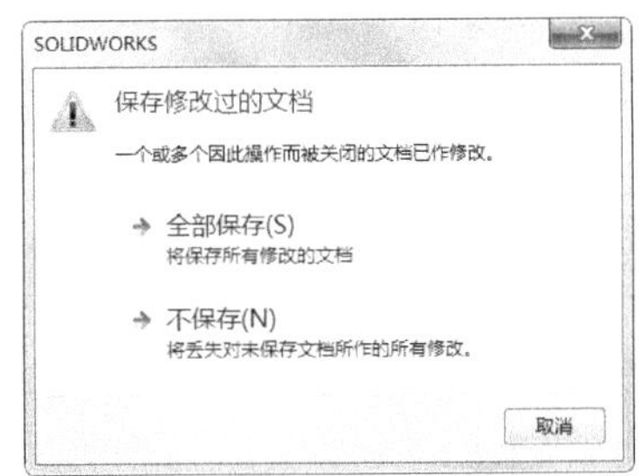

图 2-3　系统提示框

2.2　基 本 操 作

SolidWorks 公司推出的 SolidWorks 2016，不但改善了传统机械设计的模式，而且具有强大的建模功能、参数设计功能。在创新性、使用的方便性以及界面的人性化等方面都较以前有所增强。大大缩短了产品设计的时间，提高了产品设计的效率。

SolidWorks 2016 在用户界面、草图绘制、特征、零件、装配体、工程图、出详图、钣金设计、输出和输入以及网络协同等方面都得到了增强，比原来的版本增强了许多用户功能，使用户可以更方便地使用该软件。

2.2.1　新建文件

建立新模型前，需要建立新的文件。

单击快速访问工具栏中的“新建”按钮，或选择“文件”→“新建”命令，系统弹出如图 2-4 所示的“新建 SOLIDWORKS 文件”对话框。在该对话框中有 3 个图标，分别是零件、装配体及工程图。单击对话框中需要创建文件类型的图标，然后单击“确定”按钮，就可以建立相应类型的文件。

不同类型的文件，其工作环境是不同的，SolidWorks 提供了不同文件的默认工作环境，对应不同文件模板，当然用户也可以根据自己的需要修改其设置。

在 SolidWorks 2016 中，“新建 SOLIDWORKS 文件”对话框有两个版本可供选择，一个是高级版本，另一个是新手版本。

高级版本在各个标签上显示模板图标的对话框，当选择某一文件类型时，模板预览出现在预览框中。在该版本中，用户可以保存模板添加自己的标签，也可以选择 Tutorial 标签来访问指导教程模板，如图 2-4 所示。

单击图 2-4 中的“新手”按钮就会进入新手版本显示模式，如图 2-5 所示。该版本中使用较简单的对话框，提供零件、装配体和工程图文档的说明。

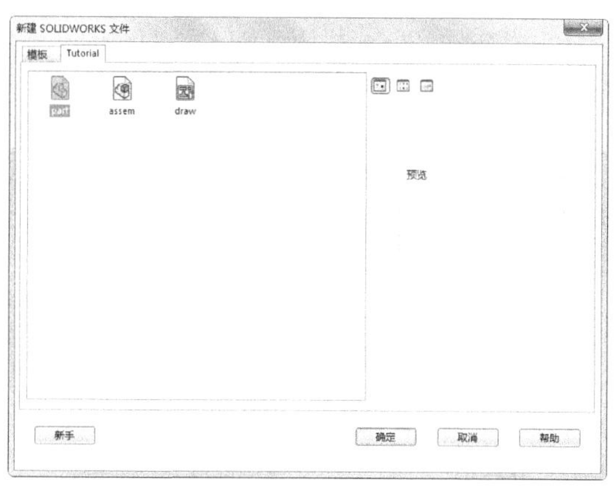

图 2-4 “新建 SOLIDWORKS 文件”对话框

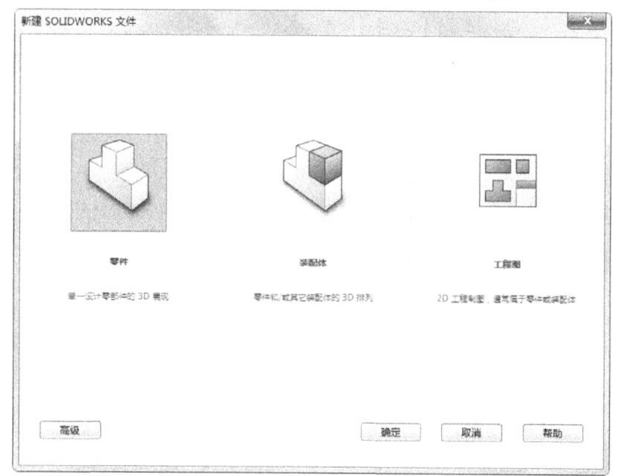

图 2-5 新手版本“新建 SOLIDWORKS 文件”对话框

2.2.2 打开文件

在 SolidWorks 2016 中，可以打开已存储的文件，对其进行相应的编辑和操作。

单击快速访问工具栏中的“打开”按钮，或选择“文件”→“打开”命令，系统弹出如图 2-6 所示的“打开”对话框。在“文件类型”下拉列表用于选择文件的类型，选择不同的文件类型，则在对话框中会显示文件夹中对应文件类型的文件。选择“预览”选项，选择的文件就会显示在对话框的“预览”窗口中，但是并不打开该文件。

选取了需要的文件后，单击对话框中的“打开”按钮，就可以打开选择的文件，对其进行相应的编辑和操作。

在“文件类型”下拉列表中，并不限于 SolidWorks 类型的文件，如*.sldprt、*.sldasm 和*.slddrw。SolidWorks 软件还可以调用其他软件所形成的图形并对其进行编辑，如图 2-7 所示就是 SolidWorks 可以打开的其他类型的文件。

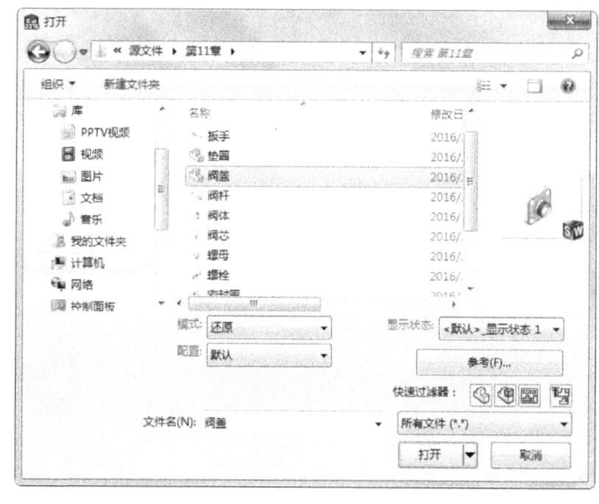

图 2-6 “打开”对话框

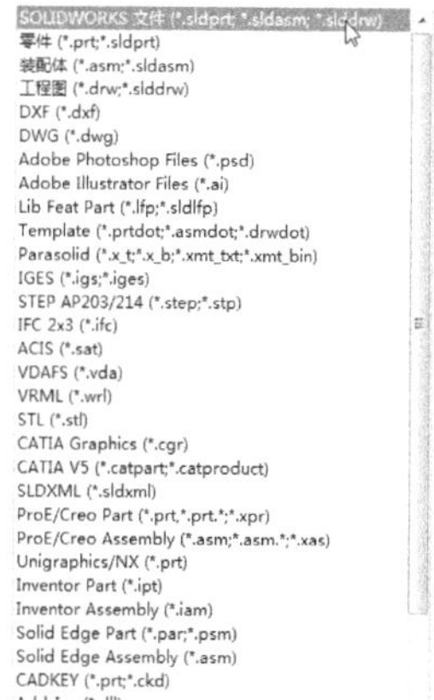

图 2-7 打开文件类型列表

2.2.3 保存文件

已编辑的图形只有保存起来，在需要时才能打开该文件对其进行相应的编辑和操作。

单击快速访问工具栏中的“保存”按钮，或选择“文件”→“保存”命令，系统弹出如图 2-8 所示

的“另存为”对话框。在对话框上方选择文件存放的路径；“文件名”一栏用于输入要保存的文件名称；“保存类型”一栏用于选择所保存文件的类型。通常情况下，在不同的工作模式下，系统会自动设置文件的保存类型。

在“保存类型”下拉列表中，并不限于 SolidWorks 类型的文件，如*.sldprt、*.sldasm 和*.slddrw。也就是说，SolidWorks 不但可以把文件保存为自身的类型，还可以保存为其他类型，方便其他软件对其调用并进行编辑。图 2-9 所示是 SolidWorks 可以保存为其他文件的类型。

图 2-8　“另存为”对话框

图 2-9　保存文件类型

在图 2-8 所示的“另存为”对话框中，可以在将文件保存的同时保存一份备份文件。保存备份文件时，需要预先设置保存的文件目录。

选择“工具”→“选项”命令，系统弹出如图 2-10 所示的“系统选项”对话框，选择对话框中的“备份/恢复”选项，在右侧“备份”栏中可以修改保存备份文件的目录。

图 2-10　“系统选项”对话框

2.3 用户界面

新建一个零件文件后，SolidWorks 2016 的用户界面如图 2-11 所示。

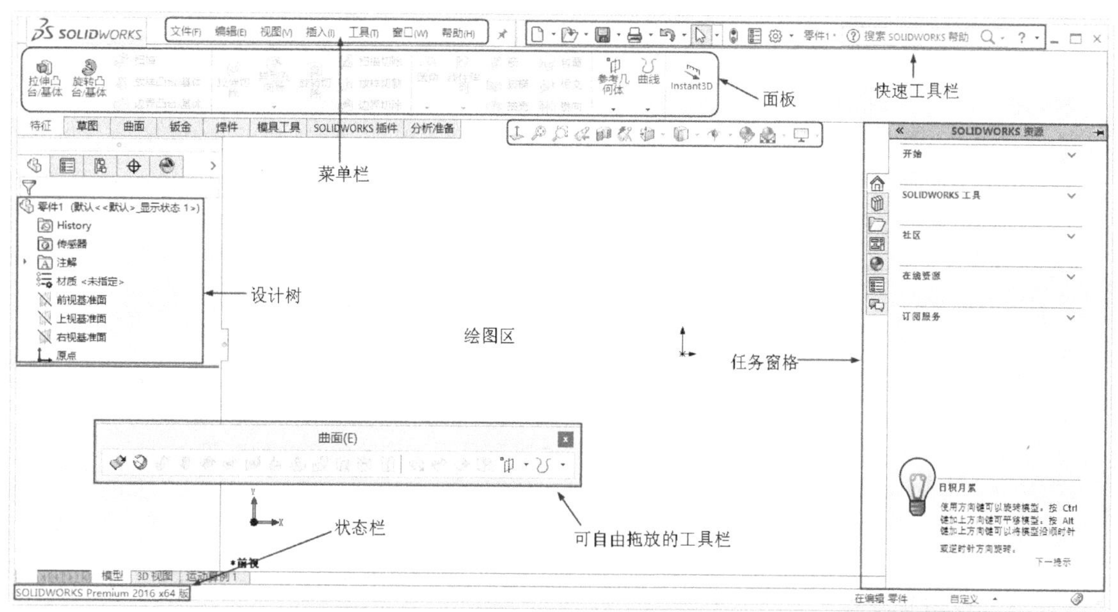

图 2-11 SolidWorks 界面

装配体文件和工程图文件与零件文件的用户界面类似，在此不再一一罗列。

用户界面包括菜单栏、工具栏以及状态栏等。菜单栏包含了所有的 SolidWorks 命令，工具栏可根据文件类型（零件、装配体、或工程图）来调整和放置，并设定其显示状态，而 SolidWorks 窗口底部的状态栏则可以提供设计人员正执行的功能有关的信息。

2.3.1 菜单栏

菜单栏显示在左上角图标的右侧，如图 2-12 所示，默认情况下菜单栏是隐藏的。

要显示菜单栏，需要将鼠标指针移动到 SolidWorks 图标或单击它，如图 2-13 所示，若要始终保持菜单栏可见，需要将“图钉”图标更改为钉住状态，其中最关键的功能集中在“插入”与“工具”菜单中。

图 2-12 默认菜单栏　　图 2-13 菜单栏

通过单击工具按钮旁边的下移方向键，可以扩展以显示带有附加功能的弹出菜单，如图 2-14 所示。这使用户可以访问工具栏中的大多数菜单命令。例如，“保存”弹出菜单包括“保存”“另存为”“保存所有”3 个命令。

SolidWorks 的菜单项对应于不同的工作环境，相应的菜单以及其中的选项会有所不同。在后面的

Note

应用中会发现，当进行一定任务操作时，不起作用的菜单命令会临时变灰，此时将无法应用该菜单命令。

如果选择保存文档提示，则当文档在指定间隔（分钟或更改次数）内保存时，将出现一个透明信息框。其中包含保存当前文档或所有文档的命令，它将在几秒后淡化消失，如图 2-15 所示。

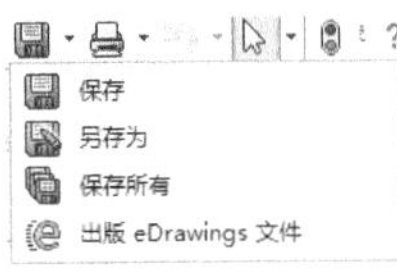

图 2-14　弹出菜单

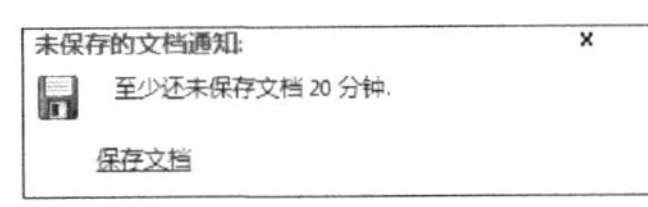

图 2-15　未保存文档通知

各菜单项的主要功能如下。

☑ “文件”：主要包括新建、打开和关闭文件，页面设置和打印、近期使用过的文件列表以及退出系统等命令。

☑ “编辑”：主要包括复制、剪切、粘贴、压缩与解除压缩、外观设置以及自定义菜单等命令。

☑ “视图”：主要包括视图外观显示、视图中注解显示、草图几何关系以及用户界面中工具栏显示等命令。

☑ “插入”：主要包括零件的特征建模、钣金、焊件、模具的编辑以及工程图中的注解等命令。

☑ “工具”：主要包括草图绘制实体、草图绘制工具、标注尺寸、几何关系以及测量和截面属性等命令。

☑ “窗口”：主要包括文件在工作区的排列方式以及显示工作区的文件列表等命令。

☑ “帮助”：主要包括在线帮助以及软件的其他信息等。

用户可以根据不同的工作环境，自行设定符合个人风格的菜单项。自定义菜单的操作步骤如下：

（1）选择“工具”→“自定义”命令，或者右击任何工具栏，在系统弹出的快捷菜单中选择“自定义”命令，如图 2-16 所示。

（2）此时系统弹出“自定义”对话框，选择“菜单”选项卡，如图 2-17 所示，根据需要对菜单进行修改。

图 2-16　右键系统快捷菜单

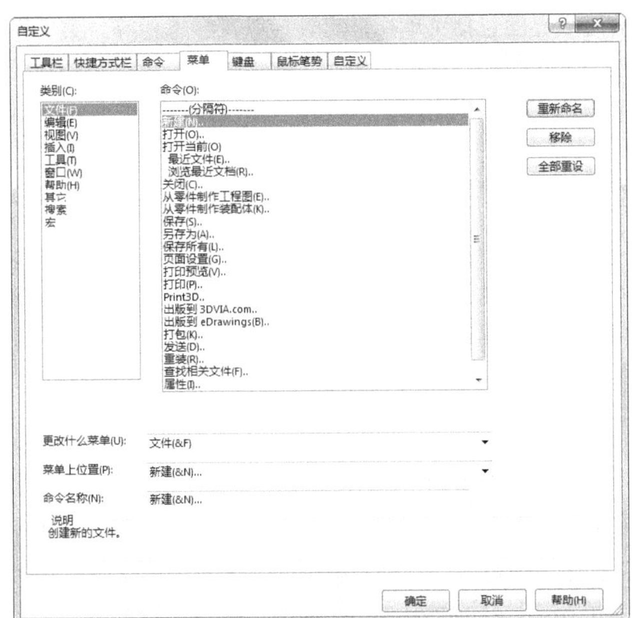

图 2-17　“自定义”对话框

（3）单击“自定义”对话框中的“确定”按钮，完成菜单设置。

“自定义”对话框中的“菜单”选项卡可以实现对菜单的重新命名、移除或者添加。各部分意义如下。

☑ “类别”：指定要改变菜单的类别。

☑ “命令”：选择想要添加、重新命名、重排或者移除的命令。

☑ “更改什么菜单”：显示所选择菜单的编码名称。

☑ “菜单上位置”：选择所设置的命令在菜单位置，包括自动、在顶端或者在底端 3 个位置。

☑ “命令名称”：显示所选择命令的编码名称。

☑ “说明”：显示所选择命令的说明。

提示： 自定义菜单时，必须有 SolidWorks 文件被激活，否则不能定义菜单栏。

2.3.2　工具栏

SolidWorks 中有很多可以按需要显示或隐藏的内置工具栏。选择“视图”→“工具栏”命令，或者在工具栏区域右击，弹出“工具栏”菜单。选择“自定义”命令，在打开的“自定义”对话框中选中“视图”复选框，会出现浮动的“视图”工具栏，可以自由拖动将其放置在需要的位置上。

此外，还可以设定哪些工具栏在没有文件打开时可显示，或者根据文件类型（零件、装配体或工程图）来放置工具栏并设定其显示状态（自定义、显示或隐藏）。例如，保持“自定义”对话框的打开状态，在 SolidWorks 用户界面中，可对工具栏按钮进行如下操作。

☑ 从工具栏上一个位置拖动到另一位置。

☑ 从一个工具栏拖动到另一个工具栏。

☑ 从工具栏拖动到图形区中，即从工具栏上将其移除。

有关工具栏命令的各种功能和具体操作方法将在后面的章节中做具体的介绍。

在使用工具栏或工具栏中的命令时，将指针移动到工具栏图标附近，会弹出消息提示，显示该工具的名称及相应的功能，显示一段时间后，该提示会自动消失。

2.3.3　状态栏

状态栏位于 SolidWorks 用户界面底端的水平区域，提供了当前窗口中正在编辑的内容的状态以及指针位置坐标、草图状态等信息的内容。典型信息如下。

☑ 重建模型图标：在更改了草图或零件而需要重建模型时，重建模型图标会显示在状态栏中。

☑ 草图状态：在编辑草图过程中，状态栏中会出现 5 种草图状态，即完全定义、过定义、欠定义、没有找到解、发现无效的解。在考虑零件完成之前，最好应该完全定义草图。

2.3.4　FeatureManager 设计树

FeatureManager 设计树位于 SolidWorks 用户界面的左侧，是 SolidWorks 中比较常用的部分，它提供了激活的零件、装配体或工程图的大纲视图，从而可以很方便地查看模型或装配体的构造情况，或者查看工程图中的不同图纸和视图。

FeatureManager 设计树和图形区是动态链接的。在使用时可以在任何窗格中选择特征、草图、工

Note

程视图和构造几何线。FeatureManager 设计树可以用来组织和记录模型中各个要素及要素之间的参数信息和相互关系，以及模型、特征和零件之间的约束关系等，几乎包含了所有设计信息。FeatureManager 设计树如图 2-18 所示。

对 FeatureManager 设计树的熟练操作是应用 SolidWorks 的基础，也是应用 SolidWorks 的重点，由于其功能强大，不能一一列举，在后几章中会多次用到，只有在学习的过程中熟练应用设计树的功能，才能加快建模的速度，提高效率。

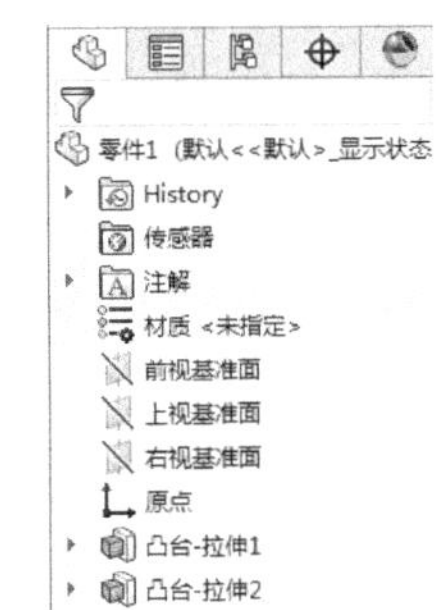

图 2-18　FeatureManager 设计树

2.4　系统设置

系统设置用来根据用户的需要自定义 SolidWorks 的功能，SolidWorks 系统包括了系统选项和文件属性两部分，并强调了系统选项和文件属性之间的不同。

系统设置将选项对话框从结构形式上分为“系统选项”和“文档属性”两个标签，每个标签上列出的选项以树形格式显示在对话框左侧。单击其中一个项目时，该项目的选项出现在对话框右侧，可以对相应的选项进行设置。

在设置中需要注意的是，系统选项的设置保存在注册表中，它不是文件的一部分，这些设置的更改会影响当前和将来的所有文件。文件属性仅应用于当前的文件，“文件属性”标签仅在文件打开时可用。

2.4.1　系统选项设置

系统设置用于设置与性能有关的系统默认参数，如系统的颜色设置（包括系统中各部分的颜色、PropertyManager 颜色、PropertyManager 外壳颜色及其他相关联的颜色设置）、文件的默认路径、是否备份文件及备份文件的路径等。所以在使用该软件前，都要进行系统选项设置，以便设置自己喜欢的使用方式。

利用菜单命令设置系统选项的操作步骤如下：

（1）选择“工具”→“选项”命令，此时系统弹出如图 2-19 所示的“系统选项”对话框。

（2）单击“系统选项”选项卡中左侧需要设置的项目，该项目的选项出现在对话框右侧，然后根据需要选中需要的选项。

（3）单击对话框右下侧的“确定”按钮，完成系统选项的设置。

下面将简单介绍几种常用的系统选项设置。

☑ 设置菜单和特征的语言类型。对于中文版本的系统来说，系统默认的菜单和文件特征为中文语言类型。如果要改变菜单和文件特征的语言类型，选择“系统选项”选项卡中的“普通”选项，然后选中右侧的“使用英文菜单”和“使用英文特征和文件名称”复选框，则表示使用英文菜单类型和英文文件特征类型。如果不选中这两个复选框，则使用中文菜单类型和中文文件特征类型。

Note

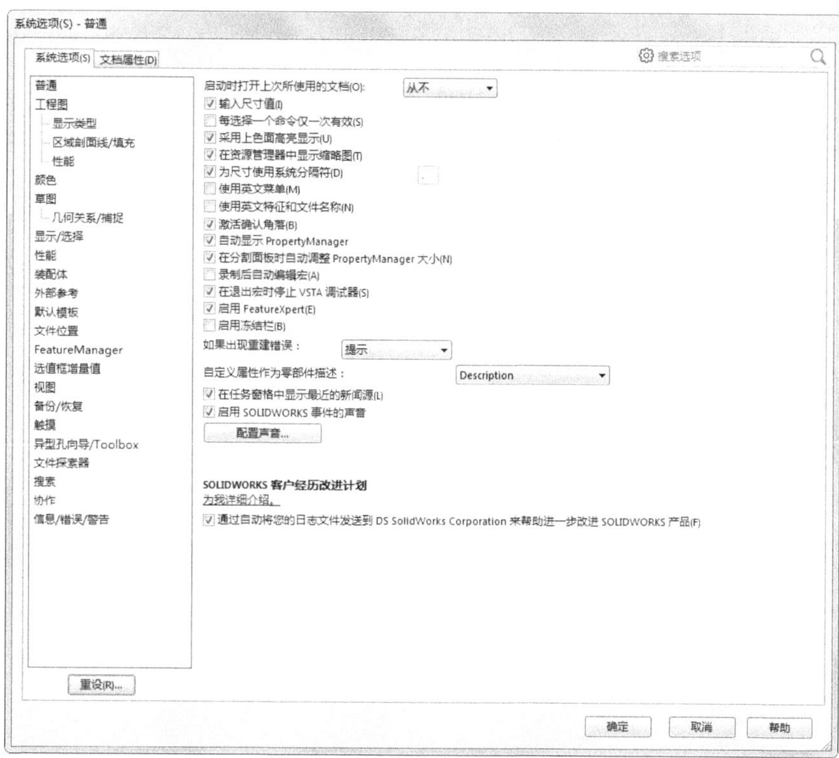

图 2-19 “系统选项”对话框

提示：对于中文版本的软件系统，安装后系统默认的是中文菜单，但可以设置为英文菜单，选中“使用英文菜单”复选框，可以设置系统为英文菜单，但必须退出并重新启动 SolidWorks，该设置才能有效，其他选项设置不必重新启动软件系统即可生效。选中“使用英文特征和文件名称”复选框时，“FeatureManager 设计树”中的特征名称和自动创建的文件名都会以英文显示，如果原来是英文的，则选择此选项时英文特征和文件名不会被更新。

☑ 设置颜色。设置颜色主要用来设置软件操作界面的颜色，包括系统颜色中的各区域颜色的设置、PropertyManager 颜色、PropertyManager 外壳颜色及其他相关联的颜色设置。该设置主要是为了个性化的操作界面。选择“系统选项”选项卡中的“颜色”选项，如图 2-20 所示，根据需要设置系统颜色中各区域的颜色、PropertyManager 颜色、PropertyManager 外壳颜色及其他相关联的颜色，然后单击“确定”按钮即可完成设置。

☑ 设置草图几何关系/捕捉。设置草图绘制中的几何关系/捕捉对于能否智能地捕捉到绘制点的位置很关键，对于提高绘图效率很重要。选择“系统选项”选项卡中的“草图”选项下的“几何关系/捕捉”选项，如图 2-21 所示。这是系统默认的设置，一般进行设置时不选中“自动几何关系”复选框，因为对于设计者来说，需要添加自己的几何关系，如果和系统自动添加的几何关系有冲突，容易形成过定义。最后单击“确定”按钮即可完成设置。

☑ 设置文件位置。该选项主要用来定义组成设计文件的一些系统文件，如“文件模板”“材料明细表模板”等。选择“系统选项”选项卡中的“文件位置”选项，如图 2-22 所示。通过该选项可以将系统默认的“文件模板”“材质数据库”“纹理”“设计库”“图纸格式”“材料明细表模板”等文件的存放位置设置为自定义的位置。

Note

图 2-20　“颜色”选项设置对话框

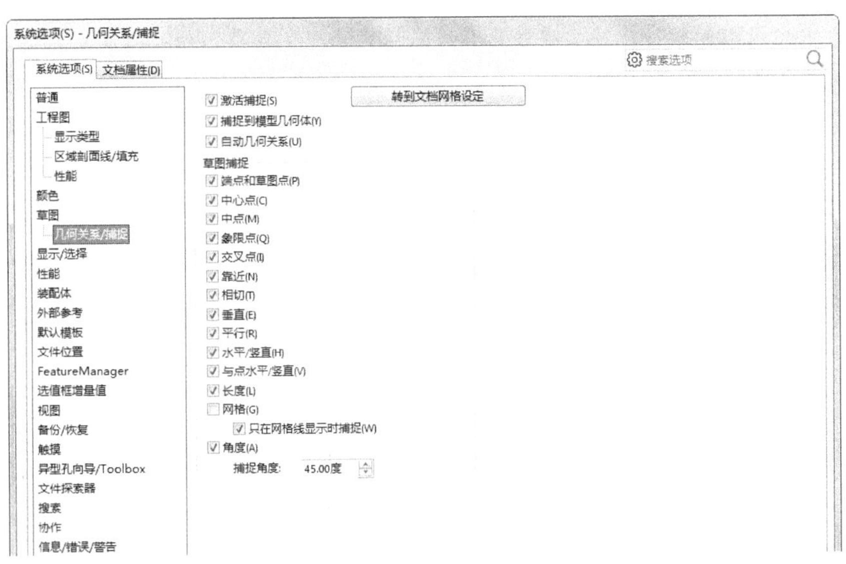

图 2-21　“几何关系/捕捉”选项设置对话框

☑　设置备份文件。该选项主要用来自动备份保存文件。选择“系统选项”选项卡中的“备份/恢复”选项，如图 2-23 所示。通过该选项可以设置自动保存的时间间隔、备份份数及备份文件的存放位置，从而防止系统死机时丢失设计文件。

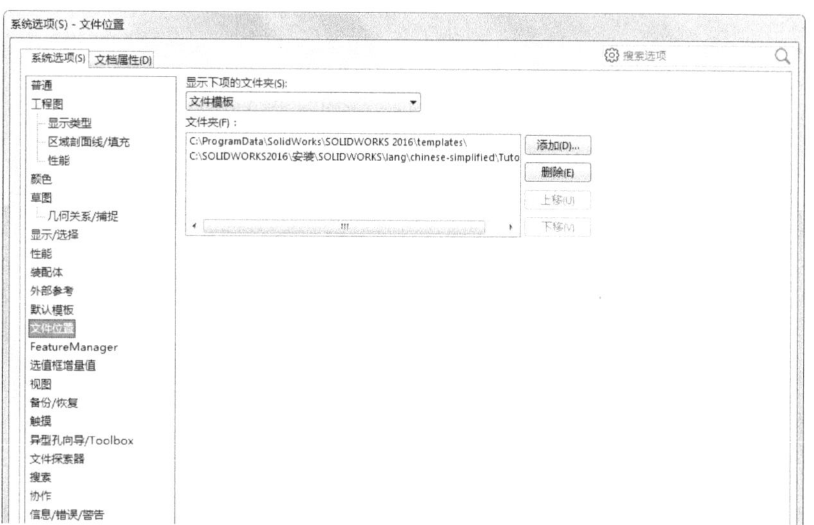

图 2-22　“文件位置”选项设置对话框

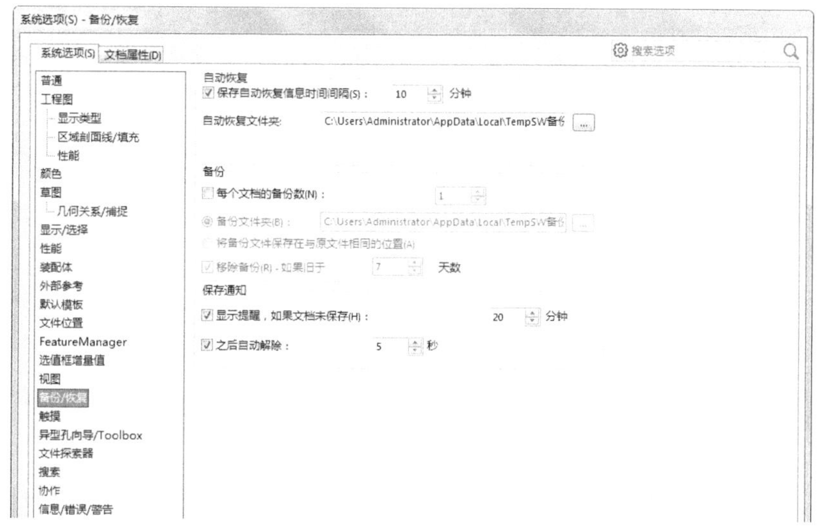

图 2-23　“备份”选项设置对话框

2.4.2　文件属性设置

文件属性设置主要用来设置与工程零件详图和工程装配详图有关的尺寸、注释、零件序号、箭头、虚拟交点、注释显示、注释字体、单位、工程图颜色等。需要注意的是，“文件属性”设置仅能应用于当前打开的文件，并且“文档属性”选项卡仅在文件打开时可用。新建立文件的文件属性从文件的模板中获取。

利用菜单命令设置文件属性的操作步骤如下：

（1）选择“工具”→“选项”命令，在系统弹出的对话框中选择“文档属性”选项卡，如图 2-24 所示。

（2）单击“文档属性”选项卡中左侧需要设置的项目，该项目的选项出现在对话框右侧，然后根据需要选中选项。

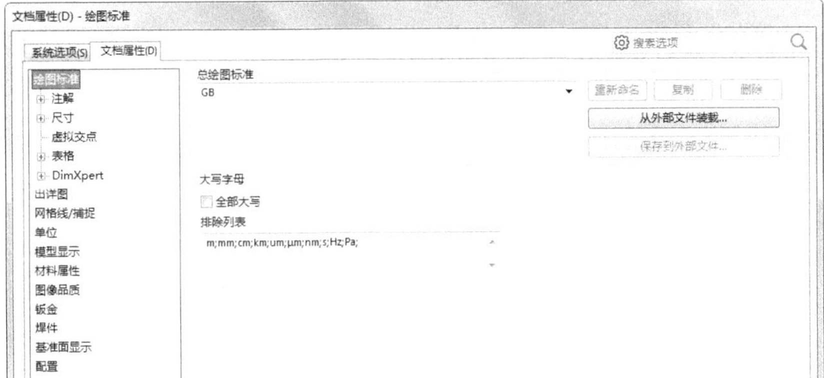

图 2-24 “文档属性”对话框

（3）单击对话框右下侧的“确定”按钮，完成文件属性的设置。

下面将简单介绍几种常用的文件属性设置。

☑ 设置零件序号。主要用来设置单个零件序号、成组零件序号、零件序号文字及自动零级序号布局等，该选项主要用来设置装配图中零件序号的标注样式。选择“文档属性”选项卡中“注解”选项下的“零件序号”选项，如图 2-25 所示，根据序号选择各选项的设置，然后单击“确定”按钮即可完成设置。

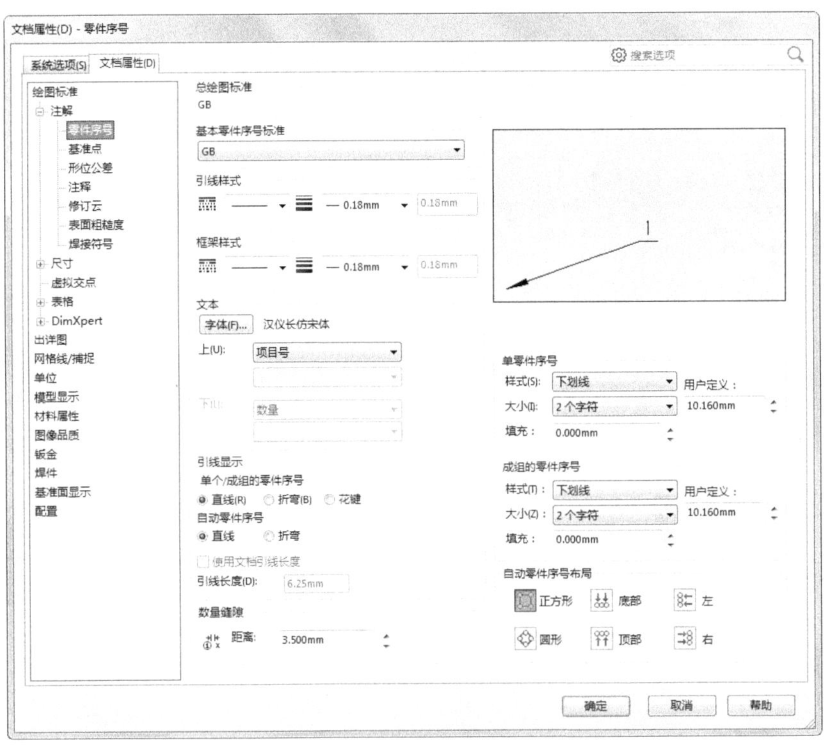

图 2-25 “零件序号”选项设置对话框

☑ 设置尺寸。对于一个高级用户来说，工程图尺寸标注设置非常重要，主要用来设置尺寸标注时文字是否加括号、位置的对齐方式、等距距离、箭头样式及位置等参数。选择“文档属性”选项卡中的“尺寸”选项，如图 2-26 所示是系统默认的设置。

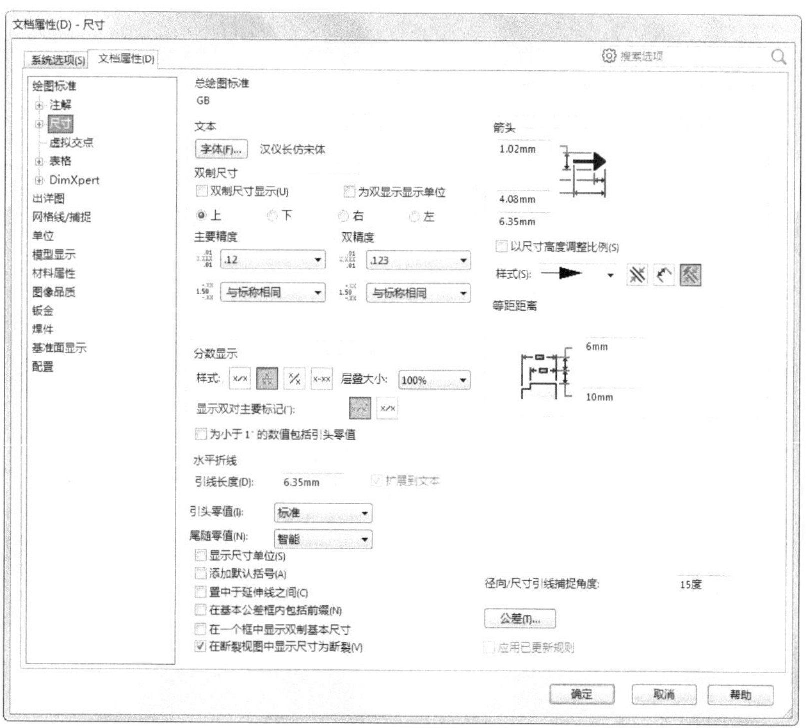

图 2-26　“尺寸”选项设置对话框

☑　设置出详图。该选项用来设置是否在工程图中显示装饰螺纹线、基准点、基准目标等选项，还可以进行其他方面的设置。选择“文档属性”选项卡中的“出详图”选项，如图 2-27 所示，选中其中选项即可进行相应的设置。

图 2-27　“出详图”选项设置对话框

☑　设置单位。设置单位主要包括设置单位系统、长度单位、角度单位、双制单位及小数位数等。单位系统设置主要是针对各个国家的使用者标准不同而设置的，有 5 个选项。选择“文档属性”选项卡中的“单位”选项，如图 2-28 所示，根据需要选择设置即可。

系统默认单位的小数位数为 2，如果将对话框中“长度单位”一栏中的“小数位数”设置为 0，则图形中尺寸标注的小数位数将改变。图 2-29 所示为设置前后的图形比较。

Note

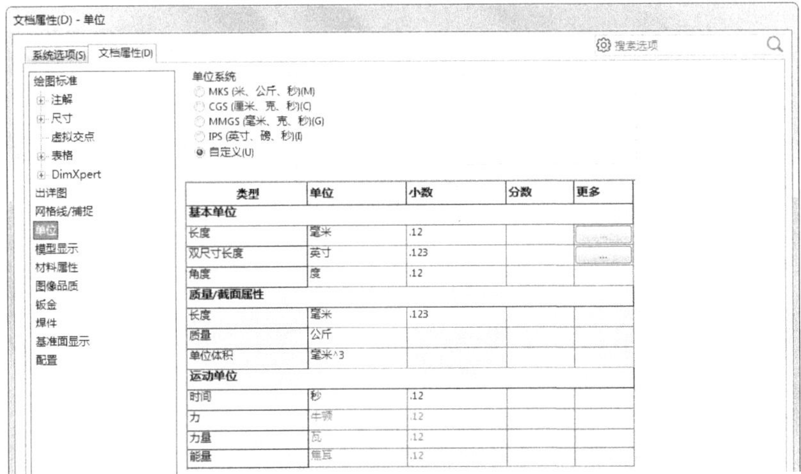

图 2-28 “单位”选项设置对话框

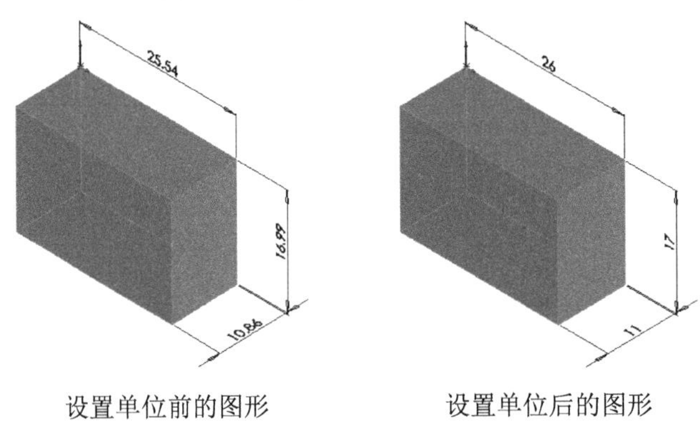

设置单位前的图形　　设置单位后的图形

图 2-29 设置单位前后图形比较

2.5 工作环境设置

要熟练地使用一套软件，必须先认识软件的工作环境，然后设置适合自己的使用环境，这样可以使设计更加便捷。SolidWorks 软件同其他软件一样，可以根据需要显示或者隐藏工具栏，以及添加或者删除工具栏中的命令按钮，还可以根据需要设置零件、装配体和工程图的工作界面。

2.5.1 设置工具栏

SolidWorks 系统默认的工具栏是比较常用的，SolidWorks 有很多工具栏，由于绘图区域限制，不能显示所有的工具栏。在建模过程中，用户可以根据需要显示或者隐藏部分工具栏，设置方法有两种，下面将分别介绍。

1. 利用菜单命令设置工具栏

（1）选择“工具”→“自定义”命令，或者在工具栏区域右击，在弹出的快捷菜单中选择“自

定义”命令，此时系统弹出如图 2-30 所示的“自定义”对话框。

图 2-30　“自定义”对话框

（2）选择对话框中的“工具栏”选项卡，此时会出现系统所有的工具栏，选中需要的工具栏。

（3）单击对话框中的“确定”按钮，则操作界面上会显示选择的工具栏。

如果要隐藏已经显示的工具栏，单击已经选中的工具栏，则取消选中，然后单击“确定”按钮，此时操作界面上会隐藏取消选中的工具栏。

2. 利用鼠标右键设置工具栏

（1）在操作界面的工具栏中右击，系统会出现设置工具栏的快捷菜单，如图 2-31（a）所示。如在工具栏的标签上右击，系统会出现设置工具栏标签的快捷菜单，如图 2-31（b）所示。

（a）　　　　（b）

图 2-31　“工具栏”快捷菜单

（2）单击需要的工具栏，前面复选框的颜色会加深，则操作界面上会显示选择的工具栏。如果单击已经显示的工具栏，前面复选框的颜色会变浅，则操作界面上会隐藏选择的工具栏。

Note

另外，隐藏工具栏还有一个简便的方法，即将界面中不需要的工具，用鼠标将其拖到绘图区域中，此时工具栏上会出现标题栏。图 2-32 所示是拖到绘图区域中的“注解”工具栏，然后单击工具栏右上角的“关闭”按钮，则操作界面中会隐藏该工具栏。

图 2-32　“注解”工具栏

提示： 当选择显示或者隐藏的工具栏时，对工具栏的设置会应用到当前激活的 SolidWorks 文件类型中。

2.5.2　设置工具栏命令按钮

系统默认工具栏中的命令按钮，有时不是所用的命令按钮，可以根据需要添加或者删除命令按钮。

设置工具栏命令按钮的操作步骤如下：

（1）选择“工具”→“自定义”命令，或者在工具栏区域右击，在弹出的快捷菜单中选择“自定义”命令，此时系统弹出“自定义”对话框。

（2）选择对话框中的“命令”选项卡，此时会出现如图 2-33 所示的“命令”标签的类别和按钮选项。

图 2-33　“自定义”对话框

（3）在“类别”选项中选择命令所在的工具栏，此时会在“按钮”栏中出现该工具栏中所有的命令按钮。

（4）在“按钮”栏中单击选择要增加的命令按钮，按住左键拖动该按钮到要放置的工具栏上，然后松开鼠标左键。

（5）确认添加的命令按钮。单击对话框中的“确定”按钮，则工具栏上会显示添加的命令按钮。

如果要删除无用的命令按钮，只要选择“自定义”对话框的“命令”选项卡，然后在要删除的按钮上用鼠标左键拖动到绘图区，就可以删除该工具栏中的命令按钮。

例如，在“草图”工具栏中添加“椭圆”命令按钮。首先选择“工具”→“自定义”命令，进入“自定义”对话框，然后选择“命令”选项卡，在左侧“类别”选项中选择“草图”工具栏。在“按钮”档中用鼠标左键选择“椭圆”按钮◎，按住鼠标左键将其拖到“草图”工具栏中合适的位置，然后松开左键，该命令按钮就添加到工具栏中。图 2-34 所示为添加前后“草图”工具栏的变化情况。

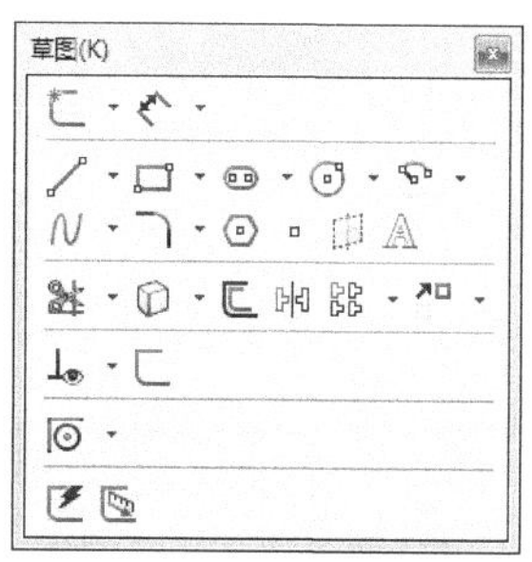

（a）添加命令按钮前

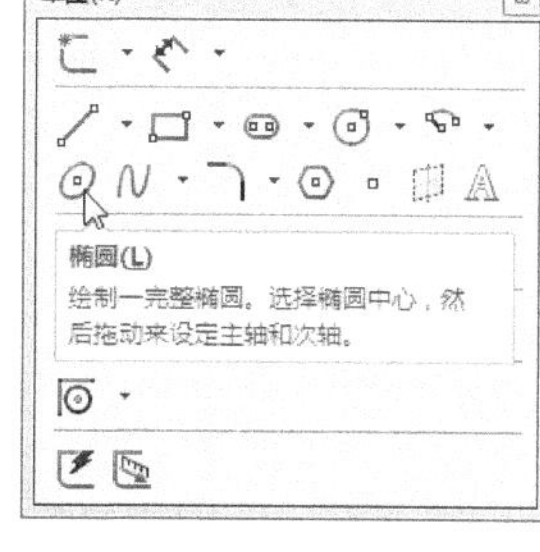

（b）添加命令按钮后

图 2-34　添加命令按钮图示

提示：对工具栏添加或者删除命令按钮时，对工具栏的设置会应用到当前激活的 SolidWorks 文件类型中。

2.5.3　设置快捷键

除了使用菜单栏和工具栏中命令按钮执行命令外，SolidWorks 软件还为用户通过自行设置快捷键方式来执行命令。步骤如下：

（1）选择“工具”→“自定义”命令，或者在工具栏区域右击，在弹出的快捷菜单中选择“自定义”命令，此时系统弹出“自定义”对话框。

（2）选择对话框中的“键盘”选项卡，此时会出现如图 2-35 所示的“键盘”选项卡的类别和命令选项。

（3）在“类别”选项中选择菜单类，然后在“命令”选项中选择要设置快捷键的命令。

（4）在“快捷键”一栏中输入要设置的快捷键，输入的快捷键就出现在“快捷键”一栏中。

（5）确认设置的快捷键。单击对话框中的“确定”按钮，快捷键设置成功。

提示：

（1）如果设置的快捷键已经被使用过，则系统会提示该快捷键已经被使用，必须更改要设置的快捷键。

（2）如果要取消设置的快捷键，在对话框中选择“快捷键”一栏中设置的快捷键，然后单击对话框中的“移除快捷键”按钮，则该快捷键就会被取消。

Note

图 2-35 “自定义”对话框

2.5.4 设置背景

在 SolidWorks 中，可以更改操作界面的背景及颜色，以设置个性化的用户界面。

设置背景的操作步骤如下：

（1）选择“工具”→“选项”命令，此时系统弹出“系统选项”对话框，如图 2-36 所示。

图 2-36 “系统选项”对话框

（2）在对话框的“系统选项”选项卡中选择“颜色”选项。

（3）在右侧的“颜色方案设置”栏中选择“视区背景”，然后单击“编辑”按钮，此时系统弹出如图 2-37 所示的“颜色”对话框，在其中选择设置的颜色，然后单击“确定”按钮。可以使用该方式，设置其他选项的颜色。

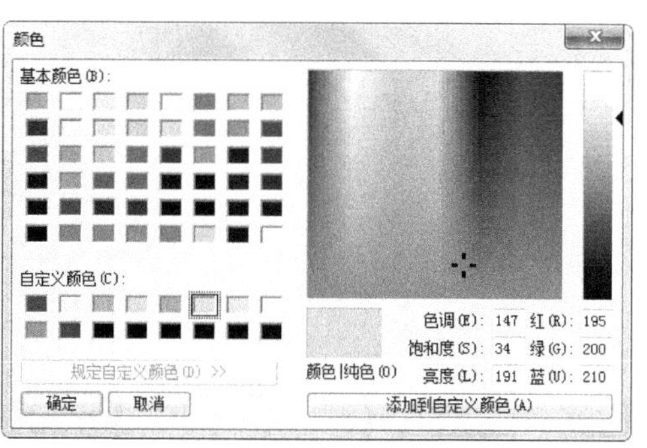

图 2-37 “颜色”对话框

（4）单击对话框中的“确定”按钮，系统背景颜色设置成功。

在如图 2-36 所示的对话框中，选中下面 4 个不同的背景外观选项，可以得到不同背景效果，用户可以自行设置，在此不再赘述。图 2-38 所示为一个设置好背景颜色的零件图。

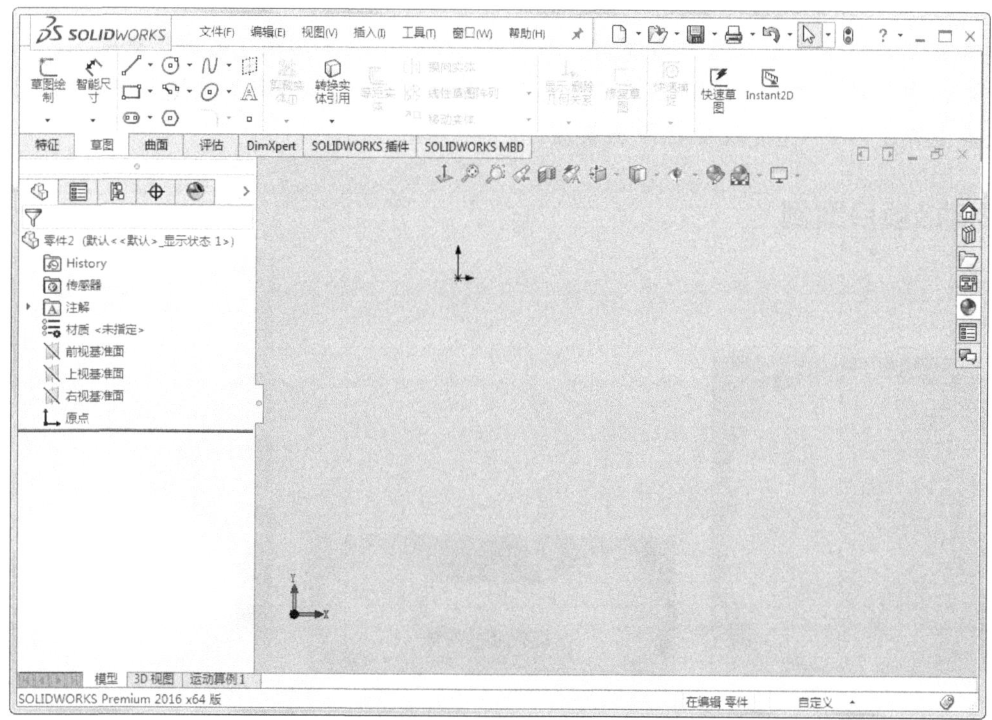

图 2-38 设置背景后的效果图

第3章 生活用品造型与打印

3D 打印日渐走进我们的视野、走进我们的生活，甚至贯穿着我们未来每一天的起居。3D 打印最大的特点就是可以实现私人定制。

本章主要介绍常见的几款生活用品，如陀螺、哑铃、瓜皮小帽、公章、地球仪、水龙头、管接头等模型的建立及 3D 打印过程。通过本章的学习，主要使读者掌握如何在 SolidWorks 中创建模型并导入到 Cura 软件打印出模型。

任务驱动&项目案例

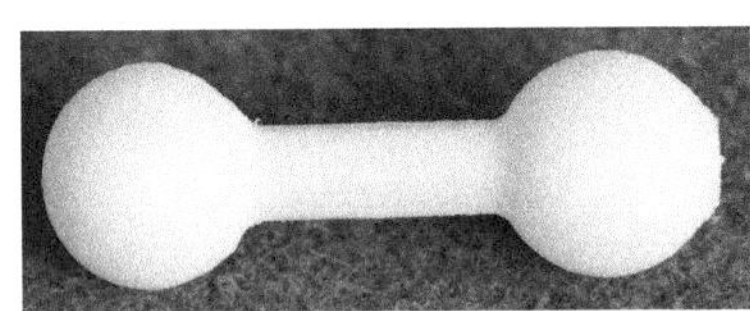

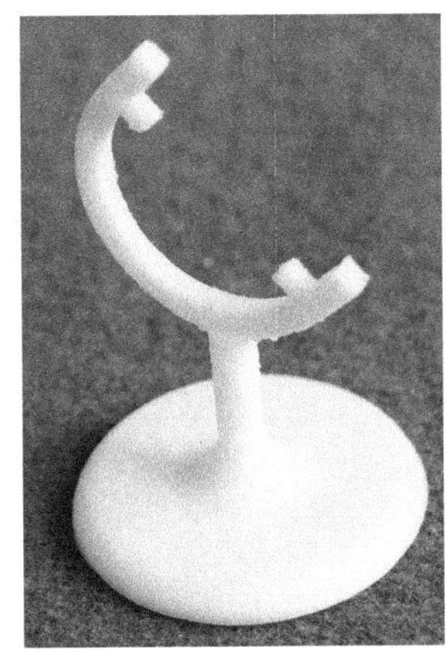

3.1　陀　　螺

首先利用 SolidWorks 软件创建陀螺模型，再利用 Cura 软件打印陀螺的 3D 模型，最后对打印出来的陀螺模型进行去支撑和毛刺处理，流程图如图 3-1 所示。

图 3-1　陀螺模型创建流程图

3.1.1　创建模型

本节绘制陀螺，这是一个比较规则的实体，主要由圆柱体、圆锥体和球体组成。首先绘制圆柱体，然后绘制圆锥体，最后绘制球体。

1. 新建文件

选择"文件"→"新建"命令，或者单击快速访问工具栏中的"新建"按钮，在弹出的如图 3-2 所示的"新建 SOLIDWORKS 文件"对话框中单击"零件"按钮，然后单击"确定"按钮，创建一个新的零件文件。

图 3-2　"新建 SOLIDWORKS 文件"对话框

Note

2. 绘制草图 1

在左侧的"FeatureManager 设计树"中选择"前视基准面"，单击"正视于"按钮，使基准面平行于屏幕，然后单击"草图绘制"按钮，进入草图绘制环境。单击"草图"面板中的"圆"按钮，以原点为圆心绘制一个圆，圆的大小不限。结果如图 3-3 所示。单击"草图"面板中的"智能尺寸"按钮，然后单击圆的边缘一点，此时系统弹出"修改"对话框，在对话框中输入设计的尺寸，如图 3-4 所示，单击"确定"按钮。

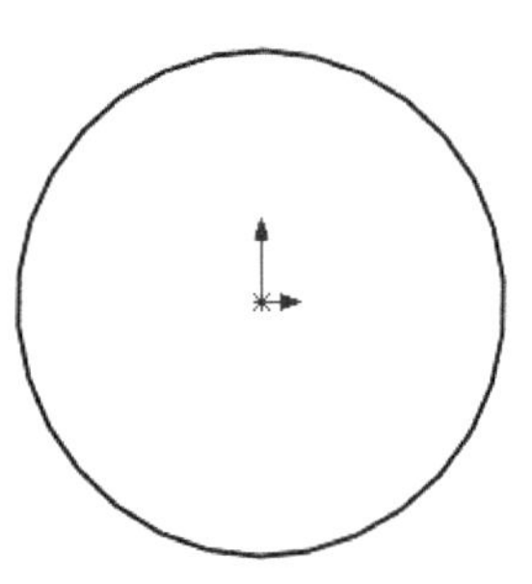

图 3-3　绘制的草图

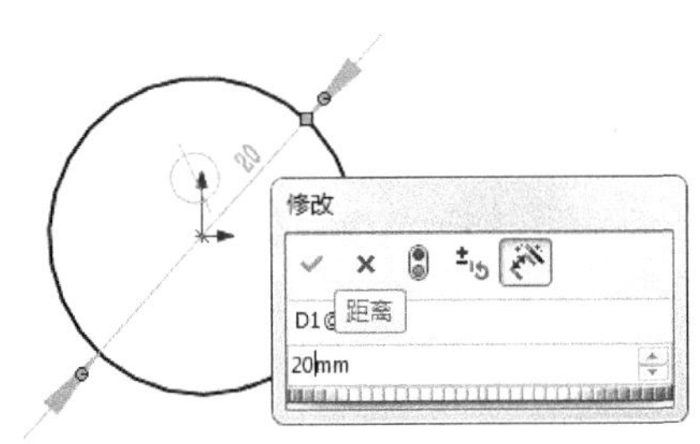

图 3-4　标注后的草图

注意：绘制的草图，在欠定义时系统默认为蓝色，在完全定义后，图形的颜色将变为黑色。标注中的其他颜色遵循系统默认值。

3. 拉伸实体

单击"特征"面板中的"拉伸凸台/基体"按钮，此时系统弹出如图 3-5 所示的"凸台-拉伸"属性管理器。输入拉伸深度为 10mm，其他选项按照图示设置后，单击"确定"按钮，结果如图 3-6 所示。

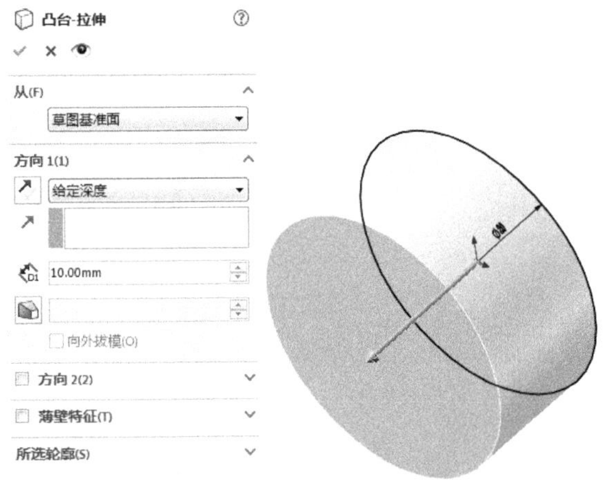

图 3-5　"凸台-拉伸"属性管理器

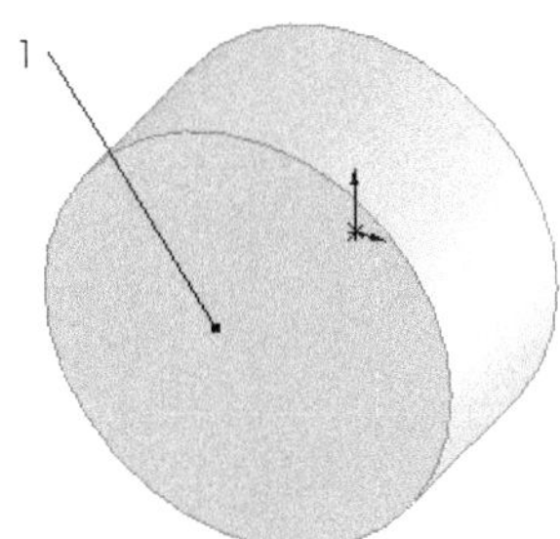

图 3-6　拉伸后的图形

知识点——拉伸凸台/基体特征

拉伸特征是 SolidWorks 中最基础的特征之一，也是最常用的特征建模工具。拉伸凸台/基体特征是将一个二维平面草图按照给定的数值沿与平面垂直的方向拉伸一段距离形成的特征。

“凸台-拉伸”属性管理器中的选项说明如下。

（1）“从”选项组：利用该选项组下拉列表中的选项可以设定拉伸特征的开始条件，下拉列表中包括如下几种：草图基准面、曲面/面/基准面、顶点、等距（从与当前草图基准面等距的基准面开始拉伸，这时需要在输入等距值中设定等距距离）。

（2）“方向 1”选项组：决定特征延伸的方式，并设定终止条件类型。下拉列表中对于拉伸的方法有如下几种。

① “反向”：以与预览中所示方向相反的方向延伸特征。

② 拉伸终止条件：该选项用来决定特征延伸的方式，如图 3-7 所示为几种不同的拉伸终止条件。

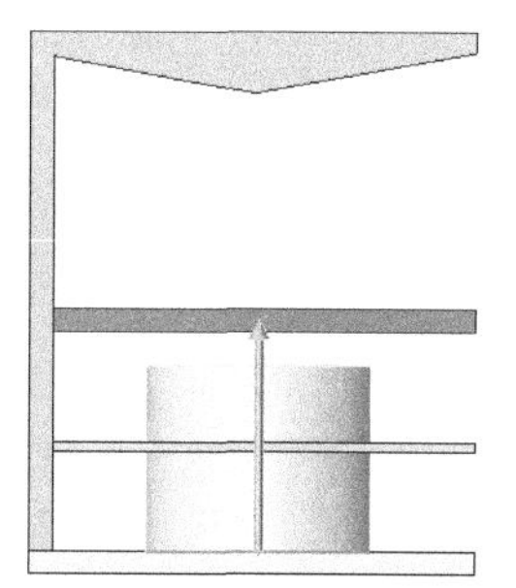

（a）给定深度：以指定距离拉伸

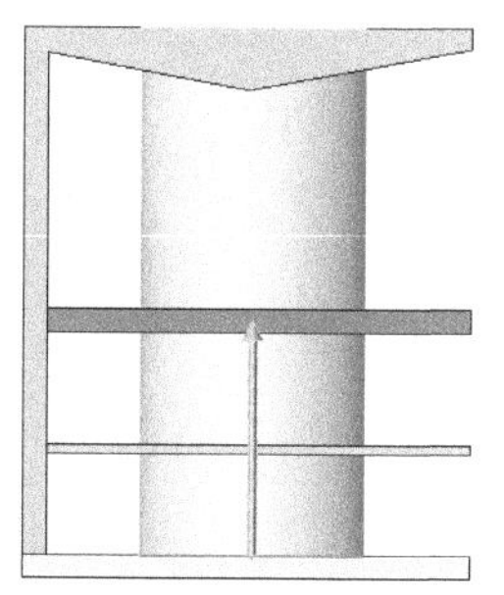

（b）完全贯穿：贯穿所有几何体

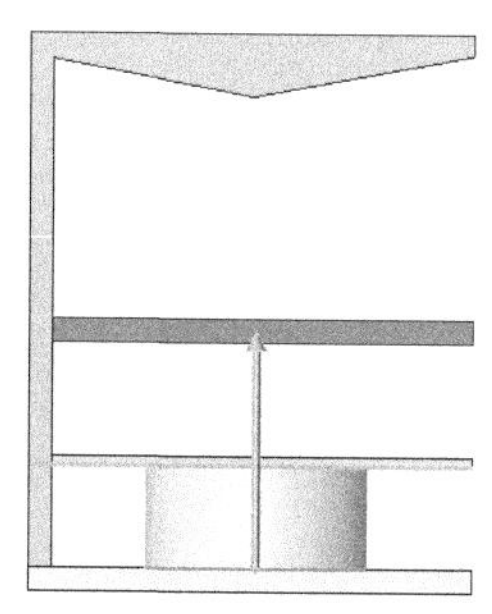

（c）成形到下一面：拉伸成形到指定的面

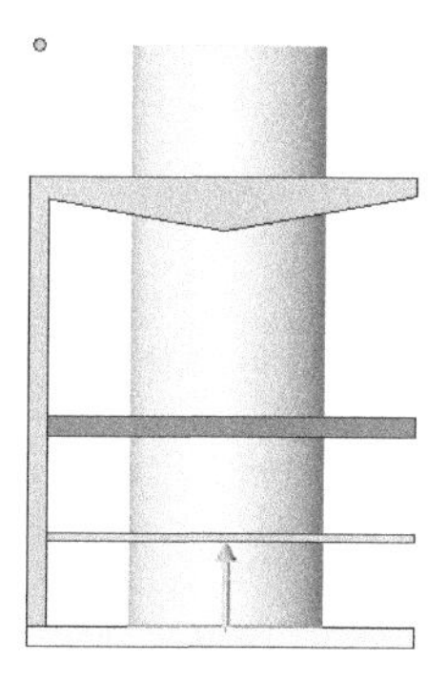

（d）成形到顶点：拉伸到一个与草图基准面平行并穿越指定顶点的面

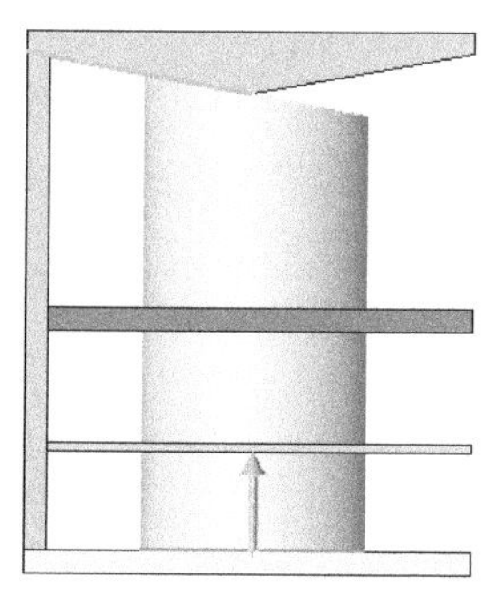

（e）成形到面：拉伸特征到所选平面或曲面

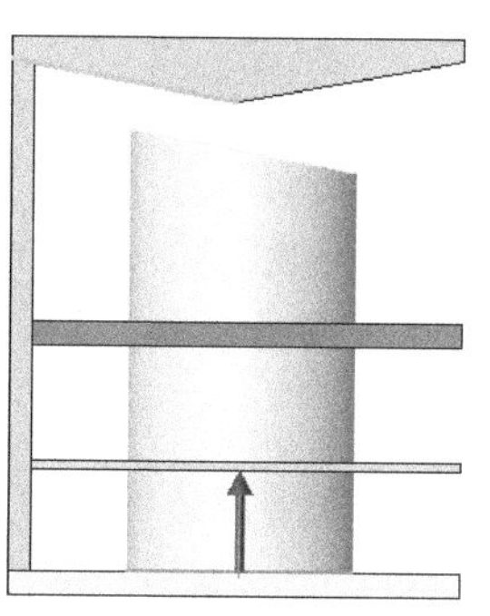

（f）到离指定面指定的距离：拉伸特征到离所选面指定距离

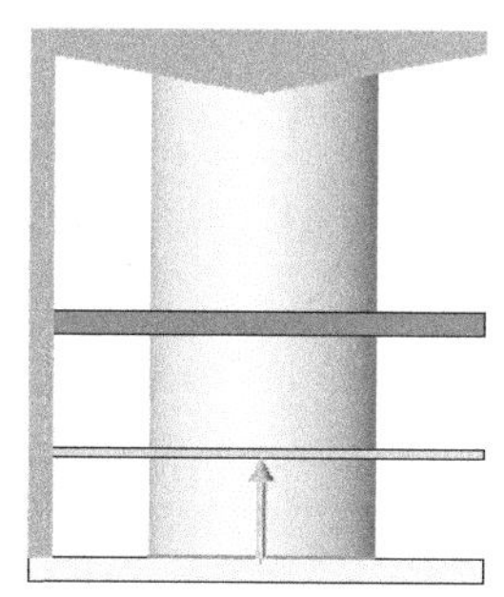

（g）成形到实体：拉伸特征到指定实体

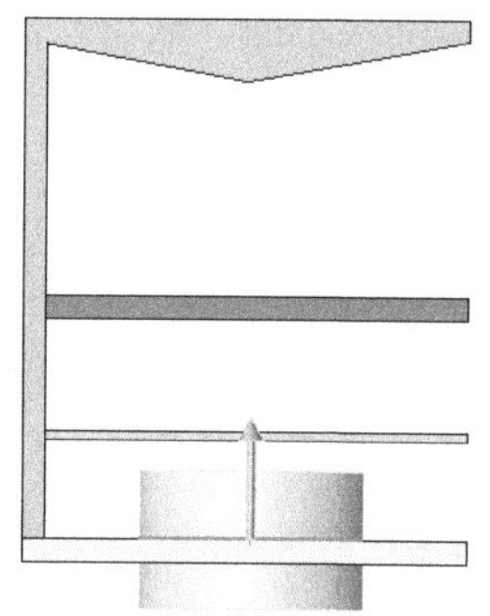

（h）两侧对称：从指定起始处向两个方向对称拉伸

图 3-7　拉伸终止条件

Note

③ “拉伸方向”：默认情况下草图的拉伸是平行于草图基准面法线方向的。如果在图形区域中选择一边线、点、平面作为拉伸方向的向量，则拉伸将平行于所选方向向量。

④ “深度”：在微调框中指定拉伸深度。

⑤ “拔模开/关”：将激活右侧的拔模角度微调框，在微调框中指定拔模角度，从而生成带拔模性质的拉伸特征，如图 3-8 所示。

（3）“方向 2”选项组：设定这些选项以同时从草图基准面往两个方向拉伸。

（4）“薄壁特征”选项组：薄壁特征为带有不变壁厚的拉伸特征，如图 3-9 所示，该选项用来控制薄壁的厚度、圆角等。

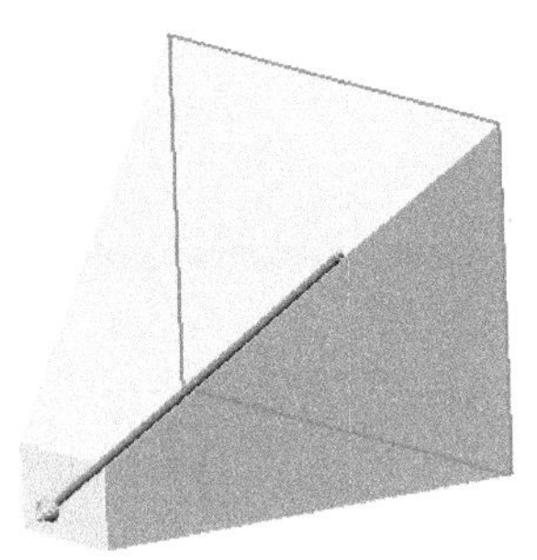

（a）向内拔模

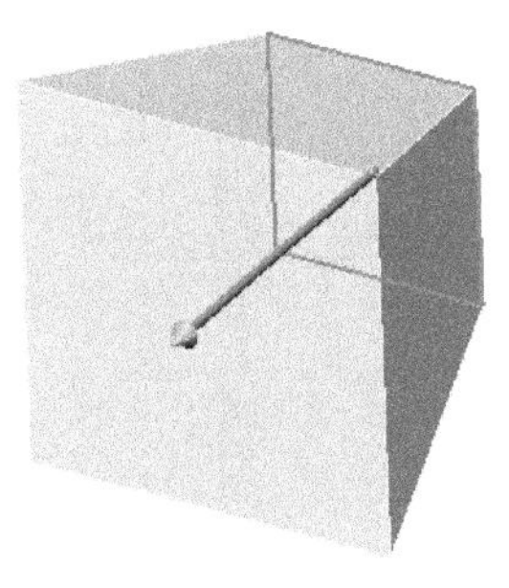

（b）向外拔模

图 3-8　拔模性质的拉伸

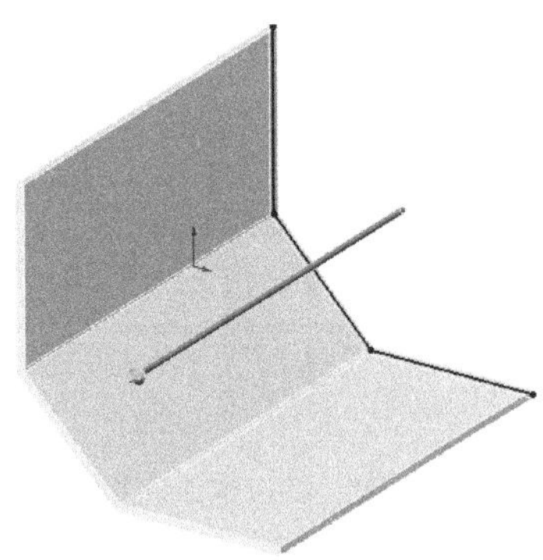

图 3-9　薄壁特征

① 类型：设定薄壁特征拉伸的类型，包括“单向”“两侧对称”“双向”。

② “反向”：以与预览中所示方向相反的方向延伸特征。

③ “厚度”：为 T1 和 T2 设定数值。

（5）“所选轮廓”选项组：在图形区域中可以选择部分草图轮廓或模型边线作为拉伸草图轮廓进行拉伸。

4. 绘制草图 2

用鼠标选择图 3-6 中的表面 1，单击“草图绘制”按钮，进入草图绘制环境，然后单击“正视于”按钮，将该表面作为绘制图形的基准面。单击“草图”面板中的“圆”按钮，以原点为圆心绘制一个圆，然后标注圆的尺寸。结果如图 3-10 所示。

注意：在使用 SolidWorks 绘制草图时，为了很直观地显示草图，需要正视于绘制草图的基准面，在对草图进行 3D 操作时，同样为了更好地观测视图，需要将图形设置为等轴测显示。

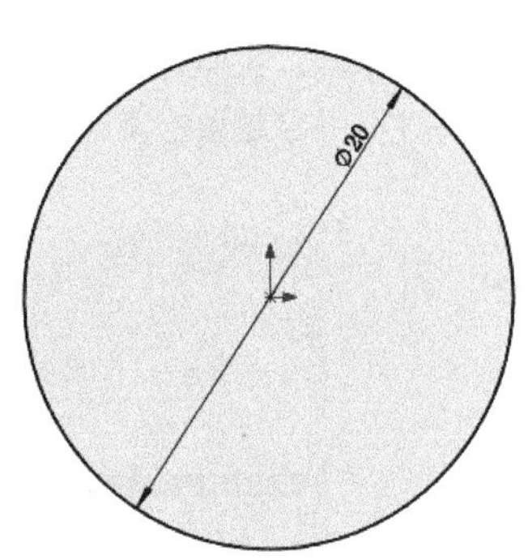

图 3-10　绘制的草图

5. 拉伸实体

单击“特征”面板中的“拉伸凸台/基体”按钮，此时系统弹出如图 3-11 所示的“凸台-拉伸”属性管理器。输入拉伸距离为 10mm；单击“拔模开/关”按钮，输入拔模角度为 43°。单击“确定”按钮，结果如图 3-12 所示。

注意：在“凸台-拉伸”属性管理器中，有许多可选择的操作，不但可以进行单方向的拉伸，也可以从两个方向进行拉伸，在使用中要灵活运用，具体方法在以后的例子中将分别介绍。

6. 绘制草图 3

在左侧的“FeatureMannger 设计树”中用鼠标选择“上视基准面”，单击“正视于”按钮，将该基准面作为绘制图形的基准面，然后单击“草图绘制”按钮，进入草图绘制环境，结果如图 3-13 所示。单击“草图”面板的“中心线”按钮，绘制一条通过原点的竖直中心线；单击“草图”面板的“圆心/起/终点画弧”按钮，绘制一个圆弧。圆心为中心线和最下端直线的交点，起点为最下端直线左端的端点，终点为逆时针方向与竖直中心线的交点；单击“草图”面板中的“直线”按钮，绘制从最下端直线左端到中心线的直线段。结果如图 3-14 所示。

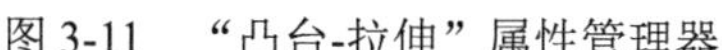

图 3-11　“凸台-拉伸”属性管理器

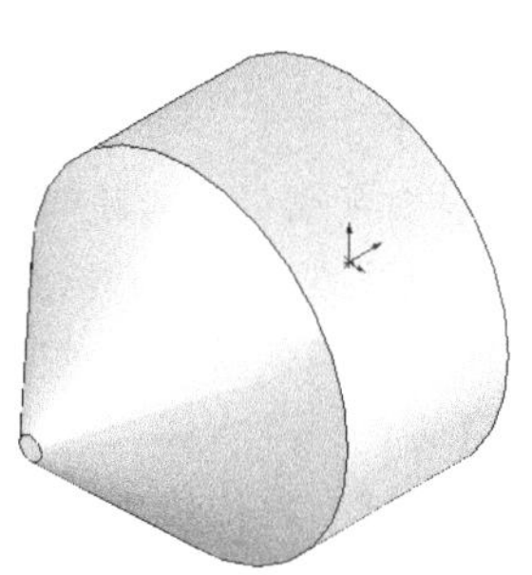

图 3-12　拉伸后的图形

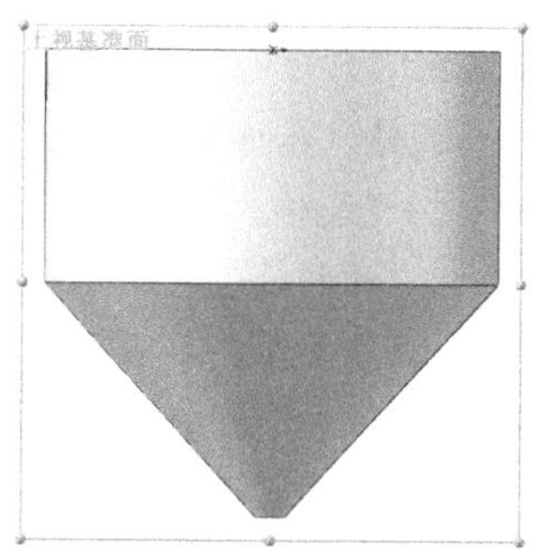

图 3-13　设置的基准面

7. 旋转为球体

单击“特征”面板中的“旋转凸台/基体”按钮，此时弹出如图 3-15 所示的提示框。单击“是”按钮，弹出如图 3-16 所示的“旋转”属性管理器，选取竖直中心线为旋转轴，采用默认设置，单击“确定”按钮。结果如图 3-17 所示。

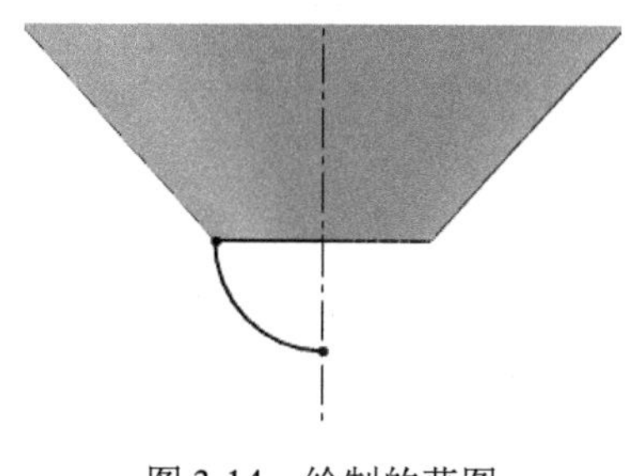

图 3-14　绘制的草图

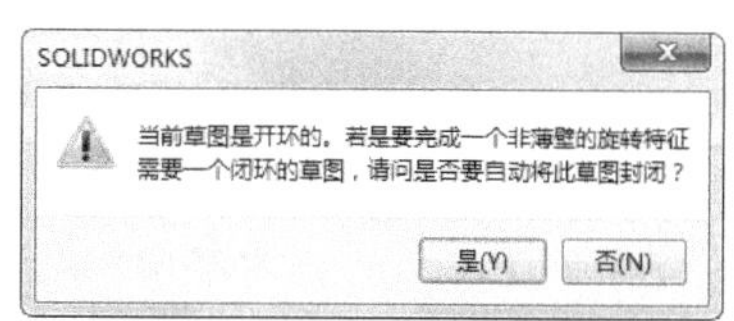

图 3-15　系统提示框

Note

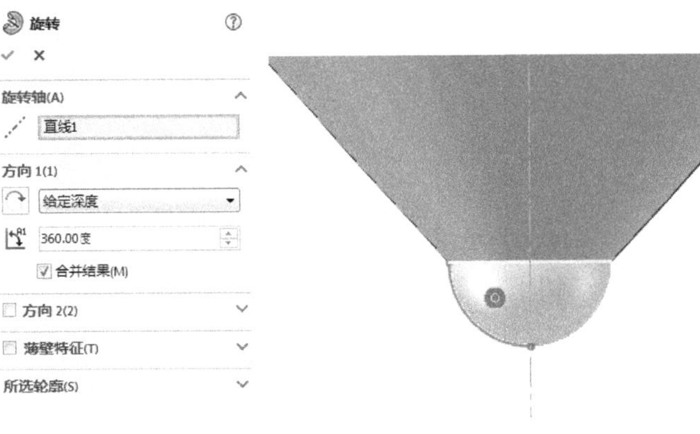

图 3-16 “旋转”属性管理器

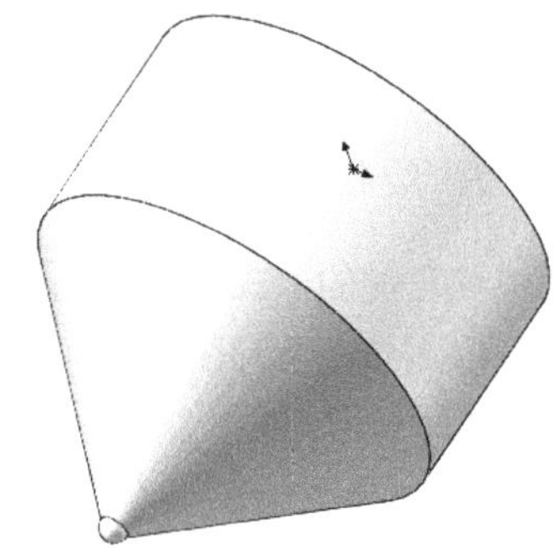

图 3-17 旋转后的图形

注意：在使用“旋转凸台/基体”命令时，需要有一个旋转轴和一个要旋转的草图。需要生成实体时，草图应是闭合的；需要生成薄壁特征时，草图应是非闭合的。

知识点——旋转凸台/基体特征

旋转特征命令是通过绕中心线旋转一个或多个轮廓来生成特征。旋转轴和旋转轮廓必须位于同一个草图中，旋转轴一般为中心线，旋转轮廓必须是一个封闭的草图，不能穿过旋转轴，但是可以与旋转轴接触。

“旋转”属性管理器中的选项说明如下。

（1）“旋转参数”选项组：对旋转特征所需的参数进行设置。

① “旋转轴”：选择一中心线、直线或一边线作为旋转特征所绕的轴。

② 旋转类型：可以以“给定深度”和“两侧对称”对所选草图轮廓进行旋转，如图 3-18 所示。

③ “反向”按钮：用于反转旋转方向。

④ “角度”：定义旋转所包罗的角度。默认的角度为 360°。角度以顺时针从所选草图测量。

⑤ “合并结果”复选框：选中时将所产生的实体合并到现有实体。如果不选中，特征将生成一个不同实体。

（2）“薄壁特征”选项组：与拉伸薄壁特征一样，可以生成旋转薄壁特征，如图 3-19 所示。

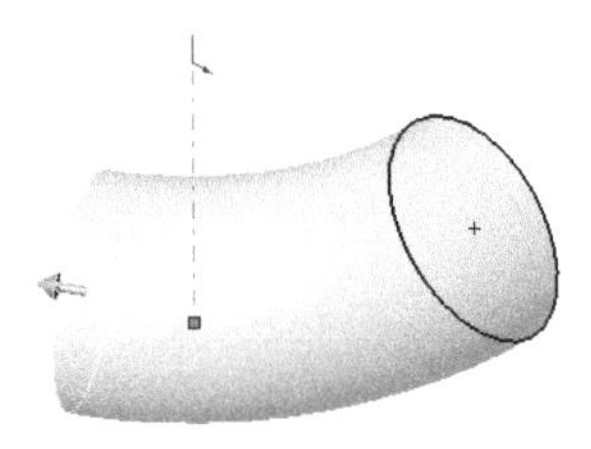
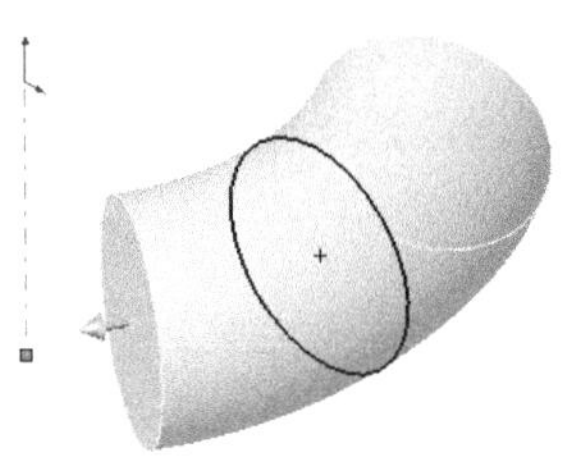

图 3-18 旋转类型

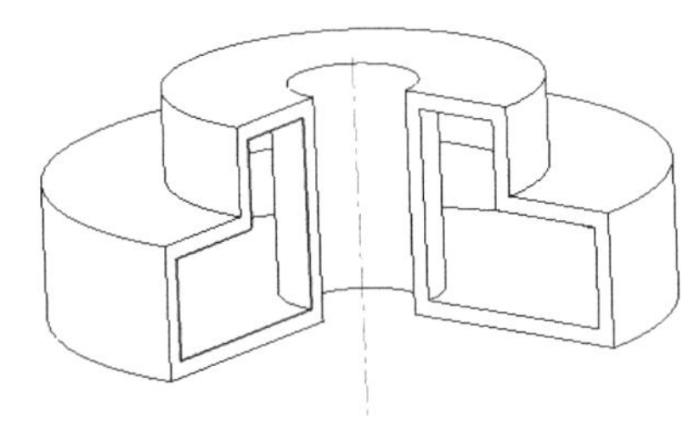

图 3-19 薄壁旋转

① 类型：定义厚度的方向，包括“单向”“两侧对称”“双向”。

② “方向 1 厚度”：为单向和两侧对称薄壁特征旋转设定薄壁体积厚度。

（3）“所选轮廓”选项组：在图形区域中可以选择部分草图轮廓或模型边线作为旋转草图轮廓进行旋转。

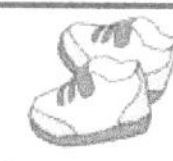

Note

8. 圆角实体

单击“特征”面板中的“圆角”按钮，此时系统弹出如图 3-20 所示的“圆角”属性管理器。输入半径为 2mm，然后用鼠标选取“圆角项目”中的“边线<1>”。单击“确定”按钮，结果如图 3-21 所示。

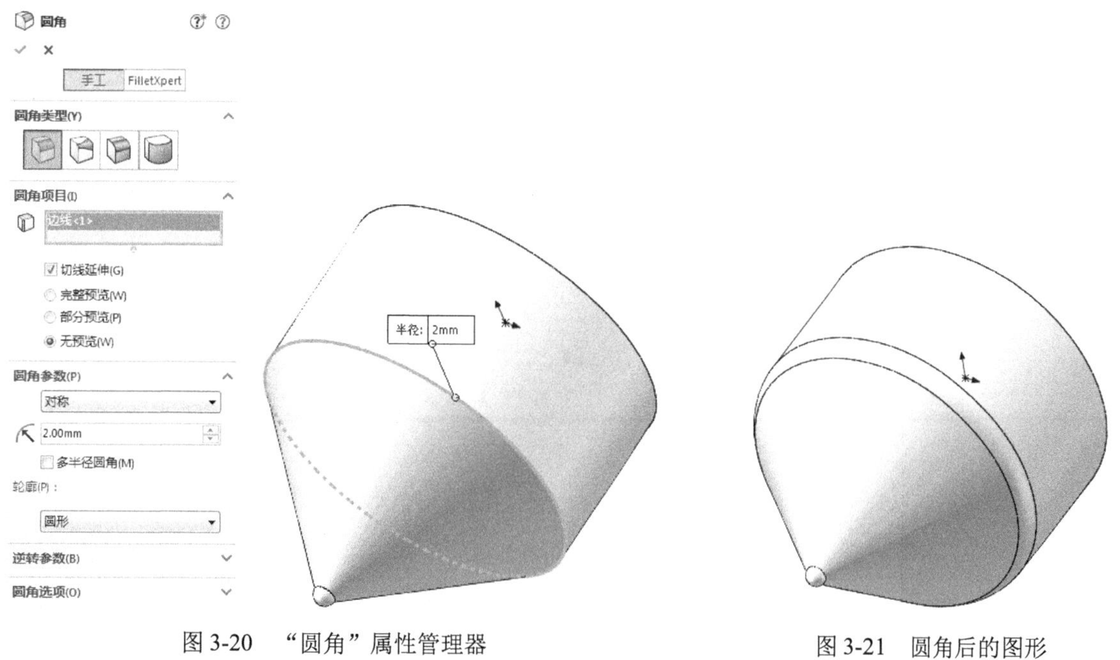

图 3-20　“圆角”属性管理器

图 3-21　圆角后的图形

知识点——圆角

圆角特征用于在零件上生成一个内圆角或外圆角面。使用该命令可以为一个面的所有边线、所选的多组面、所选的边线或边线环生成圆角。

生成圆角特征遵循以下规则。

☑ 在添加小圆角之前添加较大圆角。当有多个圆角会聚于一个顶点时，先生成较大的圆角。

☑ 在生成圆角前先添加拔模。如果要生成具有多个圆角边线及拔模面的铸模零件，在大多数的情况下，应在添加圆角之前添加拔模特征。

☑ 最后添加装饰用的圆角。在大多数其他几何体定位后再添加装饰圆角。如果先添加装饰圆角，则系统需要花费比较长的时间重建零件。

尽量使用一个单一圆角操作来处理需要相同半径圆角的多条边线，这样可以加快零件重建的速度。

“圆角”属性管理器中的选项说明如下。

（1）两个属性管理器切换按钮。

① 手工：用户在特征层次保持控制。

② FilletXpert：仅限等半径圆角。

（2）“圆角类型”选项组：用于选取进行圆角的类型。图 3-22 展示了几种圆角类型的效果。

① “恒定大小”：选择该选项可以生成整个圆角的长度都有等半径的圆角。

② “变量大小”：选择该选项可以生成带变半径值的圆角。

（a）恒定大小

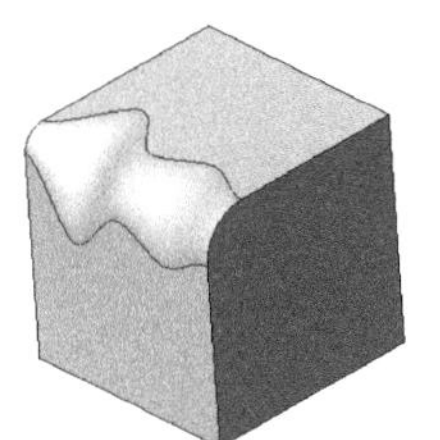

（b）变量大小

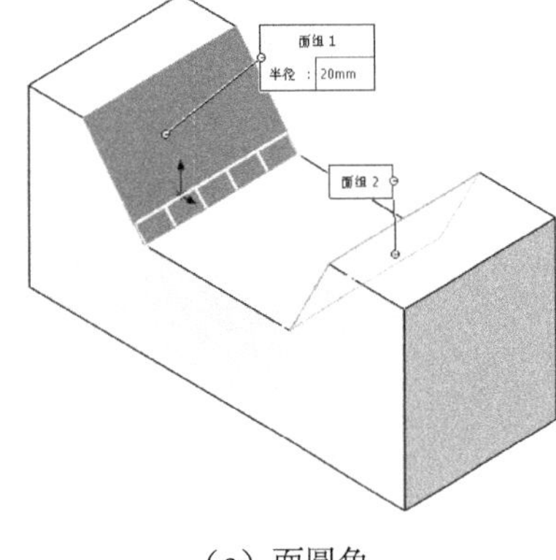

（c）面圆角

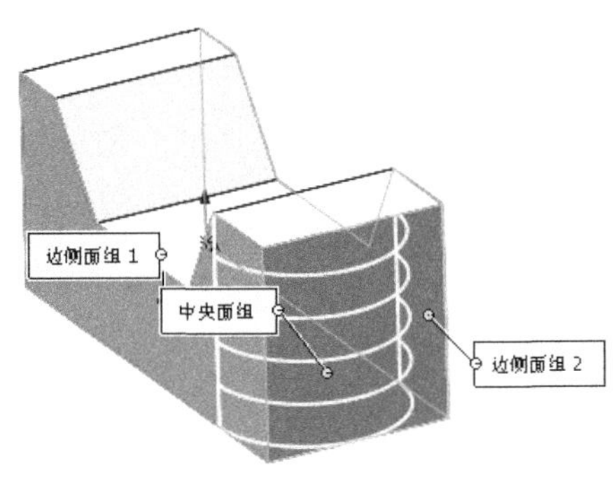

（d）完整圆角

图 3-22　圆角类型展示

③ “面圆角”：选择该选项可以混合非相邻、非连续的面。

④ “完整圆角”：选择该选项可以生成相切于 3 个相邻面组（一个或多个面相切）的圆角。

（3）“圆角项目”选项组。

① “选取”：用于在图形区域中选取边线和面或顶点。

② “切线延伸”复选框：选中该复选框后，将圆角延伸到所有与所选边线相切的边线。

③ “完整预览”单选按钮：选中该单选按钮后，显示所有边线的圆角预览。

④ “部分预览”单选按钮：选中该单选按钮后，只显示一条边线的圆角预览。

⑤ “无预览”单选按钮：选中该单选按钮后，不显示预览，但是可提高复杂圆角的显示时间。

（4）“圆角参数”选项组：用于控制圆角的轮廓等。

① “圆角半径”：在微调框中输入所要创建的圆角半径。

② “多半径圆角”复选框：选中该复选框后，生成带可变半径值的圆角。

③ 轮廓：设置圆角的横截面形状，包括圆形、圆锥 Rho 和圆锥半径 3 种。

（5）“逆转参数”选项组：逆转参数用来对边线中特定点单独设置圆角参数。

① “距离”：从顶点测量而设定圆角逆转距离。

② “逆转顶点”：在图形区域中选择一个或多个顶点。逆转圆角边线在所选顶点汇合。

③ “逆转距离”：以相应的逆转距离值列举边线数。若想将一不同逆转距离应用到边线，在“逆转顶点”下选择一顶点，在“逆转距离”下选择一边线，然后设定“距离”。

④ 设定未指定的：将当前的“距离”应用到在“逆转距离”下无指定的距离的所有边线。

⑤ 设定所有：将当前的“距离”应用到“逆转距离”下的所有边线。

（6）“圆角选项”选项组：设置圆角的生成方式。

① “通过面选择”复选框：选中该复选框后，在上色或 HLR 显示模式中启用隐藏边线的选择。

Note

② “保持特征”复选框：选中该复选框后，如果应用一个大到可覆盖特征的圆角半径，则保持切除或凸台特征可见。取消选中则以圆角包罗切除或凸台特征。

③ “圆形角”复选框：选中该复选框后，生成带圆形角的等半径圆角。必须选择至少两个相邻边线来圆角化。圆形角圆角在边线之间有一平滑过渡，可消除边线汇合处的尖锐接合点。

④ 扩展方式：控制在单一闭合边线（如圆、样条曲线、椭圆）上圆角在与边线汇合时的行为，从“默认”“保持边线”“保持曲面”选项中选择。

3.1.2　打印模型

目前 3D 打印软件很多，有些公司的 3D 打印机配有自行研发的软件，也有可以通用的 3D 打印软件，本书将以实例分别介绍。下面以切片软件 Cura 为例介绍 3D 打印的具体操作。Cura 软件拥有良好的 Windows 操作界面，可适用于不同的快速成型机，Cura 软件可以接受 STL、OBJ 和 AMF 这 3 种 3D 模型格式，其中以 STL 为最常用的模型格式，Cura 可根据所导入的 STL 模型格式文件对模型进行切片，从而生成整个三维模型的 GCode 代码，方便脱机打印，导出的文件扩展名为.gcode。所生成的代码文件适用于打印方式为 FDM（Fused Deposition Modeling，丝状材料选择性熔覆），打印材料为工程塑料。

1. 将模型导出为快速成型*.stl 文件

（1）若需要将创建的模型输出为*.stl 文件，选择“文件”→“另存为”命令，以模型 tuoluo 为例操作，如图 3-23 所示。

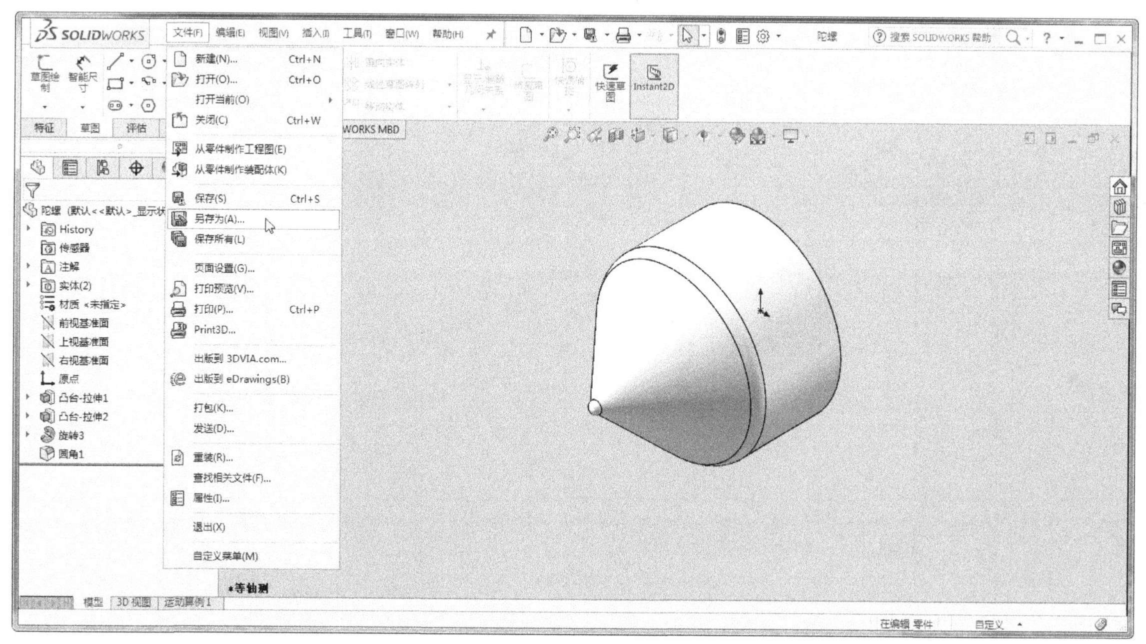

图 3-23　另存为 STL 模型

（2）将会出现“另存为”对话框，如图 3-24 所示。在“保存类型”下选择 STL（*.stl）模式进行保存，单击“保存”按钮即可保存。

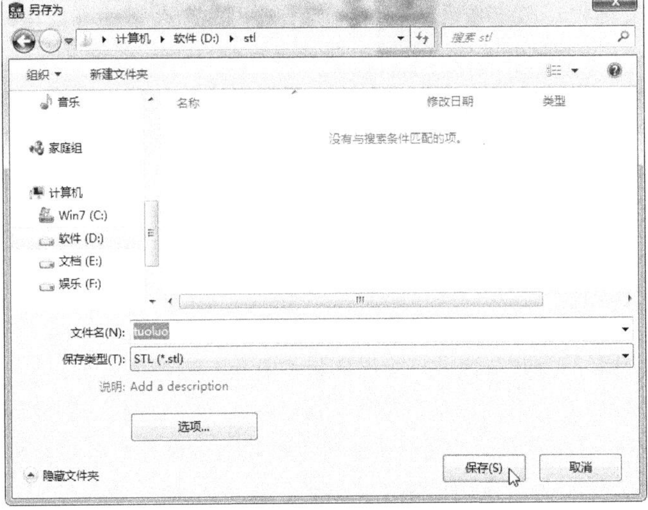

图 3-24 “另存为”对话框

注意：

（1）单击“另存为”对话框中的“选项”按钮，将弹出“输出选项”对话框，可根据实际模型输出要求进行设置，如无特殊要求，可按照图 3-25 所示进行设置，单击“确定”按钮即完成输出设置。

图 3-25 “输出选项”对话框

（2）所保存的文件名应为英文或数字。

2. 检查*.stl 文件

对于 STL 文件，有很多 3D 软件内部自带检查程序，同时还有一些专业检查软件，本节以 Netfabb

Studio 软件为例进行介绍。

（1）打开 Netfabb Studio 软件，选择“项目”→“打开”或“添加新零件”命令，弹出如图 3-26 所示的“打开文件”对话框。

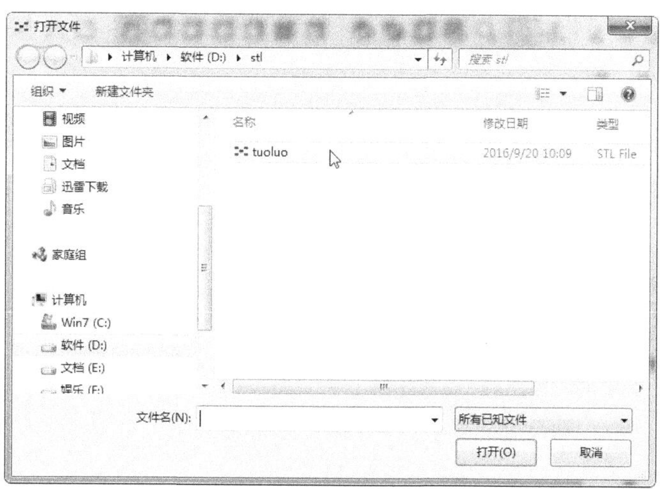

图 3-26　检查软件

（2）在对话框中选择 tuoluo 文件，单击“打开”按钮，软件自动对模型进行一系列检查。其中，检查的项目主要包括模型是否有未闭合空间，是否存在相反的法线，是否有孤立的边线等。如果发现问题，会在屏幕右下角显示感叹号。若加载模型后没有显示红色感叹号，说明模型检查无误，如图 3-27 所示。反之，模型检查出错，需要重新修改模型。

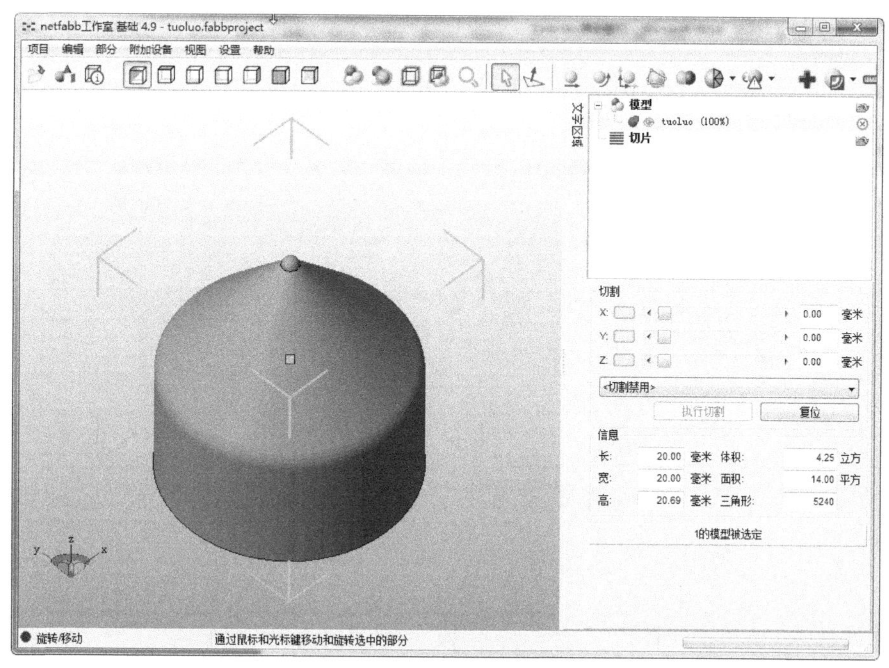

图 3-27　装载模型

（3）选择“部分”→“输出零件”→“为 STL（ASCII）”命令，如图 3-28 所示，输出 STL 文件，保存零件。

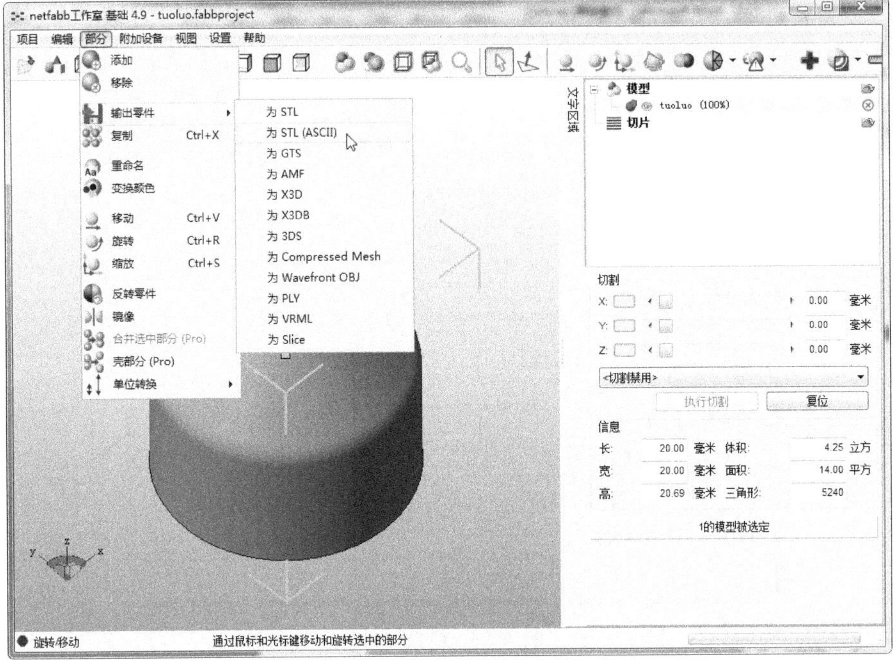

图 3-28　输出模型

提示： 检查的目的是为了查看所建模型是否有破面、共有边和共有面等错误，如果用户对所建立模型有疑问，则可进行检查，否则可略过此步操作。

3. 打印软件具体操作步骤

（1）双击桌面 Cura14.12.1 图标，如图 3-29 所示。

图 3-29　Cura 软件界面

知识点——Cura 界面

此软件左侧为主菜单和参数栏，主菜单中包含所有操作命令，参数栏包含基本设置、高级设置及插件等，右侧是三维视图栏，可对模型进行移动、缩放、旋转、对齐、分层查看等操作，软件右上角为模型查看模式。

（2）在导入模型前，首先需要根据模型的大小及 3D 打印机的参数进行软件的参数设定。根据 3D 打印机的型号设置机器类型，选择主菜单中的 File→Machine settings 命令或者 Machine→Machine settings 命令，如图 3-30 所示。弹出 Machine settings（机器设置）对话框，对机器所能打印模型的尺寸进行设置，以市面上常见的机器为例进行设置，具体参数如图 3-31 所示，设定结束后单击 OK 按钮。

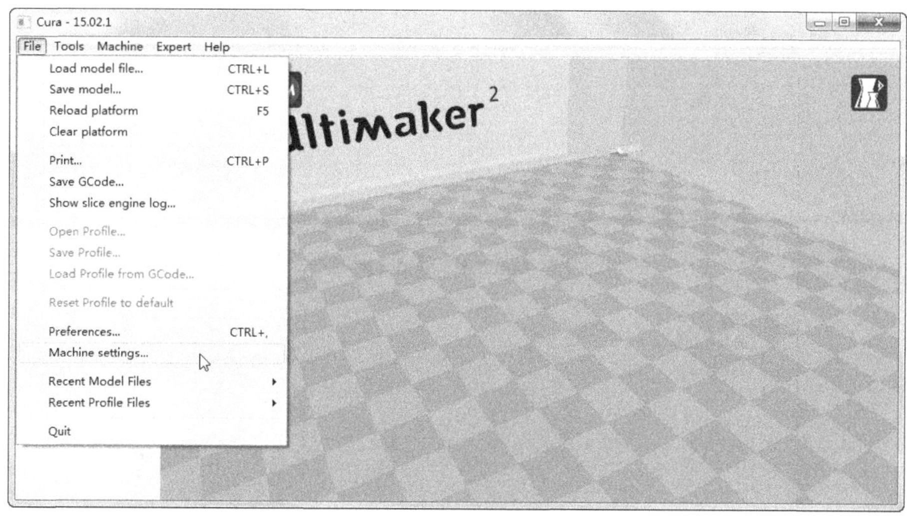

图 3-30　选择机器设置

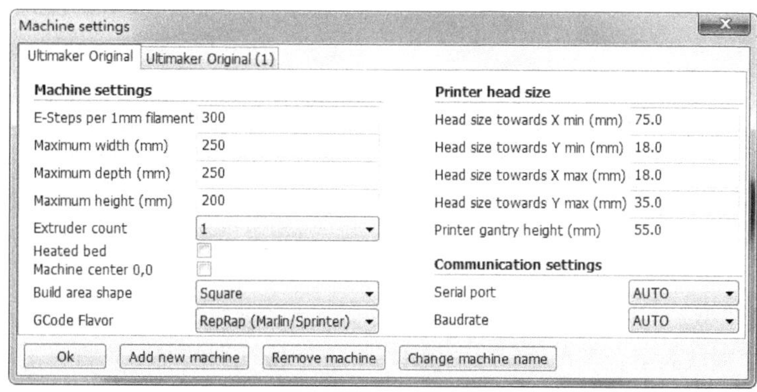

图 3-31　机器具体参数设置

注意：

（1）E-Steps per 1mm filament 为送丝的速度，一般设置为 280～315。

（2）Maximum width 为 X 轴（即宽度）的打印范围，可根据机器的实际尺寸设定 X 轴的打印范围，本书以机器型号为 250 的机器为例，设置为 250；Maximum depth 为 Y 轴（即长度）的打印范围，250 的机器请改为 250；Maximum height 为 Z 轴（即高度）的打印范围，250 的机器请改为 250。

（3）其他参数采用系统默认即可。

Note

（3）导入 STL 模型，选择 File→Load model file 命令或单击软件三维视图栏左上角“载入模型”按钮，在弹出的 Open 3D model 对话框中选择要打开的模型 tuoluo，如图 3-32 所示。单击“打开”按钮，打开模型文件，如图 3-33 所示。

图 3-32　Open 3D model 对话框

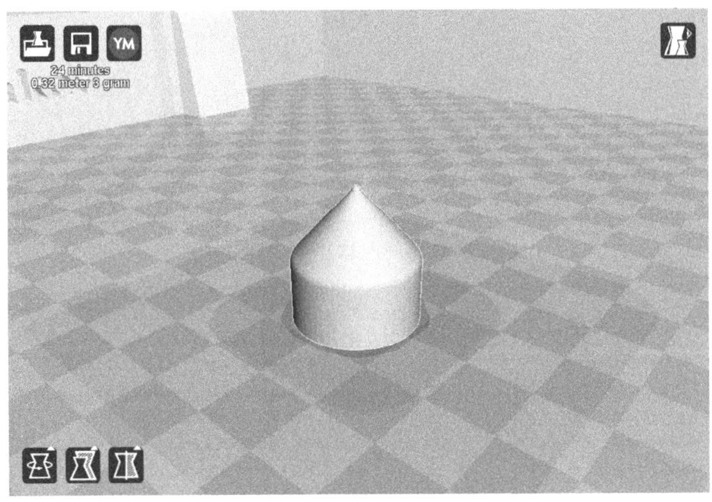

图 3-33　打开模型 tuoluo

（4）合理缩放模型。此模型 tuoluo 整体尺寸较小，为了使模型 tuoluo 顶部球体的细节部分获得较好的质量，应将模型放大至合理尺寸。选中模型后，在三维视图的左下角将会出现“缩放”按钮，单击该按钮，将弹出“缩放”对话框，可根据实际打印需要，在 Scale X 对应的位置输入数字 2，将模型放大至原来的 2 倍，如图 3-34 所示。

提示： Uniform scale 所对应的图标为，是指模型在放大和缩小时，整体沿 X、Y、Z 方向同时进行缩放，如果所对应图标为，缩放模型时 X、Y、Z 方向无相互关联，仅沿指定的方向对模型进行缩放，可以通过鼠标单击此图标进行切换。

（5）基本设置。下面对打印模型进行基本设置，如图 3-35 所示。

① Layer height（mm）为层高，是指打印每层的厚度，是决定侧面打印质量的重要参数，最大厚

Note

度不得超过喷头直径的 80%。0.1mm 打印精度比较高，如果要节省打印时间，此数值可选得大一些，层厚越大，打印时间越短。层厚小，容易虚丝，不建议使用低于 0.1mm 的层厚，如图 3-36 所示。

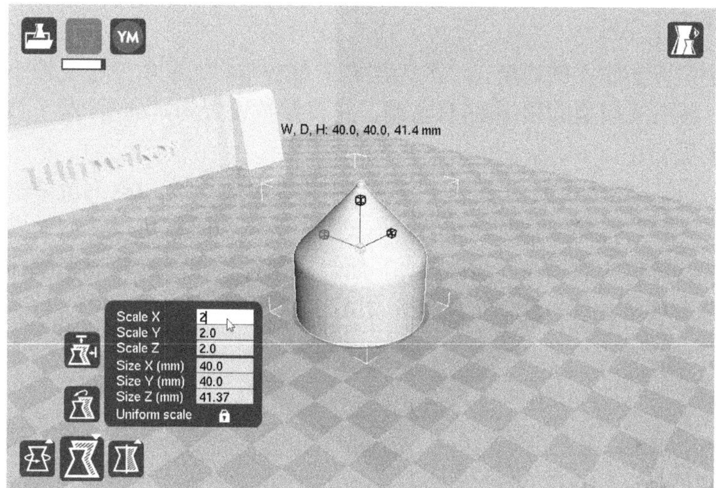

图 3-34　正确放置模型

Quality

Layer height (mm)	0.1
Shell thickness (mm)	0.8
Enable retraction	☑

Fill

Bottom/Top thickness (mm)	1
Fill Density (%)	100

Speed and Temperature

Print speed (mm/s)	50
Printing temperature (C)	200

Support

Support type	Touching buildplate
Platform adhesion type	Brim

Filament

Diameter (mm)	2.85
Flow (%)	100.0

图 3-35　基本设置

（a）0.1mm 层厚

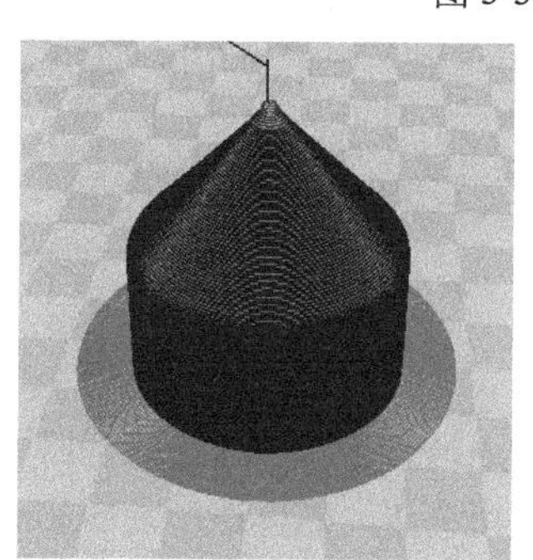

（b）0.3mm 层厚

图 3-36　模型的层厚设置

② Shell thickness（mm）为模型侧面外壁的厚度，一般设置为喷头直径的整数倍。0.4mm 的壁太薄，1.2mm 的壁打印时间长，一般而言 0.8mm 刚刚好，尽量使用挤出头直径的整数倍，建议参数为 0.8mm，如图 3-37 所示。

（a）0.4mm 壁厚

（b）0.8mm 壁厚

图 3-37　模型的外壁厚度设置

Note

提示：图中绿色代表壁厚设置变化量。

③ Enable retraction 复选框为喷头快速移动时是否漏丝的设置项，选中此复选框可防止漏丝，否则会影响外观。

④ Bottom/Top thickness（mm）为模型顶/底面的厚度，一般为层高的整数倍。如果填充密度较小（≤20%）的模型，使用较小厚度值容易造成模型的顶/底面有空洞，建议参数设置为 1mm，对于填充密度较大的模型，可根据模型需要调整。

⑤ Fill Density 为模型内部的填充密度，默认参数为 20%，可调范围为 0%～100%。0%为全部空心，100%为全部实心，用户可根据打印模型的强度需要自行调整，一般设置为 20%就可以达到一定的强度，如果模型小且侧壁较薄时可以设置较大的填充密度，例如，烟缸模型设置 20%的填充密度即可达到所要求的强度，设置过高的填充密度将会使打印时间增加，如图 3-38 所示。

（a）填充密度为 20%

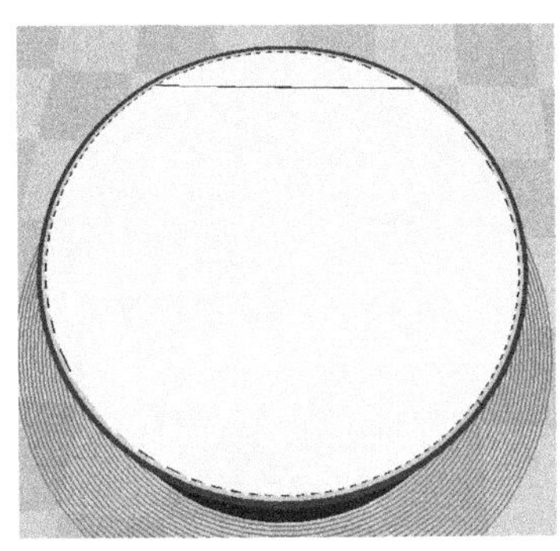

（b）填充密度为 100%

图 3-38　模型的填充度设置

⑥ Print speed（mm/s）为打印时喷嘴的移动速度，也就是吐丝时运动的速度。打印复杂模型使用低速，简单模型使用高速，建议速度为 50.0mm/s，超过 90.0mm/s 时容易出现质量问题。

⑦ Printing temperature（C）为喷头熔化耗材的温度，不同厂家的耗材熔化温度不同，使用 PLA 材料时，190℃开始熔融，但是材料的粘度较大，建议温度为 200℃以上，特别是打印速度快，层厚比较大时，可以把温度设置得高一点。

⑧ Support type 为模型的支撑类型，包含 3 个可选项，第 1 个为 None，所建立的模型与平台接触处不设立支撑；第 2 个为 Touching buildplate，所建立的模型与平台接触处设立支撑，但是模型内部不设立支撑；第 3 个为 Everywhere，不仅模型与平台接触处设立支撑，模型内部悬空部分也设立支撑，对于模型 tuoluo 可选择 None 或 Touching buildplate 支撑类型，如图 3-39 所示。

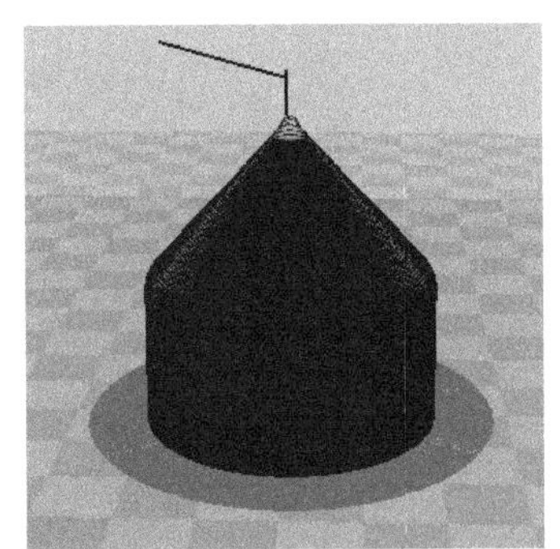

图 3-39　Touching buildplate 支撑类型

⑨ Platform adhesion type 为模型与平台附着方式，即使用什么样的方式使模型固定在平台上，包含 3 个可选项，第 1 个为 None，所建立的模型与平台无任何附着方式；第 2 个为 Brim，是指在所建立的模型底层边缘处由内向外创建一个单层的宽边界，且边界圈数可调；第 3 个为 Raft，是指在所建立的模型底部和工作台之间建立一个网格形状的底盘，网格有厚度可调。为防止模型在打印过程中产生翘边现象，可选择 Brim 或 Raft 方式，

Brim 附着方式较 Raft 易于清除，打印一般选择 Brim 附着方式，如图 3-40 所示。

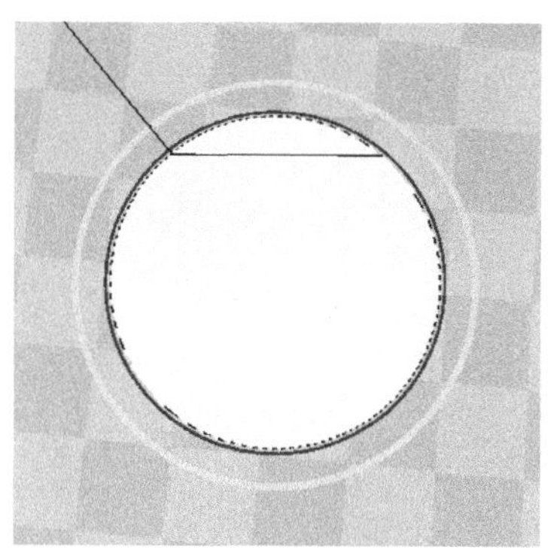

（a）None 附着方式

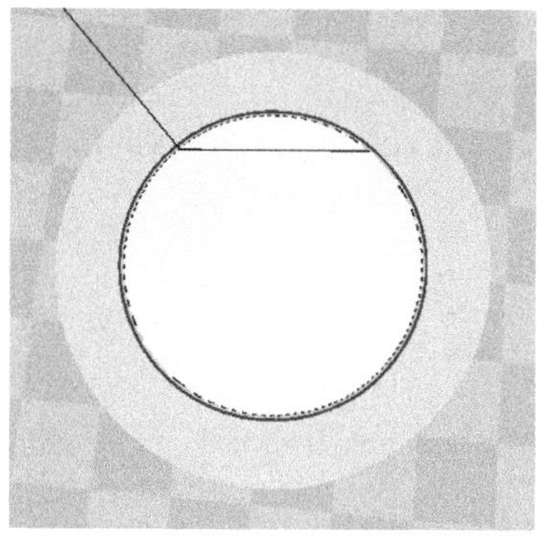

（b）Brim 附着方式

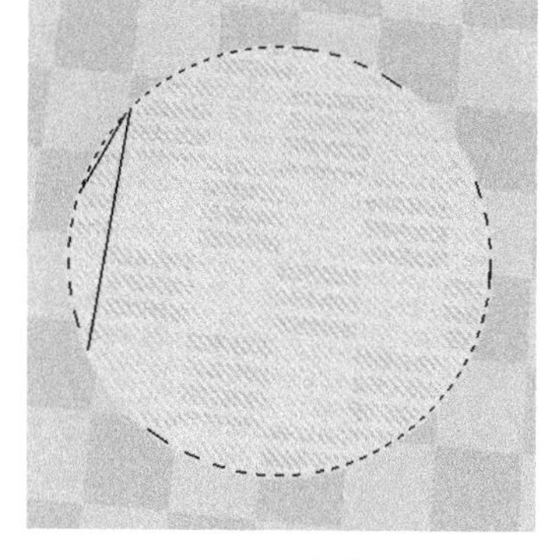

（c）Raft 附着方式

图 3-40　模型的附着方式

⑩ Diameter 为打印材料的直径，选择小的直径会让挤出的丝增多，不易虚丝，但是出丝过多，会让模型变“胖”，建议值为 2.85。

⑪ Flow 为出丝比例，增加出丝比例和减少出丝直径的效果是一样的，建议值为 100%。

提示：所给出各项参数的建议值为一般情况下的通常值，新用户可按建议值设定，高级用户可根据自己所需要打印的模型具体设置。

（6）模型加载完毕后，软件会自行进行分层及计算加工时间，可在三维视图栏左上角观察所需要的时间，如图 3-41 的线框中所示。

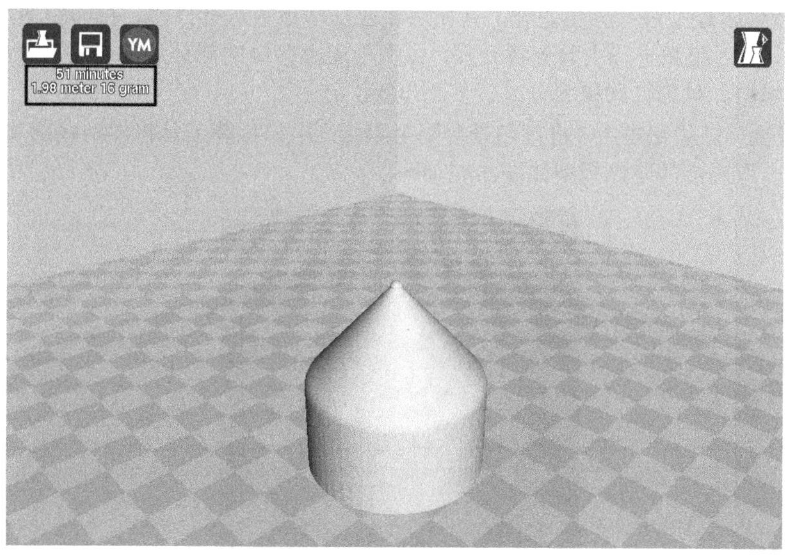

图 3-41　所需要打印时间

（7）准备生成机器码*.gcode。参数设定完毕，模型位置、大小等也调整完毕后，选择 File→Save GCode 命令，弹出如图 3-42 所示的 Save toolpath 对话框，选择要保存的目录，单击“保存”按钮保存文件，也可以单击三维视图栏上的“保存”按钮进行保存。所生成的*.gcode 就是打印的模型文档，将*.gcode 文件复制进 SD 卡，然后把 SD 卡插入相应机器即可实现脱机打印。

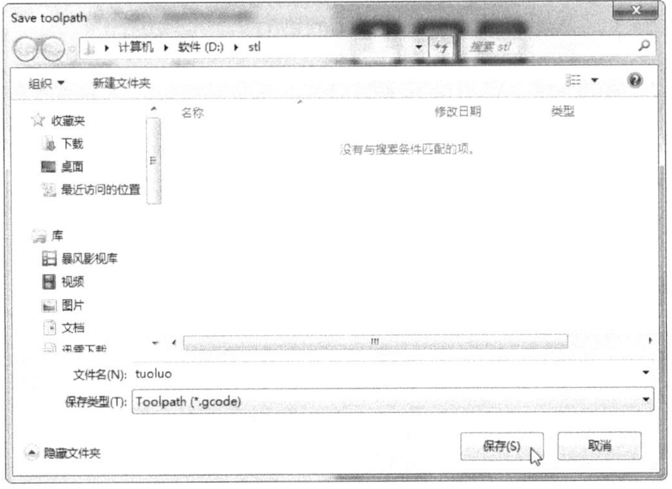

图 3-42　生成机器代码

注意：保存模型文件的路径中不要包含中文路径，且模型文件也不能有中文，否者将导致输出*.gcode 文件失败。

（8）将 SD 卡放入到 3D 打印机中，打开电源，旋转按钮，选择 print from SD，选中模型 tuoluo，即可开始打印。

3.1.3　处理打印模型

使用 Cura 软件对模型进行分层处理，并使用相应打印参数进行打印，打印完毕后需要将模型从打印平台中取下，并对模型进行去除支撑处理，模型与支撑接触的部分还需要进行打磨处理等，才能得到理想的打印模型。处理打印模型有以下 3 个步骤：

（1）取出模型：打印完毕后，将打印平台降至零位，用刀片等工具将模型底部与平台底部撬开，以便于取出模型。取出后的陀螺模型如图 3-43 所示。

图 3-43　打印完毕的陀螺模型

注意：

（1）如果平台的温度过高，为避免烫伤，需要等温度下降到室温后再进行操作。

（2）取出模型时，请注意不要损坏模型比较薄弱的地方，如果不方便撬动模型，可适当除去部分支撑，以便于模型的顺利取出。

（2）去除支撑。如图 3-43 所示，取出后的陀螺模型底部存在一些打印过程中生成的支撑，使用刀片、钢丝钳、尖嘴钳等工具，将陀螺模型底部的支撑去除，如图 3-44 所示。

（3）打磨模型。根据去除支撑后的模型粗糙程度，可先用锉刀、粗砂纸等工具对支撑与模型接触的部位进行粗磨，如图 3-45 所示，然后用较细粒度的砂纸对模型进一步打磨。处理后的陀螺模型如图 3-46 所示。

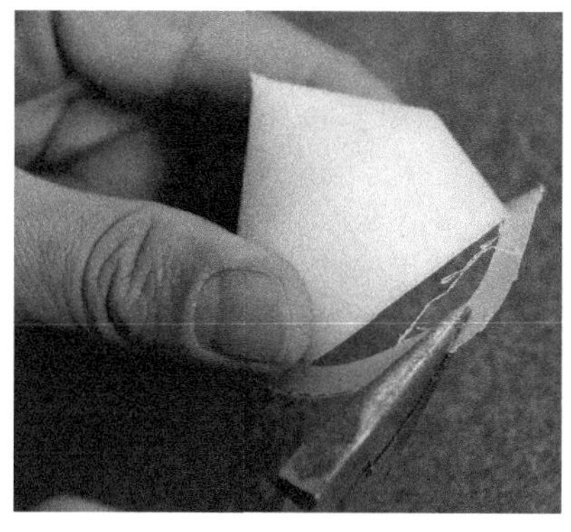

图 3-44 去除陀螺模型的支撑

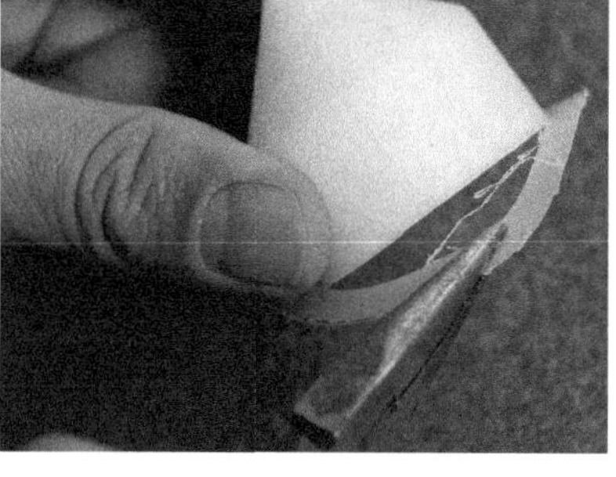

图 3-45 打磨陀螺模型

图 3-46 处理后的陀螺模型

3.2 哑 铃

首先利用 SolidWorks 软件创建哑铃模型，再利用 Cura 软件打印哑铃的 3D 模型，最后对打印出来的哑铃模型进行去支撑和毛刺处理，流程图如图 3-47 所示。

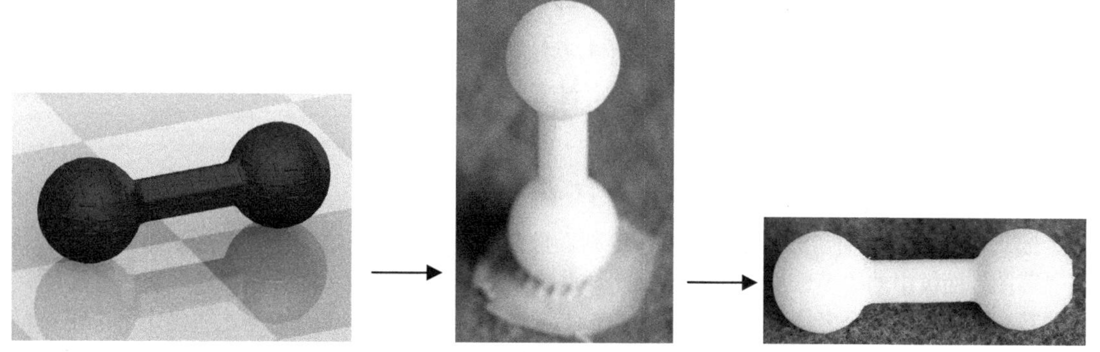

图 3-47 哑铃模型创建流程图

3.2.1 创建模型

本节绘制哑铃，这是一个比较简单的实体。首先绘制哑铃的一端，然后绘制哑铃手柄，最后镜像哑铃的另一端。

1. 新建文件

选择“文件”→“新建”命令，或者单击快速访问工具栏中的“新建”按钮，在弹出的“新建

SOLIDWORKS 文件”对话框中单击“零件”按钮，然后单击“确定”按钮，创建一个新的零件文件。

Note

2. 绘制草图 1

在左侧的“FeatureManager 设计树”中选择“前视基准面”作为绘制图形的基准面，单击“草图绘制”按钮，进入草图绘制环境。单击“草图”面板中的“中心线”按钮，绘制一条通过原点的竖直中心线，长度大约为 120mm；单击“草图”面板中的“原点/起/终点画弧”按钮，以原点为圆心绘制一个半圆。结果如图 3-48 所示。单击“草图”面板中的“智能尺寸”按钮，单击半圆边缘上一点，在“修改”对话框中输入值 50mm。单击“确定”按钮，结果如图 3-49 所示。

3. 旋转实体

单击“特征”面板中的“旋转凸台/基体”按钮，此时系统弹出系统提示框。因为哑铃的端部是非薄壁实体，单击“是”按钮，此时系统弹出如图 3-50 所示的“旋转”属性管理器。按照图示进行设置，单击“确定”按钮，结果如图 3-51 所示。

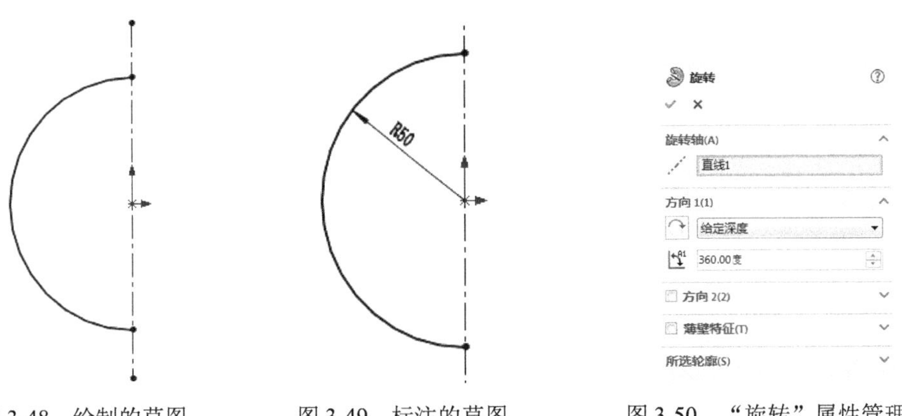

图 3-48 绘制的草图　　图 3-49 标注的草图　　图 3-50 “旋转”属性管理器

注意：在使用旋转命令时，可以根据实际情况决定是否将草图闭合，但在绘制时一般不把草图闭合，而是根据出现的系统提示框进行设置。

4. 绘制草图 2

在左侧的“FeatureMannger 设计树”中选择“上视基准面”，单击“正视于”按钮，将该基准面作为绘制图形的基准面，然后单击“草图绘制”按钮，进入草图绘制环境。结果如图 3-52 所示。单击“草图”面板中的“多边形”按钮，此时系统弹出如图 3-53 所示的“多边形”属性管理器。在设置的基准面上绘制一个多边形，其中心坐标在原点。输入圆直径为 40mm，单击“确定”按钮。单击“草图”面板中的“绘制圆角”按钮，圆角设为 R5，单击“确定”按钮，结果如图 3-54 所示。

5. 拉伸实体

单击“特征”面板中的“拉伸凸台/基体”按钮，此时系统弹出如图 3-55 所示的“凸台-拉伸”属性管理器。输入深度距离为 200mm。按照图示进行设置后，单击“确定”按钮。结果如图 3-56 所示。

6. 添加基准面

在左侧的“FeatureManager 设计树”中选择“上视基准面”添加新的基准面。单击“特征”面板“参考几何体”下拉列表中的“基准面”按钮，此时系统弹出如图 3-57 所示的“基准面”属性管理

Note

器。输入偏移距离为 100mm，按照图示进行设置后，单击“确定”按钮✔。结果如图 3-58 所示。

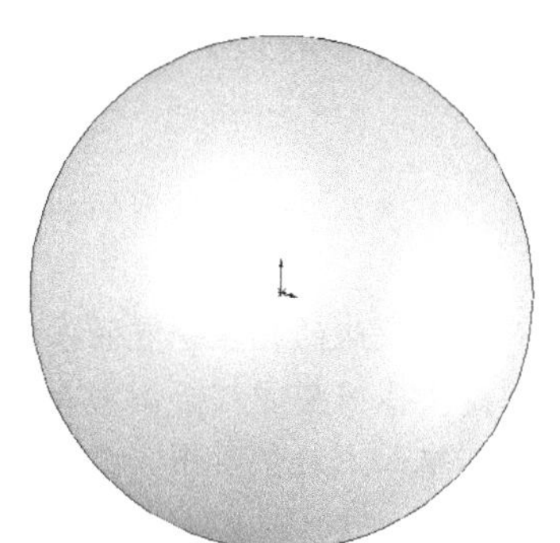

图 3-51　旋转后的图形

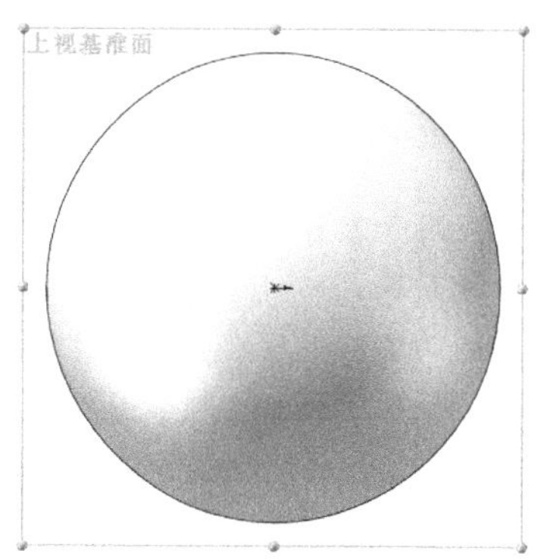

图 3-52　设置的基准面

图 3-53　“多边形”属性管理器

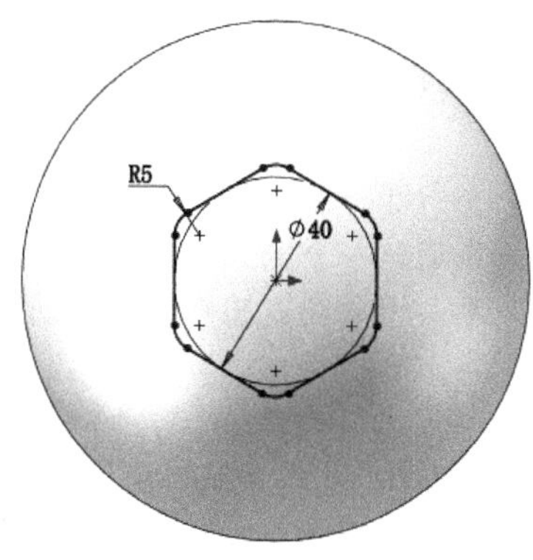

图 3-54　绘制的草图

图 3-55　“凸台-拉伸”属性管理器

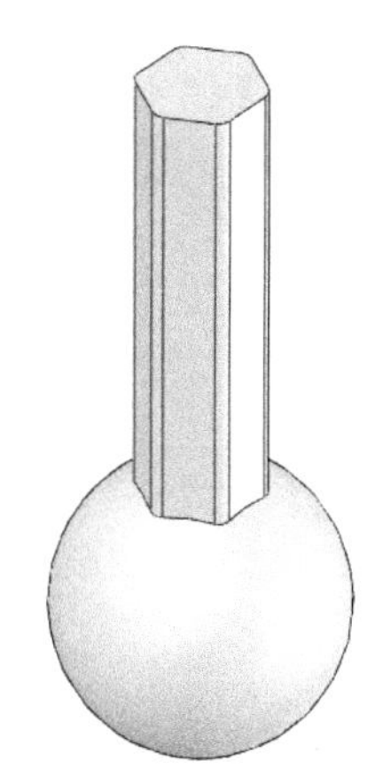

图 3-56　拉伸后的图形

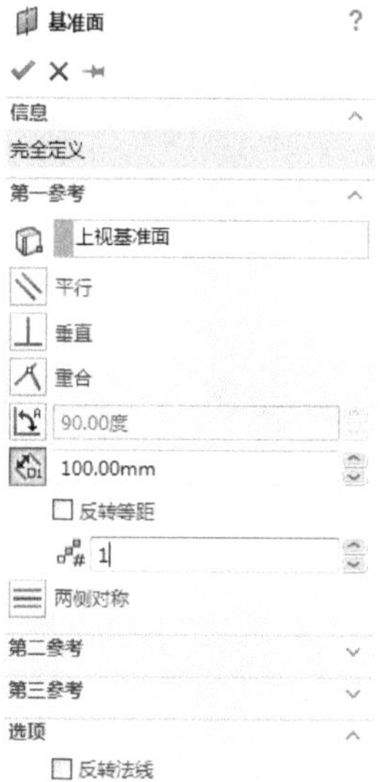

图 3-57　“基准面”属性管理器

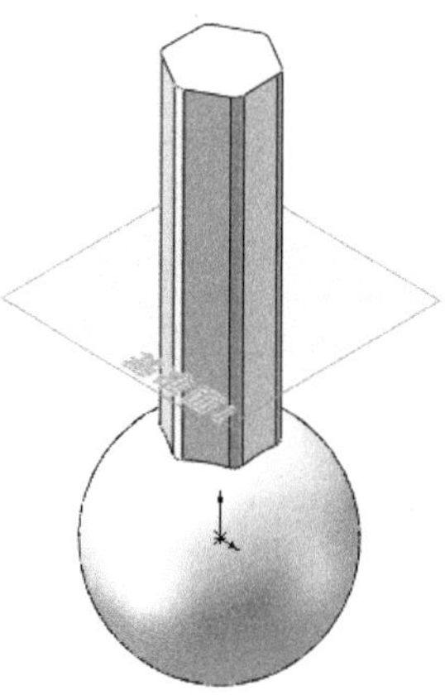

图 3-58　添加的基准面

注意：基准面在 SolidWorks 中是很常用的命令，可以通过较多的方式生成，对于绘制不规则的图形有很好的帮助作用。

Note

知识点——基准面

基准面主要应用于零件图和装配图中，可以利用基准面来绘制草图，生成模型的剖面视图，用于拔模特征中的中性面等。

SolidWorks 提供了前视基准面、上视基准面和右视基准面 3 个默认的相互垂直的基准面。通常情况下，用户在这 3 个基准面上绘制草图，然后使用特征命令创建实体模型即可绘制需要的图形。但是对于一些特殊的特征，如创建扫描和放样特征却需要在不同的基准面上绘制草图，才能完成模型的构建，这就需要创建新的基准面。

创建基准面有 6 种方式，分别是通过直线和点方式、点和平行面方式、两面夹角方式、偏移距离方式、垂直于曲线方式与曲面切平面方式等。下面将详细介绍各种创建基准面的方式。

（1）通过直线和点方式用于创建一个通过边线、轴或者草图线及点的基准面，或者通过三点的基准面。

（2）点和平行面方式用于创建一个平行于基准面或者面的基准面。

（3）两面夹角方式用于创建一个通过一条边线、轴线或者草图线，并与一个面或者基准面成一定角度的基准面。

（4）偏移距离方式用于创建一个平行于一个基准面或者面，并等距指定距离的基准面。

（5）垂直于曲线方式用于创建一个通过一个点且垂直于一条边线或者曲线的基准面。

（6）曲面切平面方式用于创建一个与空间面或圆形曲面相切于一点的基准面。

7. 镜像特征

单击“特征”面板中的“镜像”按钮，此时系统弹出如图 3-59 所示的“镜像”属性管理器。选择图 3-59 中基准面为镜像面；选择已绘制的哑铃端部为要镜像的特征。单击“确定”按钮，结果如图 3-60 所示。

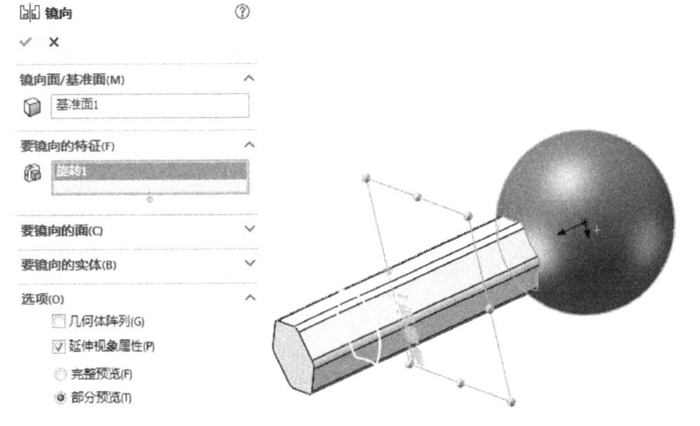

图 3-59 “镜像”属性管理器

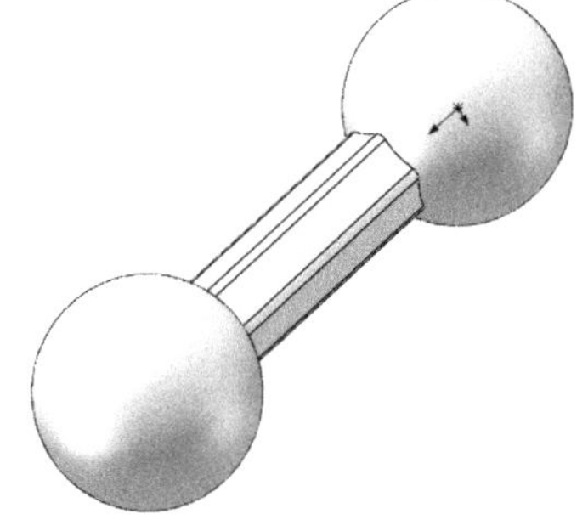

图 3-60 镜像后的图形

知识点——镜像

镜像特征是指对称于基准面镜像所选的特征。按照镜像对象的不同，可以分为镜像特征和镜像实体。

Note

如果零件结构是对称的，用户可以只创建一半零件模型，然后使用特征镜像的办法生成整个零件。如果修改了原始特征，则镜像的复制也将更新以反映其变更。

（1）“镜像面/基准面”选项组：如要生成镜像特征、实体或镜像面，需选择镜像面或基准面来进行镜像操作。

（2）“要镜像的特征”选项组：使用所选择的特征来作为源特征以生成镜像的特征。如果选择模型上的平面，将绕所选面镜像整个模型。

（3）“要镜像的面”选项组：使用构成源特征的面生成镜像。

（4）“要镜像的实体”选项组：在单一模型或多实体零件中选择一个实体来生成一镜像实体。

（5）“选项”选项组：可以加速特征阵列的生成及重建。

8. 圆角实体

单击“特征”面板中的“圆角”按钮，此时系统弹出“圆角”属性管理器，如图 3-61 所示。输入半径为 10mm，然后用鼠标选择图 3-61 中标注的两个边线，单击“确定”按钮。结果如图 3-62 所示。

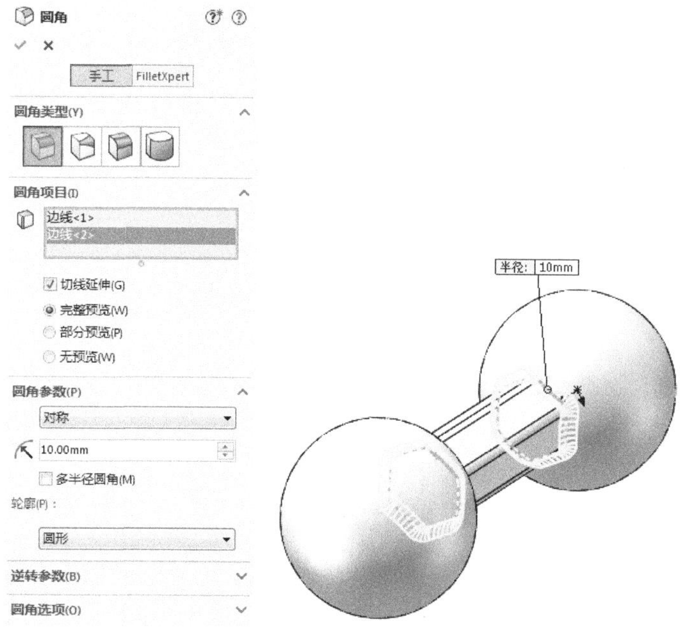

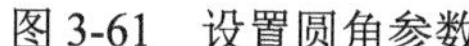
图 3-61　设置圆角参数

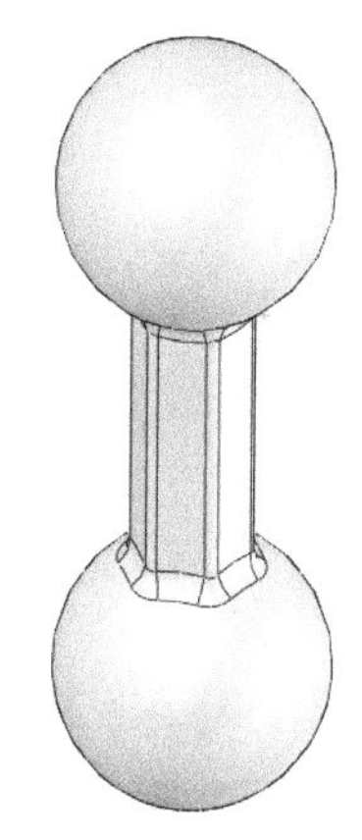
图 3-62　圆角后的图形

3.2.2　打印模型

根据 3.1.2 节的步骤 1、2 中相应步骤进行操作，将相应的模型保存为*.stl 文件，并检查模型。

根据 3.1.2 节步骤 3 中（1）～（3）相应的步骤进行参数设置，按步骤 3 中（4）缩放模型的操作，将模型缩放为原尺寸的 0.5 倍，如图 3-63 所示。

为减少打印时所产生的支撑，使所打印的外表面更加光滑，单击“旋转”按钮，模型周围将出现相应的旋转轴，鼠标左键选中相应旋转轴，该旋转轴高亮显示，选中竖直轴将模型旋转 90°，使哑铃竖直放置，如图 3-64 所示，其余步骤按 3.1.2 节步骤 3 中的（5）～（8）操作即可。

Note

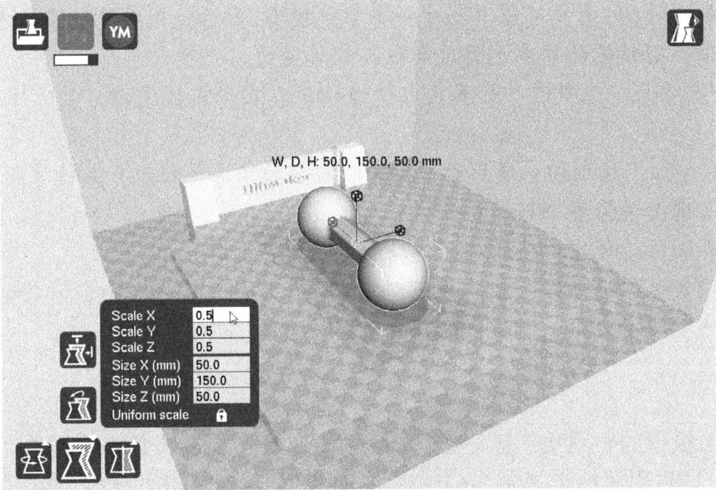

图 3-63　缩放模型 yaling

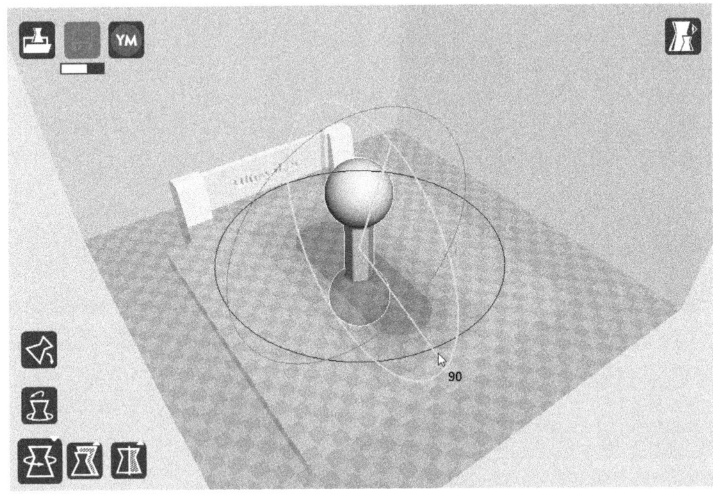

图 3-64　正确放置模型“哑铃”

提示： 按住鼠标左键即可旋转模型，旋转幅度为 15°，按下鼠标左键+Shift 键进行旋转，旋转幅度为 1°。

3.2.3　处理打印模型

处理打印模型有以下 3 个步骤：

（1）取出模型。打印完毕后，将打印平台降至零位，用刀片等工具将模型底部与平台底部撬开，以便于取出模型。取出后的哑铃模型如图 3-65 所示。

注意：

（1）如果平台的温度过高，为避免烫伤，需要等温度下降到室温后再进行操作。

（2）取出模型时，请注意不要损坏模型比较薄弱的地方，如果不方便撬动模型，可适当除去部分支撑，以便于模型的顺利取出。

（2）去除支撑。如图 3-65 所示，取出后的哑铃模型底部存在一些打印过程中生成的支撑，使用刀片、钢丝钳、尖嘴钳等工具，将哑铃模型底部的支撑去除。

（3）打磨模型。根据去除支撑后的模型粗糙程度，可先用锉刀、粗砂纸等工具对支撑与模型接触的部位进行粗磨，然后用较细粒度的砂纸对模型进一步打磨，处理后的哑铃模型如图 3-66 所示。

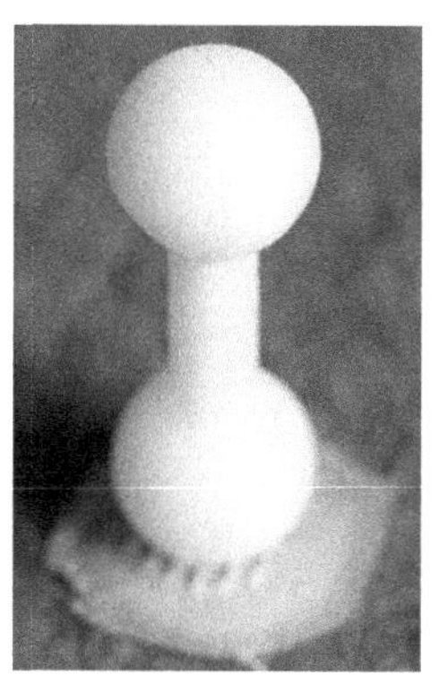

图 3-65　打印完毕的哑铃模型

图 3-66　处理后的哑铃模型

3.3　瓜皮小帽

扫码看视频

3.3　瓜皮小帽

首先利用 SolidWorks 软件创建瓜皮小帽模型，再利用 Cura 软件打印瓜皮小帽的 3D 模型，最后对打印出来的瓜皮小帽模型进行去支撑和毛刺处理，流程图如图 3-67 所示。

图 3-67　瓜皮小帽模型创建流程图

3.3.1　创建模型

首先绘制瓜皮小帽的帽围，然后利用“圆顶”命令绘制椭圆帽顶，利用“抽壳”命令绘制帽里，最后利用“旋转”命令绘制头饰。

1. 新建文件

选择“文件”→“新建”命令，或者单击快速访问工具栏中的“新建”按钮，在弹出的“新建 SOLIDWORKS 文件”对话框中单击“零件”按钮，然后单击“确定”按钮，创建一个新的零件文件。

Note

2. 绘制帽子轮廓草图

在左侧的“FeatureManager 设计树”中选择“前视基准面”作为绘图基准面，单击“草图绘制”按钮，进入草图绘制环境。单击“草图”面板中的“圆”按钮，以原点为圆心绘制一个圆。单击“草图”面板中的“智能尺寸”按钮，标注圆的直径，如图 3-68 所示。

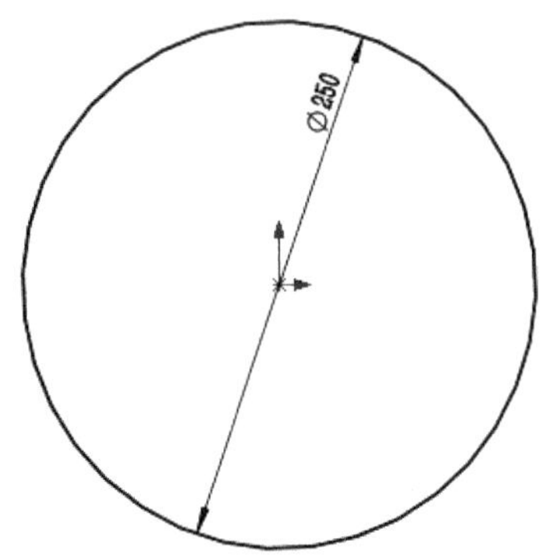

图 3-68　标注尺寸

3. 拉伸实体

单击“特征”面板中的“拉伸凸台/基体”按钮，此时系统弹出“凸台-拉伸”属性管理器。输入拉伸深度为 80mm，如图 3-69 所示，然后单击“确定”按钮。结果如图 3-70 所示。

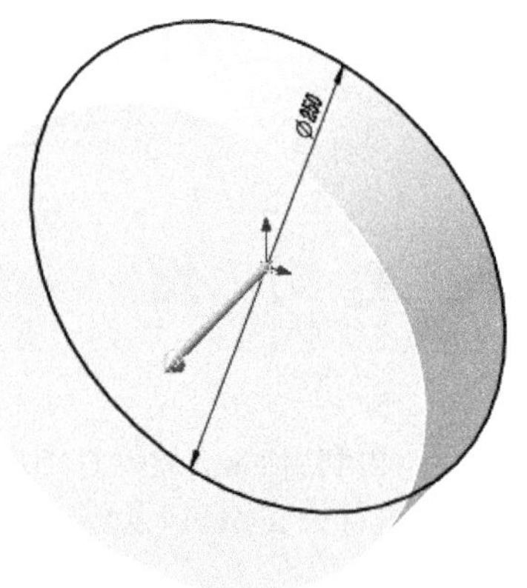

图 3-69　“凸台-拉伸”属性管理器

图 3-70　拉伸实体

4. 圆顶实体

选择“插入”→“特征”→“圆顶”命令，此时系统弹出“圆顶”属性管理器。选择如图 3-71 所示的表面 1 为到圆顶的面，选中“椭圆圆顶”复选框，单击“确定”按钮，圆顶实体如图 3-72 所示。

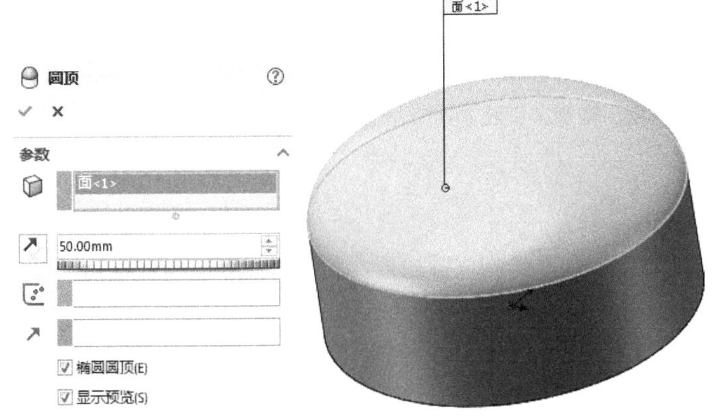

图 3-71　“圆顶”属性管理器

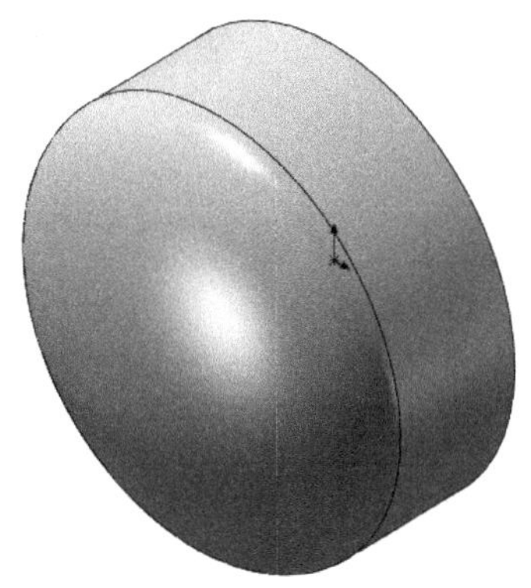

图 3-72　圆顶操作结果

知识点——圆顶

圆顶特征是对模型的一个面进行变形操作，生成圆顶型凸起特征。

“圆顶”属性管理器中的选项说明如下。

（1）“到圆顶的面”：选择一个或多个平面或非平面。

（2）“距离”：设定圆顶扩展的距离的值。单击“反向”按钮，生成一个凹陷的圆顶。

（3）“约束点或草图”：通过选择一个包含点的草图来约束草图的形状以控制圆顶。

（4）“方向”：从图形区域选择一个方向向量以垂直于面以外的方向拉伸圆顶。也可使用线性边线或由两个草图点所生成的向量作为方向向量。

5. 绘制切除实体草图

在左侧的“FeatureManager 设计树”中选择“右视基准面”作为绘图基准面，单击“草图绘制”按钮，进入草图绘制环境，然后单击“正视于”按钮，使基准面平行于屏幕。单击“草图”面板中的“中心线”按钮，过原点绘制一条竖直中心线。单击“草图”面板中的“等距实体”按钮，弹出“等距实体”属性管理器，选择草图边线，输入等距距离为 10mm，如图 3-73 所示。单击“草图”面板中的“直线”按钮，完成闭合图形的绘制，完成的草图如图 3-74 所示。

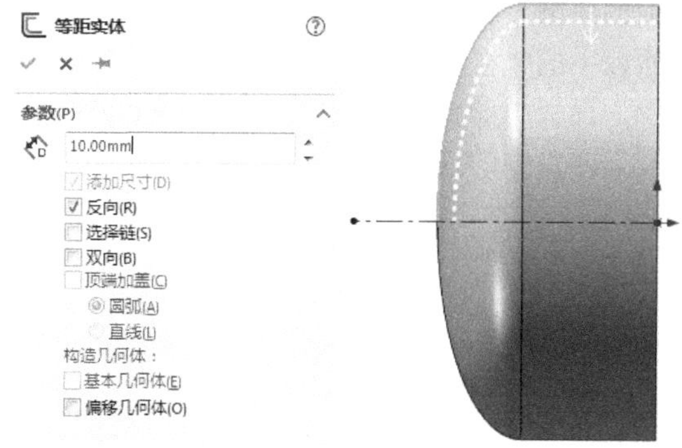

图 3-73　等距实体

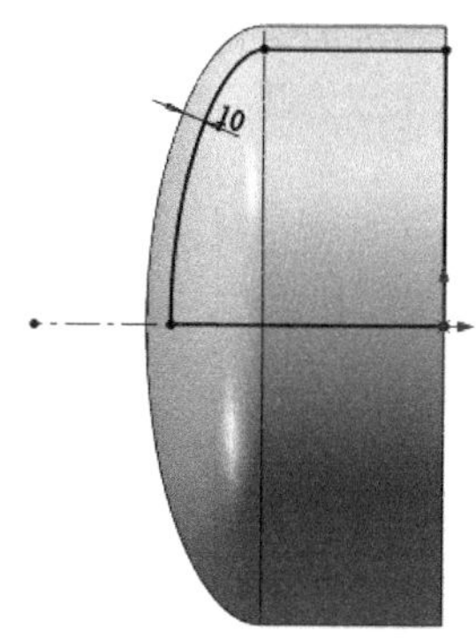

图 3-74　等距结果

6. 旋转切除实体

单击“特征”面板中的“旋转切除”按钮，此时系统弹出“切除-旋转”属性管理器，如图 3-75 所示，然后单击“确定”按钮，结果图如图 3-76 所示。

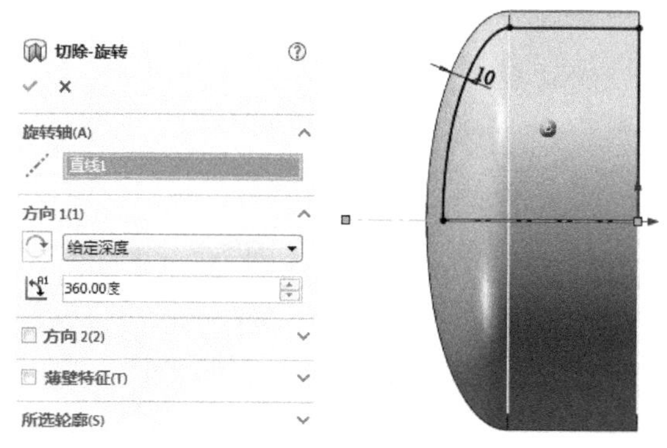

图 3-75　“切除-旋转”属性管理器

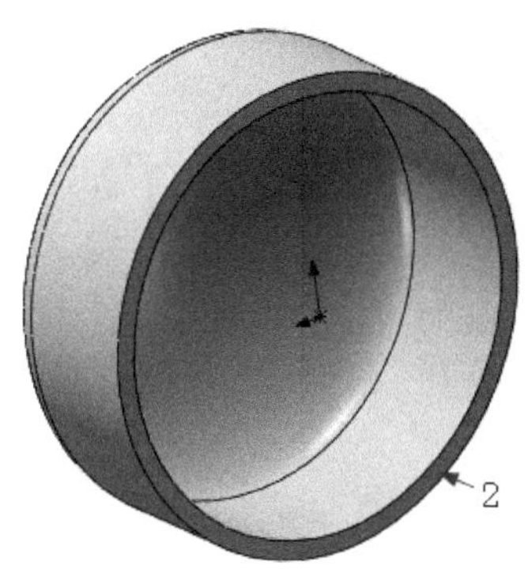

图 3-76　切除结果

Note

知识点——旋转切除特征

旋转切除特征是在给定的基体上，按照设计需要进行旋转切除。

旋转切除与旋转特征的基本要素、参数类型和参数含义完全相同，这里不再赘述，请参考旋转特征的相应介绍。

7. 设置基准面

单击“特征”面板“参考几何体”下拉列表中的“基准面”按钮，弹出“基准面”属性管理器，选择如图 3-76 所示的面 2 为第一参考，输入偏移距离为 140mm，选中“反转等距”复选框，如图 3-77 所示。然后单击“确定”按钮，结果如图 3-78 所示。

图 3-77 “基准面”属性管理器

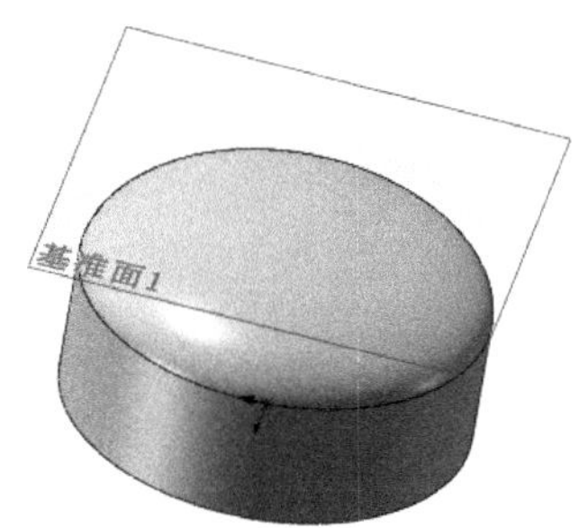

图 3-78 创建基准面 1

8. 绘制草图

选择步骤 7 中绘制的“基准面 1”为草绘平面，单击“草图绘制”按钮，进入草图绘制环境，然后单击“正视于”按钮，使基准面平行于屏幕。单击“草图”面板中的“圆”按钮，以原点为圆心绘制一个圆；单击“草图”面板中的“直线”按钮，绘制过原点的竖直直线；单击“草图”面板中的“剪裁实体”按钮，修剪单侧圆弧。单击“草图”面板中的“智能尺寸”按钮，标注刚绘制的圆的半径，如图 3-79 所示。

9. 旋转实体

单击“特征”面板中的“旋转”按钮，此时系统弹出“旋转”属性管理器。选择竖直直线为旋转轴，如图 3-80 所示，然后单击“确定”按钮。

10. 隐藏基准面

单击基准面 1，在弹出的快捷菜单中单击“隐藏”按钮，取消基准面 1 的显示。结果如图 3-81 所示。

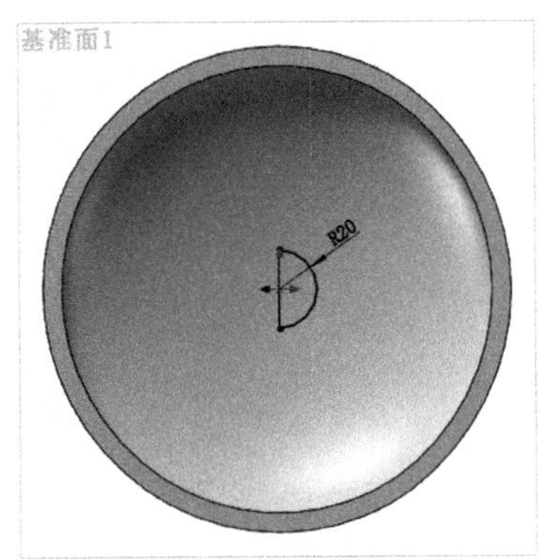

图 3-79 草按钮注尺寸

图 3-80 “旋转”属性管理器

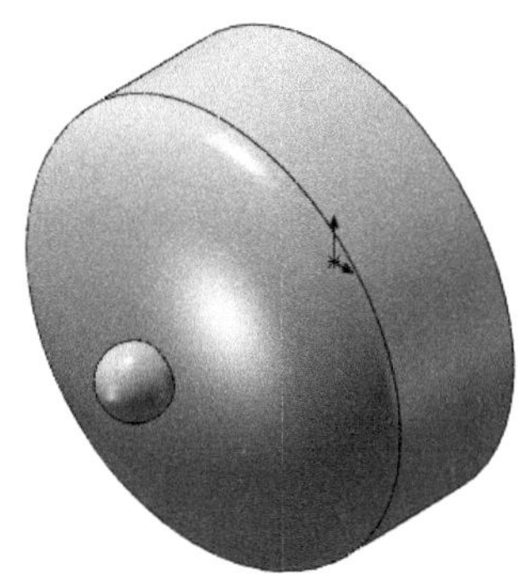

图 3-81 等轴测视图结果

3.3.2　打印模型

根据 3.1.2 节步骤 1、2 中相应步骤进行操作，将相应的模型保存为*.stl 文件，并检查模型。

根据 3.1.2 节步骤 3 中（1）～（3）相应的步骤进行参数设置，其余按步骤 3 中的（4）～（8）操作即可。

3.3.3　处理打印模型

处理打印模型有以下 3 个步骤：

（1）取出模型。打印完毕后，将打印平台降至零位，用刀片等工具将模型底部与平台底部撬开，以便于出模型。取出后的瓜皮小帽模型如图 3-82 所示。

注意：

（1）如果平台的温度过高，为避免烫伤，需要等温度下降到室温后再进行操作。

（2）取出模型时，请注意不要损坏模型比较薄弱的地方，如果不方便撬动模型，可适当除去部分支撑，以便于模型的顺利取出。

（2）去除支撑。如图 3-82 所示，取出后的瓜皮小帽模型底部存在一些打印过程中生成的支撑，使用刀片、钢丝钳、尖嘴钳等工具，将瓜皮小帽模型底部的支撑去除。

（3）打磨模型。根据去除支撑后的模型粗糙程度，可先用锉刀、粗砂纸等工具对支撑与模型接触的部位进行粗磨，然后用较细粒度的砂纸对模型进一步打磨，处理后的瓜皮小帽模型如图 3-83 所示。

图 3-82　打印完毕的瓜皮小帽模型

图 3-83　处理后的瓜皮小帽模型

3.4　公　　章

首先利用 SolidWorks 软件创建公章模型，再利用 Cura 软件打印公章的 3D 模型，最后对打印出来的公章模型进行去支撑和毛刺处理，流程图如图 3-84 所示。

Note

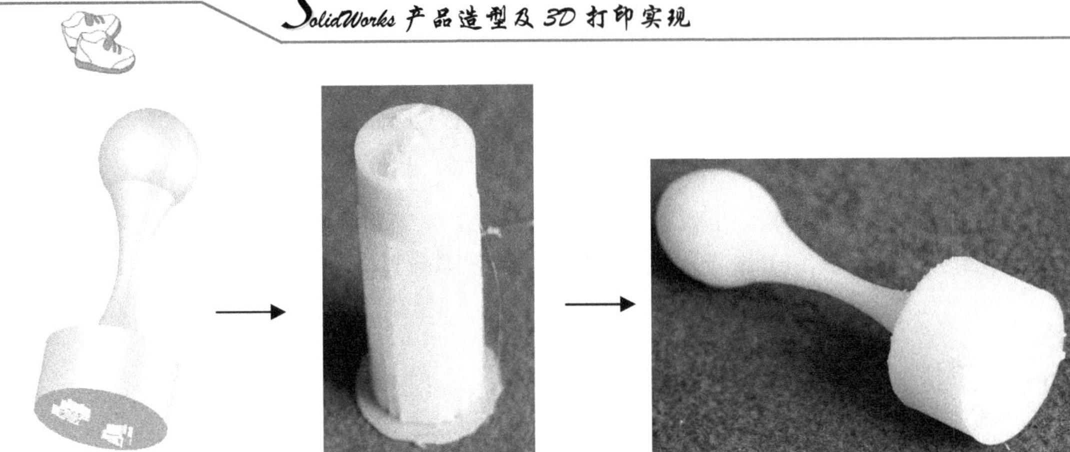

图 3-84　公章模型创建流程图

3.4.1　创建模型

本节绘制的公章是一个比较复杂的实体。首先绘制公章的中间部分，然后绘制公章的顶部，最后绘制公章的下部，并绘制草图文字，然后拉伸实体。

1. 新建文件

选择“文件”→“新建”命令，或者单击快速访问工具栏中的“新建”按钮，在弹出的“新建 SOLIDWORKS 文件”对话框中单击“零件”按钮，然后单击“确定”按钮，创建一个新的零件文件。

2. 绘制草图 1

在左侧的“FeatureManager 设计树”中用鼠标选择“前视基准面”作为绘制图形的基准面，单击“草图绘制”按钮，进入草图绘制环境。单击“草图”面板中的“直线”按钮，绘制图 3-85 中的直线段；单击“草图”面板中的“3 点圆弧”按钮，绘制图 3-85 中的圆弧。单击“草图”面板中的“智能尺寸”按钮，标注图 3-85 中图形的尺寸，结果如图 3-86 所示。

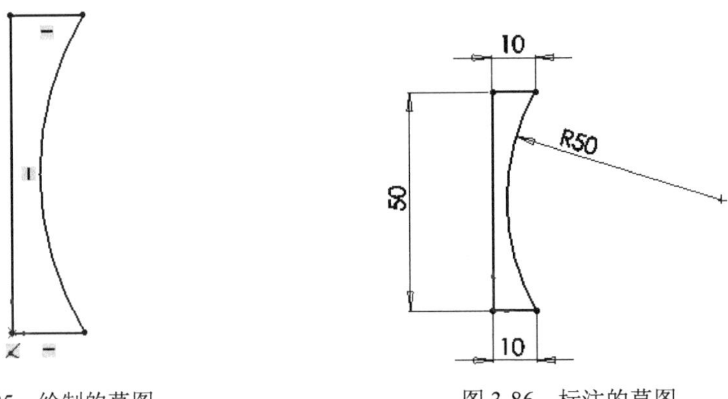

图 3-85　绘制的草图　　图 3-86　标注的草图

注意：在使用“3 点圆弧”命令时，首先确定圆弧的起点和终点，然后通过第 3 点确定圆弧的方向。可以通过拖动鼠标在圆弧内外的位置来改变圆弧的方向。

Note

3. 旋转实体

单击“特征”面板中的“旋转凸台/基体”按钮，此时系统弹出如图 3-87 所示的“旋转”属性管理器。选择图 3-86 中最左边的直线段为旋转轴。单击 “确定”按钮，结果如图 3-88 所示。

4. 绘制草图 2

在左侧的“FeatureMannger 设计树”中用鼠标选择“前视基准面”，单击“正视于”按钮，将该基准面作为绘制图形的基准面，然后单击“草图绘制”按钮，进入草图绘制环境。结果如图 3-89 所示。单击“草图”面板中的“中心线”按钮，绘制一条通过原点的中心线；单击“草图”面板中的“圆心/起/终点画弧”按钮，绘制一个圆心在中心线上的圆弧。结果如图 3-90 所示。单击“草图”面板中的“智能尺寸”按钮，标注图 3-90 中圆弧的尺寸。

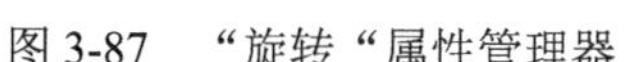

图 3-87　“旋转“属性管理器

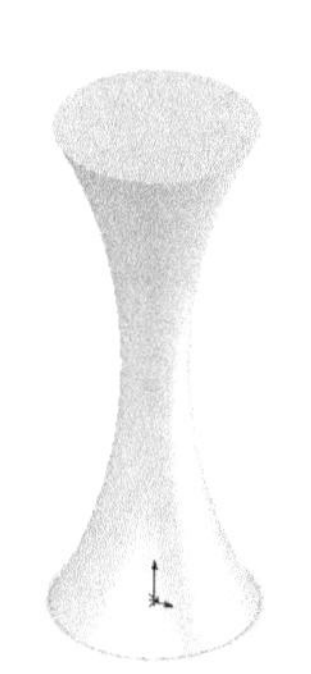

图 3-88　旋转后的图形

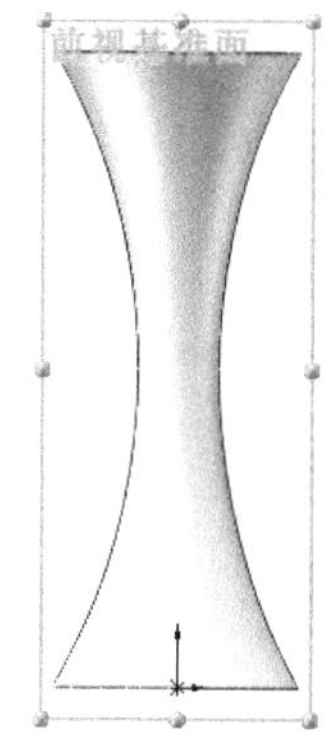

图 3-89　设置的基准面

5. 添加几何关系

单击“草图”面板中的“添加几何关系”按钮，此时系统弹出如图 3-91 所示的“添加几何关系”属性管理器。单击图 3-90 中右边标注的点和圆弧，此时所选的实体出现在属性管理器中，然后单击“重合”按钮，此时“重合”关系出现在属性管理器中。单击“确定”按钮，结果如图 3-92 所示。

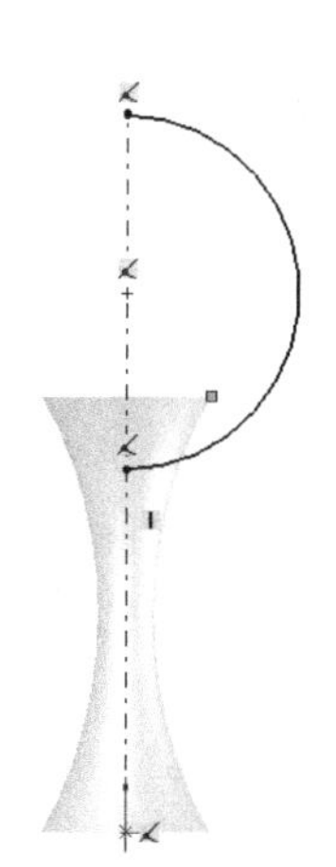

图 3-90　绘制的草图

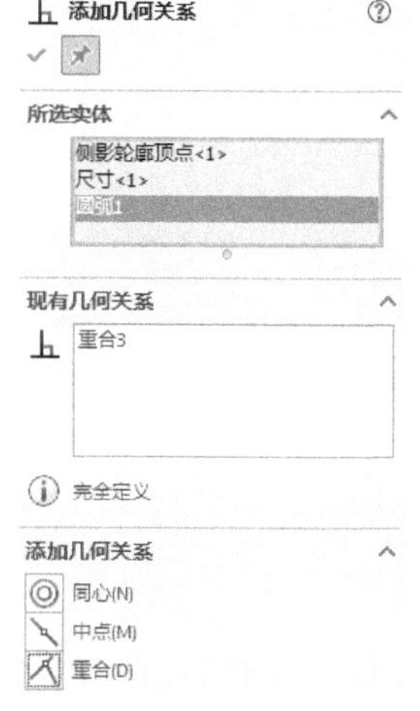

图 3-91　“添加几何关系“属性管理器

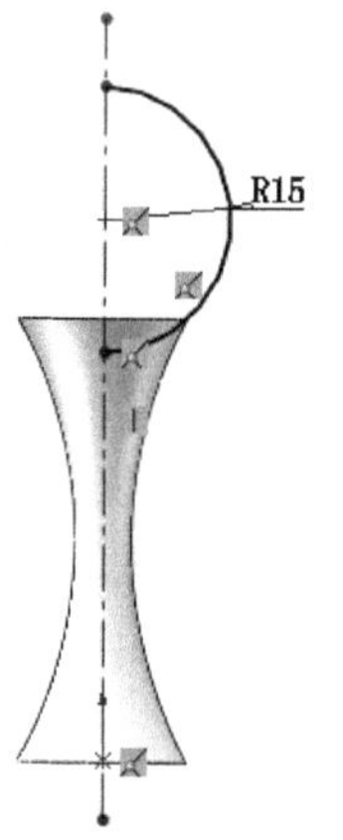

图 3-92　添加几何关系后的图形

注意：添加几何关系是 SolidWorks 中常用的命令，它可以约束两个或者多个几何体的关系，也可以方便地设置几何体的位置关系以及尺寸关系。在实际使用中，灵活使用该命令，可以提高绘图的效率。

6. 旋转实体

单击“特征”面板中的“旋转”按钮，此时系统弹出是否将该草图闭合的提示框，单击“是”按钮，然后弹出如图 3-93 所示的“旋转”属性管理器。按照图示设置后，单击“确定”按钮✓，结果如图 3-94 所示。

7. 绘制草图 3

按住鼠标中键，拖动鼠标，改变视图的方向，然后用鼠标选择图 3-94 中下面的平面作为基准面，单击“正视于”按钮，单击“草图绘制”按钮，进入草图绘制环境。单击“草图”面板中的“圆”按钮，以原点为圆心绘制一个圆，然后标注圆的直径。结果如图 3-95 所示。

图 3-93 “旋转“属性管理器

图 3-94 旋转后的图形

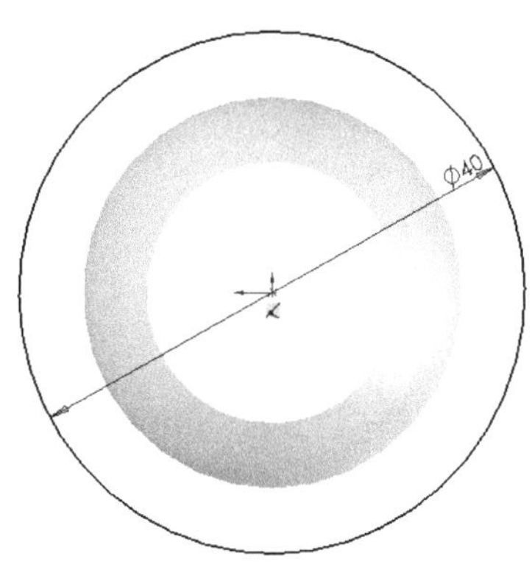

图 3-95 绘制的草图

8. 拉伸实体

单击“特征”面板中的“拉伸凸台/基体”按钮，此时系统弹出如图 3-96 所示的“凸台-拉伸”属性管理器。输入拉伸距离为 20mm。按照图示进行设置后，单击“确定”按钮✓。结果如图 3-97 所示。

9. 绘制草图文字

按住鼠标中键，拖动鼠标，改变视图的方向。选择图 3-97 中下面的平面，单击“正视于”按钮，将该表面作为绘制图形的基准面，然后单击“草图绘制”按钮，进入草图绘制环境。单击“草图”面板中的“文字”按钮，此时系统弹出如图 3-98 所示的“草图文字”属性管理器。在“文字”一栏中输入需要的文字，单击“字体”按钮，弹出“选择字体”对话框，设置字体和高度等参数，如图 3-99 所示，然后用鼠标调整文字在基准面上的位置。单击“确定”按钮✓，结果如图 3-100 所示。

10. 拉伸草图文字

单击“特征”面板中的“拉伸凸台/基体”按钮，此时系统弹出如图 3-101 所示的“凸台-拉伸”属性管理器。输入拉伸距离为 3mm，其他采用默认设置，单击“确定”按钮✓。结果如图 3-102 所示。

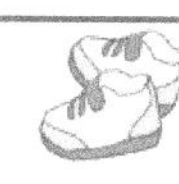

图 3-96 “凸台-拉伸“属性管理器

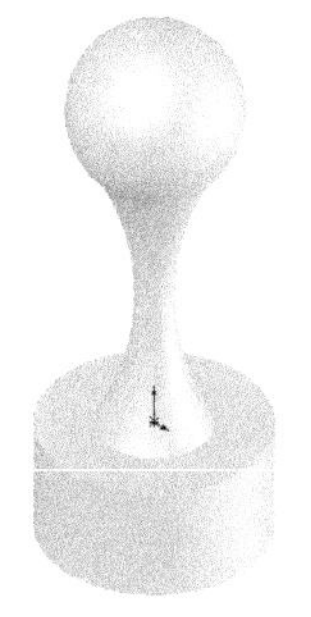

图 3-97　拉伸后的图形

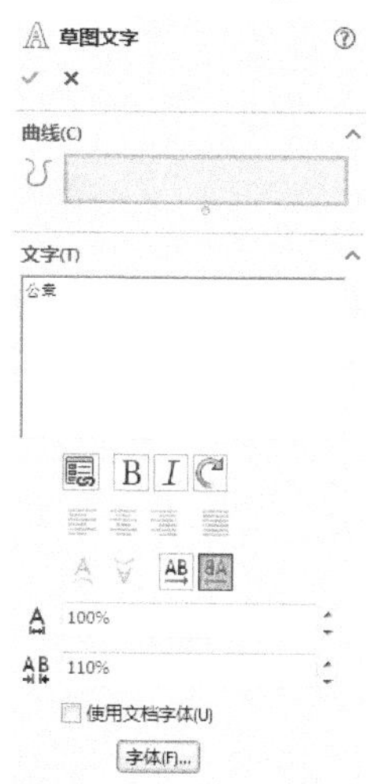

图 3-98　“草图文字”属性管理器

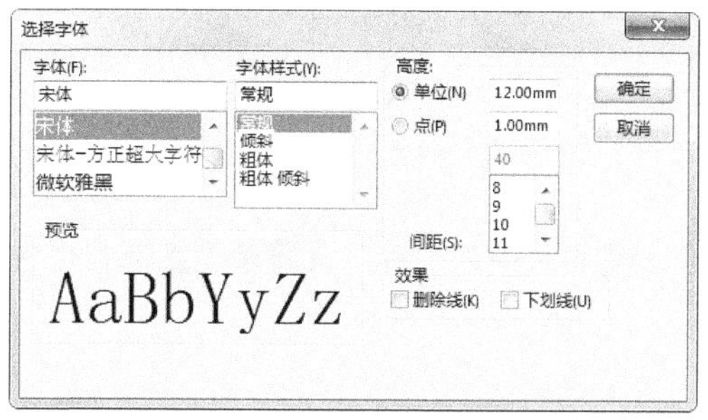
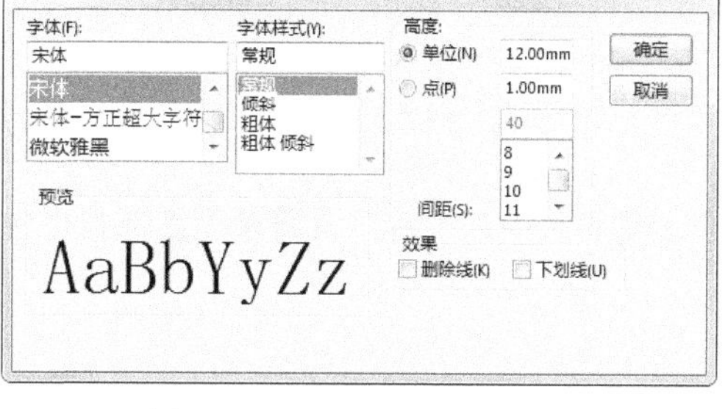

图 3-99　“选择字体”对话框

图 3-100　绘制的草图文字

图 3-101　“凸台-拉伸”属性管理器

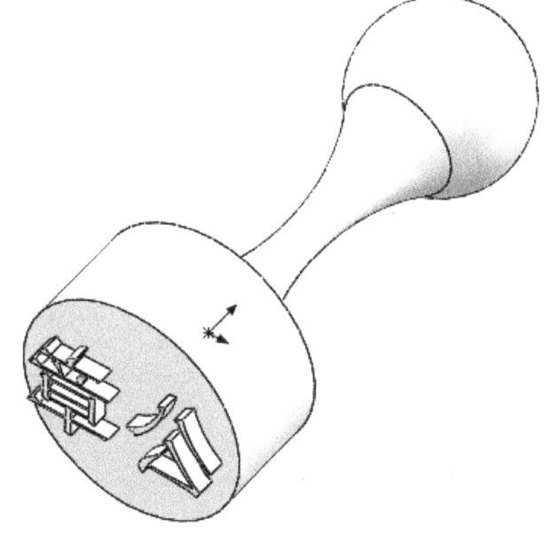

图 3-102　拉伸后的图形

3.4.2　打印模型

根据 3.1.2 节步骤 1、2 中相应步骤进行操作，将相应的模型保存为*.stl 文件，并检查模型。

根据 3.1.2 节步骤 3 中（1）～（3）相应的步骤进行参数设置，为了后期减少对“公章”两个字支撑的去除工作，单击“旋转”按钮，模型周围将出现相应的旋转轴，鼠标左键选中相应旋转轴，该

旋转轴高亮显示，选中竖直轴将模型旋转 90°，使模型 gongzhang 竖直放置，如图 3-103 所示，其余按步骤 3 中的（5）～（8）操作即可。

Note

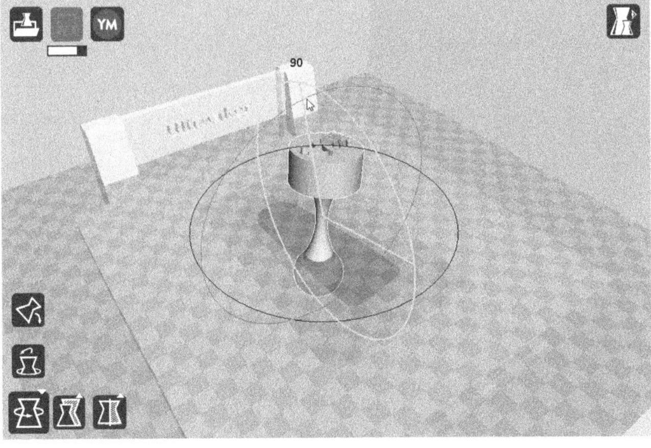

图 3-103　旋转模型 gongzhang

3.4.3　处理打印模型

处理打印模型有以下 3 个步骤：

（1）取出模型。打印完毕后，将打印平台降至零位，用刀片等工具将模型底部与平台底部撬开，以便于取出模型。

注意：

（1）如果平台的温度过高，为避免烫伤，需要等温度下降到室温后再进行操作。

（2）取出模型时，请注意不要损坏模型比较薄弱的地方，如果不方便撬动模型，可适当除去部分支撑，以便于模型的顺利取出。

（2）去除支撑。如图 3-104 所示，取出后的公章模型底部和侧面存在一些打印过程中生成的支撑，使用刀片、钢丝钳、尖嘴钳等工具，将公章模型底部和侧面的支撑去除。

（3）打磨模型。根据去除支撑后的模型粗糙程度，可先用锉刀、粗砂纸等工具对支撑与模型接触的部位进行粗磨，然后用较细粒度的砂纸对模型进一步打磨。处理后的公章模型如图 3-105 所示。

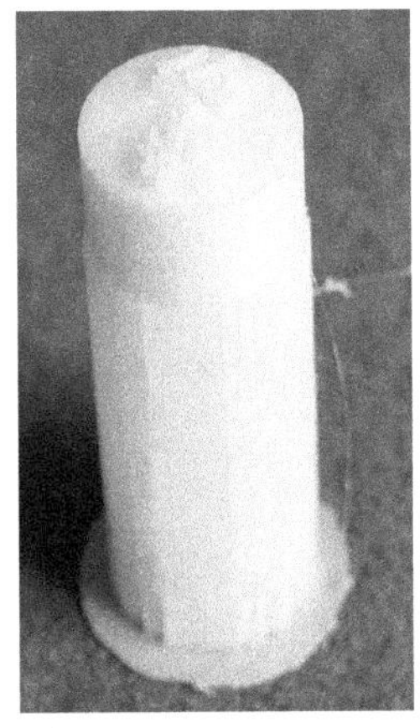

图 3-104　打印完毕的公章模型

图 3-105　处理后的公章模型

3.5 地 球 仪

地球仪由支架和球体组成，下面分别介绍支架和球体的创建过程，读者可以将打印出来的 3D 模型组装成地球仪。

3.5.1 地球仪支架

首先利用 SolidWorks 软件创建地球仪支架模型，再利用 Cura 软件打印地球仪支架的 3D 模型，最后对打印出来的地球仪支架模型进行去支撑和毛刺处理，流程图如图 3-106 所示。

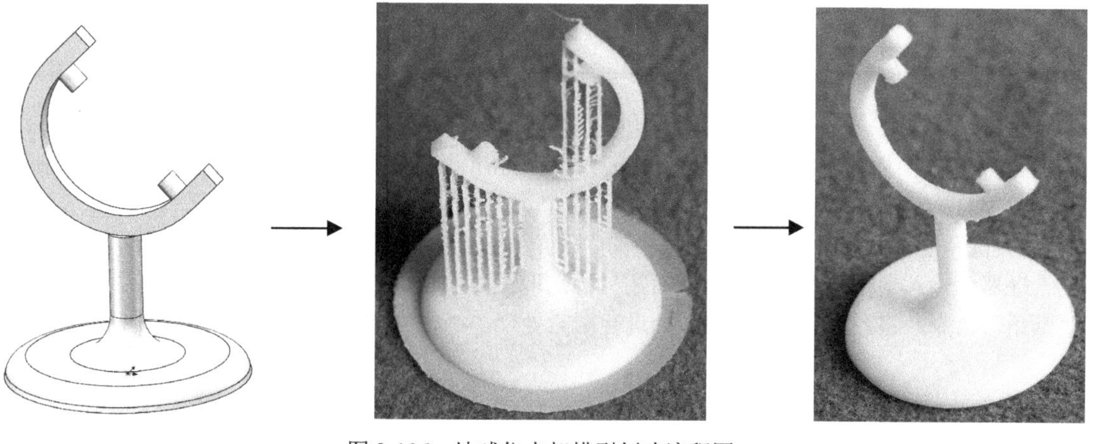

图 3-106 地球仪支架模型创建流程图

1. 创建模型

本节绘制地球仪支架，首先绘制支架的底座，然后绘制支柱，并对相应部分进行圆角处理，最后绘制支架的支撑部分。

（1）新建文件。选择“文件”→“新建”命令，或者单击快速访问工具栏中的“新建”按钮，在弹出的“新建 SOLIDWORKS 文件”对话框中单击“零件”按钮，然后单击“确定”按钮，创建一个新的零件文件。

（2）绘制草图。在左侧的“FeatureManager 设计树”中用鼠标选择“前视基准面”作为绘制图形的基准面。单击“草图”面板中的“圆”按钮，以原点为圆心绘制一个圆。单击“草图”面板中的“智能尺寸”按钮，标注图中圆的直径。结果如图 3-107 所示。

（3）拉伸实体。单击“特征”面板中的“拉伸凸台/基体”按钮，此时系统弹出如图 3-108 所示的“凸台-拉伸”属性管理器。输入拉伸距离为 10mm；单击“拔模开/关”按钮，输入拔模角度为 15°，其他采用默认设置，单击“确定”按钮。结果如图 3-109 所示。

Φ120

图 3-107 绘制的草图

Note

（4）绘制草图。单击图 3-109 中的表面 1，然后单击“正视于”按钮，将该表面作为绘制图形的基准面。单击“草图”面板中的“圆”按钮，在基准面上绘制一个圆，圆心在图中的原点位置。单击“草图”面板中的“智能尺寸”按钮，标注圆的直径为 16，结果如图 3-110 所示。

图 3-108　“凸台-拉伸”属性管理器

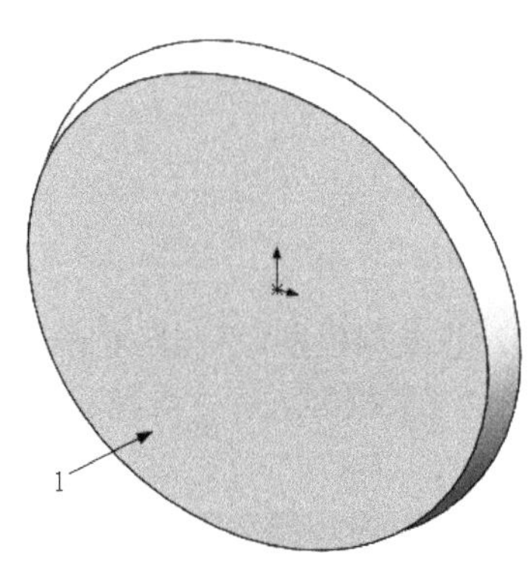

图 3-109　拔模拉伸后的图形

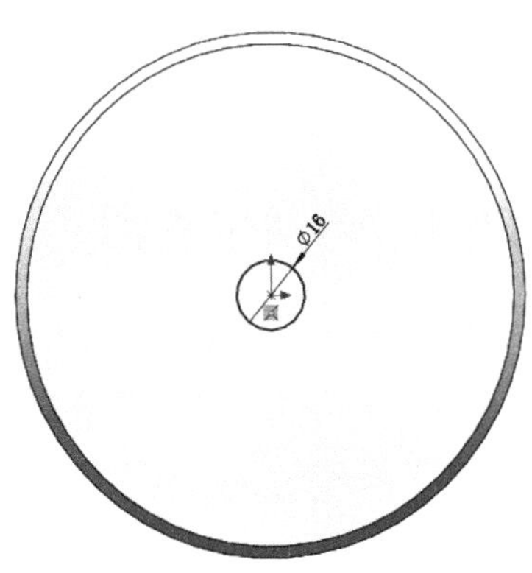

图 3-110　标注的草图

（5）拉伸实体。单击“特征”面板中的“拉伸凸台/基体”按钮，此时系统弹出如图 3-111 所示的“凸台-拉伸”属性管理器。输入拉伸距离为 60mm，其他采用默认设置，单击“确定”按钮。结果如图 3-112 所示。

（6）圆角实体。单击“特征”面板中的“圆角”按钮，此时弹出如图 3-113 所示的“圆角”属性管理器。输入半径值为 20mm，然后用鼠标选取图 3-112 中的边线 2，单击“确定”按钮。重复“圆角”命令，将图 3-112 中边线 1 处进行圆角处理，半径为 10mm。结果如图 3-114 所示。

图 3-111　“凸台-拉伸”属性管理器

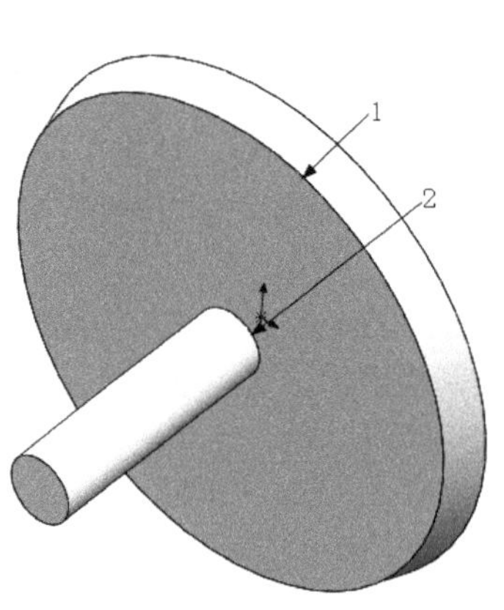

图 3-112　拉伸后的图形

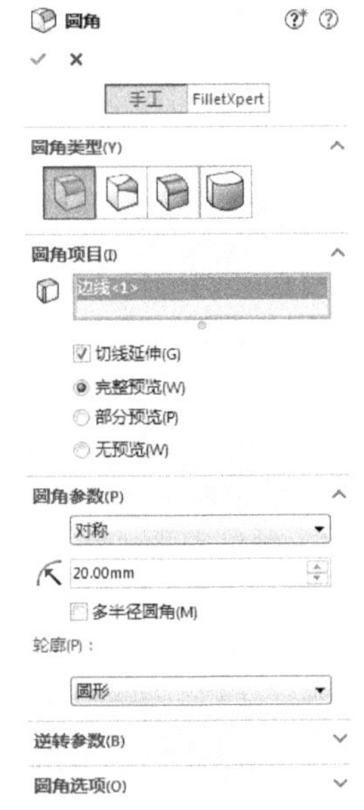

图 3-113　“圆角”属性管理器

（7）绘制草图。在左侧的“FeatureMannger 设计树”中用鼠标选择“上视基准面”，然后单击“正视于”按钮，再单击“下视”按钮，将该基准面作为绘制图形的基准面。单击“草图”面板中的

“圆”按钮，绘制一个圆；单击“草图”面板中的“直线”按钮，绘制直线；单击“草图”面板中的“中心线”按钮，绘制通过原点的竖直中心线和另一条通过圆心的中心线。结果如图 3-115 所示。

（8）修剪图形。单击“草图”面板中的“智能尺寸”按钮，标注图 3-115 中的尺寸。单击“草图”面板中的“剪裁实体”按钮，剪裁图 3-116 中“圆 1”处，结果如图 3-117 所示。

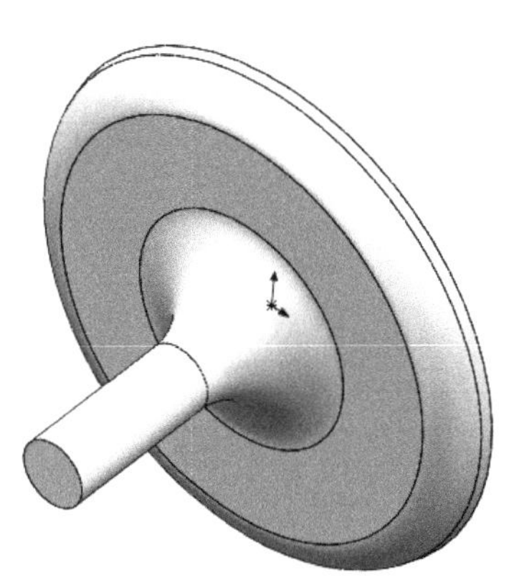

图 3-114　圆角后的图形

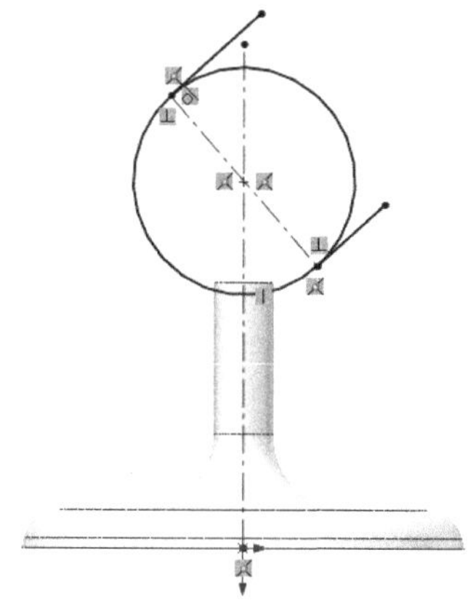

图 3-115　绘制的草图

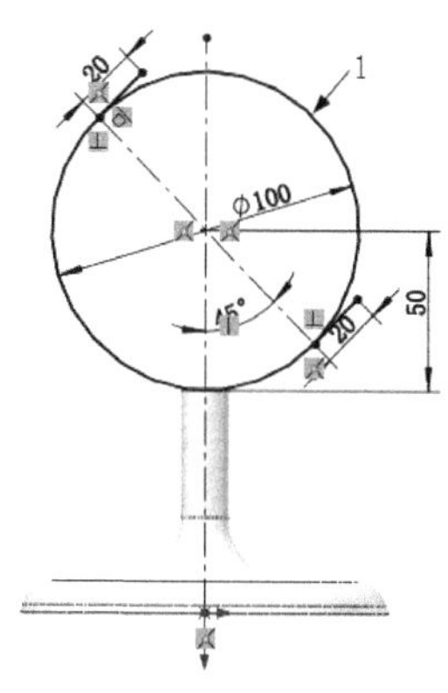

图 3-116　标注的草图

（9）拉伸实体。单击“特征”面板中的“拉伸凸台/基体”按钮，此时系统弹出如图 3-118 所示的“凸台-拉伸”属性管理器。在“方向 1”中输入拉伸距离为 5mm，选中“方向 2”复选框，输入拉伸长度为 5mm。按照图示进行设置后，单击“确定”按钮。结果如图 3-119 所示。

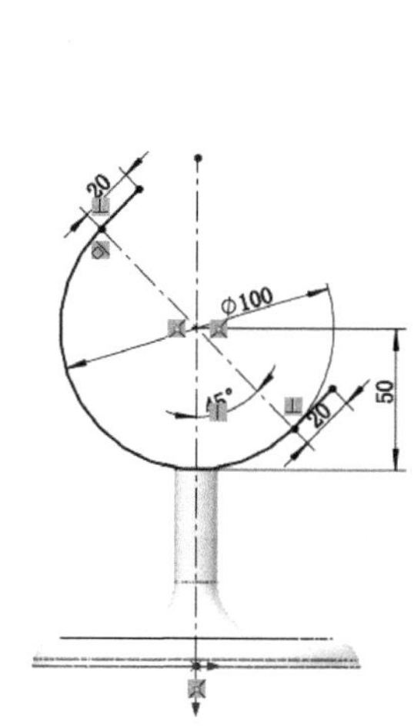

图 3-117　剪裁后的图形

图 3-118　“凸台-拉伸”属性管理器

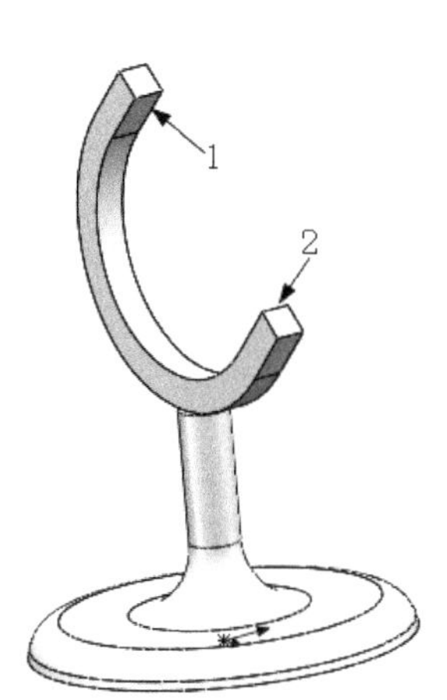

图 3-119　拉伸后的图形

注意：“拉伸”命令可以拉伸为实体和薄壁、凸台和基体、曲面，以及切除拉伸等，可以单向拉伸也可以双向拉伸。该命令是 SolidWorks 中很常用的命令，灵活掌握其运用，可以大大提高绘制图形的效率。

（10）绘制草图。单击图 3-119 中的表面 1，然后单击“正视于”按钮，将该表面作为绘制图形的基准面。单击“草图”面板中的“圆”按钮，绘制一个圆。单击“草图”面板中的“智能尺寸”按钮，标注圆的直径及其定位尺寸。结果如图 3-120 所示。

（11）拉伸实体。单击“特征”面板中的“拉伸凸台/基体”按钮，此时系统弹出“凸台-拉伸”属性管理器。输入拉伸距离为 10mm，单击“确定”按钮。调整视图的方向，结果如图 3-121 所示。

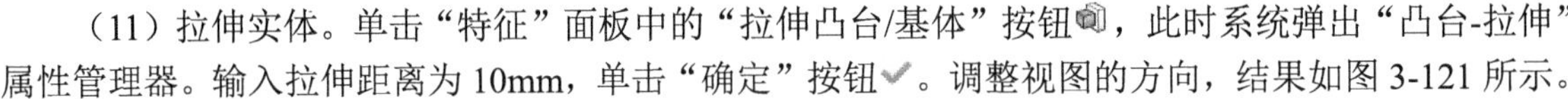

（12）重复步骤（10）～（11），在图 3-119 所示的面 2 上拉伸一个长度为 10 的圆柱体，结果如图 3-122 所示。

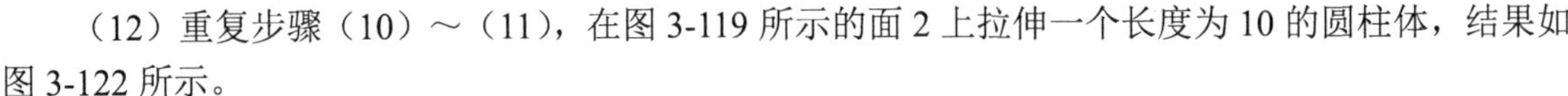

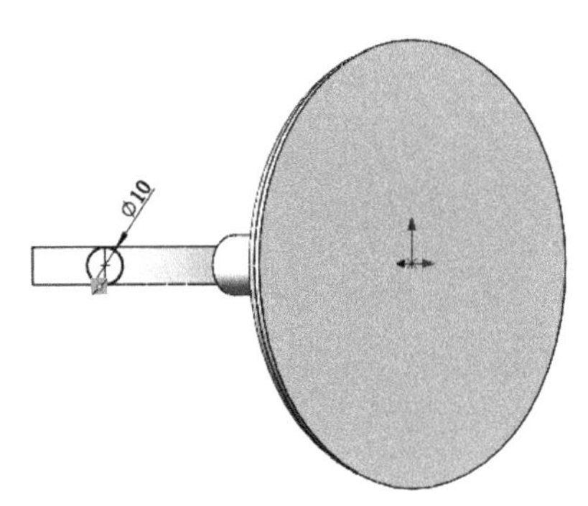

图 3-120　绘制的草图

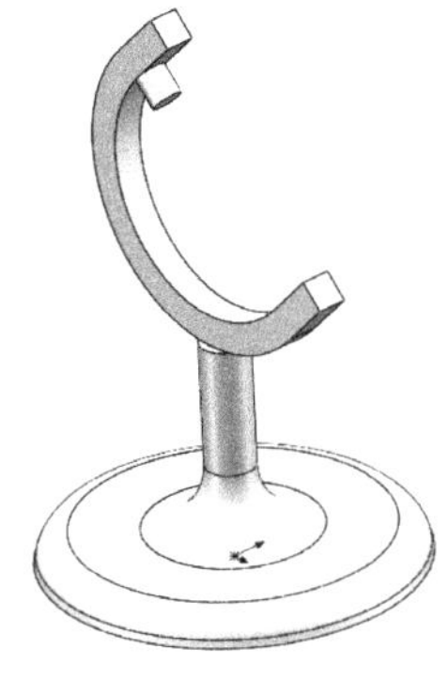

图 3-121　拉伸后的实体

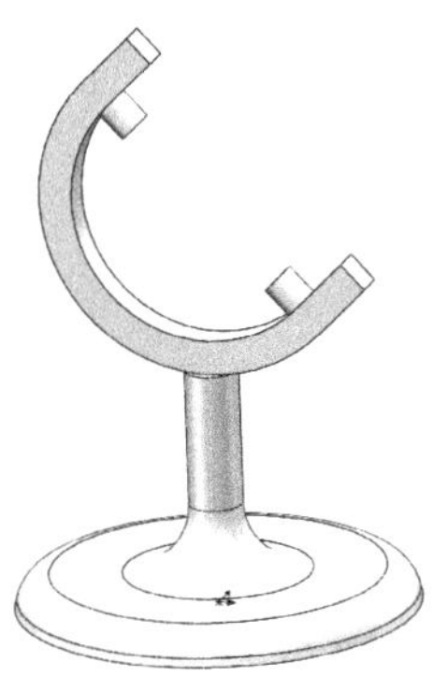

图 3-122　拉伸后的实体

2. 打印模型

根据 3.1.2 节步骤 1、2 中相应步骤进行操作，将相应的模型保存为*.stl 文件，并检查模型。

由于模型 diqiuyizhijia 上存有两个支柱，为保证该支柱能顺利打印，需要修改软件的专家设置，选择主菜单上的 Expert→Open expert settings 命令（见图 3-123），将出现专家设置对话框，将 Overhang angle for support(deg)的对应数值 60 改为 40，如图 3-124 所示，单击 OK 按钮，即完成设置，按 3.1.2 节步骤 3 中（4）～（8）操作即可。

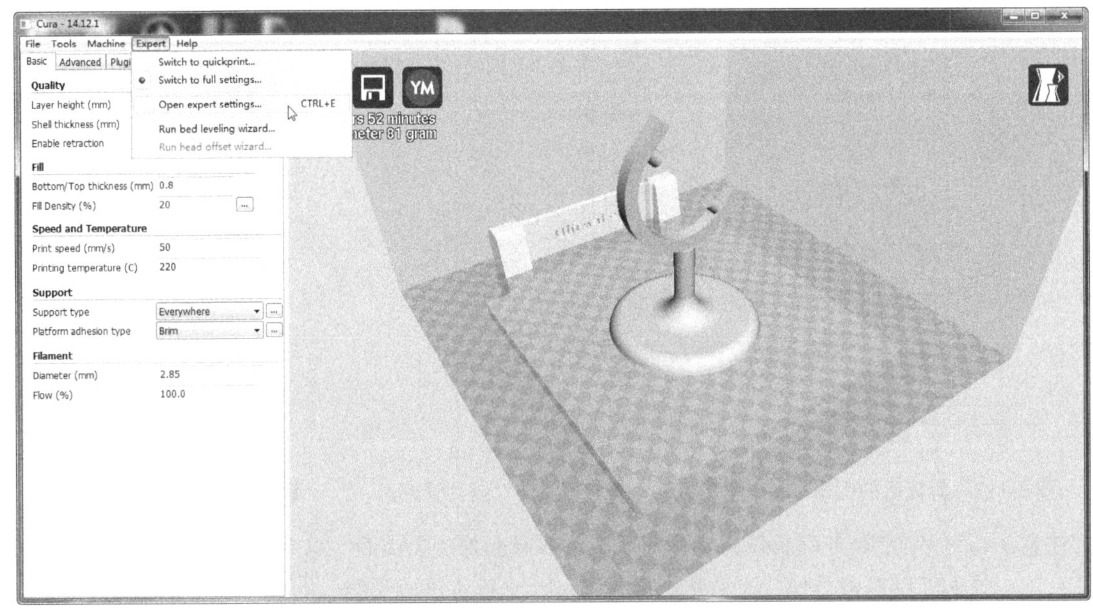

图 3-123　专家设置命令

Note

提示：为确保模型能够被顺利打印，可以通过模型查看方式来查看模型每一层的成型过程，如果发现有些突出部位在打印时无支撑存在，就需要修改软件中专家设置中的支撑角度，此角度设置过小会产生过多不必要的支撑，过大则会使模型有可能因无支撑而打印失败。

3. 处理打印模型

处理打印模型有以下 3 个步骤：

（1）取出模型。打印完毕后，将打印平台降至零位，用刀片等工具将模型底部与平台底部撬开，以便于取出模型。

注意：

（1）如果平台的温度过高，为避免烫伤，需要等温度下降到室温后再进行操作。

（2）取出模型时，请注意不要损坏模型比较薄弱的地方，如果不方便撬动模型，可适当除去部分支撑，以便于模型的顺利取出。

（2）去除支撑。如图 3-125 所示，取出后的地球仪支架模型底部和侧面存在一些打印过程中生成的支撑，使用刀片、钢丝钳、尖嘴钳等工具，将地球仪支架模型底部和侧面的支撑去除，如图 3-126 所示。

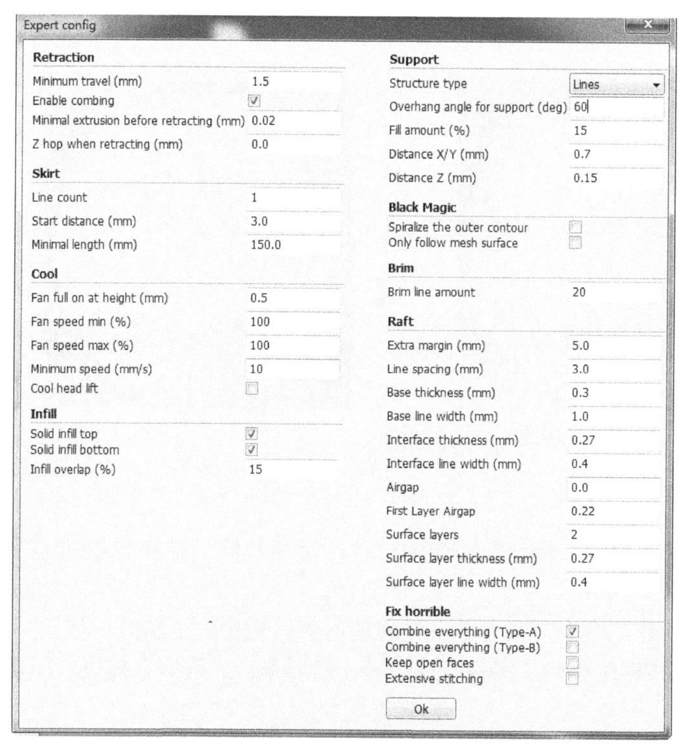

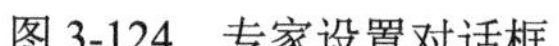

图 3-124　专家设置对话框

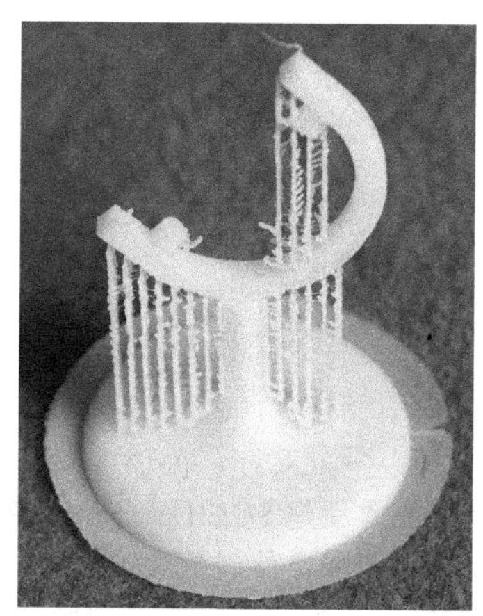

图 3-125　打印完毕的地球仪支架模型

（3）打磨模型。根据去除支撑后的模型粗糙程度，可先用锉刀、粗砂纸等工具对支撑与模型接触的部位进行粗磨，然后用较细粒度的砂纸对模型进一步打磨。处理后的地球仪模型如图 3-127 所示。

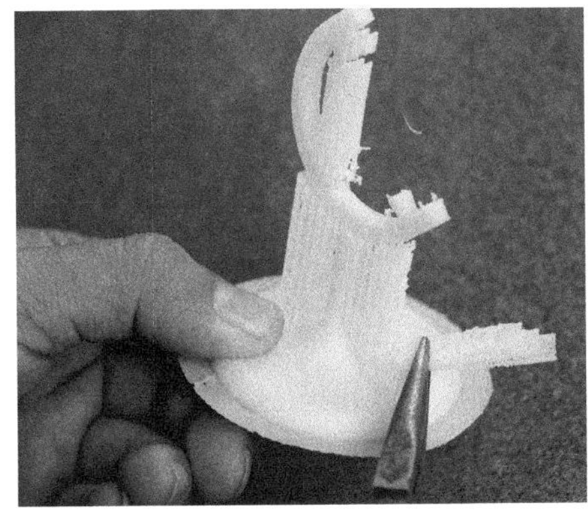

图 3-126　去除支撑

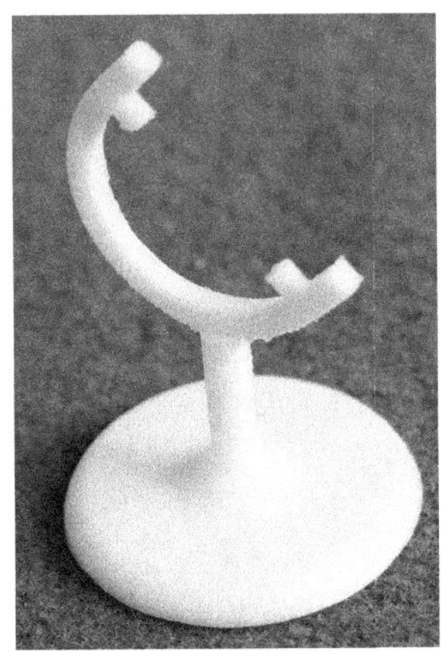

图 3-127　处理后的地球仪支架模型

3.5.2　地球仪球体

首先利用 SolidWorks 软件创建地球仪球体模型，再利用 Cura 软件打印地球仪球体的 3D 模型，最后对打印出来的地球仪球体模型进行去支撑和毛刺处理，流程图如图 3-128 所示。

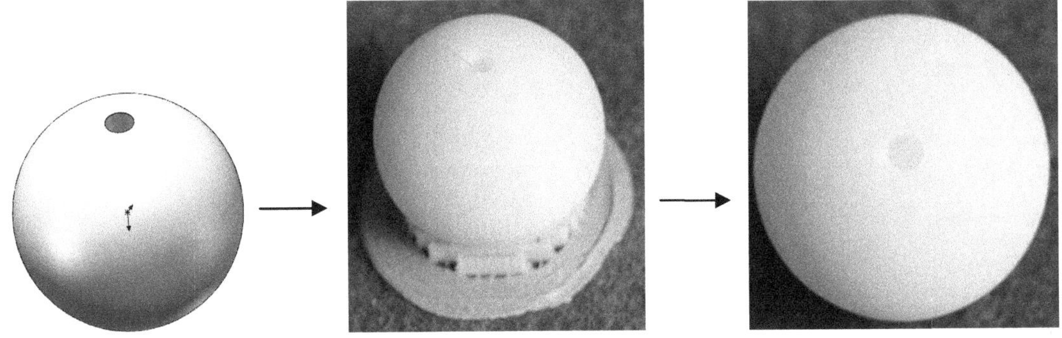

图 3-128　地球仪球体模型创建流程图

1. 创建模型

本节绘制地球仪的球体，首先绘制球体草图，然后旋转成为球体，最后拉伸切除和支架的连接部分。

（1）新建文件。选择“文件”→“新建”命令，或者单击快速访问工具栏中的“新建”按钮，在弹出的“新建 SOLIDWORKS 文件”对话框中单击“零件”按钮，然后单击“确定”按钮，创建一个新的零件文件。

（2）绘制草图。在左侧的“FeatureManager 设计树”中用鼠标选择“前视基准面”作为绘制图形的基准面，单击“草图绘制”按钮，进入草图绘制环境。单击“草图”面板中的“中心线”按钮，绘制一条通过原点的竖直中心线，然后单击“圆”按钮，绘制一个圆心在原点的圆。单击“草图”面板中的“智能尺寸”按钮，标注图中圆的直径为 78，结果如图 3-129 所示。

（3）整理图形。单击“草图”面板中的“剪裁实体”按钮，剪裁图 3-129 中竖直中心线的右边圆弧处，结果如图 3-130 所示。单击“草图”面板中的“直线”按钮，绘制一条直线，将圆弧

封闭。

（4）旋转实体。单击“特征”面板中的“旋转凸台/基体”按钮，此时系统弹出如图 3-131 所示的“旋转”属性管理器，选择中心线为旋转轴，其他采用默认设置，单击“确定”按钮。结果如图 3-132 所示。

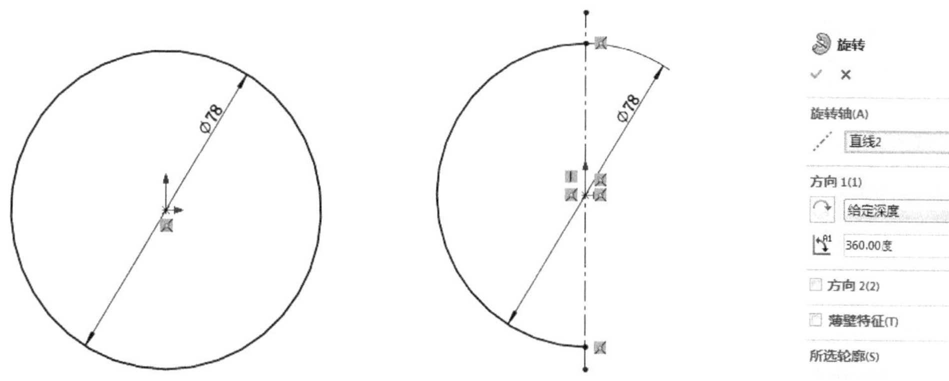

图 3-129　绘制的草图　　图 3-130　剪裁的草图　　图 3-131　“旋转”属性管理器

（5）添加基准面。单击“特征”面板“参考几何体”下拉列表中的“基准面”按钮，此时系统弹出如图 3-133 所示的“基准面”属性管理器。选择“上视基准面”作为参考基准面，输入等距距离为 39mm，其他采用默认设置，单击“确定”按钮。结果如图 3-134 所示。

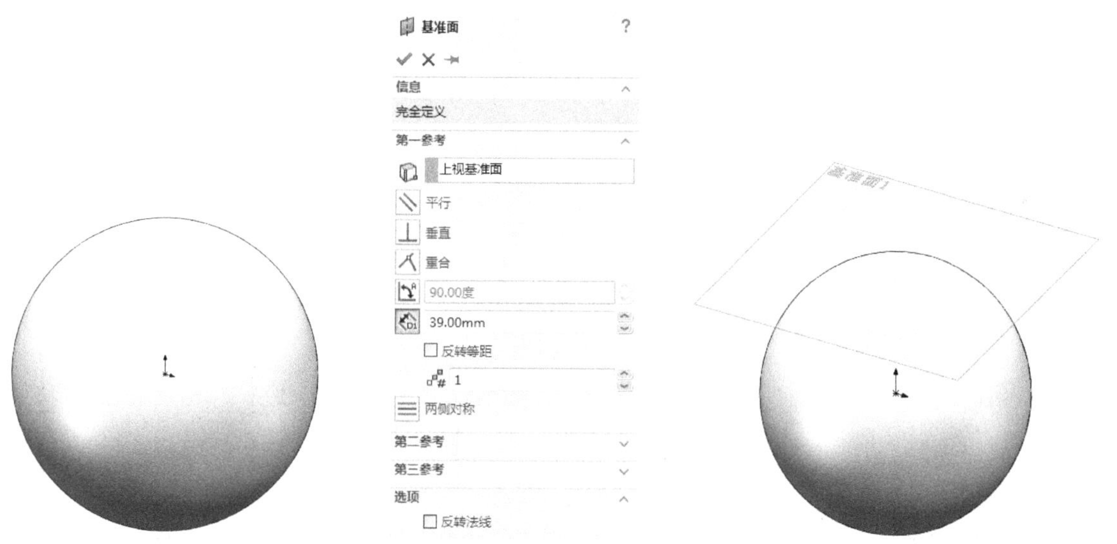

图 3-132　旋转后的图形　　图 3-133　“基准面”属性管理器　　图 3-134　添加基准面后的图形

（6）绘制草图。在左侧的“FeatureManager 设计树”中用鼠标选择步骤（5）中的基准面，单击“正视于”按钮，然后单击“草图绘制”按钮，进入草图绘制环境。单击“草图”面板中的“圆”按钮，以原点为圆心绘制一个圆。单击“草图”面板中的“智能尺寸”按钮，标注所绘制圆的直径为 10，结果如图 3-135 所示。

（7）拉伸切除实体。单击“特征”面板中的“拉伸切除”按钮，此时系统弹出“切除-拉伸”属性管理器。输入切除深度为 10mm，其他采用默认设置，如图 3-136 所示，单击“确定”按钮。切除后的图形如图 3-137 所示。

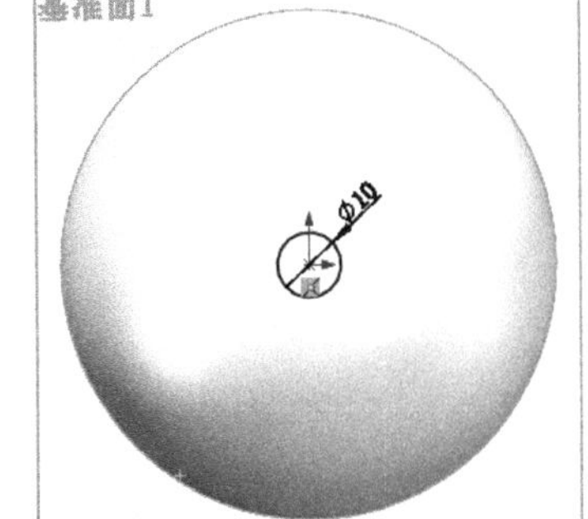

图 3-135　设置的基准面

图 3-136　“切除-拉伸”属性管理器

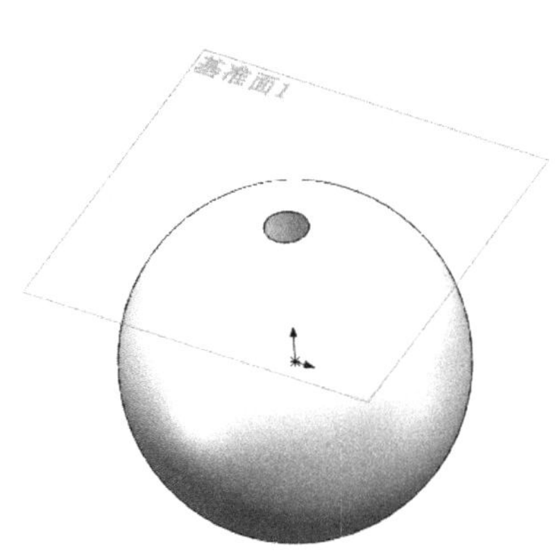

图 3-137　切除后的图形

知识点——拉伸切除

拉伸切除特征是 SolidWorks 中最基础的特征之一，也是最常用的特征建模工具。拉伸切除是在给定的基体上，按照设计需要进行拉伸切除。

图 3-136 所示为“切除-拉伸”属性管理器，从图中可以看出，其参数设置与“拉伸”属性管理器中的参数基本相同。只是增加了“反侧切除”复选框，用于移除轮廓外的所有实体。

下面以图 3-138 所示图形为例，说明“反侧切除”复选框拉伸切除的特征效果。图 3-138（a）所示为绘制的草图轮廓；图 3-138（b）所示为没有选中“反侧切除”复选框的拉伸切除特征；图 3-138（c）所示为选中“反侧切除”复选框的拉伸切除特征。

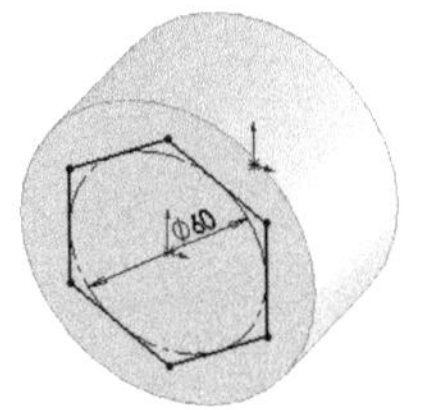

（a）绘制的草图轮廓

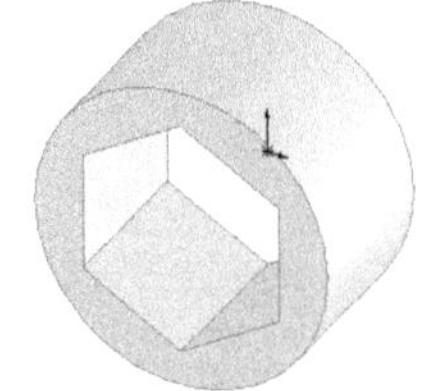

（b）未选中复选框的特征图形

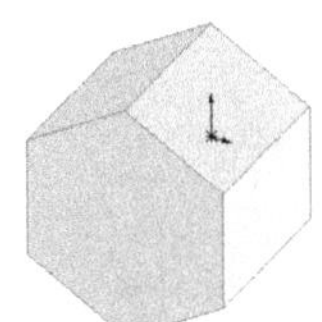

（c）选中复选框的特征图形

图 3-138　“反侧切除”复选框的拉伸切除特征

（8）添加基准面。单击“特征”面板“参考几何体”下拉列表中的“基准面”按钮，此时系统弹出如图 3-139 所示的“基准面”属性管理器。选择“上视基准面”作为参考基准面；输入等距距离为 39mm，选中“反转等距”复选框，其他采用默认设置，单击“确定”按钮。结果如图 3-140 所示。

（9）绘制草图。在左侧的“FeatureManager 设计树”中用鼠标选择步骤（8）中添加的基准面，然后单击“正视于”按钮，将该基准面作为绘制图形的基准面。单击“草图”面板中的“圆”按钮，以原点为圆心绘制一个圆。单击“草图”面板中的“智能尺寸”按钮，标注所绘制圆的直径为 10。

（10）拉伸切除实体。单击“特征”面板中的“拉伸切除”按钮，此时系统弹出“切除-拉伸”属性管理器。输入拉伸距离为 10mm，单击“反向”按钮，调整拉伸方向，单击“确定”按钮。

图 3-139　“基准面”属性管理器

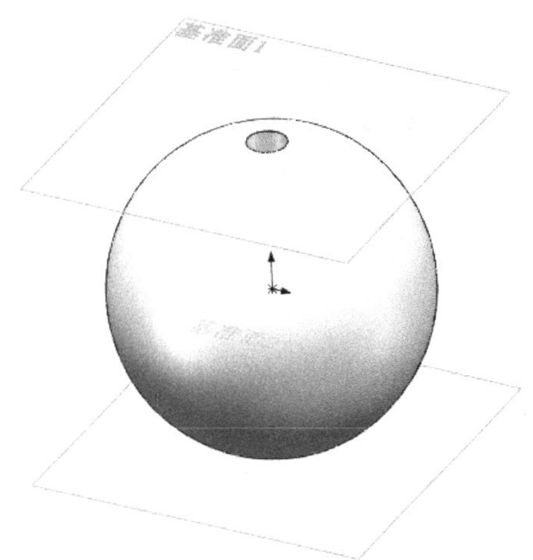

图 3-140　设置的基准面

2. 打印模型

根据 3.1.2 节步骤 1、2 中相应步骤进行操作，将相应的模型保存为*.stl 文件，并检查模型。

为减少模型 diqiuyiqiuti 与 diqiuyizhijia 连接部分的支撑去除工作，可将模型 diqiuyiqiuti 旋转至合适位置。单击“旋转”按钮，模型周围将出现相应的旋转轴，鼠标左键选中相应旋转轴，该旋转轴高亮显示，选中竖直轴将模型旋转 90°，使模型 diqiuyiqiuti 与 diqiuyizhijia 的一个连接口竖直放置，如图 3-141 所示，其余按 3.1.2 节步骤 3 中的（5）～（8）操作即可。

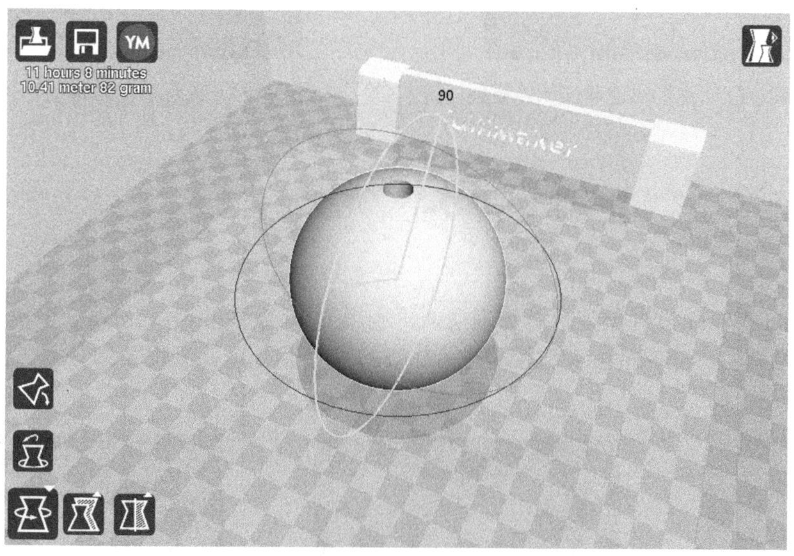

图 3-141　旋转模型 diqiuyiqiuti

提示： 旋转到一定位置，会发现底部的连接口还是会有支撑产生，但是上部的连接口没有支撑，如不考虑后续支撑的处理工作，则可不旋转模型。

3. 处理打印模型

处理打印模型有以下 3 个步骤：

（1）取出模型。打印完毕后，将打印平台降至零位，用刀片等工具将模型底部与平台底部撬开，以便于取出模型。

Note

注意：

（1）如果平台的温度过高，为避免烫伤，需要等温度下降到室温后再进行操作。

（2）取出模型时，请注意不要损坏模型比较薄弱的地方，如果不方便撬动模型，可适当除去部分支撑，以便于模型的顺利取出。

（2）去除支撑。如图 3-142 所示，取出后的地球仪球体模型底部和侧面存在一些打印过程中生成的支撑，使用刀片、钢丝钳、尖嘴钳等工具，将地球仪球体模型底部和侧面的支撑去除。

（3）打磨模型。根据去除支撑后的模型粗糙程度，可先用锉刀、粗砂纸等工具对支撑与模型接触的部位进行粗磨，然后用较细粒度的砂纸对模型进一步打磨。处理后的地球仪球体模型如图 3-143 所示。

图 3-142　打印完毕的地球仪球体模型

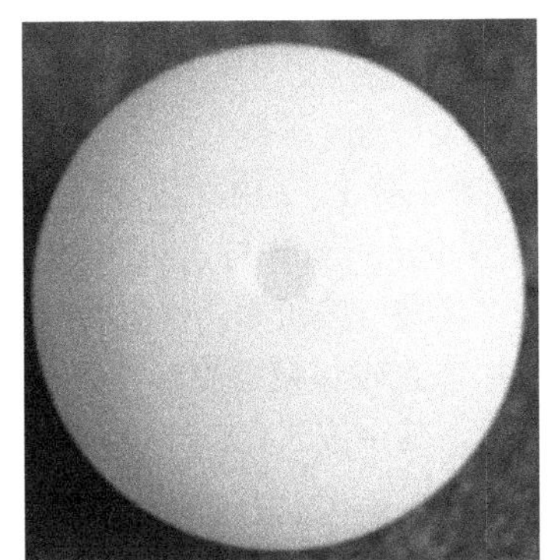

图 3-143　处理后的地球仪球体模型

3.6　水　龙　头

扫码看视频

3.6　水龙头

首先利用 SolidWorks 软件创建水龙头模型，再利用 Cura 软件打印水龙头的 3D 模型，最后对打印出来的水龙头模型进行去支撑和毛刺处理，流程图如图 3-144 所示。

图 3-144　水龙头模型创建流程图

3.6.1 创建模型

1. 绘制水龙头主体

（1）新建文件。选择“文件”→“新建”命令，或者单击快速访问工具栏中的“新建”按钮，在弹出的“新建 SOLIDWORKS 文件”对话框中单击“零件”按钮，然后单击“确定”按钮，创建一个新的零件文件。

（2）绘制草图 1。在左侧的“FeatureManager 设计树”中用鼠标选择“右视基准面”作为绘制图形的基准面，单击“草图绘制”按钮，进入草图绘制环境。单击“草图”面板中的“圆”按钮，绘制一个圆，圆的大小不限。单击“草图”面板中的“智能尺寸”按钮，标注所绘制草图的尺寸。结果如图 3-145 所示，然后退出草图绘制状态。

（3）绘制草图 2。在左侧的“FeatureManager 设计树”中用鼠标选择“上视基准面”作为绘制图形的基准面，单击“草图绘制”按钮，进入草图绘制环境。单击“草图”面板中的“圆”按钮，绘制一个圆，圆的大小不限。单击“草图”面板中的“智能尺寸”按钮，标注所绘制草图的尺寸。结果如图 3-146 所示，然后退出草图绘制状态。

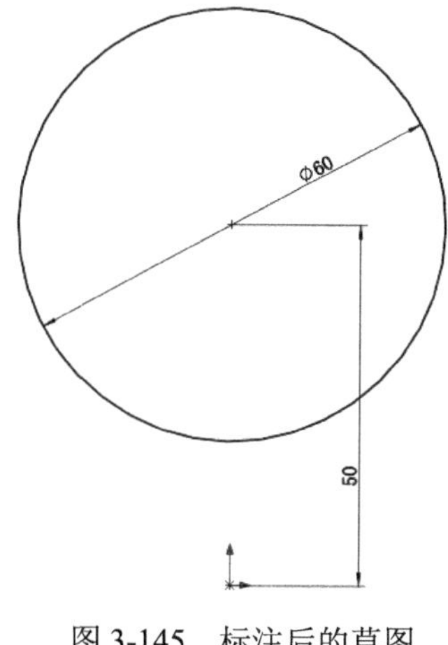

图 3-145　标注后的草图

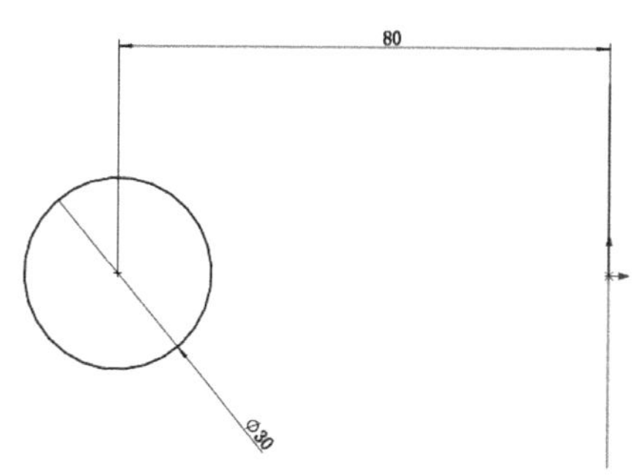

图 3-146　标注后的草图

（4）添加基准轴。单击“参考几何体”面板中的“基准轴”按钮，此时系统弹出如图 3-147 所示的“基准轴”属性管理器。单击“两平面”按钮，选择“上视基准面”和“右视基准面”，单击“确定”按钮。结果如图 3-148 所示。

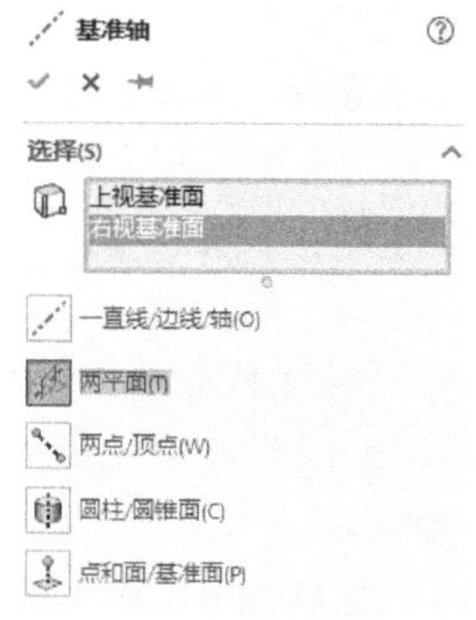

图 3-147　“基准轴”属性管理器

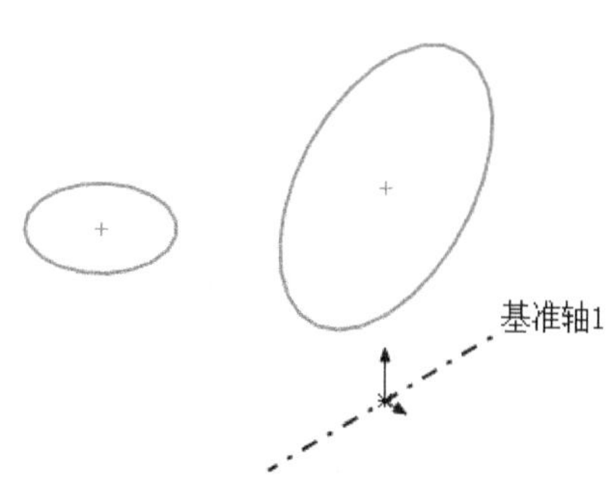

图 3-148　创建基准轴

Note

知识点——基准轴

基准轴是一条几何直线，必须依附于一个几何实体（如基准面、平面、点等）。基准轴可以用作其他特征的参考，没有长度的概念。

"基准轴"属性管理器中的选项说明如下。

☑ "一直线/边/轴"：选择已有特征的边线或草图上的直线作为基准轴。

☑ "两平面"：选择两个已有特征的平面或基准面，从而将这两个平面的交线作为基准轴。

☑ "两点/顶点"：选择已有的两个点，从而生成一条通过这两点的基准轴。

☑ "圆柱/圆锥面"：选择圆柱类形状特征或圆锥面，将其旋转中心线作为基准轴。

☑ "点和面/基准面"：选择一个已有点和一个基准面，将生成一个通过该点并垂直于所选基准面的基准轴。

（5）添加基准面。单击"特征"面板"参考几何体"下拉列表中的"基准面"按钮，此时系统弹出如图 3-149 所示的"基准面"属性管理器。选择创建的"基准轴 1"为第一参考，选择上视基准面为第二参考，单击"两面夹角"按钮，输入角度为 45°，并选中"反转等距"复选框，单击"确定"按钮。结果如图 3-150 所示。

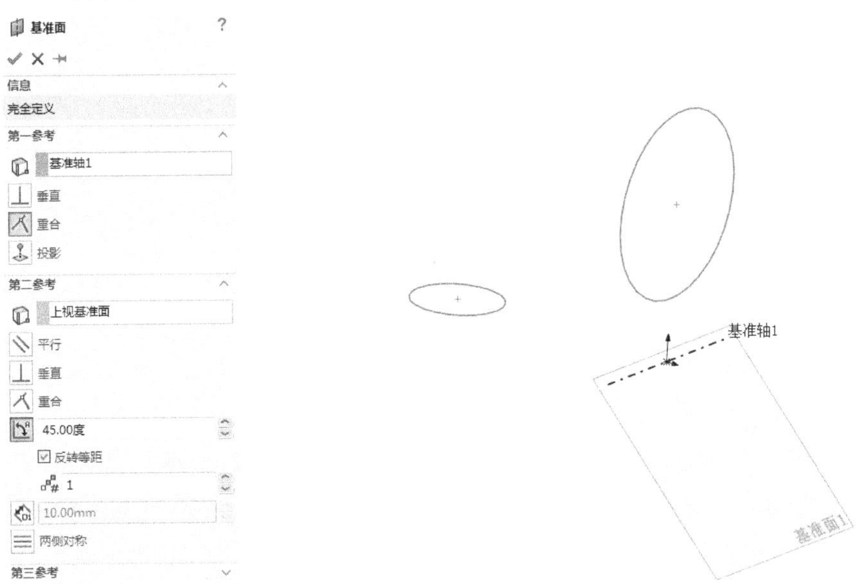

图 3-149 "基准面"属性管理器　　　　图 3-150 创建基准平面

（6）绘制草图 3。在左侧的"FeatureManager 设计树"中用鼠标选择"基准面 1"作为绘制图形的基准面，单击"正视于"按钮，使基准面平行于屏幕，然后单击"草图绘制"按钮，进入草图绘制环境。单击"草图"面板中的"圆"按钮，绘制一个圆，圆的大小不限。单击"草图"面板中的"智能尺寸"按钮，标注所绘制草图的尺寸。结果如图 3-151 所示，然后退出草图绘制状态。

（7）添加基准面。在左侧的"FeatureManager 设计树"中选择"右视基准面"添加新的基准面。单击"特征"面板"参考几何体"下拉列表中的"基准面"按钮，此时系统弹出如图 3-152 所示的"基准面"属性管理器。输入偏移距离为 100mm，单击"确定"按钮。

（8）绘制草图 4。在左侧的"FeatureManager 设计树"中选择"基准面 2"作为绘制图形的基准面，单击"正视于"按钮，使基准面平行于屏幕，然后单击"草图绘制"按钮，进入草图绘制环

境。单击“草图”面板中的“圆”按钮，绘制一个圆，圆的大小不限。单击“草图”面板中的“智能尺寸”按钮，标注所绘制草图的尺寸。结果如图 3-153 所示，然后退出草图绘制状态。

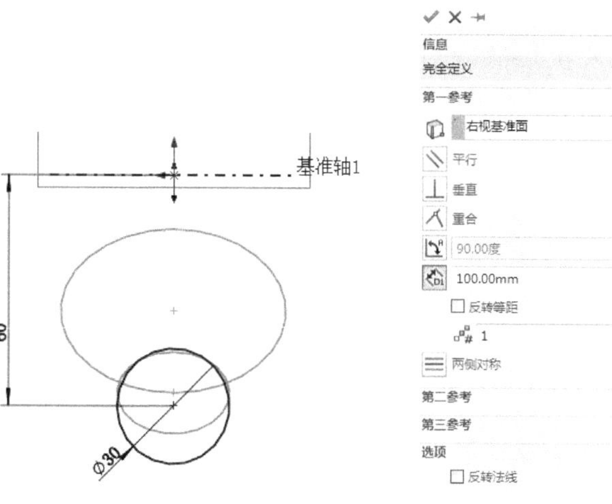

图 3-151　绘制草图　　图 3-152　“基准面”属性管理器

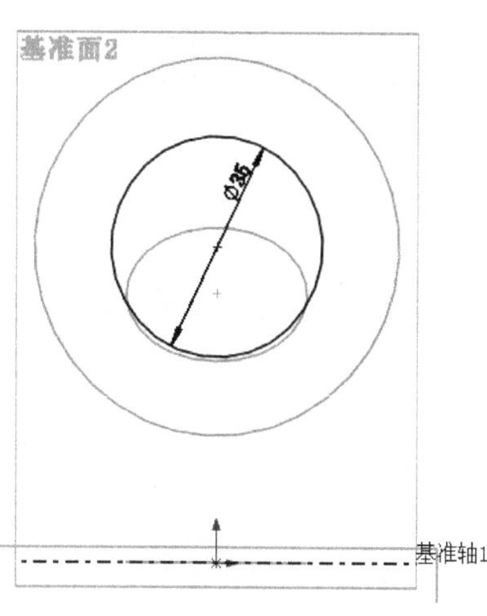

图 3-153　绘制草图

（9）放样实体。单击“特征”面板中的“放样”按钮，弹出“放样”属性管理器，选择前面绘制的 4 个草图为放样轮廓，如图 3-154 所示。单击“确定”按钮，完成放样实体的创建，结果如图 3-155 所示。

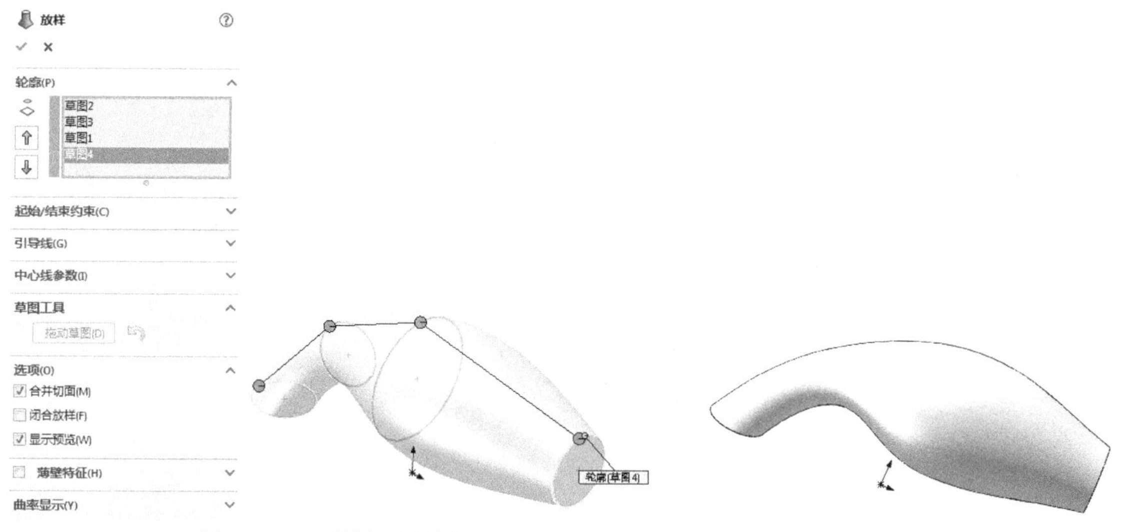

图 3-154　“放样”属性管理器　　图 3-155　放样实体

知识点——放样

放样特征是通过两个或者多个轮廓按一定顺序过渡生成实体特征。放样可以是基体、凸台、切除或曲面。

在生成放样特征时，可以使用两个或多个轮廓生成放样，仅第一个或最后一个轮廓可以是点，也可以这两个轮廓均为点。对于实体放样，第一个和最后一个轮廓必须是由分割线生成的模型面或面，或是平面轮廓或曲面。

Note

放样特征与扫描特征不同的是，放样特征不需要有路径，就可以生成实体。

放样特征遵循以下规则。

☑ 创建放样特征，至少需要两个以上的轮廓。放样时，对应的点不同，产生的效果也不同。如果要创建实体特征，轮廓必须是闭合的。

☑ 创建放样特征时，引导线可有可无。需要引导线时，引导线必须与轮廓接触。加入引导线的目的，是为了控制轮廓根据引导线的变化，有效地控制模型的外形。

“放样”属性管理器中选项说明如下。

（1）“轮廓”选项组：决定用来生成放样的轮廓。

① “轮廓”：选择要连接的草图轮廓、面或边线。放样根据轮廓选择的顺序而生成，对于每个轮廓，都需要选择想要放样路径经过的点。

② 移动：“上移”⇧和“下移”⇩。调整轮廓的顺序。

（2）“起始/结束约束”选项组：对轮廓草图的放样过程应用约束以控制开始和结束轮廓的相切。

（3）“引导线”选项组：设置放样引导线，从而使轮廓截面依照引导线的方向进行放样。

① “引导线”：选择引导线来控制放样。

② 移动：“上移”⇧和“下移”⇩。调整引导线的顺序。

（4）“中心线参数”选项组：将一条变化的引导线作为中心线进行放样。

① “中心线”：使用中心线引导放样形状。在图形区域中选择一草图。

② 截面数：在轮廓之间并绕中心线添加截面。移动滑杆来调整截面数。

（5）“草图工具”选项组：使用 SelectionManager 以帮助选取草图实体。

拖动草图：激活拖动模式。当编辑放样特征时，可从任何已为放样定义了轮廓线的 3D 草图中拖动任何 3D 草图线段、点或基准面。3D 草图在拖动时更新。也可编辑 3D 草图以使用尺寸标注工具来标注轮廓线的尺寸。

（6）“选项”选项组：控制放样的显示形式。

（7）“薄壁特征”复选框：控制放样薄壁的厚度，从而生成薄壁放样特征。

（10）抽壳处理。单击“特征”面板中的“抽壳”按钮，弹出“抽壳”属性管理器，选择放样体的两端面为移除面，如图 3-156 所示。输入厚度为 3mm，单击“确定”按钮✔，完成抽壳，结果如图 3-157 所示。

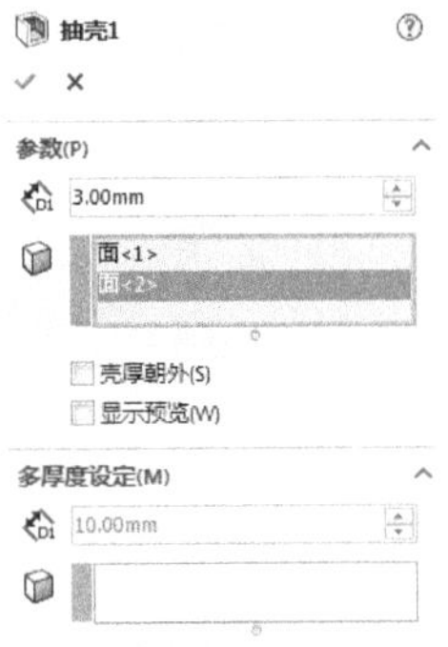

图 3-156 “抽壳”属性管理器

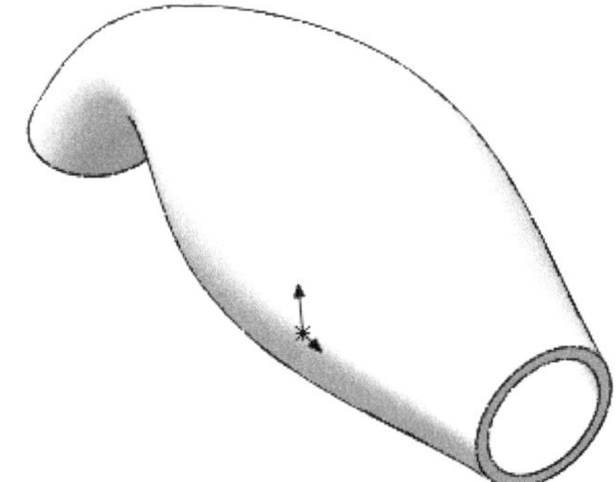

图 3-157 抽壳

知识点——抽壳

抽壳特征用来掏空零件，使所选择的面敞开，在剩余的面上生成薄壁特征。如果执行抽壳命令时

没有选择模型上的任何面，可以生成一闭合、掏空的实体模型，也可使用多个厚度来抽壳模型。

抽壳主要有以下3种类型。

☑ 去除模型面抽壳：是指执行“抽壳”命令时，将所选择的模型面去除并生成薄壁特征。

☑ 空心闭合抽壳：是指执行“抽壳”命令时，不去除模型面而生成一个空心的薄壁实体。

☑ 多厚度抽壳：是指执行“抽壳”命令时，生成不同面具有不同厚度的薄壁实体。

“抽壳”属性管理器中的选项说明如下。

（1）“参数”选项组：为抽壳特征指定新的参数。

① “厚度”：设置要保留面的厚度。

② “移除的面”：在图形区域中选择一个或多个面作为要移除的面。

③ “壳厚朝外”复选框：选中该复选框后，则将以实体的外边缘作为基准增厚实体，从而增加零件的厚度。

④ “显示预览”复选框：选中该复选框后，则会在图形区域中完全显示实体抽壳效果。

（2）“多厚度设定”选项组：可以生成不同面具有不同厚度的抽壳特征，如图3-158所示。

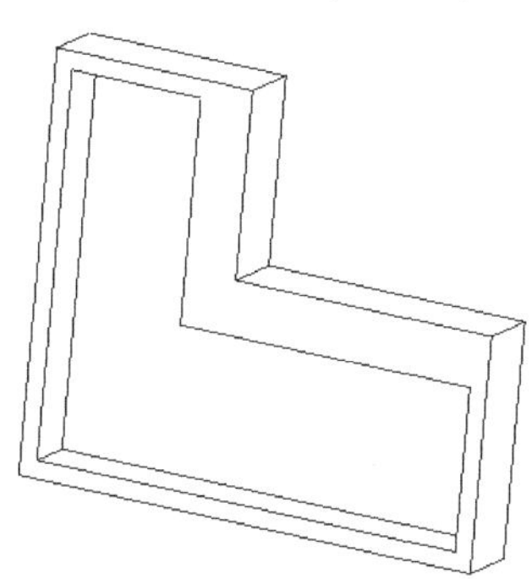

图3-158　多厚度面设定抽壳

① “多厚度”：设定保留的所有面的厚度。

② “多厚度面”：在图形区域中选择一个或多个面作为增加厚度的面。

2. 绘制水龙头开关

（1）添加基准面。在左侧的“FeatureManager 设计树”中用鼠标选择“上视基准面”添加新的基准面。单击“特征”面板“参考几何体”下拉列表中的“基准面”按钮，此时系统弹出“基准面”属性管理器。输入偏移距离为100mm，单击“确定”按钮。

（2）绘制草图5。在左侧的“FeatureManager 设计树”中用鼠标选择“基准面3”作为绘制图形的基准面，单击“正视于”按钮，使基准面平行于屏幕，然后单击“草图绘制”按钮，进入草图绘制环境。单击“草图”面板中的“圆”按钮，绘制一个圆，圆的大小不限。单击“草图”面板中的“智能尺寸”按钮，标注所绘制草图的尺寸。结果如图3-159所示，然后退出草图绘制状态。

（3）拉伸实体。单击“特征”面板中的“拉伸凸台/基体”按钮，此时系统弹出如图3-160所示的“凸台-拉伸”属性管理器。选择“成形到一面”拉伸方式，在视图中选取放样实体的外表面为拉伸特征要成形的面，单击“确定”按钮，结果如图3-161所示。

（4）圆角实体。单击“特征”面板中的“圆角”按钮，此时系统弹出如图3-162所示的“圆角”属性管理器。输入半径为15mm，然后用鼠标选取放样特征与拉伸特征的交线。单击“确定”按钮，结果如图3-163所示。

图 3-159 绘制草图

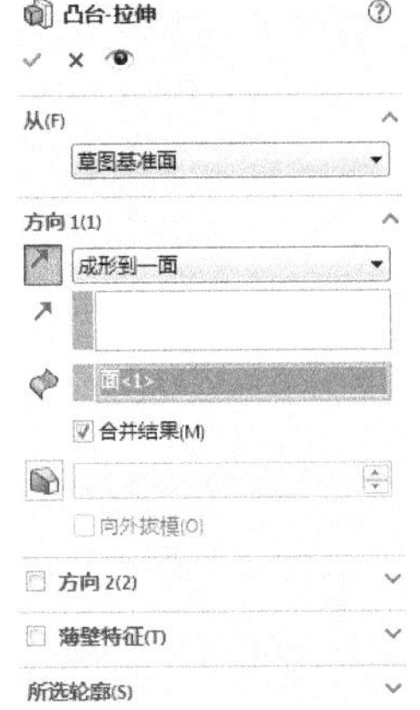

图 3-160 “凸台-拉伸”属性管理器

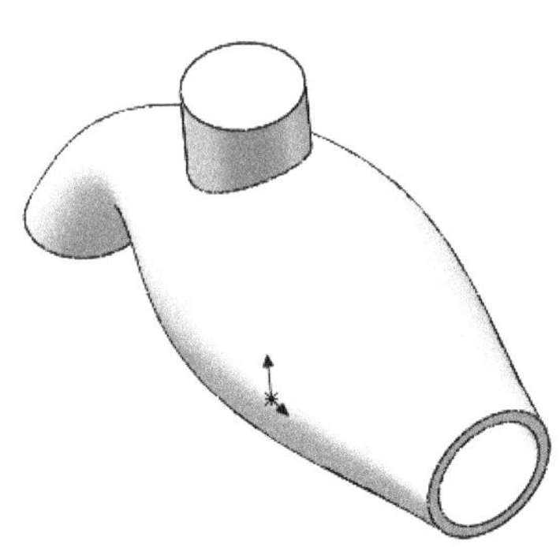

图 3-161 拉伸凸台

（5）绘制草图 6。用光标选择如图 3-163 所示的表面 1，单击“正视于”按钮，使基准面平行于屏幕，然后单击“草图绘制”按钮，进入草图绘制环境。单击“草图”面板中的“圆”按钮，绘制一个圆，圆的大小不限。单击“草图”面板中的“智能尺寸”按钮，标注草图尺寸，结果如图 3-164 所示。

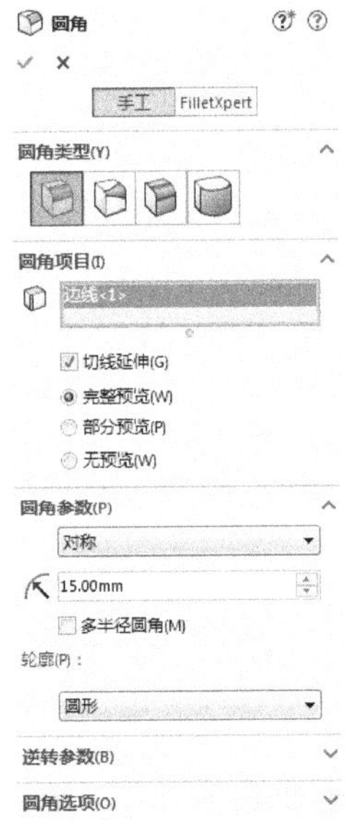

图 3-162 “圆角”属性管理器

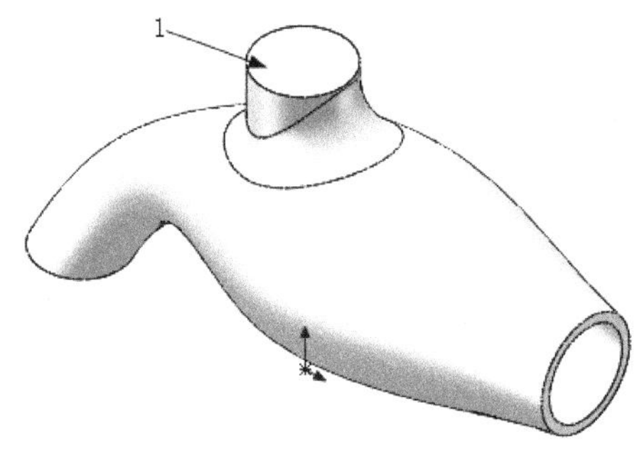

图 3-163 圆角

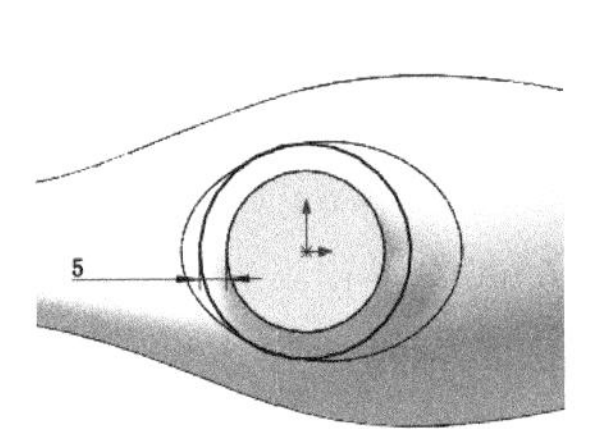

图 3-164 标注的草图

（6）拉伸实体。单击“特征”面板中的“拉伸凸台/基体”按钮，此时系统弹出如图 3-160 所示的“凸台-拉伸”属性管理器。输入拉伸深度为 5mm，单击“确定”按钮，结果如图 3-165 所示。

（7）绘制草图 7。选择步骤（6）创建的拉伸特征上表面，单击“正视于”按钮，使基准面平行于屏幕，然后单击“草图绘制”按钮，进入草图绘制环境。单击“草图”面板中的“圆”按钮，绘制一个内切八边形，如图 3-166 所示。

（8）拉伸实体。单击“特征”面板中的“拉伸凸台/基体”按钮，此时系统弹出如图 3-160 所示的“凸台-拉伸”属性管理器。输入拉伸深度为 5mm。单击“确定”按钮，结果如图 3-167 所示。

（9）绘制草图 8。选择所创建的拉伸特征表面，单击“正视于”按钮，将该表面作为绘制图形

的基准面，然后单击“草图绘制”按钮，进入草图绘制环境。单击“草图”面板中的“圆”按钮，绘制一个圆，圆的大小不限。单击“草图”面板中的“智能尺寸”按钮，标注草图尺寸，结果如图3-168所示。

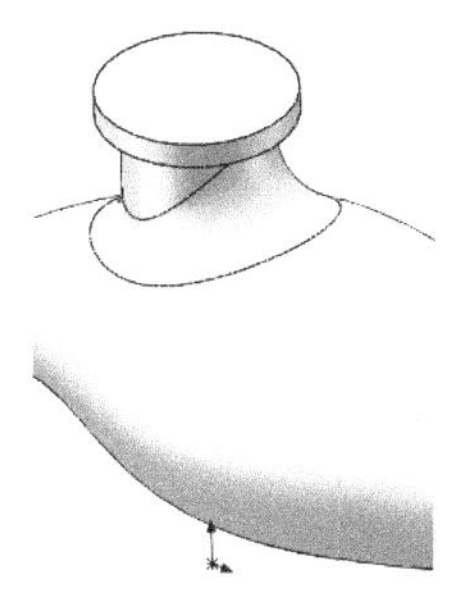

图3-165　拉伸特征

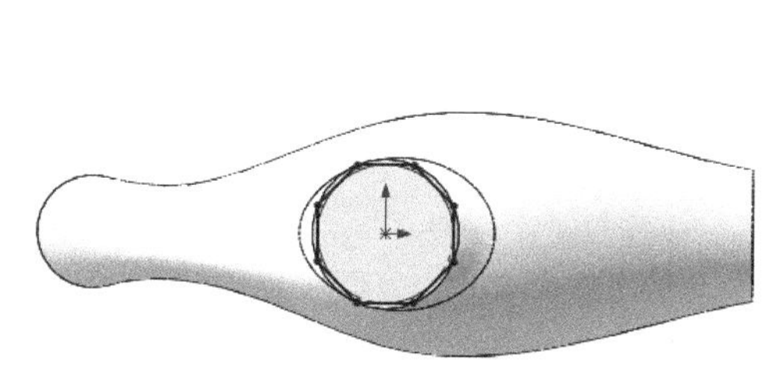

图3-166　绘制草图

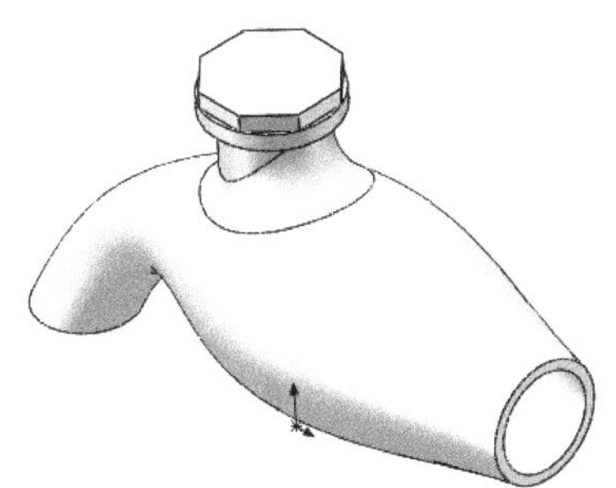

图3-167　拉伸特征

（10）拉伸实体。单击“特征”面板中的“拉伸凸台/基体”按钮，此时系统弹出如图3-169所示的“凸台-拉伸”属性管理器。输入拉伸深度为30mm，单击“拔模开/关”按钮，输入拔模角度为10°。单击“确定”按钮，结果如图3-170所示。

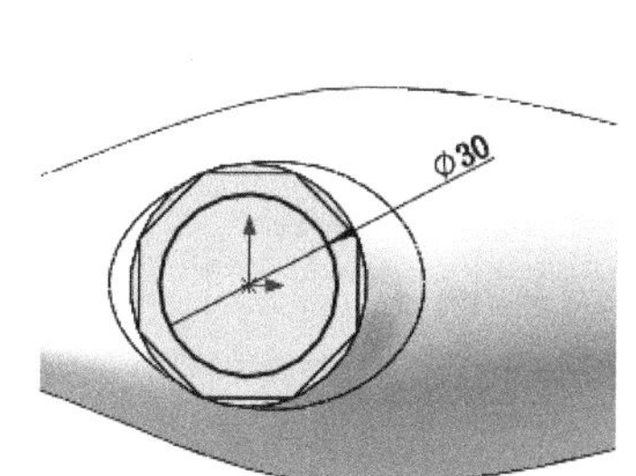

图3-168　绘制草图

图3-169　“凸台-拉伸”属性管理器

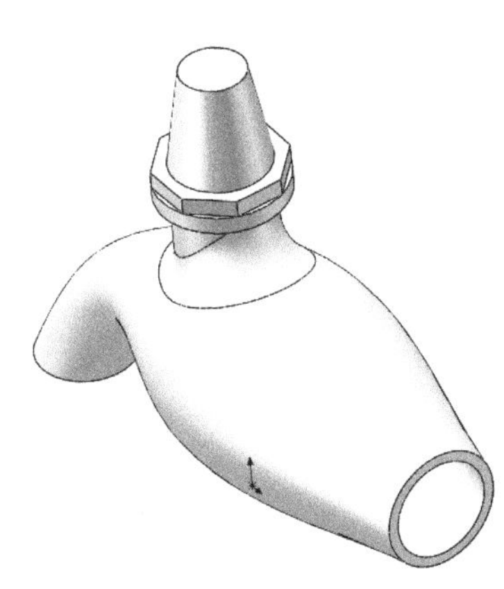

图3-170　拉伸

（11）绘制草图9。选择步骤（10）创建的拉伸特征表面，单击“正视于”按钮，将该表面作为绘制图形的基准面，然后单击“草图绘制”按钮，进入草图绘制环境。单击“草图”面板中的“圆”按钮，绘制一个圆，圆的大小不限。单击“草图”面板中的“智能尺寸”按钮，标注草图尺寸，结果如图3-171所示。

（12）拉伸实体。单击“特征”面板中的“拉伸凸台/基体”按钮，此时系统弹出“凸台-拉伸”属性管理器。输入拉伸深度为30mm，单击“确定”按钮，结果如图3-172所示。

（13）绘制草图10。在左侧的“FeatureManager设计树”中用鼠标选择“前视基准面”作为绘制图形的基准面，单击“正视于”按钮，使基准面平行于屏幕，然后单击“草图绘制”按钮，进入草图绘制环境。单击“草图”面板中的“圆”按钮，绘制一个圆，圆的大小不限。单击“草图”面板中的“智能尺寸”按钮，标注所绘制草图的尺寸。结果如图3-173所示，然后退出草图绘制

状态。

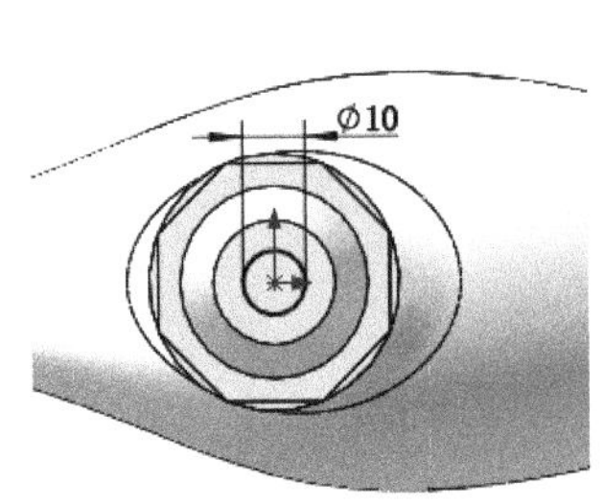

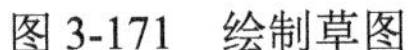

图 3-171　绘制草图

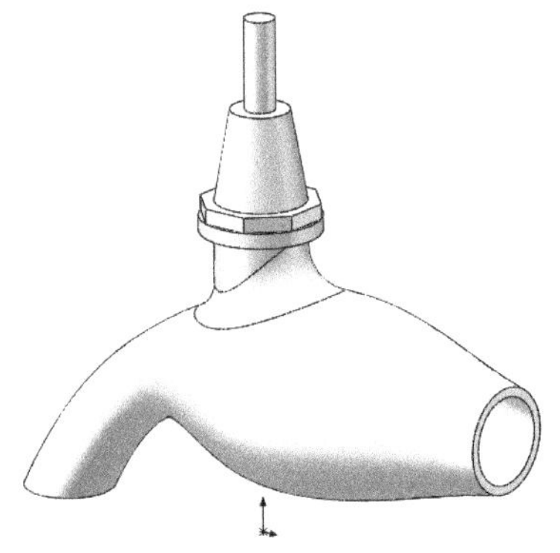

图 3-172　拉伸

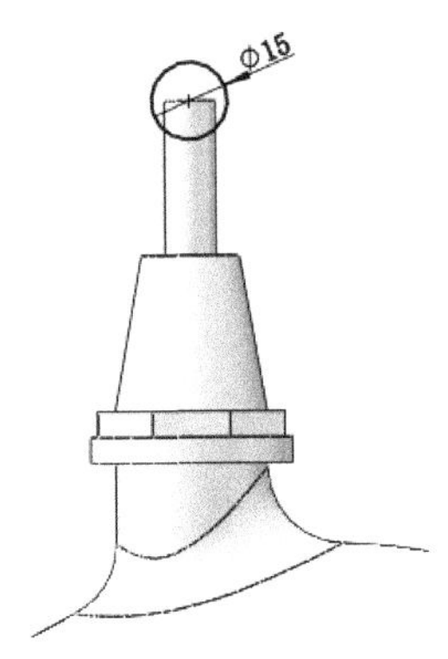

图 3-173　标注后的草图

（14）拉伸实体。单击“特征”面板中的“拉伸凸台/基体”按钮，此时系统弹出如图 3-174 所示的“凸台-拉伸”属性管理器。在“方向 1”选项组中输入深度为 20mm，单击“拔模开/关”按钮，输入拔模角度为 5°。选中“方向 2”复选框，输入与方向 1 相同的参数，单击“确定”按钮，结果如图 3-175 所示。

3. 绘制进水口

（1）圆角实体。单击“特征”面板中的“圆角”按钮，此时系统弹出如图 3-176 所示的“圆角”属性管理器。输入半径为 5，然后用鼠标选取水龙头开关两侧面边线。单击“确定”按钮，结果如图 3-177 所示。

图 3-174　“凸台-拉伸”属性管理器

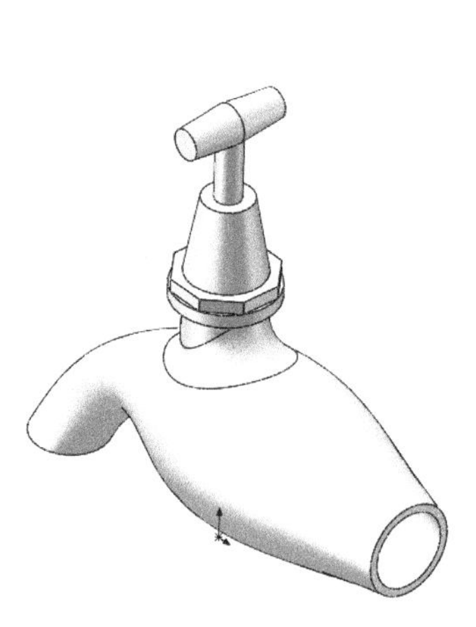

图 3-175　拉伸

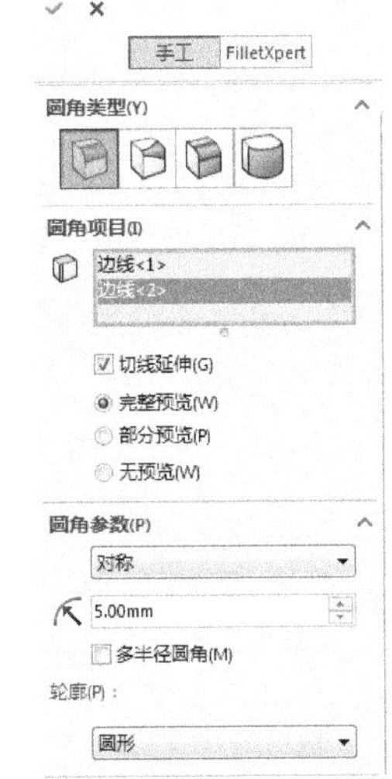

图 3-176　“圆角”属性管理器

（2）绘制草图 11。选择如图 3-177 所示的表面 2，单击“正视于”按钮，将该表面作为绘制图形的基准面，然后单击“草图绘制”按钮，进入草图绘制环境。单击“草图”面板中的“圆”按钮，绘制一个圆，圆的大小不限。单击“草图”面板中的“智能尺寸”按钮，标注草图尺寸，结果如图 3-178 所示。

（3）拉伸实体。单击“特征”面板中的“拉伸凸台/基体”按钮，此时系统弹出“凸台-拉伸”属性管理器。输入拉伸深度为5mm，单击“确定”按钮，结果如图3-179所示。

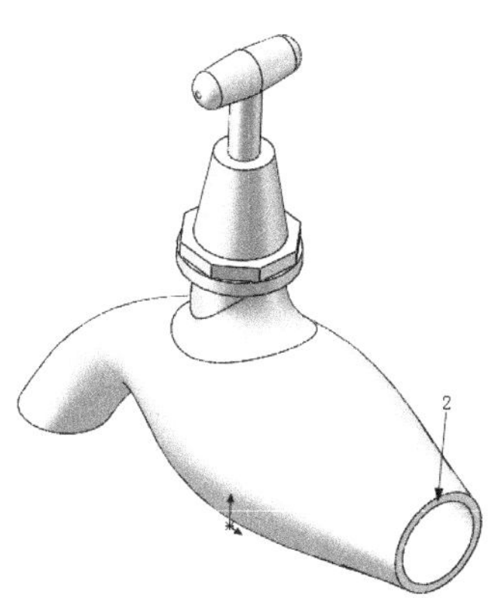

图3-177　圆角

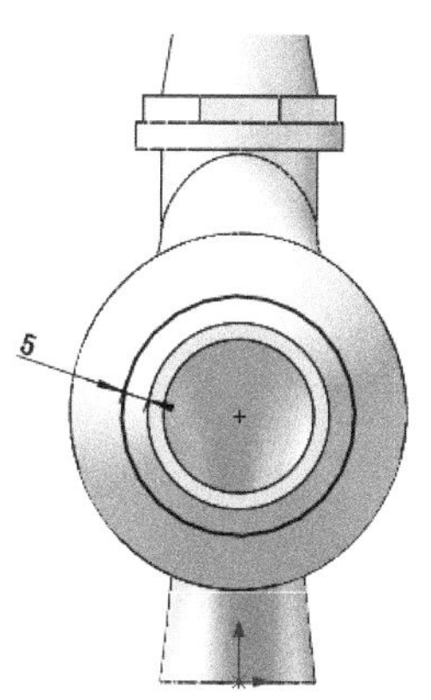

图3-178　绘制草图

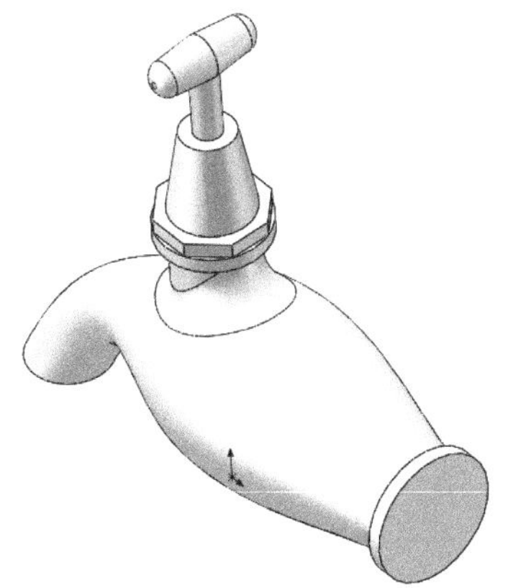

图3-179　拉伸

（4）绘制草图。选择步骤（3）创建的拉伸特征上表面，单击“正视于”按钮，将该表面作为绘制图形的基准面，然后单击“草图绘制”按钮，进入草图绘制环境。单击“草图”面板中的“圆”按钮，绘制一个内切八边形，如图3-180所示。

（5）拉伸实体。单击“特征”面板中的“拉伸凸台/基体”按钮，此时系统弹出“凸台-拉伸”属性管理器。输入拉伸深度为5mm。单击“确定”按钮，结果如图3-181所示。

（6）绘制草图 12。选择步骤（5）创建的拉伸体表面，单击“正视于”按钮，将该表面作为绘制图形的基准面，然后单击“草图绘制”按钮，进入草图绘制环境。单击“草图”面板中的“圆”按钮，绘制一个圆，圆的大小不限。单击“草图”面板中的“智能尺寸”按钮，标注草图尺寸，结果如图3-182所示。

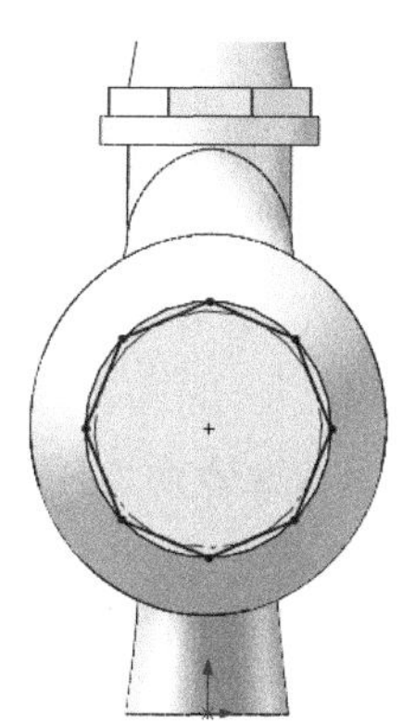

图3-180　绘制草图

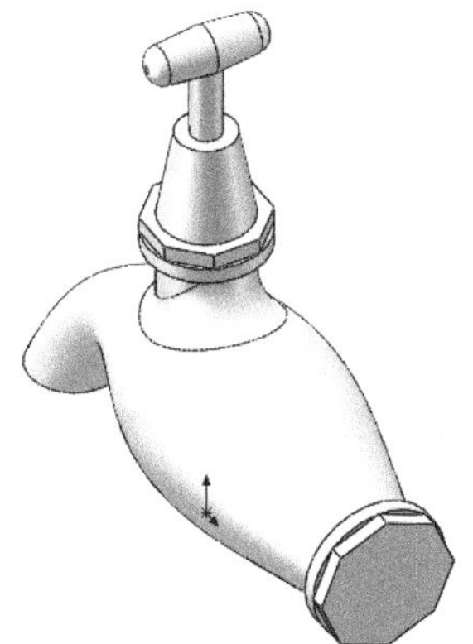

图3-181　拉伸特征

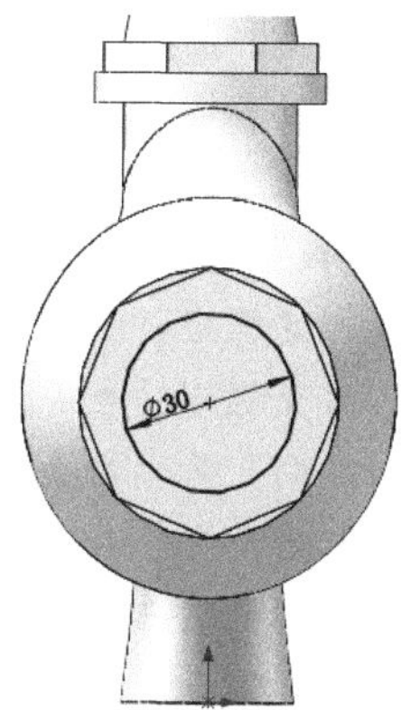

图3-182　绘制草图

（7）拉伸实体。单击“特征”面板中的“拉伸凸台/基体”按钮，此时系统弹出“凸台-拉伸”属性管理器。输入拉伸深度为40mm，单击“确定”按钮，结果如图3-183所示。

（8）绘制草图 13。选择步骤（7）创建的拉伸体表面，单击“正视于”按钮，将该表面作为绘制图形的基准面，然后单击“草图绘制”按钮，进入草图绘制环境。单击“草图”面板中的“转换实体引用”按钮，将创建的拉伸体端面转换为草图。

（9）绘制螺旋线。单击“特征”面板“曲线”下拉列表中的“螺旋线/涡状线”按钮，选择步

Note

骤（8）创建的草图，弹出如图 3-184 所示的“螺旋线/涡状线”属性管理器，选择“螺距和圈数”定义方式，输入螺距为 4mm，选中“反向”复选框，圈数为 9，起始角度为 90°，其他参数为默认设置，单击“确定”按钮✔。

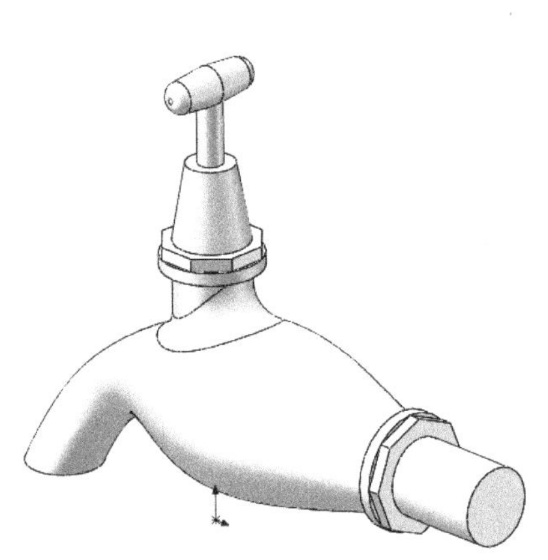

图 3-183 拉伸

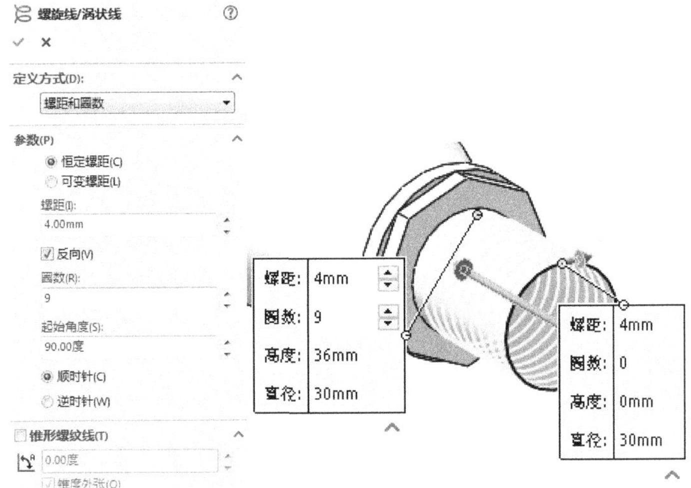

图 3-184 “螺旋线/涡状线”属性管理器

知识点——螺旋线

螺旋线和涡状线通常在零件中生成，这种曲线可以被当成一个路径或者引导曲线使用在扫描的特征上，或作为放样特征的引导曲线，通常用来生成螺纹、弹簧和发条等零件。

1. “定义方式”选项组

（1）螺距和圈数：指定螺距和圈数创建螺旋线。

（2）高度和圈数：指定螺旋线的总高度和圈数创建螺旋线。

（3）高度和螺距：指定螺旋线的总高度和螺距创建螺旋线。

（4）涡状线：指定螺旋线的螺距和圈数创建涡状线。

2. “参数”选项组

（1）恒定螺距：生成带恒定螺距的螺旋线。

（2）可变螺距：生成带有所指定的区域参数而变化的螺距的螺旋线。

（3）反向：对于螺旋线来说是从原点开始往后延伸螺旋线。对于涡状线来说生成向内涡状线。

（4）起始角度：在绘制的圆上在什么地方开始初始旋转。

（5）顺时针/逆时针：设置螺旋线/涡状线的旋转方向为顺时针/逆时针。

3. “锥形螺纹线”选项组

选中此复选框，创建螺旋线，在“锥角角度”微调框中输入锥角角度，选中“锥度外张”复选框，将螺纹线锥度外张。

（10）绘制草图。在左侧的“FeatureManager 设计树”中选择“前视基准面”作为绘图基准面，单击“正视于”按钮⤓，将该表面作为绘制图形的基准面，然后单击“草图绘制”按钮⊏，进入草图绘制环境。单击“草图”面板中的“直线”按钮╱，绘制螺纹牙型草图，尺寸如图 3-185 所示。退出草图绘制环境。

Note

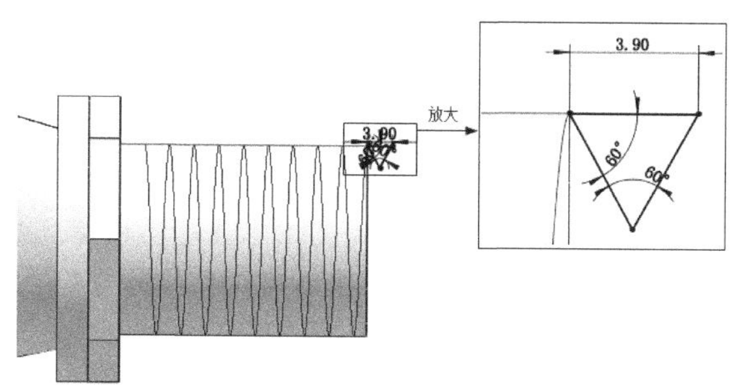

图 3-185　绘制草图

（11）绘制螺纹。单击“特征”面板中的“扫描切除”按钮，弹出如图 3-186 所示的“切除-扫描”属性管理器，选择图形区域中的牙型草图为扫描轮廓；然后选择螺旋线作为扫描路径，单击“确定”按钮。结果如图 3-187 所示。

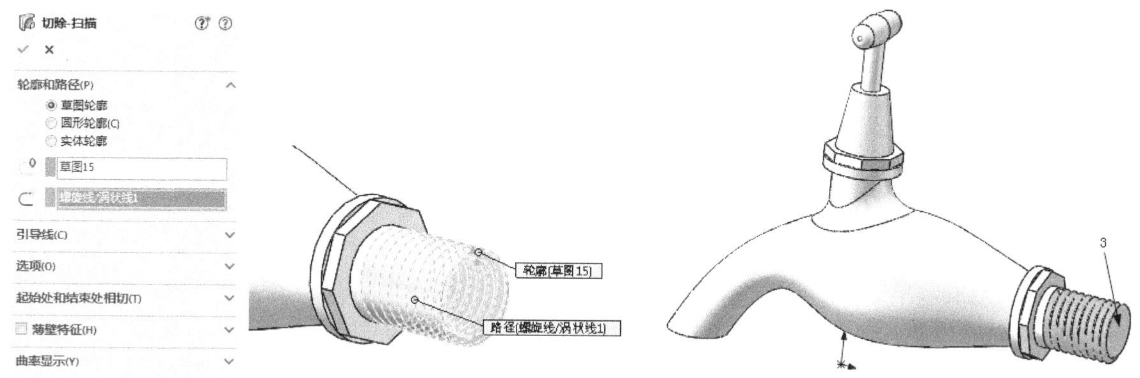

图 3-186　“切除-扫描”属性管理器

图 3-187　创建螺纹

知识点——扫描切除

扫描切除特征是在给定的基体上，按照设计需要进行扫描切除。

扫描特征遵循以下规则。

☑　对于基体或者凸台扫描特征，扫描轮廓必须是闭环的；对于曲面扫描特征轮廓可以是闭环的，也可以是开环的。

☑　路径可以为开环或闭环。

☑　路径可以是一张草图、一条曲线或者一组模型边线中包含的一组草图曲线。

☑　路径的起点必须位于轮廓的基准面上。

扫描特征包括 3 个基本参数，分别是扫描轮廓、扫描路径与引导线。其中扫描轮廓与扫描路径是必须的参数。

扫描方式通常有不带引导线的扫描方式、带引导线的扫描方式与薄壁特征的扫描方式。

“切除-扫描”属性管理器选项说明如下。

（1）“轮廓和路径”选项组：使用轮廓和路径生成扫描。

① “轮廓”：设定用来生成扫描的草图轮廓（截面）。在图形区域或“FeatureManager 设计树”中选取草图轮廓。除曲面扫描特征外，轮廓草图应为闭环并且不能自相交叉。

② “路径”：设定轮廓扫描的路径。在图形区域或“FeatureManager 设计树”中选取路径草

图。路径草图可以是开环或闭环，可以是草图中的一组直线、曲线、三维草图曲线或者是特征实体的边线。路径的起点必须位于轮廓草图的基准面上，且不能自相交叉。

（2）“选项”选项组：用来控制轮廓草图沿路径草图移动时的方向。

① 方向/扭转控制：控制轮廓在沿路径扫描时的方向。包括 6 种方式：随路径变化、保持法向不变、随路径和第一引导线变化、随第一和第二引导线变化、沿路径扭转、以法向不变沿路径扭曲。

② 路径对齐类型：“方向/扭转控制”设置为“随路径变化”时可用。当路径上出现少许波动和不均匀波动，使轮廓不能对齐时，可以将轮廓稳定下来。包括 4 种方式：无、最小扭转、方向向量和所有面。

③ 定义方式：“方向/扭转控制”设置为“沿路径扭转”或“以法向不变沿路径扭曲”时可用。

（3）“引导线”选项组：用来在轮廓沿路径移动时加以引导。

① 引导线：在图形区域选择引导线。

② 移动：“上移”和“下移”。调整引导线的顺序。

（4）“起始处/结束处相切”选项组：设置轮廓草图沿路径草图移动时，起始处和结束处的处理方式。

（5）“薄壁特征”复选框：控制扫描薄壁的厚度，从而生成薄壁扫描特征。

（12）绘制草图。用光标选择如图 3-187 所示的表面 3，单击“正视于”按钮，将该表面作为绘制图形的基准面，然后单击“草图绘制”按钮，进入草图绘制环境。单击“草图”面板中的“圆”按钮，绘制一个圆，圆的大小不限。单击“草图”面板中的“智能尺寸”按钮，标注草图尺寸，结果如图 3-188 所示。

（13）创建孔。单击“特征”面板中的“拉伸切除”按钮，此时系统弹出如图 3-189 所示的“切除-拉伸”属性管理器。设置拉伸终止条件为“成形到下一面”。单击“确定”按钮，结果如图 3-190 所示。

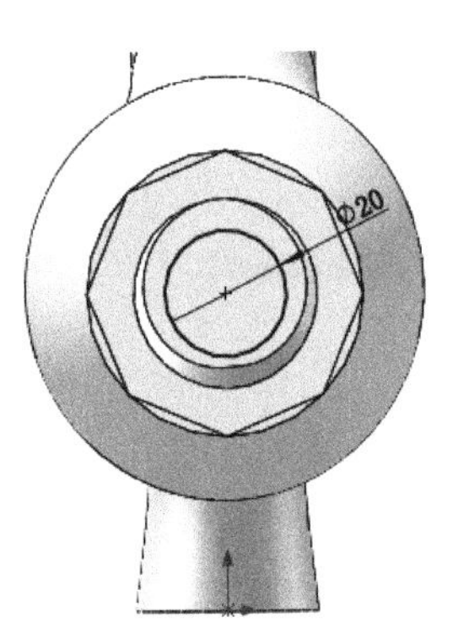

图 3-188　标注的草图

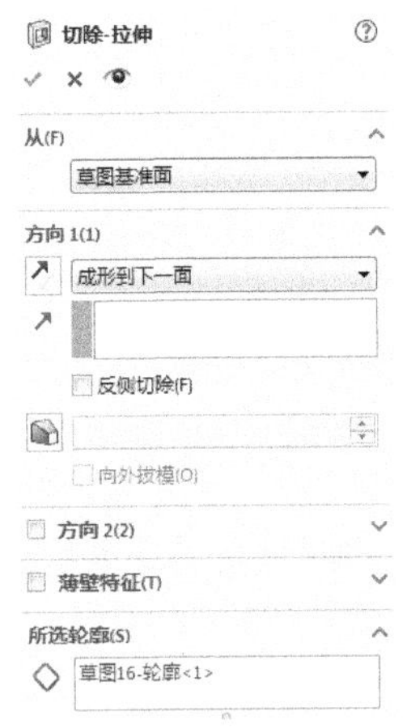

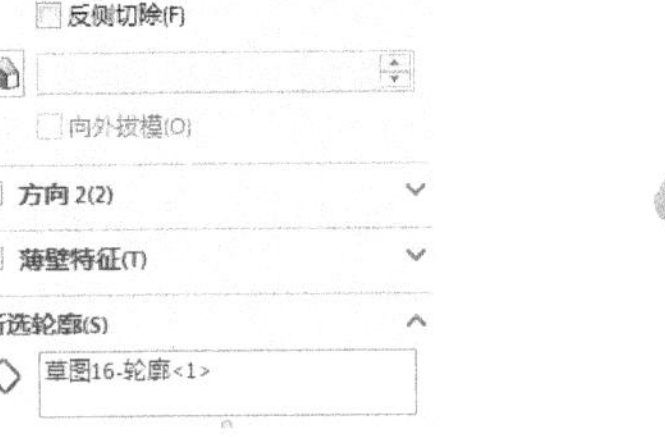

图 3-189　“切除-拉伸”属性管理器

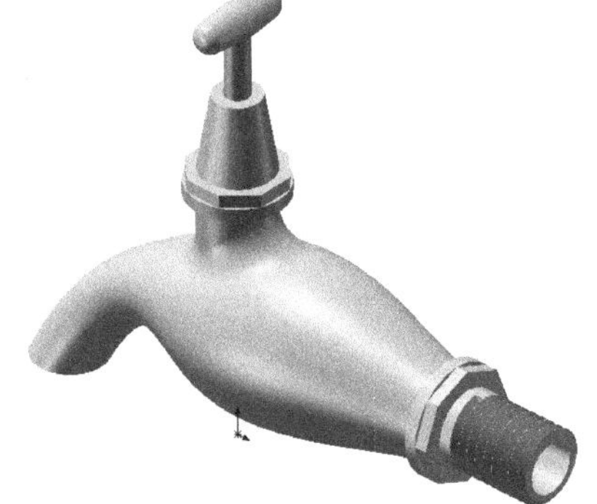

图 3-190　创建孔

3.6.2　打印模型

根据 3.1.2 节步骤 1、2 中相应步骤进行操作，将相应的模型保存为*.stl 文件，并检查模型。

为减少打印过程产生的支撑，单击“旋转”按钮，模型周围将出现相应的旋转轴，鼠标左键选中相应旋转轴，该旋转轴高亮显示，先选中竖直轴将模型旋转 90°，使模型 shuilongtou 的把手朝上

放置，然后选中铅锤轴将模型转动 45°，使模型的出水口一端在上，有螺纹的一端在下，如图 3-191 所示，其余按 3.1.2 节步骤 3 中的（5）～（8）操作即可。

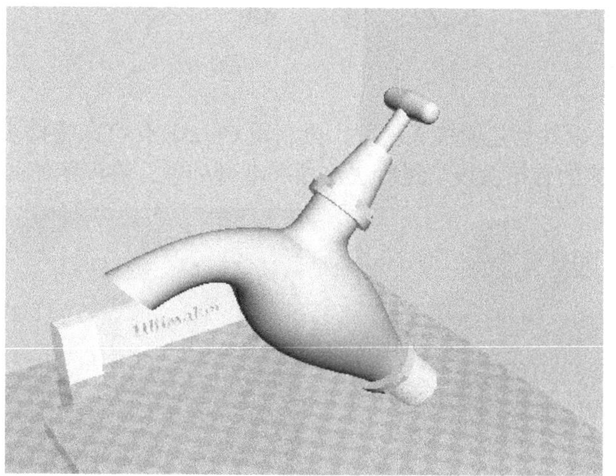

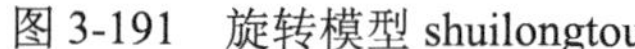

图 3-191　旋转模型 shuilongtou

3.6.3　处理打印模型

处理打印模型有以下 3 个步骤：

（1）取出模型。打印完毕后，将打印平台降至零位，用刀片等工具将模型底部与平台底部撬开，以便于取出模型。以水龙头模型为例，取出后的水龙头模型如图 3-192 所示。

注意：

（1）如果平台的温度过高，为避免烫伤，需要等温度下降到室温后再进行操作。

（2）取出模型时，请注意不要损坏模型比较薄弱的地方，如果不方便撬动模型，可适当除去部分支撑，以便于模型的顺利取出。

（2）去除支撑。如图 3-192 所示，取出后的水龙头模型底部和侧面存在一些打印过程中生成的支撑，使用刀片、钢丝钳、尖嘴钳等工具，将水龙头模型底部和侧面的支撑去除。

（3）打磨模型。根据去除支撑后的模型粗糙程度，可先用锉刀、粗砂纸等工具对支撑与模型接触的部位进行粗磨，然后用较细粒度的砂纸对模型进一步打磨。处理后的水龙头模型如图 3-193 所示。

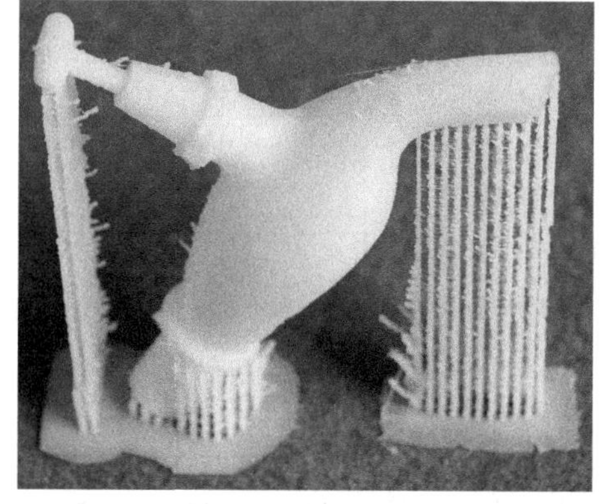

图 3-192　打印完毕的水龙头模型

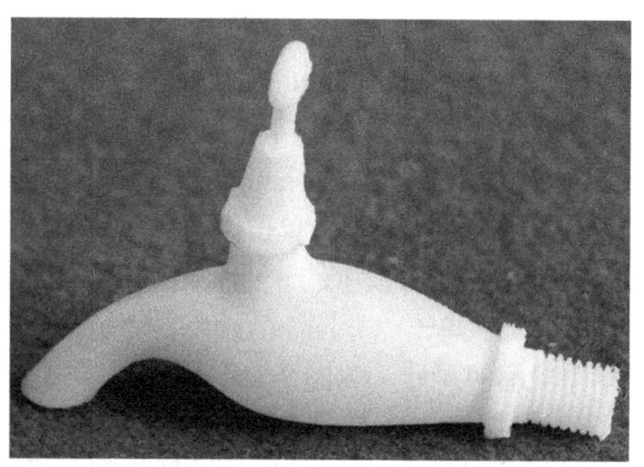

图 3-193　处理后的水龙头模型

3.7 管 接 头

首先利用 SolidWorks 软件创建管接头模型，再利用 Cura 软件打印管接头的 3D 模型，最后对打印出来的管接头模型进行去支撑和毛刺处理，流程图如图 3-194 所示。

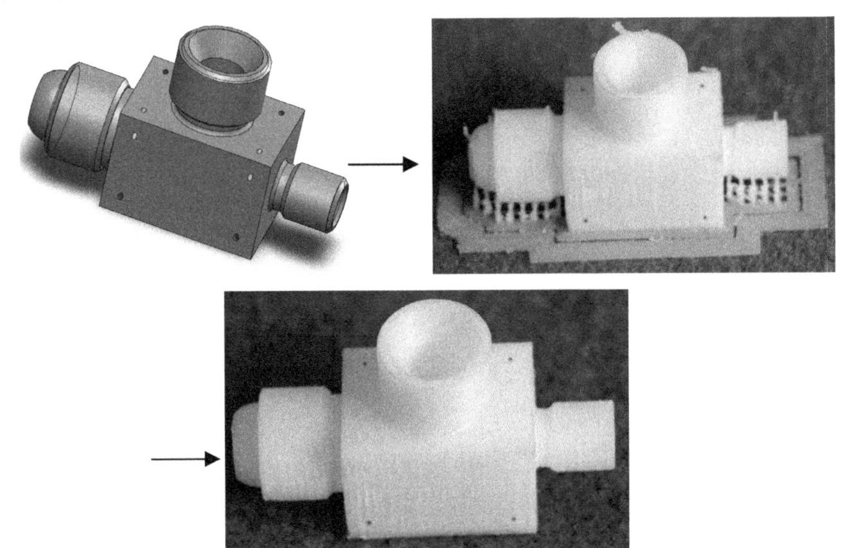

图 3-194 管接头模型创建流程图

3.7.1 创建模型

管接头是非常典型的拉伸类零件，其基本造型利用拉伸方法可以很容易地创建。拉伸特征是将一个用草图描述的截面，沿指定的方向（一般情况下沿垂直于截面的方向）延伸一段距离后所形成的特征。拉伸是 SolidWorks 模型中最常见的类型，具有相同截面、一定长度的实体，如长方体、圆柱体等都可以利用拉伸特征来生成。

1. 创建长方形基体

（1）新建文件。选择“文件”→“新建”命令，或单击快速访问工具栏中的“新建”按钮，在弹出的“新建 SOLIDWORKS 文件”对话框中单击“零件”按钮，然后单击“确定”按钮，创建一个新的零件文件。

（2）绘制草图。在“FeatureManager 设计树”中选择“前视基准面”作为绘图基准面，单击“草图绘制”按钮，新建一张草图。单击“草图”面板中的“中心矩形”按钮，以原点为中心绘制一个矩形。单击“草图”面板中的“智能尺寸”按钮，标注矩形草图轮廓的尺寸，如图 3-195 所示。

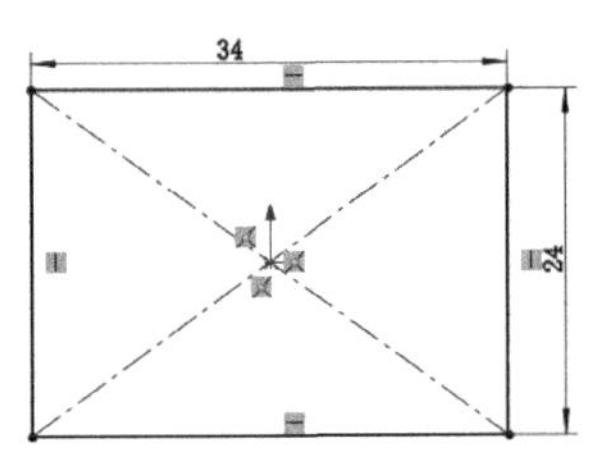

图 3-195 标注矩形尺寸

（3）拉伸实体。单击“特征”面板中的“拉伸凸台/基体”按钮，在弹出的“凸台-拉伸”属性管理器中设置拉伸终止条件

为“两侧对称”，输入拉伸距离为 23mm，其他选项保持系统默认设置，如图 3-196 所示；单击“确定”按钮✓，完成长方形基体的创建，如图 3-197 所示。

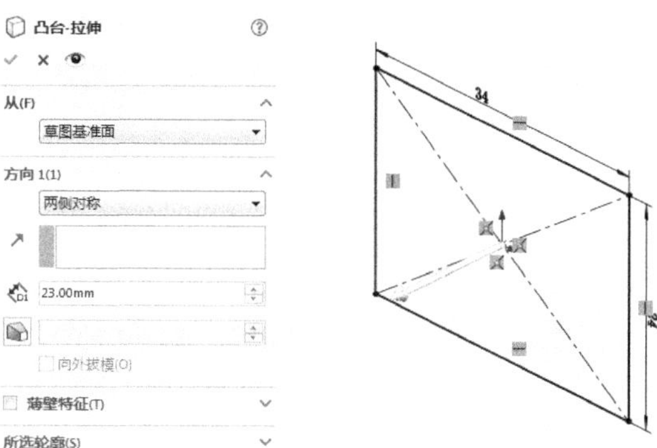

图 3-196　设置拉伸参数

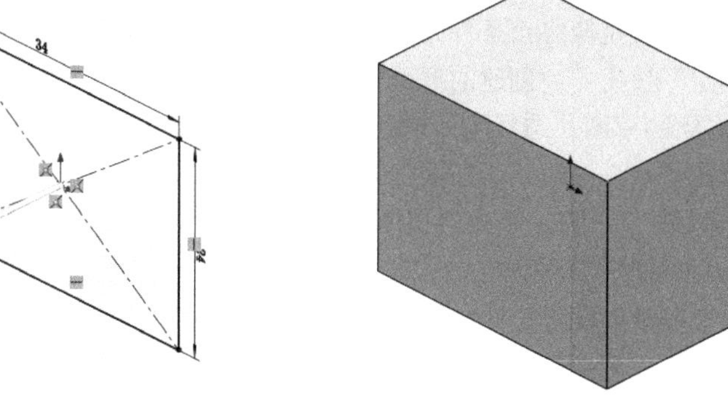

图 3-197　创建长方形基体

2. 创建直径为 10mm 的喇叭口基体

（1）绘制草图。选择长方形基体上的 34mm×24mm 面，单击“草图绘制”按钮，在其上创建草图。单击“草图”面板中的“圆”按钮，以坐标原点为圆心绘制一个圆。标注圆的尺寸。单击“草图”面板中的“智能尺寸”按钮，标注圆的直径尺寸为 16mm。

（2）拉伸凸台。单击“特征”面板中的“拉伸凸台/基体”按钮，在弹出的“凸台-拉伸”属性管理器中设置拉伸终止条件为“给定深度”，输入拉伸距离为 2.5mm，其他选项保持系统默认设置，如图 3-198 所示，单击“确定”按钮✓，生成退刀槽圆柱。

（3）绘制草图。选择退刀槽圆柱的端面，单击“正视于”按钮，使基准面平行于屏幕，然后“草图绘制”按钮，在其上新建一张草图；单击“草图”面板中的“圆”按钮，以原点为圆心绘制一个圆。单击“草图”面板中的“智能尺寸”按钮，标注圆的直径尺寸为 20mm。

（4）拉伸实体。单击“特征”面板中的“拉伸凸台/基体”按钮，在弹出的“凸台-拉伸”属性管理器中设置拉伸终止条件为“给定深度”，输入拉伸距离为 12.5mm，其他选项保持系统默认设置，单击“确定”按钮✓，生成喇叭口基体 1，如图 3-199 所示。

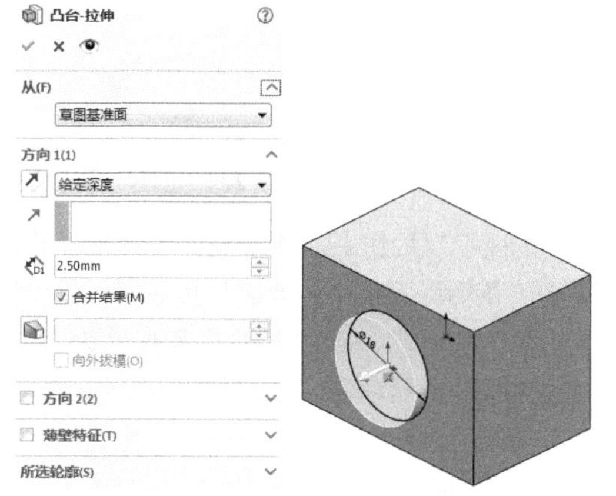

图 3-198　“凸台-拉伸”属性管理器

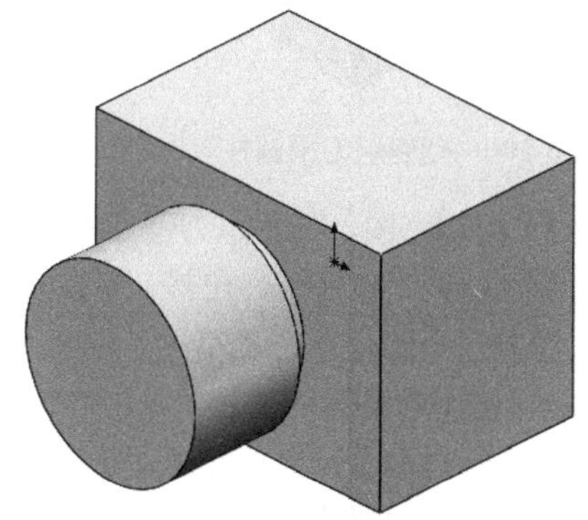

图 3-199　生成喇叭口基体 1

3. 创建直径为 4mm 的喇叭口基体

（1）绘制草图。选择长方形基体上的 24mm×23mm 面，单击“正视于”按钮，使基准面平行

Note

于屏幕，然后单击“草图绘制”按钮，在其上新建一张草图。单击“草图”面板中的“圆”按钮，以坐标原点为圆心绘制一个圆。单击“草图”面板中的“智能尺寸”按钮，标注圆的直径尺寸为10mm。

（2）拉伸实体。单击“特征”面板中的“拉伸凸台/基体”按钮，在弹出的“凸台-拉伸”属性管理器中设置拉伸终止条件为“给定深度”，输入拉伸距离2.5mm，其他选项保持系统默认设置，单击“确定”按钮，创建的退刀槽圆柱如图3-200所示。

（3）绘制草图。选择退刀槽圆柱的平面，单击“正视于”按钮，使基准面平行于屏幕，然后单击“草图绘制”按钮，在其上新建一张草图。单击“草图”面板中的“圆”按钮，以坐标原点为圆心绘制一个圆。单击“草图”面板中的“智能尺寸”按钮，标注圆的直径尺寸为12mm。

（4）创建喇叭口基体。单击“特征”面板中的“拉伸凸台/基体”按钮，在弹出的“凸台-拉伸”属性管理器中设置拉伸终止条件为“给定深度”，输入拉伸距离为11.5mm，其他选项保持系统默认设置，单击“确定”按钮，生成喇叭口基体2，如图3-201所示。

4. 创建直径为10mm的球头基体

（1）绘制草图。选择长方形基体上24mm×23mm的另一个面，单击“正视于”按钮，使基准面平行于屏幕，然后单击“草图绘制”按钮，在其上新建一张草图。单击“草图”面板中的“圆”按钮，以坐标原点为圆心绘制一个圆。单击“草图”面板中的“智能尺寸”按钮，标注圆的直径尺寸为17mm。

（2）创建退刀槽圆柱。单击“特征”面板中的“拉伸凸台/基体”按钮，在弹出的“凸台-拉伸”属性管理器中设置拉伸终止条件为“给定深度”，输入拉伸距离为2.5mm，其他选项保持系统默认设置，单击“确定”按钮，生成退刀槽圆柱，如图3-202所示。

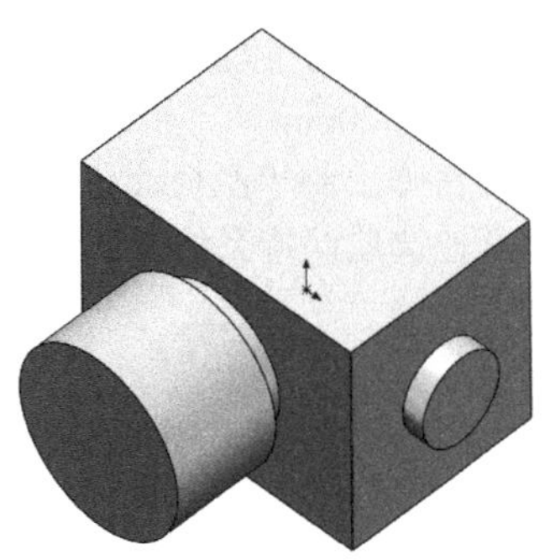

图3-200　创建退刀槽圆柱

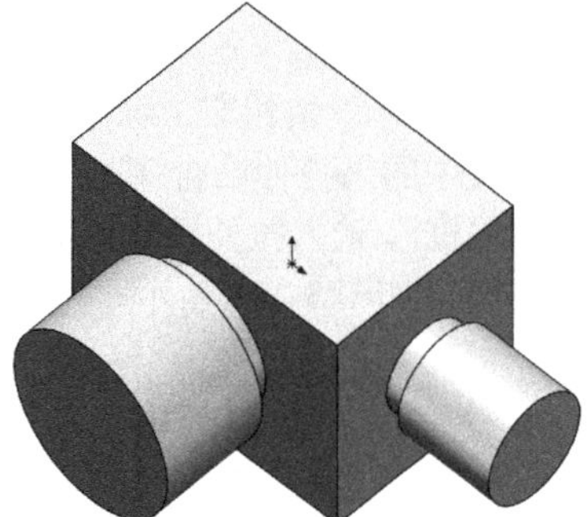
图3-201　生成喇叭口基体2

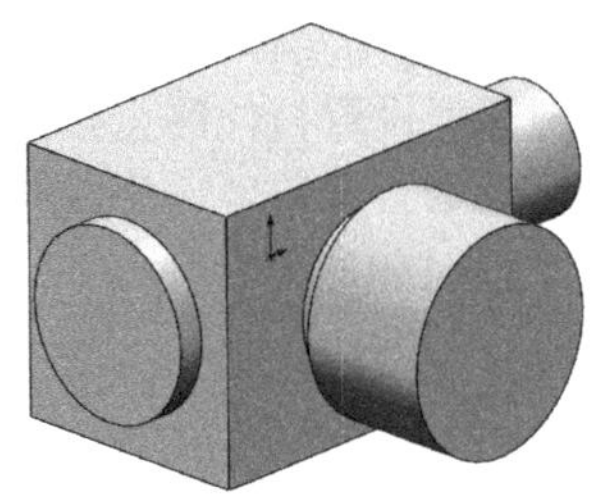
图3-202　创建退刀槽圆柱

（3）绘制草图。选择退刀槽圆柱的端面，单击“正视于”按钮，使基准面平行于屏幕，然后单击“草图绘制”按钮，在其上新建一张草图。单击“草图”面板中的“圆”按钮，以坐标原点为圆心绘制一个圆。单击“草图”面板中的“智能尺寸”按钮，标注圆的直径尺寸为20mm。

（4）创建球头螺柱基体。单击“特征”面板中的“拉伸凸台/基体”按钮，在弹出的“凸台-拉伸”属性管理器中设置拉伸终止条件为“给定深度”，输入拉伸距离为12.5mm，其他选项保持系统默认设置，单击“确定”按钮，生成球头螺柱基体，如图3-203所示。

（5）绘制草图。选择球头螺柱基体的外侧面，单击“正视于”按钮，使基准面平行于屏幕，然后单击“草图绘制”按钮，在其上新建一张草图。单击“草图”面板中的“圆”按钮，以坐标原点为圆心绘制一个圆。单击“草图”面板中的“智能尺寸”按钮，标注圆的直径尺寸为15mm。

（6）创建球头基体。单击“特征”面板中的“拉伸凸台/基体”按钮，在弹出的“凸台-拉伸”属性管理器中设置拉伸终止条件为“给定深度”，输入拉伸距离为 5mm，其他选项保持系统默认设置，单击“确定”按钮，生成的球头基体如图 3-204 所示。

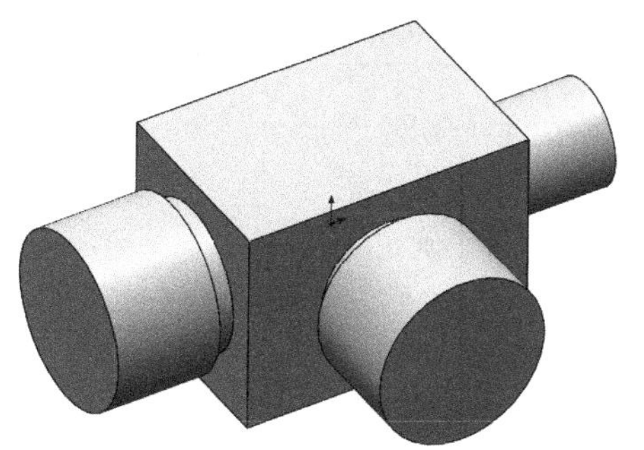

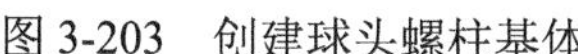

图 3-203　创建球头螺柱基体

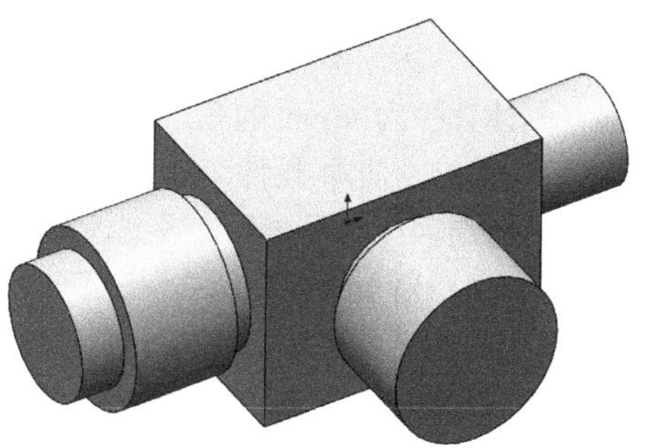

图 3-204　创建球头基体

5. 打孔

（1）绘制草图。选择直径为 20mm 的喇叭口基体平面，单击“正视于”按钮，使基准面平行于屏幕，然后单击“草图绘制”按钮，在其上新建草图。单击“草图”面板中的“圆”按钮，以坐标原点为圆心绘制一个圆，作为拉伸切除孔的草图轮廓。单击“草图”面板中的“智能尺寸”按钮，标注圆的直径尺寸为 10mm。

（2）拉伸切除实体。单击“特征”面板中的“拉伸切除”按钮，系统弹出“切除-拉伸”属性管理器；设定切除终止条件为“给定深度”，输入拉伸深度为 26mm，其他选项保持系统默认设置，单击“确定”按钮，生成直径为 10mm 的孔，如图 3-205 所示。

（3）绘制草图。选择球头上直径为 15mm 的端面，单击“正视于”按钮，使基准面平行于屏幕，然后单击“草图绘制”按钮，在其上新建一张草图。单击“草图”面板中的“圆”按钮，以坐标原点为圆心绘制一个圆，作为拉伸切除孔的草图轮廓。单击“草图”面板中的“智能尺寸”按钮，标注圆的直径尺寸为 10mm。

（4）创建直径为 10mm 的孔。单击“特征”面板中的“拉伸切除”按钮，系统弹出“切除-拉伸”属性管理器；输入切除深度为 39mm，其他选项保持系统默认设置，单击“确定”按钮，生成直径为 10mm 的孔，如图 3-206 所示。

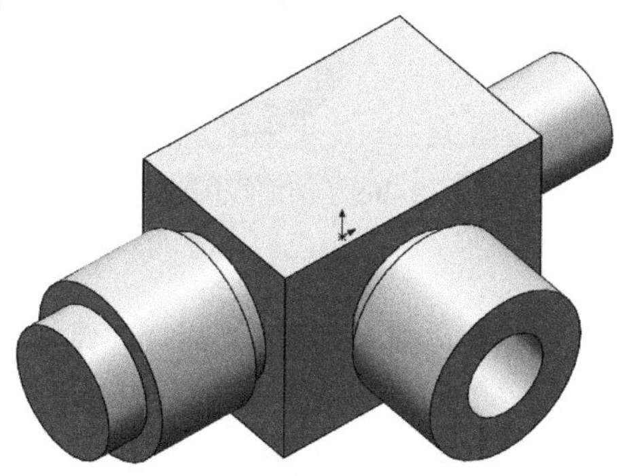

图 3-205　创建直径为 10mm 的孔

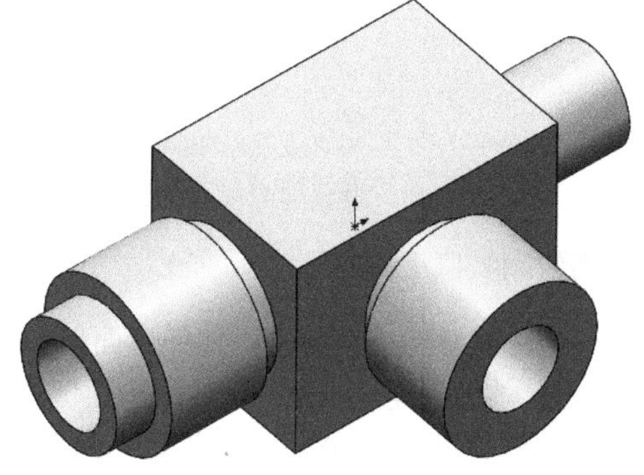

图 3-206　创建直径为 10mm 的孔

（5）绘制草图。选择直径为 12mm 的喇叭口端面，单击“正视于”按钮，使基准面平行于屏幕，然后单击“草图绘制”按钮，在其上新建一张草图。单击“草图”面板中的“圆”按钮，以坐标原点为圆心绘制一个圆，作为拉伸切除孔的草图轮廓。单击“草图”面板中的“智能尺寸”按钮，标注圆的直径尺寸为 4mm。

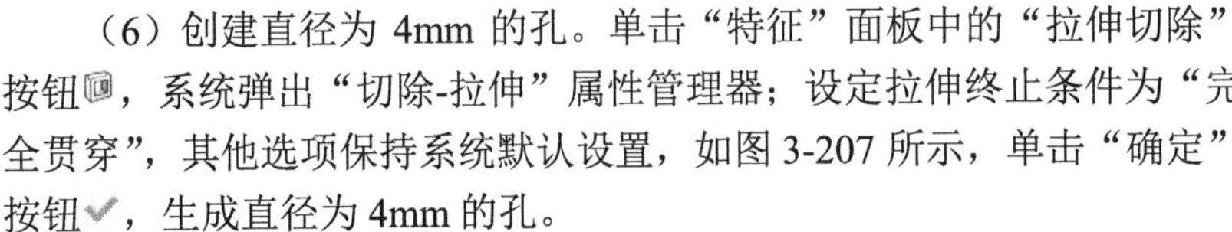

（6）创建直径为 4mm 的孔。单击“特征”面板中的“拉伸切除”按钮，系统弹出“切除-拉伸”属性管理器；设定拉伸终止条件为“完全贯穿”，其他选项保持系统默认设置，如图 3-207 所示，单击“确定”按钮，生成直径为 4mm 的孔。

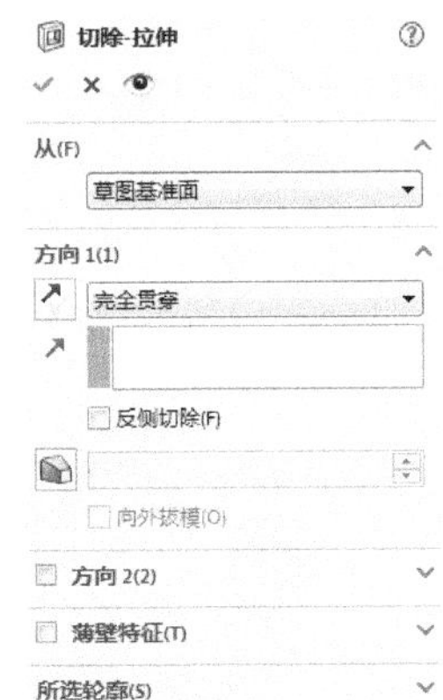

图 3-207 “切除-拉伸”属性管理器

到此，孔的建模就完成了。为了更好地观察所建孔的正确性，通过剖视来观察三通模型。单击“剖面视图”按钮，在弹出的“剖面视图”属性管理器中选择“上视基准面”作为参考剖面，其他选项保持系统默认设置，如图 3-208 所示，单击“确定”按钮，得到以剖面视图观察模型的效果，剖面视图效果如图 3-209 所示。

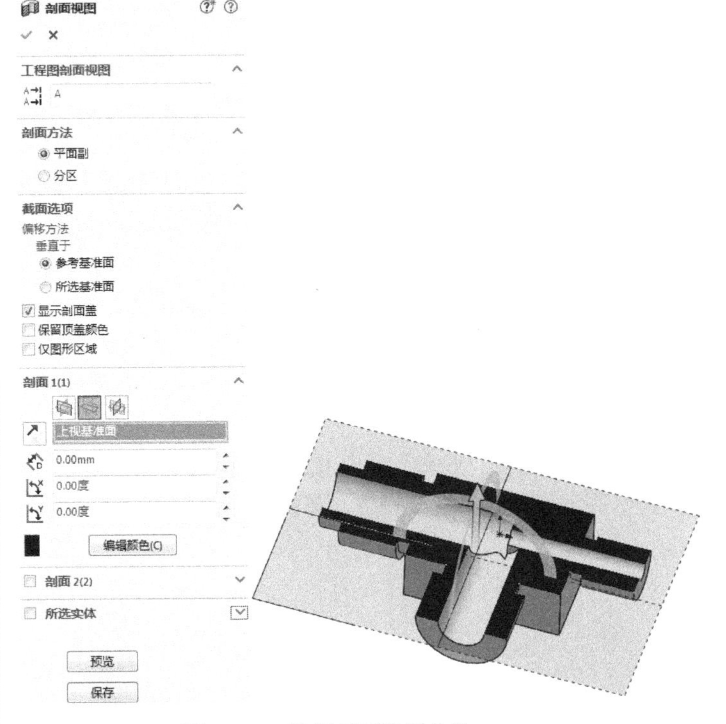

图 3-208 设置剖面视图参数

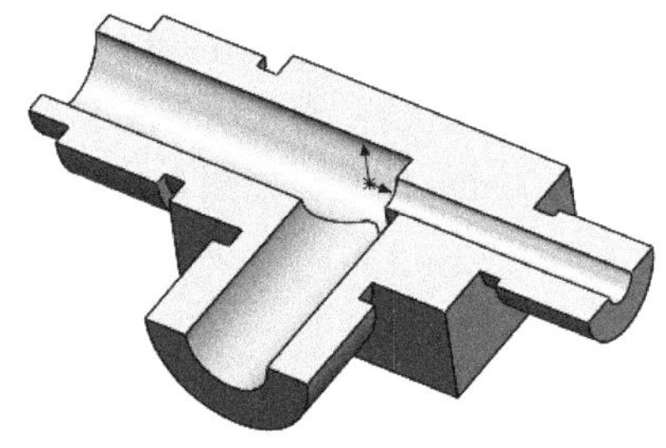
图 3-209 剖面视图效果

6. 创建喇叭口工作面

（1）创建倒角特征。单击“特征”面板中的“倒角”按钮，弹出“倒角”属性管理器；输入距离为 3mm，输入角度为 60°，其他选项保持系统默认设置，在绘图区选择直径为 10mm 的喇叭口的内径边线，如图 3-210 所示。单击“确定”按钮，创建直径为 10mm 的密封工作面。

（2）创建倒角特征。单击“特征”面板中的“倒角”按钮，弹出“倒角”属性管理器；输入距离为 2.5mm，输入角度为 60°，其他选项保持系统默认设置，在绘图区选择直径为 4mm 喇叭口的

内径边线，如图 3-211 所示，单击“确定”按钮✓，生成直径为 4mm 的密封工作面。

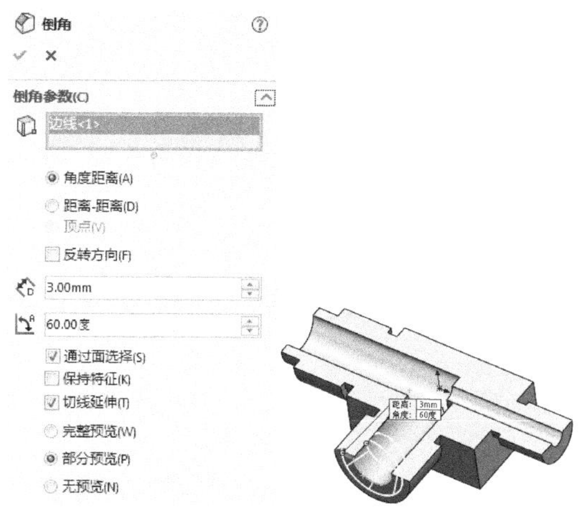

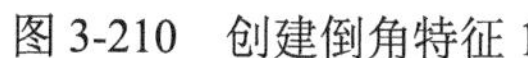

图 3-210　创建倒角特征 1

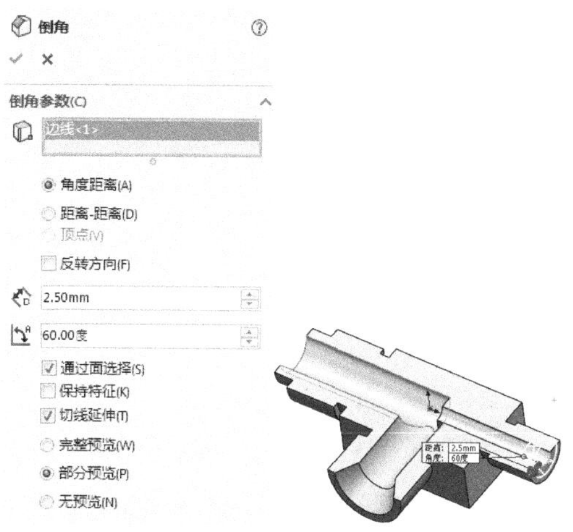

图 3-211　创建倒角特征 2

Note

知识点——倒角

倒角特征是在所选的边线、面或顶点上生成一倾斜面。在设计中是一种工艺设计，目的是为了去除锐边。

（1）“选取”：用于在图形区域中选取边线和面或顶点。

（2）倒角方式：选择生成倒角的方式。

① 角度距离：是指通过设置倒角一边的距离和角度来对边线和面进行倒角。在绘制倒角的过程中，箭头所指的方向为倒角的距离边。

② 距离-距离：是指通过设置倒角两侧距离的长度，或者通过“相等距离”复选框指定一个距离值进行倒角的方式。

③ 顶点：是指通过设置每侧的 3 个距离值，或者通过“相等距离”复选框指定一个距离值进行倒角的方式。

（3）“反转方向”复选框：用于反转倒角方向。

（4）“距离”：应用到第一个所选的草图实体。

（5）“角度”：应用到从第一个草图实体开始的第二个草图实体。

（6）倒角选项：控制倒角生成方式。

① “通过面选择”复选框：选中该复选框后，通过隐藏边线的面选取边线。

② “保持特征”复选框：选中该复选框后，系统将保留无关的拉伸凸台等特征。图 3-212 展示了保持特征前后的效果。

③ “切线延伸”复选框：选中该复选框后，所选边线将延伸至被截断处。

④ “完整预览”单选按钮：选中该单选按钮表示显示所有边线的倒角预览。

⑤ “部分预览”单选按钮：选中该单选按钮表示只显示一条边线的倒角预览。按 A 键来依次观看每个倒角预览。

⑥ “无预览”单选按钮：选中该单选按钮可以提高复杂模型的重建时间。

Note

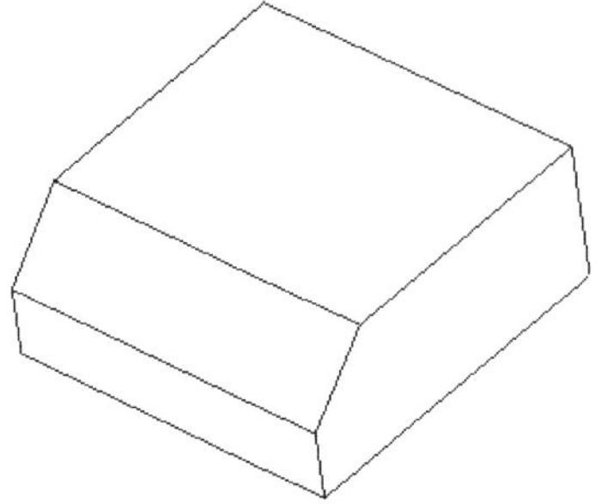

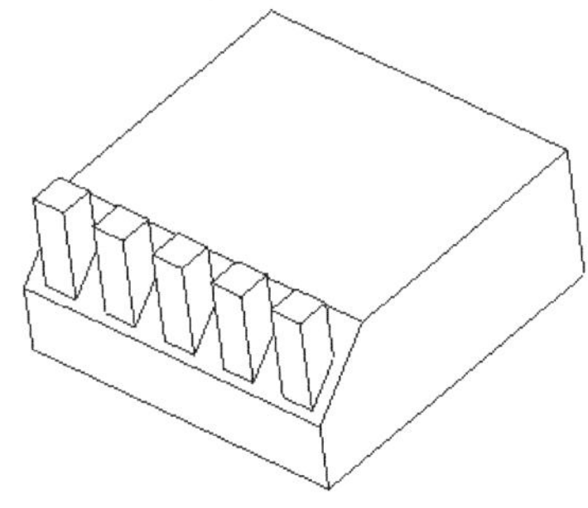

（a）原始零件　　（b）未选中“保持特征”复选框　　（c）选中“保持特征”复选框

图 3-212　保持特征效果

7. 创建球头工作面

（1）绘制草图。在“FeatureManager 设计树”中选择“上视基准面”作为草图绘制基准面，单击“草图绘制”按钮，在其上新建一张草图。单击“正视于”按钮，正视于该草绘平面。单击“草图”面板中的“中心线”按钮，过坐标原点绘制一条水平中心线，作为旋转中心轴。

（2）取消剖面视图观察。单击“剖面视图”按钮，取消剖面视图观察。这样做是为了将模型中的边线投影到草绘平面上，剖面视图上的边线是不能被转换实体引用的。

（3）继续绘制草图。选择球头上最外端拉伸凸台左上角的两条轮廓线，单击“草图”面板中的“转换实体引用”按钮，将该轮廓线投影到草图中。单击“草图”面板中的“圆”按钮，绘制一个圆。单击“草图”面板中的“智能尺寸”按钮，标注圆的直径为 12mm。单击“草图”面板中的“剪裁实体”按钮，将草图中的部分多余线段裁剪掉，如图 3-213 所示。

（4）旋转切除特征。单击“特征”面板中的“旋转切除”按钮，弹出“切除-旋转”属性管理器，参数设置如图 3-214 所示，单击“确定”按钮，生成球头工作面。

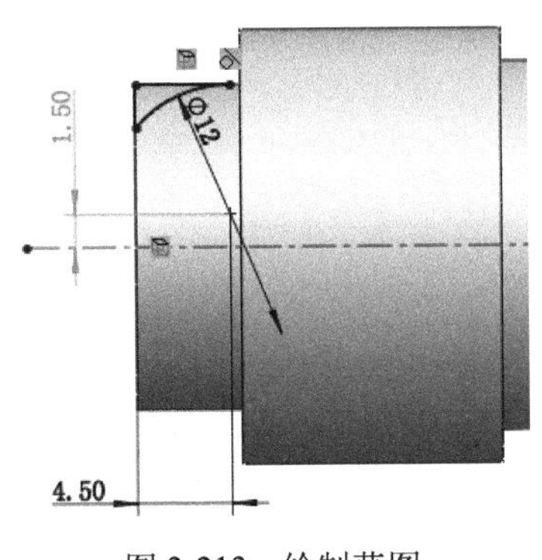

图 3-213　绘制草图

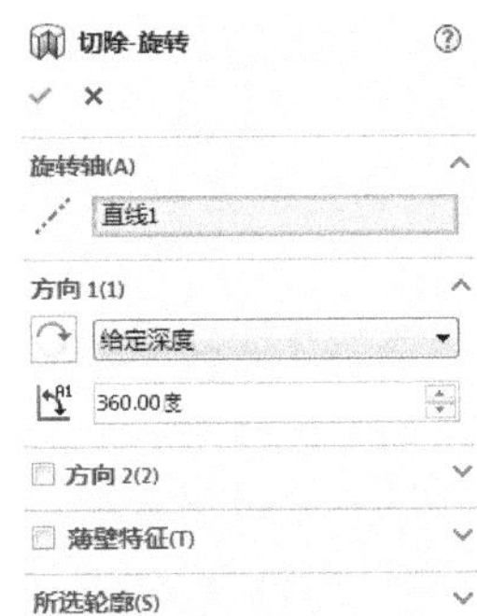

图 3-214　“切除-旋转”属性管理器

8. 创建倒角和圆角特征

（1）单击“剖面视图”按钮，选择“上视基准面”作为参考剖面观察视图。

（2）创建倒角特征。单击“特征”面板中的“倒角”按钮，弹出“倒角”属性管理器；输入倒角距离为 1mm，角度为 45°，其他选项保持系统默认设置，如图 3-215 所示，选择三通管中需要倒“1×45°”角的边线，单击“确定”按钮，生成倒角特征。

（3）创建圆角特征。单击“特征”面板中的“圆角”按钮，弹出“圆角”属性管理器；输入半径为 0.8mm，其他选项设置如图 3-216 所示，在绘图区选择要生成 0.8mm 圆角的 3 条边线，单击

“确定”按钮✔，生成圆角特征。

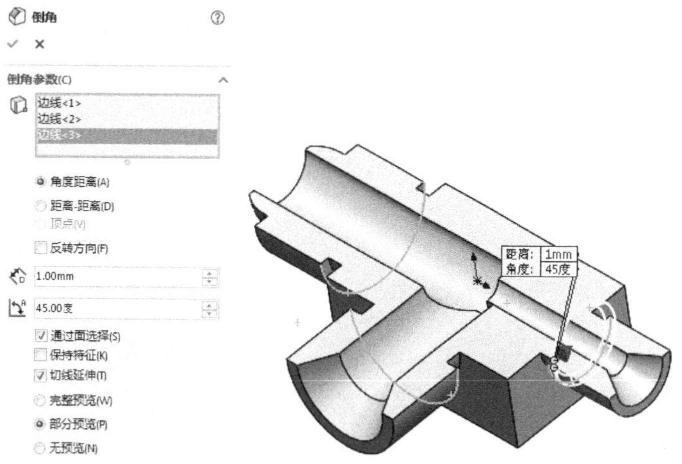

图 3-215　创建倒角特征 3

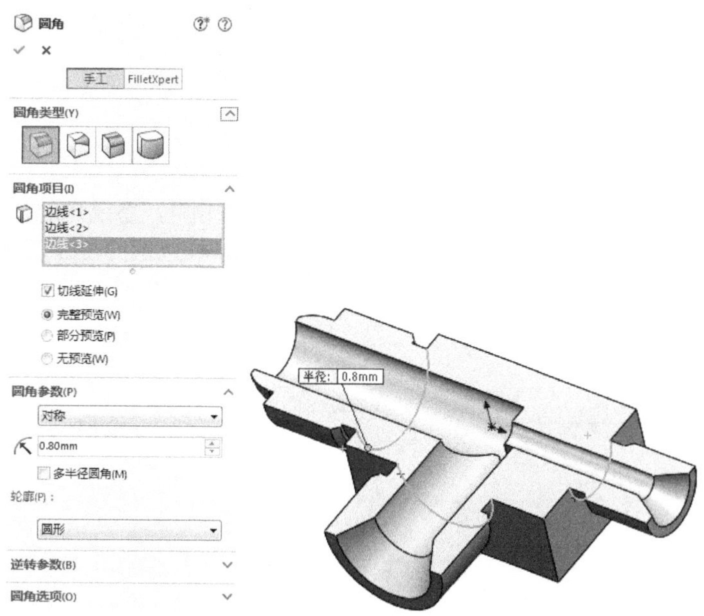

图 3-216　创建圆角特征

9. 创建保险孔

（1）创建基准面。单击“特征”面板“参考几何体”下拉列表中的“基准面”按钮，弹出“基准面”属性管理器。在绘图区选择如图 3-217 所示的长方体面和边线，单击“两面夹角”按钮，然后输入夹角为 45°，选中“反转等距”复选框，单击“确定”按钮✔，创建通过所选长方体边线并与所选面成 45° 角的参考基准面。

（2）取消剖面视图观察。单击“剖面视图”按钮，取消剖面视图观察。

（3）绘制草图。选择刚创建的“基准面 1”，单击“草图绘制”按钮，在其上新建一张草图。单击“正视于”按钮，使视图正视于草图平面。单击“草图”面板中的“圆”按钮，绘制两个圆。单击“草图”面板中的“智能尺寸”按钮，标注两个圆的直径均为 1.2mm，并标注定位尺寸，

Note

如图 3-218 所示。

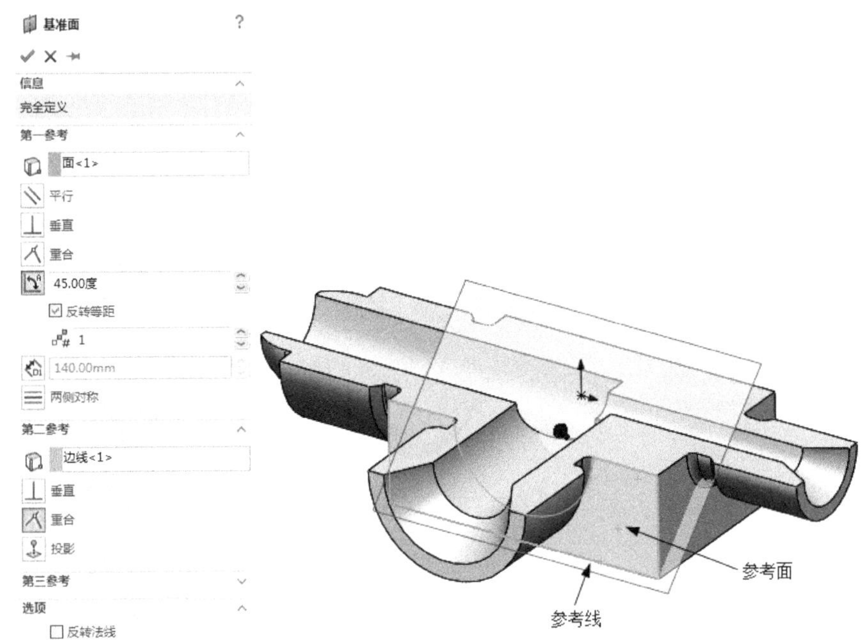

图 3-217　创建基准面 1

（4）创建保险孔。单击“特征”面板中的“拉伸切除”按钮，系统弹出“切除-拉伸”属性管理器；设置切除终止条件为“两侧对称”，输入切除深度为 20mm，如图 3-219 所示，单击“确定”按钮✔，完成两个保险孔的创建。

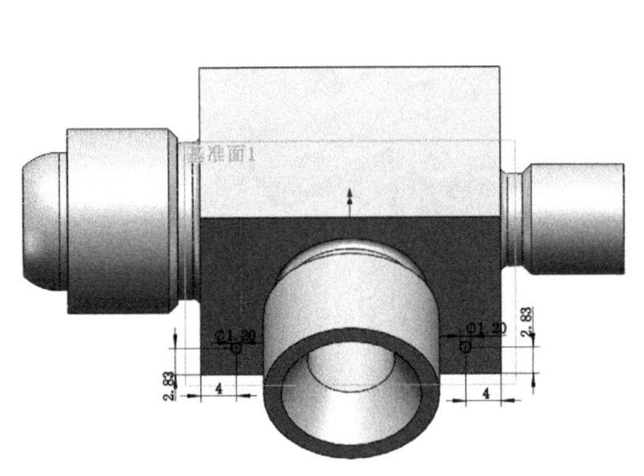

图 3-218　标注尺寸“ ϕ1.2”

图 3-219　“切除-拉伸”属性管理器

（5）保险孔前视基准面的镜像。单击“特征”面板中的“镜像”按钮，弹出“镜像”属性管理器。选择“前视基准面”作为镜像面，选择生成的保险孔作为要镜像的特征，其他选项设置如图 3-220 所示，单击“确定”按钮✔，完成保险孔前视基准面的镜像。

（6）保险孔上视基准面的镜像。单击“特征”面板中的“镜像”按钮，弹出“镜像”属性管理器，选择“上视基准面”作为镜像面，选择保险孔特征和对应的镜像特征，如图 3-221 所示，单击“确定”按钮✔，完成保险孔上视基准面的镜像。

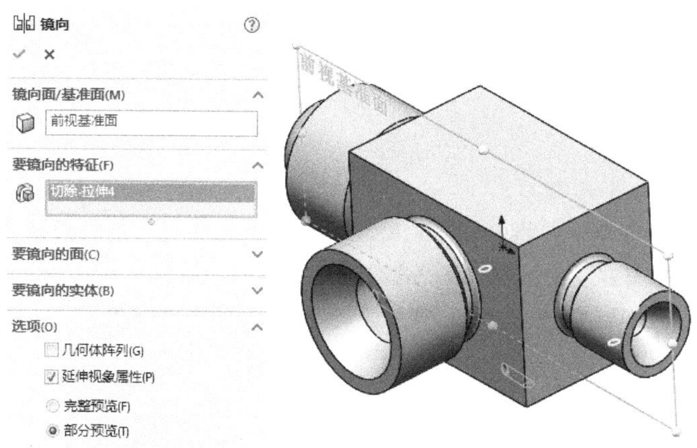

图 3-220　保险孔前视基准面的镜像

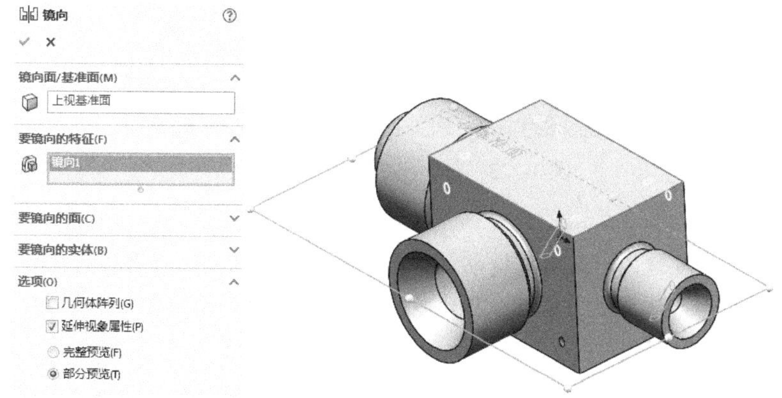

图 3-221　保险孔上视基准面的镜像

（7）保存文件。单击“标准”工具栏中的“保存”按钮，将零件保存为“管接头.sldprt”，使用旋转观察功能观察模型，最终效果如图 3-222 所示。

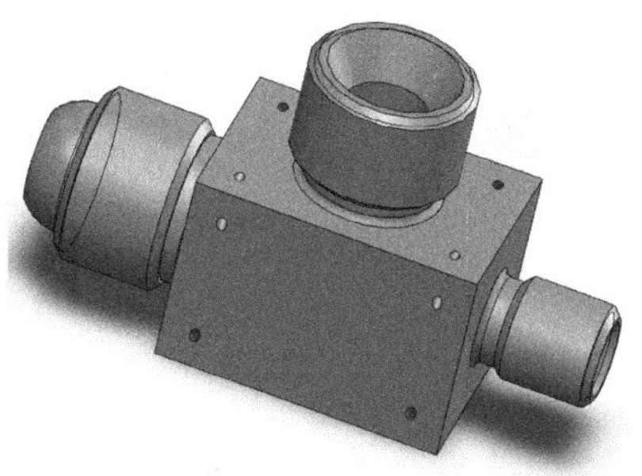

图 3-222　管接头模型最终效果

3.7.2　打印模型

根据 3.1.2 节步骤 1、2 中相应步骤进行操作，将相应的模型保存为*.stl 文件，并检查模型。

根据 3.1.2 节步骤 3 中（1）～（3）相应的步骤进行参数设置，按步骤 3 中（4）～（8）操作

即可。

Note

3.7.3 处理打印模型

处理打印模型有以下 3 个步骤：

（1）取出模型。打印完毕后，将打印平台降至零位，用刀片等工具将模型底部与平台底部撬开，以便于取出模型。取出后的管接头模型如图 3-223 所示。

图 3-223 打印完毕的管接头模型

注意：

（1）如果平台的温度过高，为避免烫伤，需要等温度下降到室温后再进行操作。

（2）取出模型时，请注意不要损坏模型比较薄弱的地方，如果不方便撬动模型，可适当除去部分支撑，以便于模型的顺利取出。

（2）去除支撑。如图 3-223 所示，取出后的管接头模型底部存在一些打印过程中生成的支撑，使用刀片、钢丝钳、尖嘴钳等工具，将管接头模型底部的支撑去除。

（3）打磨模型。根据去除支撑后的模型粗糙程度，可先用锉刀、粗砂纸等工具对支撑与模型接触的部位进行粗磨，然后用较细粒度的砂纸对模型进一步打磨。处理后的管接头模型如图 3-224 所示。

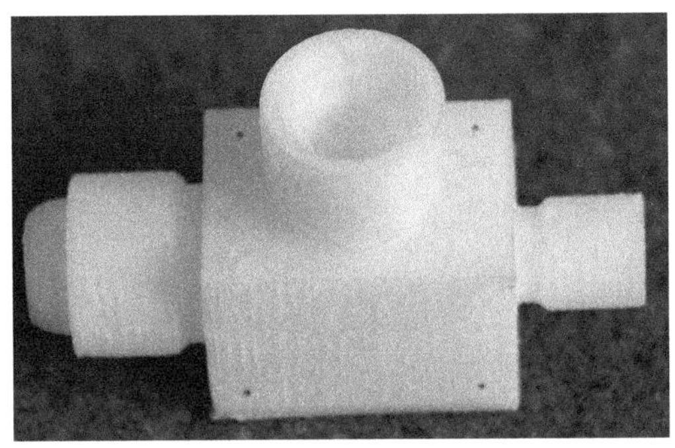

图 3-224 处理后的管接头模型

第4章 机械产品造型与打印

在机械设计流程早期，使用3D打印技术去构造模型，可以坚持设计产品的结构、外形和功效，发现任何缺点都可以第一时间去修改设计。以后如果有需要可以再次构造、检查和为该设计重复这个迭代过程，直到设计出最好的概念模型。将二维的设计图转变为真实的三维产品，可以更好地展示设计和加速产品开发流程，降低成本。

本章主要介绍常见的几款机械产品，如螺丝刀、扳手、圆轮缘手轮、托架、花键轴、链轮、电动机等模型的建立及 3D 打印过程。通过本章的学习将主要使读者掌握如何从 SolidWorks 中创建模型并导入到 Cura 软件打印出模型。

任务驱动&项目案例

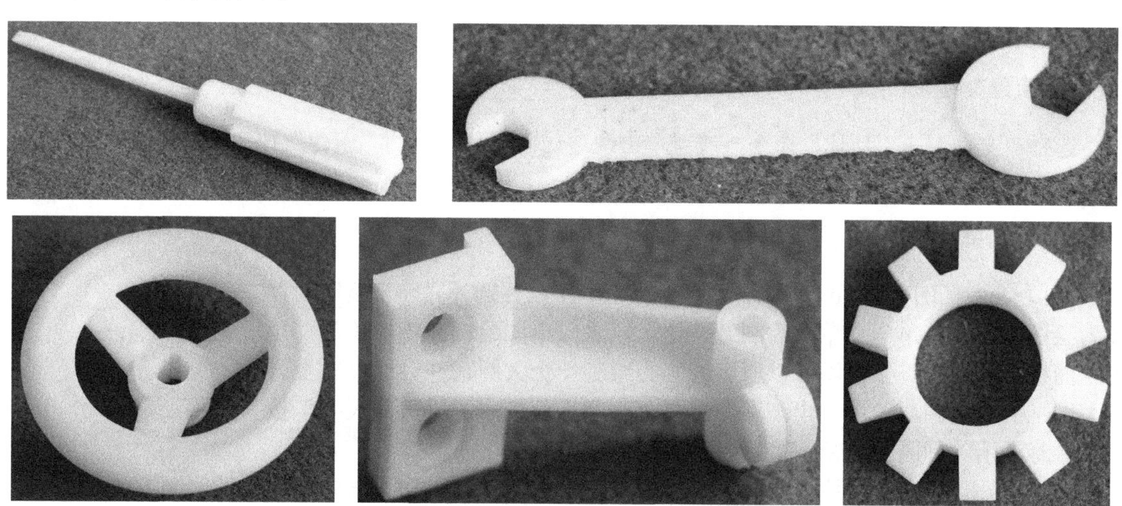

4.1 螺　丝　刀

首先利用SolidWorks软件创建螺丝刀模型，再利用Cura软件打印螺丝刀的3D模型，最后对打印出来的螺丝刀模型进行去支撑和毛刺处理，流程图如图4-1所示。

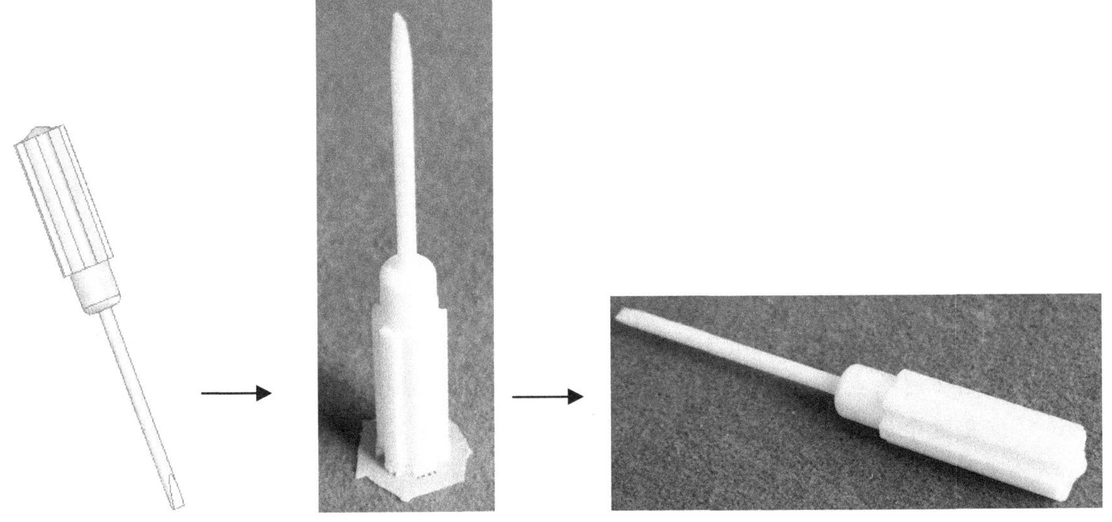

图4-1　螺丝刀模型创建流程图

4.1.1　创建模型

本节绘制螺丝刀，首先绘制螺丝刀的手柄部分，然后绘制圆顶，再绘制螺丝刀的端部，并拉伸切除生成“一字”头部，最后对相应部分进行圆角处理。

1. 新建文件

选择“文件”→“新建”命令，或者单击快速访问工具栏中的“新建”按钮，在弹出的“新建SOLIDWORKS文件”对话框中先单击“零件”按钮，再单击“确定”按钮，创建一个新的零件文件。

2. 绘制草图1

（1）在左侧的“FeatureManager设计树”中用鼠标选择“前视基准面”作为绘图基准面，单击“草图绘制”按钮，进入草图绘制环境。单击“草图”面板中的“圆”按钮，以原点为圆心绘制一个大圆，并以原点正上方的大圆上的点为圆心绘制一个小圆。单击“草图”面板中的“智能尺寸”按钮，标注所绘制圆的直径。结果如图4-2所示。

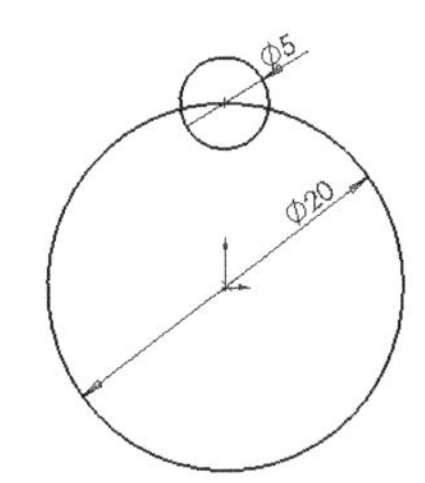

图4-2　标注的草图

（2）单击“草图”面板中的“圆周草图阵列”按钮，此时系统弹出如图4-3所示的“圆周阵列”属性管理器。捕捉大圆圆心为阵列中心，输入阵列个数为6，选择圆弧为阵列对象，其他采用默认设置，单击“确定”按钮。结果如图4-4所示。

（3）单击“草图”面板中的“剪裁实体”按钮，剪裁图中相应的圆弧处，结果如图4-5所示。

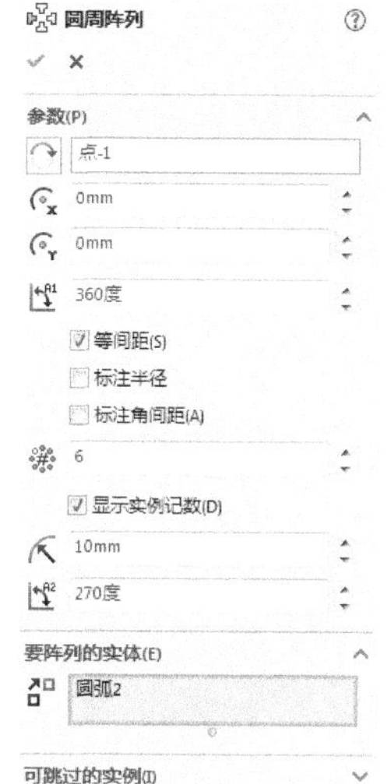

图4-3　“圆周阵列”属性管理器

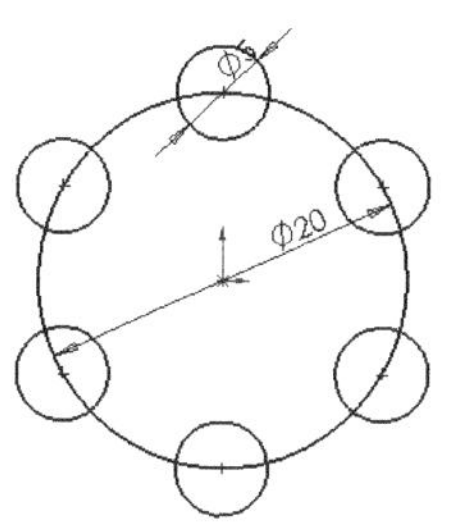

图4-4　阵列后的草图

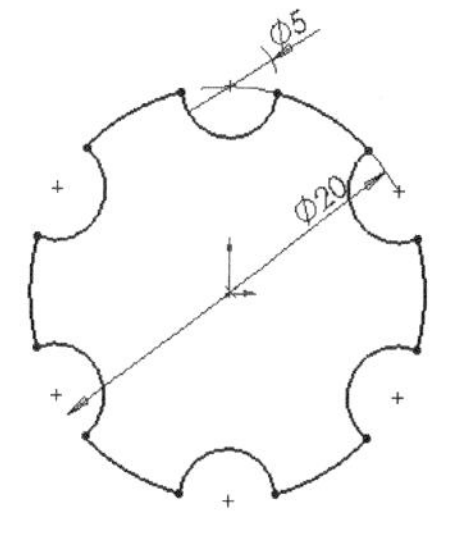

图4-5　剪裁后的草图

3. 拉伸实体1

单击“特征”面板中的“拉伸凸台/基体”按钮，此时系统弹出“凸台-拉伸”属性管理器。输入拉伸距离为50mm，然后单击“确定”按钮。结果如图4-6所示。

4. 圆顶实体

选择“插入”→“特征”→“圆顶”命令，此时系统弹出如图4-7所示的“圆顶”属性管理器。用鼠标选择图4-6中的表面1为到圆顶的面。输入距离为3mm，选中“连续圆顶”复选框，单击“确定”按钮。结果如图4-8所示。

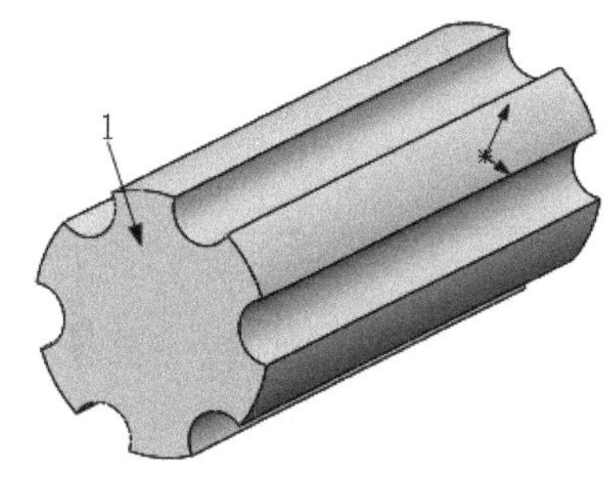

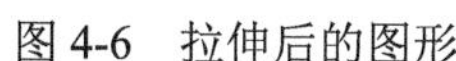

图4-6　拉伸后的图形

图4-7　“圆顶”属性管理器

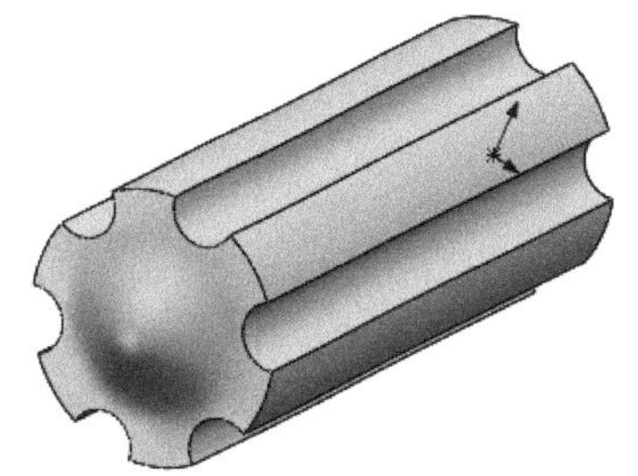

图4-8　圆顶后的图形

5. 绘制草图2

单击图4-6中后面的表面，单击“正视于”按钮，将该表面作为绘制图形的基准面，然后单击“草图绘制”按钮，进入草图绘制环境。单击“草图”面板中的“圆”按钮，以原点为圆心绘制一个圆。单击“草图”面板中的“智能尺寸”按钮，标注绘制圆的直径，结果如图4-9所示。

6. 拉伸实体2

单击“特征”面板中的“拉伸凸台/基体”按钮，此时系统弹出“凸台-拉伸”属性管理器。输

入拉伸距离为 16mm，然后单击“确定”按钮✔。结果如图 4-10 所示。

7. 绘制草图 3

Note

单击图 4-8 中后面的表面，单击“正视于”按钮，将该表面作为绘制图形的基准面，然后单击“草图绘制”按钮，进入草图绘制环境。单击“草图”面板中的“圆”按钮，以原点为圆心绘制一个圆。单击“草图”面板中的“智能尺寸”按钮，标注绘制圆的直径。结果如图 4-11 所示。

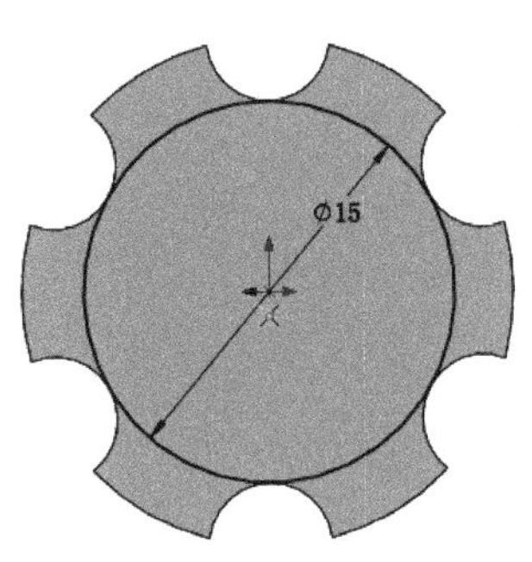

图 4-9　标注的草图

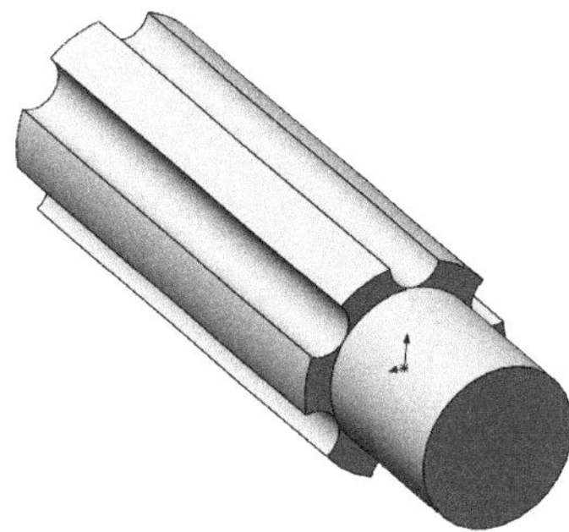

图 4-10　拉伸后的图形

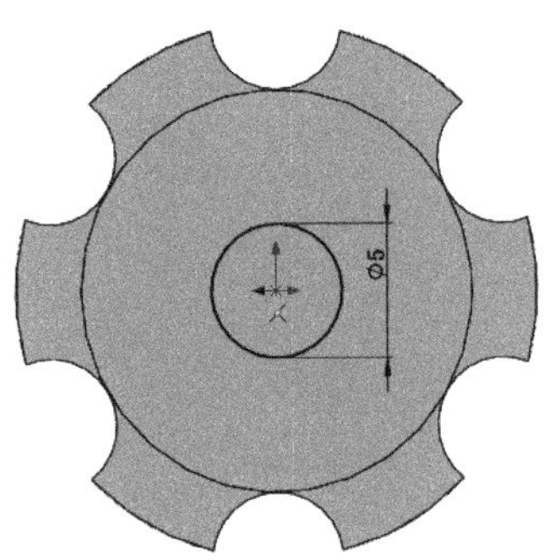

图 4-11　标注的草图

8. 拉伸实体 3

单击“特征”面板中的“拉伸凸台/基体”按钮，此时系统弹出“凸台-拉伸”属性管理器，输入拉伸距离为 75mm，然后单击“确定”按钮✔。结果如图 4-12 所示。

9. 绘制草图 4

在左侧的“FeatureManager 设计树”中用鼠标选择“右视基准面”，单击“正视于”按钮，将该基准面作为绘制图形的基准面，然后单击“草图绘制”按钮，进入草图绘制环境。单击“草图”面板中的“直线”按钮，绘制两个三角形。单击“草图”面板中的“智能尺寸”按钮，标注所绘制草图的尺寸。结果如图 4-13 所示。

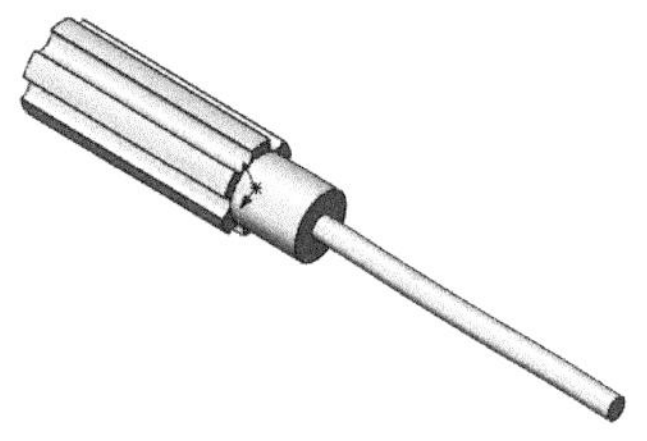

图 4-12　拉伸后的图形

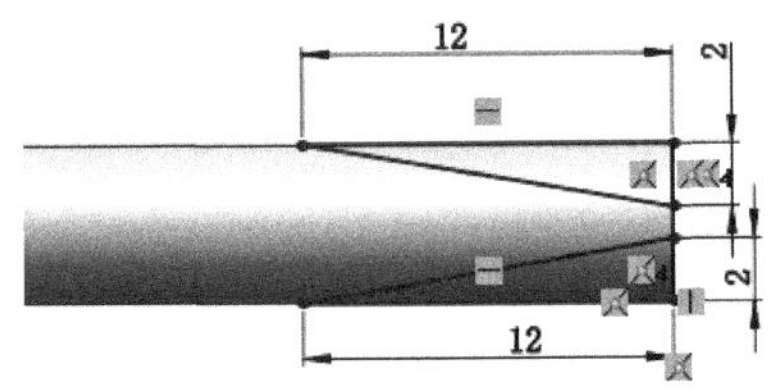

图 4-13　标注的草图

10. 拉伸切除实体

单击“特征”面板中的“拉伸切除”按钮，此时系统弹出“切除-拉伸”属性管理器。在方向 1 和方向 2 的“终止条件”中均选择“完全贯穿”选项，然后单击“确定”按钮✔。结果如图 4-14 所示。

11. 圆角实体

单击“特征”面板中的“圆角”按钮，此时系统弹出“圆角”属性管理器。输入半径值 3mm，

然后用鼠标选择图 4-14 中的边线 1。单击属性管理器中的“确定”按钮✓。结果如图 4-15 所示。

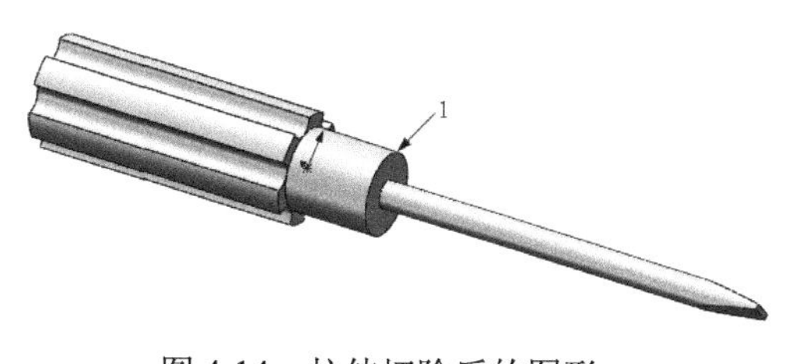

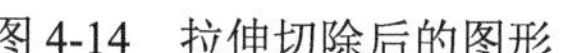

图 4-14　拉伸切除后的图形

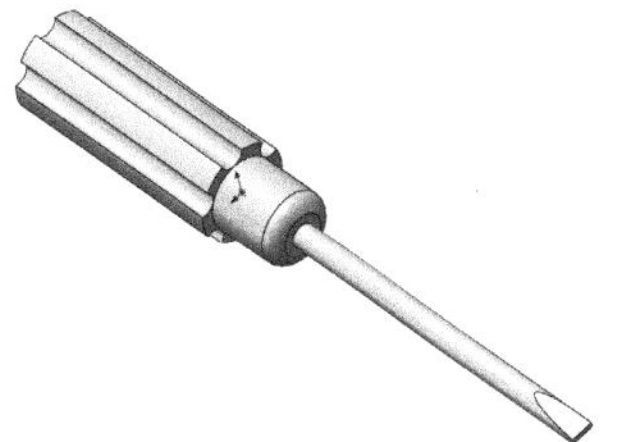

图 4-15　圆角后的图形

4.1.2　打印模型

根据 3.1.2 节中的步骤 1、2 中相应步骤进行操作，将相应的模型保存为*.stl 文件，并检查模型。

为减少打印过程产生的支撑，单击“旋转”按钮，模型周围将出现相应的旋转轴，鼠标左键选中相应旋转轴，该旋转轴高亮显示，选中竖直轴将模型旋转 180°，使模型 luosidao 的把手放置在平台底端，如图 4-16 所示，其余根据 3.1.2 节步骤 3 中的（5）～（8）操作即可。

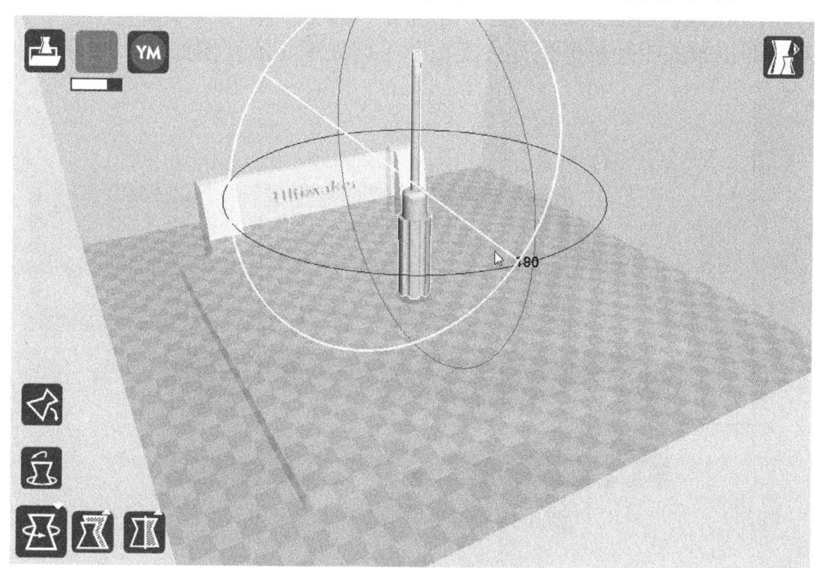

图 4-16　旋转模型 luosidao

4.1.3　处理打印模型

处理打印模型有以下 3 个步骤：

（1）取出模型。打印完毕后，将打印平台降至零位，用刀片等工具将模型底部与平台底部撬开，以便于取出模型。取出后的螺丝刀模型如图 4-17 所示。

（2）去除支撑。如图 4-17 所示，取出后的螺丝刀模型底部存在一些打印过程中生成的支撑，使用刀片、钢丝钳、尖嘴钳等工具，将螺丝刀模型底部的支撑去除。

（3）打磨模型。根据去除支撑后的模型粗糙程度，可先用锉刀、粗砂纸等工具对支撑与模型接触的部位进行粗磨，然后用较细粒度的砂纸对模型进一步打磨。处理后的模型如图 3-224 所示。

Note

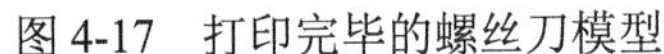

图 4-17　打印完毕的螺丝刀模型

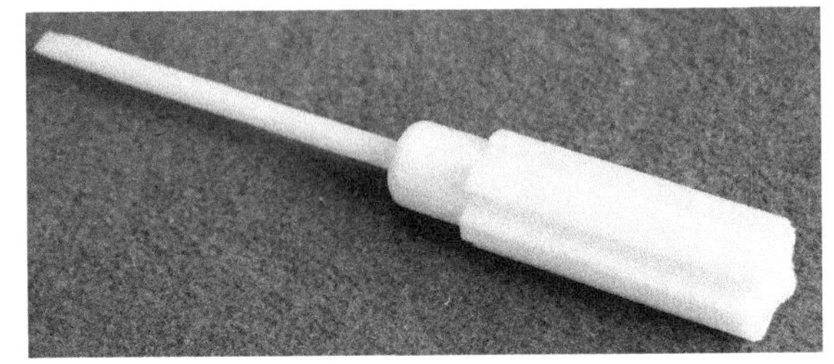

图 4-18　去除螺丝刀模型的支撑

4.2　扳　　手

首先利用 SolidWorks 软件创建扳手模型，再利用 Cura 软件打印扳手的 3D 模型，最后对打印出来的扳手模型进行去支撑和毛刺处理，流程图如图 4-19 所示。

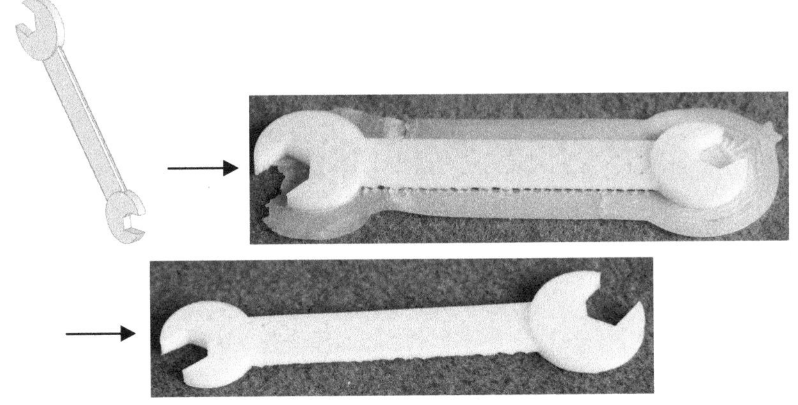

图 4-19　扳手模型创建流程图

4.2.1　创建模型

本节绘制扳手，首先绘制扳手的一端，然后绘制扳手的手柄，再绘制扳手的另一端，最后对相应部分进行圆角处理。

1. 新建文件

选择“文件”→“新建”命令，或者单击快速访问工具栏中的“新建”按钮，在弹出的“新建 SOLIDWORKS 文件”对话框中先单击“零件”按钮，再单击“确定”按钮，创建一个新的零件文件。

2. 绘制草图 1

在左侧的“FeatureManager 设计树”中用鼠标选择“前视基准面”作为绘图基准面，单击“草图绘制”按钮，进入草图绘制环境。单击“草图”面板中的“圆”按钮，以原点为圆心绘制一个圆。

单击“草图”面板中的“智能尺寸”按钮，标注所绘制圆的直径。结果如图 4-20 所示。

3. 拉伸实体 1

单击“特征”面板中的“拉伸凸台/基体”按钮，此时系统弹出“凸台-拉伸”属性管理器。输入拉伸深度为 10mm，然后单击“确定”按钮。结果如图 4-21 所示。

4. 绘制草图 2

单击图 4-21 中的表面 1，然后单击“正视于”按钮，将该基准面作为绘制图形的基准面。单击“草图”面板中的“直线”按钮，绘制一系列直线段，其中一条直线是以原点为起点的竖直直线。单击“草图”面板中的“智能尺寸”按钮，标注所绘制草图的尺寸。结果如图 4-22 所示。

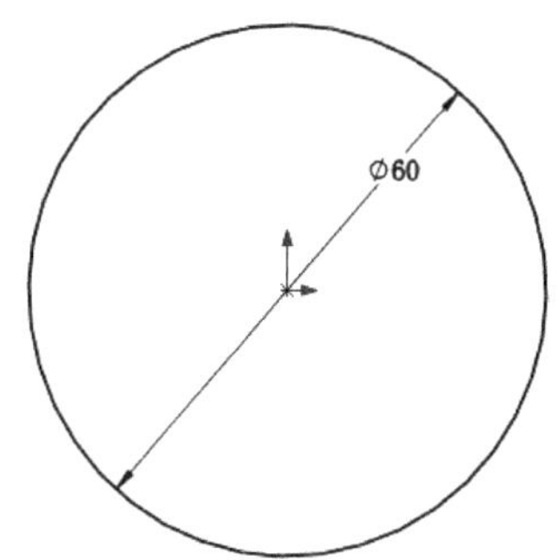

图 4-20　标注的草图

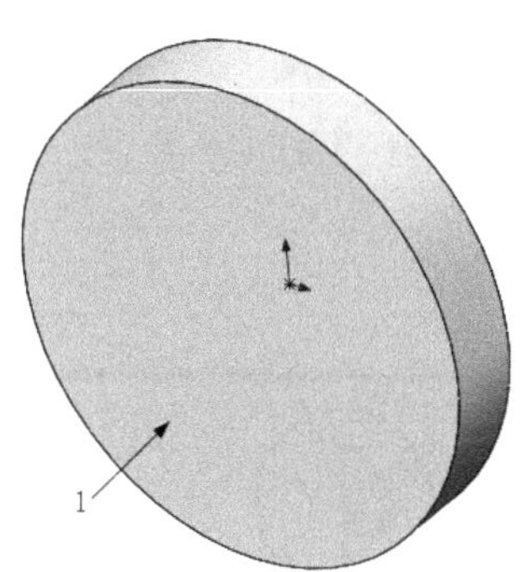

图 4-21　拉伸后的图形

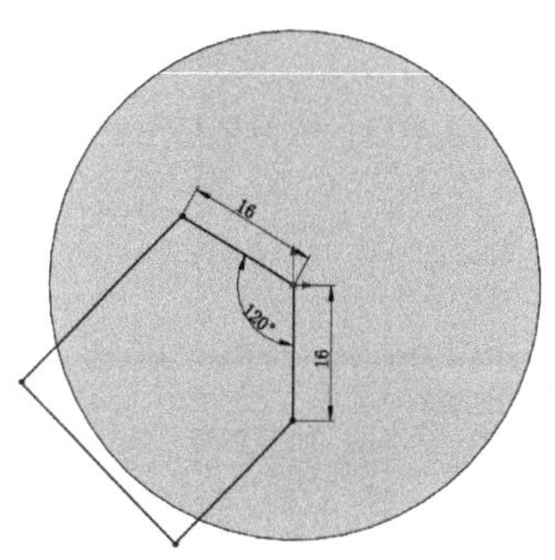

图 4-22　标注的草图

5. 拉伸切除实体

单击“特征”面板中的“拉伸切除”按钮，此时系统弹出“切除-拉伸”属性管理器。设置终止条件为“完全贯穿”，然后单击“确定”按钮。结果如图 4-23 所示。

6. 绘制草图 3

在左侧的“FeatureManager 设计树”中用鼠标选择“右视基准面”，单击“正视于”按钮，将该基准面作为绘制图形的基准面，然后单击“草图绘制”按钮，进入草图绘制环境。单击“草图”面板中的“边角矩形”按钮，在设置的基准面上绘制一个矩形。单击“草图”面板中的“智能尺寸”按钮，标注所绘制矩形的尺寸。结果如图 4-24 所示。

7. 拉伸实体 2

单击“特征”面板中的“拉伸凸台/基体”按钮，此时系统弹出“凸台-拉伸”属性管理器。输入拉伸深度为 200mm，然后单击“确定”按钮。结果如图 4-25 所示。

8. 绘制草图 4

在左侧的“FeatureManager 设计树”中选择“前视基准面”，单击“正视于”按钮，将该基准面作为所绘制图形的基准面，然后单击“草图绘制”按钮，进入草图绘制环境。单击“草图”面板中的“圆”按钮，以右侧竖直直线的中点为圆心绘制一个圆。单击“草图”面板中的“智能尺寸”按钮，标注所绘制草图的尺寸，结果如图 4-26 所示。

9. 拉伸实体 3

单击“特征”面板中的“拉伸凸台/基体”按钮，此时系统弹出“凸台-拉伸”属性管理器。输

Note

入拉伸距离为10mm，然后单击“确定”按钮✔。结果如图4-27所示。

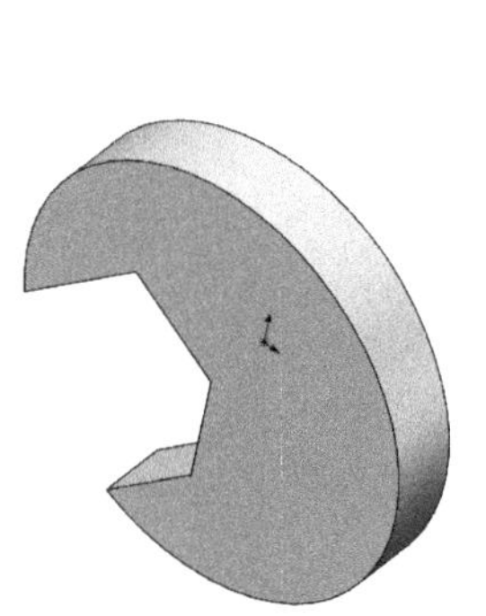

图4-23 拉伸切除后的图形

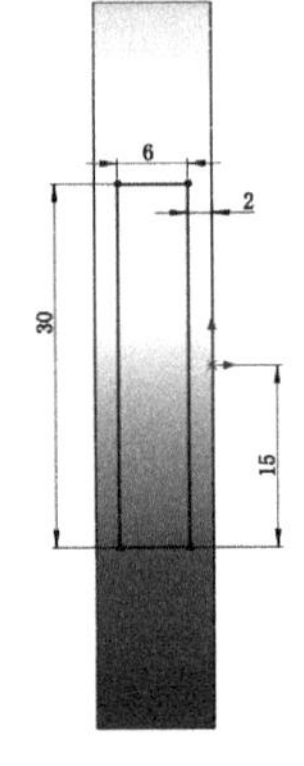

图4-24 标注的草图

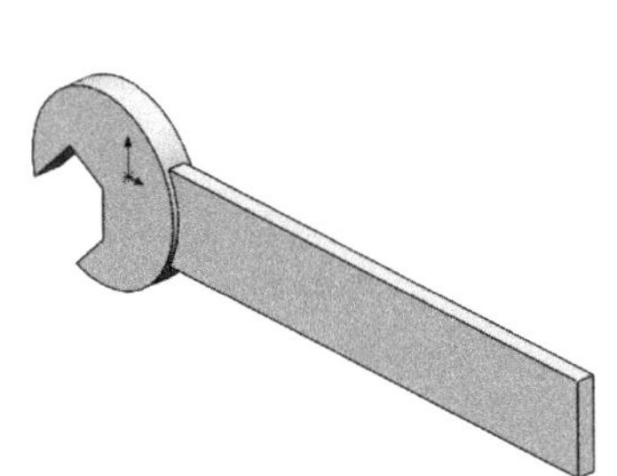

图4-25 拉伸后的图形

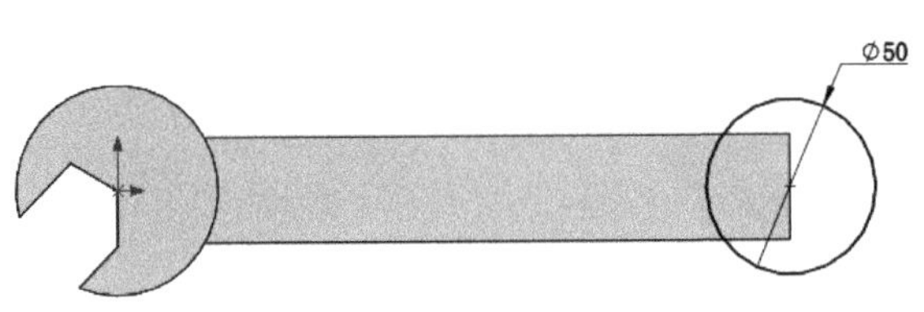

图4-26 标注的草图

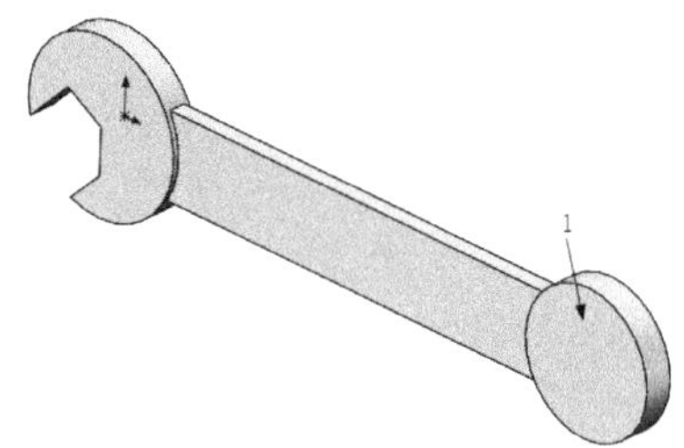

图4-27 拉伸后的图形

10. 绘制草图5

单击图4-27中的表面1，单击“正视于”按钮，将该表面作为绘制图形的基准面。单击“草图绘制”按钮，进入草图绘制环境。单击“草图”面板中的“直线”按钮，绘制一系列直线段，其中一条直线是以左侧圆的圆心为起点的竖直直线。单击“草图”面板中的“智能尺寸”按钮，标注所绘制草图的尺寸。结果如图4-28所示。

11. 拉伸切除实体

单击“特征”面板中的“拉伸切除”按钮，此时系统弹出“切除-拉伸”属性管理器。设置终止条件为“完全贯穿”，单击“确定”按钮✔。结果如图4-29所示。

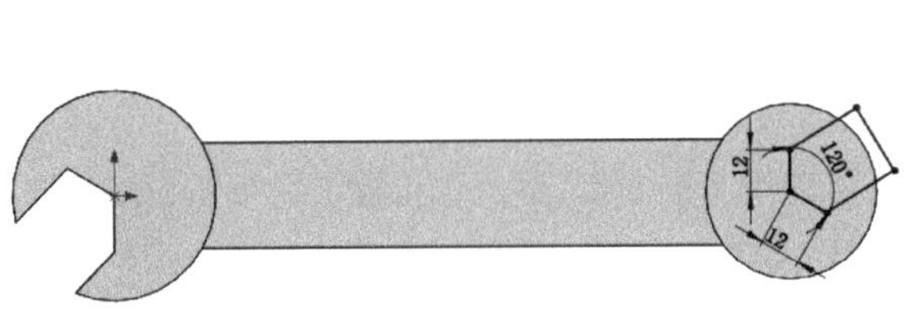

图4-28 标注的草图

图4-29 拉伸切除后的图形

12. 圆角实体

单击“特征”面板中的“圆角”按钮，此时系统弹出“圆角”属性管理器。输入半径值为2，

然后用鼠标选择图 4-29 中手柄的 4 条边线，然后单击“确定”按钮✔。结果如图 4-30 所示。

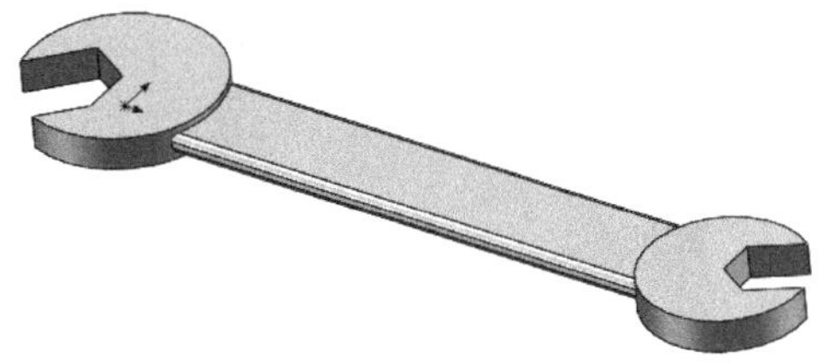

图 4-30　圆角后的图形

4.2.2　打印模型

根据 3.1.2 节中的步骤 1、2 中相应步骤进行操作，将相应的模型保存为*.stl 文件，并检查模型。

根据 3.1.2 节步骤 3 中（1）～（3）相应的步骤进行参数设置，步骤按 3.1.2 节步骤 3 中的（4）～（8）操作即可。

4.2.3　处理打印模型

处理打印模型有以下 3 个步骤：

（1）取出模型。取出后的扳手模型如图 4-31 所示。

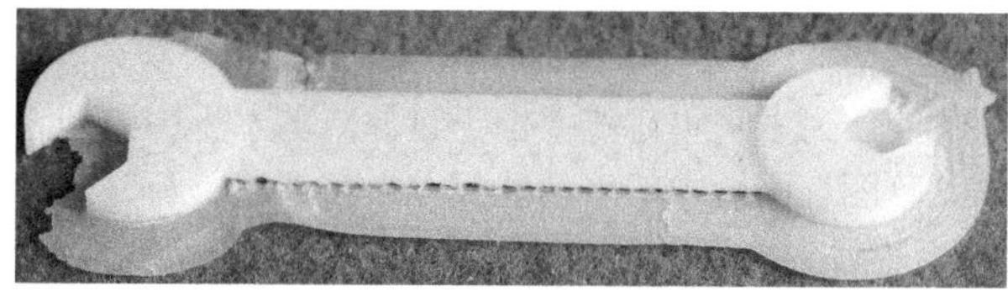

图 4-31　打印完毕的扳手模型

（2）去除支撑。

（3）打磨模型。打磨处理后的扳手模型如图 4-32 所示。

图 4-32　去除扳手模型的支撑

4.3　圆轮缘手轮

本节创建圆轮缘手轮，首先利用 SolidWorks 软件创建圆轮缘手轮模型，再利用 Cura 软件打印圆轮缘手轮的 3D 模型，最后对打印出来的圆轮缘手轮模型进行去支撑和毛刺处理，流程图如图 4-33 所示。

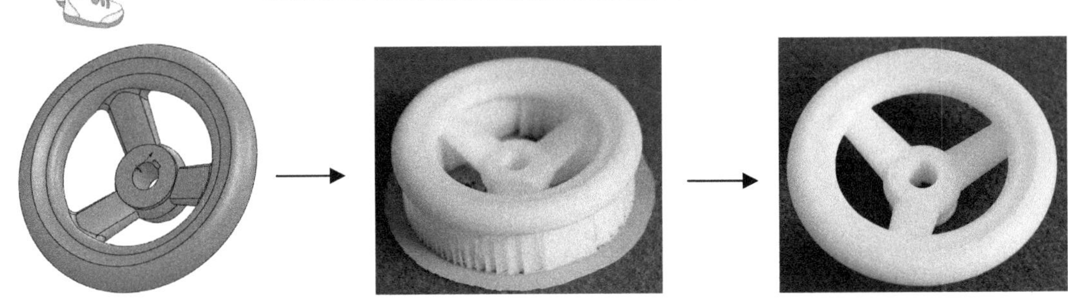

图 4-33　圆轮缘手轮模型创建流程图

4.3.1　创建模型

操作件是用来操纵仪器、设备、机器等的一种常用零件，如手柄、手轮、扳手等。它们的结构和外形应满足操作方便、安全、美观、轻便等要求。

操作件已部分标准化，大多可直接外购，有时也需要自行建模绘制图样，进行加工制造。有时用到非标准的，则需要绘制其零件图。

1. 创建圆轮

（1）新建文件。单击快速访问工具栏中的“新建”按钮，在弹出的“新建 SOLIDWORKS 文件”对话框中单击“零件”按钮，然后单击“确定”按钮，新建一个零件文件。

（2）新建草图。选择“前视基准面”作为草图绘制平面，单击 “草图绘制”按钮，进入草图绘制状态。单击“草图”面板中的“中心线”按钮，绘制 4 条中心线，其中，两条为通过坐标原点的水平和竖直中心线，第 3、4 条为水平中心线（位于过原点的水平中心线之下）。

（3）标注尺寸。单击“草图”面板中的“智能尺寸”按钮，标注第 3 条中心线到坐标原点的距离为 37mm，标注第 4 条中心线到坐标原点的距离为 42.5mm。

（4）绘制圆。单击“草图”面板中的“圆”按钮，分别以第 3、4 条中心线与竖直中心线的交点为圆心绘制圆。

（5）裁剪曲线。单击“草图”面板中的“剪裁实体”按钮，将两个圆裁剪为上、下两个半圆。

（6）添加智能尺寸。单击“草图”面板中的“智能尺寸”按钮，标注两个圆弧的半径分别为 5mm 和 7.5mm，如图 4-34 所示。

（7）绘制圆弧。单击“草图”面板中的“3 点圆弧”按钮，以两个圆的两个端点为圆弧起点和终点，以任意点为圆心绘制两段圆弧。

（8）添加智能尺寸。单击“草图”面板中的“智能尺寸”按钮，标注所绘制圆弧的半径为 12mm，得到的圆轮草图如图 4-35 所示。

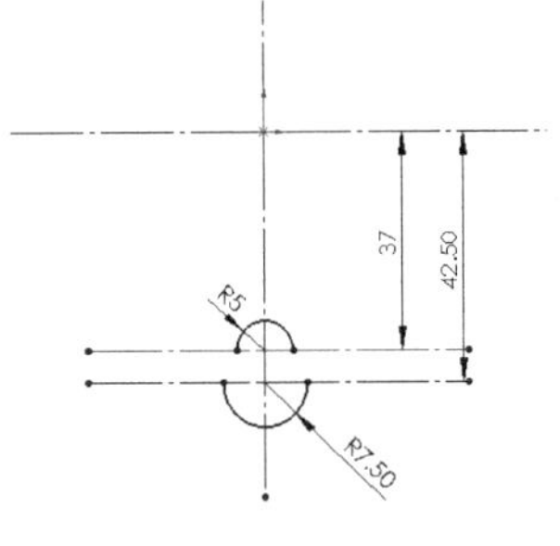

图 4-34　添加智能尺寸

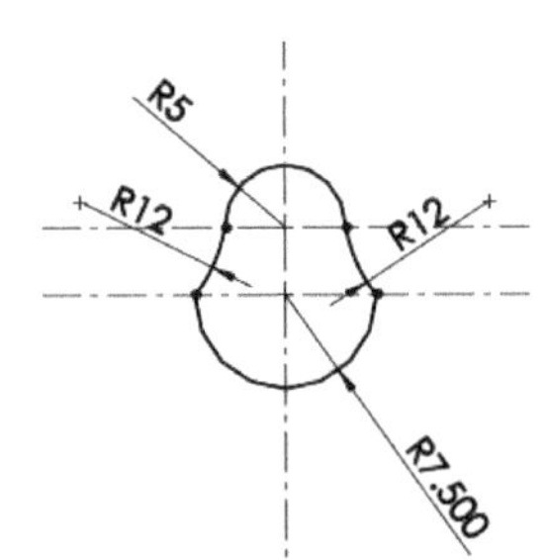

图 4-35　圆轮草图

（9）创建圆轮。单击“特征”面板中的“旋转凸台/基体”按钮，弹出“旋转”属性管理器；在绘图区选择通过坐标原点的中心线作为旋转轴，选择旋转类型为“给定深度”，输入角度为 360°，其他选项设置如图 4-36 所示，单击“确定”按钮，完成圆轮的创建，如图 4-37 所示。

2. 创建安装座

（1）新建草图。选择“前视基准面”作为草图绘制平面，单击“草图绘制”按钮，进入草图绘制状态。

（2）绘制中心线。单击“草图”面板中的“中心线”按钮，绘制一条过坐标原点的水平中心线，作为旋转轴。

（3）绘制草图轮廓。利用草图工具绘制旋转特征的草图轮廓，标注草图轮廓的尺寸，如图 4-38 所示。

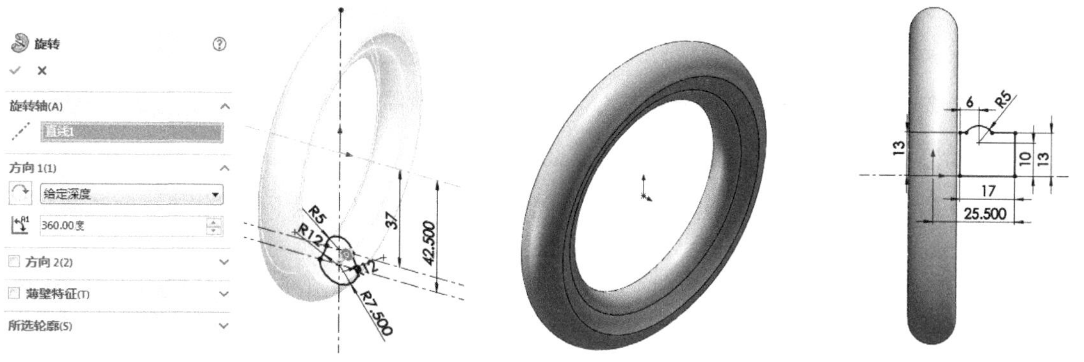

图 4-36 “旋转”属性管理器　　图 4-37 创建圆轮　　图 4-38 绘制草图轮廓并标注尺寸

（4）创建安装座基体。单击“特征”面板中的“旋转凸台/基体”按钮，弹出“旋转”属性管理器；在绘图区选择过坐标原点的中心线作为旋转轴，选择旋转类型为“给定深度”，输入角度为 360°，其他选项设置如图 4-39 所示；单击“确定”按钮，完成安装座基体的创建，结果如图 4-40 所示。

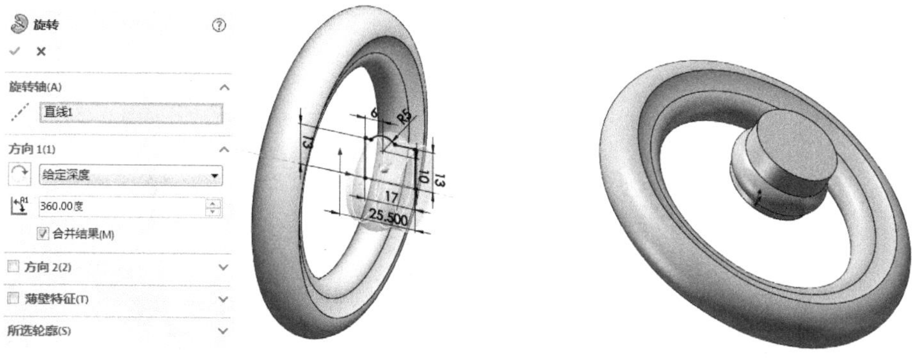

图 4-39 “旋转”属性管理器　　图 4-40 创建安装座基体

（5）绘制安装孔草图。选择安装座的一个端面，单击“草图绘制”按钮，在其上新建一张草图。单击“正视于”按钮，使视图方向正视于该草图，以方便绘制草图。利用草图工具绘制安装孔的草图轮廓，并标注尺寸，如图 4-41 所示。

（6）创建安装座。单击“特征”面板中的“拉伸切除”按钮，弹出“切除-拉伸”属性管理器；设置切除终止条件为“完全贯穿”，其他选项设置如图 4-42 所示，单击“确定”按钮，完成安装座的创建，如图 4-43 所示。

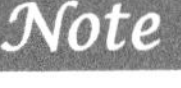

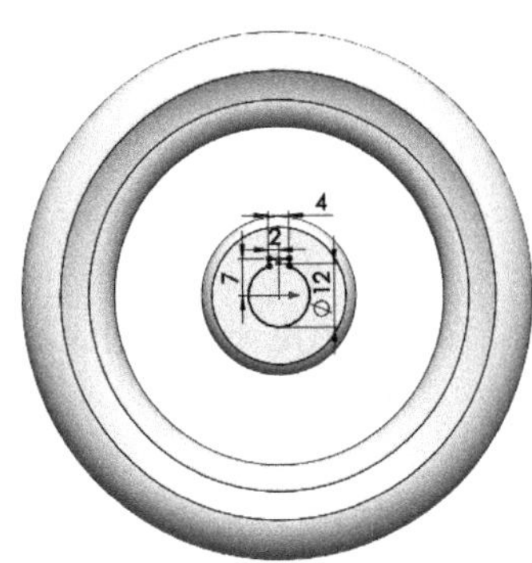

图 4-41　绘制安装孔草图

图 4-42　“切除-拉伸”属性管理器

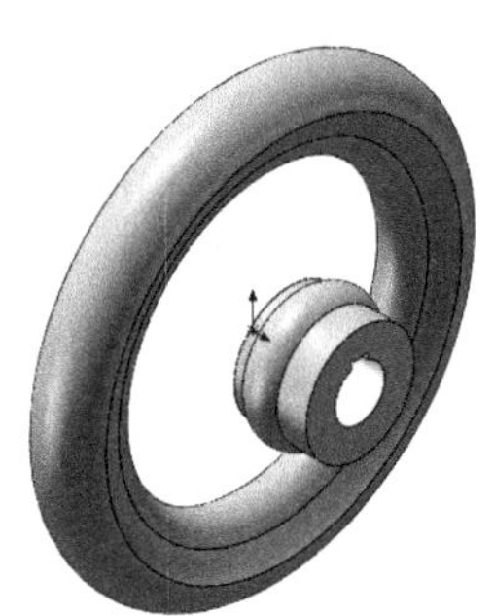

图 4-43　创建安装座

3. 创建轮辐

（1）新建草图。选择“前视基准面”作为草图绘制平面，单击“正视于”按钮，使基准面平行于屏幕，然后单击“草图绘制”按钮，进入草图绘制状态。

（2）绘制轮辐草图 1。按住 Ctrl 键，选择圆轮的内圆弧和安装座的外圆弧。单击“草图”面板中的“中心线”按钮，绘制一条以两个圆弧为端点的线段，如图 4-44 所示；选择“插入”→“退出草图”命令，完成轮辐草图 1 的绘制。

（3）变换视角。单击“视图（前导）”面板中的“等轴测”按钮，以等轴测视图观察模型；如果在绘图区看不到所绘制的草图，可以选择“视图”→“隐藏/显示”→“草图”命令，从而显示草图。

（4）创建基准面 1。单击“特征”面板“参考几何体”下拉列表中的“基准面”按钮，弹出“基准面”属性管理器，在绘图区选择所绘制的中心线和草图中圆轮圆弧的圆心，此时会自动激活“垂直”按钮和“重合”按钮，如图 4-45 所示；单击“确定”按钮，创建通过所选圆弧圆心点并垂直于所选中心线的基准面 1。

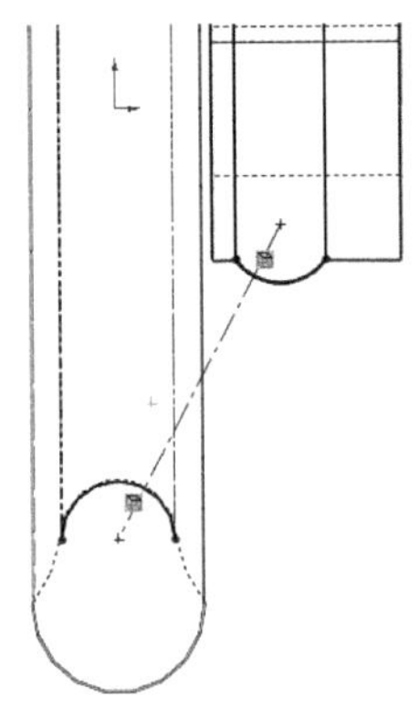

图 4-44　绘制轮辐草图 1

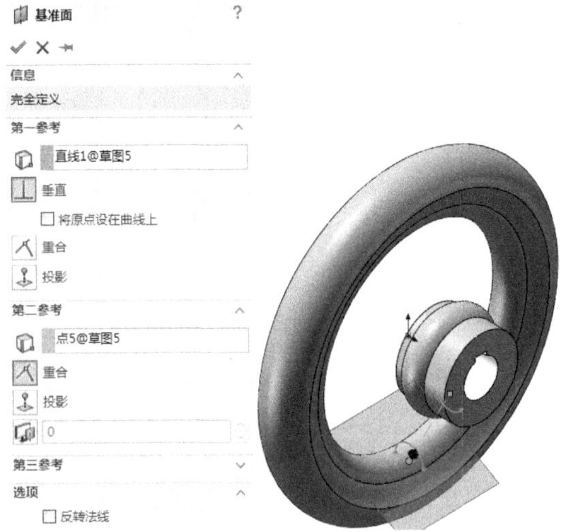

图 4-45　创建基准面 1

（5）创建基准面 2。单击“特征”面板“参考几何体”下拉列表中的“基准面”按钮，弹出“基准面”属性管理器，然后在绘图区选择草图中安装座圆弧的圆心和所绘制的中心线。单击“确定”按钮✓，创建通过所选圆弧圆心并垂直于所选中心线的基准面 2，如图 4-46 所示。

（6）新建草图。选择“基准面 1”作为草绘平面，单击“草图绘制”按钮，在其上新建一张草图；单击“正视于”按钮，正视于基准面 1，以方便绘制草图。

（7）绘制轮辐草图 2。利用草图工具绘制如图 4-47 所示的草图轮廓；选择“插入”→“退出草图”命令，完成轮辐草图 2 的绘制。

（8）新建草图。选择“基准面 2”作为草绘平面，单击“草图绘制”按钮，在其上新建一张草图；单击“正视于”按钮，正视于基准面 2，以方便绘制草图。

（9）绘制轮辐草图 3。利用草图工具绘制如图 4-48 所示的草图轮廓；选择“插入”→“退出草图”命令，完成轮辐草图 3 的绘制。

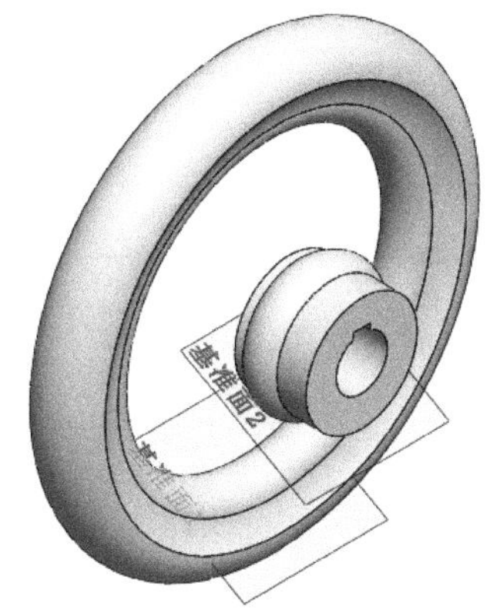

图 4-46　创建基准面 2

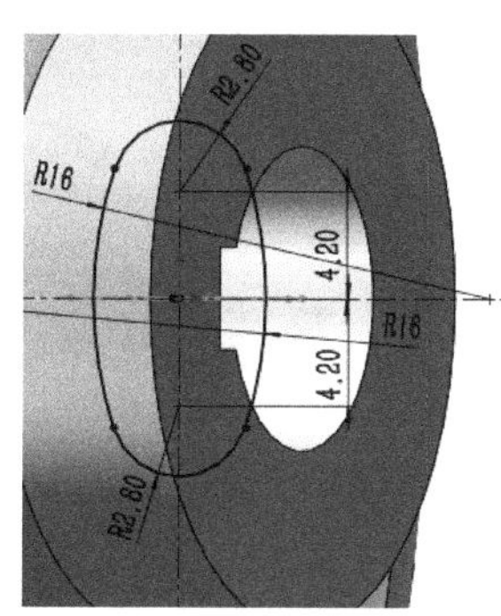

图 4-47　绘制轮辐草图 2

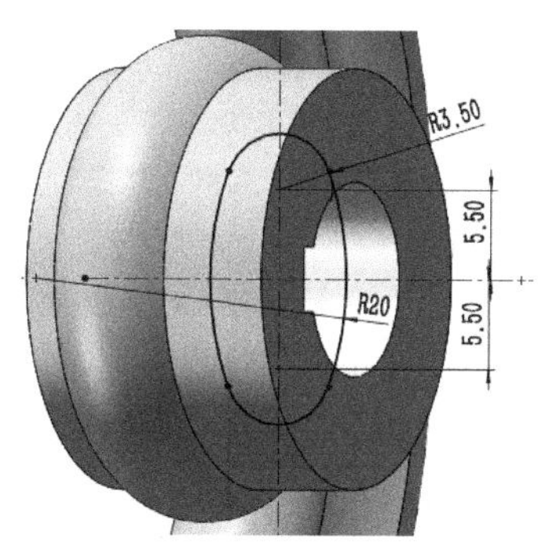

图 4-48　绘制轮辐草图 3

（10）创建放样特征。单击“特征”面板中的“放样凸台/基体”按钮，弹出“放样”属性管理器；在绘图区选择刚刚绘制的两个草图作为放样轮廓，其他选项设置如图 4-49 所示，单击“确定”按钮✓，完成放样特征的创建。

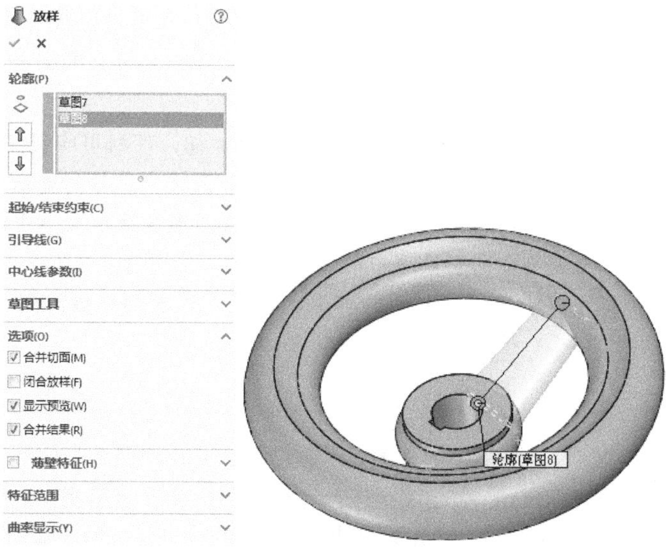

图 4-49　创建放样特征

Note

（11）显示临时轴。选择“视图”→“临时轴”命令，在绘图区显示临时轴，为圆周阵列特征做准备。

（12）圆周阵列。单击“特征”面板中的“圆周阵列”按钮，弹出“圆周阵列”属性管理器，选择圆轮的旋转临时轴作为阵列轴，设置实例数为3，选择放样特征作为要阵列的特征，其他选项设置如图4-50所示；单击“确定”按钮，创建圆周阵列特征，完成轮辐的创建。

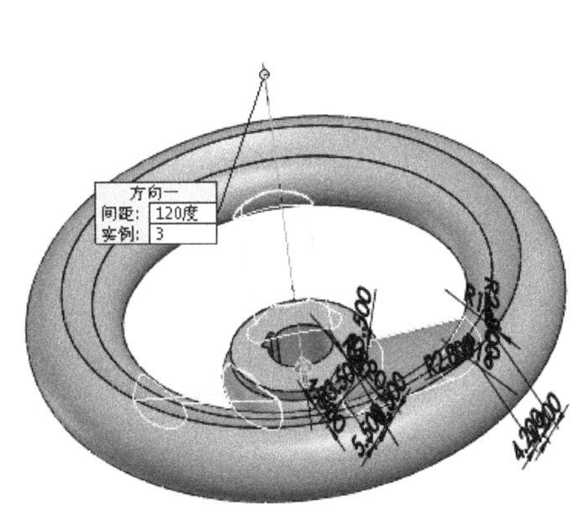

图4-50　圆周阵列

知识点——圆周阵列

圆周阵列是指绕一个轴心以圆周路径生成多个子样本特征。

“圆周阵列”属性管理器选项说明如下。

（1）“参数”选项组：在模型区域中选择轴、模型边线或角度尺寸等。

（2）“要阵列的特征”选项组：使用所选择的特征来作为源特征以生成阵列。

（3）“要阵列的面”选项组：使用构成源特征的面生成阵列。在图形区域中选择源特征的所有面。这对于只输入构成特征的面而不是特征本身的模型很有用。当使用要阵列的面时，阵列必须保持在同一面或边界内。它不能够跨越边界。

（4）“要阵列的实体”选项组：在零件图中有多个实体特征，可利用阵列实体来生成多个实体。

（5）“可跳过的实例”选项组：在生成阵列时跳过在图形区域中选择的阵列实例。当将鼠标指针移动到每个阵列的实例上时，指针变为，并且坐标也出现在图形区域中。单击以选择要跳过的阵列实例。若想恢复阵列实例，再次单击图形区域中的实例标号。

（6）“选项”选项组：可以对圆周阵列的细部进行设置，在前面线性阵列里已讲述，这里不再赘述。

4. 创建铸造圆角

创建铸造圆角。单击“特征”面板中的“圆角”按钮，弹出“圆角”属性管理器；选择圆角类型为“等半径”，输入半径值为1mm，在绘图区选择轮辐与圆轮和安装座相交的边线，其他选项设置如图4-51所示，单击“确定”按钮，完成圆角特征的创建。

Note

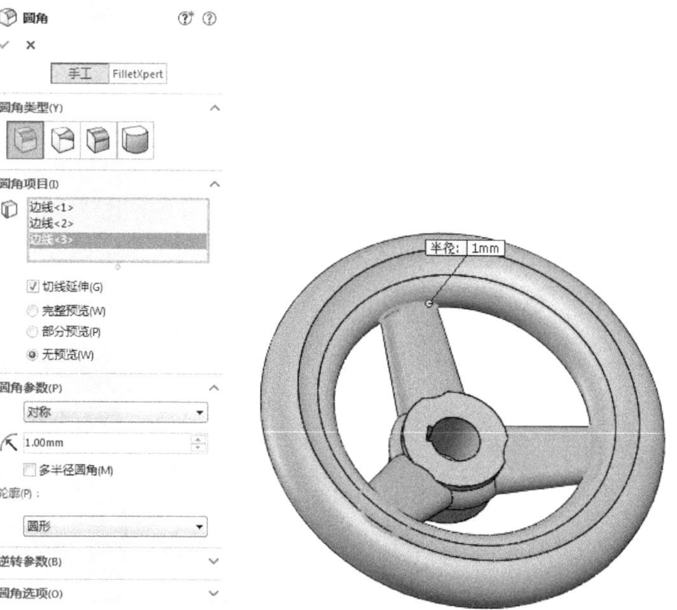

图 4-51　创建铸造圆角

4.3.2　打印模型

根据 3.1.2 节的步骤 1、2 中相应步骤进行操作，将相应的模型保存为*.stl 文件，并检查模型。

根据 3.1.2 节步骤 3 中（1）～（3）相应的步骤进行参数设置，单击“旋转”按钮，模型周围将出现相应的旋转轴，鼠标左键选中相应旋转轴，该旋转轴高亮显示，选中竖直轴将模型旋转 90°，如图 4-52 所示，按步骤 3 中的（5）～（8）操作即可。

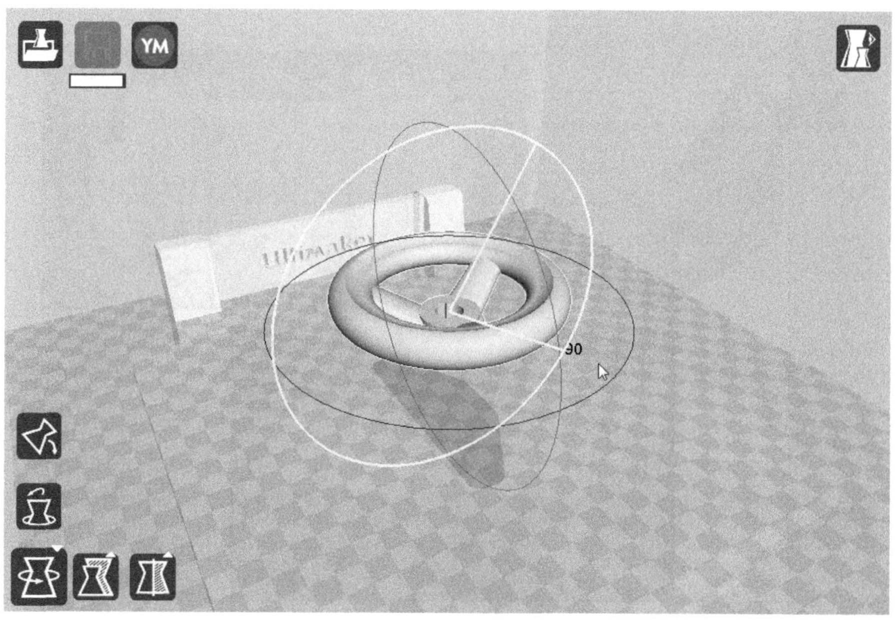

图 4-52　旋转模型 yuanlunyuanshoulun

Note

4.3.3 处理打印模型

处理打印模型有以下3个步骤：

（1）取出模型。取出后的圆轮缘手轮模型如图4-53所示。

（2）去除支撑。

（3）打磨模型。打磨处理后的模型如图4-54所示。

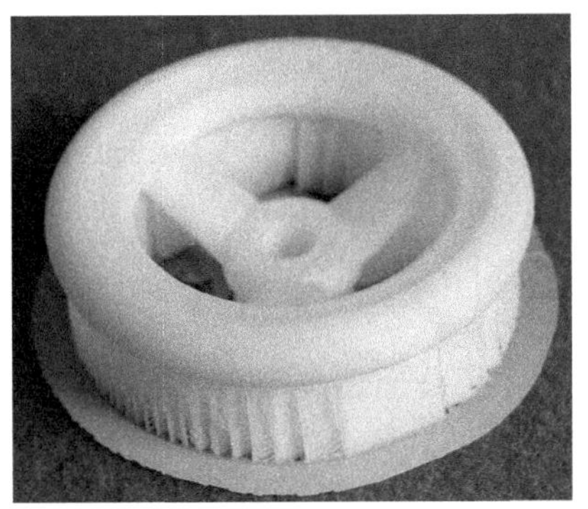
图4-53　打印完毕的圆轮缘手轮模型

图4-54　去除圆轮缘手轮模型的支撑

4.4 托　　架

扫码看视频
4.4　托架

首先利用SolidWorks软件创建托架模型，再利用Cura软件打印托架的3D模型，最后对打印出来的托架模型进行去支撑和毛刺处理，流程图如图4-55所示。

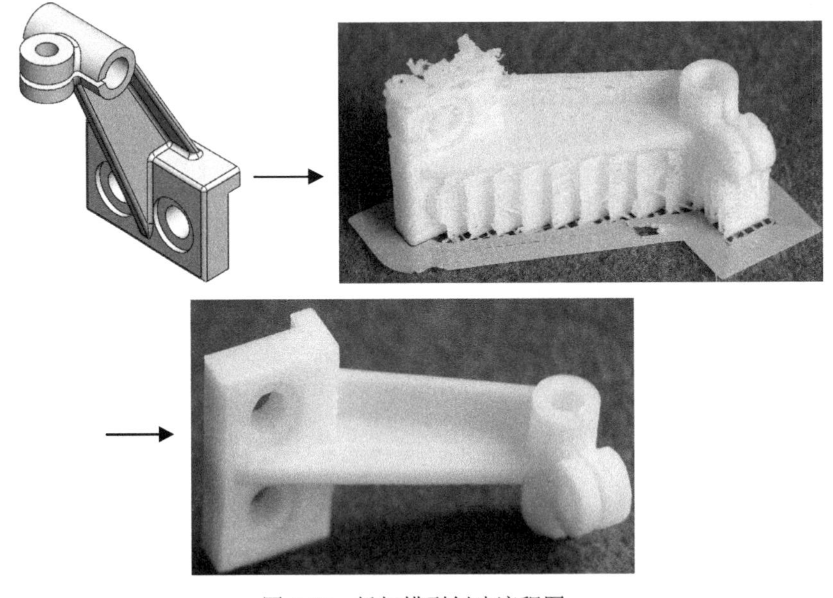
图4-55　托架模型创建流程图

4.4.1 创建模型

叉架类零件主要起支撑和连接作用。其形状结构按功能的不同常分为 3 部分：工作部分、安装固定部分和连接部分。

1. 新建文件

单击快速访问工具栏中的“新建”按钮，在弹出的“新建 SOLIDWORKS 文件”对话框中单击“零件”按钮，然后单击“确定”按钮，创建一个新的零件文件。

2. 绘制草图 1

选择“前视基准面”作为草图绘制平面，单击“草图绘制”按钮，进入草图编辑状态。单击“草图”面板中的“中心矩形”按钮，以坐标原点为中心绘制一矩形。不必追求绝对的中心，只要大致几何关系正确即可。单击“草图”面板中的“智能尺寸”按钮，为所绘制矩形添加几何尺寸和几何关系，如图 4-56 所示。

3. 拉伸实体 1

单击“特征”面板中的“拉伸凸台/基体”按钮，在弹出的“凸台-拉伸”属性管理器中设置拉伸的类型为“给定深度”；输入拉伸深度为 24mm；其余选项设置如图 4-57 所示。单击“确定”按钮，创建固定部分基体，结果如图 4-58 所示。

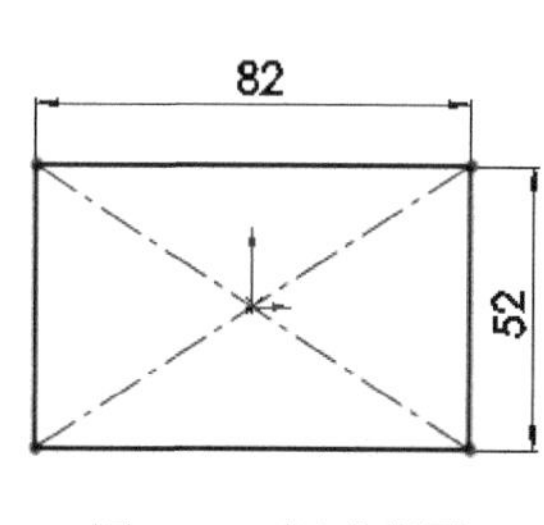

图 4-56 矩形草图

图 4-57 设置拉伸参数

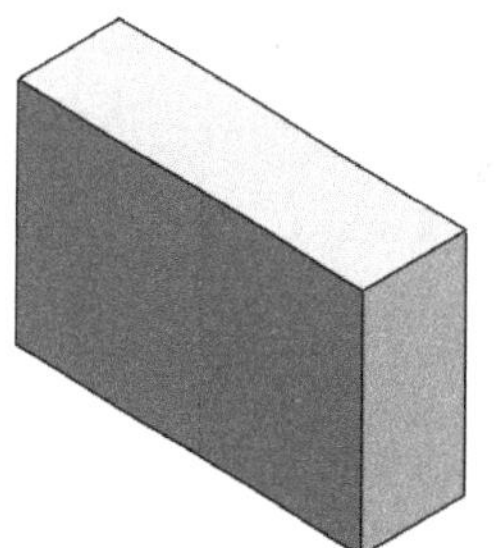

图 4-58 拉伸后效果图

4. 绘制草图 2

选择“右视基准面”作为草图绘制平面，单击“正视于”按钮，使基准面平行于屏幕，然后单击“草图绘制”按钮，进入草图绘制环境。单击“草图”面板中的“圆”按钮，绘制一个圆。单击“草图”面板中的“智能尺寸”按钮，为圆标注直径尺寸和定位几何关系，如图 4-59 所示。

5. 拉伸实体 2

单击“特征”面板中的“拉伸凸台/基体”按钮，在弹出的“凸台-拉伸”属性管理器中设置拉伸的终止条件为“两侧对称”；输入拉伸深度为 50mm；其余选项设置如图 4-60 所示。单击“确定”按钮，创建拉伸基体。

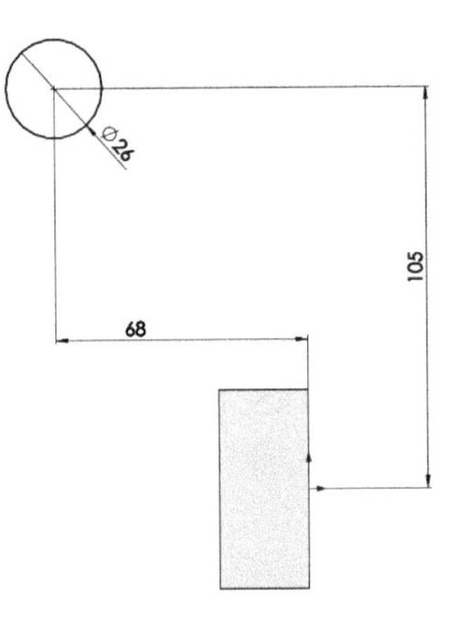

图 4-59　绘制草图

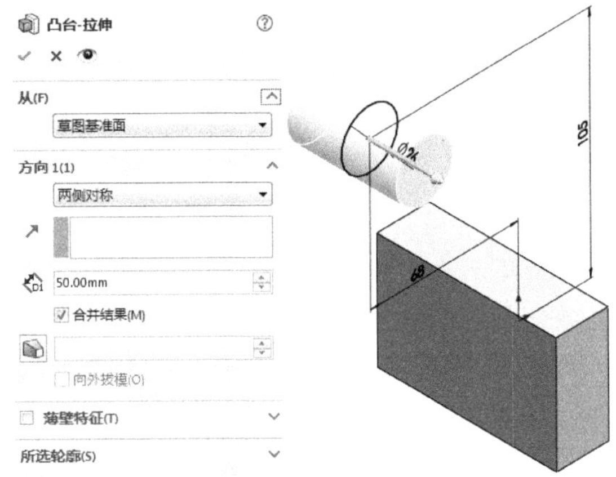

图 4-60　设置拉伸参数

6. 创建基准面

单击"特征"面板"参考几何体"下拉列表中的"基准面"按钮，在右侧图形区域的"FeatureManager 设计树"中选择"上视基准面"作为参考实体；设置距离为 105mm，具体选项设置如图 4-61 所示。单击"确定"按钮，创建基准面。

7. 绘制草图 3

选择生成的"基准面 1"，单击"草图绘制"按钮，进入草图绘制环境。单击"正视于"按钮，正视于该草图。单击"草图"面板中的"圆"按钮，绘制一个圆，使其圆心的 X 坐标为 0。单击"草图"面板中的"智能尺寸"按钮，标注圆的直径尺寸并对其进行定位，如图 4-62 所示。

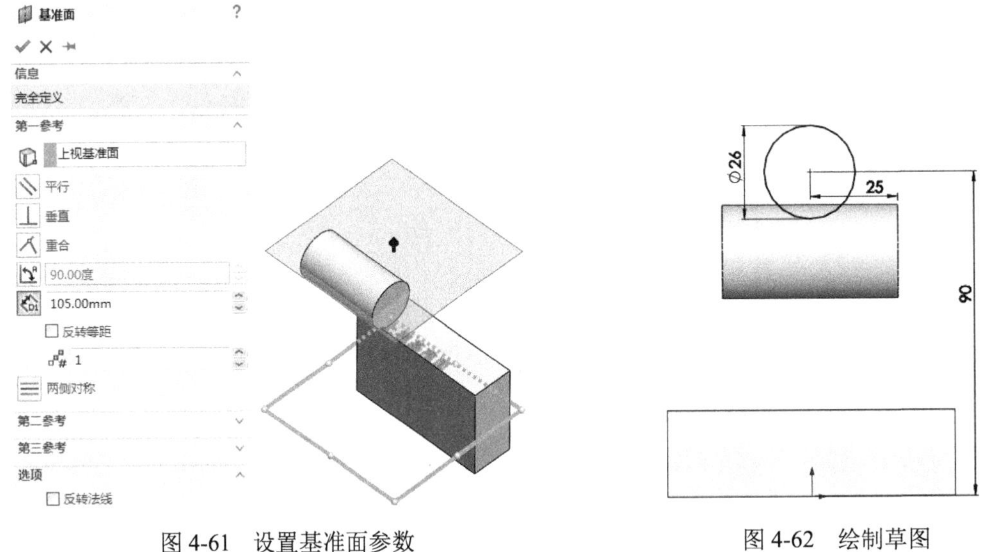

图 4-61　设置基准面参数

图 4-62　绘制草图

8. 拉伸实体 3

单击"特征"面板中的"拉伸凸台/基体"按钮，在弹出的"凸台-拉伸"属性管理器的"方向 1"选项组中设置拉伸的终止条件为"给定深度"；输入拉伸深度为 12mm；在"方向 2"选项组中设置拉伸的终止条件为"给定深度"；输入拉伸深度为 9mm；具体参数如图 4-63 所示。单击"确定"按钮，

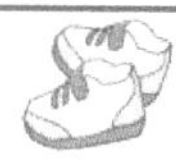

生成工作部分的基体。

9. 绘制草图 4

（1）选择“右视基准面”，单击“草图绘制”按钮，在其上新建一个草图。单击“正视于”按钮，使基准面平行于屏幕。按住 Ctrl 键，选择固定部分的轮廓（投影形状为矩形）和工作部分中的支撑孔基体（投影形状为圆形），单击“草图”面板中的“转换实体引用”按钮，将该轮廓投影到草图上。

（2）单击“草图”面板中的“直线”按钮，绘制一条由圆到矩形的直线，直线的一个端点落在矩形直线上。按住 Ctrl 键，选择所绘直线和轮廓投影圆。在出现的“属性”属性管理器中单击“相切”按钮，为所选元素添加“相切”几何关系，如图 4-64 所示。单击“确定”按钮，完成几何关系的添加。单击“草图”面板中的“智能尺寸”按钮，标注落在矩形上的直线端点到坐标原点的距离为 4mm。

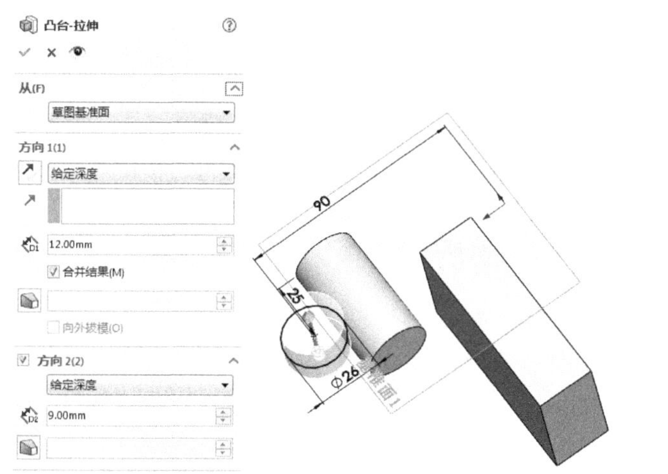

图 4-63　设置拉伸参数

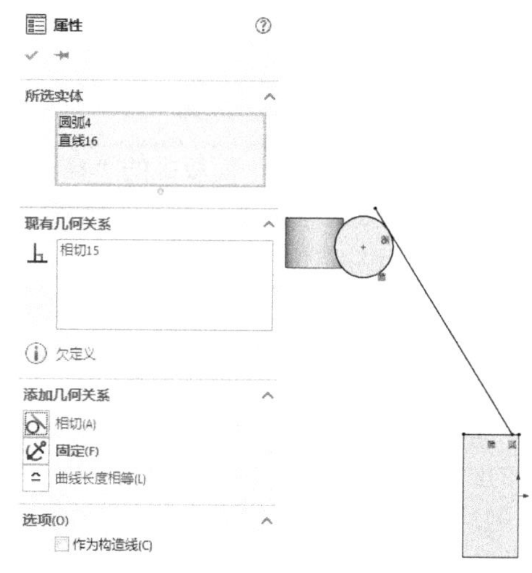

图 4-64　添加“相切”几何关系

（3）选择所绘直线，单击“草图”面板中的“等距实体”按钮，在弹出的“等距实体”属性管理器中设置等距距离为 6mm，其他选项设置如图 4-65 所示。单击“确定”按钮，完成等距直线的绘制。单击“草图”面板中的“剪裁实体”按钮，剪裁掉多余的部分，完成 T 形肋中截面为 40×6 的肋板轮廓，如图 4-66 所示。

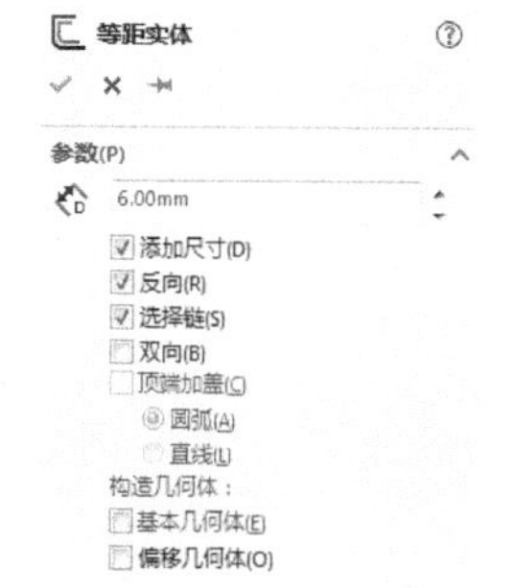

图 4-65　设置等距实体选项

10. 拉伸实体 4

单击“特征”面板中的“拉伸凸台/基体”按钮，在弹出的“凸台-拉伸”属性管理器中设置拉伸的终止条件为“两侧对称”；输入拉伸深度为 40mm；其余选项如图 4-67 所示。单击“确定”按钮，创建 T 形肋中一个肋板。

11. 绘制草图 5

（1）选择“右视基准面”，单击“草图绘制”按钮，在其上新建一张草图。单击“正视于”按钮，正视于该草图平面。按住 Ctrl 键，选择固定部分（投影形状为矩形）的左上角的两条边线、工

Note

作部分中的支撑孔基体（投影形状为圆形）和肋板中内侧的边线，单击“草图”面板中的“转换实体引用”按钮，将该轮廓投影到草图上。

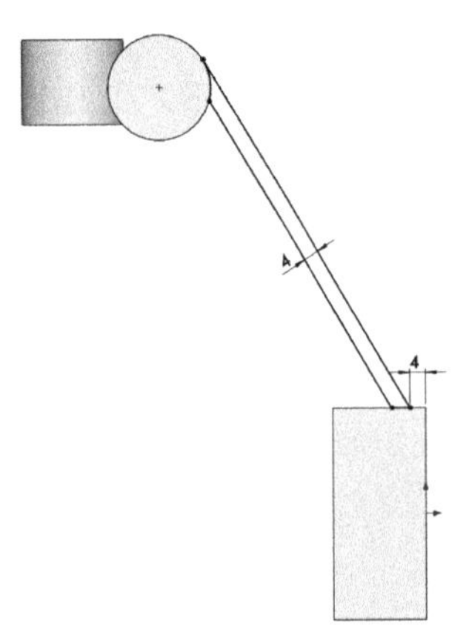

图 4-66　草图轮廓

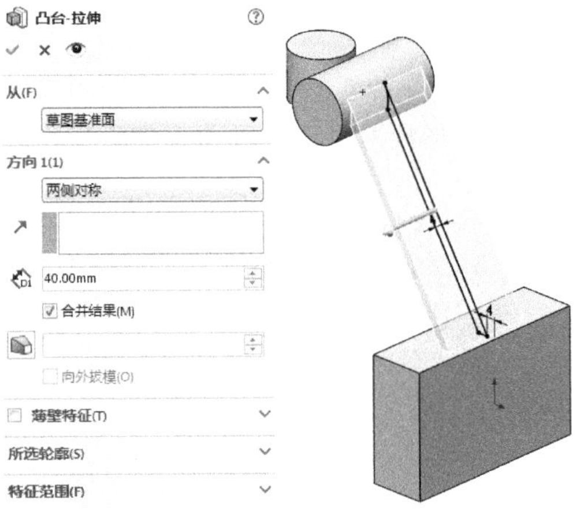

图 4-67　设置拉伸选项

（2）单击“草图”面板中的“直线”按钮，绘制一条由圆到矩形的直线，直线的一个端点落在矩形的左侧边线上，另一个端点落在投影圆上。单击“草图”面板中的“智能尺寸”按钮，为所绘直线标注尺寸定位，如图 4-68 所示。

（3）单击“草图”面板中的“剪裁实体”按钮，剪裁掉多余的部分，完成 T 形肋中另一肋板。

12. 拉伸实体 5

单击“特征”面板中的“拉伸凸台/基体”按钮，在弹出的“凸台-拉伸”属性管理器中设置拉伸的终止条件为“两侧对称”；输入拉伸深度为 8mm；其余选项设置如图 4-69 所示。单击“确定”按钮，创建肋板。

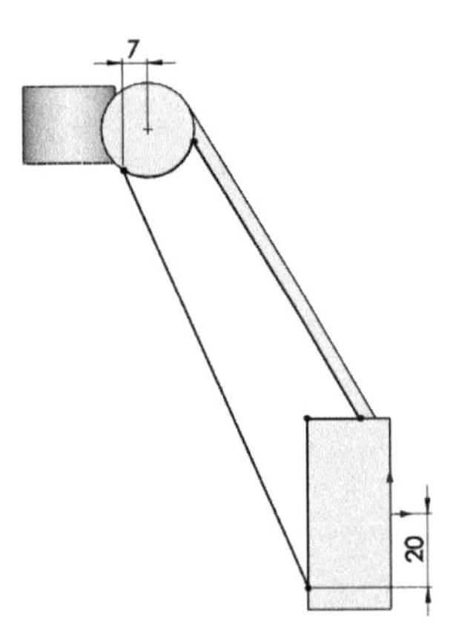

图 4-68　定位直线

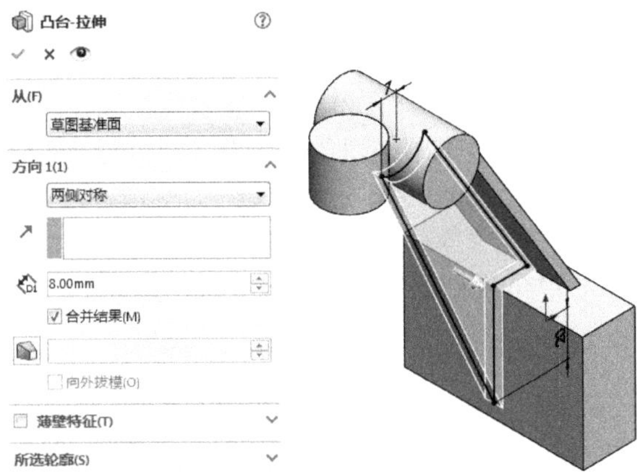

图 4-69　设置拉伸选项

13. 绘制草图 6

选择固定部分基体的侧面，单击“草图绘制”按钮，在其上新建一张草图。单击“草图”面板中的“边角矩形”按钮，绘制一个矩形作为拉伸切除的草图轮廓，如图 4-70 所示。单击“草图”面板中的“智能尺寸”按钮，标注矩形尺寸并定位几何关系。

14. 拉伸切除实体 1

单击“特征”面板中的“拉伸切除”按钮，在弹出的“切除-拉伸”属性管理器中选择拉伸的终止条件为“完全贯穿”；其他选项设置使用默认值。单击“确定”按钮，创建固定基体的切除部分。

15. 绘制草图 7

选择托架固定部分的正面，单击“草图绘制”按钮，在其上新建一张草图。单击“草图”面板中的“圆”按钮，绘制两个圆。单击“草图”面板中的“智能尺寸”按钮，为两个圆标注尺寸并通过标注尺寸对其进行定位，如图 4-71 所示。

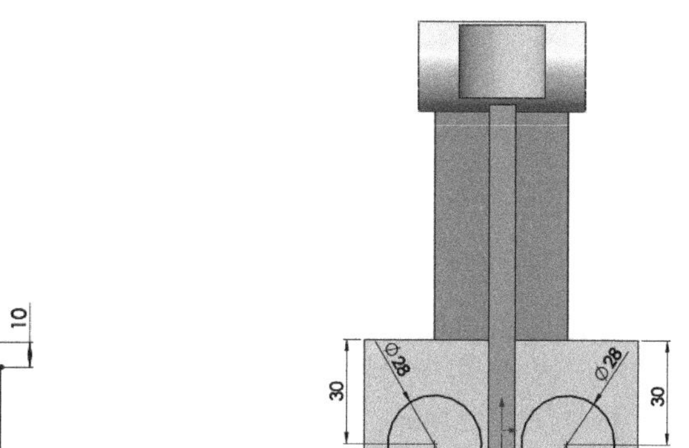

图 4-70　绘制草图

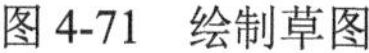

图 4-71　绘制草图

16. 拉伸切除实体 2

单击“特征”面板中的“拉伸切除”按钮，在弹出的“切除-拉伸”属性管理器中选择终止条件为“给定深度”；输入拉伸切除深度为 3mm；单击“确定”按钮，创建孔。

17. 绘制草图 8

选择新创建的沉头孔的底面，单击“草图绘制”按钮，在其上新建一张草图。单击“草图”面板中的“圆”按钮，绘制两个圆。单击“草图”面板中的“智能尺寸”按钮，为两个圆标注直径尺寸为 16.5mm。单击“确定”按钮，完成几何关系的添加。

18. 拉伸切除实体 3

单击“特征”面板中的“拉伸切除”按钮，在弹出的“切除-拉伸”属性管理器中设置终止条件为“完全贯穿”；其他选项如图 4-72 所示。单击“确定”按钮，完成沉头孔的创建。

19. 绘制草图 9

选择工作部分中高度为 50mm 的圆柱的一个侧面，单击“草图绘制”按钮，在其上新建一张草图。单击“草图”面板中的“圆”按钮，绘制一个与圆柱轮廓同心的圆。单击“草图”面板中的“智能尺寸”按钮，标注圆的直径尺寸为 16mm。

20. 拉伸切除实体 4

单击“特征”面板中的“拉伸切除”按钮，在弹出的“切除-拉伸”属性管理器中设置终止条

Note

件为“完全贯穿”，其他选项设置如图4-73所示。单击“确定”按钮✔，完成孔的创建。

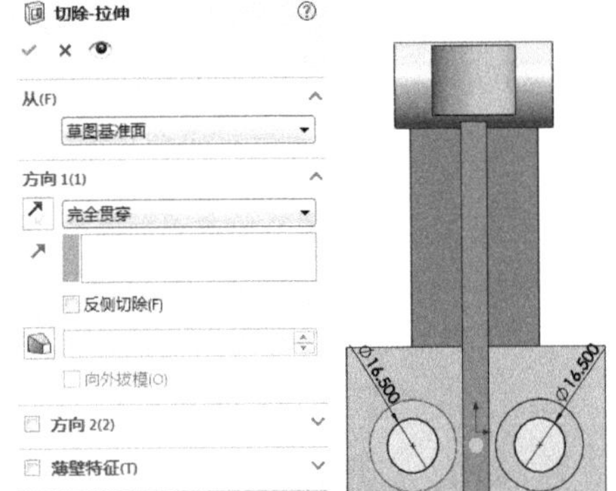

图4-72　设置拉伸切除选项

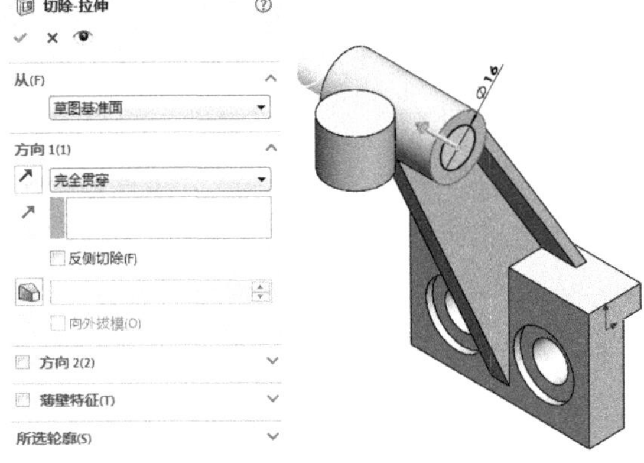

图4-73　设置拉伸切除选项

21. 绘制草图10

选择工作部分的另一个圆柱段的上端面，单击“草图绘制”按钮，在其上新建一张草图。单击“草图”面板中的“圆”按钮，绘制一个与圆柱轮廓同心的圆。单击“草图”面板中的“智能尺寸”按钮，标注圆的直径尺寸为11mm。

22. 拉伸切除实体5

单击“特征”面板中的“拉伸切除”按钮，在弹出的“切除-拉伸”属性管理器中设置终止条件为“完全贯穿”，其他选项设置如图4-74所示。单击“确定”按钮✔，完成孔的创建。

23. 绘制草图11

选择“基准面1”，单击“草图绘制”按钮，在其上新建一张草图。单击“草图”面板中的“边角矩形”按钮，绘制一个矩形，覆盖特定区域，如图4-75所示。

24. 拉伸切除实体6

单击“特征”面板中的“拉伸切除”按钮，在弹出的“切除-拉伸”属性管理器中设置终止条件为“两侧对称”，输入拉伸切除深度为3mm，其他选项设置如图4-75所示，单击“确定”按钮✔，完成夹紧用间隙的创建。

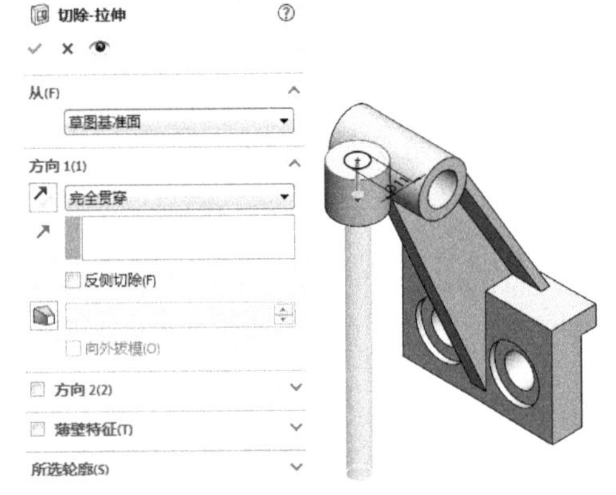

图4-74　设置孔的拉伸切除选项

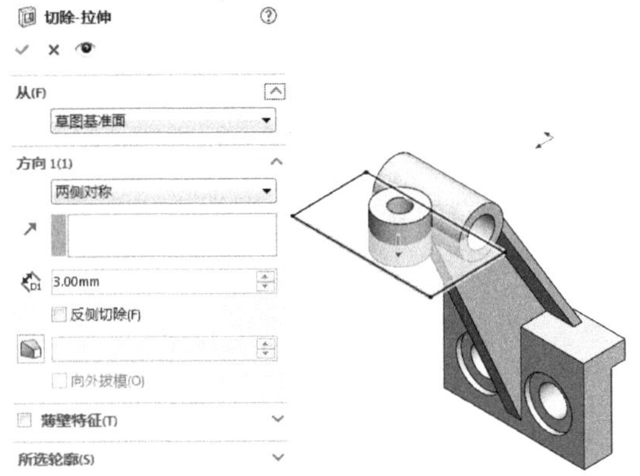

图4-75　设置夹紧用间隙拉伸切除选项

25. 圆角

单击“特征”面板中的“圆角”按钮，弹出“圆角”属性管理器。在右侧的图形区域中选择所有非机械加工边线，即图示的边线；输入圆角半径为 2mm；具体选项设置如图 4-76 所示。单击“确定”按钮，完成铸造圆角的创建，结果如图 4-77 所示。

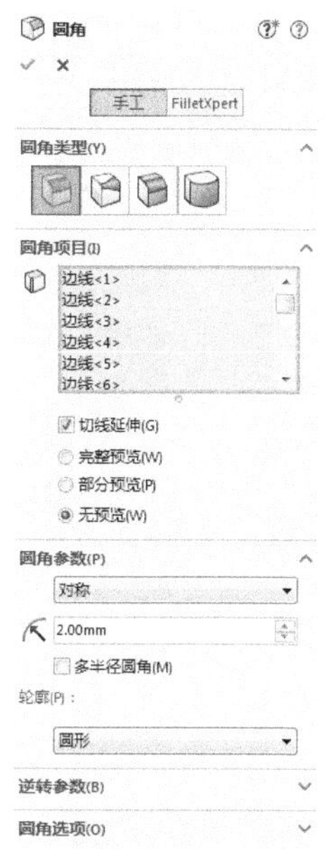

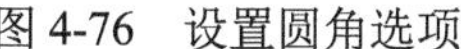

图 4-76　设置圆角选项

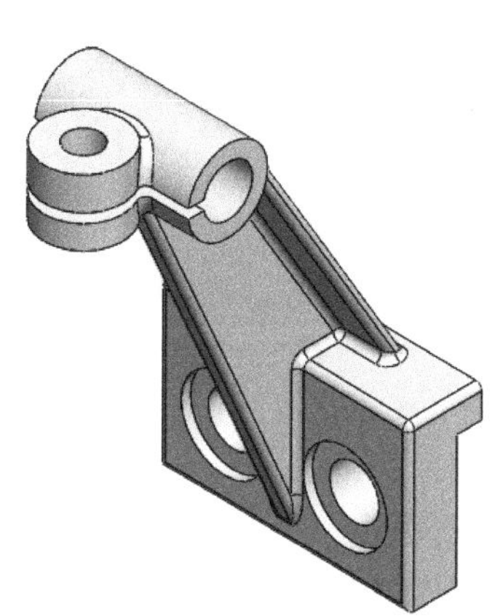

图 4-77　托架零件

4.4.2　打印模型

根据 3.1.2 节的步骤 1、2 中相应步骤进行操作，将相应的模型保存为*.stl 文件，并检查模型。

根据 3.1.2 节步骤 3 中（1）～（3）相应的步骤进行参数设置，单击“旋转”按钮，模型周围将出现相应的旋转轴，鼠标左键选中相应旋转轴，该旋转轴高亮显示，选中竖直轴将模型旋转 90°，如图 4-78 所示，其余步骤按 3.1.2 节步骤 3 中的（5）～（8）操作即可。

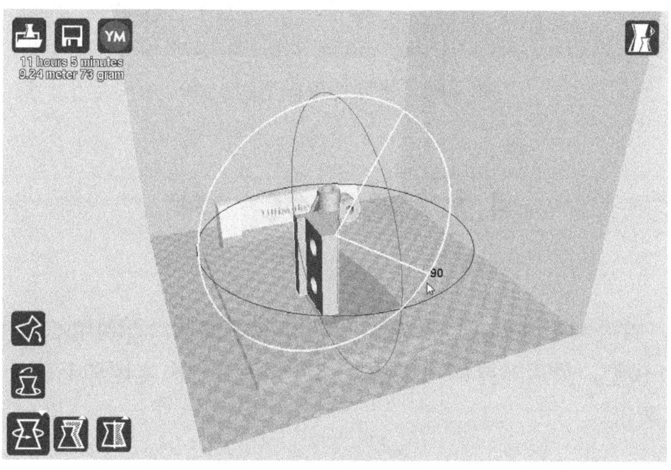

图 4-78　旋转模型 tuojia

4.4.3 处理打印模型

Note

处理打印模型有以下 3 个步骤：

（1）取出模型。取出后的托架模型如图 4-79 所示。

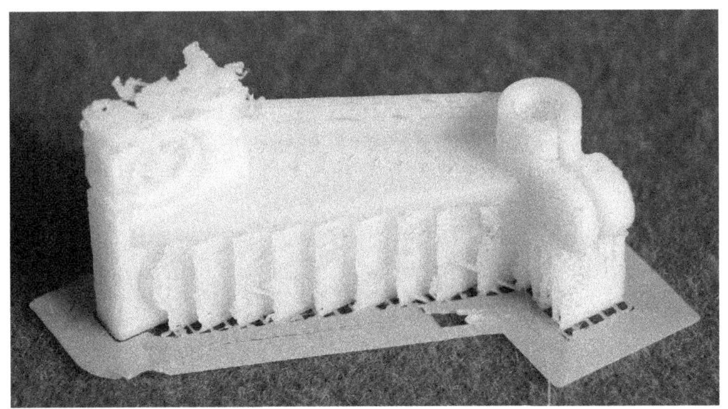

图 4-79 打印完毕的托架模型

（2）去除支撑。

（3）打磨模型。打磨处理后的托架模型如图 4-80 所示。

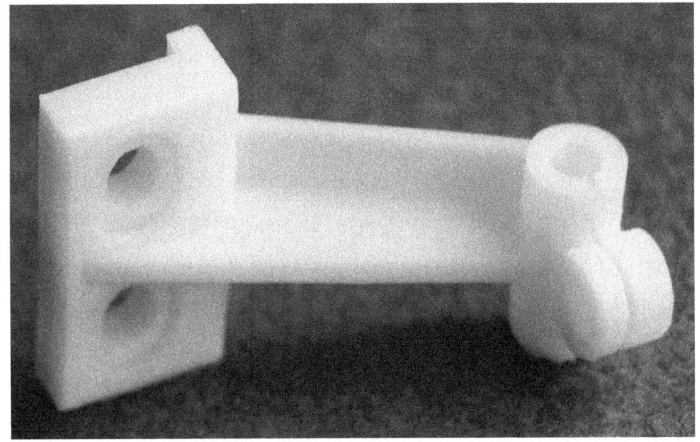

图 4-80 去除托架模型的支撑

4.5 花 键 轴

扫码看视频

4.5 花键轴

本例创建花键轴，首先利用 SolidWorks 软件创建花键轴模型，再利用 Cura 软件打印花键轴的 3D 模型，最后对打印出来的花键轴模型进行去支撑和毛刺处理，流程图如图 4-81 所示。

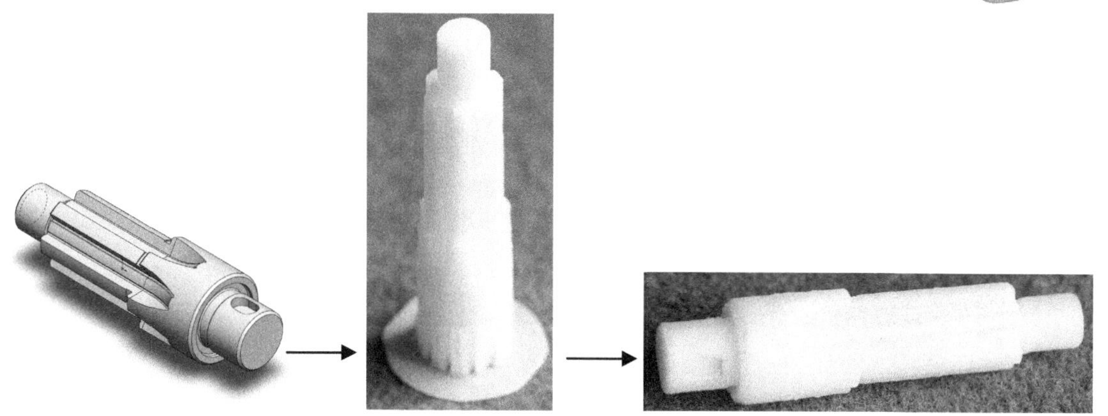

图 4-81　花键轴模型创建流程图

4.5.1　创建模型

创建花键轴时首先要绘制花键轴的草图，通过旋转生成轴的基础造型，然后创建轴端的螺纹，再设置基准面、创建键槽，最后绘制花键草图，通过扫描生成花键。

1. 新建文件

单击快速访问工具栏中的“新建”按钮，或选择“文件”→“新建”命令，在弹出的“新建 SOLIDWORKS 文件”对话框中单击“零件”按钮，然后单击“确定”按钮，创建一个新的零件文件。

2. 绘制草图

在“FeatureManager 设计树”中选择“前视基准面”作为草图绘制基准面，单击“草图绘制”按钮，将其作为草绘平面。单击“草图”面板中的“直线”按钮，在绘图区绘制轴的外形轮廓线。单击“草图”面板中的“智能尺寸”按钮，为草图轮廓添加驱动尺寸，如图 4-82 所示。首先标注花键轴的全长为 125mm，再标注细节尺寸，这样可以有效避免草图轮廓在添加驱动尺寸前几何关系的变化。

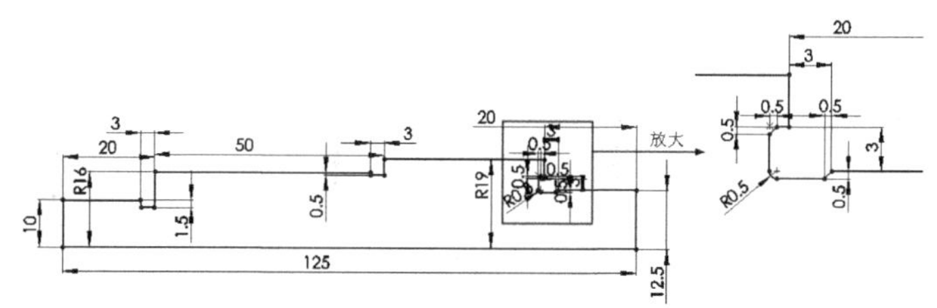

图 4-82　草图轮廓

3. 旋转生成实体

单击“特征”面板中的“旋转凸台/基体”按钮，弹出“旋转”属性管理器；选择长度为 125mm 的直线作为旋转轴，单击“确定”按钮，完成花键轴的基础造型。

4. 创建倒角特征

单击“特征”面板中的“倒角”按钮，弹出“倒角”属性管理器。选择倒角类型为“角度距离”，输入倒角距离为 1mm，输入倒角角度为 45°，在绘图区选择各轴截面的棱边，单击“确定”按钮，

生成 1×45°的倒角，如图 4-83 所示。

Note

5. 创建基准面

单击“特征”面板“参考几何体”下拉列表中的“基准面”按钮，弹出“基准面”属性管理器；第一参考选择“前视基准面”，第二参考选择直径为 25mm 的轴段圆柱面，如图 4-84 所示，单击“确定”按钮，生成与所选轴段圆柱面相切并垂直于前视基准面的基准面 1。

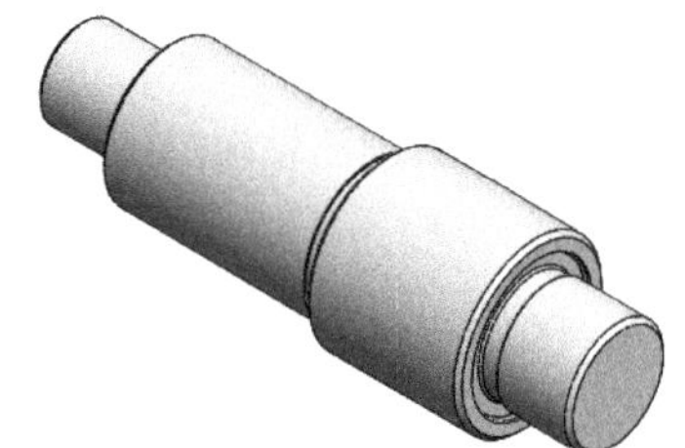

图 4-83　创建倒角特征

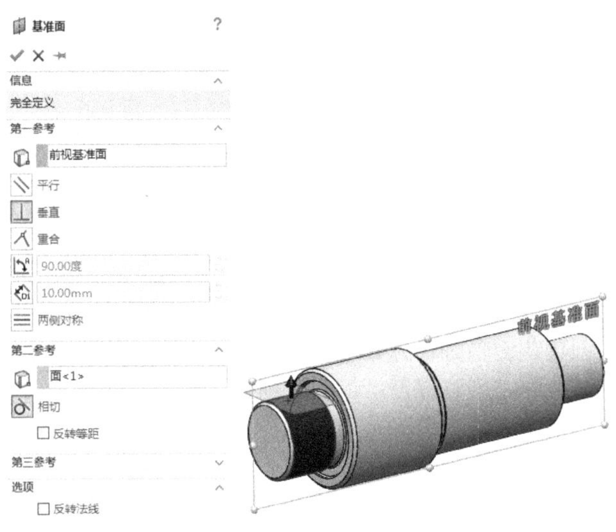

图 4-84　创建基准面

6. 绘制键槽草图

选择“基准面 1”，单击“草图绘制”按钮，在该面上创建草图；单击“正视于”按钮，使视图方向正视于所选基准面。单击“草图”面板中的的“直槽口”按钮和“智能尺寸”按钮，绘制键槽草图轮廓，如图 4-85 所示。

7. 创建键槽

单击“特征”面板中的“拉伸切除”按钮，系统弹出“切除-拉伸”属性管理器，设置切除的终止条件为“给定深度”，输入切除深度为 4mm，如图 4-86 所示，单击“确定”按钮，完成键槽的创建。

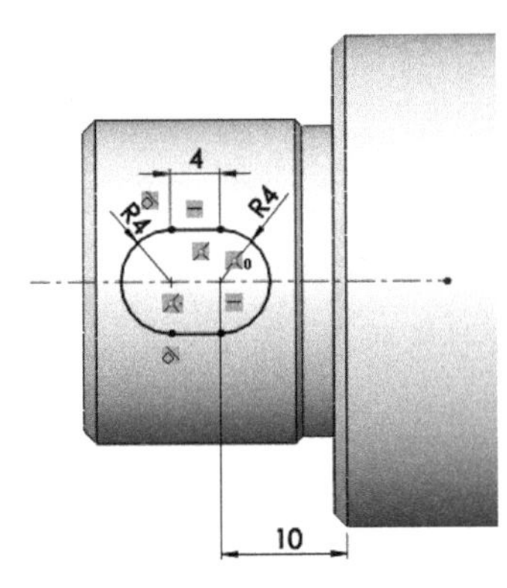

图 4-85　绘制键槽草图

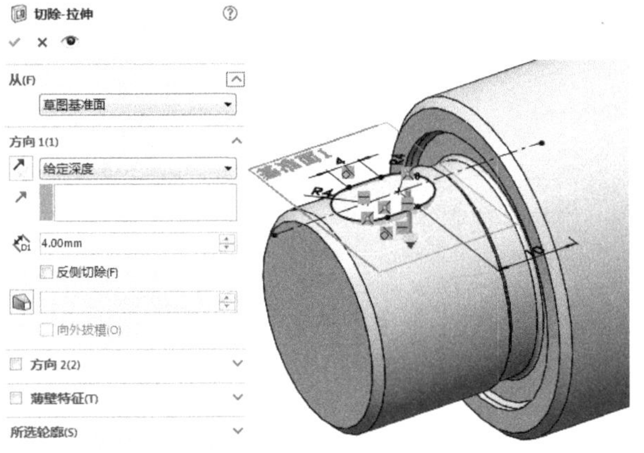

图 4-86　创建键槽

Note

8. 绘制构造线

（1）在剖面观察中，在草图上绘制过圆心的 3 条构造线，其中一条是竖直直线，另两条标注角度驱动尺寸为 30°。

（2）以剖切面的前端面作为绘图基准面，单击“草图”面板中的“圆”按钮，绘制一个与轴同心的圆，并将其设置为构造线，标注尺寸为 23mm，作为键槽空刀的定位线，如图 4-87 所示。

（3）单击“草图”面板中的“直线”按钮和“圆”按钮，绘制如图 4-88 所示的草图。

（4）单击“草图”面板中的“添加几何关系”按钮，为所绘制的初始草图添加与构造线平行的几何关系。

（5）单击“草图”面板中的“智能尺寸”按钮，为草图添加驱动尺寸。

（6）单击“草图”面板中的“绘制圆角”按钮，为键槽空刀截面添加 0.5mm 的圆角。

（7）单击“草图”面板中的“添加几何关系”按钮，为键槽空刀截面 0.5mm 的圆角和直径为 23mm 的构造圆添加相切几何关系，切削截面的最终效果如图 4-89 所示。选择“插入”→“退出草图”命令，结束切除扫描特征中轮廓草图的绘制。

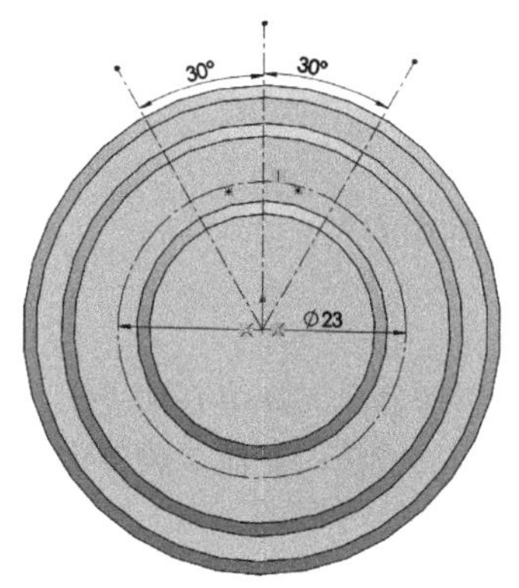

图 4-87　绘制键槽空刀的定位线

图 4-88　绘制切削截面的初始草图

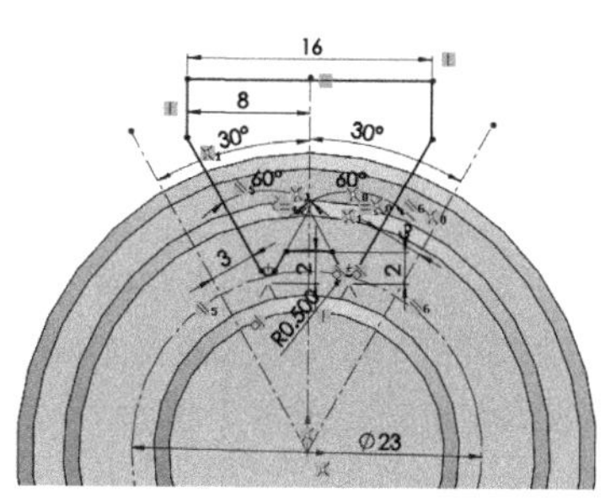

图 4-89　切削截面的最终效果

9. 绘制切除扫描的路径

（1）在“FeatureManager 设计树”中选择“前视基准面”作为草图绘制基准面，单击“草图绘制”按钮，新建一张草图。之所以选择该面，是因为前视基准面垂直于前面绘制的轮廓草图，并与草图轮廓相交。

（2）单击“草图”面板中的“直线”按钮，绘制切除扫描的路径（注意：扫描路径与作为轮廓的草图必须要有一个交点）。单击“草图”面板中的“智能尺寸”按钮，标注扫描路径的水平尺寸为 52mm，圆弧大小根据刀具实际尺寸设置为 30mm，如图 4-90 所示（注意：圆弧部分一定要超出直径为 38mm 的轴径表面，才能反映实际的加工状态）。选择“插入”→“退出草图”命令，退出草图绘制。

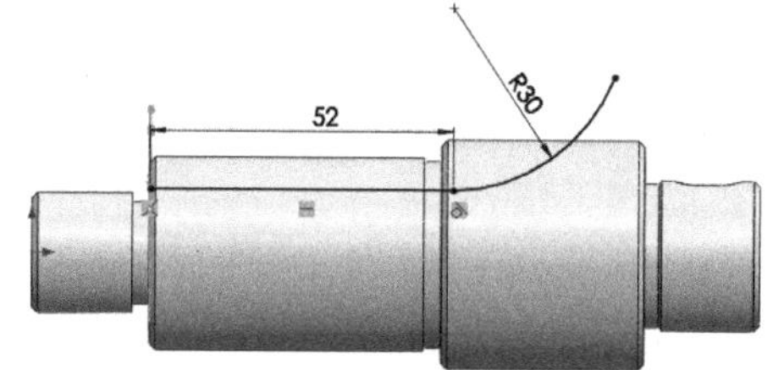

图 4-90　标注尺寸

10. 扫描切除

单击“特征”面板中的“扫描切除”按钮，弹出“切除-扫描”属性管理器；选择“草图 3”作为轮廓草图，选择“草图 4”作为扫描路径，如图 4-91 所示，单击“确定”按钮，完成一个花键的创建。花键效果如图 4-92 所示。

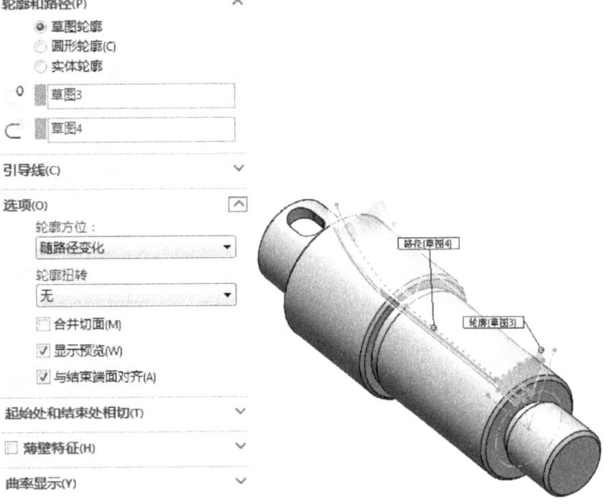

图 4-91　扫描切除

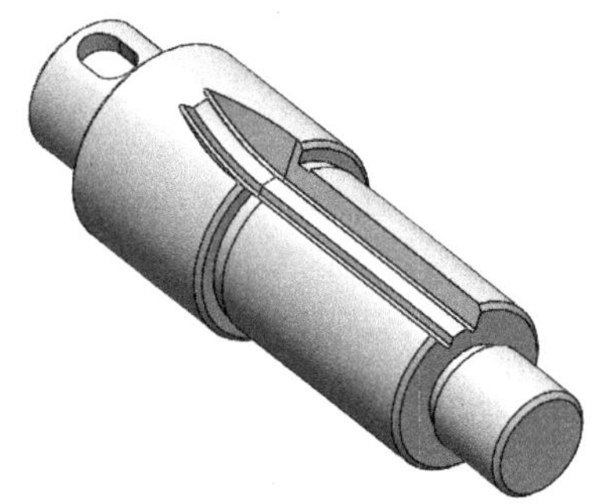

图 4-92　花键效果

11. 创建临时轴

选择“视图”→“临时轴”命令，显示临时轴线，将其作为圆周阵列的中心轴。

12. 圆周阵列

单击“特征”面板中的“圆周阵列”按钮，弹出“圆周阵列”属性管理器；选择中心轴线作为圆周阵列的中心轴，输入实例数为 6，选择“切除-扫描 1”特征作为要阵列的特征，其他参数设置如图 4-93 所示，单击“确定”按钮，完成圆周阵列，结果如图 4-94 所示。

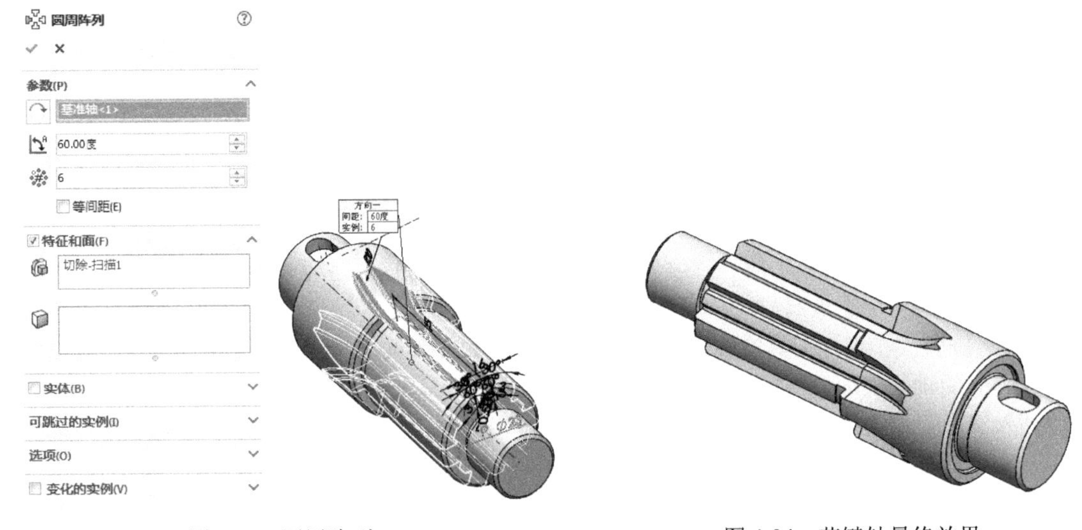

图 4-93　圆周阵列

图 4-94　花键轴最终效果

4.5.2　打印模型

根据 3.1.2 节的步骤 1、2 中相应内容进行操作，将相应的模型保存为*.stl 文件，并检查模型。

根据 3.1.2 节步骤 3 中（1）～（3）相应内容进行参数设置，单击“旋转”按钮，模型周围将出现相应的旋转轴，鼠标左键选中相应旋转轴，该旋转轴高亮显示，选中竖直轴将模型旋转 90°，如图 4-95 所示，其余步骤按 3.1.2 节步骤 3 中的（5）～（8）操作即可。

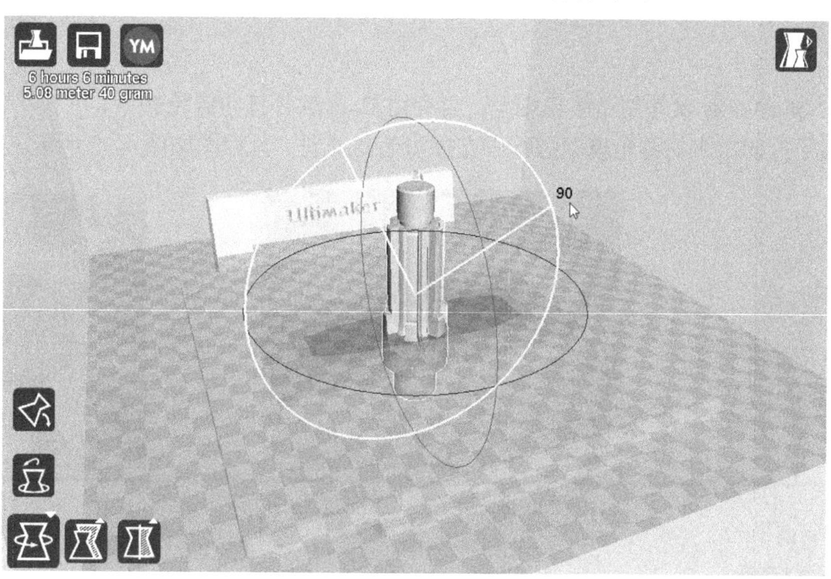

图 4-95　旋转模型 huajianzhou

4.5.3　处理打印模型

处理打印模型有以下 3 个步骤：

（1）取出模型。取出后的花键轴模型如图 4-96 所示。

（2）去除支撑。

（3）打磨模型。打磨处理后的花键轴模型如图 4-97 所示。

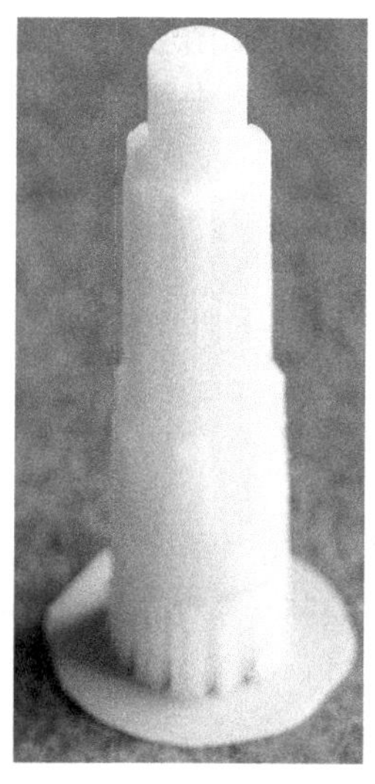

图 4-96　打印完毕的花键轴模型

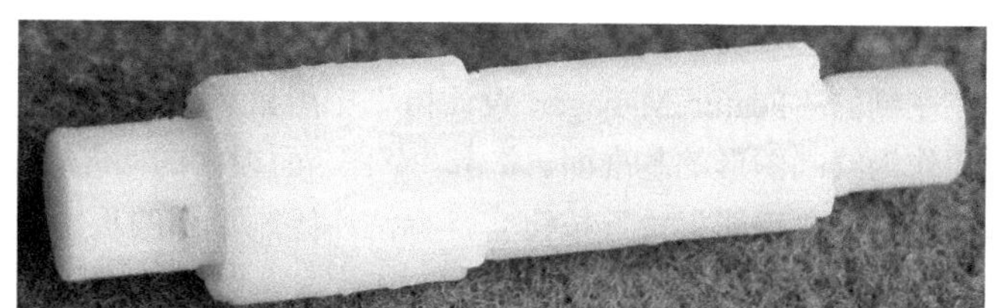

图 4-97　去除花键轴模型的支撑

4.6 链　　轮

首先利用 SolidWorks 软件创建链轮模型，再利用 Cura 软件打印链轮的 3D 模型，最后对打印出来的链轮模型进行去支撑和毛刺处理，流程图如图 4-98 所示。

图 4-98　链轮模型创建流程图

4.6.1　创建模型

本节绘制链轮，首先绘制链轮外形轮廓草图并拉伸实体，然后绘制轮齿并圆周阵列轮齿。

1. 新建文件

选择“文件”→“新建”命令，或者单击快速访问工具栏中的“新建”按钮，在弹出的“新建 SOLIDWORKS 文件”对话框中先单击“零件”按钮，再单击“确定”按钮，创建一个新的零件文件。

2. 绘制草图 1

在左侧的“FeatureManager 设计树”中用鼠标选择“前视基准面”作为绘制图形的基准面。单击“草图”面板中的“圆”按钮，以原点为圆心绘制一个圆。单击“草图”面板中的“智能尺寸”按钮，标注所绘制圆的直径。结果如图 4-99 所示。

3. 拉伸实体 1

单击“特征”面板中的“拉伸凸台/基体”按钮，此时系统弹出“凸台-拉伸”属性管理器。输入拉伸深度为 60mm，然后单击“确定”按钮。结果如图 4-100 所示。

4. 绘制草图 2

在左侧的“FeatureManager 设计树”中用鼠标选择“右视基准面”，单击“正视于”按钮，将该表面作为绘制图形的基准面。单击“草图”面板中的“直线”按钮，绘制一系列直线段。单击“草图”面板中的“智能尺寸”按钮，标注所绘制草图的尺寸及其定位尺寸。结果如图 4-101 所示。

5. 拉伸实体 2

单击“特征”面板中的“拉伸凸台/基体”按钮，此时系统弹出“凸台-拉伸”属性管理器。在

“方向 1”和“方向 2”选项组中均输入拉伸深度为 20mm，然后单击“确定”按钮✓。结果如图 4-102 所示。

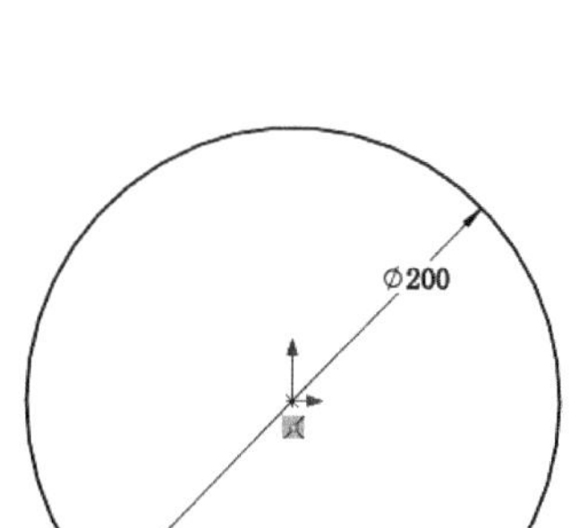

图 4-99　绘制的草图

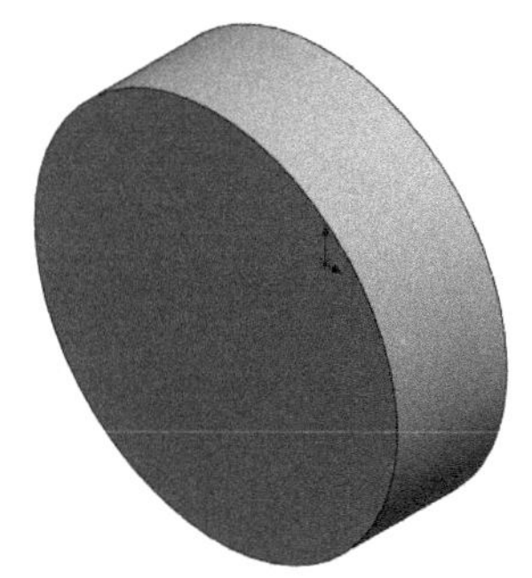

图 4-100　拉伸后的图形

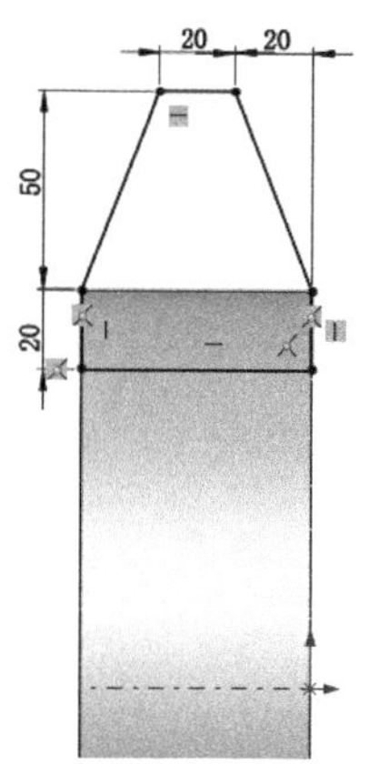

图 4-101　绘制的草图

6. 圆角实体

单击“特征”面板中的“圆角”按钮，此时系统弹出“圆角”属性管理器。输入半径为 10mm，然后用鼠标选择图 4-102 中的边线 1 和边线 2。单击“确定”按钮✓，结果如图 4-103 所示。

7. 圆周阵列实体

单击“特征”面板中的“圆周阵列”按钮，此时系统弹出如图 4-104 所示的“圆周阵列”属性管理器。选择绘制的轮齿为要阵列的特征；选择图 4-103 中圆柱体的临时轴为阵列轴。按照图示进行设置后，单击“确定”按钮✓。结果如图 4-105 所示。

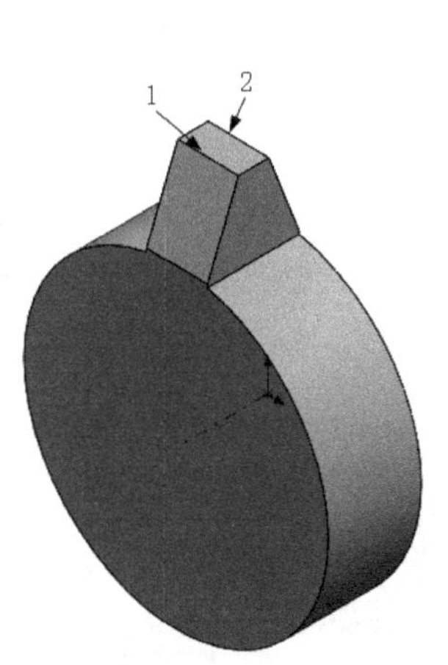

图 4-102　拉伸后的图形

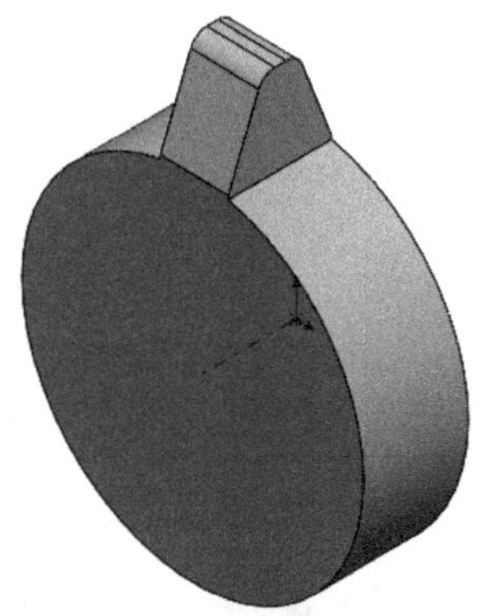

图 4-103　圆角

图 4-104　“圆周阵列”属性管理器

8. 绘制草图

单击图 4-105 中的表面 1，单击“正视于”按钮，将该表面作为绘制图形的基准面，然后单击

Note

“草图绘制”按钮，进入草图绘制环境。单击“草图”面板中的“圆”按钮，以原点为圆心绘制一个圆。单击“草图”面板中的“智能尺寸”按钮，标注所绘制圆的直径，结果如图 4-106 所示。

9. 拉伸切除实体

单击“特征”面板中的“拉伸切除”按钮，此时系统弹出“切除-拉伸”属性管理器。设置终止条件为“完全贯穿”，然后单击“确定”按钮。结果如图 4-107 所示。

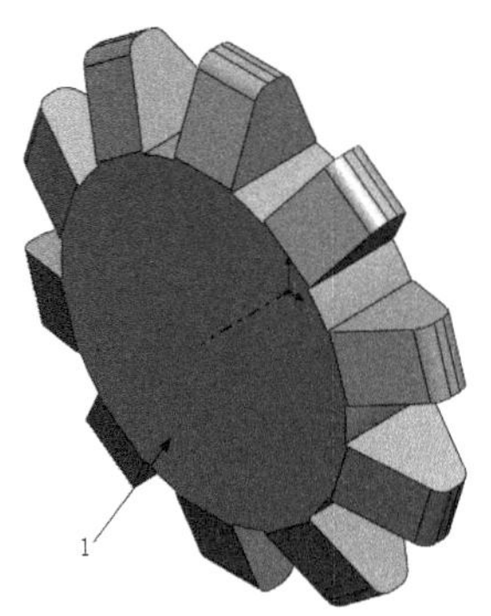

图 4-105　圆周阵列后的图形

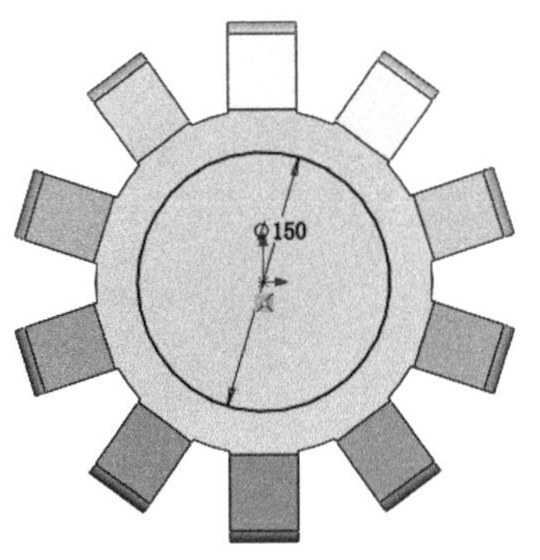

图 4-106　标注的草图

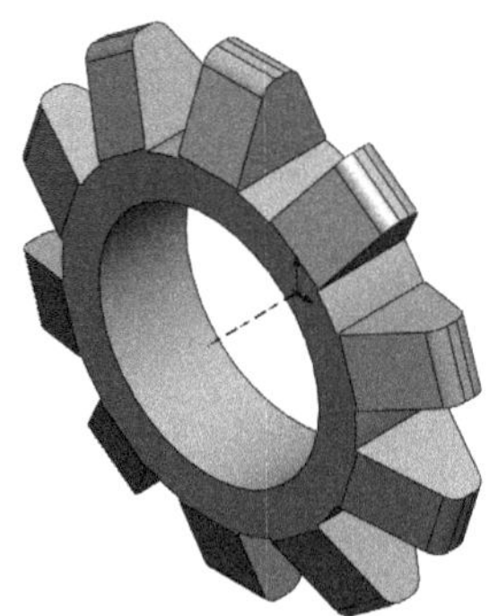

图 4-107　拉伸切除后的图形

4.6.2　打印模型

根据 3.1.2 节的步骤 1、2 中相应内容进行操作，将相应的模型保存为*.stl 文件，并检查模型。

根据 3.1.2 节步骤 3 中（1）～（3）相应内容进行参数设置，其余步骤按 3.1.2 节步骤 3 中的（4）～（8）操作即可。

4.6.3　处理打印模型

处理打印模型有以下 3 个步骤：

（1）取出模型。取出后的链轮模型如图 4-108 所示。

（2）去除支撑。

（3）打磨模型。打磨处理后的模型如图 4-109 所示。

图 4-108　打印完毕的链轮模型

图 4-109　去除链轮模型的支撑

4.7 斜 齿 轮

Note

首先利用 SolidWorks 软件创建斜齿轮模型，再利用 Cura 软件打印斜齿轮的 3D 模型，最后对打印出来的斜齿轮模型进行去支撑和毛刺处理，流程图如图 4-110 所示。

图 4-110 斜齿轮模型创建流程图

4.7.1 创建模型

本例将完成斜齿轮的绘制，齿轮的模数 m=10，齿数 Z=253，螺旋角 β=8°，压力角 α=20°。使用 3 点圆弧的方法模拟渐开线齿轮的外廓，并通过圆周阵列的方法阵列齿轮，从而实现多齿轮的效果，齿轮的键槽和通孔则通过“拉伸切除”特征来实现。

1. 新建文件

选择“文件”→“新建”命令，或者单击快速访问工具栏中的“新建”按钮，在弹出的“新建 SOLIDWORKS 文件”对话框中先单击“零件”按钮，再单击“确定”按钮，创建一个新的零件文件。

2. 绘制草图 1

（1）在“FeatureManager 设计树”中选择“前视基准面”，单击“草图绘制”按钮，进入草图编辑状态。

（2）单击“草图”面板中的“圆”按钮，以原点为圆心绘制 3 个同心圆。单击“草图”面板中的“智能尺寸”按钮，标注 3 个圆的直径分别为 227.5mm（齿根圆）、250mm（分度圆）、270mm（齿顶圆），并将分度圆设置为构造线。

（3）单击“草图”面板中的“中心线”按钮，绘制两条通过原点的水平和竖直中心线，草图如图 4-111 所示。

（4）单击“草图”面板中的“点”按钮，分别在直径 270mm 的齿顶圆、直径 250mm 的分度圆和直径 227.5mm 的齿根圆上绘制一点，单击“草图”面板中的“智能尺寸”按钮，标注尺寸依次为 3.5mm、8mm 和 12mm，分别作为齿顶宽度、半齿宽度和齿根宽度尺寸，如图 4-112 所示。

（5）单击“草图”面板中的“3 点圆弧”按钮，绘制齿形，并标注尺寸，如图 4-113 所示。

（6）单击“草图”面板中的“剪裁实体”按钮，裁剪掉与齿形无关的线条，如图 4-114 所示。

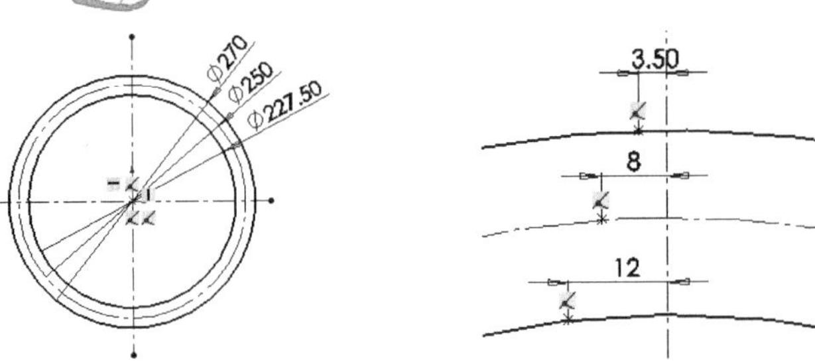

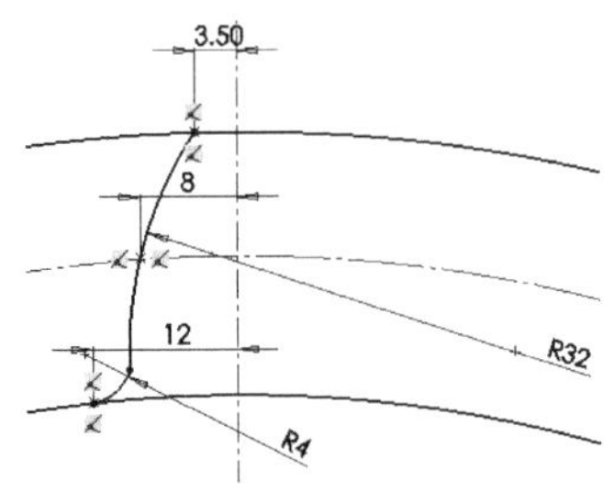

图 4-111　草图 1　　图 4-112　绘制齿形关键点　　图 4-113　齿形曲线

（7）单击“草图”面板中的“镜像实体”按钮，镜像修剪后的齿形，形成一个完整的齿廓，如图 4-115 所示。

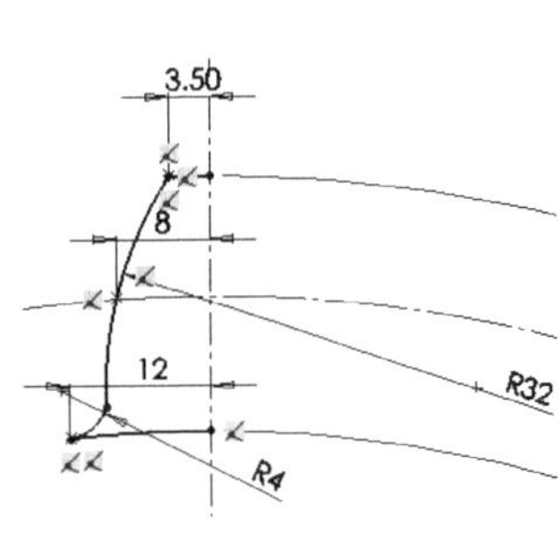

图 4-114　裁剪后的齿形

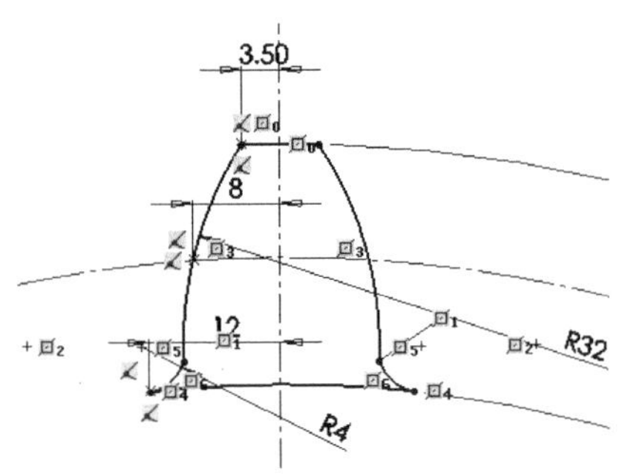

图 4-115　完整齿形

3. 添加基准面

在左侧的“FeatureManager 设计树”中用鼠标选择“前视基准面”，然后单击“特征”面板“参考几何体”下拉列表中的“基准面”按钮，此时系统弹出“基准面”属性管理器。在“等距距离”一栏输入值 80mm，并调整设置基准面的方向。单击“确定”按钮✔，添加一个新的基准面。

4. 绘制草图 2

（1）选择“基准面 1”作为草图平面，单击“草图绘制”按钮，进入草图编辑状态。

（2）选择在前视基准面上绘制的齿形，单击“草图”面板中的“转换实体引用”按钮，将齿形投影到“基准面 1”上。

（3）选择转换为“基准面 1”的草图轮廓，单击“特征”面板中的“旋转”按钮，弹出“旋转”属性管理器。选择图形区域中的原点作为“基准点”，输入角度为 8°，如图 4-116 所示。单击“确定”按钮✔，完成草图旋转。

5. 设置视图方向

单击“视图（前导）”面板中的“等轴测”按钮，将视图以等轴测方向显示，如图 4-117 所示。

6. 放样齿条

单击“特征”面板中的“放样凸台/基体”按钮，弹出“放样”属性管理器，选择两个齿形轮廓草图作为放样轮廓。单击“确定”按钮✔，完成齿条的放样特征，如图 4-118 所示。齿条的建模完成，如图 4-119 所示。

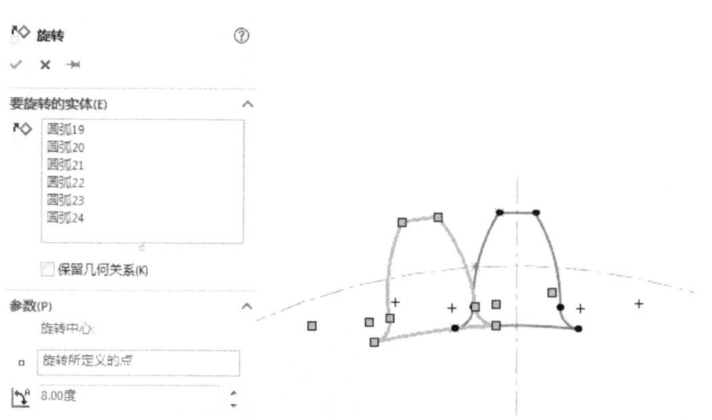

图 4-116 设置齿形的旋转

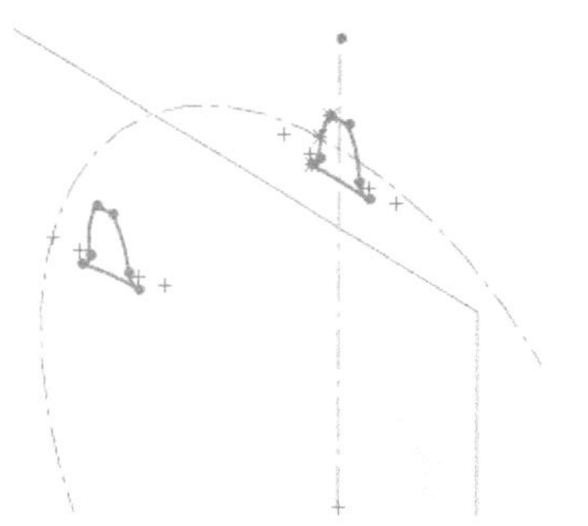

图 4-117 斜齿轮的两个齿形轮廓

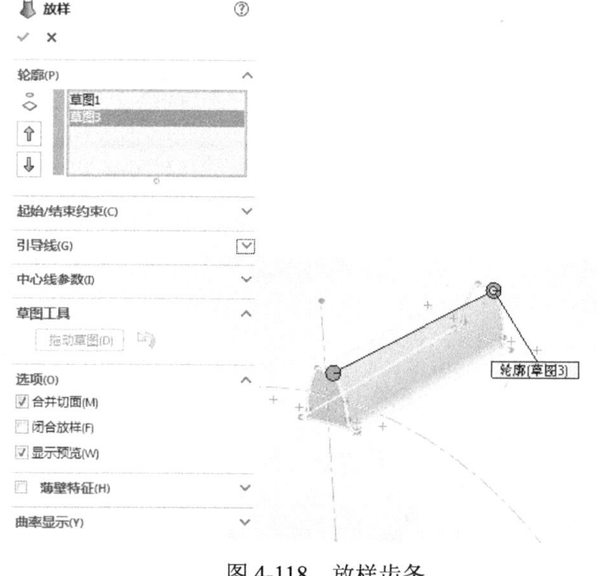

图 4-118 放样齿条

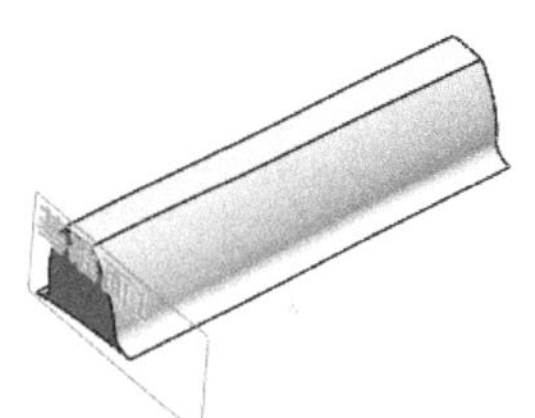

图 4-119 齿条

7. 绘制草图 3

选择“上视基准面”作为草图绘制平面，单击“草图绘制”按钮，进入草图编辑状态。单击“草图”面板中的“中心线”按钮，绘制一条通过原点的竖直中心线，作为圆周阵列的中心轴，单击“草图绘制”按钮，退出草图。

8. 添加基准轴

单击“特征”面板“参考几何体”下拉列表中的“基准轴”按钮，弹出“基准轴”属性管理器。在图形区域中选择刚绘制的“草图 3”中的中心线作为基准轴，单击“确定”按钮，完成基准轴的添加。

9. 绘制草图 4

选择“上视基准面”作为草图绘制平面，单击“草图绘制”按钮，进入草图编辑状态。单击“草图”面板中的“直线”按钮，绘制齿轮基体的旋转草图；单击“草图”面板中的“智能尺寸”按钮，标注齿轮基体草图，如图 4-120 所示。

Note

10. 旋转实体

单击“特征”面板中的“旋转凸台/基体”按钮，弹出“旋转”属性管理器，选择“基准轴 1”作为旋转轴，其他选项设置如图 4-121 所示。单击“确定”按钮✓，创建齿轮基体。

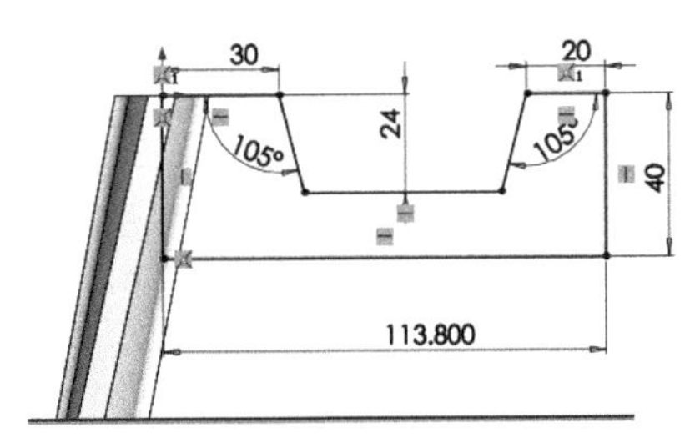

图 4-120　旋转草图

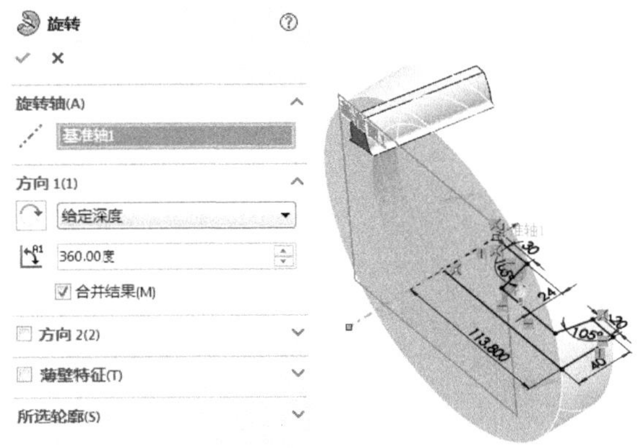

图 4-121　设置旋转参数

11. 镜像齿轮基体

单击“特征”面板中的“镜像”按钮，弹出“镜像”属性管理器，选择前面步骤绘制的齿轮基体作为镜像特征；选择齿轮基体的内侧平面作为镜像平面；其他选项设置如图 4-122 所示。单击“确定”按钮✓，创建齿轮基体的另一半，完成齿轮基体的创建。

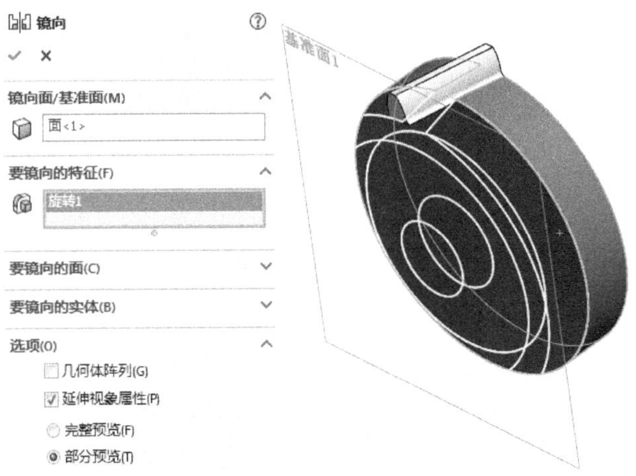

图 4-122　设置特征的镜像

12. 阵列齿条

单击“特征”面板中的“圆周阵列”按钮，弹出“圆周阵列”属性管理器，选择齿条的放样特征作为要阵列的特征；选择“基准轴 1”作为阵列轴；在“实例数”微调框中输入要阵列的实例个数为 25，其他选项设置如图 4-123 所示。单击“确定”按钮✓，完成实体齿形的阵列复制。

13. 绘制孔的轮廓

选择“前视基准面”作为草图绘制平面，单击“草图绘制”按钮，进入草图编辑状态。单击“草

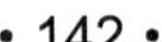

图”面板中的“圆”按钮和“直线”按钮，绘制齿轮安装孔的草图。单击“草图”面板中的“剪裁实体”按钮，裁剪掉多余部分；单击“草图”面板中的“智能尺寸”按钮，标注安装孔尺寸，如图 4-124 所示。

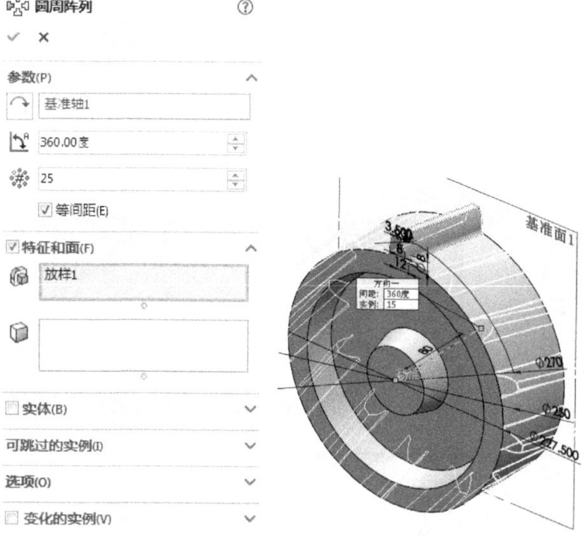

图 4-123　设置圆周阵列参数

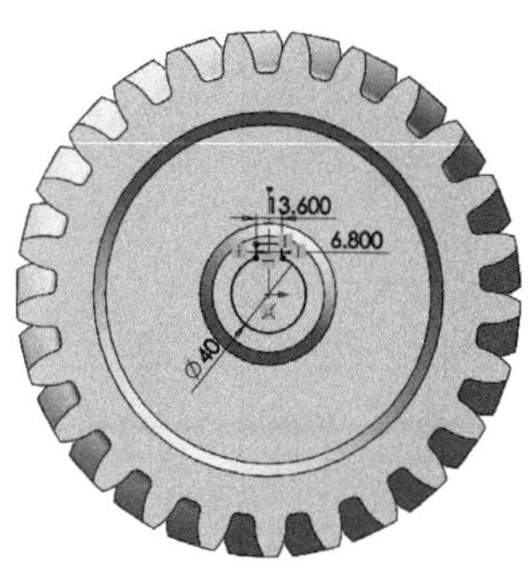

图 4-124　齿轮安装孔草图

14. 切除形成通孔

单击“特征”面板中的“拉伸切除”按钮，在弹出的“切除-拉伸”属性管理器中设置终止条件为“完全贯穿”，其他选项设置如图 4-125 所示。单击“确定”按钮，完成齿轮安装孔的创建。结果如图 4-126 所示。

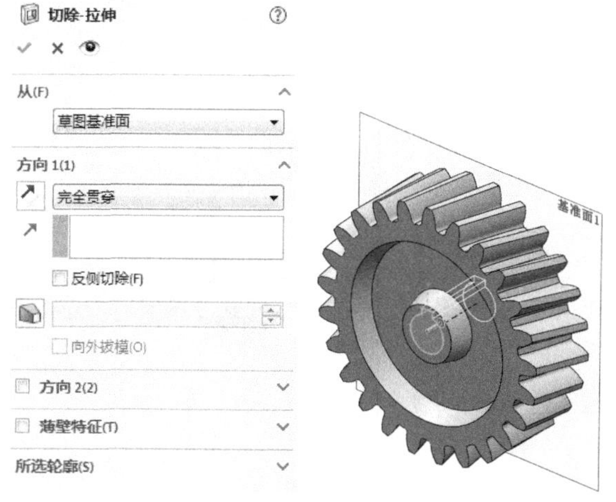

图 4-125　设置拉伸切除参数

图 4-126　斜齿圆柱齿轮

4.7.2　打印模型

根据 3.1.2 节的步骤 1、2 中相应内容进行操作，将相应的模型保存为*.stl 文件，并检查模型。

根据 3.1.2 节步骤 3 中（1）～（3）相应内容进行参数设置，其余步骤按 3.1.2 节步骤 3 中的（4）～（8）操作即可。

Note

4.7.3 处理打印模型

处理打印模型有以下 3 个步骤：

（1）取出模型。取出后的斜齿轮模型如图 4-127 所示。

（2）去除支撑。

（3）打磨模型。打磨处理后的斜齿轮模型如图 4-128 所示。

图 4-127 打印完毕的斜齿轮模型

图 4-128 去除斜齿轮模型的支撑

4.8 电 机

扫码看视频

4.8 电机

首先利用 SolidWorks 软件创建电机模型，再利用 Cura 软件打印电机的 3D 模型，最后对打印出来的电机模型进行去支撑和毛刺处理，流程图如图 4-129 所示。

图 4-129 电机模型创建流程图

4.8.1 创建模型

本节绘制水气混合泵电机，首先绘制电机后罩的轮廓草图，并拉伸实体；再绘制电机外形草图并拉伸实体；然后绘制电机的前端和底座。

1. 新建文件

选择“文件”→“新建”命令，或者单击快速访问工具栏中的“新建”按钮，在弹出的“新建 SOLIDWORKS 文件”对话框中单击“零件”按钮，然后单击“确定”按钮，创建一个新的零件文件。

2. 绘制草图 1

在左侧的“FeatureManager 设计树”中选择“前视基准面”作为绘制图形的基准面，然后单击“草图”面板中的“圆”按钮，以原点为圆心绘制一个圆。单击“草图”面板中的“智能尺寸”按钮，标注所绘制圆的直径。结果如图 4-130 所示。

3. 拉伸实体 1

单击“特征”面板中的“拉伸凸台/基体”按钮，此时系统弹出“凸台-拉伸”属性管理器。输入拉伸深度为 60mm，然后单击“确定”按钮。结果如图 4-131 所示。

4. 绘制草图 2

单击图 4-131 中的表面 1，然后单击“正视于”按钮，将该表面作为绘制图形的基准面。单击“草图”面板中的“圆”按钮，以原点为圆心绘制一个直径为 130 的圆；单击“草图”面板中的“样条曲线”按钮，绘制样条曲线；单击“草图”面板中的“圆周草图阵列”按钮，圆周阵列绘制的样条曲线；单击“草图”面板中的“剪裁实体”按钮，剪裁绘制的草图。结果如图 4-132 所示。

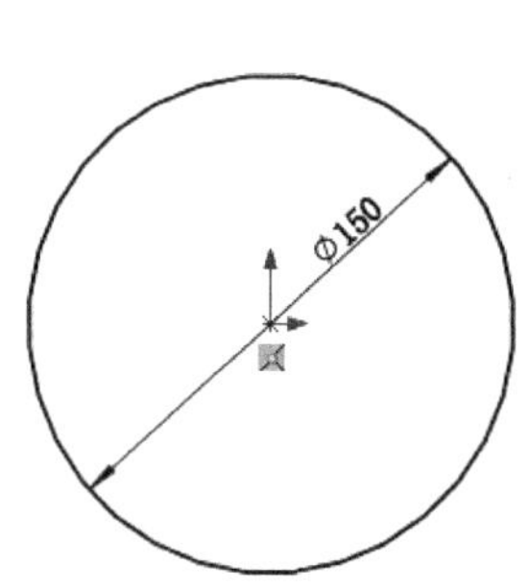

图 4-130 标注的草图

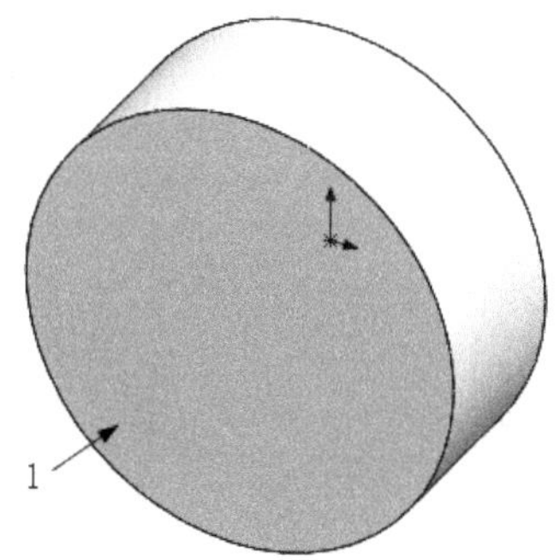

图 4-131 拉伸后的图形

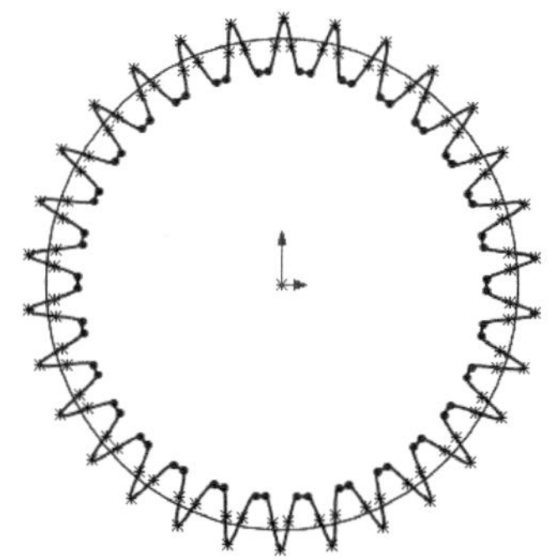

图 4-132 绘制草图

5. 拉伸实体 2

单击“特征”面板中的“拉伸凸台/基体”按钮，此时系统弹出“凸台-拉伸”属性管理器。输入拉伸深度为 150mm，然后单击“确定”按钮。结果如图 4-133 所示。

6. 圆角实体

单击“特征”面板中的“圆角”按钮，此时系统弹出“圆角”属性管理器。输入半径为 15mm，然后选择图 4-134 中“圆角项目”中的“边线<1>”。单击“确定”按钮。

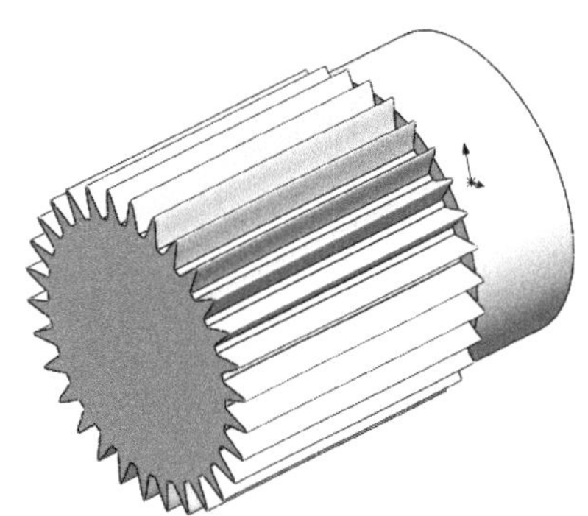

图 4-133　拉伸后的图形

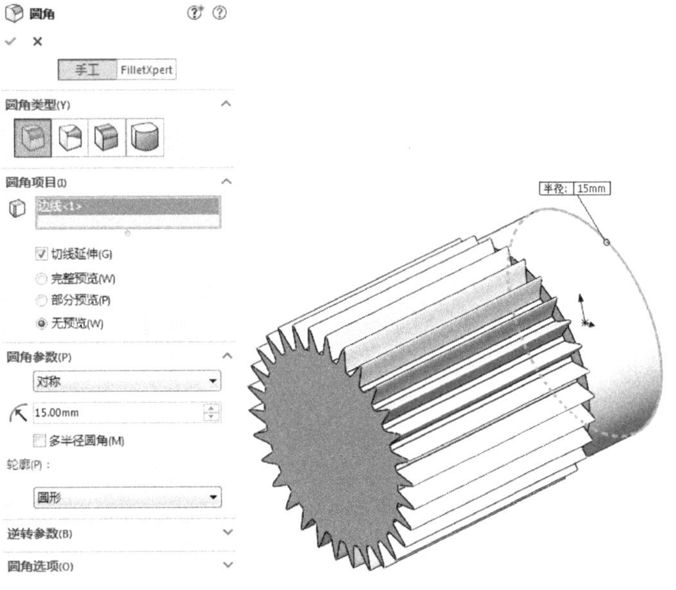

图 4-134　选取圆角边

7. 绘制草图 3

单击图 4-135 中的表面 1，单击“正视于”按钮，将该表面作为绘制图形的基准面，然后单击“草图绘制”按钮，进入草图绘制环境。单击“草图”面板中的“圆”按钮，以原点为圆心绘制一个直径为 130 的圆。

8. 拉伸实体 3

单击“特征”面板中的“拉伸凸台/基体”按钮，此时系统弹出“凸台-拉伸”属性管理器。输入拉伸深度为 10mm，然后单击“确定”按钮。结果如图 4-136 所示。

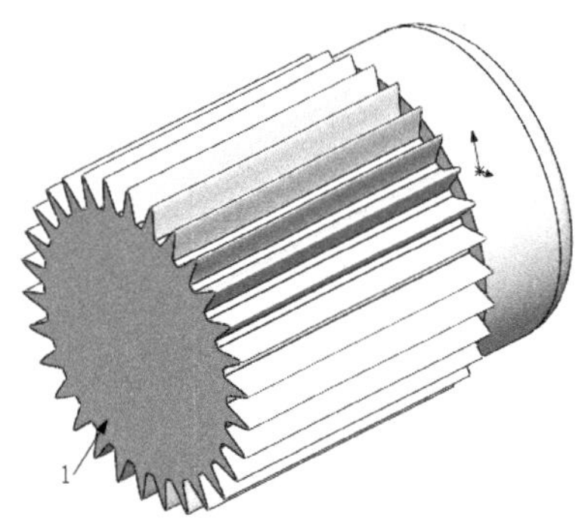

图 4-135　倒圆后的图形

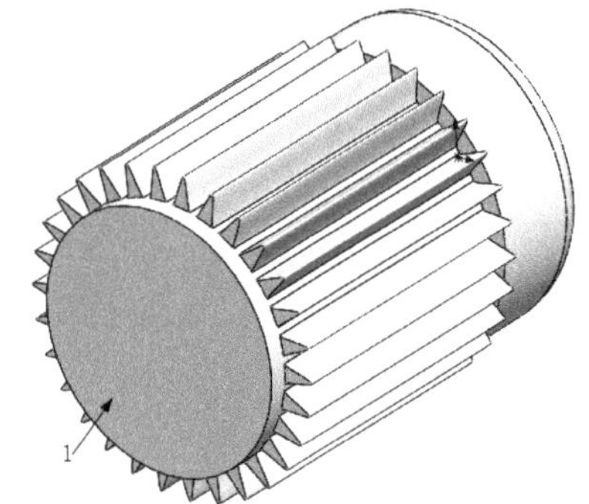

图 4-136　拉伸后的图形

9. 绘制草图 4

单击图 4-136 中的表面 1，单击“正视于”按钮，将该表面作为绘制图形的基准面，然后单击“草图绘制”按钮，进入草图绘制环境。单击“草图”面板中的“圆”按钮，以原点为圆心绘制一个直径为 60 的圆；单击“草图”面板中的“直线”按钮，绘制 3 条直线；单击“草图”面板中的“绘制圆角”按钮，对相应的部分进行圆角；单击“草图”面板中的“圆周草图阵列”按钮，

圆周阵列绘制的直线和圆角；单击“草图”面板中的“剪裁实体”按钮，剪裁绘制的草图。结果如图 4-137 所示。

10. 拉伸实体 4

单击“特征”面板中的“拉伸凸台/基体”按钮，此时系统弹出“凸台-拉伸”属性管理器。输入拉伸深度为 30mm，然后单击“确定”按钮。结果如图 4-138 所示。

11. 添加基准面

在“FeatureManager 设计树”中用鼠标选择“上视基准面”作为参考基准面，然后单击“特征”面板“参考几何体”下拉列表中的“基准面”按钮，此时系统弹出如图 4-139 所示“基准面”属性管理器。输入等距距离值 95mm，并调节添加基准面的方向，使其在原点的下方。单击“确定”按钮，结果如图 4-140 所示。

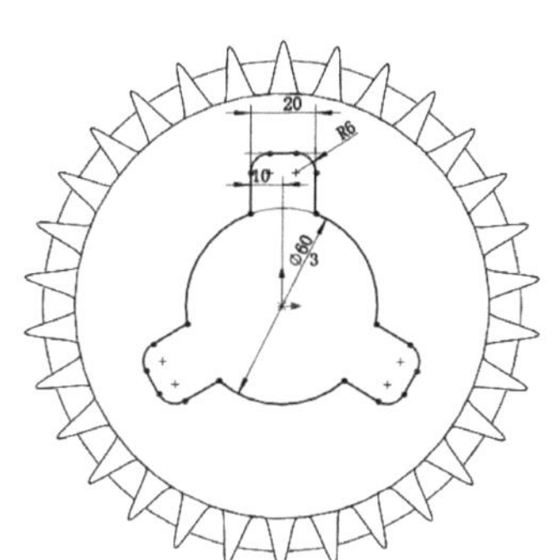

图 4-137　绘制的草图

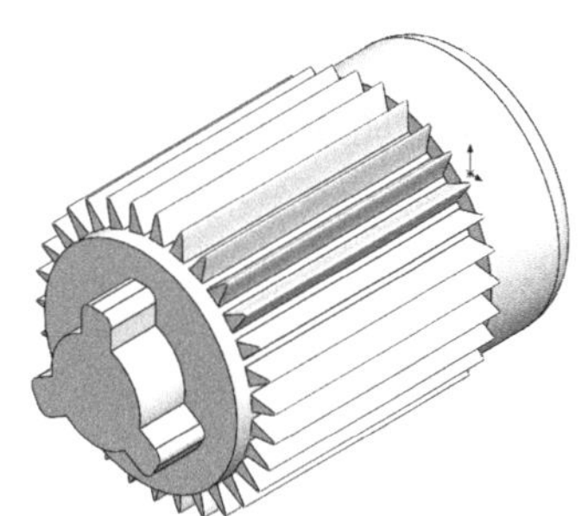

图 4-138　拉伸后的图形

图 4-139　“基准面”属性管理器

12. 绘制草图 5

单击步骤 11 添加的基准面，单击“正视于”按钮，将该基准面作为绘制图形的基准面，然后单击“草图绘制”按钮，进入草图绘制环境。单击“草图”面板中的“矩形”按钮，绘制一个矩形。单击“草图”面板中的“智能尺寸”按钮，标注所绘制草图的尺寸。结果如图 4-141 所示。

13. 拉伸实体 5

单击“特征”面板中的“拉伸凸台/基体”按钮，此时系统弹出“凸台-拉伸”属性管理器。输入拉伸深度为 15mm，然后单击“确定”按钮。

14. 设置显示属性

选择“视图”→“隐藏/显示”→“基准面”命令，使视图中不再显示基准面。结果如图 4-142 所示。

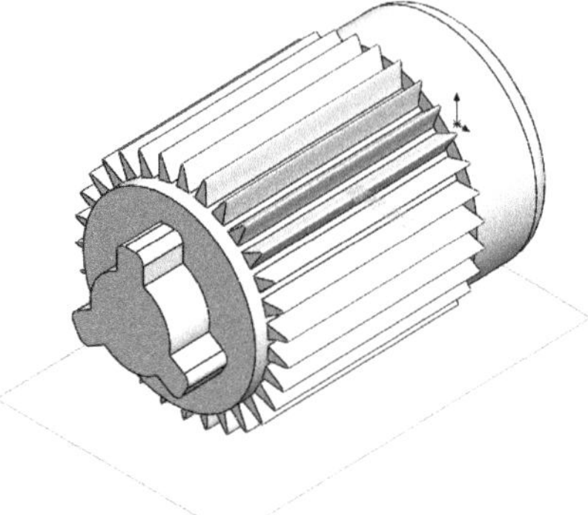
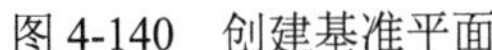

图 4-140　创建基准平面

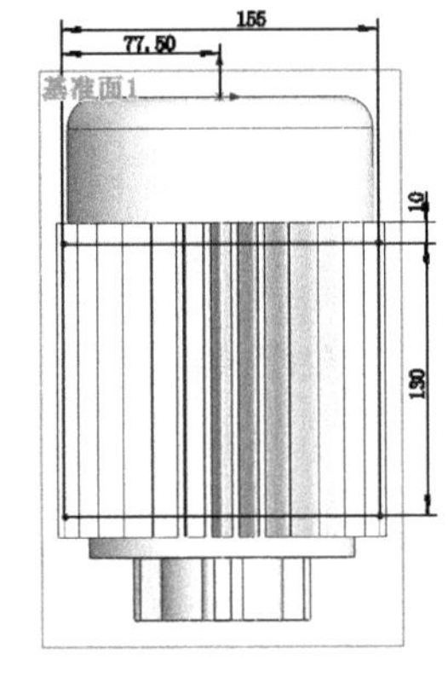

图 4-141　绘制的草图

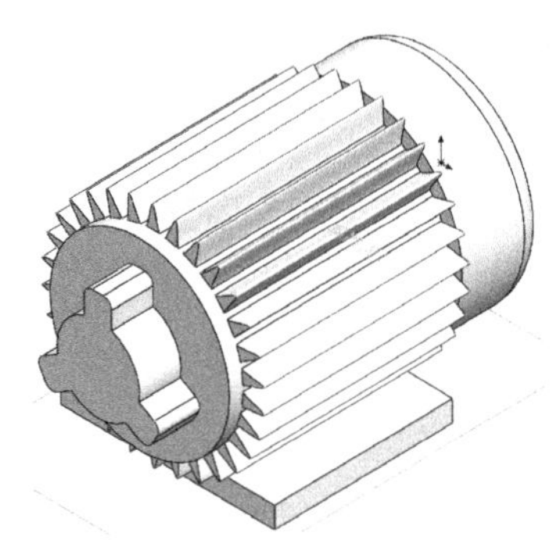

图 4-142　拉伸后的图形

15. 绘制草图 6

在左侧的“FeatureManager 设计树”中用鼠标选择“右视基准面”，单击“正视于”按钮，将该基准面作为绘制图形的基准面，然后单击“草图绘制”按钮，进入草图绘制环境。单击“草图”面板中的“矩形”按钮，绘制 3 个矩形。单击“草图”面板中的“智能尺寸”按钮，标注所绘制草图的尺寸，结果如图 4-143 所示。

16. 拉伸实体 6

单击“特征”面板中的“拉伸凸台/基体”按钮，此时系统弹出如图 4-144 所示“凸台-拉伸”属性管理器。在“方向 1”选项组中输入拉伸深度为 70mm，选中“方向 2”复选框，输入拉伸深度为 70mm，然后单击“确定”按钮。结果如图 4-145 所示。

图 4-143　绘制的草图

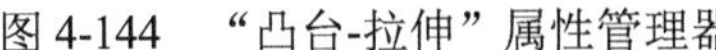

图 4-144　“凸台-拉伸”属性管理器

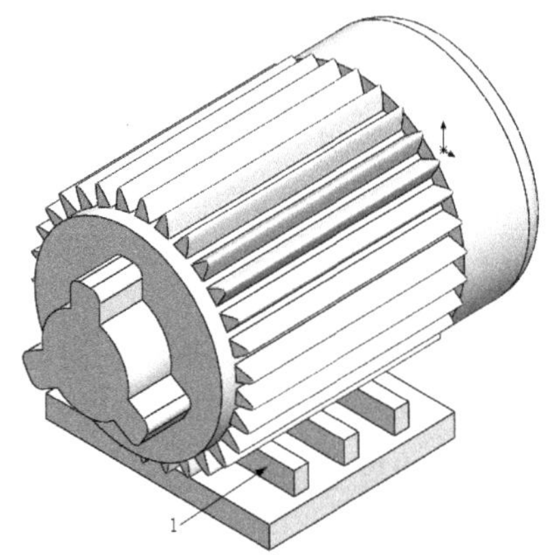

图 4-145　拉伸后的图形

17. 绘制草图 7

单击图 4-145 中的表面 1，单击“正视于”按钮，将该表面作为绘制图形的基准面，然后单击“草图绘制”按钮，进入草图绘制环境。单击“草图”面板中的“直线”按钮，绘制如图 4-146 所示的三角形。单击“草图”面板中的“智能尺寸”按钮，标注所绘制草图的尺寸及其定位尺寸。结果如图 4-146 所示。

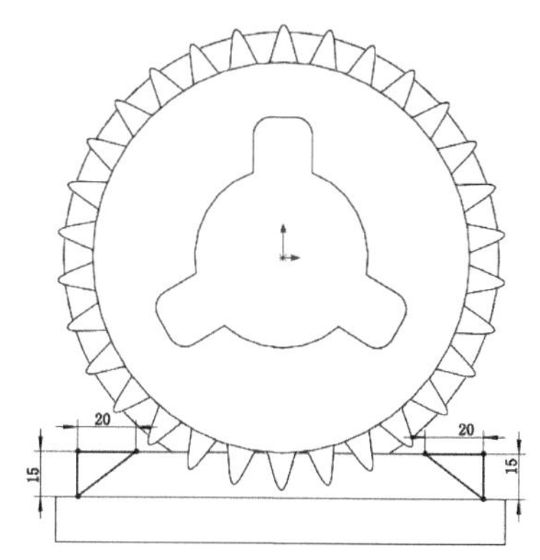

图 4-146　标注的草图

18. 拉伸切除实体

单击“特征”面板中的“拉伸切除”按钮，此时系统弹出“切除-拉伸”属性管理器。输入切除深度为 80mm，如图 4-147 所示。单击“确定”按钮，结果如图 4-148 所示。

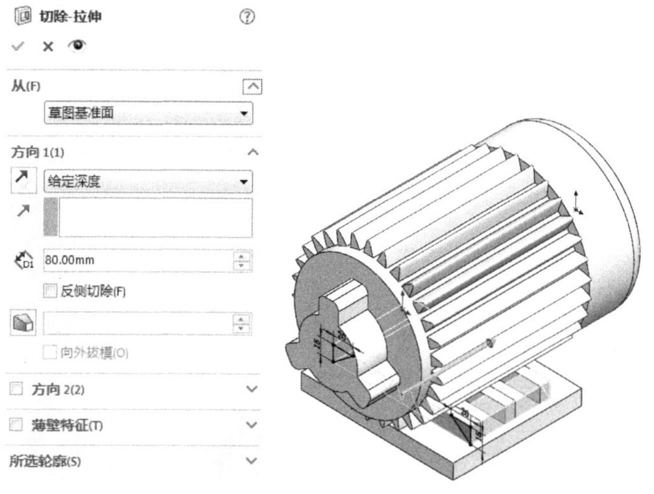

图 4-147　“切除-拉伸”属性管理器

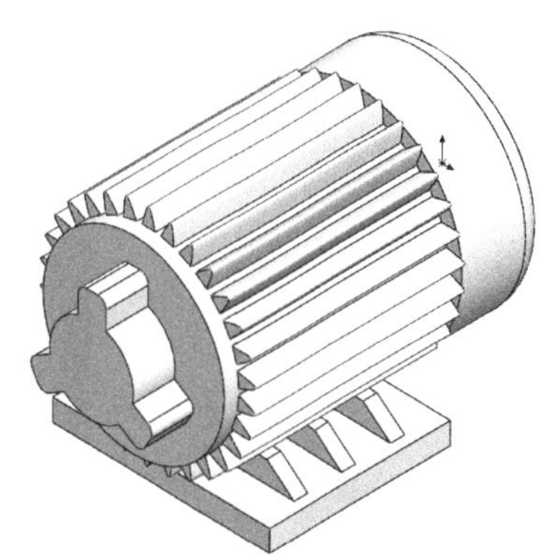

图 4-148　切除拉伸模型

4.8.2　打印模型

根据 3.1.2 节的步骤 1、2 中相应内容进行操作，将相应的模型保存为*.stl 文件，并检查模型。

根据 3.1.2 节步骤 3 中（1）～（3）相应内容进行参数设置，其余步骤按 3.1.2 节步骤 3 中的（4）～（8）操作即可。

4.8.3　处理打印模型

处理打印模型有以下 3 个步骤：

（1）取出模型。取出后的电机模型如图 4-149 所示。

（2）去除支撑。

（3）打磨模型。打磨处理后的模型如图 4-150 所示。

Note

图 4-149　打印完毕的电机模型

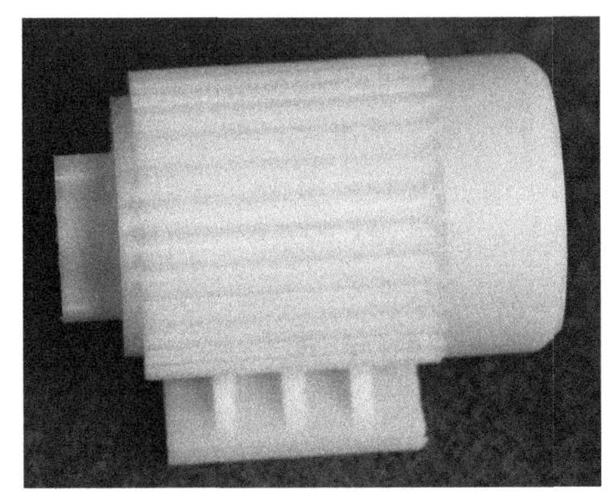

图 4-150　去除电机模型的支撑

4.9 混　合　器

首先利用 SolidWorks 软件创建混合器模型，再利用 Cura 软件打印混合器的 3D 模型，最后对打印出来的混合器模型进行去支撑和毛刺处理，流程图如图 4-151 所示。

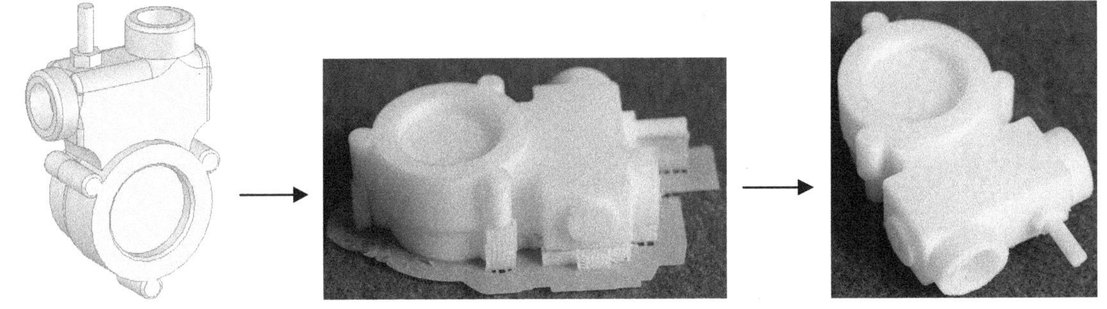

图 4-151　混合器模型创建流程图

4.9.1　创建模型

本节绘制水气混合泵混合器，首先绘制混合器盖的轮廓草图，并拉伸实体；再绘制与电机连接的部分，然后绘制进水口和出水口；最后绘制进气口，并对相应的部分进行倒角和圆角处理。

1. 创建混合器盖

（1）新建文件。选择“文件”→“新建”命令，或者单击快速访问工具栏中的“新建”按钮，在弹出的“新建 SOLIDWORKS 文件”对话框中先单击“零件”按钮，再单击“确定”按钮，创建一个新的零件文件。

（2）绘制草图 1。在左侧的“FeatureManager 设计树”中选择“前视基准面”作为绘制图形的基准面。单击“草图”面板中的“圆”按钮，以原点为圆心绘制一个圆。单击“草图”面板中的“智能尺寸”按钮，标注所绘制圆的直径。结果如图 4-152 所示。

（3）拉伸实体 1。单击“特征”面板中的“拉伸凸台/基体”按钮，此时系统弹出“凸台-拉伸”

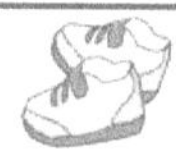

属性管理器。输入拉伸深度为 20mm，单击“确定”按钮✓。结果如图 4-153 所示。

（4）绘制草图 2。单击图 4-153 中的表面 1，单击“正视于”按钮，将该表面作为绘制图形的基准面，然后单击“草图绘制”按钮，进入草图绘制环境。单击“草图”面板中的“圆”按钮，以原点为圆心绘制一个直径为 90mm 的圆。

Note

（5）拉伸实体 2。单击“特征”面板中的“拉伸凸台/基体”按钮，此时系统弹出“凸台-拉伸”属性管理器。输入拉伸深度为 42mm，然后单击“确定”按钮✓。结果如图 4-154 所示。

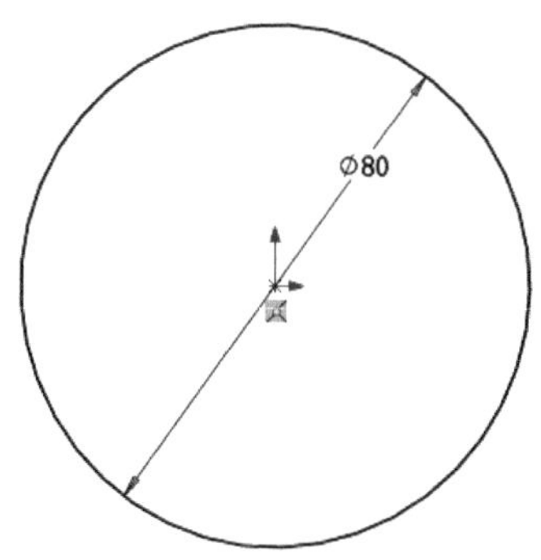

图 4-152　标注的草图

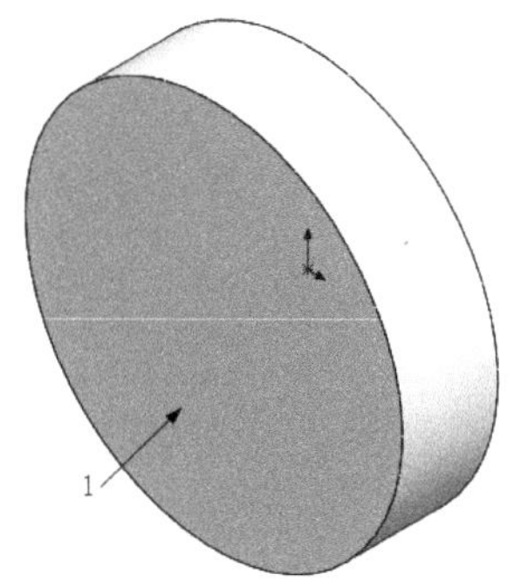

图 4-153　拉伸后的图形

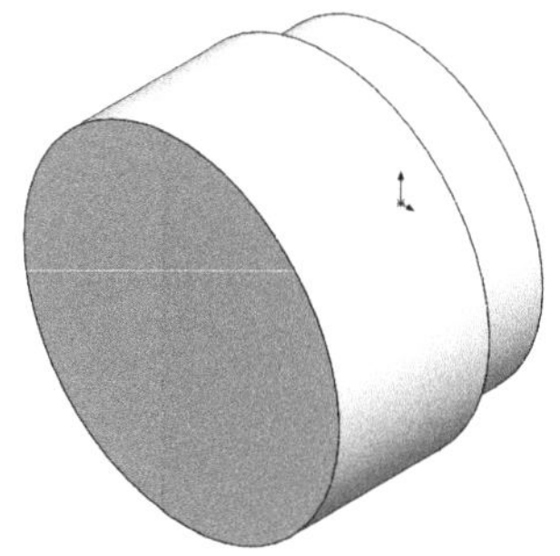

图 4-154　拉伸后的图形

（6）圆角实体。单击“特征”面板中的“圆角”按钮，此时系统弹出“圆角”属性管理器。输入半径为 10mm，然后用鼠标选择图 4-155 中“圆角项目”中的“边线<1>”。单击“确定”按钮✓，结果如图 4-156 所示。

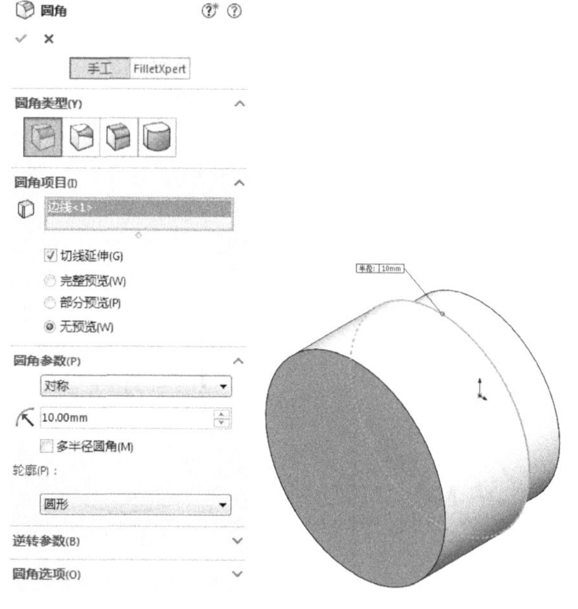

图 4-155　选择圆角边

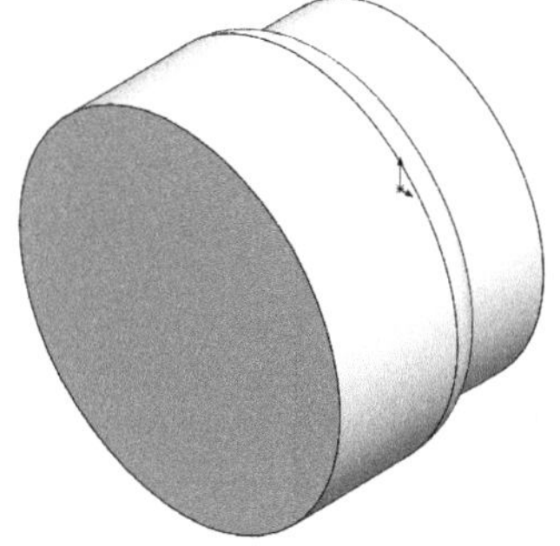

图 4-156　圆角后的图形

2. 绘制与电机相连部分

（1）绘制草图 3。在左侧的“FeatureManager 设计树”中用鼠标选择“前视基准面”，单击“正视于”按钮，将该基准面作为绘制图形的基准面，然后单击“草图绘制”按钮，进入草图绘制环境。单击“草图”面板中的“中心线”按钮，以绘制一条通过原点的水平中心线和一条通过原点的

Note

斜中心线；单击“草图”面板中的“圆”按钮，以斜中心线上的一点为圆心绘制一个圆。单击“草图”面板中的“智能尺寸”按钮，标注所绘制草图的尺寸。结果如图 4-157 所示。

（2）阵列草图。单击“草图”面板中的“圆周草图阵列”按钮，此时系统弹出如图 4-158 所示的“圆周阵列”属性管理器。选择图 4-157 中的圆为要阵列的实体，选择原点为阵列中心。按照图示进行设置后，单击“确定”按钮。结果如图 4-159 所示。

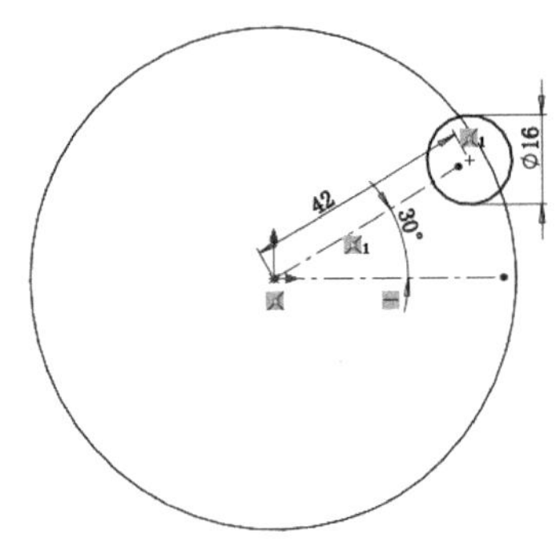

图 4-157　标注的草图

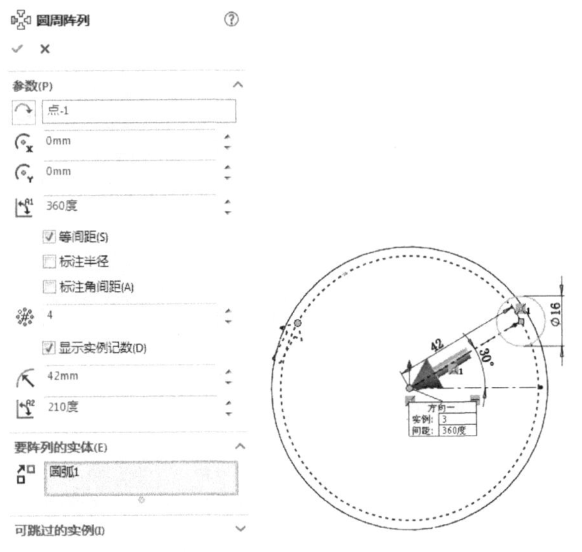

图 4-158　“圆周阵列”属性管理器

（3）拉伸实体 3。单击“特征”面板中的“拉伸凸台/基体”按钮，此时系统弹出“凸台-拉伸”属性管理器。输入拉伸深度为 32mm，然后单击“确定”按钮。结果如图 4-160 所示。

（4）绘制草图 4。单击图 4-160 中的表面 1，单击“正视于”按钮，将该表面作为绘制图形的基准面，然后单击“草图绘制”按钮，进入草图绘制环境。重复上面绘制草图的命令，并圆环阵列草图，结果如图 4-161 所示。

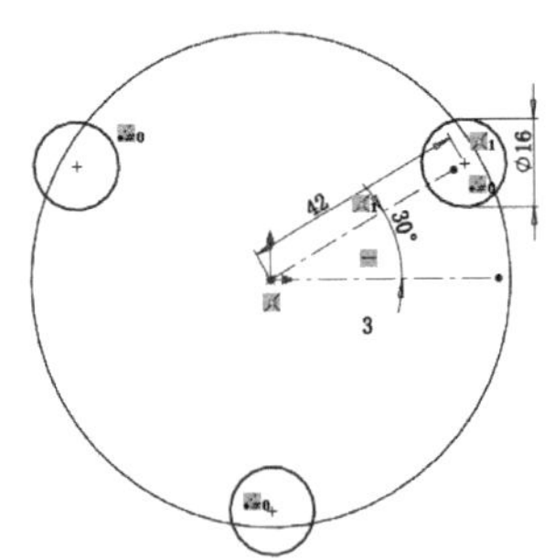

图 4-159　阵列后的草图

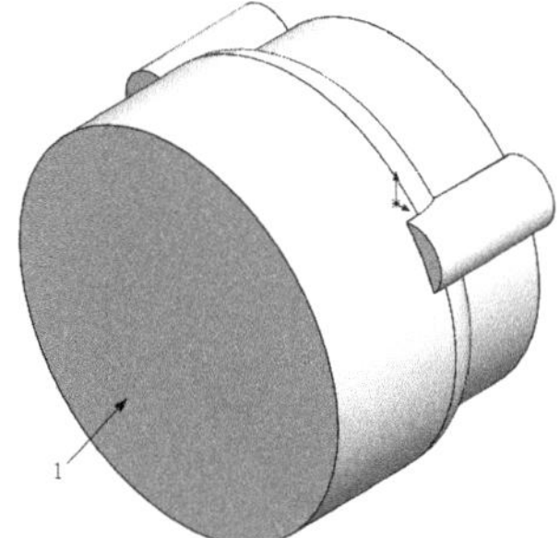

图 4-160　拉伸后的图形

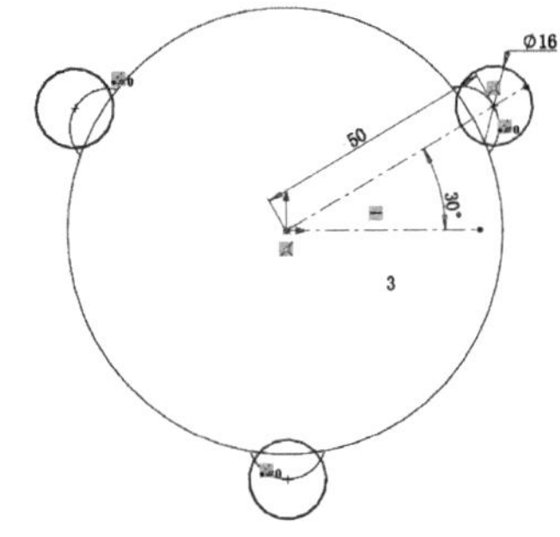

图 4-161　绘制的草图

（5）拉伸实体 4。单击“特征”面板中的“拉伸凸台/基体”按钮，此时系统弹出“凸台-拉伸”属性管理器。输入拉伸深度为 32mm，单击“反向”按钮，调整拉伸方向，然后单击“确定”按钮。结果如图 4-162 所示。

（6）圆角实体。单击“特征”面板中的“圆角”按钮，此时系统弹出“圆角”属性管理器。输入半径为 2mm，然后用鼠标选择如图 4-163 所示的边线。单击“确定”按钮，结果如图 4-164 所示。

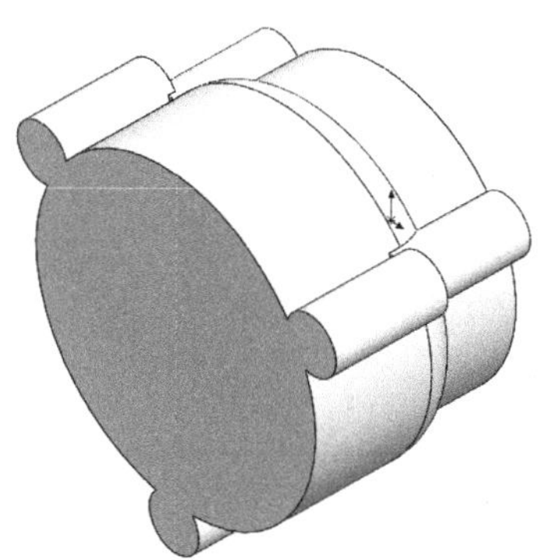

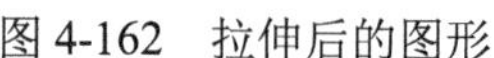

图 4-162　拉伸后的图形

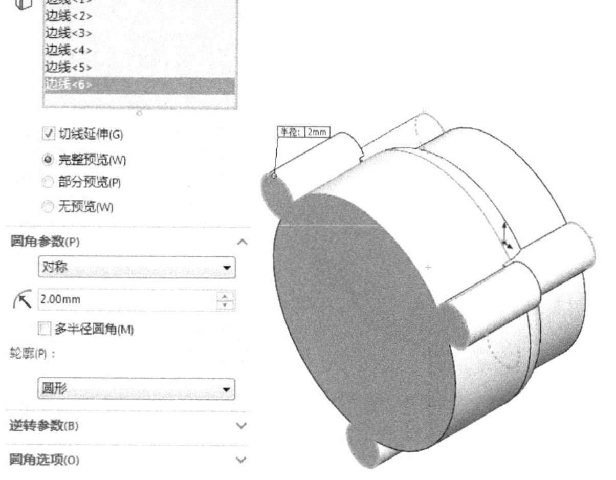

图 4-163　选择圆角边线

（7）绘制草图 5。在左侧的“FeatureManager 设计树”中用鼠标选择“上视基准面”，单击“正视于”按钮，将该基准面作为绘制图形的基准面，然后单击“草图绘制”按钮，进入草图绘制环境。单击“草图”面板中的“边角矩形”按钮，在设置的基准面上绘制一个矩形。单击“草图”面板中的“智能尺寸”按钮，标注所绘制矩形的尺寸及其约束尺寸。结果如图 4-165 所示。

（8）拉伸实体 5。单击“特征”面板中的“拉伸凸台/基体”按钮，此时系统弹出“凸台-拉伸”属性管理器。输入拉伸深度为 50mm，然后单击“确定”按钮。结果如图 4-165 所示。

3. 绘制中间部分

（1）绘制草图 6。单击图 4-166 中的表面 1，单击“正视于”按钮，将该表面作为绘制图形的基准面，然后单击“草图绘制”按钮，进入草图绘制环境。单击“草图”面板中的“圆”按钮，以原点为圆心绘制一个直径为 60 的圆。

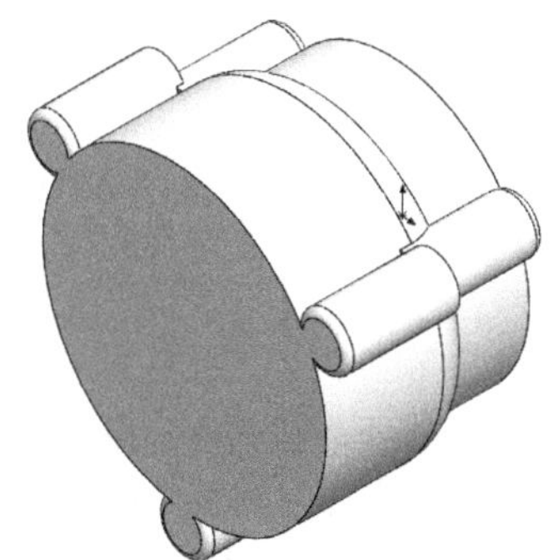

图 4-164　圆角后的图形

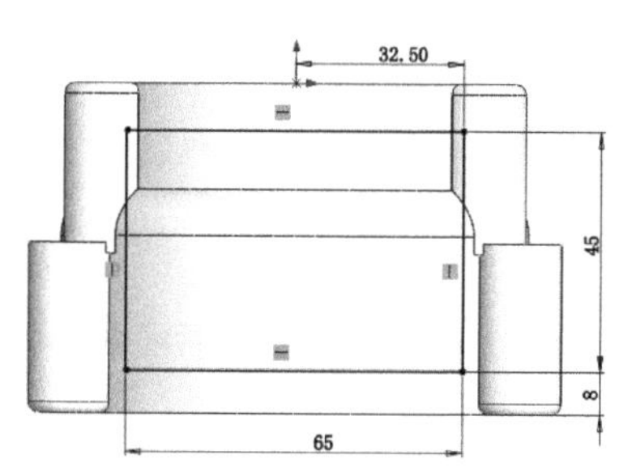

图 4-165　标注的草图

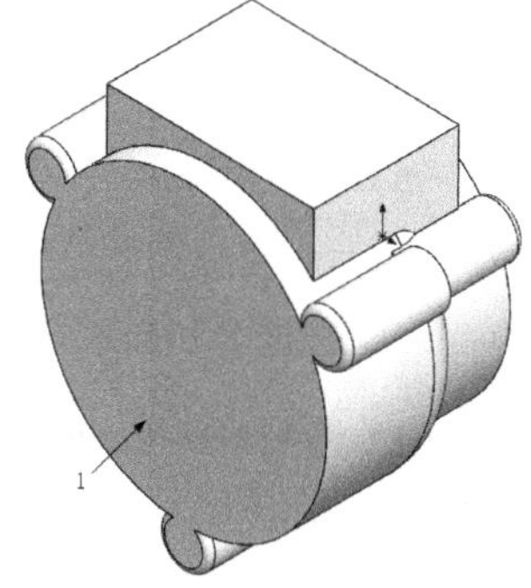

图 4-166　拉伸后的图形

（2）拉伸切除实体。单击“特征”面板中的“拉伸切除”按钮，此时系统弹出“切除-拉伸”

属性管理器。输入切除深度为 10mm，然后单击“确定”按钮✓。结果如图 4-167 所示。

（3）倒角实体。单击“特征”面板中的“倒角”按钮，此时系统弹出“倒角” 属性管理器。输入距离值为 2mm，角度值为 45°，然后用鼠标选择图 4-168 中的边线。单击属性管理器中的“确定”按钮✓，结果如图 4-169 所示。

Note

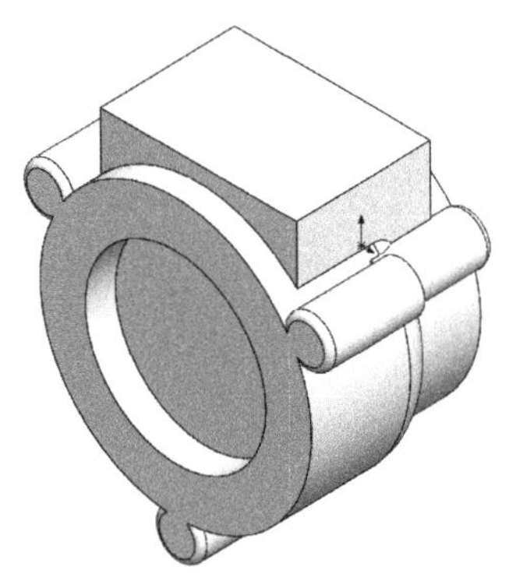

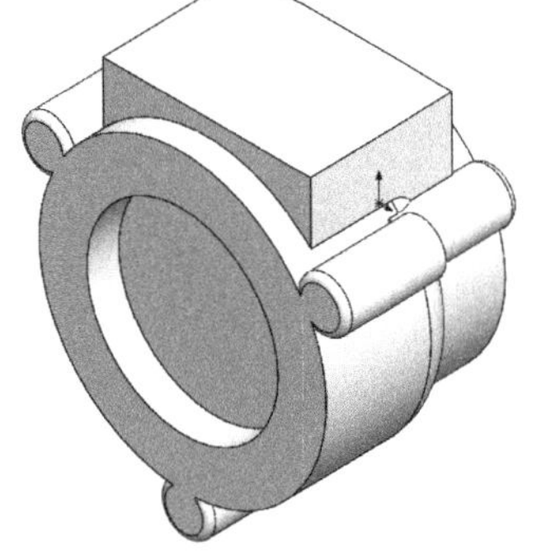

图 4-167　拉伸切除后的图形

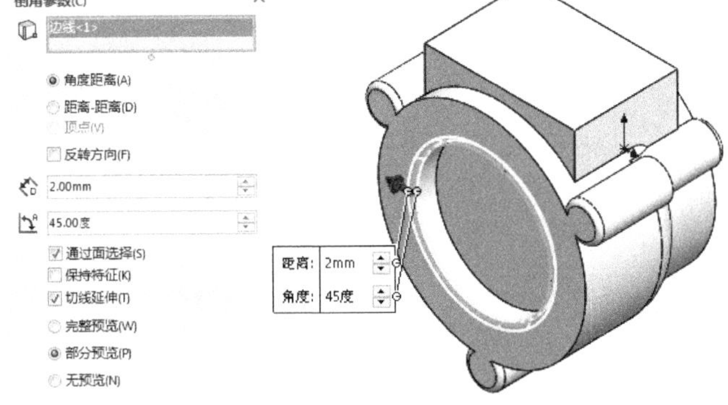

图 4-168　“倒角” 属性管理器

（4）绘制草图 7。单击图 4-169 中的表面 1，单击“正视于”按钮，将该表面作为绘制图形的基准面，然后单击“草图绘制”按钮，进入草图绘制环境。单击“草图”面板中的“边角矩形”按钮，在设置的基准面上绘制一个矩形。单击“草图”面板中的“智能尺寸”按钮，标注所绘制矩形的尺寸及其约束尺寸。结果如图 4-170 所示。

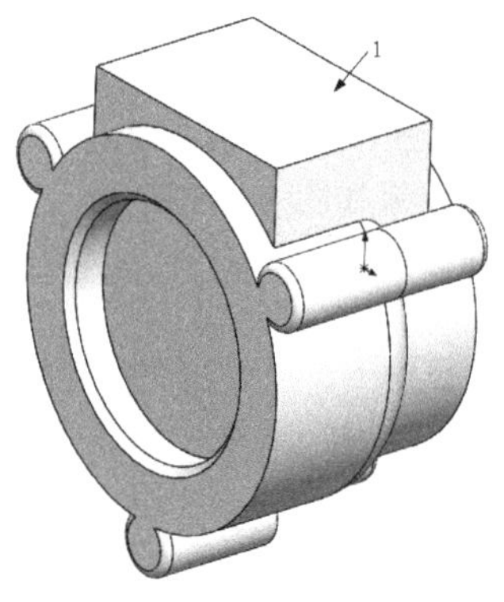

图 4-169　倒角后的图形

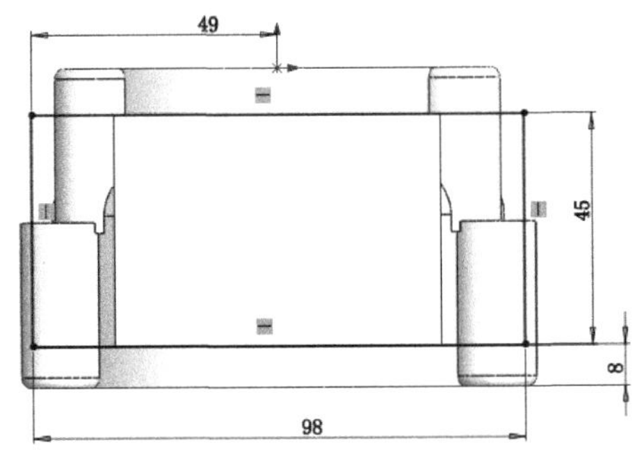

图 4-170　标注的草图

（5）拉伸实体 6。单击“特征”面板中的“拉伸凸台/基体”按钮，此时系统弹出“凸台-拉伸”属性管理器。输入拉伸深度为 50mm，然后单击“确定”按钮✓。结果如图 4-171 所示。

4. 绘制进水和出水口

（1）绘制草图 8。单击图 4-171 中上面实体的左侧后面的表面，单击“正视于”按钮，将该表面作为绘制图形的基准面，然后单击“草图绘制”按钮，进入草图绘制环境。单击“草图”面板中的“圆”按钮，在设置的基准面上绘制两个同心圆。单击“草图”面板中的“智能尺寸”按钮，标注所绘制圆的直径及其约束尺寸。结果如图 4-172 所示。

（2）拉伸实体 7。单击“特征”面板中的“拉伸凸台/基体”按钮，此时系统弹出“凸台-拉伸”

属性管理器。输入拉伸深度为 15mm，然后单击“确定”按钮✓。结果如图 4-173 所示。

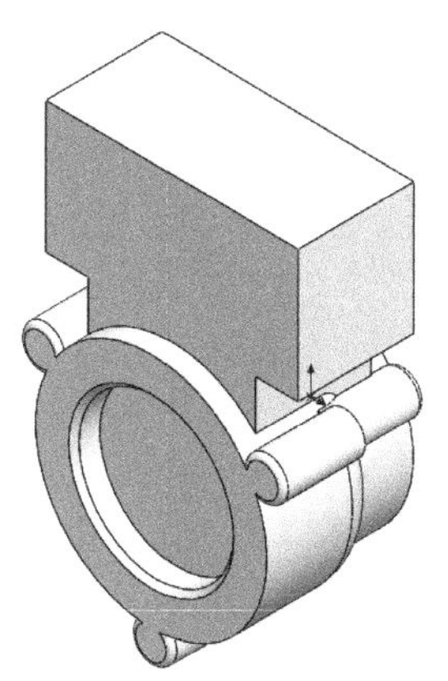

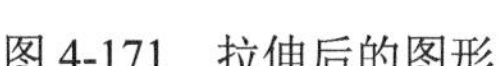

图 4-171　拉伸后的图形

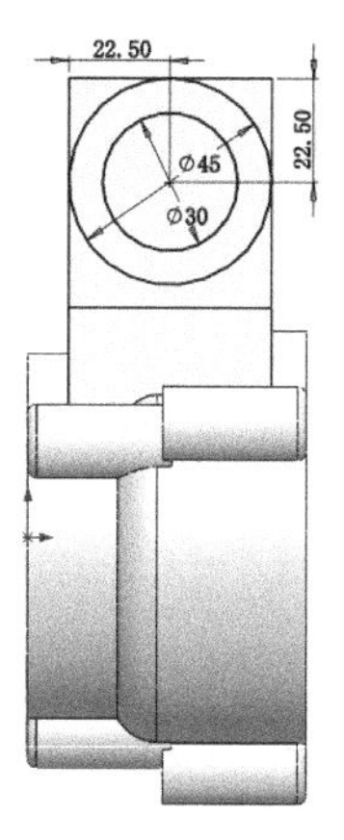

图 4-172　标注的草图

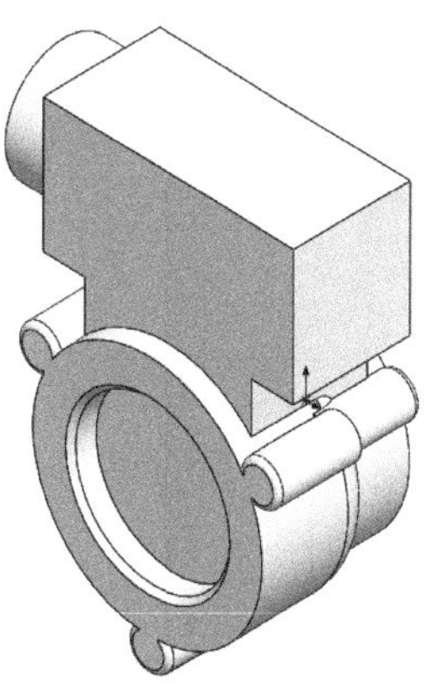

图 4-173　拉伸后的图形

（3）绘制草图 9。单击图 4-173 中上面实体的右侧表面，单击“正视于”按钮，将该表面作为绘制图形的基准面，然后单击“草图绘制”按钮，进入草图绘制环境。单击“草图”面板中的“圆”按钮，在设置的基准面绘制一个直径为 30 的圆，并且圆心在右侧表面的中央处。

（4）拉伸实体 8。单击“特征”面板中的“拉伸凸台/基体”按钮，此时系统弹出“凸台-拉伸”属性管理器。输入拉伸深度为 5mm，然后单击“确定”按钮✓。结果如图 4-174 所示。

5. 绘制进气口

（1）绘制草图 10。单击图 4-174 中表面 1，单击“正视于”按钮，将该表面作为绘制图形的基准面，然后单击“草图绘制”按钮，进入草图绘制环境。单击“草图”面板中的“圆”按钮，在设置的基准面上绘制两个同心圆。单击“草图”面板中的“智能尺寸”按钮，标注所绘制圆的直径及其约束尺寸。结果如图 4-175 所示。

（2）拉伸实体 9。单击“特征”面板中的“拉伸凸台/基体”按钮，此时系统弹出“凸台-拉伸”属性管理器。输入拉伸深度为 15mm，然后单击“确定”按钮✓。结果如图 4-176 所示。

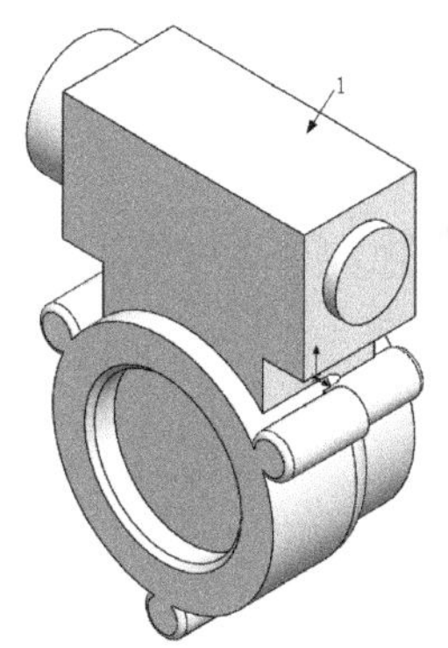

图 4-174　拉伸后的图形

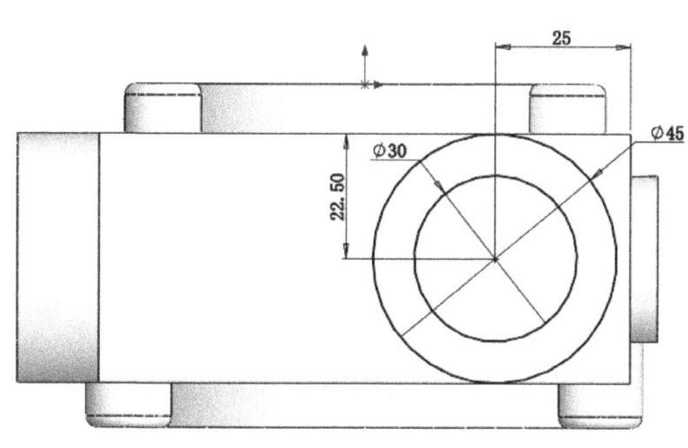

图 4-175　标注的草图

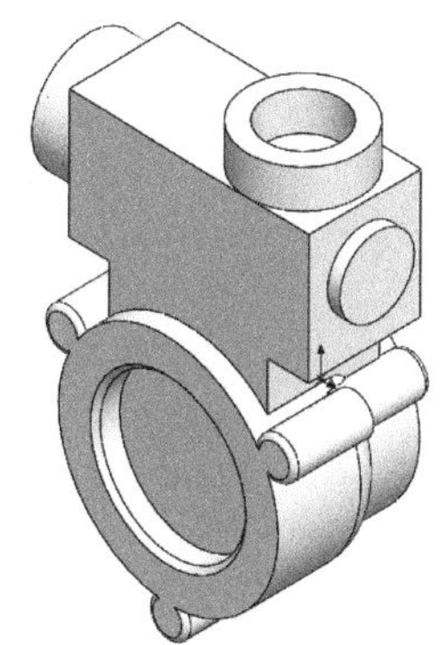

图 4-176　拉伸后的图形

（3）绘制草图 11。单击图 4-174 中的表面 1，单击“正视于”按钮，将该表面作为绘制图形的基准面，然后单击“草图绘制”按钮，进入草图绘制环境。单击“草图”面板中的“多边形”按钮，绘制一个正六边形。单击“草图”面板中的“智能尺寸”按钮，标注所绘制草图的尺寸。结果如图 4-177 所示。

Note

（4）拉伸实体 10。单击“特征”面板中的“拉伸凸台/基体”按钮，此时系统弹出“凸台-拉伸”属性管理器。输入拉伸深度为 8mm，然后单击“确定”按钮。结果如图 4-178 所示。

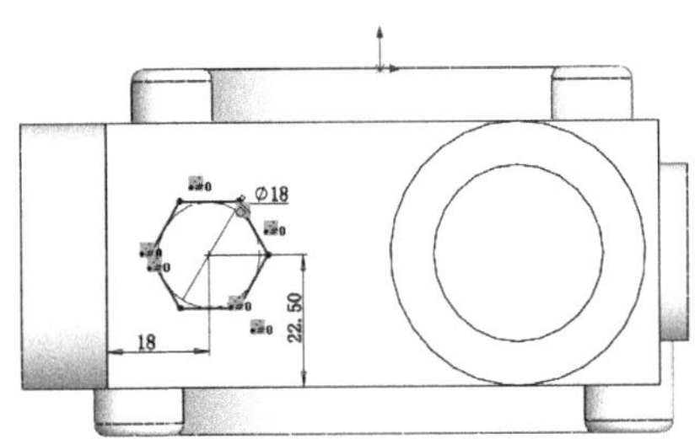

图 4-177　标注的草图

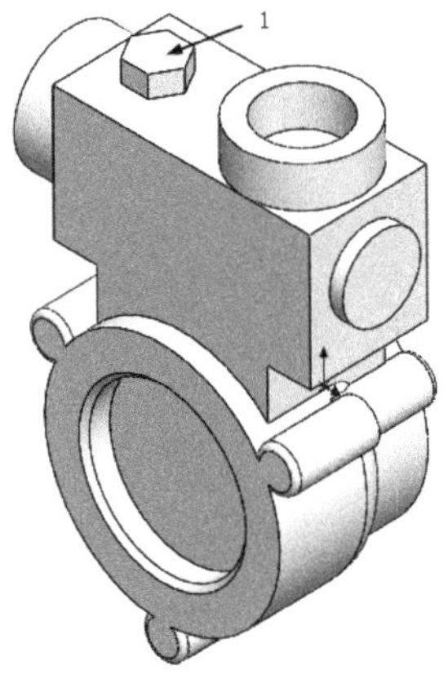

图 4-178　拉伸后的图形

（5）绘制草图 12。单击图 4-178 中表面 1，单击“正视于”按钮，将该表面作为绘制图形的基准面，然后单击“草图绘制”按钮，进入草图绘制环境。单击“草图”面板中的“圆”按钮，在设置的基准面上以正六边形内切圆的圆心为圆心绘制一个直径为 10mm 的圆。

（6）拉伸实体 11。单击“特征”面板中的“拉伸凸台/基体”按钮，此时系统弹出“凸台-拉伸”属性管理器。输入拉伸深度为 30mm，然后单击“确定”按钮。结果如图 4-179 所示。

6. 圆角实体

单击“特征”面板中的“圆角”按钮，此时系统弹出“圆角”属性管理器。输入半径值为 2mm，用鼠标选择图 4-179 中的边线 1，然后单击属性管理器中的“确定”按钮。重复此命令，将边线 2、3 和 5 修改成圆角半径为 5mm 的实体；将边线 4 和 7 修改成圆角半径为 2mm 的实体；将边线 6 和 8 修改成圆角半径为 1.5mm 的实体。结果如图 4-180 所示。

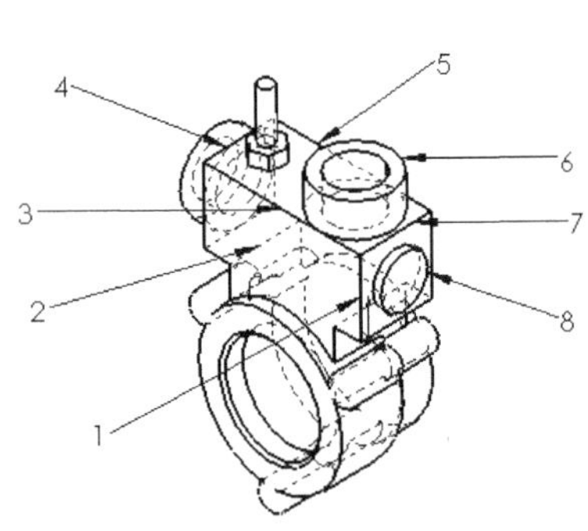

图 4-179　拉伸后的图形

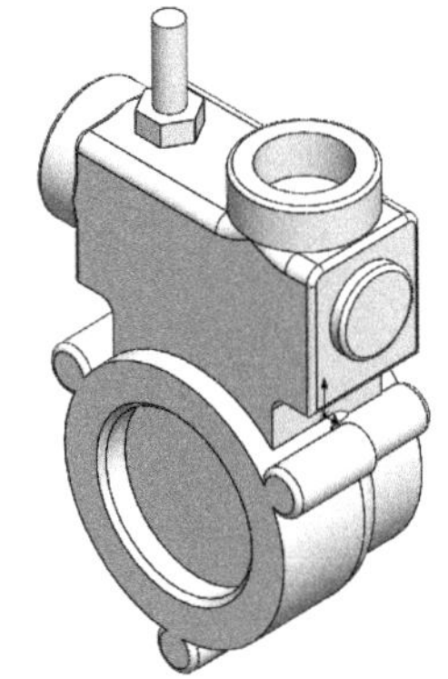
图 4-180　圆角后的实体

4.9.2　打印模型

根据 3.1.2 节的步骤 1、2 中相应内容进行操作，将相应的模型保存为*.stl 文件，并检查模型。

根据 3.1.2 节步骤 3 中（1）～（3）相应内容，按 3.1.2 节步骤 3 中的（4）～（8）操作即可。

4.9.3　处理打印模型

处理打印模型有以下 3 个步骤：

（1）取出模型。取出后的混合器模型如图 4-181 所示。

（2）去除支撑。

（3）打磨模型。打磨处理后的混合器模型如图 4-182 所示。

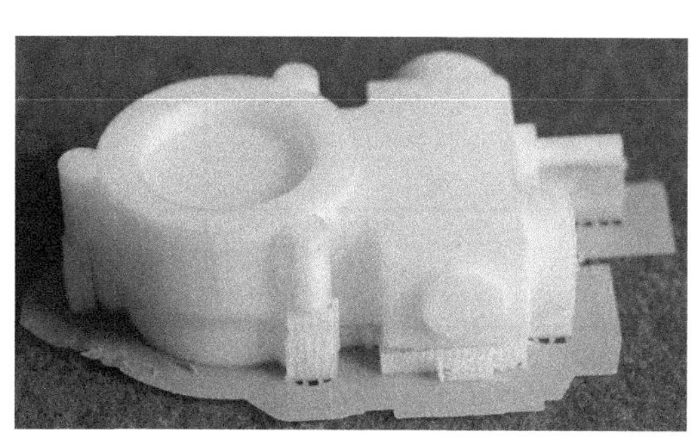

图 4-181　打印完毕的混合器模型

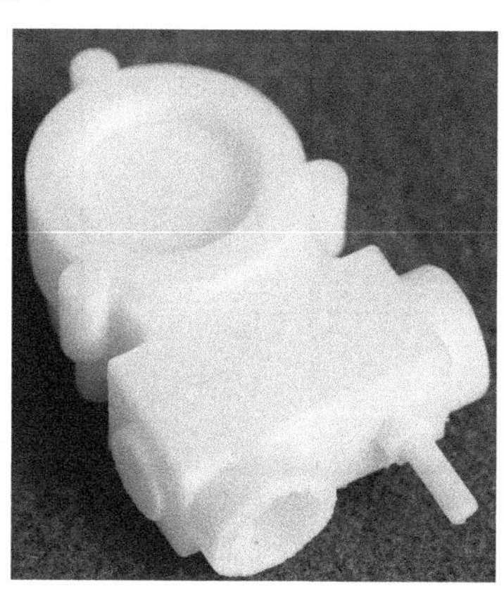

图 4-182　去除混合器模型的支撑

4.10　齿　　条

本节创建齿条零件，首先利用 SolidWorks 软件创建齿条模型，再利用 Cura 软件打印齿条的 3D 模型，最后对打印出来的齿条模型进行去支撑和毛刺处理，流程图如图 4-183 所示。

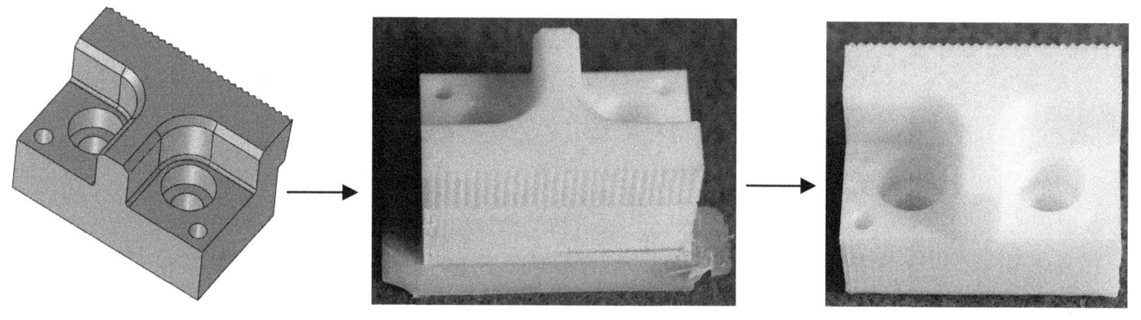

图 4-183　齿条模型创建流程图

4.10.1　创建模型

1. 新建文件

单击快速访问工具栏中的“新建”按钮，或选择“文件”→“新建”命令，弹出“新建

SOLIDWORKS 文件”对话框，单击“零件”按钮，然后单击“确定”按钮，创建一个新的零件文件。

2. 绘制草图轮廓

在“FeatureManager 设计树”中选择“前视基准面”作为草图绘制基准面，单击“草图绘制”按钮，将其作为草绘平面。单击“草图”面板中的“直线”按钮，绘制如图 4-184 所示的图形，不必考虑大小，只考虑相对位置。单击“草图”面板中的“智能尺寸”按钮，为草图添加尺寸，如图 4-185 所示。

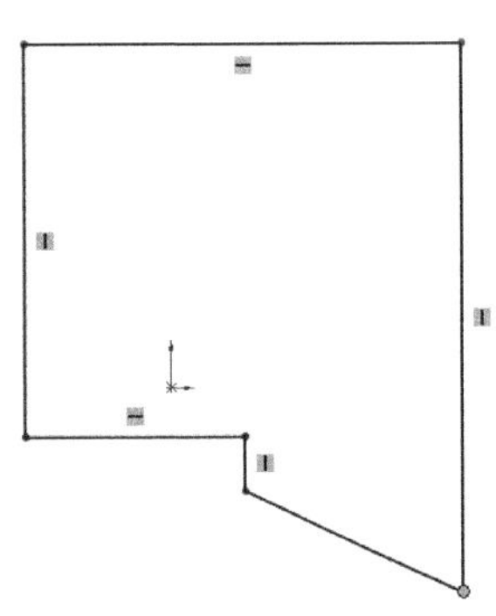

图 4-184　绘制草图轮廓

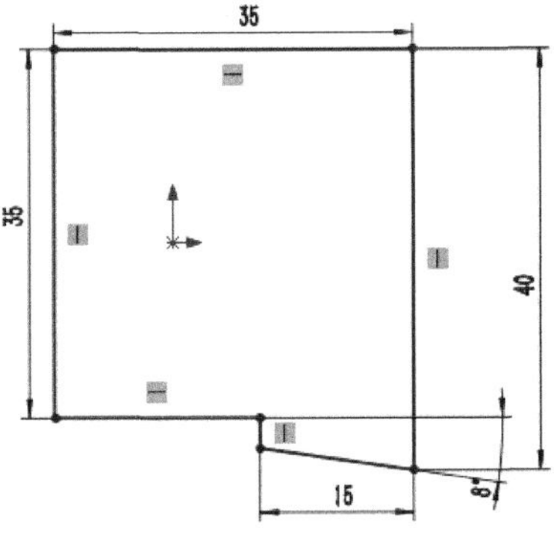

图 4-185　标注尺寸

3. 创建凸台拉伸特征

单击“特征”面板中的“拉伸凸台/基体”按钮，在弹出的“凸台-拉伸”属性管理器中输入拉伸深度为 60mm，具体参数设置如图 4-186 所示。单击“确定”按钮，完成凸台拉伸特征的创建，如图 4-187 所示。

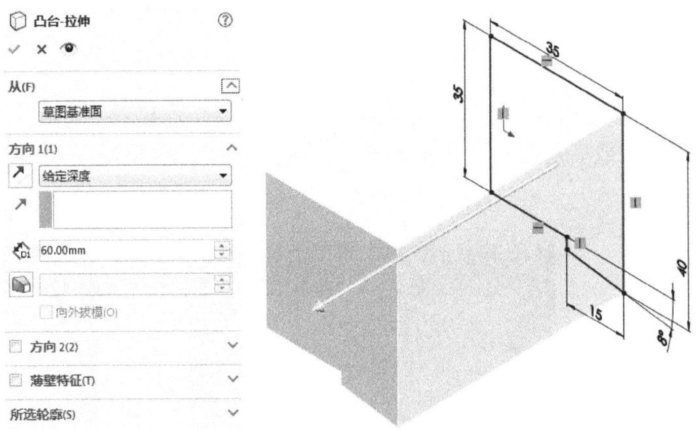

图 4-186　设置凸台拉伸参数

4. 绘制边角矩形

（1）选择图 4-187 中下面的平面 1 作为基准面。单击“正视于”按钮，使视图方向正视于草绘平面，然后单击“草图绘制”按钮，进入草图绘制环境。

（2）单击“草图”面板中的“边角矩形”按钮，绘制相关的草图，效果如图 4-188 所示。

（3）单击“草图”面板中的“智能尺寸”按钮，为草图添加尺寸，如图 4-189 所示。

（4）单击“草图”面板中的“绘制圆角”按钮，添加圆角半径为 10mm，最终的草图轮廓如图 4-190 所示。

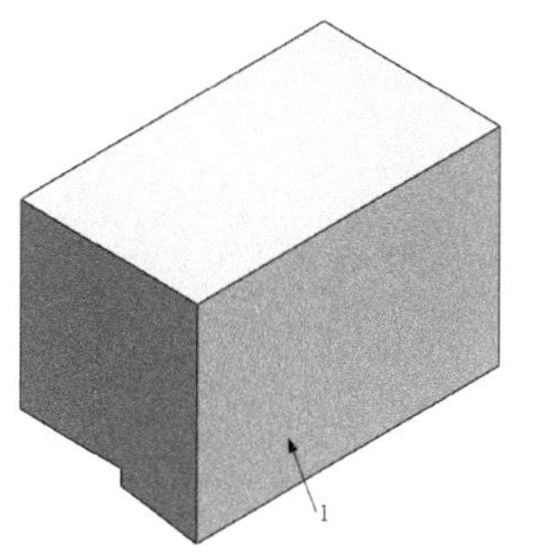

图 4-187　创建凸台拉伸特征

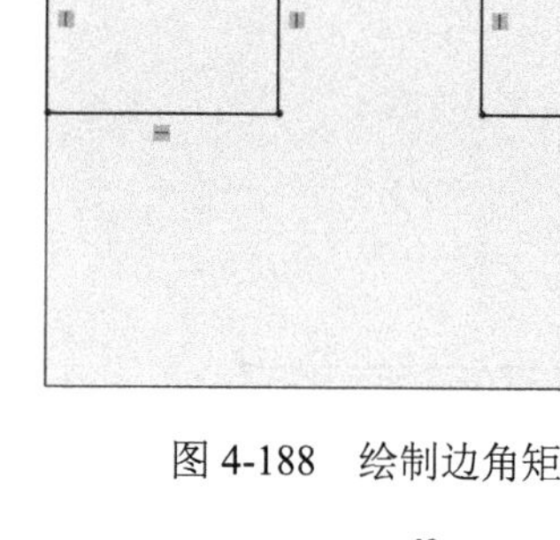

图 4-188　绘制边角矩形

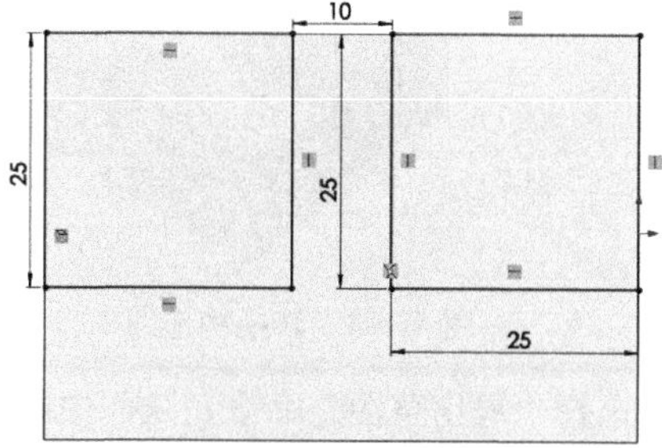

图 4-189　添加尺寸

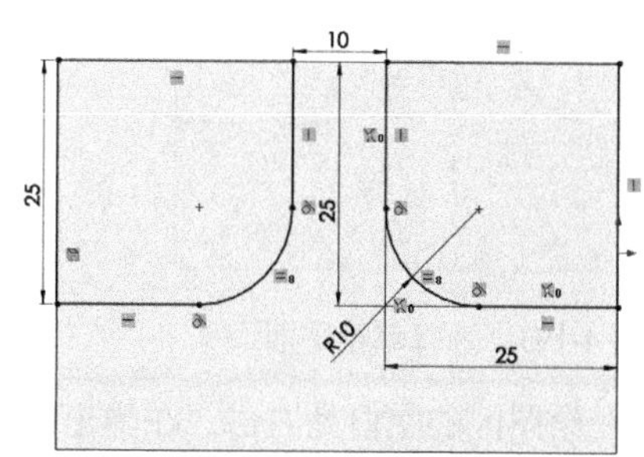

图 4-190　绘制圆角

5. 创建切除拉伸特征 1

单击"特征"面板中的"拉伸切除"按钮，在弹出的"切除-拉伸"属性管理器中输入切除深度为 15mm，如图 4-191 所示，单击"确定"按钮，完成切除拉伸特征 1 的创建。效果如图 4-192 所示。

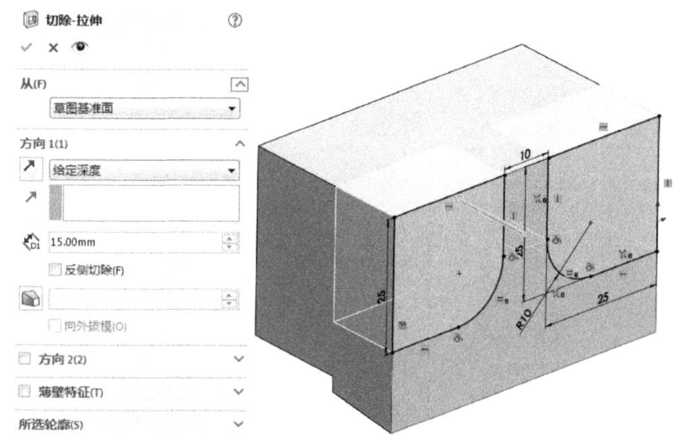

图 4-191　设置切除拉伸参数

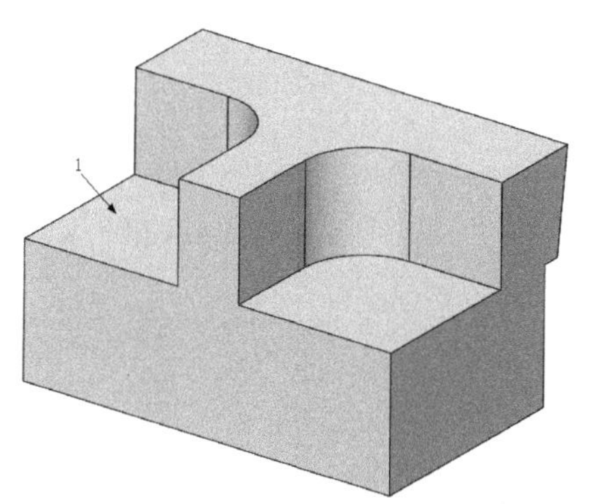

图 4-192　切除特征

6. 绘制草图

（1）以图 4-192 中的平面 1 作为新的草绘平面，开始绘制草图。单击"草图"面板中的"转换实体引用"按钮，将草绘平面上的棱边投影到新草图中，作为相关设计的参考图线，如图 4-193 所示。

（2）将所有参考图线选中，在弹出的"属性"属性管理器中选中"作为构造线"复选框，如图 4-194 所示；单击"确定"按钮，使其成为虚线形式的构造线。

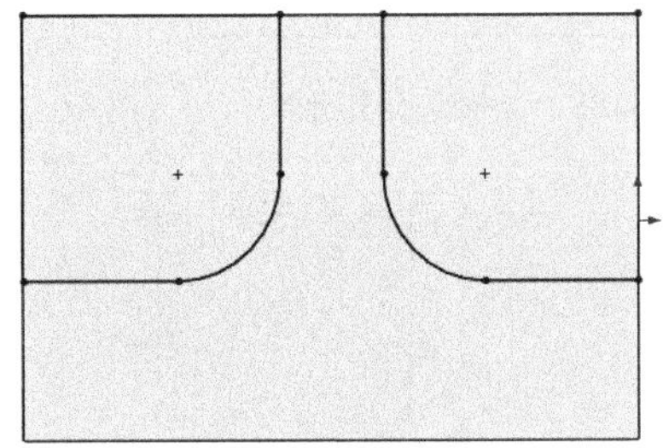

图 4-193　选择草绘平面

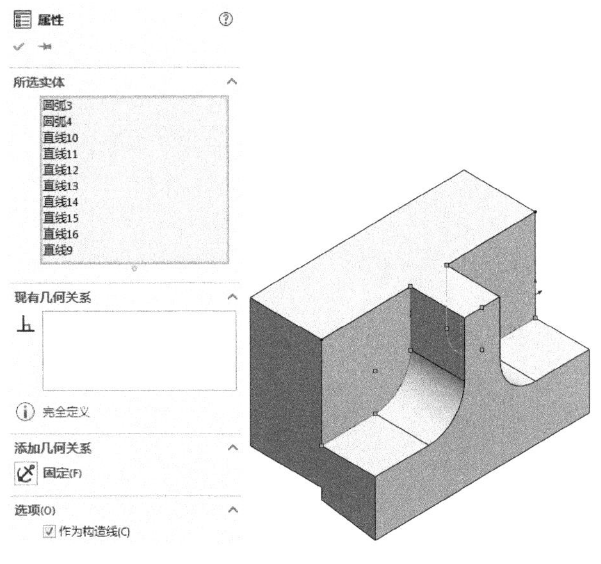

图 4-194　转换构造线

（3）在绘图区的空白处右击，在弹出的快捷菜单中选择“退出草图”命令，从而生成用来放置和定位沉头螺钉孔的草图，在“FeatureManager 设计树”中，默认情况下该草图被命名为“草图 3”。

7. 设置沉头螺钉孔参数

在“FeatureManager 设计树”中选择“草图 3”，将该草图平面作为螺钉孔放置面。单击“特征”面板中的“异型孔向导”按钮，在弹出的“孔规格”属性管理器中设置沉头螺钉孔的参数，如图 4-195 所示。

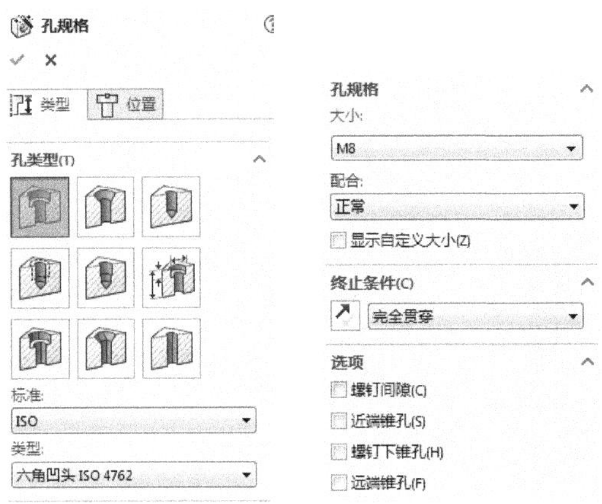

图 4-195　设置沉头螺钉孔参数

8. 定位沉头螺钉孔

选择“位置”选项卡，单击 3D 草图 按钮，选择两段圆弧构造线的中心点作为要生成孔的中心位置，如图 4-196 所示。单击“确定”按钮，完成沉头螺钉孔特征的创建，结果如图 4-197 所示。

提示：销孔的创建方法与沉头螺钉孔相似，不同之处在于销孔中心要单独创建中心点，并用尺寸约束定位；选择螺钉孔创建平面作为草图绘制平面。

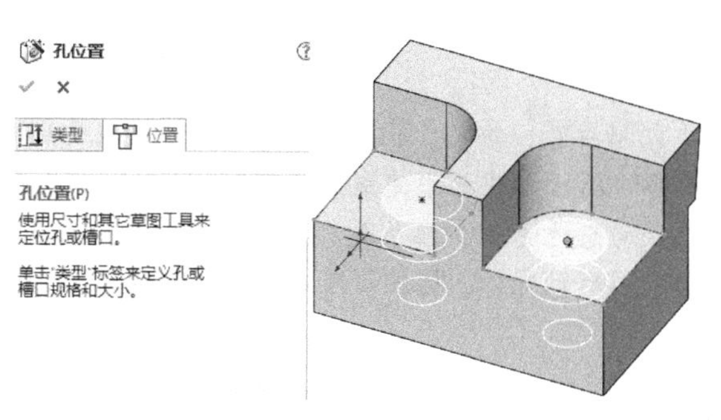

图 4-196 定位沉头螺钉孔位置

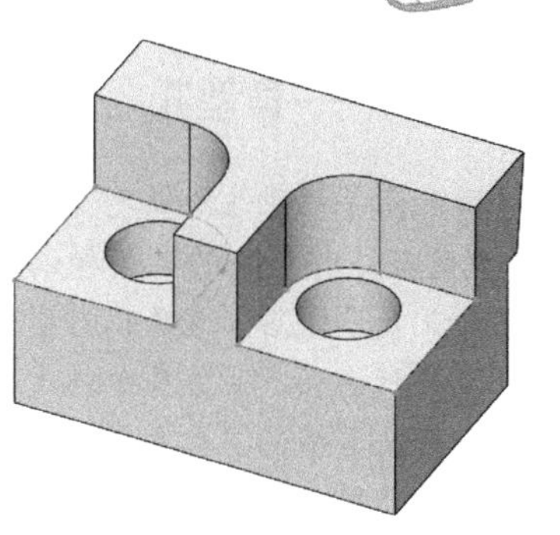

图 4-197 创建沉头螺钉孔

9. 创建销孔特征

单击“特征”面板中的“异型孔向导”按钮，在弹出的“孔规格”属性管理器中设置销孔参数，如图 4-198 所示。选择“位置”选项卡，单击 3D 草图 按钮，将孔的中心位置定位到草图中所绘制的两个点上，如图 4-199 所示。单击“确定”按钮，生成两个销孔，如图 4-200 所示。

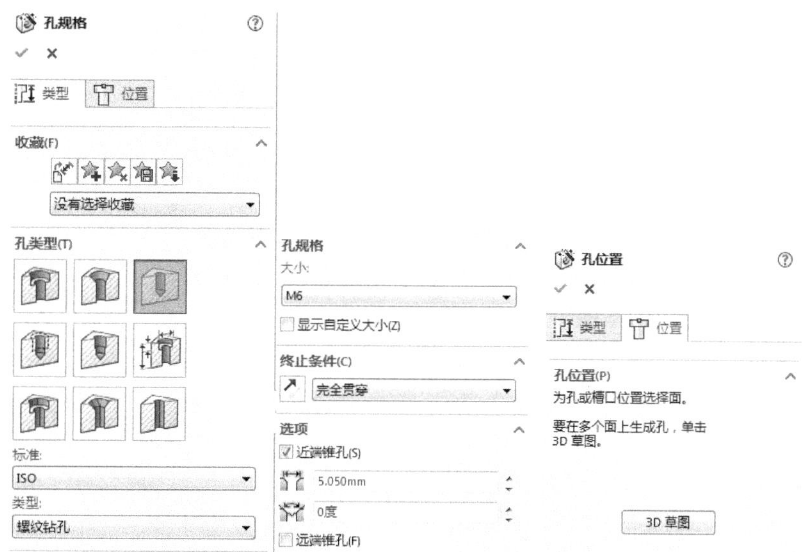

图 4-198 设置销孔参数

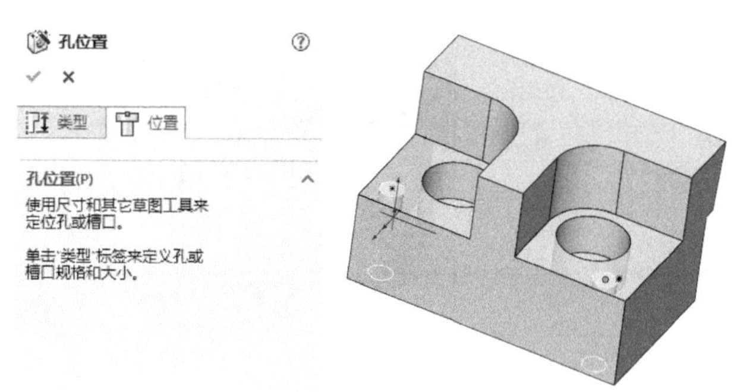

图 4-199 设置销孔位置

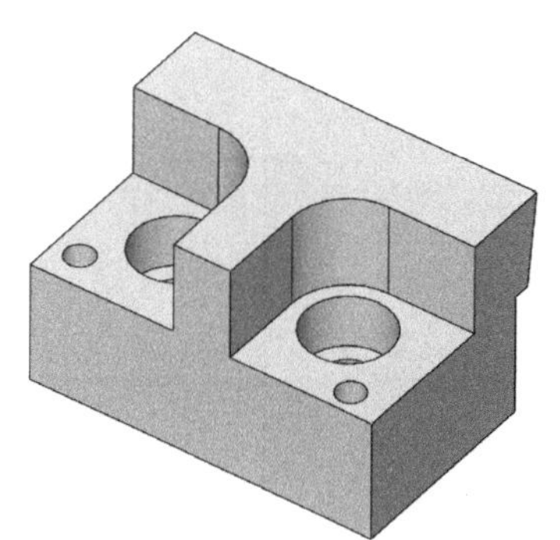

图 4-200 生成销孔特征

知识点——异型孔

异型孔向导用于生成具有复杂轮廓的孔，主要包括柱孔、锥孔、孔、螺纹孔、管螺纹孔和旧制孔6种类型的孔。异型孔的类型和位置都是在“孔规格”属性管理器中完成。

选择孔类型之后，选择孔类型选项属性管理器会动态地更新相应参数。使用属性管理器来设定孔类型参数并找出孔。除了基于终止条件和深度的动态图形预览外，属性管理器中的图形显示可以帮助设置选择的孔类型的具体细节。

无论是简单直孔还是异型孔，都需要选取孔的放置平面并且标注孔的轴线与其他几何实体之间的相对尺寸，以完成孔的定位。

在进行零件建模中，最好在设计阶段将近结束时再生成孔特征。这样可以避免因疏忽而将材料添加到现有的孔内。

10. 特征设置

打开“M6 螺纹孔螺纹孔钻头”特征，选择“3D 草图”并右击，在弹出的快捷菜单中单击“编辑草图”按钮，如图 4-201 所示，打开草图。单击“草图”面板中的“智能尺寸”按钮，用尺寸约束两个点的位置，如图 4-202 所示；在绘图区的空白处双击，退出草图绘制。

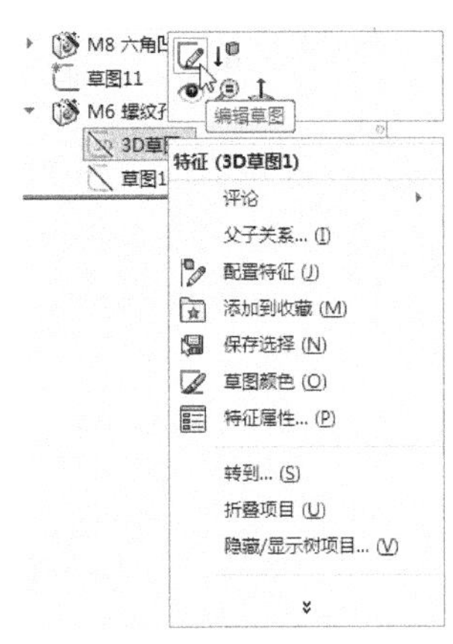

图 4-201　快捷菜单

11. 创建基准面

单击“特征”面板“参考几何体”下拉列表中的“基准面”按钮，弹出“基准面”属性管理器。分别选择 8° 斜面和面的棱边作为参考实体，输入角度 90°，如图 4-203 所示，单击“确定”按钮，生成与 8° 斜面垂直并通过所选棱边的基准面。

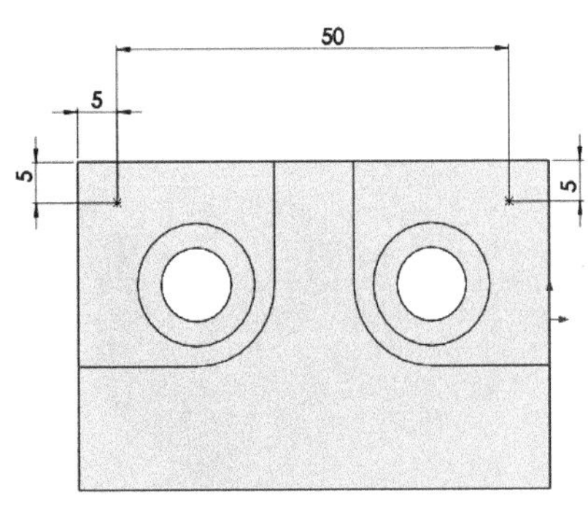

图 4-202　约束定位点

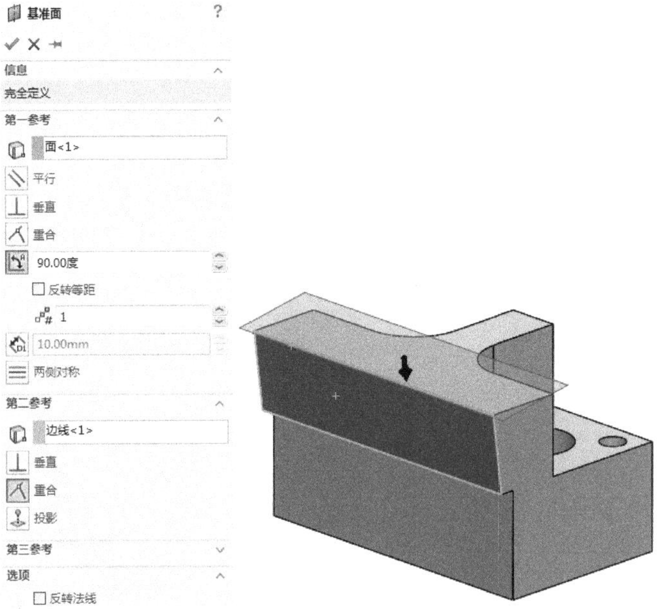

图 4-203　设置基准面参数

Note

12. 绘制齿槽草图

（1）将光标放在新生成的基准面边框附近，SolidWorks 将自动感应拾取这个工作面，显示上会有明显反馈。右击，在弹出的快捷菜单中单击“草图绘制”按钮；单击“正视于”按钮，转换视图到草图的正视状态（默认状态下并不能自动将显示转换到草图的正投影状态）。

（2）绘制草。图靠着 8° 的斜面轮廓的边绘制齿槽草图，单击“草图”面板中的“智能尺寸”按钮，标注齿槽草图的尺寸；标注较小的图线，可能不能感应所要选定的对象，应当进一步放大显示才行，如图 4-204 所示。

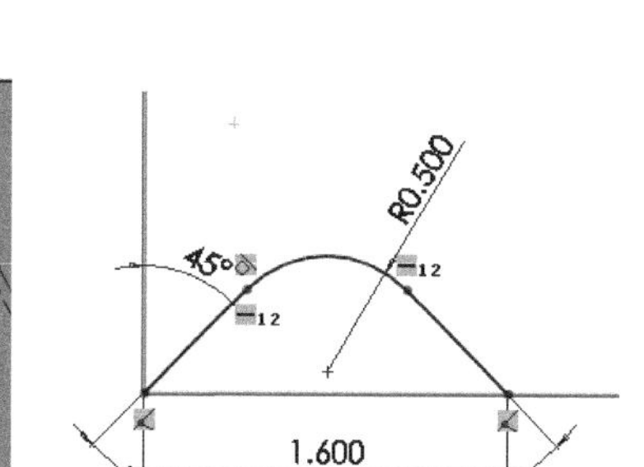

图 4-204　绘制齿槽草图

13. 生成分割线

单击“特征”面板“曲线”下拉列表中的“分割线”按钮，弹出“分割线”属性管理器，在绘图区选中“投影”单选按钮，再选择要分割的面如图 4-205 所示；单击“确定”按钮，从而在所选面上生成分割线。

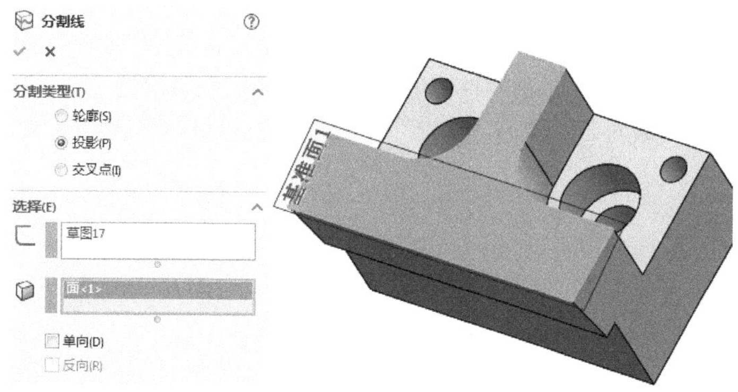

图 4-205　设置“投影”要分割的面

知识点——分割曲线

分割线工具将草图投影到曲面或平面上，它可以将所选的面分割为多个分离的面，从而可以选择操作其中一个分离面，也可将草图投影到曲面实体生成分割线。

根据“分割线”属性管理器可以生成以下 3 种分割线。

（1）轮廓：根据轮廓创建分割线。

（2）投影：将草图投影到曲面上，根据投影曲线创建分割线。

（3）交叉点：以交叉实体、曲面、面、基准面或曲面样条曲线分割面。

Note

14. 投影分割线

在分割线所在的面上右击，在弹出的快捷菜单中单击“草图绘制”按钮；选择分割线所分割的区域，单击“草图”面板中的“转换实体引用”按钮，将分割线所在的区域投影到新草图中，如图 4-206 所示。

15. 创建切除拉伸特征 2

单击“特征”面板中的“拉伸切除”按钮，在弹出的“切除-拉伸”属性管理器中设置切除的终止条件为“成形到下一面”，选择“基准面 1”作为切除方向，如图 4-207 所示，单击“确定”按钮，生成单个齿槽。

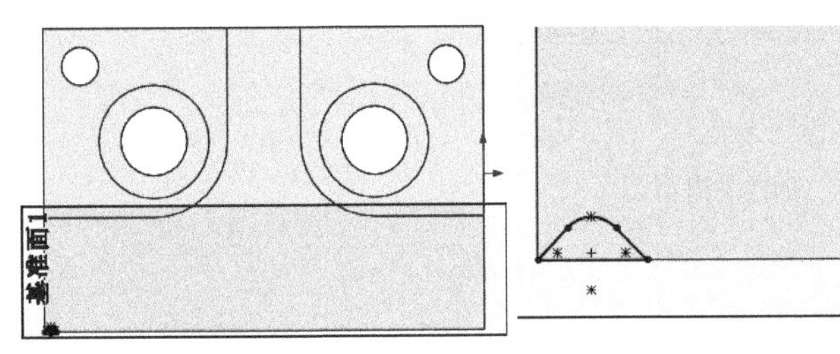

图 4-206　投影分割线

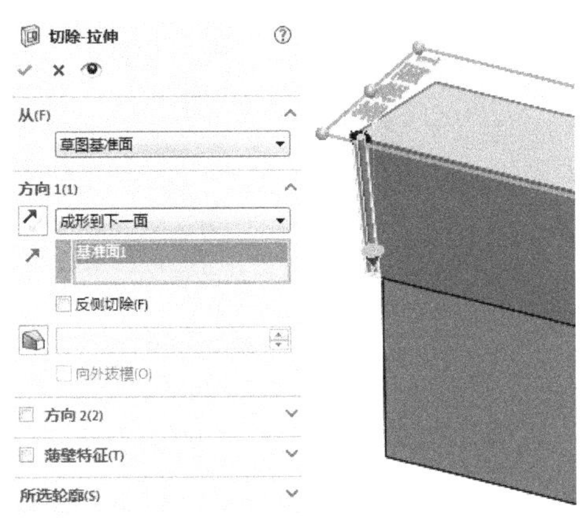

图 4-207　创建切除拉伸特征 2

16. 线性阵列

在“FeatureManager 设计树”中选择齿槽特征“切除-拉伸 2”，单击“特征”面板中的“线性阵列”按钮，在绘图区选择如图 4-208 所示的零件棱边作为阵列方向，在弹出的“线性阵列”属性管理器中输入间距为 2.1mm，输入实例数为 29；单击“确定”按钮，生成线性阵列特征，效果如图 4-209 所示。

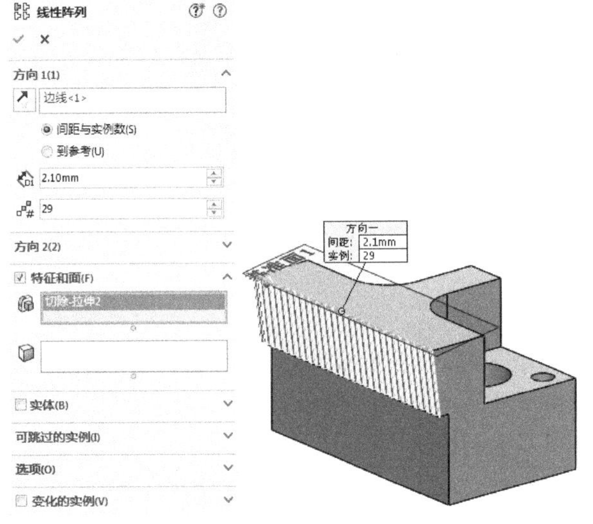

图 4-208　线性阵列

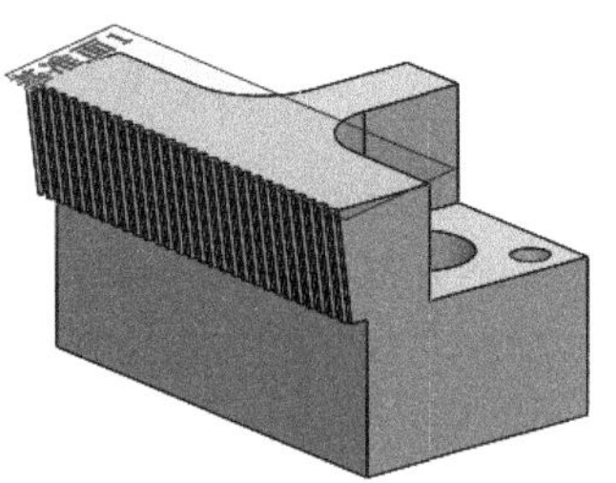

图 4-209　线性阵列效果

知识点——线性阵列

线性阵列是指按照指定的方向、线性距离和实例数将源特征进行一维或者二维的复制。

“线性阵列”属性管理器中的选项说明如下。

（1）“方向1”选项组：可以选择一线性边线、直线、轴或尺寸。

① “反向”：来改变阵列的方向。

② “间距”：在所选择方向上设置要阵列的距离及要阵列的个数。这里的距离是指每个阵列个体之间的间距。阵列的数量包括原始要阵列的特征，即阵列的总数。

（2）“方向2”选项组：在第二个方向上设置的阵列可控参数。同阵列方向1。

（3）“要阵列的特征”选项组：使用所选择的特征来作为源特征以生成阵列。

（4）“要阵列的面”选项组：使用构成源特征的面生成阵列。在图形区域中选择源特征的所有面。这对于只输入构成特征的面而不是特征本身的模型很有用。当使用要阵列的面时，阵列必须保持在同一面或边界内。它不能够跨越边界。

（5）“要阵列的实体”选项组：在零件图中有多个实体特征，可利用阵列实体来生成多个实体。

（6）“可跳过的实例”选项组：在生成阵列时跳过在图形区域中选择的阵列实例。当将鼠标指针移动到每个阵列的实例上时，指针变为并且坐标也出现在图形区域中。单击以选择要跳过的阵列实例。若想恢复阵列实例，再次单击图形区域中的实例标号。

（7）“选项”选项组：可以对阵列的细节进行设置。

17. 创建倒角特征

单击“特征”面板中的“倒角”按钮，弹出“倒角”属性管理器。选择倒角参数为“角度距离”，输入距离为2mm，输入角度为45°，在绘图区选择要生成倒角的零件棱边，如图4-210所示，单击“确定”按钮，完成倒角特征的创建。

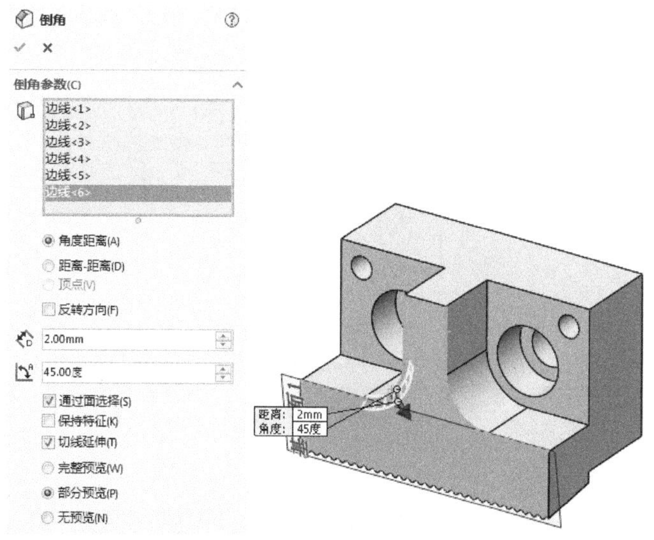

图4-210　创建倒角特征

18. 创建圆角特征

单击“特征”面板中的“圆角”按钮，弹出“圆角”属性管理器；输入半径值为1，在绘图区

Note

选择要生成圆角的零件棱边，如图 4-211 所示，单击“确定”按钮✔，完成圆角特征的创建，如图 4-212 所示。

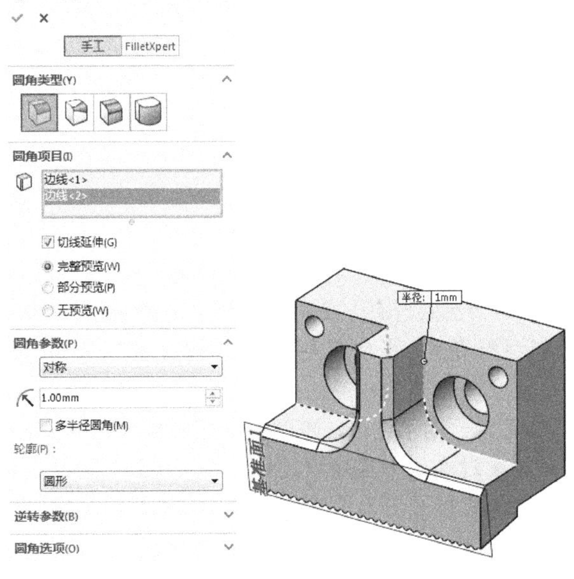

图 4-211　创建圆角特征

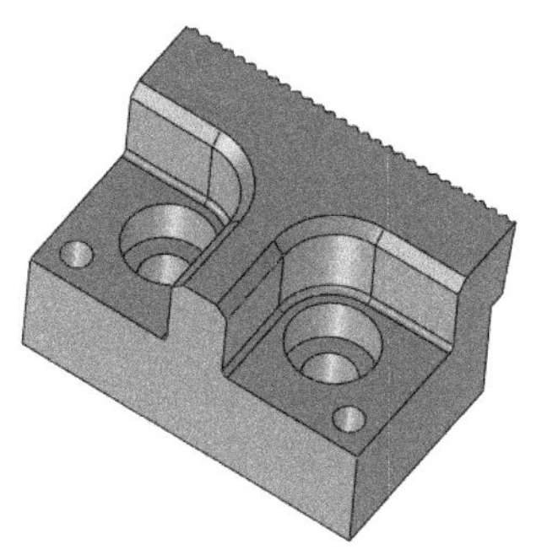
图 4-212　创建圆角

4.10.2　打印模型

根据 3.1.2 节的步骤 1、2 中相应内容进行操作，将相应的模型保存为*.stl 文件，并检查模型。

根据 3.1.2 节步骤 3 中（1）～（3）相应内容进行参数设置，选中“旋转”按钮，模型周围将出现相应的旋转轴，鼠标左键选中相应旋转轴，该旋转轴高亮显示，选中竖直轴将模型旋转 90°，如图 4-213 所示，其余步骤按 3.1.2 节步骤 3 中的（5）～（8）操作即可。

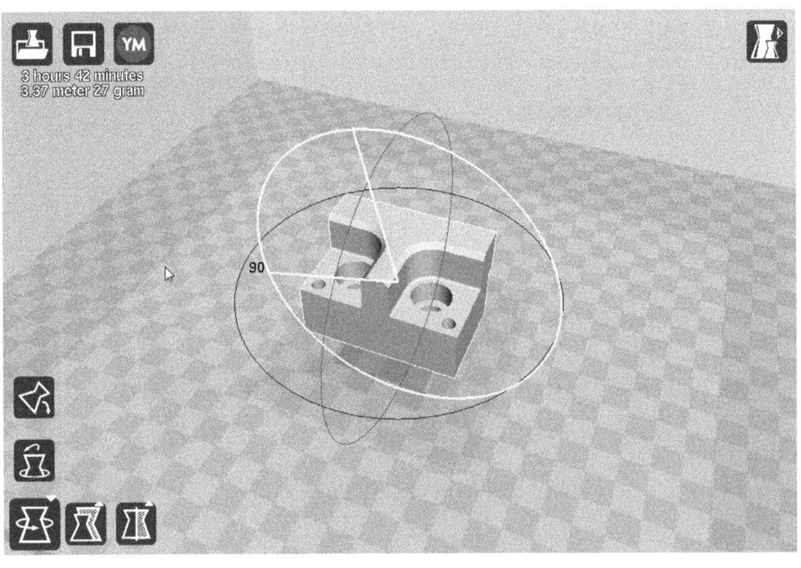

图 4-213　旋转模型 chitiao

4.10.3　处理打印模型

处理打印模型有以下 3 个步骤：

（1）取出模型。取出后的齿条模型如图 4-214 所示。

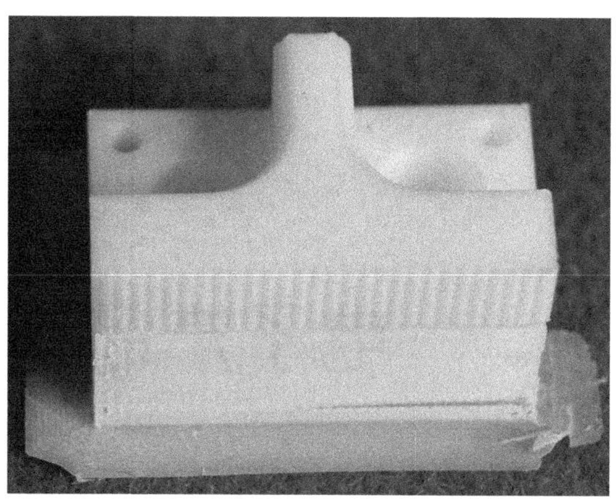

图 4-214　打印完毕的齿条模型

（2）去除支撑。

（3）打磨模型。打磨处理后的模型如图 4-215 所示。

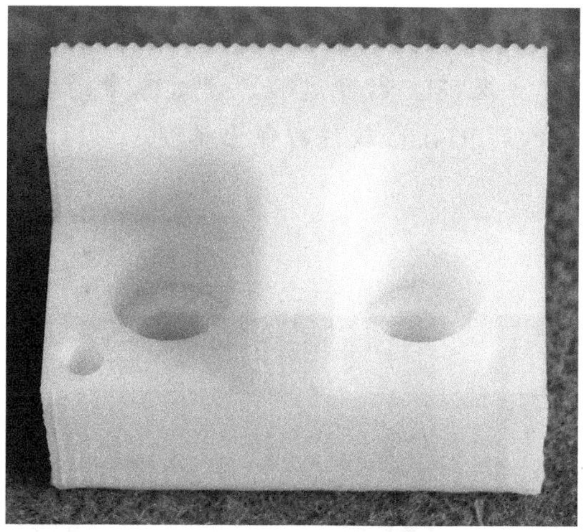

图 4-215　去除齿条模型的支撑

第5章

电子产品造型与打印

3D 打印的研发者们已经开发出了以挤压、喷雾或者其他方式在打印物品中添加导电材料的方法，这些导电材料会在打印过程中被加到物品的夹层当中。这一技术使得3D打印得以首次被商业利用于半导体及电子元器件的打印。3D 打印可以制作电子元件的技术会缩短制造新设备所花费的时间，同时还可以使得设计师们所能够采用的工具更加广泛。

本章主要介绍常见几款电子产品，如电容、数据线接口、同轴电缆接口、芯片、电脑接口、液晶显示器等模型的建立及 3D 打印过程。通过本章的学习主要使读者掌握如何从 SolidWorks 中创建模型并导入到 RPdata 软件打印出模型。

任务驱动&项目案例

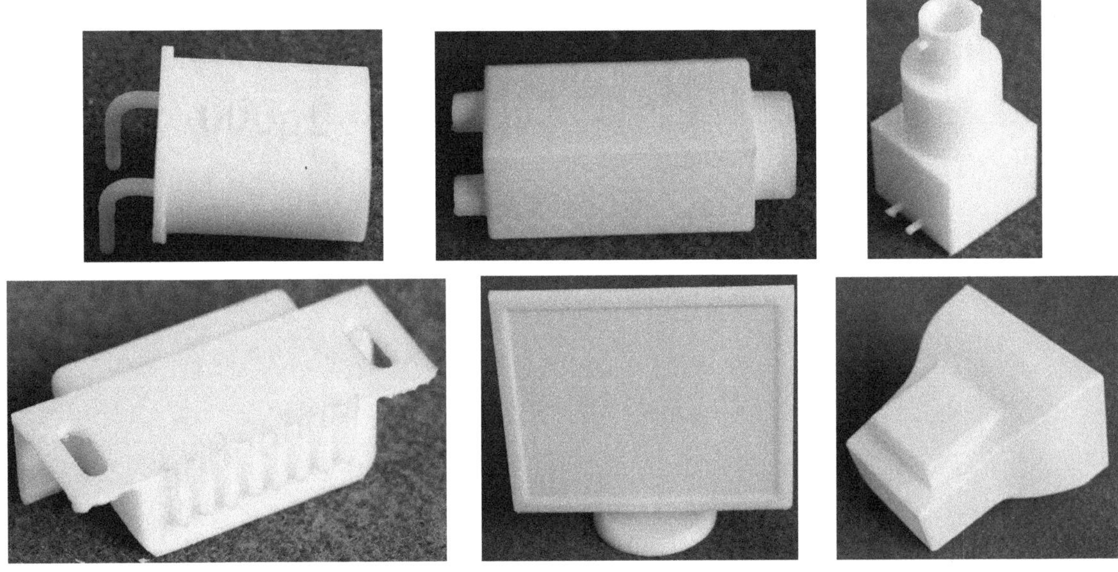

5.1 电 容

本例创建电容，首先利用 SolidWorks 软件创建电容模型，再利用 RPdata 软件打印电容的 3D 模型，最后对打印出来的电容模型进行去支撑和毛刺处理，流程图如图 5-1 所示。

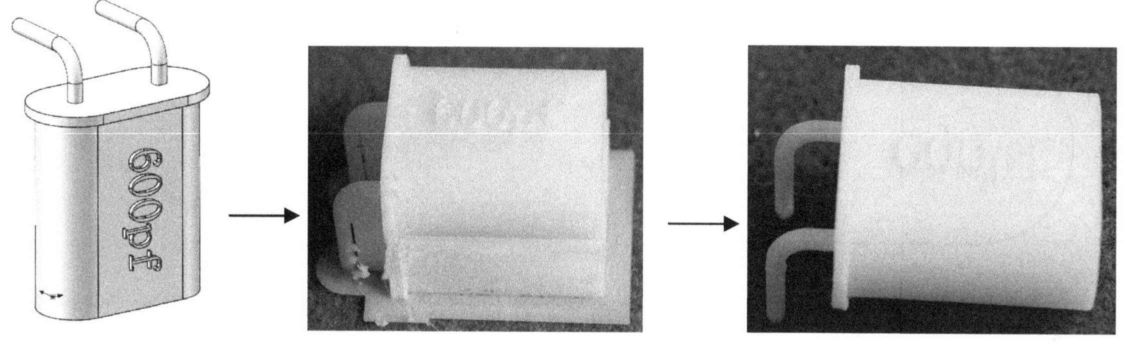

图 5-1 电容模型创建流程图

5.1.1 创建模型

首先绘制电容电解池草图，然后拉伸实体，即电容的主体；再绘制电容的封盖，然后以封盖为基准面绘制电容的管脚；最后以主体为基准面，在其上绘制草图文字并拉伸。

1. 新建文件

选择“文件”→“新建”命令，或者单击快速访问工具栏中的“新建”按钮，在弹出的“新建 SOLIDWORKS 文件”对话框中先单击“零件”按钮，再单击“确定”按钮，创建一个新的零件文件。

2. 绘制草图

（1）在左侧的“FeatureManager 设计树”中用鼠标选择“前视基准面”作为绘制图形的基准面，单击“草图绘制”按钮，进入草图绘制环境。单击“草图”面板中的“边角矩形”按钮，绘制一个矩形；单击“草图”面板中的“3 点圆弧”按钮，在矩形的左右两侧绘制两个圆弧。结果如图 5-2 所示。

（2）单击“草图”面板中的“智能尺寸”按钮，标注图中矩形各边的尺寸及圆弧的尺寸。结果如图 5-3 所示。

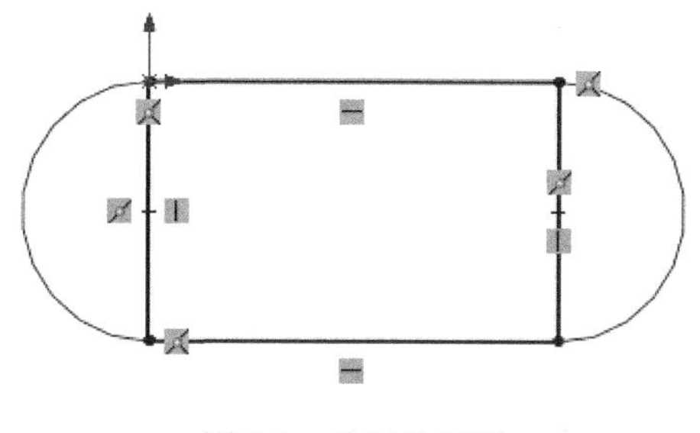

图 5-2 绘制的草图

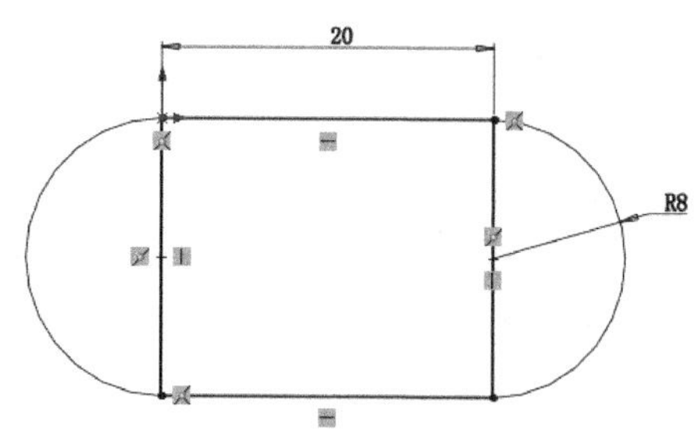

图 5-3 标注后的图形

Note

（3）单击“草图”面板中的“剪裁实体”按钮，将图 5-3 中矩形和圆弧交界的两条直线进行剪裁。结果如图 5-4 所示。

3. 拉伸实体

单击“特征”面板中的“拉伸凸台/基体”按钮，此时系统弹出“凸台-拉伸”属性管理器。输入拉伸深度为 40mm，然后单击“确定”按钮。结果如图 5-5 所示。

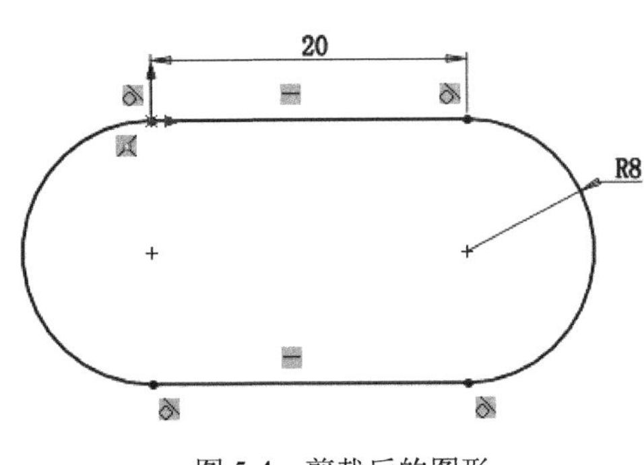

图 5-4 剪裁后的图形

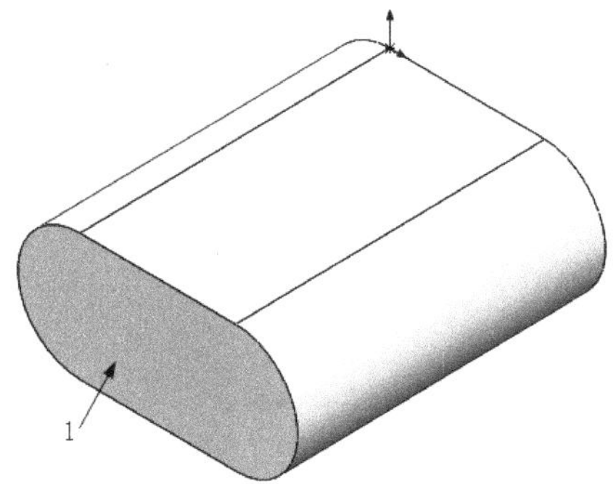

图 5-5 拉伸后的图形

4. 绘制草图

（1）选择图 5-5 所示的表面 1，单击“正视于”按钮，将该表面作为绘图的基准面，然后单击“草图绘制”按钮，进入草图绘制环境。

（2）单击“草图”面板中的“边角矩形”按钮，绘制一个矩形；单击“草图”面板中的“3 点圆弧”按钮，在矩形的左右两侧绘制两个圆弧。

（3）单击“草图”面板中的“智能尺寸”按钮，标注步骤（2）绘制的矩形各边的尺寸及圆弧的尺寸。结果如图 5-6 所示。

（4）单击“草图”面板中的“剪裁实体”按钮，将图 5-6 中矩形和圆弧交界的两个直线进行剪裁。结果如图 5-7 所示。

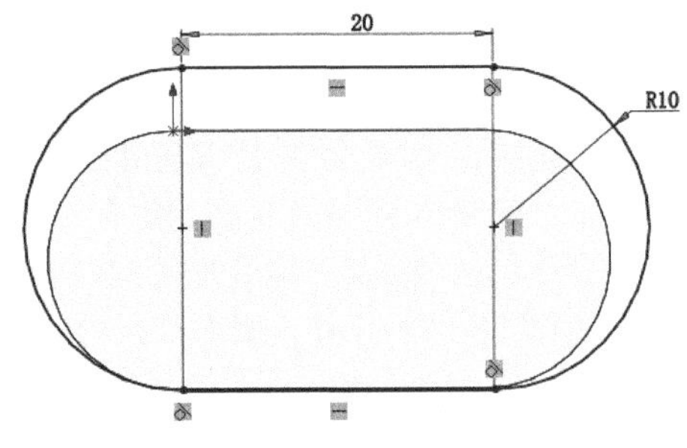

图 5-6 标注后的图形

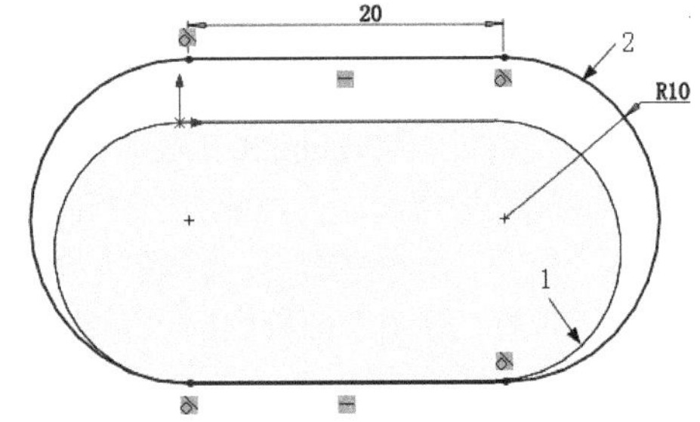

图 5-7 剪裁后的图形

（5）单击“草图”面板中的“添加几何关系”按钮，此时系统弹出如图 5-8 所示的“添加几何关系”属性管理器。单击图 5-7 中的圆弧 1 和圆弧 2，此时所选的实体出现在属性管理器中，然后单击“同心”按钮，此时“同心”关系出现在属性管理器中。设置好几何关系后，单击属性管理器中的“确定”按钮。结果如图 5-9 所示。

5. 拉伸实体

单击“特征”面板中的“拉伸凸台/基体”按钮，此时系统弹出“凸台-拉伸”属性管理器。输

入拉伸深度为2mm，然后单击“确定”按钮✔。结果如图5-10所示。

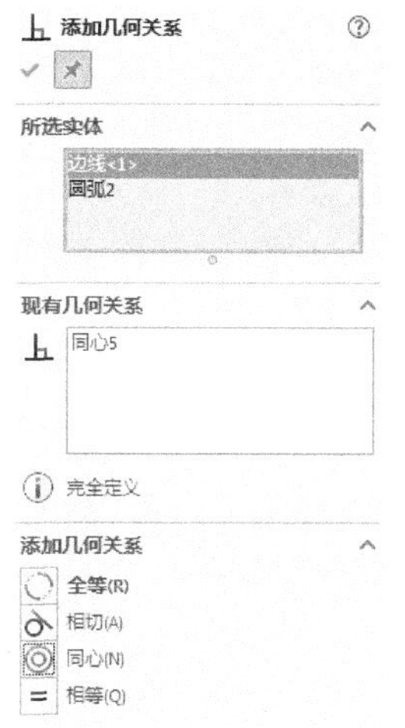

图5-8　“添加几何关系”属性管理器

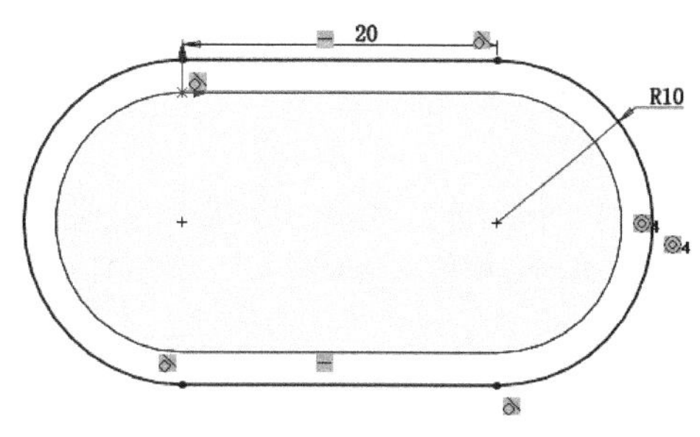

图5-9　同心后的图形

6. 绘制扫描截面草图

（1）选择图5-10所示的表面1，单击“正视于”按钮，将该表面作为绘图的基准面，然后单击“草图绘制”按钮，进入草图绘制环境。

（2）单击“草图”面板中的“圆”按钮，在步骤（1）设置的基准面上绘制一个圆。

（3）单击“草图”面板中的“智能尺寸”按钮，标注圆的直径。结果如图5-11所示。

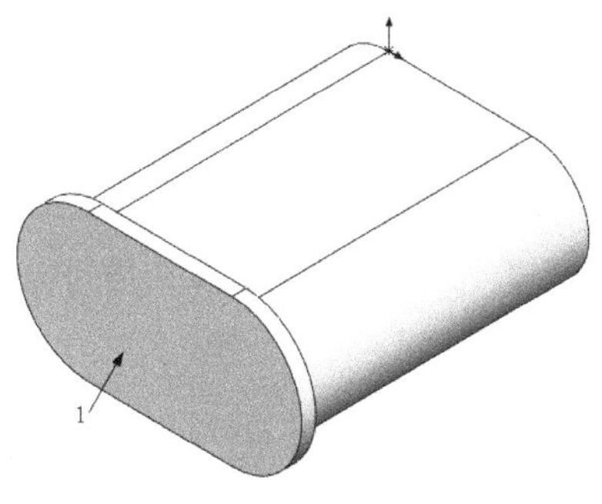

图5-10　拉伸后的图形

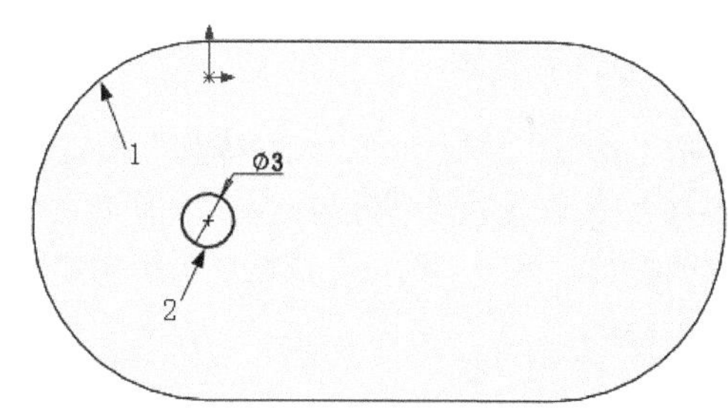

图5-11　标注后的图形

（4）单击“草图”面板中的“添加几何关系”按钮，将图5-11中的圆弧1和圆弧2添加为“同心”几何关系，然后退出草图绘制状态。

7. 绘制扫描路径草图

（1）在左侧的“FeatureManager设计树”中选择“右视基准面”，单击“正视于”按钮，将该基准面作为绘图的基准面，然后单击“草图绘制”按钮，进入草图绘制环境。

（2）单击“草图”面板中的“直线”按钮，绘制两条直线，直线的一个端点在步骤2绘制的圆的圆心处。结果如图5-12所示。

（3）单击“草图”面板中的“绘制圆角”按钮，此时系统弹出“绘制圆角”属性管理器。输入半径值为6mm，然后选择步骤（2）绘制的两条直线段，结果如图5-13所示。然后退出草图绘制状态。

Note

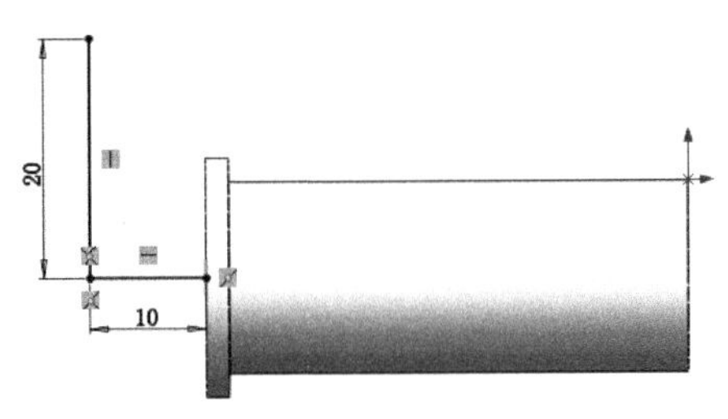

图 5-12　绘制的草图　　图 5-13　圆角后的图形

8. 扫描实体

单击“特征”面板中的“扫描”按钮，此时系统弹出如图 5-14 所示的“扫描”属性管理器。选择图 5-11 中圆弧 1 为扫描轮廓；选择图 5-13 中草图为扫描路径。单击“确定”按钮，结果如图 5-15 所示。

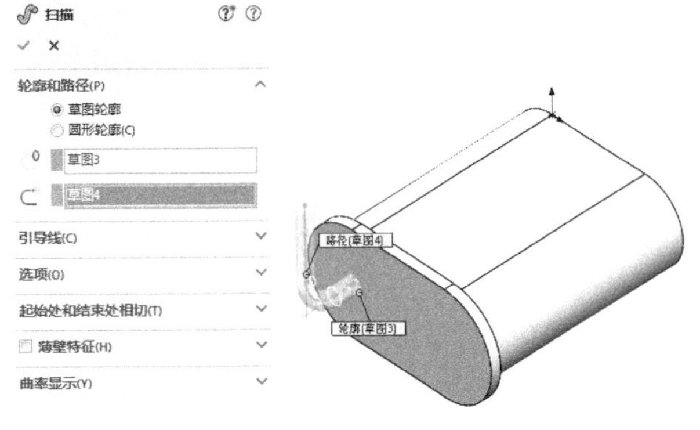

图 5-14　“扫描”属性管理器

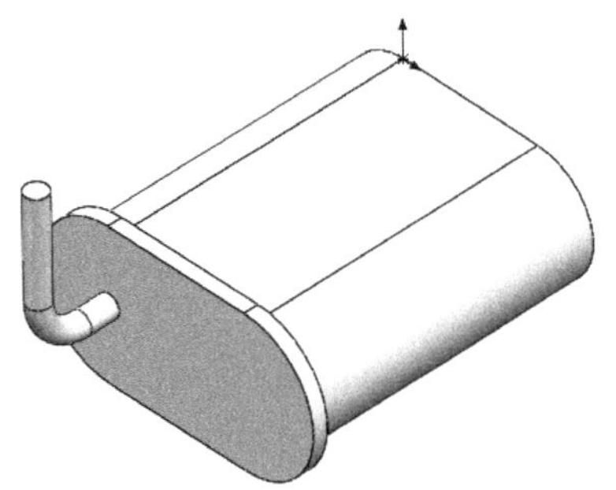

图 5-15　扫描后的图形

9. 线性阵列实体

单击“特征”面板中的“线性阵列”按钮，此时系统弹出“线性阵列”属性管理器，用鼠标选择图 5-16 中的边线为阵列方向；输入间距值为 20mm；输入实例个数为 2；选择第 8 步扫描的实体为要阵列的特征。单击“确定”按钮，结果如图 5-17 所示。

图 5-16　“线性阵列”属性管理器

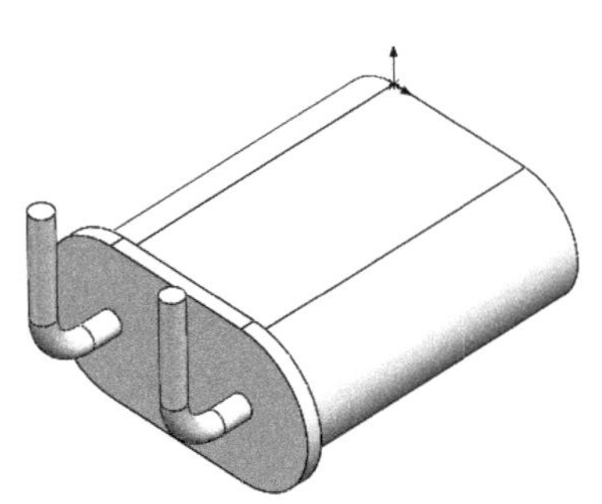

图 5-17　阵列后的图形

10. 绘制文字草图

（1）用鼠标选择图 5-17 中的底面，单击“正视于”按钮，将该表面作为绘制图形的基准面，然后单击“草图绘制”按钮，进入草图绘制环境。

（2）单击“草图”面板中的“中心线”按钮，绘制一条竖直中心线。单击“草图”面板中的“文字”按钮，此时弹出如图 5-18 所示的“草图文字”属性管理器。在“文字”一栏中输入600pf，并设置文字的大小及属性，然后用鼠标调整文字在基准面上的位置。单击“确定”按钮，结果如图 5-19 所示。

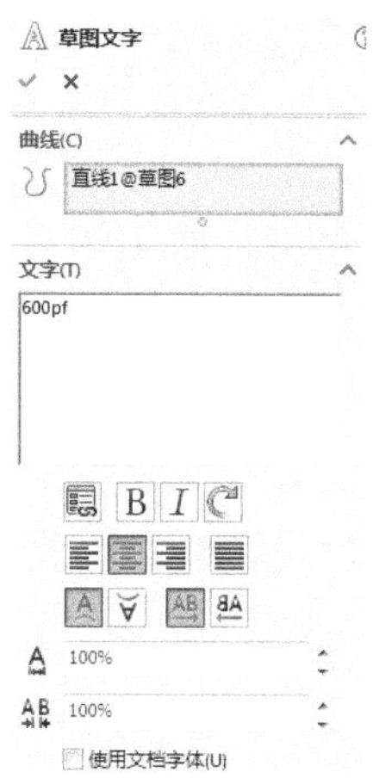

图 5-18　“草图文字“属性管理器

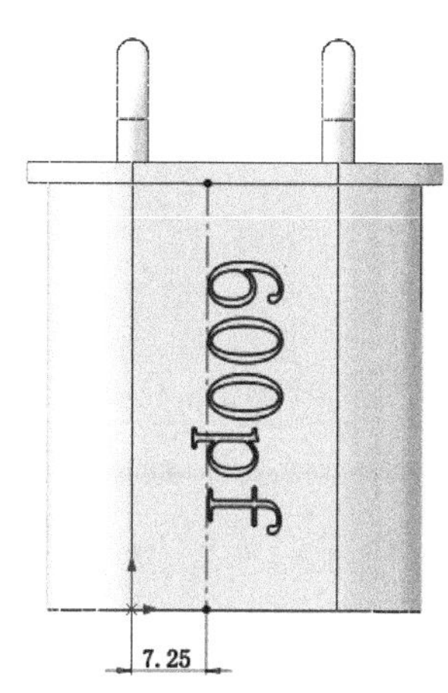

图 5-19　绘制的草图文字

11. 拉伸草图文字

单击“特征”面板中的“拉伸凸台/基体”按钮，此时系统弹出如图 5-20 所示“凸台-拉伸”属性管理器。输入拉伸深度为 1mm。按照图示进行设置后，单击“确定”按钮，结果如图 5-21 所示。

图 5-20　“凸台-拉伸“属性管理器

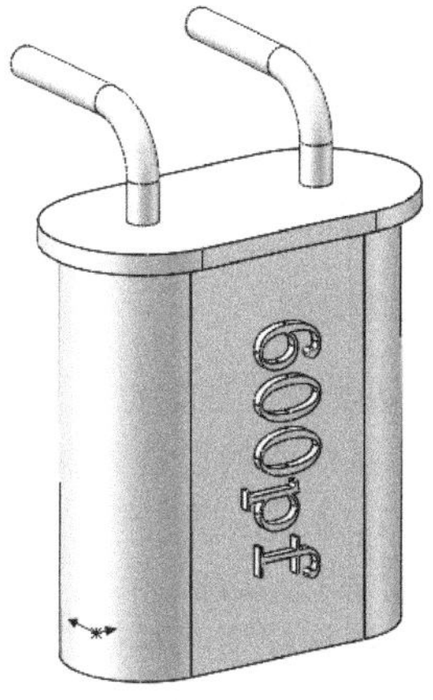

图 5-21　拉伸后的图形

5.1.2　打印模型

1. 打开软件

双击 RPdata 软件图标，打开 RPdata 软件，操作界面如图 5-22 所示。

图 5-22　RPdata 软件操作界面

知识点——RPdata 软件操作界面

下面介绍软件界面中的各工具栏及窗口的含义。

（1）菜单栏：包含所有操作命令。

（2）视图操作/显示选项工具栏：包含对模型进行打开、保存及查看不同视图方向等命令。

（3）数据处理及参数设定工具栏：可选择设备类型及对模型添加支撑、分层等处理命令。

（4）模型支撑/分层列表窗口：可分别显示模型、支撑数据、分层数据等。

（5）模型显示操作工具栏：包含对模型、支撑数据和分层数据进行放大、缩小等命令，还包括对模型以不同方式进行查看的命令。

（6）图形编辑工具栏：包含对模型、支撑数据和分层数据进行编辑等命令。

（7）状态栏：显示当前的操作信息。

2. 加载和放置模型

（1）选择设备类型。在数据处理前，需选择相应的设备类型。单击“虚拟设备”下拉列表框旁的箭头，显示当前系统中的设备列表，选择相应设备即可，如图 5-23 所示。

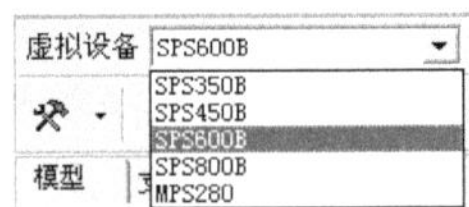

图 5-23　选择设备

（2）加载 STL 格式数据文件。

① 单击“打开 STL 文件”按钮，或选择“菜单”→“文件”→“转换”命令，弹出“加载模型”对话框，如图 5-24 所示。

② 选择所需要的 STL 格式的数据文件，单击“加载”按钮，STL 数据开始进行转换，转换结束后，单击“关闭”按钮关闭窗口或者继续加载其他 STL 数据，以模型 dianrong 为例进行加载操作，如图 5-25 所示。

3. 模型摆放及显示方式

（1）模型的摆放。按上述加载 STL 文件的操作，加载模型 dianrong 后，单击图形编辑工具栏中的“对中”按钮，可将模型放置在工作台的中央，也可单击模型显示操作工具栏中的“移动”按钮，

选中模型后，按住鼠标左键将模型移动到想要放置的位置。

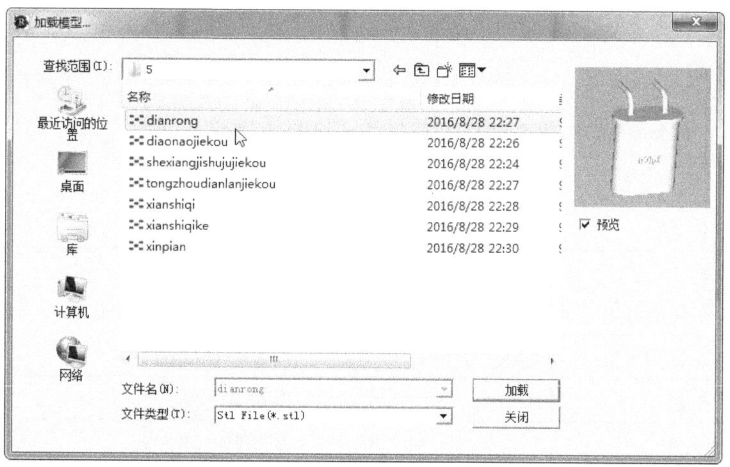

图 5-24　“加载模型”对话框

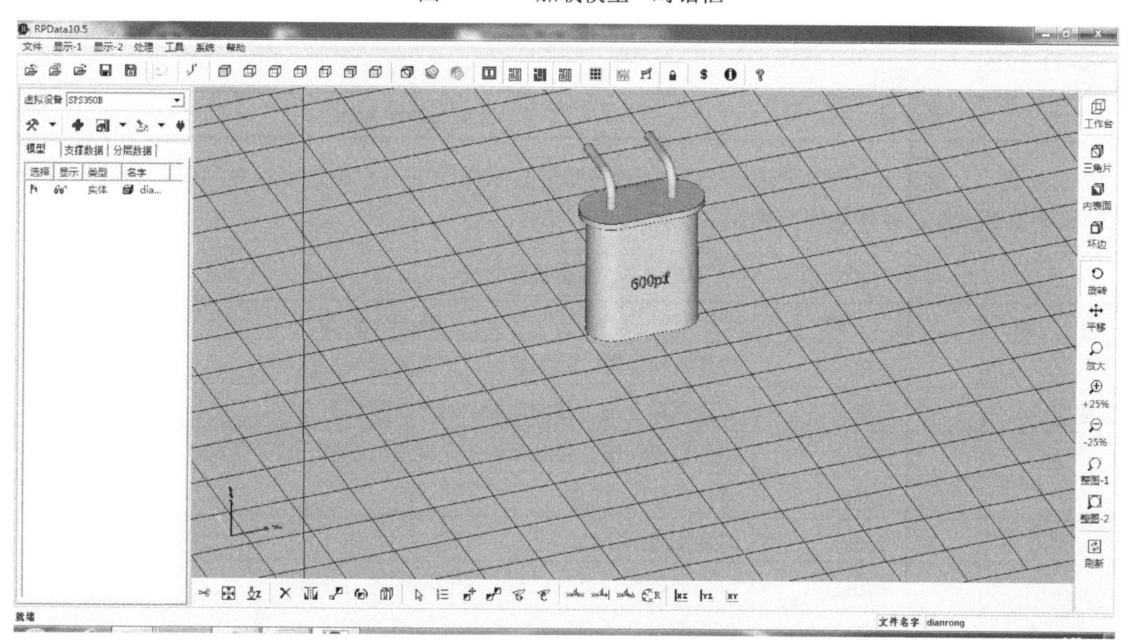

图 5-25　加载模型 dianrong

（2）模型的显示方式。在操作界面右侧的模型显示操作工具栏中，可以对模型进行不同显示，按钮与模型对应的显示方式如表 5-1 所示。

表 5-1　模型显示方式

按　钮	描　述	显 示 方 式
工作台	工作台或模型	在工作台或线架模型中切换显示
三角片	三角片	切换显示三角片数据
内表面	内表面	切换显示内表面（以与外表面不同颜色显示）
坏边	坏边	切换显示坏边（三角片不连续产生坏边）

"坏边"显示方式可以检查模型是否存在错误，如果有错误，模型将以红色线条显示，如果没有错误，则模型仍以黄色显示。

Note

4. 工作台的查看

（1）查看方式。在视图操作/显示选项工具栏中，可对工作台实施不同的查看方式，按钮与相应的查看方式如表 5-2 所示。

表 5-2 模型查看方式

按　钮	描　述	查 看 方 式
	工作台坐标系	切换显示工作台坐标系
	等轴测图	设置等轴测图方向
	下视图	设置下视图方向
	上视图	设置上视图方向
	右视图	设置右视图方向
	左视图	设置左视图方向
	后视图	设置后视图方向
	前视图	设置前视图方向

（2）移动、旋转和缩放。在操作界面右侧的模型显示操作工具栏中，可以对当前视图进行移动、旋转和缩放等操作，具体按钮与操作含义如表 5-3 所示。

表 5-3 模型操作含义

按　钮	描　述	操 作 含 义
旋转	旋转	按住鼠标左键，移动鼠标，可任意旋转视图
平移	平移	按住鼠标左键，移动鼠标，可平移视图
放大	放大	按住鼠标左键，移动鼠标，出现放大窗口，松开鼠标左键，可放大视图
+25%	+25%	将视图放大 25%
-25%	−25%	将视图缩小 25%
整图-1	整图-1	以当前操作对象为目标，设置视图窗口及视角
整图-2	整图-2	以工作台及所有对象为目标，设置视图窗口及视角
刷新	刷新	更新屏幕显示， 并清除尺寸标注信息

为使模型 dianrong 上的数字与字母减少打印时生成的支撑，取得良好的打印效果，可将模型 dianrong 旋转至合适位置。单击图形编辑工具栏中的"旋转"按钮，弹出如图 5-26 所示的"旋转"对话框，将 X 轴改为 270°，单击"应用"按钮即可实现将模型绕 X 轴旋转 90°，旋转后如图 5-27 所示。

5. 生成支撑

按上述步骤，加载模型 dianrong，在数据处理及参数设定工具栏中单击"自动支撑处理"按钮，出现"自动支撑处理"对话框，如图 5-28 所示，单击"是"按钮开始处理，单击"否"按钮取消操作；还可以在"自动支撑处理"按钮的下拉菜单中选择对活动模型或所有模型生成自动支撑。

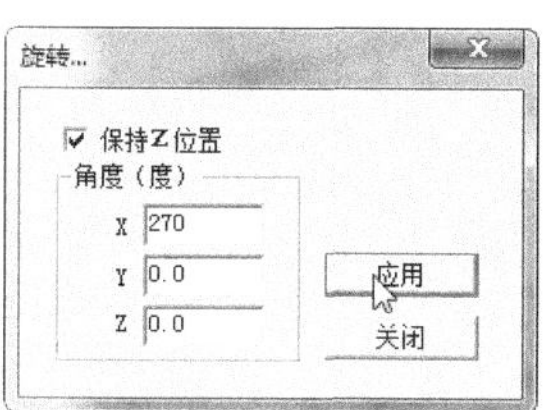

图 5-26　“旋转对”话框

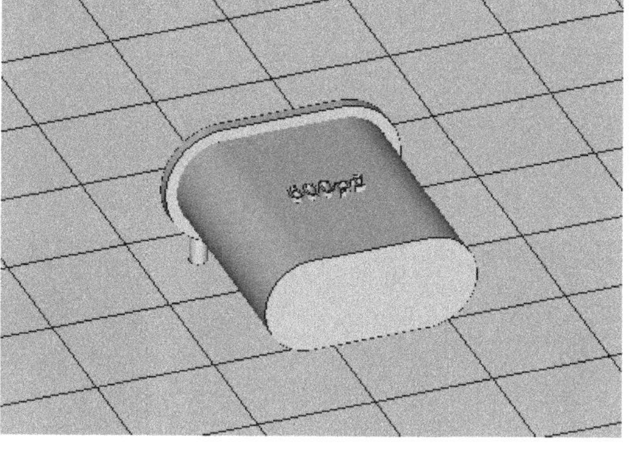

图 5-27　旋转模型 dianrong

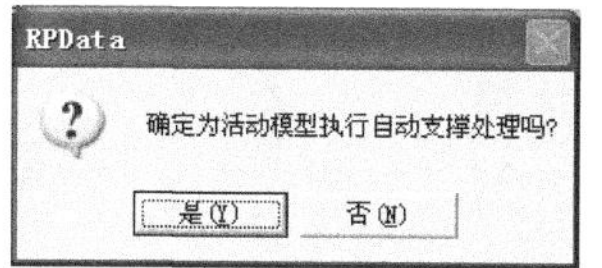

图 5-28　自动支撑处理对话框

Note

工艺支撑生成结束后，在“模型/支撑/分层”列表窗口中选择“支撑数据”选项，可以查看每一个支撑，在视图操作/显示选项工具栏中单击“切换显示支撑”按钮，将所生成的支撑数据显示出来，单击标号为 2 的数据支撑，如图 5-29 所示。

此时视图窗口将高亮显示当前选择支撑，如图 5-30 所示。

提示：浏览支撑时，可以按键盘上的 F 键，设置当前支撑为主要显示目标，便于查看支撑结构和形状，按下键盘上的“↑”和“↓”，可选择需要查看的支撑。

6. 分层处理数据

（1）分层处理。在数据处理及参数设定工具栏中单击“分层处理”按钮，弹出“分层处理”对话框，当选中“选择模型”单选按钮时，即只为当前所选中的模型进行分层处理，如果选中“全部模型”单选按钮，则可为所有模型进行分层处理，如图 5-31 所示，单击“确定”按钮开始处理，单击“取消”按钮取消操作。

序号	类型	面积:mm^2
1	B	2139.6
2	N	1119.8
3	N	60.0
4	N	8.8
5	N	8.8
6	N	7.1
7	N	7.1

图 5-29　查看支撑数据

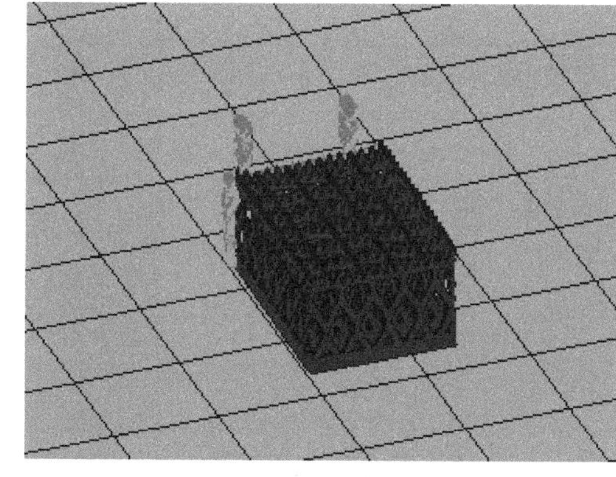

图 5-30　查看支撑

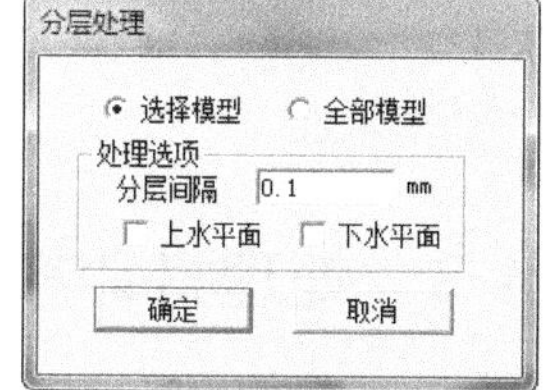

图 5-31　“分层处理”对话框

分层处理后，在“模型/支撑/分层”表窗口中选择“分层数据”选项，将出现每层的数据，如图 5-32 所示。

（2）分层数据查看。以模型 dianrong 为例进行分层操作，分层数据列表显示了分层数据信息，包括图标、高度、支撑标志、开环标志、闭环标志。单击视图操作/显示选项工具栏上的“切换显示模型”按钮，将模型显示出来，继续单击“隐藏上半部”按钮，将模型的上半部分隐藏，此时将显示模型当前层的外部线框，如图 5-33（a）所示，单击“切换显示分层区域”按钮，则可将模型

Note

当前层实际打印情况显示出来，如图 5-33（b）所示，通过选择不同层数可查看模型生成过程，被选择层将会高亮显示，为当前可编辑对象。

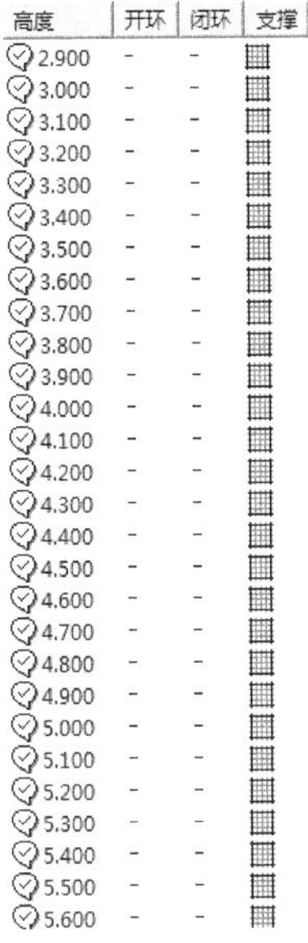

高度	开环	闭环	支撑
2.900	-	-	
3.000	-	-	
3.100	-	-	
3.200	-	-	
3.300	-	-	
3.400	-	-	
3.500	-	-	
3.600	-	-	
3.700	-	-	
3.800	-	-	
3.900	-	-	
4.000	-	-	
4.100	-	-	
4.200	-	-	
4.300	-	-	
4.400	-	-	
4.500	-	-	
4.600	-	-	
4.700	-	-	
4.800	-	-	
4.900	-	-	
5.000	-	-	
5.100	-	-	
5.200	-	-	
5.300	-	-	
5.400	-	-	
5.500	-	-	
5.600	-	-	

图 5-32　分层数据

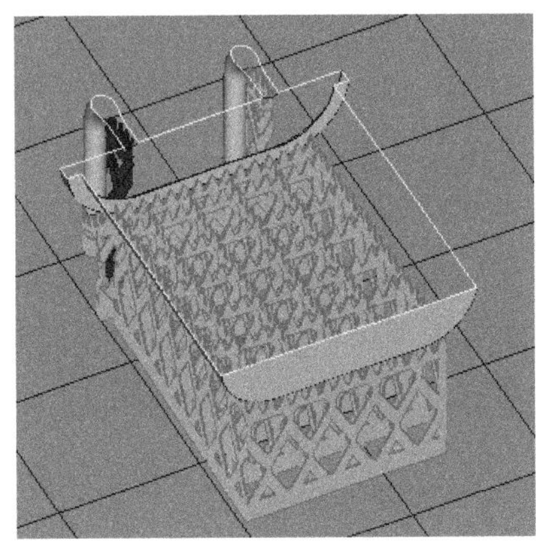

（a）当前层的外部线框

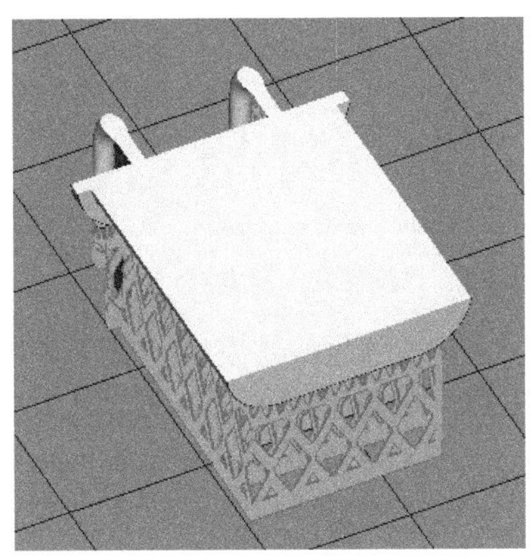

（b）当前层的实际打印情况

图 5-33　分层查看模型 dianrong

7. 数据输出

（1）在数据处理及参数设定工具栏中单击“数据输出”按钮，弹出“数据输出”对话框，如图 5-34 所示。

（2）指定数据输出文件路径、文件名和文件类型等信息，单击“确定”按钮，执行数据输出。

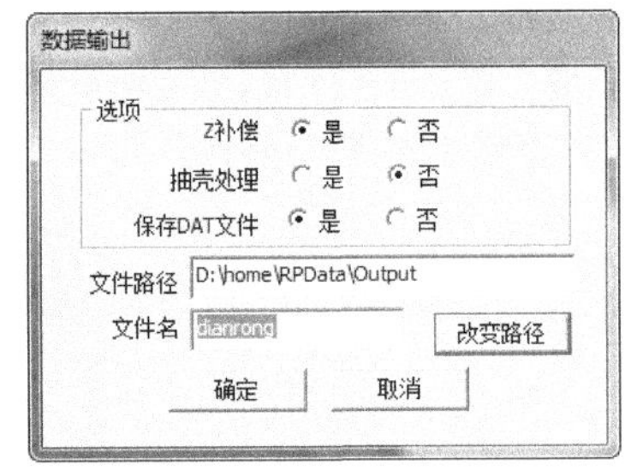

图 5-34　“数据输出”对话框

注意：文件名应为英文或数字格式。

8. 模型打印

根据上述操作，将模型做相应处理后输出*.slc 文件，并导入成型机相配套的成型软件 RPbuild 中，设置快速成型机的相关参数后即可打印。

5.1.3　处理打印模型

使用 RPdata 软件对模型进行分层处理，并使用相应打印机器进行打印，打印完毕后需要将模型从打印平台中取下，对模型清洗并去除支撑，模型与支撑接触的部分还需要进行打磨处理等，才能得到模型。处理打印模型有以下 3 个步骤：

（1）取出模型。打印完毕后，将工作台调整至液态树脂平面之上，用平铲等工具将模型底部与平台底部撬开，以便于取出模型。以模型 dianrong 为例，取出后的电容模型如图 5-35 所示。

注意：取出模型时，请注意不要损坏模型比较薄弱的地方，如果不方便撬动模型，可适当除去部分支撑，以便于模型的顺利取出。

（2）去除支撑。如图 5-35 所示，取出后的电容模型存在一些打印过程中生成的支撑，使用尖嘴钳、刀片、钢丝钳、镊子等工具，将电容模型的支撑去除，如图 5-36 所示。

图 5-35　打印完毕的电容模型

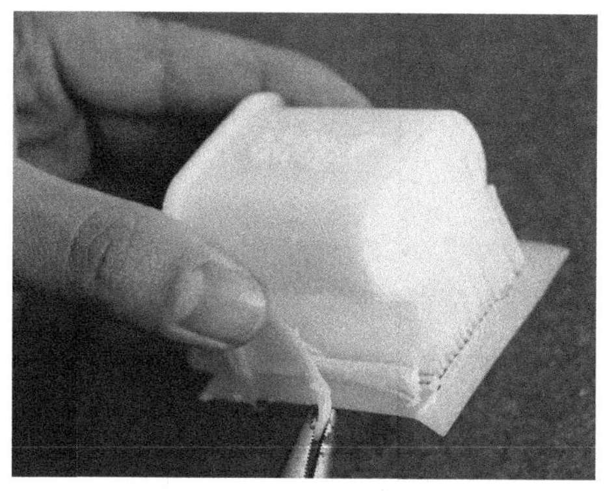

图 5-36　去除电容模型的支撑

（3）打磨模型。根据去除支撑后的模型粗糙程度，可先用锉刀、粗砂纸等工具对支撑与模型接触的部位进行粗磨，然后用较细粒度的砂纸对模型进一步打磨，如图 5-37 所示。打磨完毕的模型如图 5-38 所示。

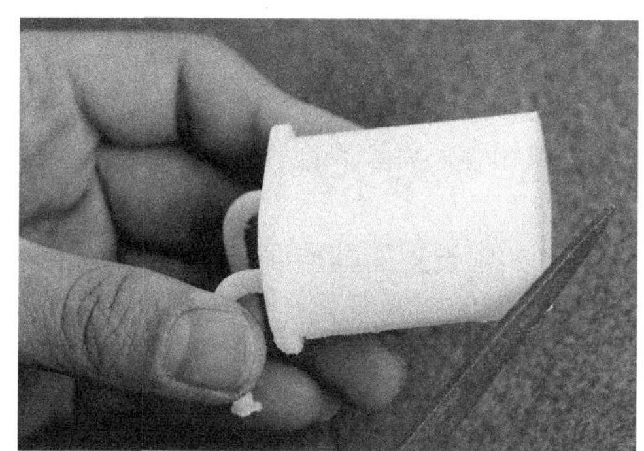

图 5-37　打磨电容模型

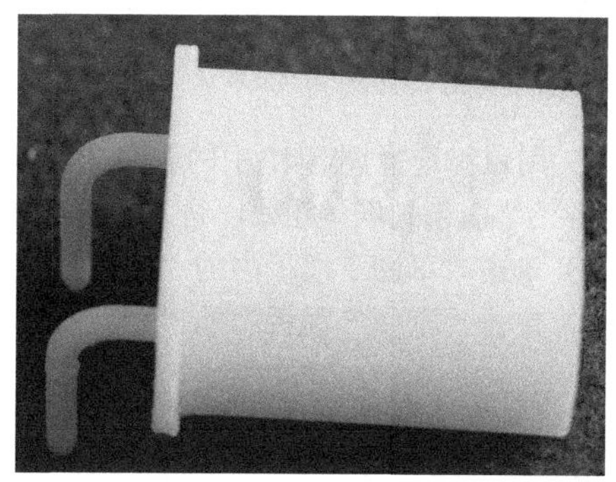

图 5-38　处理完毕的电容模型

5.2　CCD 摄像机数据线接口

扫码看视频

5.2　CCD 摄像机数据线接口

首先利用 SolidWorks 软件创建数据线接口模型，再利用 RPdata 软件打印数据线接口的 3D 模型，最后对打印出来的数据线接口模型进行去支撑和毛刺处理，流程图如图 5-39 所示。

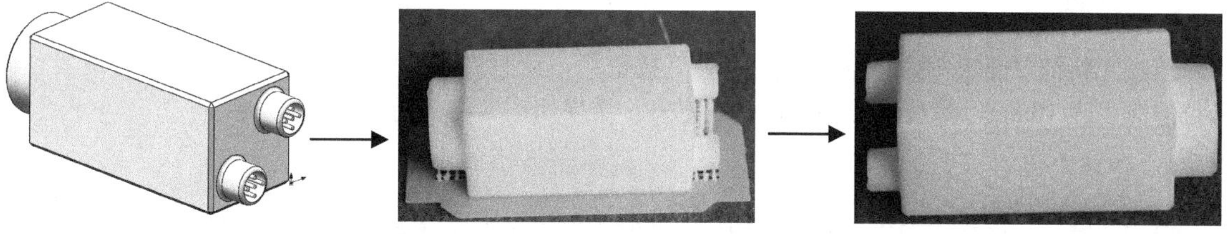

图 5-39　数据线接口模型创建流程图

5.2.1 创建模型

Note

本节绘制 CCD 摄像机数据线接口。首先绘制主体轮廓草图并拉伸实体；然后绘制镜头部分，并对相应的部分倒角；最后绘制 CCD 摄像机的数据线接口。

1. 新建文件

选择“文件”→“新建”命令，或者单击快速访问工具栏中的“新建”按钮，在弹出的“新建 SOLIDWORKS 文件”对话框中先单击“零件”按钮，再单击“确定”按钮，创建一个新的零件文件。

2. 绘制草图

在左侧的“FeatureManager 设计树”中用鼠标选择“前视基准面”作为绘制图形的基准面。单击“草图”面板中的“边角矩形”按钮，以原点为角点绘制一个矩形。单击“草图”面板中的“智能尺寸”按钮，标注矩形各边的尺寸。结果如图 5-40 所示。

3. 拉伸实体

单击“特征”面板中的“拉伸凸台/基体”按钮，此时系统弹出“凸台-拉伸”属性管理器。输入拉伸深度为 65mm，然后单击“确定”按钮。结果如图 5-41 所示。

4. 绘制草图

（1）用鼠标选择图 5-41 中的表面 1，单击“正视于”按钮，将该表面作为绘制图形的基准面，然后单击“草图绘制”按钮，进入草图绘制环境。

（2）单击“草图”面板中的“圆”按钮，在步骤（1）中设置的基准面上绘制两个同心圆。

（3）单击“草图”面板中的“智能尺寸”按钮，标注圆的直径及其定位尺寸。结果如图 5-42 所示。

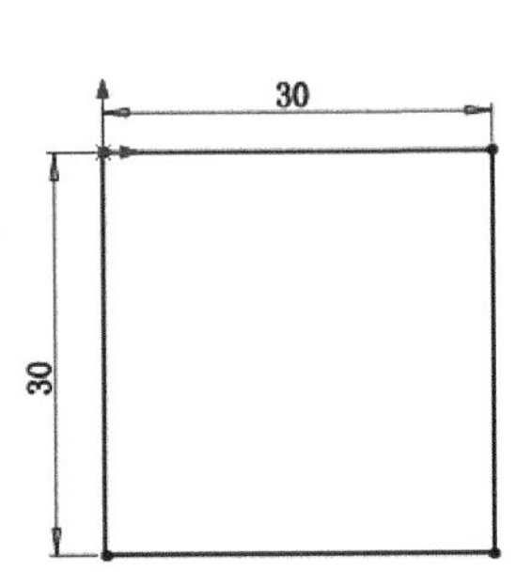

图 5-40 标注的图形

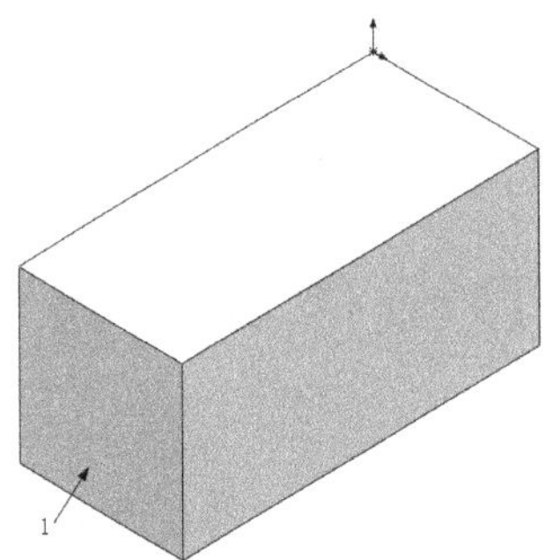

图 5-41 拉伸后的图形

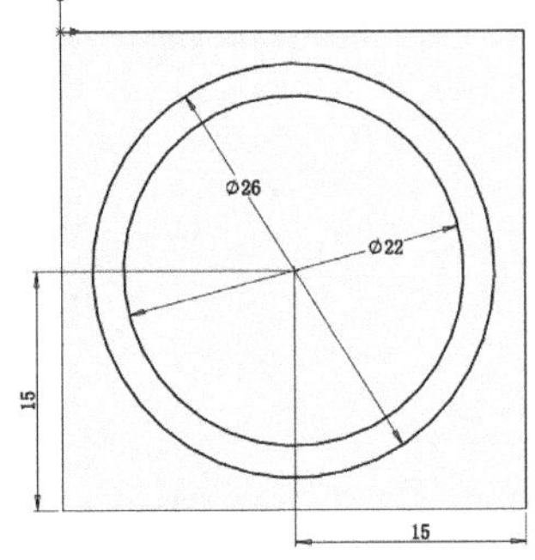

图 5-42 标注的图形

5. 拉伸实体

单击“特征”面板中的“拉伸凸台/基体”按钮，此时系统弹出“凸台-拉伸”属性管理器。输入拉伸深度为 10mm，然后单击“确定”按钮。结果如图 5-43 所示。

6. 倒角实体

单击“特征”面板中的“倒角”按钮，此时系统弹出如图 5-44 所示的“倒角”属性管理器。

输入距离为 1mm，用鼠标选择图 5-44 中的长方体四周的 12 条边线及圆环体外侧的一条边线。单击“确定”按钮✓，结果如图 5-45 所示。

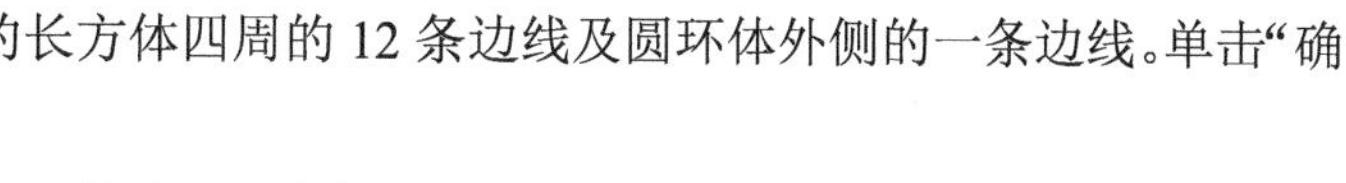

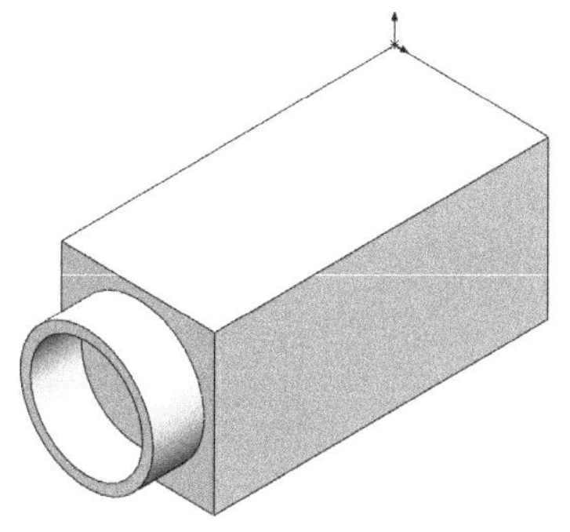

图 5-43　拉伸后的图形

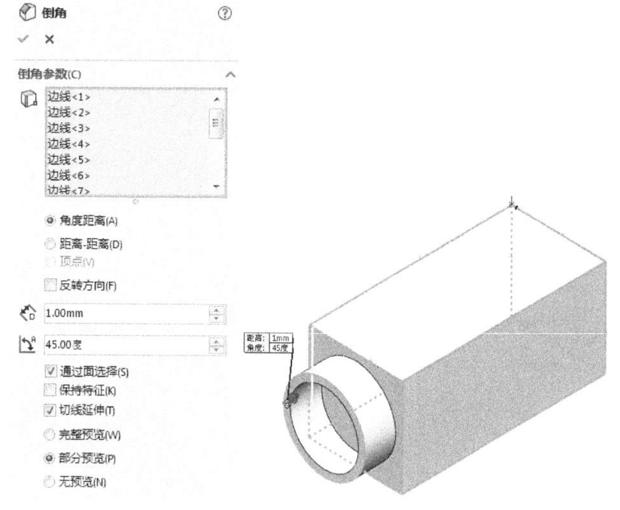

图 5-44　“倒角”属性管理器

7. 设置基准面

（1）用鼠标选择图 5-45 中长方体后面的表面，单击“正视于”按钮，将该表面作为绘制图形的基准面，然后单击“草图绘制”按钮，进入草图绘制环境。

（2）单击“草图”面板中的“圆”按钮，在步骤（1）设置的基准面上分别绘制两组同心圆。

（3）单击“草图”面板中的“智能尺寸”按钮，标注圆的直径及其定位尺寸。结果如图 5-46 所示。

8. 拉伸实体

单击“特征”面板中的“拉伸凸台/基体”按钮，此时系统弹出“凸台-拉伸”属性管理器。输入拉伸深度为 8mm，然后单击“确定”按钮✓。结果如图 5-47 所示。

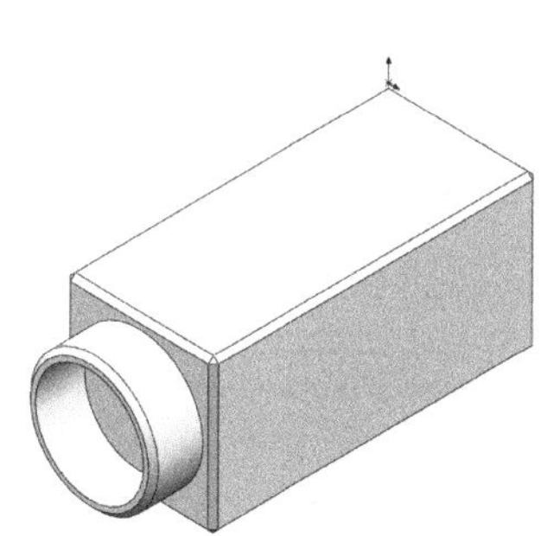

图 5-45　倒角后的图形

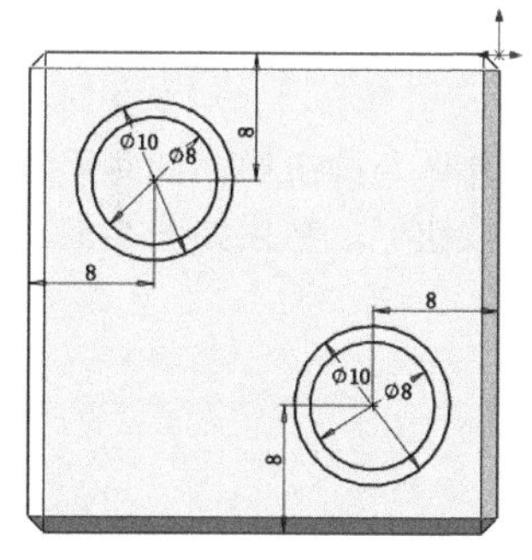

图 5-46　标注的草图

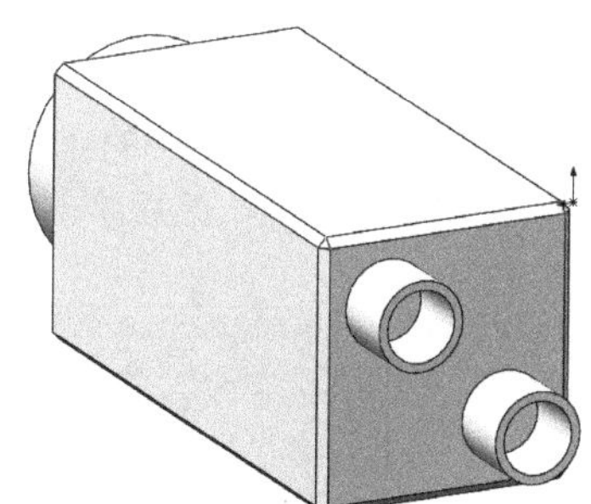

图 5-47　拉伸后的图形

9. 圆角实体

单击“特征”面板中的“圆角”按钮，此时系统弹出“圆角”属性管理器。输入半径值为 1mm，然后选择图 5-48 中的 4 条边线。单击“确定”按钮✓，结果如图 5-49 所示。

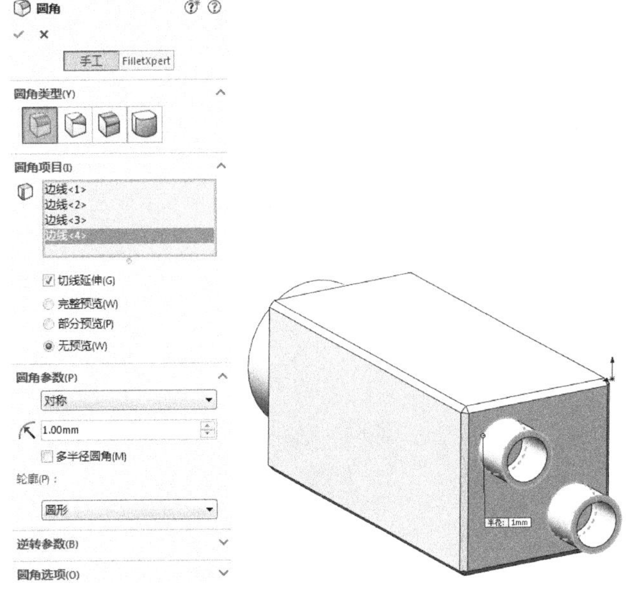

图 5-48　选取圆角边线

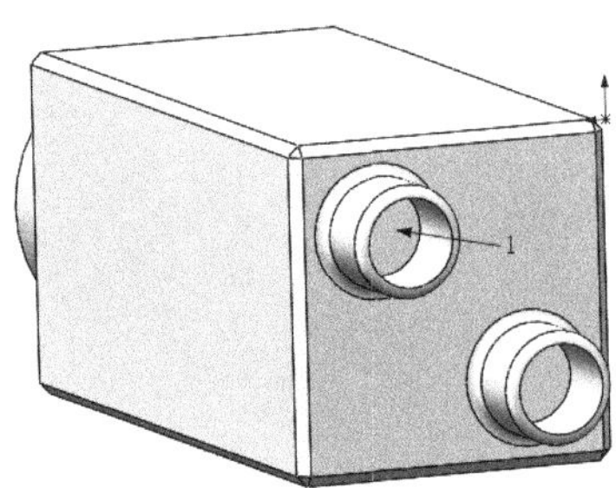

图 5-49　圆角后的草图

10. 绘制草图

（1）用鼠标选择图 5-50 中的表面 1，单击“正视于”按钮，将该表面作为绘制图形的基准面，然后单击“草图绘制”按钮，进入草图绘制环境。

（2）单击“草图”面板中的“圆”按钮，在步骤（1）设置的基准面上绘制 10 个圆，其中左上角 5 个圆，右下角 5 个圆。

（3）单击“草图”面板中的“添加几何关系”按钮，此时系统弹出“添加几何关系”属性管理器。依次选择左上角 5 个圆中的水平的 3 个圆的圆心，单击属性管理器中的“水平”按钮，然后单击属性管理器中的“确定”按钮，将 3 个圆设置为“水平”几何关系；然后将左上角 5 个圆中竖直的 3 个圆的圆心设置为“竖直”几何关系。重复该命令，将右下角的 5 个圆进行同样的设置。

（4）单击“草图”面板中的“智能尺寸”按钮，标注圆的直径及其定位尺寸。结果如图 5-50 所示。

11. 拉伸实体

单击“特征”面板中的“拉伸凸台/基体”按钮，此时系统弹出“凸台-拉伸”属性管理器。输入拉伸深度为 8mm，然后单击“确定”按钮。结果如图 5-51 所示。

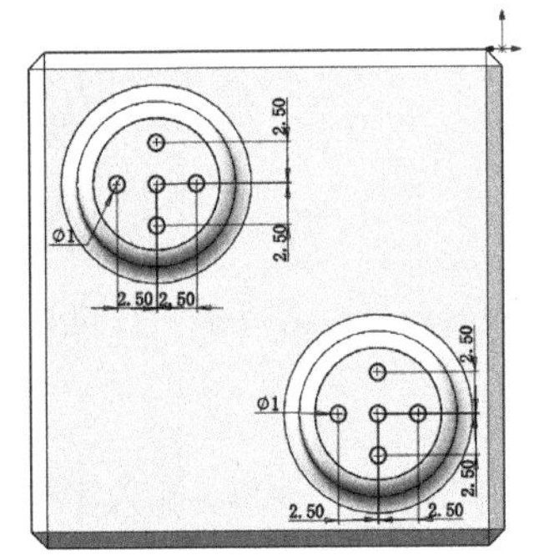

图 5-50　标注的草图

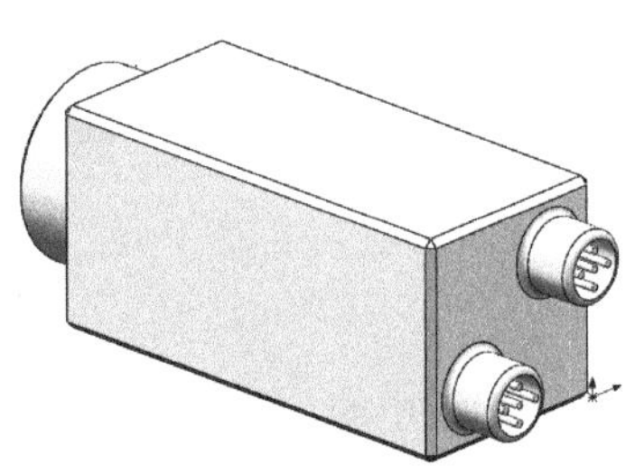

图 5-51　拉伸实体

5.2.2　打印模型

根据 5.1.2 节步骤 2～8 中相应操作即可完成打印。

5.2.3　处理打印模型

处理打印模型有以下 3 个步骤：

（1）取出模型。取出后的数据线接口模型如图 5-52 所示。

（2）去除支撑。

（3）打磨模型。打磨完毕的数据线接口模型如图 5-53 所示。

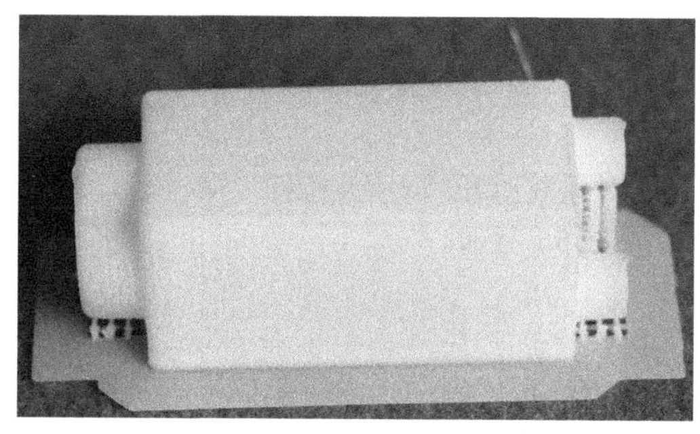

图 5-52　打印完毕的数据线接口模型

图 5-53　处理完毕的数据线接口模型

5.3　同轴电缆接口

首先利用 SolidWorks 软件创建同轴电缆接口模型，再利用 RPdata 软件打印同轴电缆接口的 3D 模型，最后对打印出来的同轴电缆接口模型进行去支撑和毛刺处理，流程图如图 5-54 所示。

图 5-54　同轴电缆接口模型创建流程图

5.3.1 创建模型

Note

首先绘制中部轮廓草图并拉伸实体，然后添加螺纹图案；再绘制上端部分；最后绘制下端部分。

1. 新建文件

选择“文件”→“新建”命令，或者单击快速访问工具栏中的“新建”按钮，在弹出的“新建 SOLIDWORKS 文件”对话框中先单击“零件”按钮，再单击“确定”按钮，创建一个新的零件文件。

2. 绘制草图

在左侧的“FeatureManager 设计树”中用鼠标选择“前视基准面”作为绘制图形的基准面，单击“草图绘制”按钮，进入草图绘制环境。单击“草图”面板中的“圆”按钮，以原点为圆心绘制一个圆。单击“草图”面板中的“智能尺寸”按钮，标注圆的直径，结果如图 5-55 所示。

3. 拉伸实体

单击“特征”面板中的“拉伸凸台/基体”按钮，此时系统弹出“凸台-拉伸”属性管理器。输入拉伸深度为 20mm，然后单击“确定”按钮。结果如图 5-56 所示。

4. 绘制草图

用鼠标选择图 5-56 中的前表面，单击“正视于”按钮，将该表面作为绘制图形的基准面，然后单击“草图绘制”按钮，进入草图绘制环境。单击“草图”面板中的“圆”按钮，在设置的基准面上以原点为圆心绘制一个圆。单击“草图”面板中的“智能尺寸”按钮，标注圆的直径。结果如图 5-57 所示。

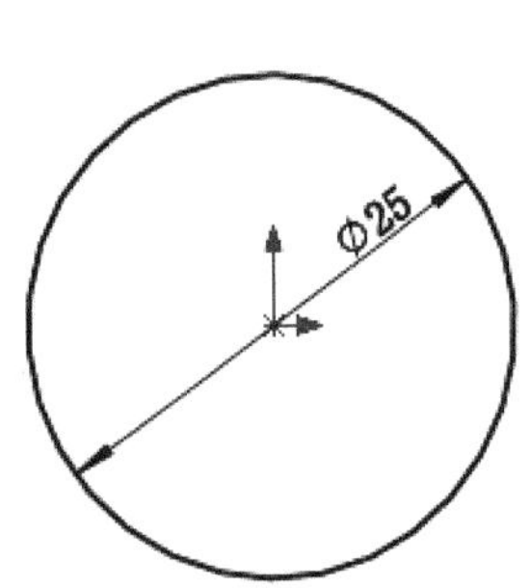

图 5-55 标注的草图

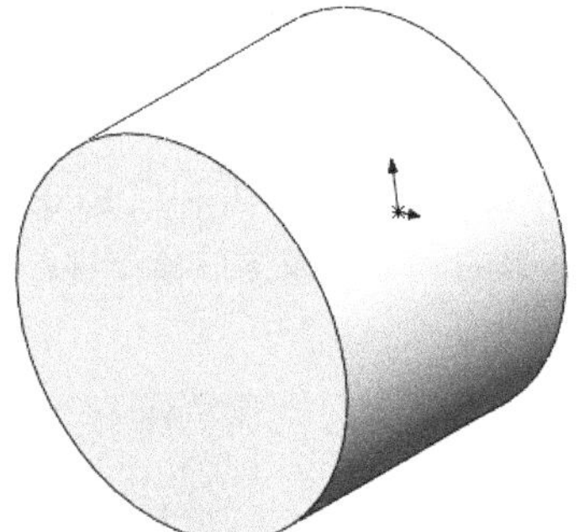
图 5-56 拉伸后的图形

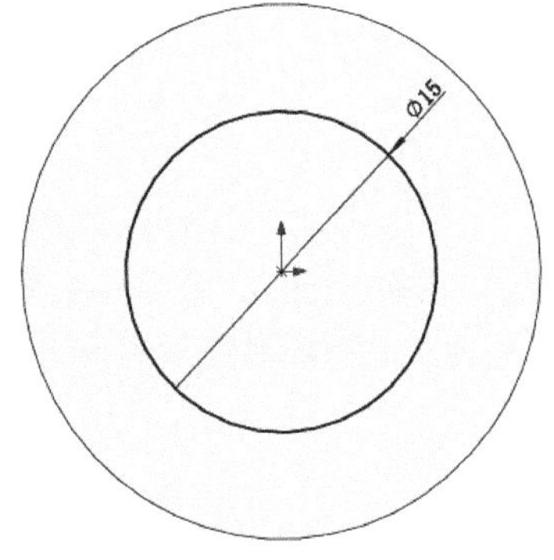

图 5-57 标注的草图

5. 拉伸实体

单击“特征”面板中的“拉伸凸台/基体”按钮，此时系统弹出“凸台-拉伸”属性管理器。输入拉伸深度为 15mm，然后单击“确定”按钮。结果如图 5-58 所示。

6. 绘制草图

用鼠标选择图 5-58 中后面的表面，单击“正视于”按钮，将该表面作为绘制图形的基准面，然后单击“草图绘制”按钮，进入草图绘制环境。单击“草图”面板中的“矩形”按钮，在设置的基准面上绘制一个矩形。单击“草图”面板中的“智能尺寸”按钮，标注矩形各边的尺寸。结

果如图 5-59 所示。

7. 拉伸实体

单击“特征”面板中的“拉伸凸台/基体”按钮，此时系统弹出“凸台-拉伸”属性管理器。输入拉伸深度为 25mm，然后单击“确定”按钮。结果如图 5-60 所示。

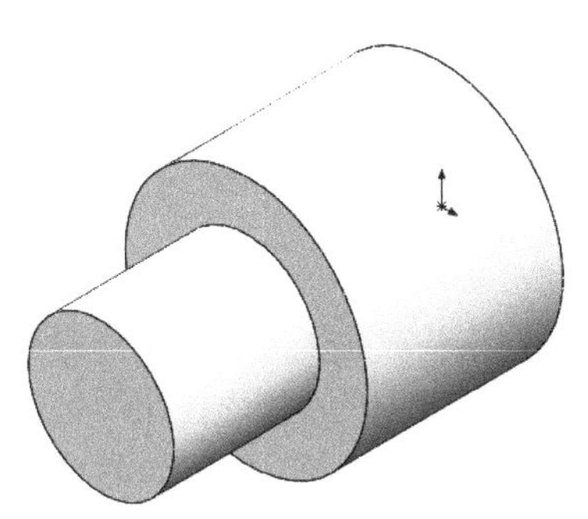

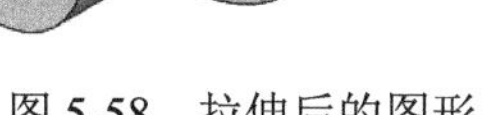
图 5-58 拉伸后的图形

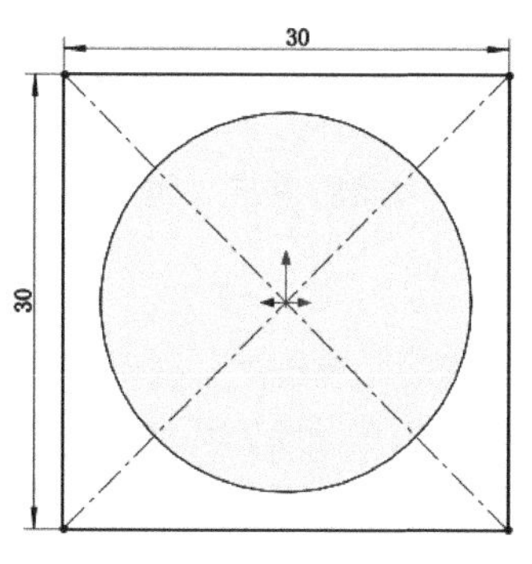

图 5-59 标注的草图

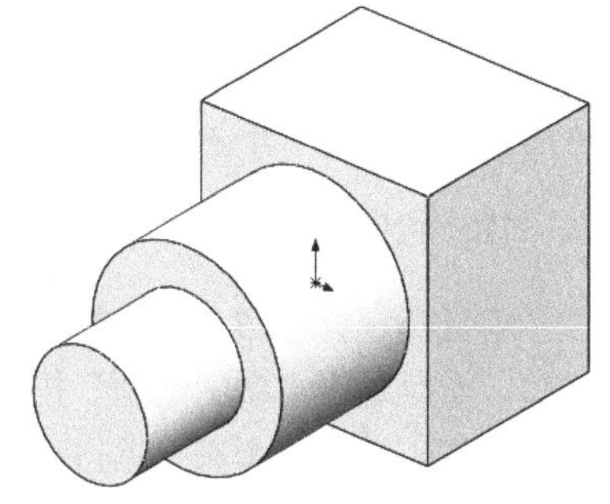
图 5-60 拉伸后的图形

8. 绘制草图

在左侧的“FeatureManager 设计树”中用鼠标选择“上视基准面”，单击“正视于”按钮，将该基准面作为绘制图形的基准面，然后单击“草图绘制”按钮，进入草图绘制环境。单击“草图”面板中的“圆”按钮，在设置的基准面上绘制一个在原点竖直方向上的圆。单击“草图”面板中的“智能尺寸”按钮，标注圆的直径及其定位尺寸。结果如图 5-61 所示。

9. 拉伸实体

单击“特征”面板中的“拉伸凸台/基体”按钮，此时系统弹出如图 5-62 所示的“凸台-拉伸”属性管理器。在“方向 1”选项组中输入拉伸深度为 10mm；选中“方向 2”复选框，输入拉伸深度为 10mm。按照图示进行设置后，单击“确定”按钮。结果如图 5-63 所示。

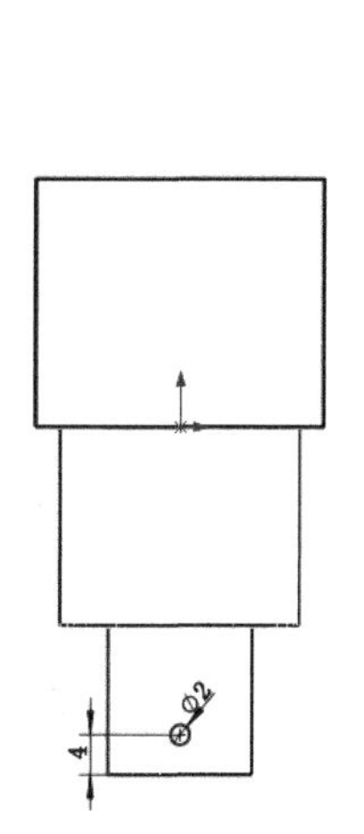

图 5-61 标注后的草图

图 5-62 “凸台-拉伸”属性管理器

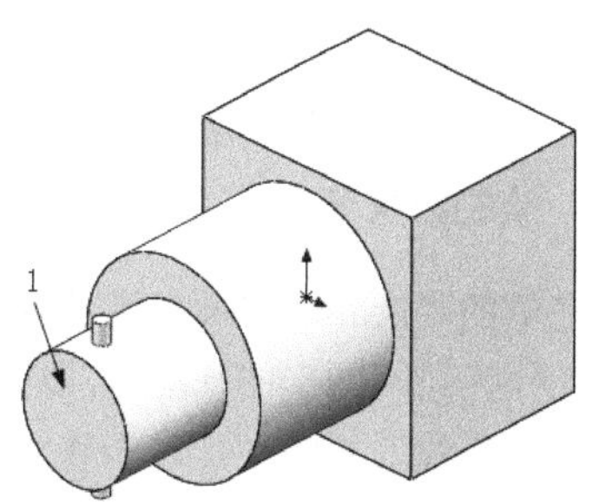

图 5-63 拉伸后的草图

Note

10. 绘制草图

用鼠标选择图 5-63 中的表面 1，单击“正视于”按钮，将该表面作为绘制图形的基准面，然后单击“草图绘制”按钮，进入草图绘制环境。单击“草图”面板中的“圆”按钮，以原点为圆心绘制一个圆。单击“草图”面板中的“智能尺寸”按钮，标注圆的直径。结果如图 5-64 所示。

11. 拉伸切除实体

单击“特征”面板中的“拉伸切除”按钮，此时系统弹出“切除-拉伸”属性管理器。输入切除深度为 10mm，并调整切除拉伸的方向，然后单击“确定”按钮。结果如图 5-65 所示。

12. 绘制草图

用鼠标选择图 5-65 中实体后面的表面，单击“正视于”按钮，将该基准面作为绘制图形的基准面，然后单击“草图绘制”按钮，进入草图绘制环境。单击“草图”面板中的“圆”按钮，以原点为圆心绘制一个圆。单击“草图”面板中的“智能尺寸”按钮，标注圆的直径。结果如图 5-66 所示。

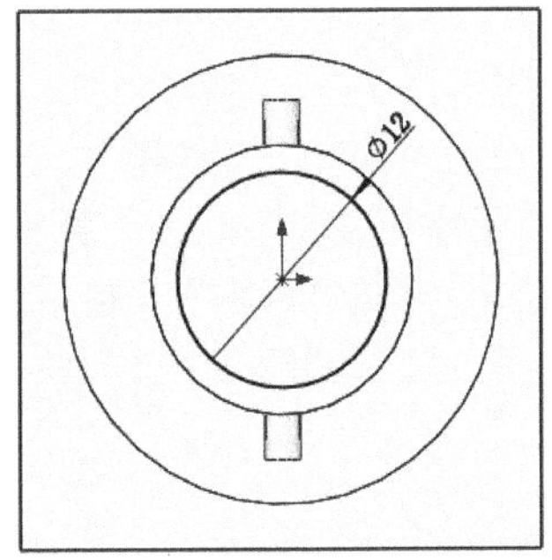

图 5-64　标注的草图

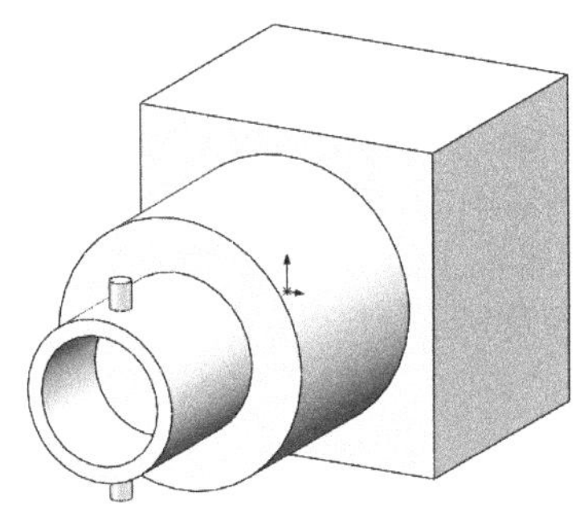

图 5-65　拉伸切除后的草图

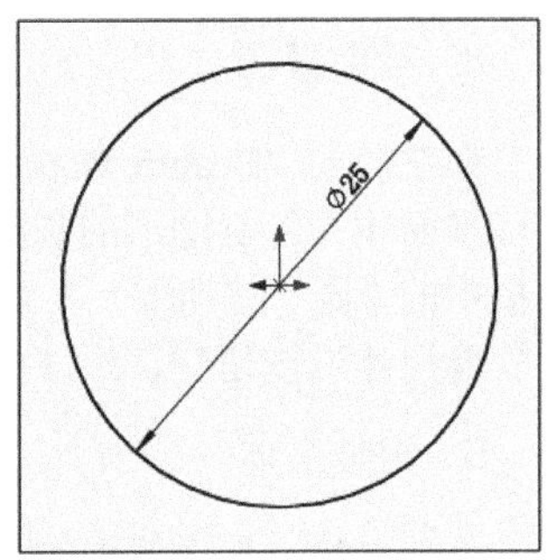

图 5-66　标注的草图

13. 拉伸切除实体

单击“特征”面板中的“拉伸切除”按钮，此时系统弹出“切除-拉伸”属性管理器。输入切除深度为 10mm，并调整切除拉伸的方向，然后单击“确定”按钮。结果如图 5-67 所示。

14. 绘制截面草图

用鼠标选择图 5-67 中的表面 1，单击“正视于”按钮，将该表面作为绘制图形的基准面，然后单击“草图绘制”按钮，进入草图绘制环境。单击“草图”面板中的“圆”按钮，在原点的右侧绘制一个圆。单击“草图”面板中的“智能尺寸”按钮，标注圆的直径及其定位尺寸。结果如图 5-68 所示，然后退出草图绘制状态。

15. 绘制扫掠草图

在左侧的“FeatureManager 设计树”中用鼠标选择“右视基准面”，单击“正视于”按钮，将该基准面作为绘制图形的基准面，然后单击“草图绘制”按钮，进入草图绘制环境。单击“草图”面板中的“直线”按钮，以步骤 14 标注草图的终点为起点绘制两条直线段。单击“草图”面板中的“智能尺寸”按钮，标注直线段的尺寸。结果如图 5-69 所示，然后退出草图绘制状态。

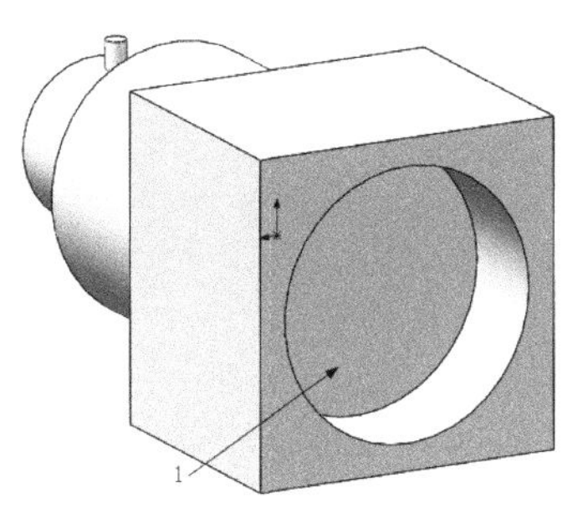

图 5-67　拉伸切除后的草图

图 5-68　标注的草图

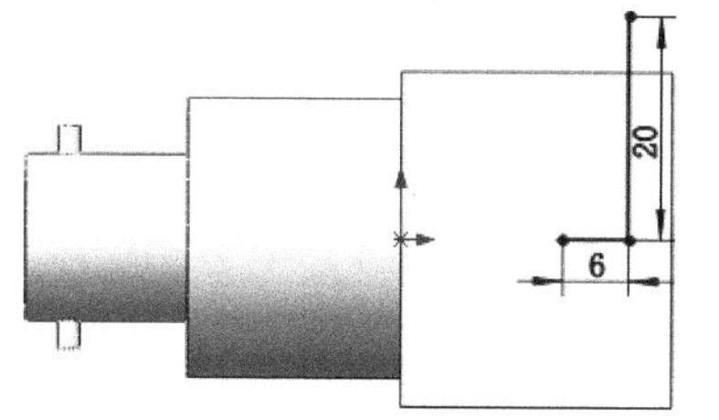

图 5-69　标注的草图

16. 扫描实体

单击“特征”面板中的“扫描”按钮，此时系统弹出“扫描”属性管理器。选择图 5-68 中绘制的圆为扫描轮廓；选择图 5-70 中绘制的直线段为扫描路径。单击“确定”按钮，结果如图 5-71 所示。

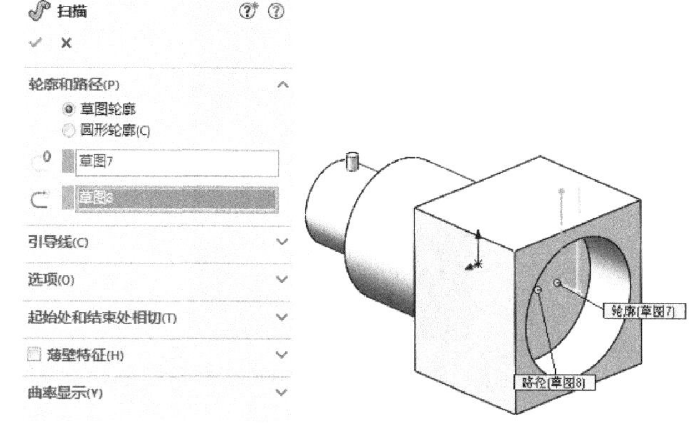

图 5-70　“扫描”属性管理器

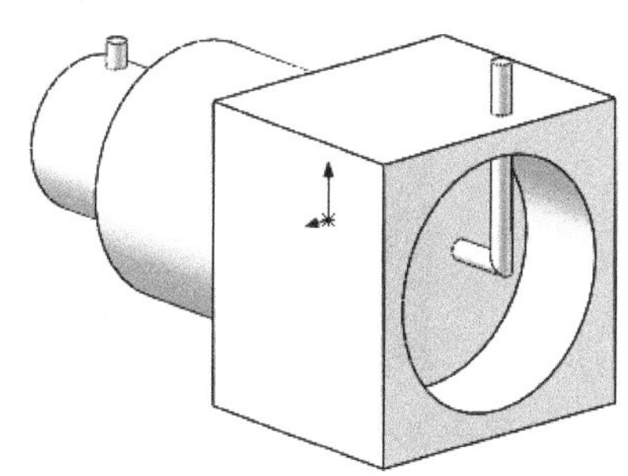

图 5-71　扫描后的图形

17. 镜像实体

单击“特征”面板中的“镜像”按钮，此时系统弹出“镜像”属性管理器。选择“右视基准面”为镜像面；选择步骤 16 扫描的实体为要镜像的特征，如图 5-72 所示。单击“确定”按钮，结果如图 5-73 所示。

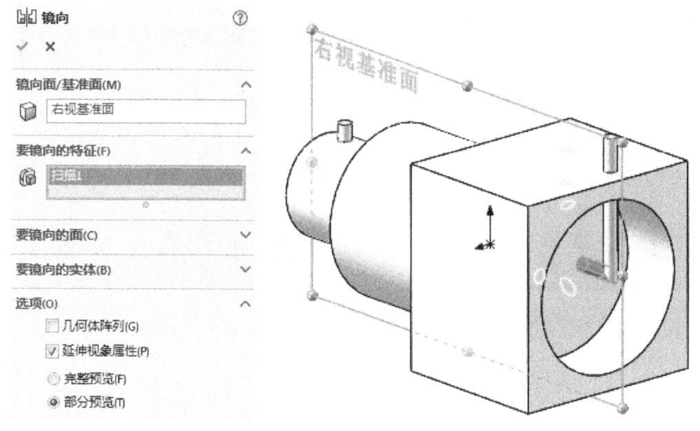

图 5-72　“镜像”属性管理器

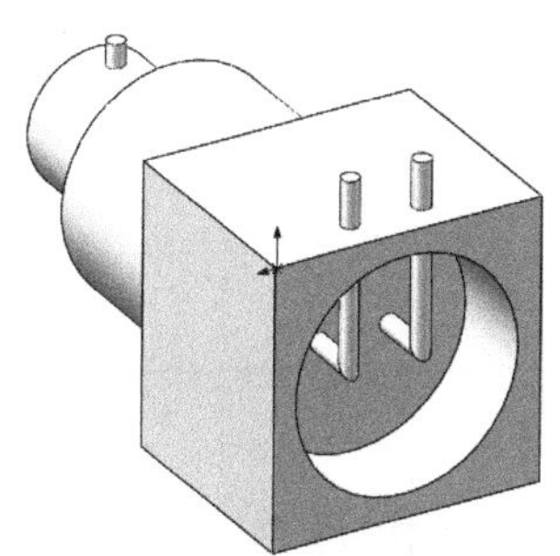

图 5-73　镜像实体

5.3.2 打印模型

根据 5.1.2 节步骤 2～8 中相应方法操作即可完成打印。

5.3.3 处理打印模型

处理打印模型有以下 3 个步骤：

（1）取出模型。取出后的同轴电缆接口模型如图 5-74 所示。

（2）去除支撑。

（3）打磨模型。打磨完毕的模型如图 5-75 所示。

图 5-74 打印完毕的同轴电缆接口模型

图 5-75 处理完毕的同轴电缆接口模型

5.4 芯 片

首先利用 SolidWorks 软件创建芯片模型，再利用 RPdata 软件打印芯片的 3D 模型，最后对打印出来的芯片模型进行去支撑和毛刺处理，流程图如图 5-76 所示。

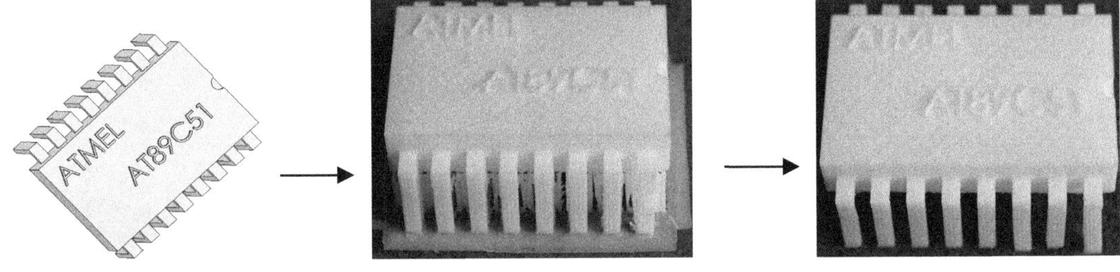

图 5-76 芯片模型创建流程图

5.4.1 创建模型

首先绘制芯片的主体轮廓草图并拉伸实体，然后绘制芯片的管脚。以轮廓的表面为基准面，在其

上绘制文字草图并拉伸，并绘制端口标志。

1. 新建文件

选择“文件”→“新建”命令，或者单击快速访问工具栏中的“新建”按钮，在弹出的“新建SOLIDWORKS 文件”对话框中先单击“零件”按钮，再单击“确定”按钮，创建一个新的零件文件。

2. 绘制草图

在左侧的“FeatureManager 设计树”中用鼠标选择“前视基准面”作为绘制图形的基准面，单击“草图绘制”按钮，进入草图绘制环境。单击“草图”面板中的“边角矩形”按钮，绘制一个矩形，矩形的一个角点在原点。单击“草图”面板中的“智能尺寸”按钮，标注矩形各边的尺寸。结果如图 5-77 所示。

3. 拉伸实体

单击“特征”面板中的“拉伸凸台/基体”按钮，此时系统弹出如图 5-78 所示的“凸台-拉伸”属性管理器。输入拉伸深度为 20mm，其他采用默认设置，单击“确定”按钮，结果如图 5-79 所示。

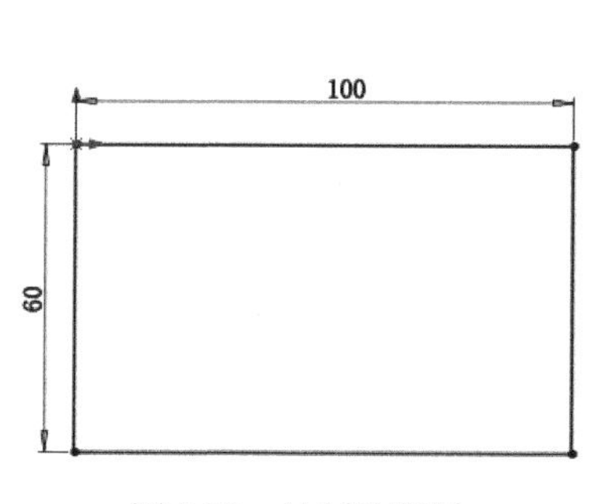

图 5-77　绘制的草图

图 5-78　“凸台-拉伸”属性管理器

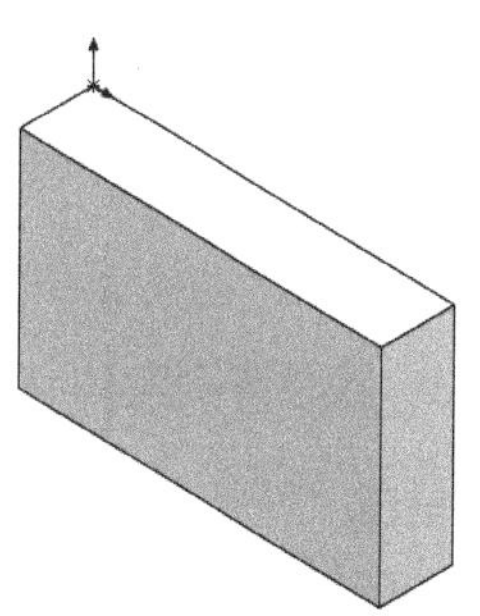

图 5-79　拉伸后的图形

4. 绘制草图

单击图 5-79 中长方体的上表面，单击“正视于”按钮，将该表面作为绘图的基准面，然后单击“草图绘制”按钮，进入草图绘制环境。单击“草图”面板中的“边角矩形”按钮，绘制一个矩形。单击“草图”面板中的“智能尺寸”按钮，标注矩形各边的尺寸及其定位尺寸。结果如图 5-80 所示。

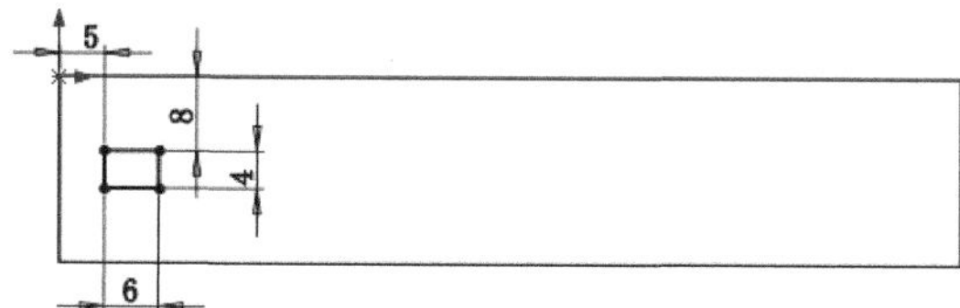

图 5-80　绘制的草图

5. 拉伸实体

单击“特征”面板中的“拉伸凸台/基体”按钮，此时系统弹出“凸台-拉伸”属性管理器。输

入拉伸深度为 10mm，其他采用默认设置，然后单击“确定”按钮✔。结果如图 5-81 所示。

6. 绘制草图

Note

单击图 5-81 中的表面 1，单击“正视于”按钮，将该表面作为绘图的基准面，然后单击“草图绘制”按钮，进入草图绘制环境。单击“草图”面板中的“边角矩形”按钮，绘制一个矩形，矩形的一个边在基准面的上边线上。单击“草图”面板中的“智能尺寸”按钮，标注矩形的尺寸。结果如图 5-82 所示。

7. 拉伸实体

单击“特征”面板中的“拉伸凸台/基体”按钮，此时系统弹出“凸台-拉伸”属性管理器。输入拉伸深度为 30mm，其他参数采用默认设置，然后单击“确定”按钮✔。结果如图 5-83 所示。

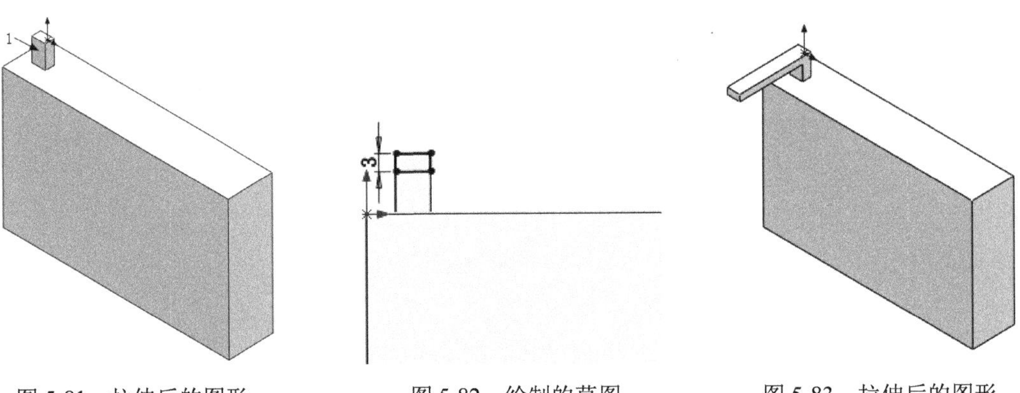

图 5-81　拉伸后的图形　　图 5-82　绘制的草图　　图 5-83　拉伸后的图形

8. 线性阵列实体

单击“特征”面板中的“线性阵列”按钮，此时系统弹出如图 5-84 所示“线性阵列”属性管理器。用鼠标选择图 5-83 中边线为阵列方向；输入间距值为 12mm；输入实例数为 8；选择图 5-81 和图 5-83 中绘制芯片的管脚为要阵列的特征。单击“确定”按钮✔，结果如图 5-85 所示。

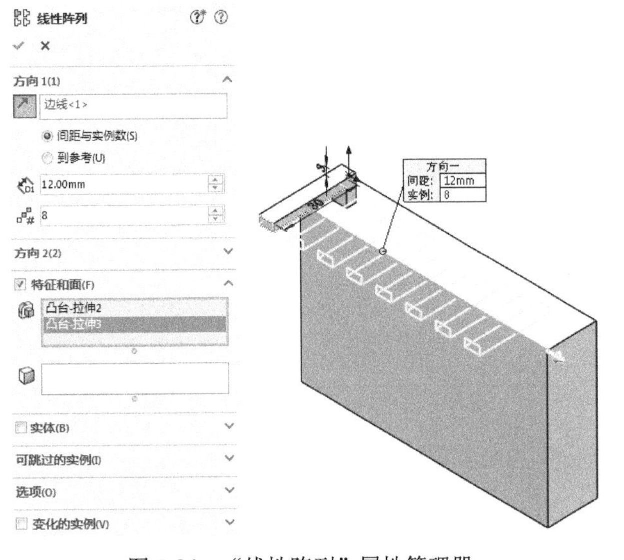

图 5-84　“线性阵列”属性管理器

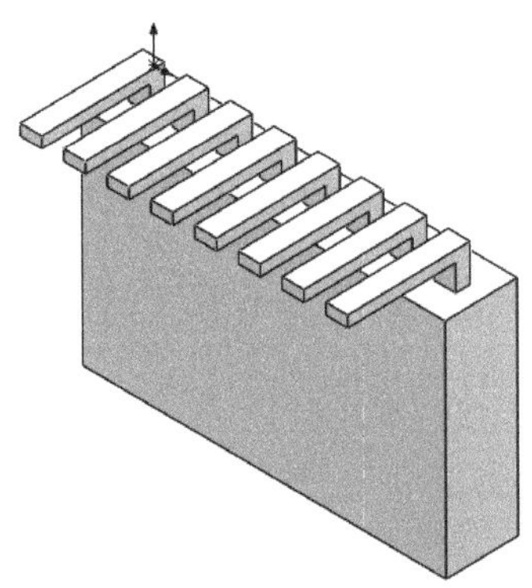

图 5-85　阵列后的图形

9. 添加基准面

在左侧的“FeatureManager 设计树”中用鼠标选择“上视基准面”，单击“特征”面板“参考几何体”下拉列表中的“基准面”按钮，此时系统弹出如图 5-86 所示的“基准面”属性管理器。输入等距距离为 30mm，选中“反转等距”复选框，调整设置基准面的方向。按照图示进行设置后，单击“确定”按钮✓，添加一个新的基准面。结果如图 5-87 所示。

10. 镜像实体

单击“特征”面板中的“镜像”按钮，此时系统弹出如图 5-88 所示的“镜像”属性管理器。用鼠标选择步骤 9 添加的基准面为镜像面；用鼠标选择线性阵列后的实体为要镜像的特征，按照图示进行设置后，单击“确定”按钮✓，结果如图 5-89 所示。

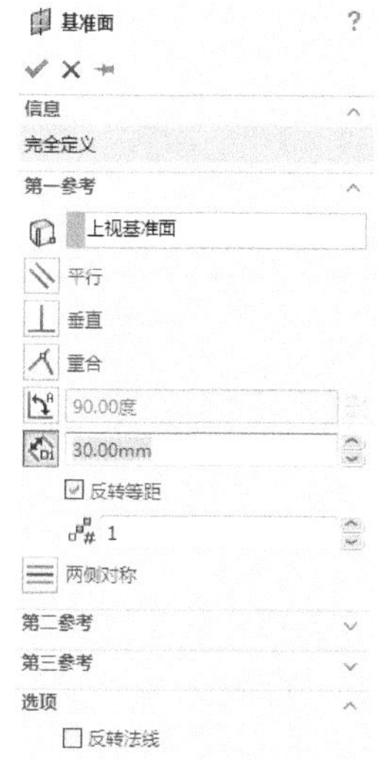

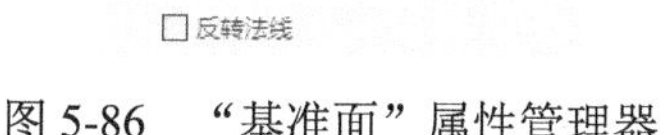

图 5-86　“基准面”属性管理器

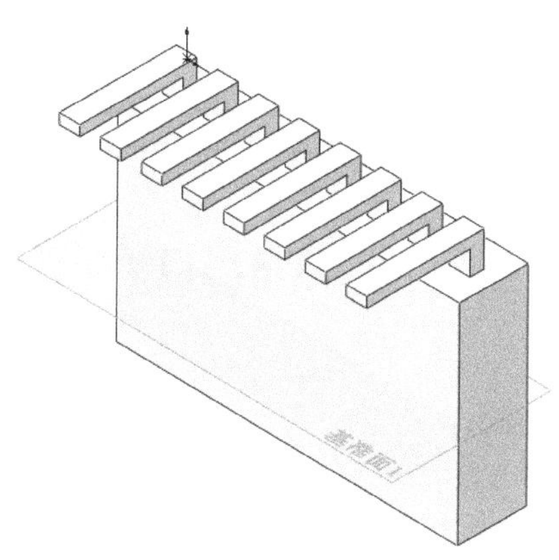

图 5-87　添加的基准面

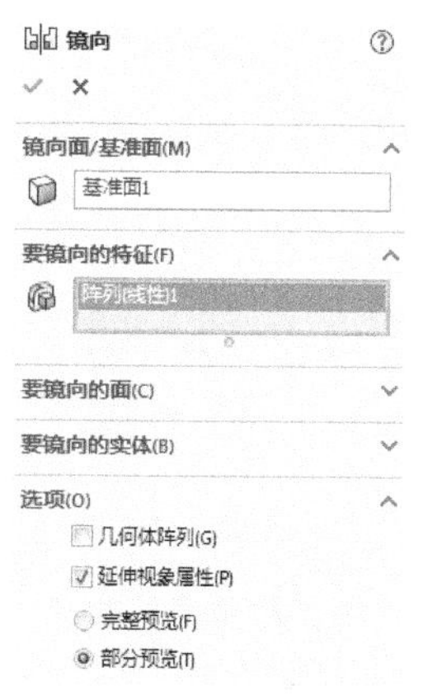

图 5-88　“镜像”属性管理器

11. 隐藏基准面

选择“视图”→“基准面”命令，视图中就不会显示基准面，结果如图 5-90 所示。

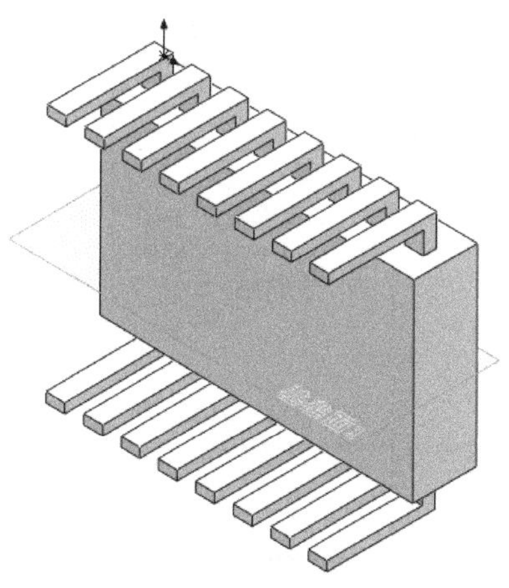

图 5-89　镜像后的图形

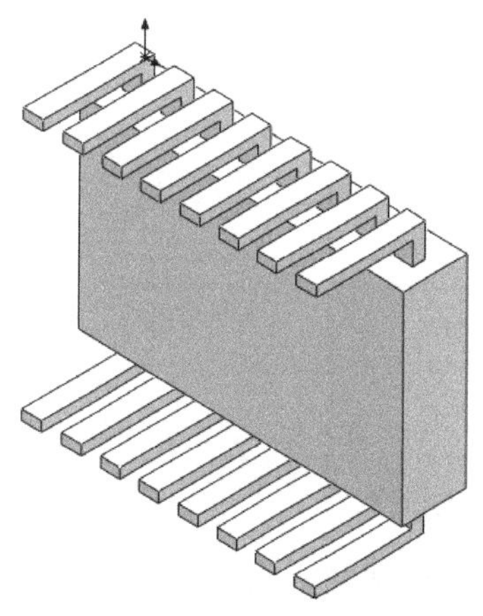

图 5-90　隐藏基准面后的图形

Note

12. 设置基准面

（1）选择图 5-90 所示的后表面，单击“正视于”按钮，将该表面作为绘图的基准面，然后单击“草图绘制”按钮，进入草图绘制环境。

（2）单击“草图”面板中的“文字”按钮，此时系统弹出如图 5-91 所示的“草图文字”属性管理器。在“文字”一栏输入文字 ATMEL。单击“字体”按钮，此时系统弹出如图 5-92 所示的“选择字体”对话框，设置文字的大小及属性，单击“确定”按钮。重复此菜单命令，添加草图文字 AT89C51，用鼠标调整文字在基准面上的位置。结果如图 5-93 所示。

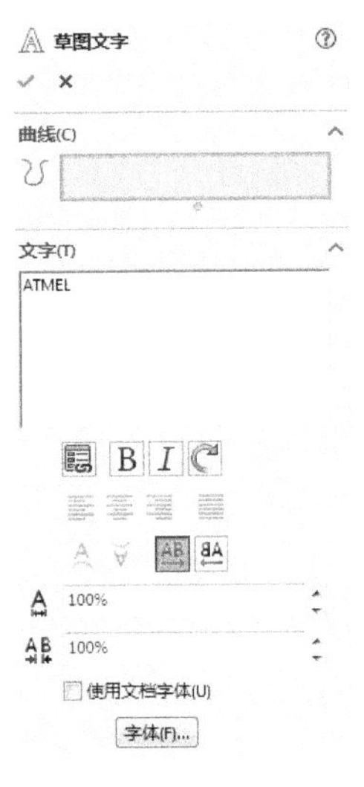

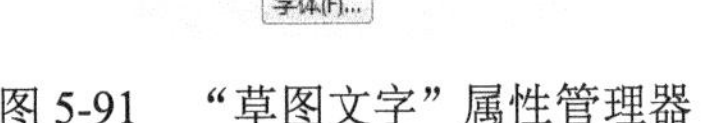

图 5-91 “草图文字”属性管理器

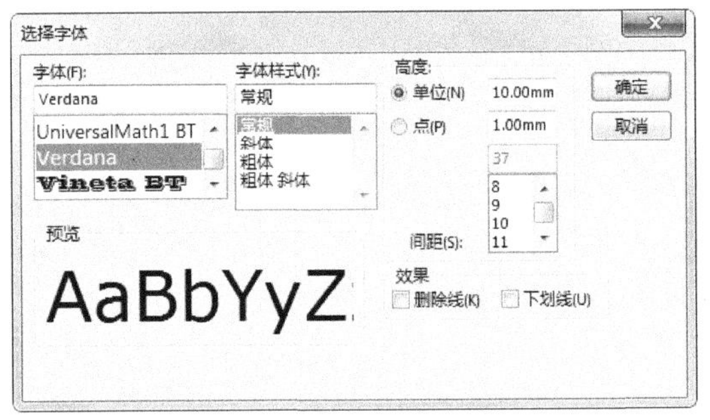

图 5-92 “选择字体”对话框

13. 拉伸草图文字

单击“特征”面板中的“拉伸凸台/基体”按钮，此时系统弹出“凸台-拉伸”属性管理器。输入拉伸深度为 2mm，然后单击“确定”按钮。结果如图 5-94 所示。

图 5-93 绘制的草图

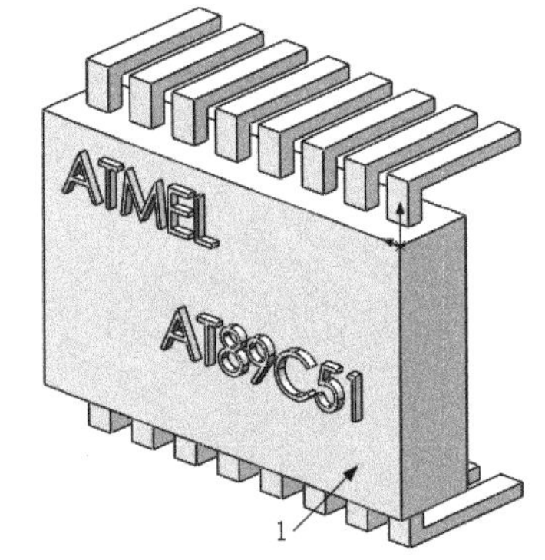

图 5-94 拉伸后的图形

14. 绘制草图

选择图 5-94 所示的表面 1，单击“正视于”按钮，将该表面作为绘图的基准面，然后单击“草图绘制”按钮，进入草图绘制环境。单击“草图”面板中的“圆”按钮，绘制一个圆心在基准面右边线上的圆。单击“草图”面板中的“智能尺寸”按钮，标注圆的直径及其定位尺寸。结果如图 5-95 所示。

Note

15. 拉伸切除实体

单击“特征”面板中的“拉伸切除”按钮，此时系统弹出“切除-拉伸”属性管理器。输入切除深度为 3mm，并调整拉伸切除的方向，然后单击“确定”按钮，结果如图 5-96 所示。

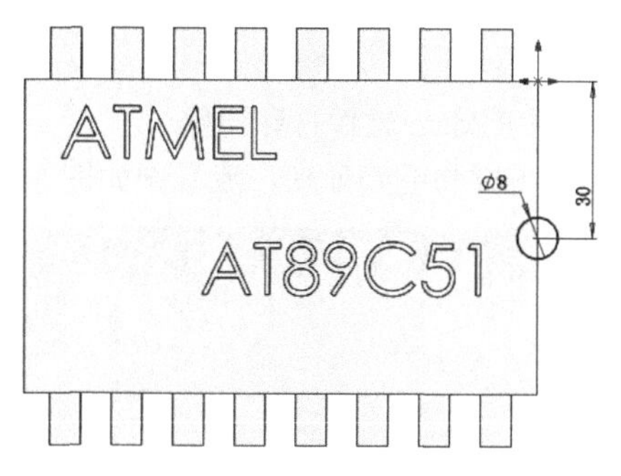

图 5-95　绘制的草图

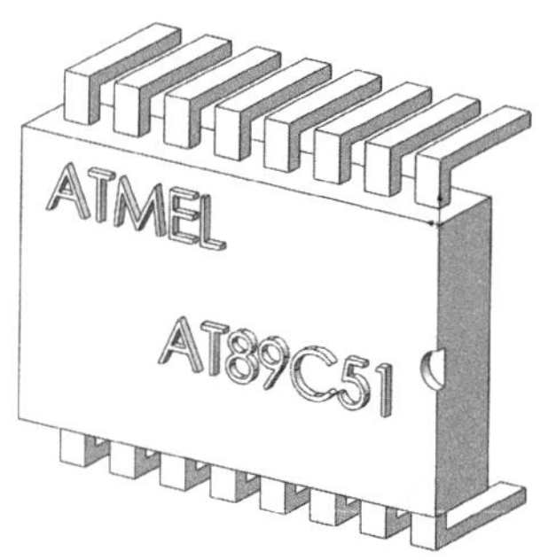

图 5-96　拉伸切除后的图形

5.4.2　打印模型

根据 5.1.2 节步骤 2、3 的操作加载及查看模型，发现模型带有型号的一面朝下放置，为保证模型 xinpian 带有型号的一面的打印质量，减少后期对模型支撑的处理，可将模型 xinpian 旋转 180° 放置。按步骤 4 中（2）的相应操作，单击图形编辑工具栏中的“旋转”按钮，弹出“旋转”对话框，将 X 轴改为 180°，单击“应用”按钮即可实现模型绕 X 轴旋转 180°，旋转后的模型如图 5-97 所示。

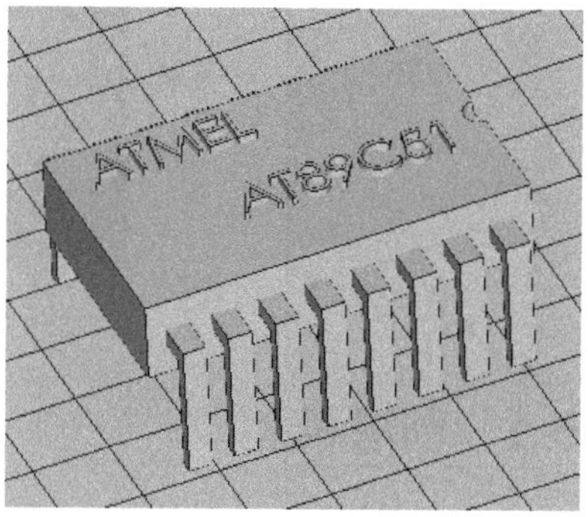

剩余步骤可参考 5.1.2 节步骤 4～8 的操作，即可完成打印。

图 5-97　旋转后的 xinpian

5.4.3　处理打印模型

处理打印模型有以下 3 个步骤：

（1）取出模型。取出后的芯片模型如图 5-98 所示。

（2）去除支撑。

（3）打磨模型。打磨完毕的模型如图 5-99 所示。

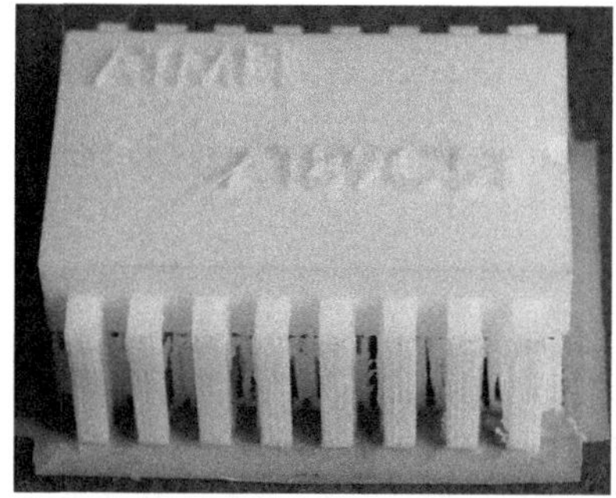

图 5-98　打印完毕的芯片模型

图 5-99　处理完毕的芯片模型

5.5 电脑接口

首先利用 SolidWorks 软件创建电脑接口模型，再利用 RPdata 软件打印电脑接口的 3D 模型，最后对打印出来的电脑接口模型进行去支撑和毛刺处理，流程图如图 5-100 所示。

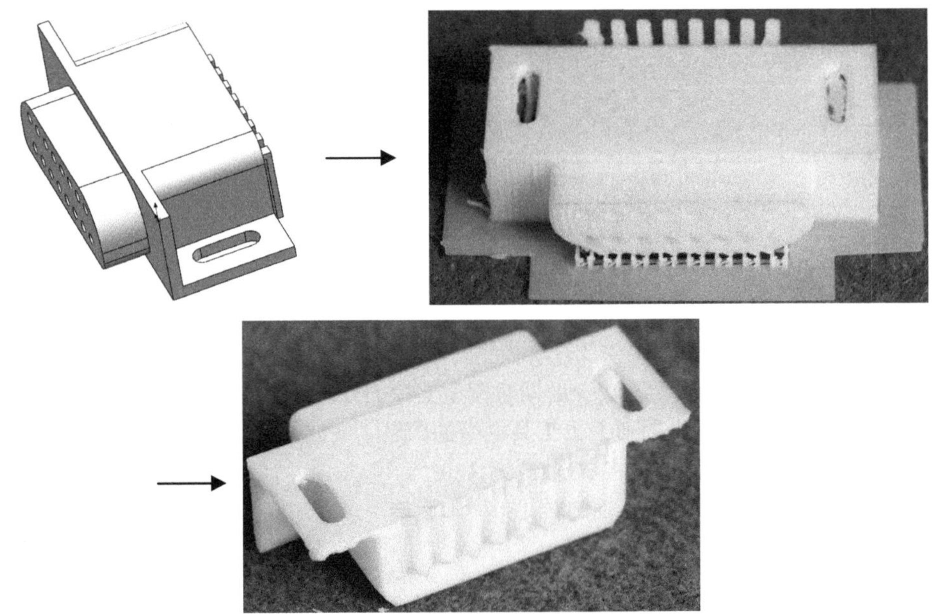

图 5-100 电脑接口模型创建流程图

5.5.1 创建模型

本例比较简单，主要绘制主体部分，即与机箱相连接的部分。首先绘制主体轮廓草图并拉伸，然后绘制与机箱连接的接口并圆角实体。再绘制插槽主体部分，并拉伸切除插槽，最后绘制电脑接口的管脚部分。

1. 新建文件

选择“文件”→“新建”命令，或者单击快速访问工具栏中的“新建”按钮，在弹出的“新建 SOLIDWORKS 文件”对话框中先单击“零件”按钮，再单击“确定”按钮，创建一个新的零件文件。

2. 绘制草图

在左侧的“FeatureManager 设计树”中用鼠标选择“前视基准面”作为绘制图形的基准面，单击“草图绘制”按钮，进入草图绘制环境。单击“草图”面板中的“边角矩形”按钮，以原点为一个角点绘制一个矩形。单击“草图”面板中的“智能尺寸”按钮，标注矩形各边的尺寸。结果如图 5-101 所示。

3. 拉伸实体

单击“特征”面板中的“拉伸凸台/基体”按钮，此时系统弹出“凸台-拉伸”属性管理器。输入深度为 1mm，然后单击“确定”按钮。结果如图 5-102 所示。

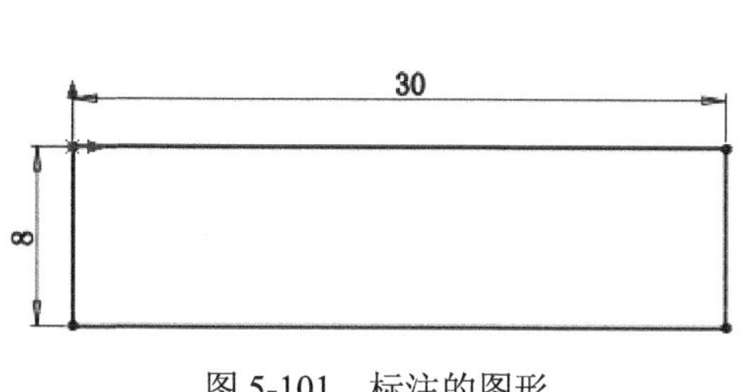

图 5-101　标注的图形

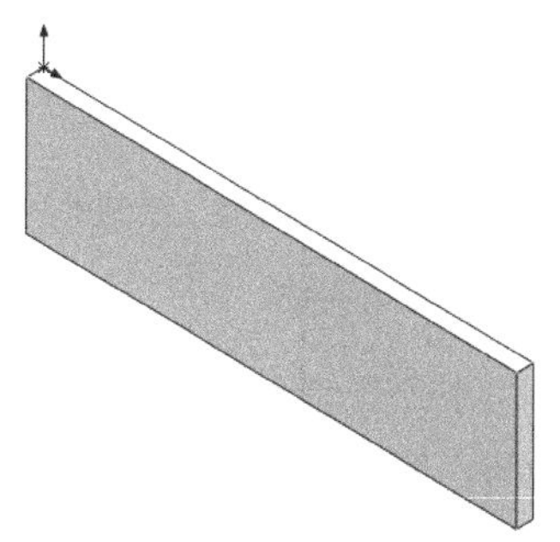

图 5-102　拉伸后的图形

4. 绘制草图

选择图 5-102 中的内侧表面，单击“正视于”按钮，将该表面作为绘制图形的基准面，然后单击“草图绘制”按钮，进入草图绘制环境。单击“草图”面板中的“边角矩形”按钮，使矩形的左右两边和下边线与基准面的边重合。单击“草图”面板中的“智能尺寸”按钮，标注矩形各边的尺寸。结果如图 5-103 所示。

5. 拉伸实体

单击“特征”面板中的“拉伸凸台/基体”按钮，此时系统弹出“凸台-拉伸”属性管理器。输入深度为 10mm，然后单击“确定”按钮。结果如图 5-104 所示。

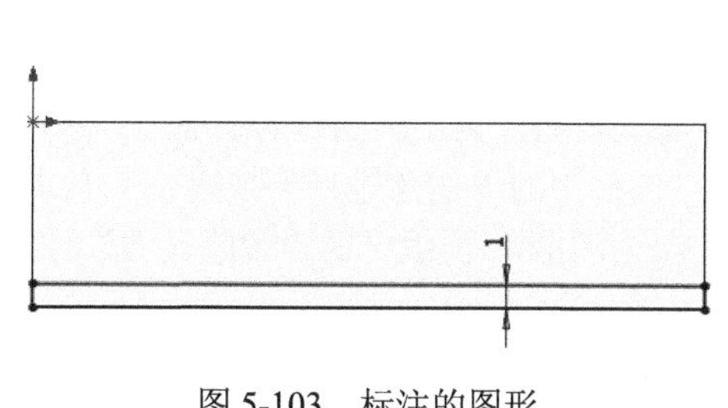

图 5-103　标注的图形

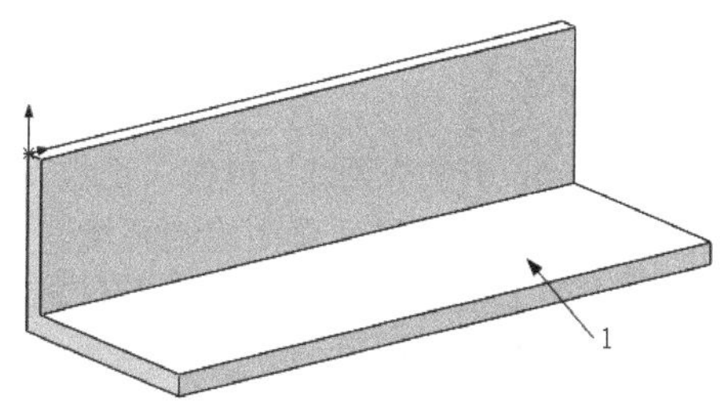

图 5-104　拉伸后的图形

6. 绘制草图

（1）选择图 5-104 中的表面 1，单击“正视于”按钮，将该表面作为绘制图形的基准面，然后单击“草图绘制”按钮，进入草图绘制环境。

（2）单击“草图”面板中的“中心线”按钮，在基准面中心绘制一条中心线；单击“草图”面板中的“边角矩形”按钮，在步骤（1）设置的基准面上绘制一个矩形。

（3）单击“草图”面板中的“智能尺寸”按钮，标注矩形各边的尺寸及其定位尺寸。结果如图 5-105 所示。

（4）单击“草图”面板中的“镜像实体”按钮，此时系统弹出“镜像”属性管理器，然后依次选择矩形和中心线。单击“确定”按钮。结果如图 5-106 所示。

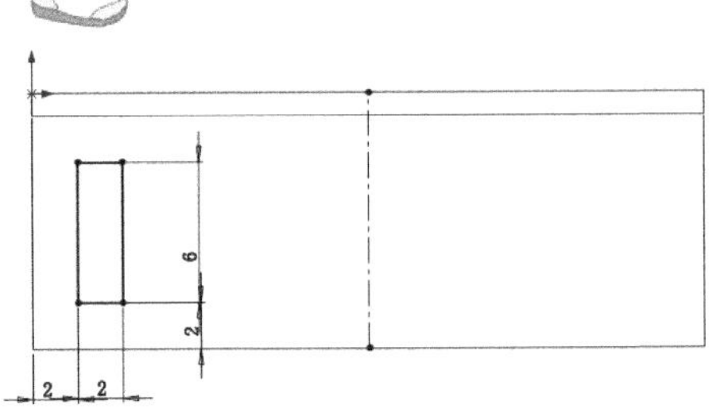

图 5-105　绘制的草图

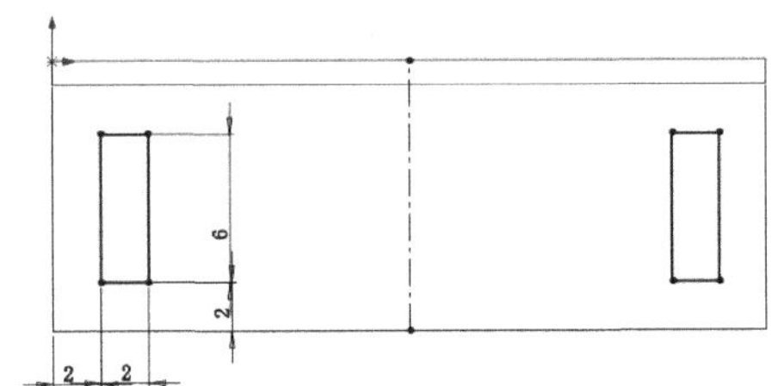

图 5-106　镜像后的图形

7. 拉伸切除实体

单击“特征”面板中的“拉伸切除”按钮，此时系统弹出“切除-拉伸”属性管理器。输入深度为 10mm，然后单击“确定”按钮。结果如图 5-107 所示。

8. 圆角实体

单击“特征”面板中的“圆角”按钮，此时系统弹出“圆角”属性管理器。输入半径为 1mm，然后用鼠标选择拉伸切除实体后的 8 个角的边线。单击“确定”按钮。结果如图 5-108 所示。

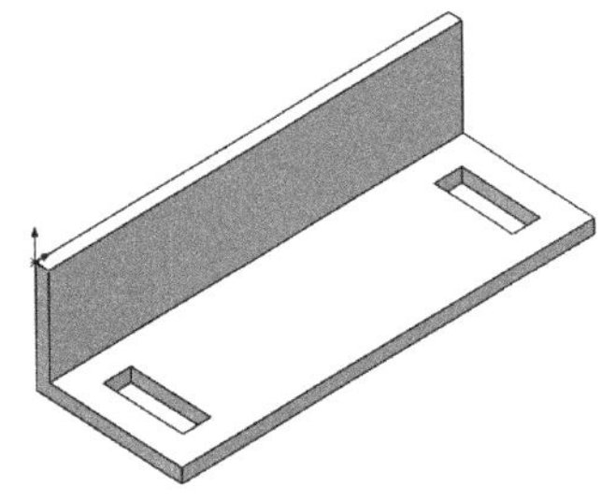

图 5-107　拉伸切除后的图形

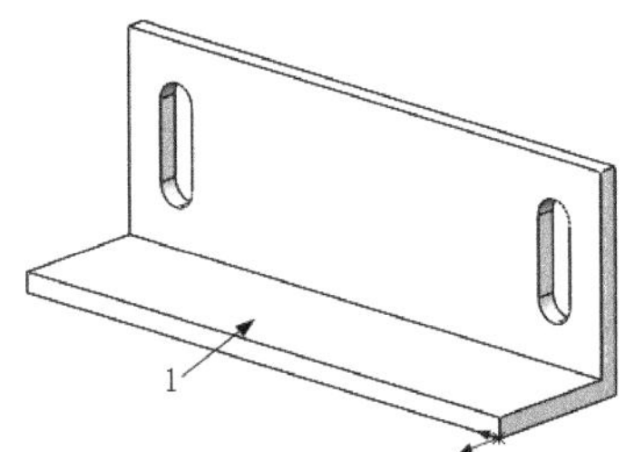

图 5-108　圆角后的图形

9. 绘制草图

选择图 5-108 中的表面 1，单击“正视于”按钮，将该表面作为绘制图形的基准面，然后单击“草图绘制”按钮，进入草图绘制环境。单击“草图”面板中的“边角矩形”按钮，绘制一个矩形，使矩形的上下两条边与基准面的上下两边重合。单击“草图”面板中的“智能尺寸”按钮，标注矩形的尺寸及其定位尺寸。结果如图 5-109 所示。

10. 拉伸实体

单击“特征”面板中的“拉伸凸台/基体”按钮，此时系统弹出“凸台-拉伸”属性管理器。输入深度为 10mm，然后单击“确定”按钮，结果如图 5-110 所示。

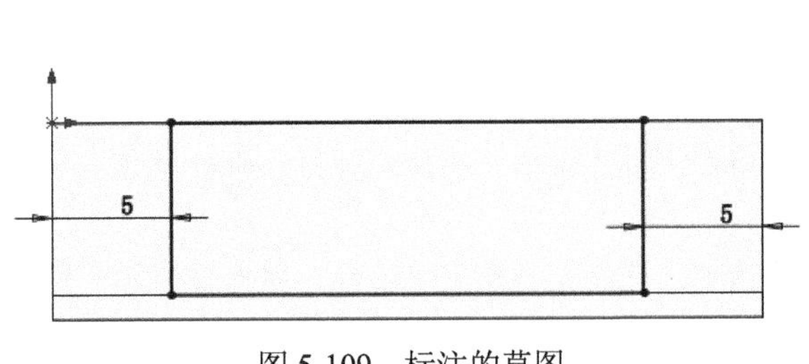

图 5-109　标注的草图

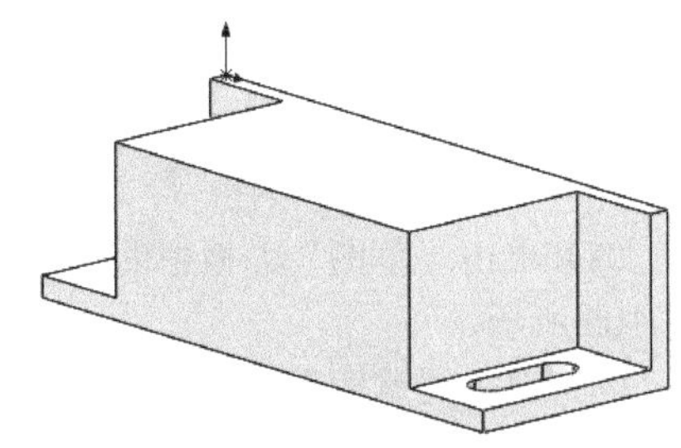

图 5-110　拉伸后的图形

11. 圆角实体

单击“特征”面板中的“圆角”按钮，此时系统弹出“圆角”属性管理器。输入半径为 2mm，然后用鼠标选择图 5-111 中的边线。单击“确定”按钮，结果如图 5-112 所示。

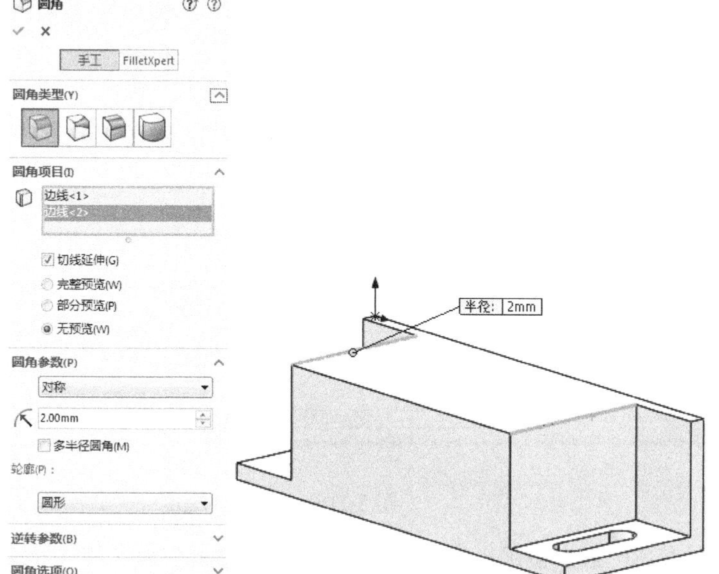

图 5-111　选取边线

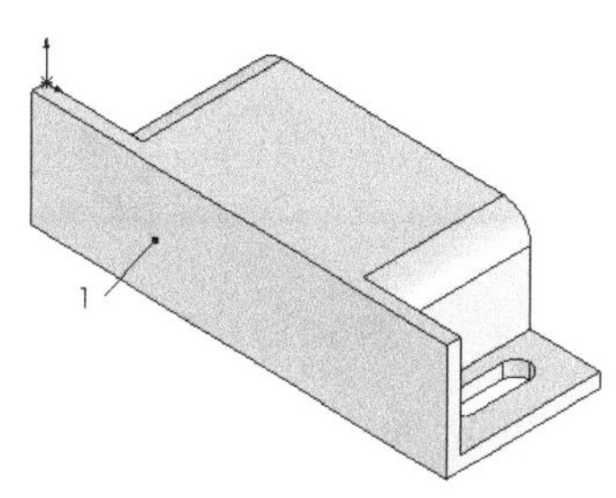

图 5-112　圆角后的图形

12. 绘制草图

选择图 5-112 中的表面 1，单击“正视于”按钮，将该表面作为绘制图形的基准面，然后单击“草图绘制”按钮，进入草图绘制环境。单击“草图”面板中的“边角矩形”按钮，在设置的基准面上绘制一个矩形。单击“草图”面板中的“智能尺寸”按钮，然后标注矩形各边的尺寸及其定位尺寸。结果如图 5-113 所示。

13. 拉伸实体

单击“特征”面板中的“拉伸凸台/基体”按钮，此时系统弹出“凸台-拉伸”属性管理器。输入深度为 4mm，然后单击“确定”按钮。结果如图 5-114 所示。

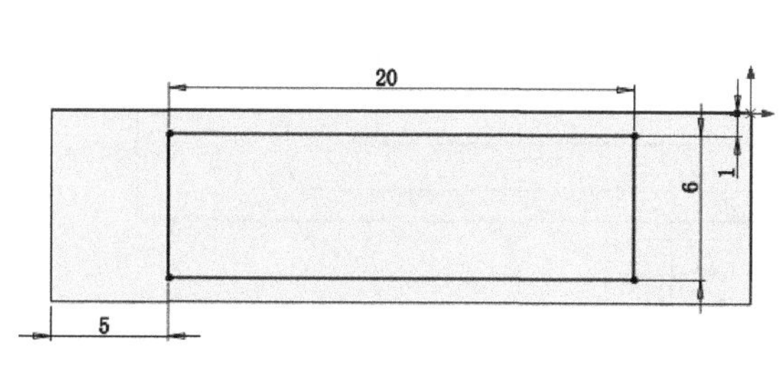

图 5-113　标注后的图形

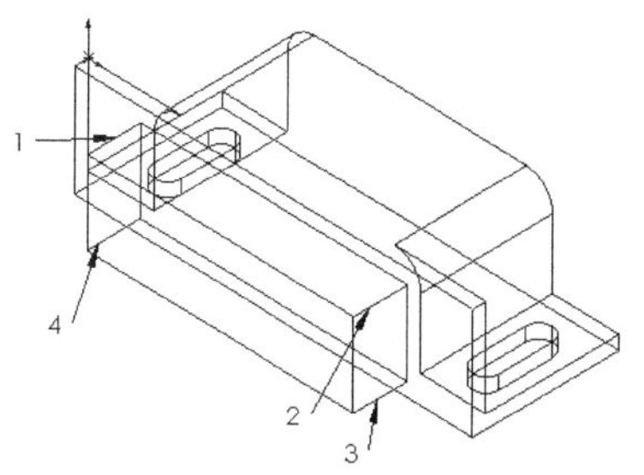

图 5-114　拉伸后的图形

14. 圆角实体

单击“特征”面板中的“圆角”按钮，此时系统弹出“圆角”属性管理器。输入半径为 4，用

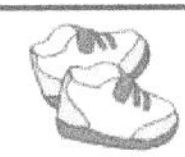

鼠标选择图 5-114 中的边线 1 和边线 2，然后单击“确定”按钮✔。重复此命令，将图中的边线 3 和边线 4 圆角为半径为 1mm 的实体。结果如图 5-115 所示。

Note

15. 绘制草图

（1）用鼠标选择图 5-115 中的表面 1，单击“正视于”按钮，将该表面作为绘制图形的基准面，然后单击“草图绘制”按钮，进入草图绘制环境。

（2）单击“草图”面板中的“圆”按钮，在步骤（1）设置的基准面上绘制一个圆。

（3）单击“草图”面板中的“智能尺寸”按钮，标注圆的直径及其定位尺寸。结果如图 5-116 所示。

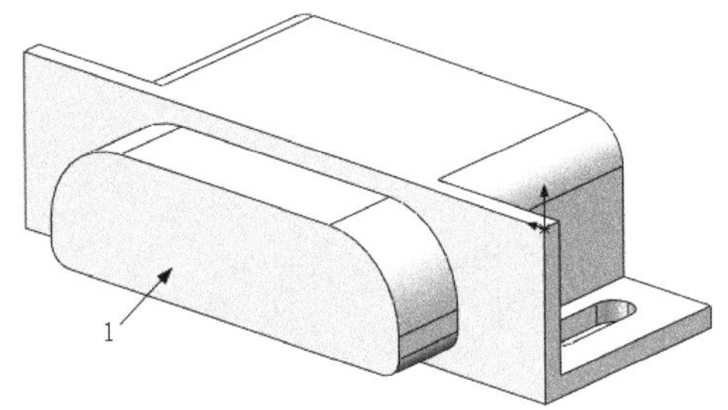

图 5-115　圆角后的图形

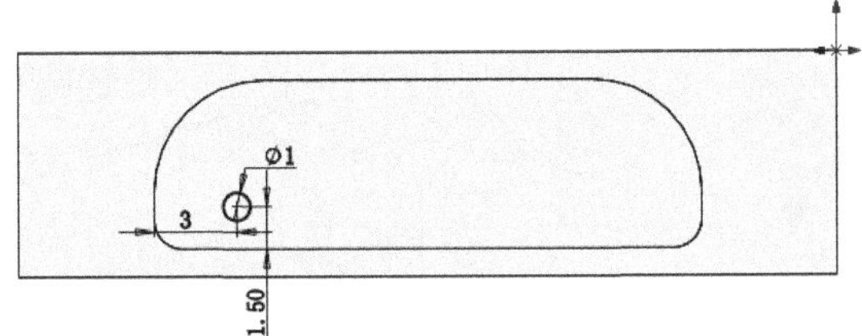

图 5-116　标注的草图

（4）单击“草图”面板中的“线性草图阵列”按钮，此时系统弹出如图 5-117 所示的“线性阵列”属性管理器。按照图示进行设置，并调整阵列草图的方向，复制的项目为步骤（2）中标注的圆，然后单击“确定”按钮✔，结果如图 5-118 所示。

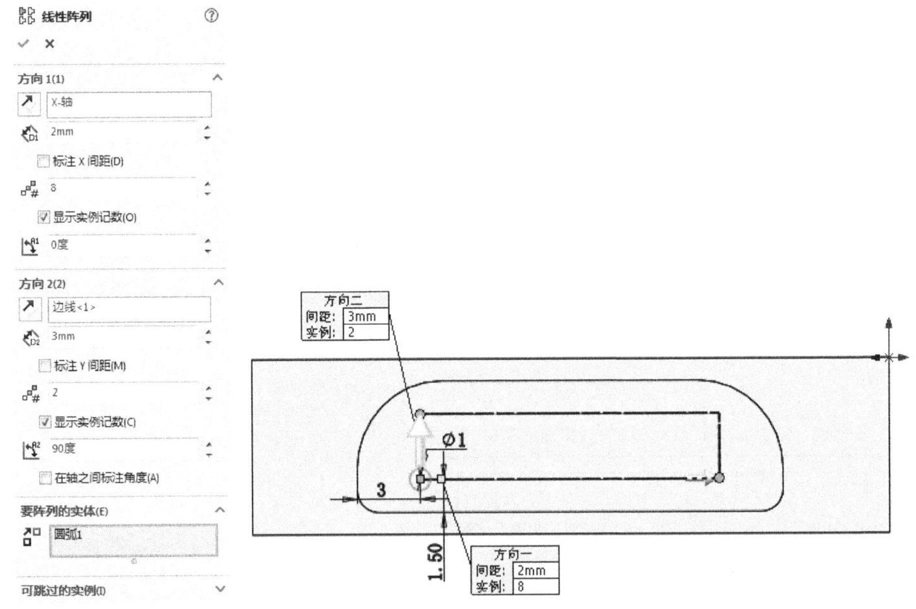

图 5-117　“线性阵列”属性管理器

注意： 在绘制图形的过程中，用户可以单击“前导（视图）”面板中的按钮，相应改变图形的显示模式。系统有 5 种显示模式，可以根据实际情况选择需要的模式，系统默认的是上色显示模式。

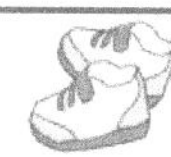

16. 拉伸切除实体

单击“特征”面板中的“拉伸切除”按钮，此时系统弹出“切除-拉伸”属性管理器。输入切除深度为 5mm，并调整拉伸切除的方向，然后单击“确定”按钮。结果如图 5-119 所示。

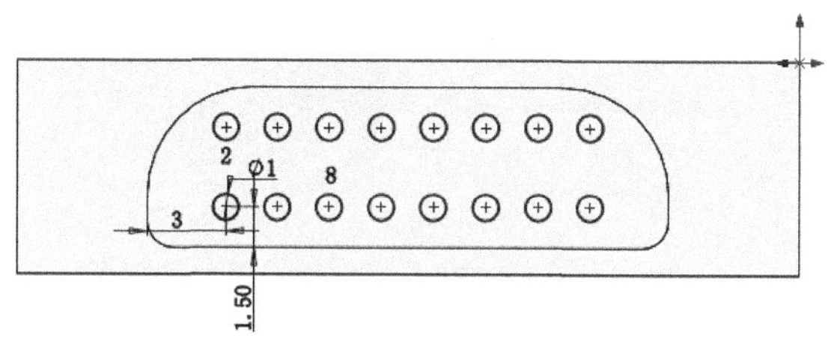

图 5-118　阵列后的草图

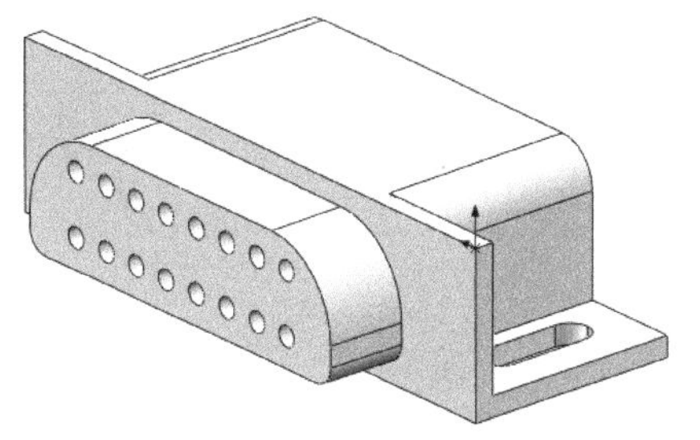

图 5-119　拉伸切除后的图形

17. 绘制扫描截面草图

用鼠标选择图 5-119 中后面的表面，单击“正视于”按钮，将该表面作为绘制图形的基准面，然后单击“草图绘制”按钮，进入草图绘制环境。单击“草图”面板中的“边角矩形”按钮，在设置的基准面上绘制一个矩形。单击“草图”面板中的“智能尺寸”按钮，标注矩形各边的尺寸及其定位尺寸。结果如图 5-120 所示，然后退出草图绘制状态。

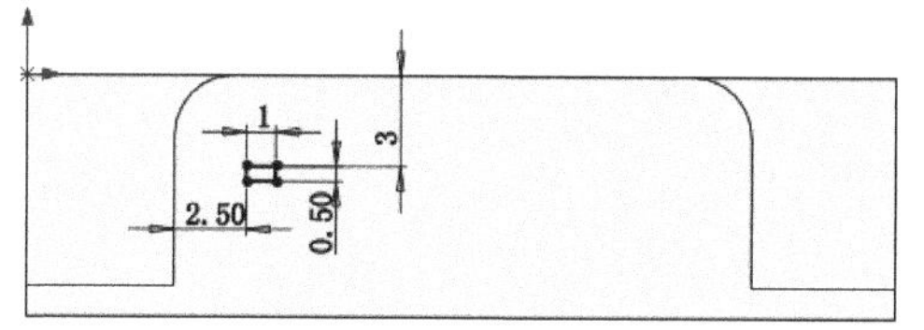

图 5-120　标注的草图

18. 添加基准面

在左侧的“FeatureManager 设计树”中用鼠标选择“右视基准面”，然后单击“特征”面板“参考几何体”下拉列表中的“基准面”按钮，此时系统弹出如图 5-121 所示的“基准面”属性管理器。输入等距距离为 7.5mm，并调整设置基准面的方向。单击“确定”按钮，添加一个新的基准面。

图 5-121　“基准面”属性管理器

19. 绘制扫描引导草图

单击“正视于”按钮，将该基准面作为绘制图形的基准面，然后单击“草图绘制”按钮，进入草图绘制环境。单击“草图”面板中的“直线”按钮，在设置的基准面绘制两条直线段，将左侧直线段的端点约束在边线上。单击“草图”面板中的“智能尺寸”按钮，标注各直线段的长度。结果如图 5-122 所示，然后退出草图绘制状态。

20. 扫描实体

单击“特征”面板中的“扫描”按钮，此时系统弹出如图 5-123 所示的“扫描”属性管理器。选择图 5-120 所示的矩形为扫描轮廓；用鼠标选择如图 5-122 所示的直线段为扫描路径。单击“确定”按钮。结果如图 5-124 所示。

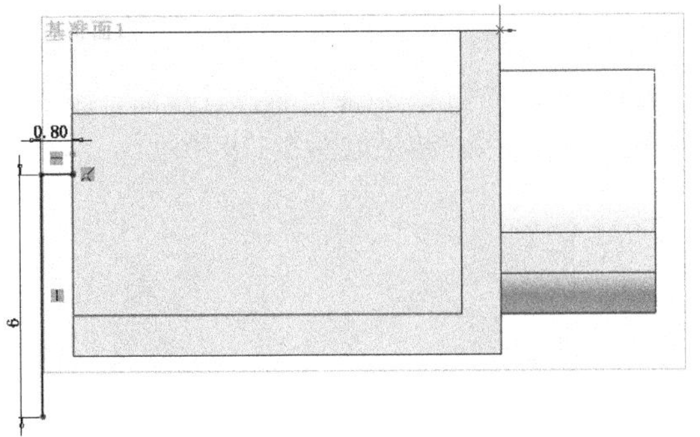

图 5-122　标注的草图

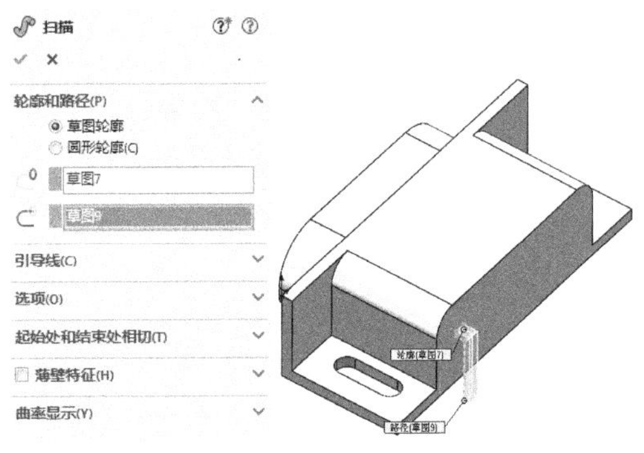

图 5-123　“扫描”属性管理器

21. 线性阵列实体

单击“特征”面板中的“线性阵列”按钮，此时系统弹出如图 5-125 所示的“线性阵列”属性管理器。用鼠标选择图 5-125 中的接头壳体的边线为阵列方向；输入间距为 2；输入实例个数为 8；选择步骤 20 扫描的实体为要阵列的特征，并调整阵列的方向。按照图示进行设置后，单击“确定”按钮✔，结果如图 5-126 所示。

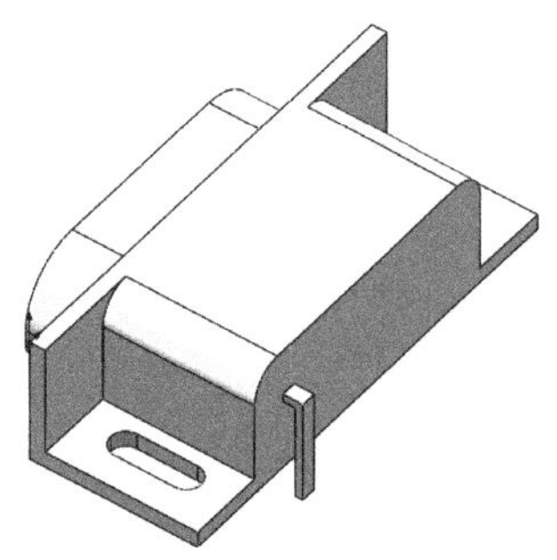

图 5-124　扫描后的图形

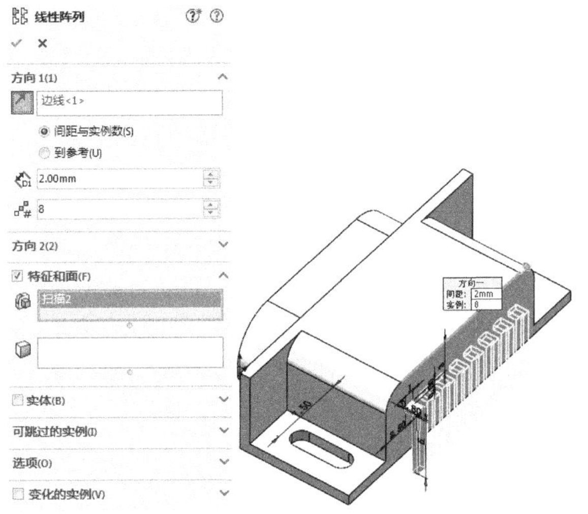

图 5-125　“线性阵列”属性管理器

电脑接口最终结果如图 5-127 所示。

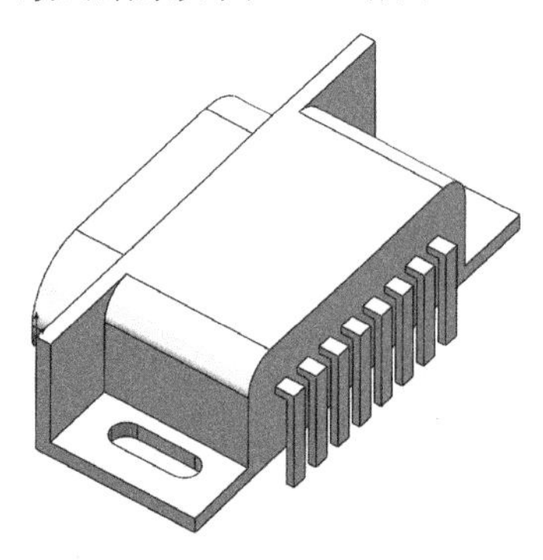

图 5-126　阵列后的图形

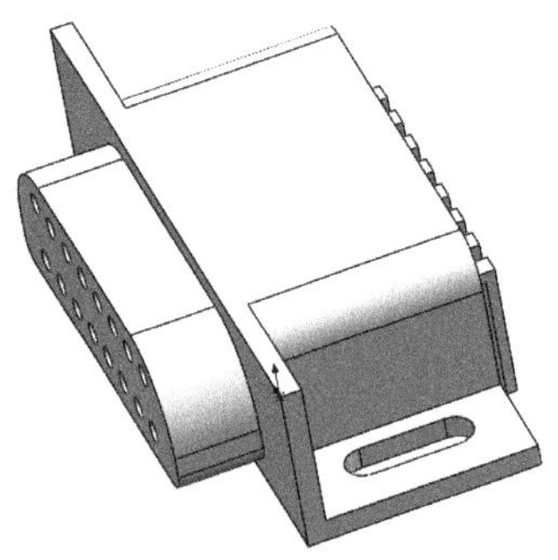

图 5-127　线性阵列实体

5.5.2　打印模型

根据 5.1.2 节步骤 2、3 操作后，发现模型梯形接口向下放置，因该接口尺寸较小，为减少后期对该接口以及其他部位的支撑去除工作，可将模型绕 X 轴旋转 270° 放置。按步骤 4 中（2）的相应操作，单击图形编辑工具栏中的“旋转”按钮，弹出“旋转”对话框，将 X 轴改为 270° ，单击“应用”按钮即可实现将模型绕 X 轴旋转 270° ，旋转后如图 5-128 所示。

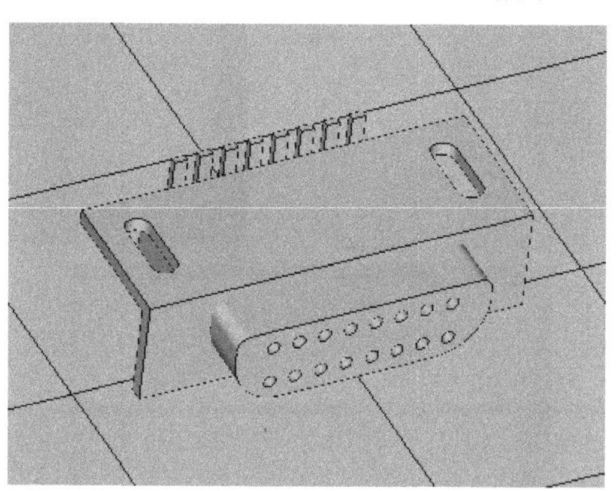

图 5-128　旋转后 diannaojiegou 模型

剩余步骤可参考 5.1.2 节步骤 4～8，按其操作即可完成打印。

5.5.3　处理打印模型

处理打印模型有以下 3 个步骤：

（1）取出模型。取出后的电脑接口模型如图 5-129 所示。

（2）去除支撑。

（3）打磨模型。打磨完毕的模型如图 5-130 所示。

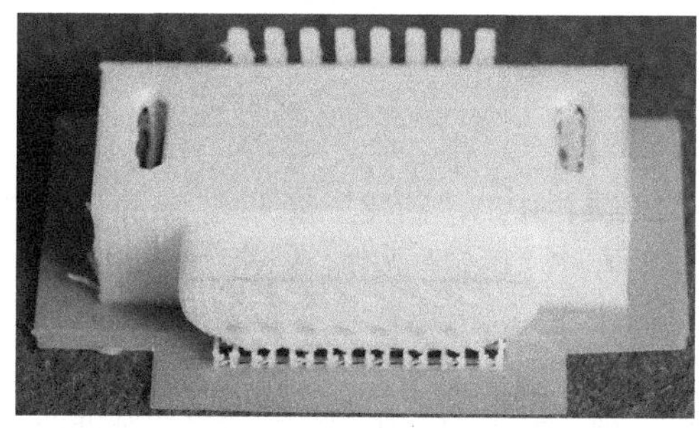

图 5-129　打印完毕的电脑接口模型

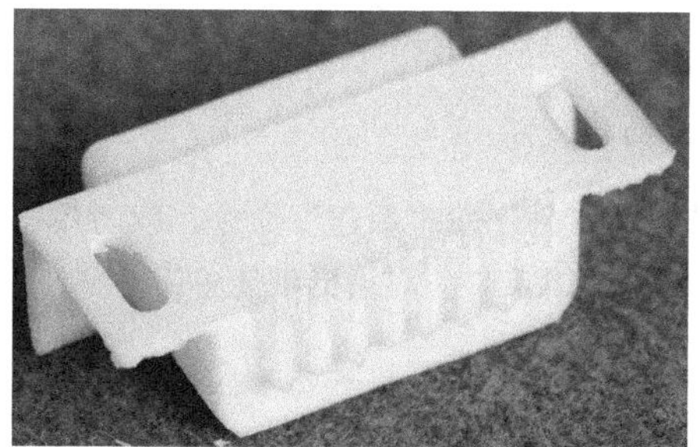

图 5-130　处理完毕的电脑接口模型

扫码看视频

5.6　液晶显示器

5.6　液晶显示器

本例创建液晶显示器模型，首先利用 SolidWorks 软件创建液晶显示器模型，

再利用 RPdata 软件打印液晶显示器的 3D 模型，最后对打印出来的液晶显示器模型进行去支撑和毛刺处理，流程图如图 5-131 所示。

图 5-131　液晶显示器模型创建流程图

5.6.1　创建模型

首先绘制显示屏轮廓草图并拉伸实体，然后拉伸切除实体；再绘制显示器的支撑架，最后绘制显示器的底座。

1. 新建文件

选择“文件”→“新建”命令，或者单击快速访问工具栏中的“新建”按钮，在弹出的“新建 SOLIDWORKS 文件”对话框中先单击“零件”按钮，再单击“确定”按钮，创建一个新的零件文件。

2. 绘制草图

在左侧的“FeatureManager 设计树”中用鼠标选择“前视基准面”作为绘制图形的基准面，单击“草图”面板中的“中心矩形”按钮，以原点为中心点绘制一个矩形。单击“草图”面板中的“智能尺寸”按钮，标注矩形各边的尺寸。结果如图 5-132 所示。

3. 拉伸实体

单击“特征”面板中的“拉伸凸台/基体”按钮，此时系统弹出“凸台-拉伸”属性管理器。输入拉伸深度为 20mm，然后单击“确定”按钮。结果如图 5-133 所示。

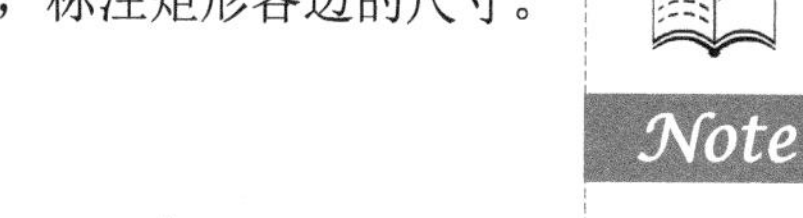

4. 绘制草图

用鼠标选择图 5-133 中的表面 1，单击“正视于”按钮，将该表面作为绘制图形的基准面，然后单击“草图绘制”按钮，进入草图绘制环境。单击“草图”面板中的“边角矩形”按钮，在设置的基准面上绘制一个矩形。单击“草图”面板中的“智能尺寸”按钮，标注矩形各边的尺寸。结果如图 5-134 所示。

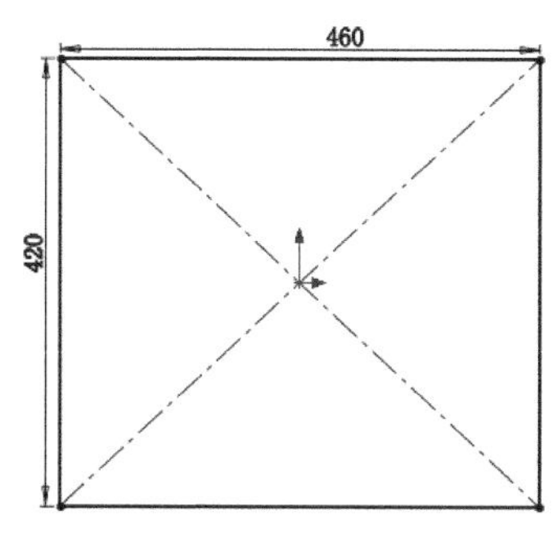

图 5-132　标注的草图

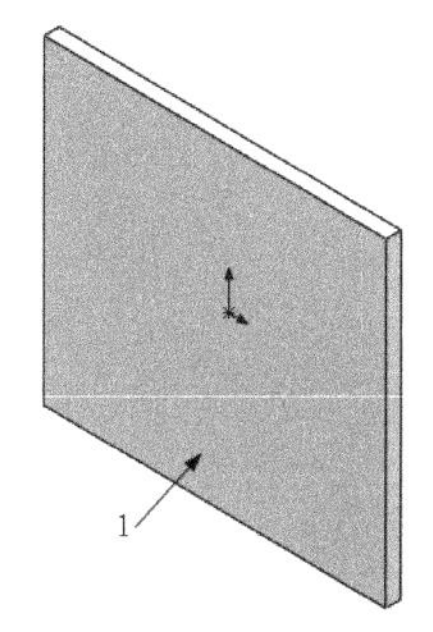

图 5-133　拉伸后的图形

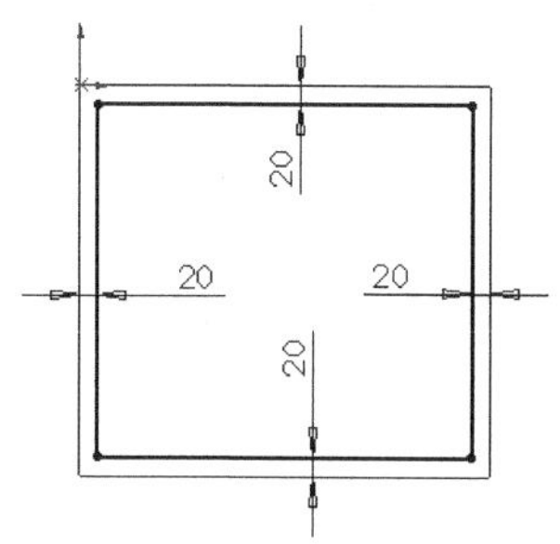

图 5-134　标注的草图

5. 拉伸切除实体

单击“特征”面板中的“拉伸切除”按钮，此时系统弹出“切除-拉伸”属性管理器，如图 5-135 所示。输入切除深度为 5mm；单击“拔模开/关”按钮并在其后输入拔模角度值 60°。按照图示进行设置后，单击“确定”按钮。结果如图 5-136 所示。

6. 设置基准面

选择前视基准面，单击“正视于”按钮，将该表面作为绘制图形的基准面，然后单击“草图绘制”按钮，进入草图绘制环境。在草图绘制状态下，按下 Ctrl 键，单击所选基准面的各条外边线，然后单击“草图”面板中的“转换实体引用”按钮，将各条边线转化为草图图素，如图 5-137 所示。

图 5-135　“切除-拉伸”属性管理器

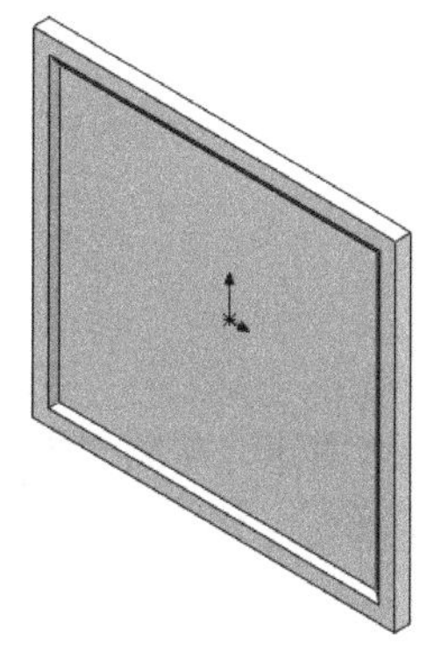

图 5-136　拉伸切除后的图形

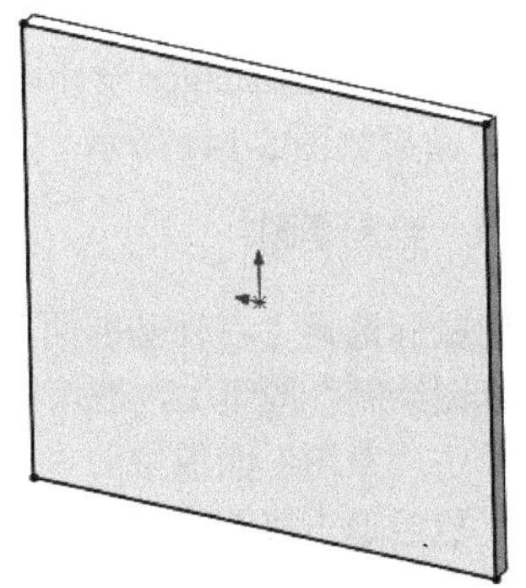

图 5-137　转换实体引用

7. 添加基准面

在左侧的“FeatureManager 设计树”中用鼠标选择“前视基准面”，单击“特征”面板“参考几何体”下拉列表中的“基准面”按钮，此时系统弹出如图 5-138 所示的“基准面”属性管理器。输

入等距距离值为40mm，并调整设置基准面的方向。按照图示进行设置后，单击“确定”按钮✓，添加一个新的基准面。结果如图5-139所示。

8. 绘制草图

选择图5-139中新建的基准面，单击“正视于”按钮，将该表面作为绘制图形的基准面，然后单击“草图绘制”按钮，进入草图绘制环境。单击“草图”面板中的“边角矩形”按钮，在设置的基准面上绘制一个矩形。单击“草图”面板中的“智能尺寸”按钮，标注矩形各边的尺寸及其定位尺寸。结果如图5-140所示。

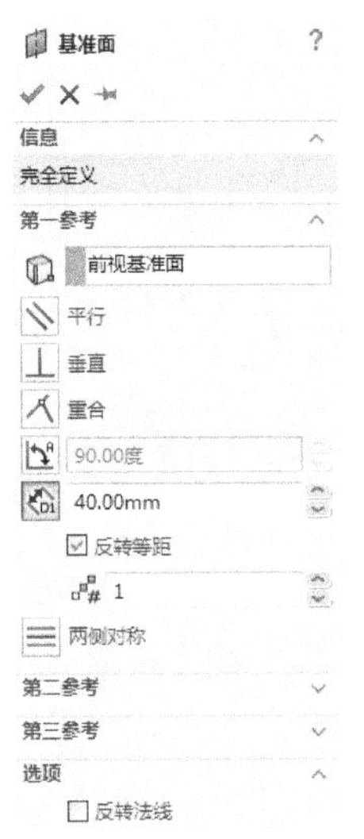

图5-138 “基准面”属性管理器

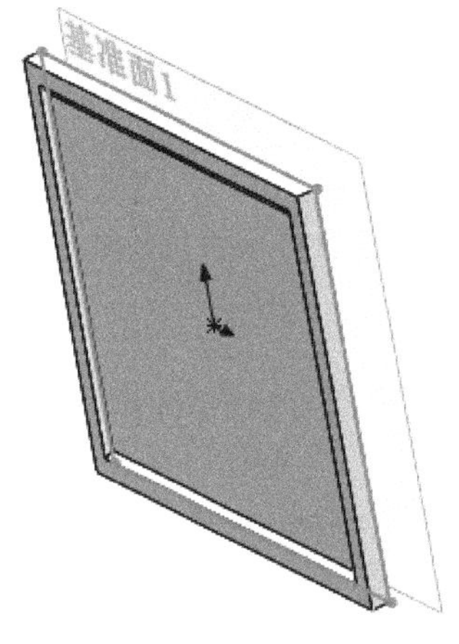

图5-139 添加的基准面

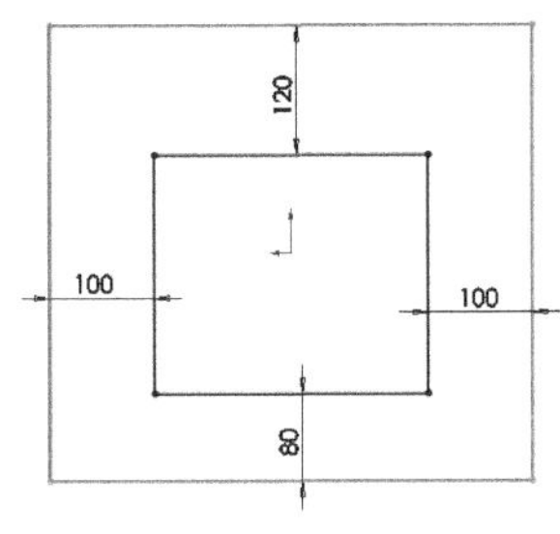

图5-140 标注的草图

9. 放样实体

单击“特征”面板中的“放样凸台/基体”按钮，此时弹出“放样”属性管理器。依次选择刚创建的两个草图为放样轮廓，然后单击“确定”按钮✓。

10. 隐藏基准面

在“FeatureManager设计树”中选择“基准面1”并右击，在弹出的快捷菜单中单击“隐藏”按钮。结果如图5-141所示。

11. 绘制草图

用鼠标选择“右视基准面”，单击“正视于”按钮，将该表面作为绘制图形的基准面，然后单击“草图绘制”按钮，进入草图绘制环境。单击“草图”面板中的“直线”按钮，绘制一个三角形。单击“草图”面板中的“智能尺寸”按钮，标注三角形的尺寸及其定位尺寸。结果如图5-142所示，然后退出草图绘制状态。

12. 拉伸实体

单击“特征”面板中的“拉伸凸台/基体”按钮，此时系统弹出“凸台-拉伸”属性管理器。设置拉伸终止条件为“两侧对称”，输入拉伸深度为150mm，然后单击“确定”按钮✓。结果如图5-143所示。

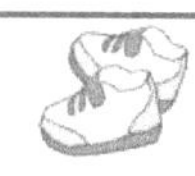

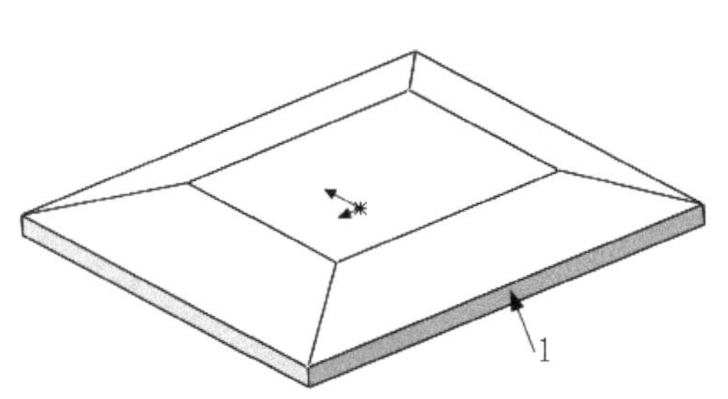

图 5-141 放样后的实体

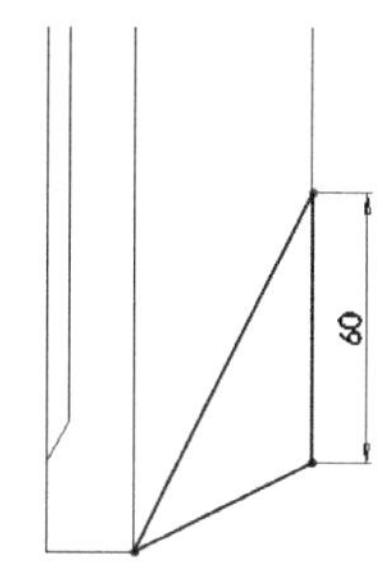

图 5-142 标注的草图

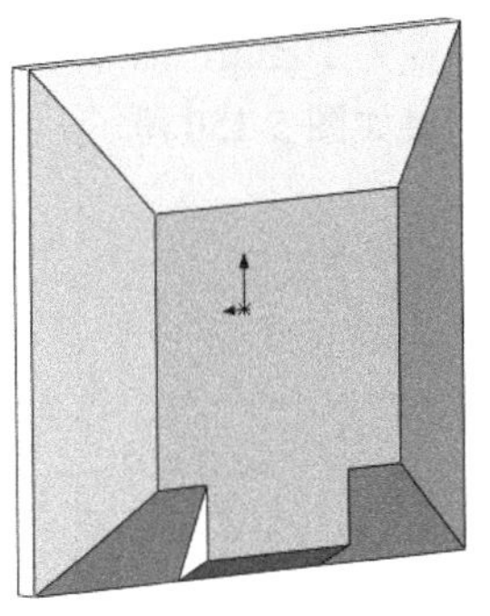

图 5-143 拉伸后的图形

13. 绘制草图

用鼠标选择“右视基准面”，单击“正视于”按钮，将该表面作为绘制图形的基准面，然后单击“草图绘制”按钮，进入草图绘制环境。单击“草图”面板中的“直线”按钮，绘制一个四边形。单击“草图”面板中的“智能尺寸”按钮，标注三角形的尺寸及其定位尺寸。结果如图 5-144 所示，然后退出草图绘制状态。

14. 拉伸实体

单击“特征”面板中的“拉伸凸台/基体”按钮，此时系统弹出“凸台-拉伸”属性管理器。设置拉伸终止条件为“两侧对称”，输入拉伸深度为 80mm，然后单击“确定”按钮。结果如图 5-145 所示。

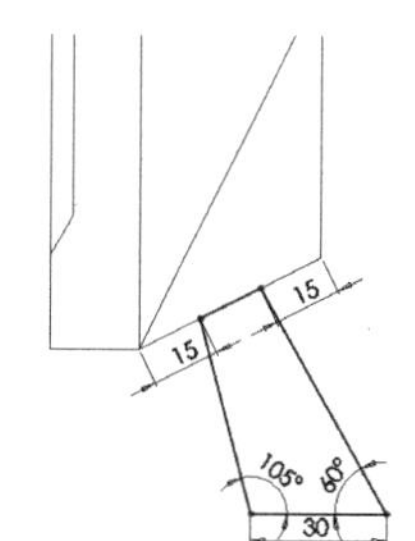

图 5-144 标注的草图

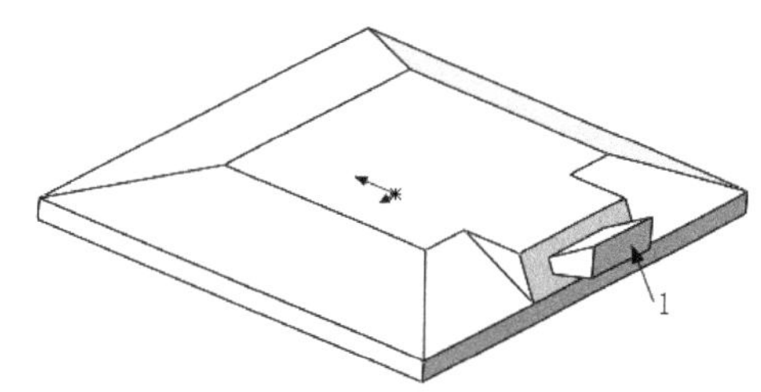

图 5-145 拉伸后的图形

15. 绘制草图

在左侧的“FeatureManager 设计树”中选择图 5-145 所示的面 1，单击“正视于”按钮，作为绘制图形的基准面，然后单击“草图绘制”按钮，进入草图绘制环境。单击“草图”面板中的“圆”按钮，以原点与圆心成竖直关系绘制一个圆。单击“草图”面板中的“智能尺寸”按钮，标注图中圆的直径。结果如图 5-146 所示。

16. 拉伸实体

单击“特征”面板中的“拉伸凸台/基体”按钮，此时系统弹出如图 5-147 所示的“凸台-拉伸”属性管理器。输入拉伸深度为 20mm；单击“拔模开/关”按钮，并在其后输入拔模角度为 15°；选择向外拔模。按照图示进行设置后，单击“确定”按钮。结果如图 5-148 所示。

17. 圆角实体

单击“特征”面板中的“圆角”按钮，此时弹出如图 5-149 所示的“圆角”属性管理器。输入

Note

半径为20mm，然后选取所绘圆柱的上边线。按照图5-149所示进行设置后，单击“确定”按钮✔。结果如图5-150所示。

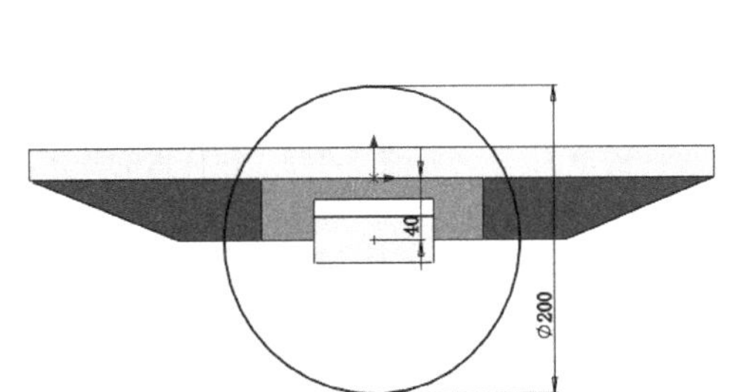

图5-146　绘制的草图

图5-147　“凸台-拉伸”属性管理器

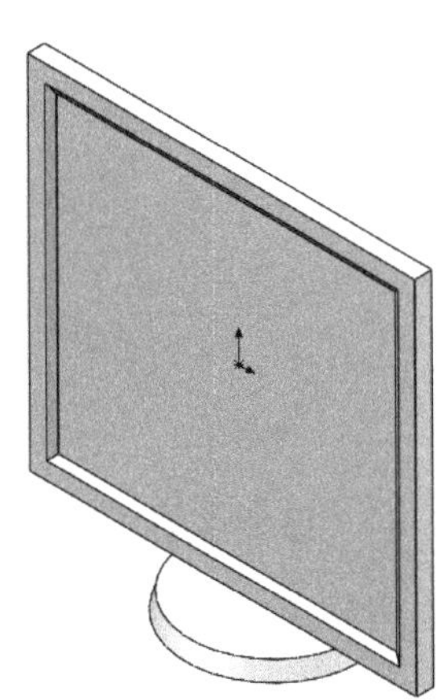

图5-148　拉伸后的图形

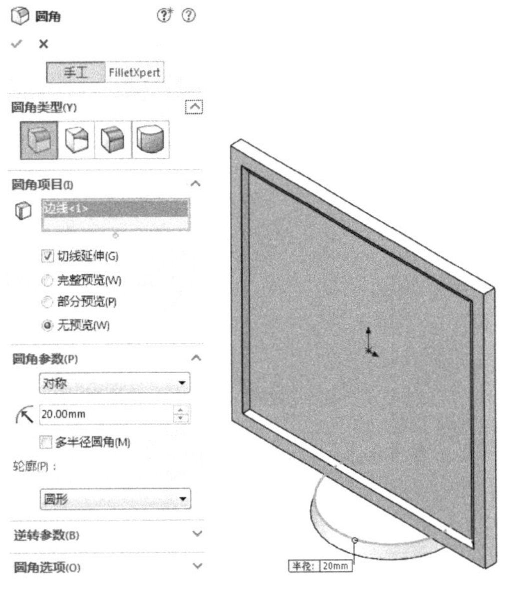

图5-149　“圆角”属性管理器

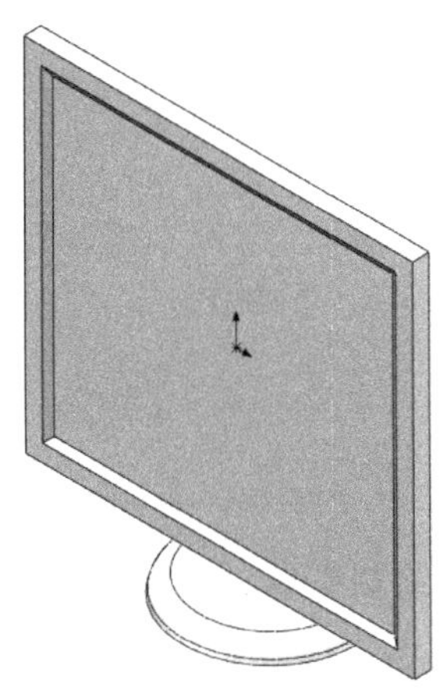

图5-150　圆角后的图形

5.6.2　打印模型

根据5.1.2节步骤2、3操作后，发现模型较大，已经超过本书所选择机器的打印范围，需要将其缩小至合理尺寸。单击图形编辑工具栏上“比例放大/缩小”按钮，将出现“比例”对话框，如图5-151所示，选中“统一”复选框，并将数值改为0.5，单击“应用”按钮，模型将被缩小为原来的1/2，如图5-152所示。

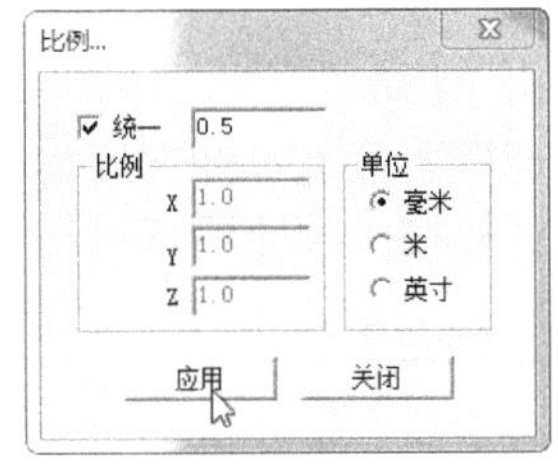

图5-151　“比例”对话框

为减少打印过程中产生的支撑，可将模型按步骤 4 中的（2）进行操作，单击图形编辑工具栏中的“旋转”按钮，弹出“旋转”对话框，将 X 轴改为 90°，单击“应用”按钮即可实现对模型绕 X 轴旋转 270°，旋转后如图 5-153 所示。

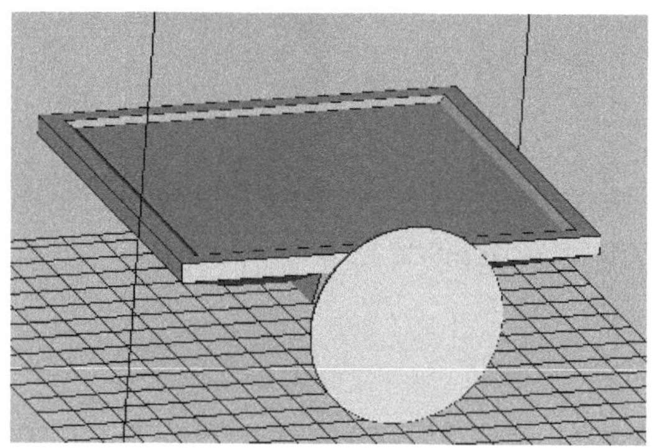

图 5-152 缩放模型 yejingxianshiqi

图 5-153 旋转模型 yejingxianshiqi

剩余步骤可参考 5.1.2 节步骤 5～8，按其操作即可完成打印。

5.6.3 处理打印模型

处理打印模型有以下 3 个步骤：

（1）取出模型。取出后的液晶显示器模型如图 5-154 所示。

（2）去除支撑。

（3）打磨模型。打磨完毕的模型如图 5-155 所示。

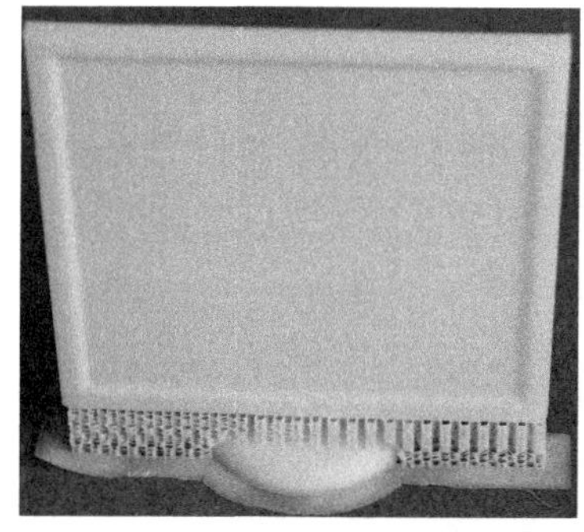

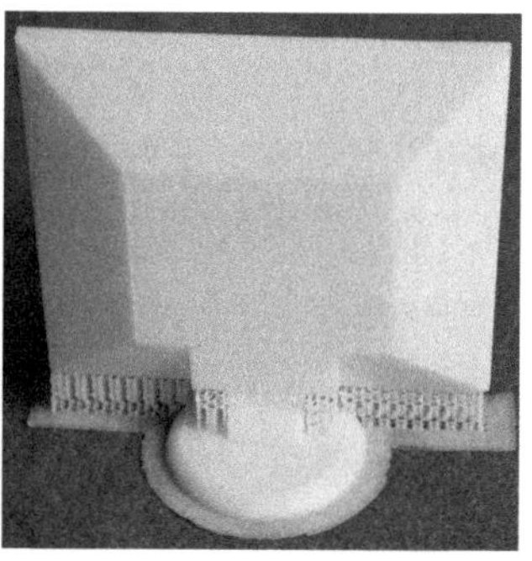

图 5-154 打印完毕的液晶显示器模型

图 5-155 处理完毕的液晶显示器模型

5.7 显示器壳体

扫码看视频

5.7 显示器壳体

本实例绘制的是显示器壳体，首先利用 SolidWorks 软件创建显示器壳体模型，再利用 RPdata 软件打印显示器壳体的 3D 模型，最后对打印出来的显示器壳体模型进行去支撑和毛刺处理，流程图如图 5-156 所示。

Note

图 5-156　显示器壳体模型创建流程图

5.7.1　创建模型

首先绘制一个拉伸实体，然后在实体局部拉伸实体，完成显示器壳体外形设计，最后对实体各边进行倒圆角操作并进行抽壳操作，完成显示器壳体的绘制。

1. 新建文件

选择“文件”→“新建”命令，或者单击快速访问工具栏中的“新建”按钮，在弹出的“新建SOLIDWORKS文件”对话框中单击“零件”按钮，然后单击“确定”按钮，创建一个新的零件文件。

2. 绘制草图

在左侧的“FeatureManager设计树”中用鼠标选择“前视基准面”作为绘制图形的基准面。单击“草图”面板中的“中心线”按钮、“直线”按钮、“3点圆弧”按钮和“特征”面板中的“镜像”按钮，绘制如图5-157所示的草图。

3. 拉伸实体

单击“特征”面板中的“拉伸凸台/基体”按钮，此时系统弹出如图5-158所示的“凸台-拉伸”属性管理器。输入拉伸深度为320。单击“确定”按钮，结果如图5-159所示。

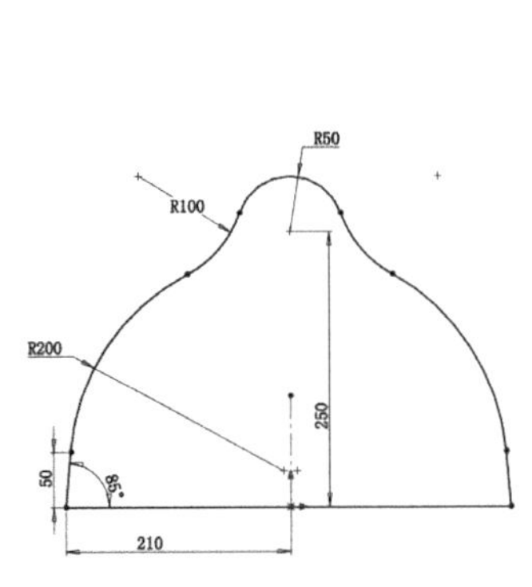

图 5-157　绘制草图尺寸

图 5-158　“凸台-拉伸”属性管理器

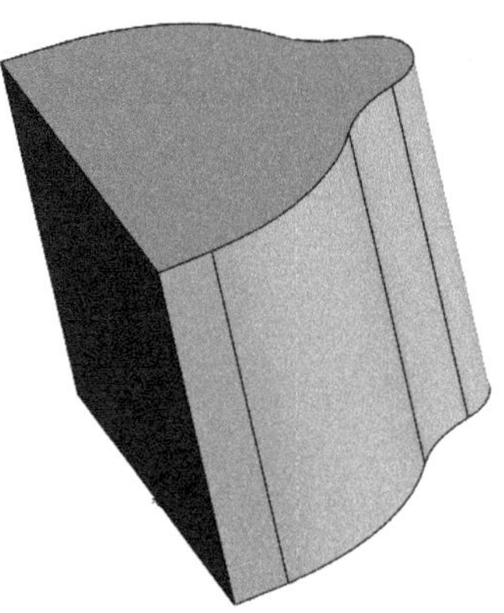

图 5-159　拉伸实体

4. 绘制草图

在左侧的“FeatureManager 设计树”中选择“前视基准面”作为绘制图形的基准面，单击“草图绘制”按钮，进入草图绘制环境。单击“草图”面板中的“中心线”按钮和“边角矩形”按钮，绘制如图 5-160 所示的草图。

5. 拉伸实体

单击“特征”面板中的“拉伸凸台/基体”按钮，此时系统弹出“凸台-拉伸”属性管理器。输入拉伸深度为 250。单击“确定”按钮，结果如图 5-161 所示。

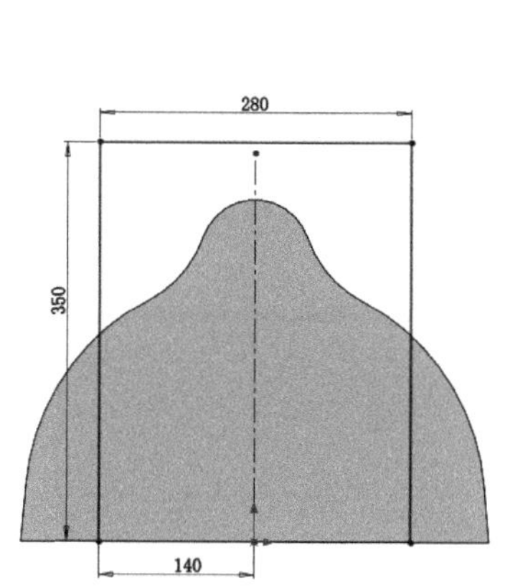

图 5-160　草图尺寸

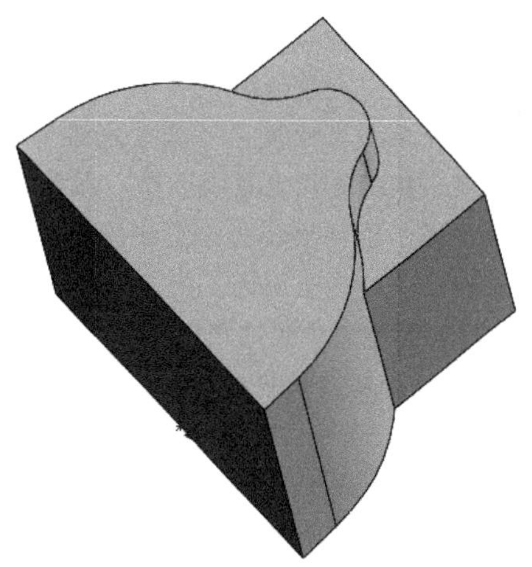

图 5-161　拉伸实体结果

6. 拔模实体

单击“特征”面板中的“拔模”按钮，此时系统弹出“拔模”属性管理器。在视图中选择步骤 5 所创建拉伸体的外表面为中性面，两侧面为拔模面，如图 5-162 所示，输入拔模角度为 3°。单击“确定”按钮，结果如图 5-163 所示。

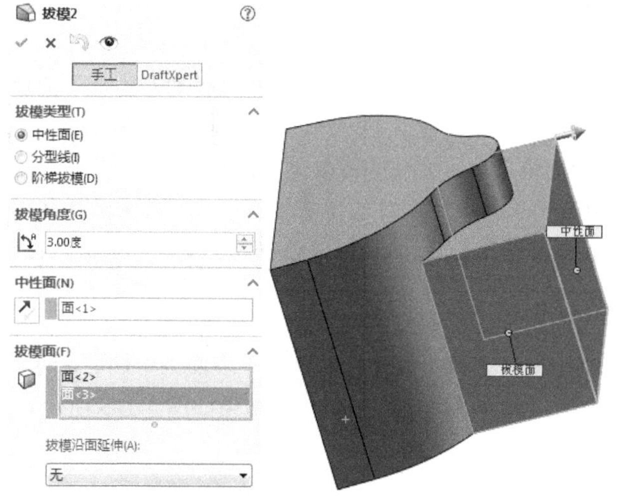

图 5-162　“拔模”属性管理器

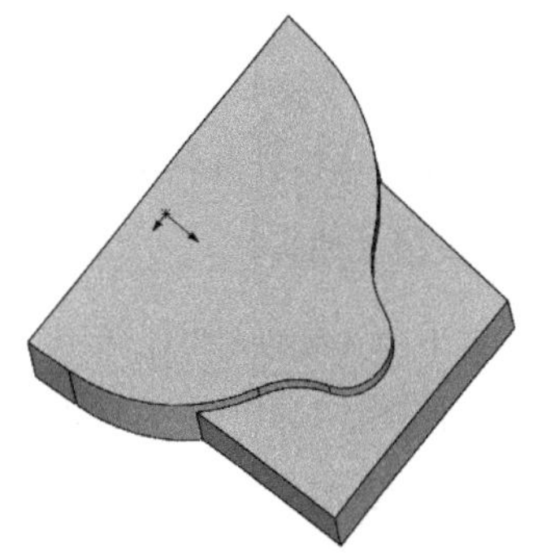

图 5-163　拔模实体结果

Note

知识点——拔模

拔模特征是以指定的角度斜削模型中所选的面。拔模特征是模具设计中常采用的方式，其应用之一可使型腔零件更容易脱出模具。可以在现有的零件上插入拔模，或者在拉伸特征时进行拔模，也可以将拔模应用到实体或曲面模型。

拔模主要有以下3种类型。

☑ 中性面拔模：在中性面拔模中，中性面不仅是确定拔模的方向，而且也是作为拔模的参考基准。使用中性面拔模可拔模一些外部面、所有外部面、一些内部面、所有内部面、相切的面或者内部和外部面组合。

☑ 分型线拔模：分型线拔模可以对分型线周围的曲面进行拔模，分型线可以是空间曲线。如果要在分型线上拔模，可以首先插入一条分割线来分离要拔模的面，也可以使用现有的模型边线，然后再指定拔模方向，也就是指定移除材料的分型线一侧。

☑ 阶梯拔模：阶梯拔模为分型线拔模的变体。阶梯拔模绕作为拔模方向的基准面旋转而生成一个面，这将产生小面，代表阶梯。

“拔模”属性管理器中的选项说明如下。

（1）两个属性管理器切换按钮。

① 手工：用户在特征层次保持控制。

② DraftXpert：测试并找出拔模过程的错误。

（2）DraftXpert下有两个选项卡。

① “添加”：生成新的拔模特征。

② “更改”：修改拔模特征。

（3）“拔模类型”选项组：可从中选择中性面、分型线、阶梯拔模等拔模的类型。

（4）“拔模角度”选项组：在微调框中输入所要创建的拔模角度。

（5）“中性面”选项组：中性面是用来决定生成模具的拔模方向，用来使用特定的角度斜削所选模型的面的特征。

（6）“拔模面”选项组：选定要拔模的面。

（7）“要拔模的项目”选项组：可从中对拔模角度、方向等参数。

（8）“拔模分析”选项组：核实拔模角度，检查面内的角度，以及找出零件的分型线、浇注面和出坯面等。

（9）“要更改的拔模”选项组：可从中对拔模角度、方向等参数进行修改。

（10）“现有拔模”选项组：按角度、中性面或拔模方向过滤所有拔模。从列表中选择值以选择模型中包含该值的所有拔模，同时将它们显示在拔模列表下。然后可以根据需要更改或删除这些拔模。

7. 拔模其他实体

重复上述步骤继续进行拔模操作，在右侧绘图区选择所创建拉伸体的下表面为中性面，两侧面为拔模面，如图5-164所示，输入拔模角度为3°。单击“确定”按钮✔，结果如图5-165所示。

8. 绘制草图

在左侧的“FeatureManager设计树”中用鼠标选择“右视基准面”作为绘制图形的基准面。单击

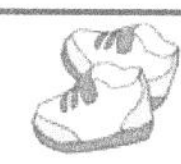

“草图”面板中的“直线”按钮和“3 点圆弧”按钮，绘制如图 5-166 所示的草图。

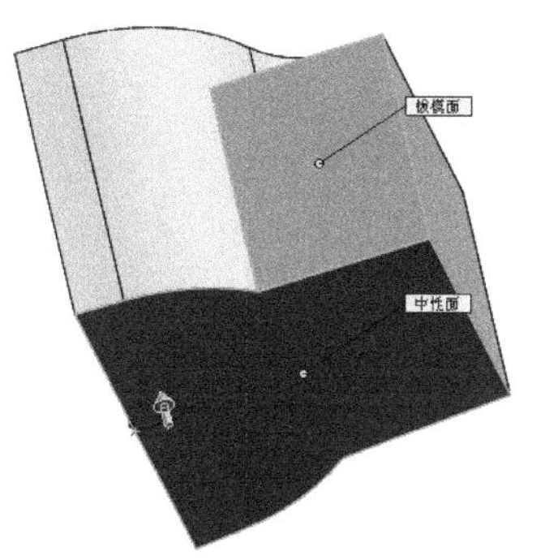

图 5-164 选择拔模面

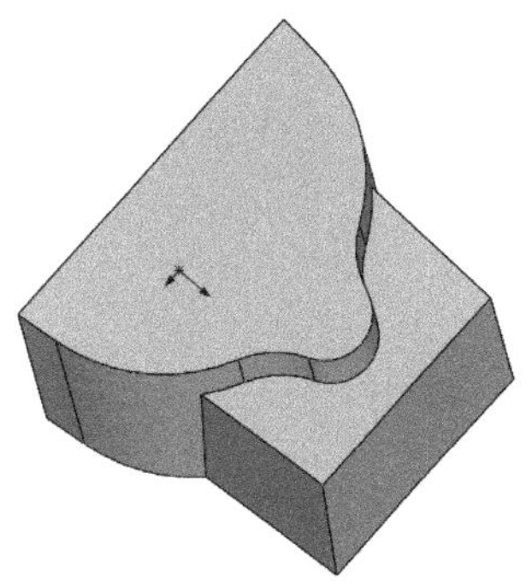

图 5-165 拔模结果

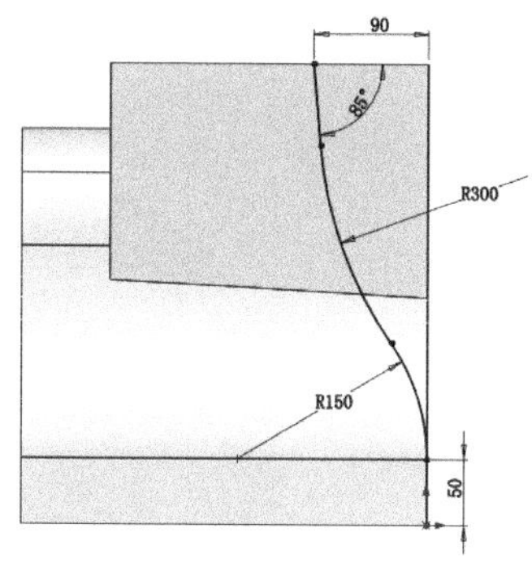

图 5-166 草图绘制尺寸

9. 切除把手

单击“特征”面板中的“拉伸切除”按钮，此时系统弹出“切除-拉伸”属性管理器。设置“方向 1”和“方向 2”的终止条件为“完全贯穿”，选中“反侧切除”复选框，如图 5-167 所示。然后单击“确定”按钮，结果如图 5-168 所示。

10. 绘制草图

在左侧的“FeatureManager 设计树”中选择“右视基准面”，单击“正视于”按钮，使基准面平行于屏幕，然后单击“草图绘制”按钮，进入草图绘制环境。单击“草图”面板中的“直线”按钮和“3 点圆弧”按钮，绘制如图 5-169 所示的草图。

图 5-167 “切除-拉伸”属性管理器

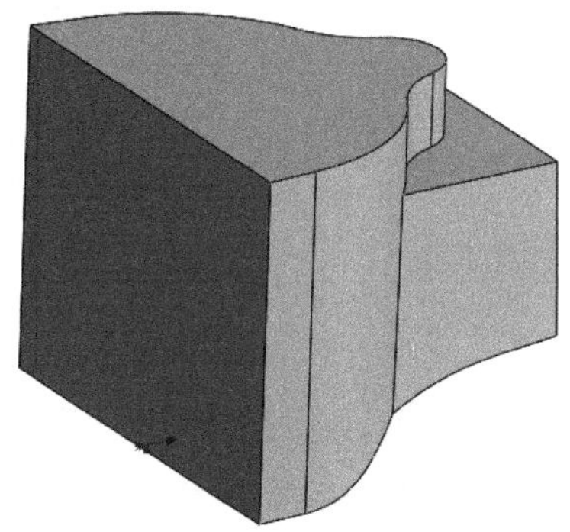

图 5-168 切除结果

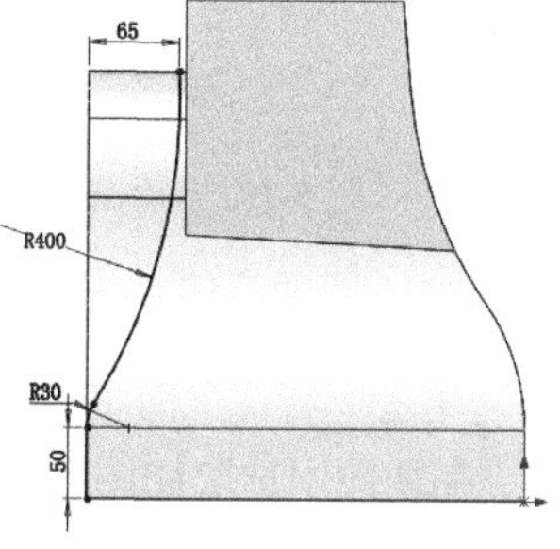

图 5-169 绘制草图尺寸

11. 切除把手

单击“特征”面板中的“拉伸切除”按钮，此时系统弹出“切除-拉伸”属性管理器。设置“方向 1”和“方向 2”的终止条件为“完全贯穿”，然后单击“确定”按钮，结果如图 5-170 所示。

12. 绘制草图

在左侧的“FeatureManager 设计树”中选择“右视基准面”，单击“正视于”按钮，使基准面

Note

平行于屏幕，然后单击“草图绘制”按钮，进入草图绘制环境。单击“草图”面板中的“边角矩形”按钮，绘制如图 5-171 所示的草图。

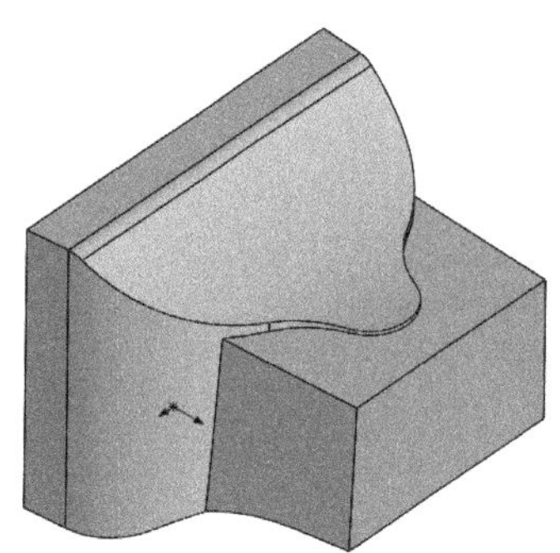
图 5-170　切除结果

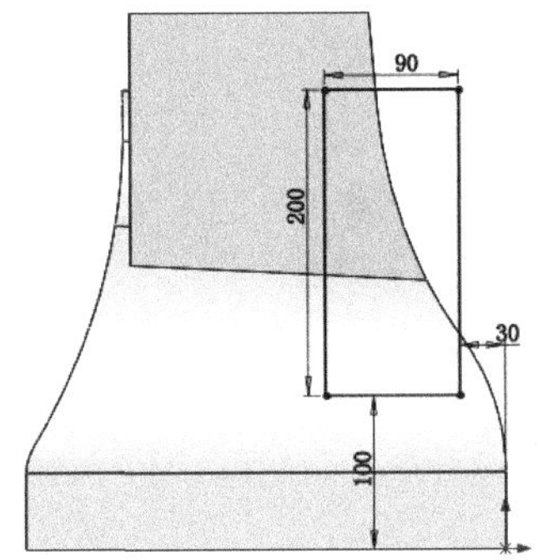

图 5-171　绘制草图结果

13. 拉伸实体

单击“特征”面板中的“拉伸凸台/基体”按钮，此时系统弹出如图 5-172 所示的“凸台-拉伸”属性管理器。设置终止条件为“两侧对称”，输入拉伸深度为 200。单击“确定”按钮，结果如图 5-173 所示。

图 5-172　“凸台-拉伸”属性管理器

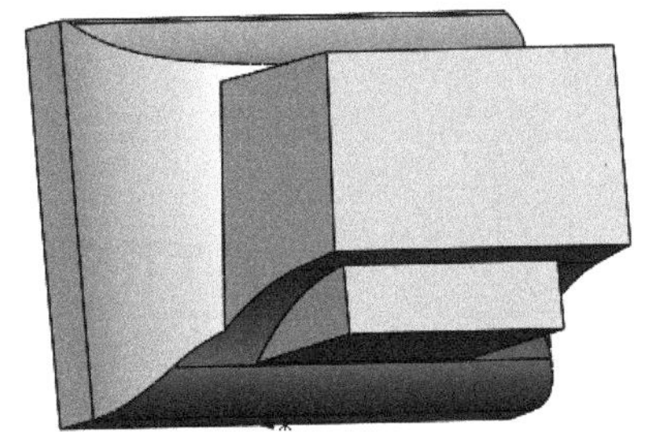
图 5-173　拉伸结果

14. 圆角实体

单击“特征”面板中的“圆角”按钮，此时系统弹出“圆角”属性管理器。选择“等半径”类型，在视图中选取如图 5-174 所示的边线，输入半径为 100，然后单击“确定”按钮，结果如图 5-175 所示。

重复“圆角”命令，选择如图 5-176 所示的边线，创建圆角半径为 10，结果如图 5-177 所示。

15. 抽壳

单击“特征”面板中的“抽壳”按钮，此时系统弹出如图 5-178 所示的“抽壳 1”属性管理器。在视图中选取外表面为移除面，输入厚度为 2mm，然后单击“确定”按钮，结果如图 5-179 所示。

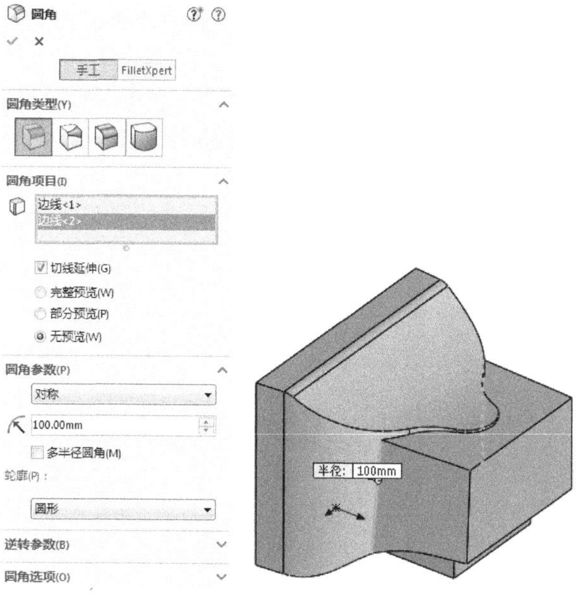

Note

图 5-174　选择圆角边线

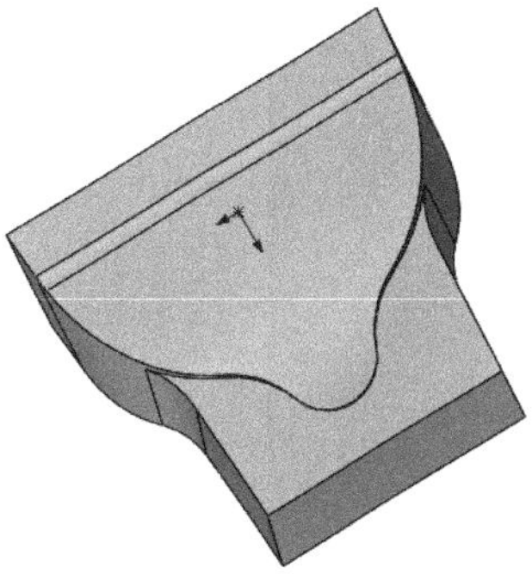

图 5-175　绘制圆角结果

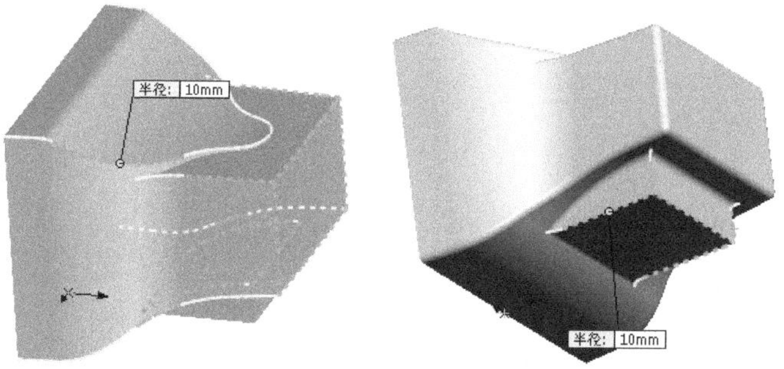

图 5-176　选择圆角边线

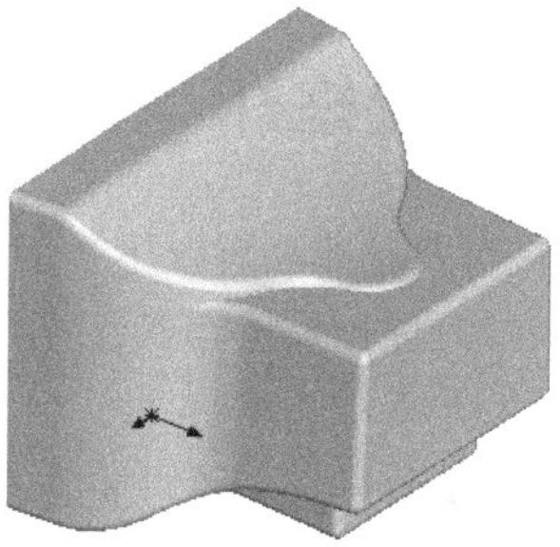

图 5-177　圆角后的图形

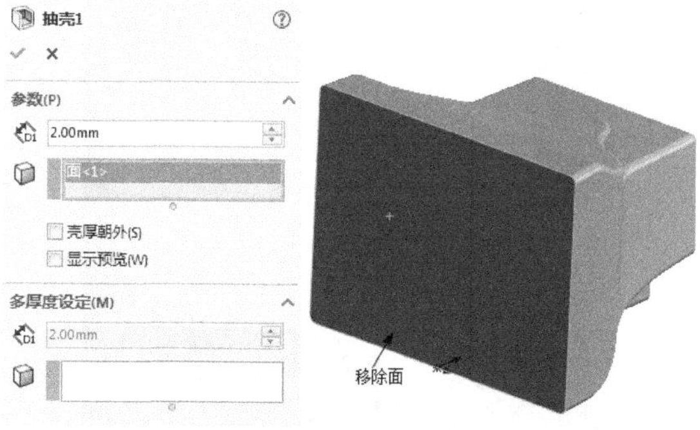

图 5-178　“抽壳 1”属性管理器

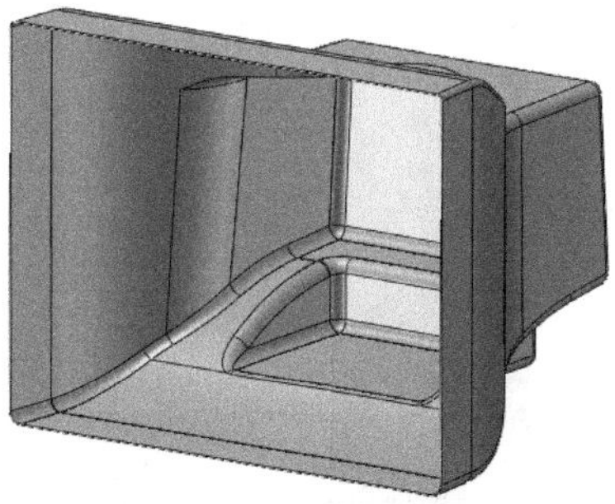

图 5-179　抽壳结果

5.7.2　打印模型

根据 5.1.2 节步骤 2、3 操作后，发现模型较大，已经超过本书所选择机器的打印范围，需要将其缩小至合理尺寸。单击图形编辑工具栏上的“比例放大/缩小”按钮，将出现“比例放大/缩小”对话框，选中“统一”复选框，并将数值改为 0.5，单击“应用”按钮，模型将被缩小为原来的 1/2，如图 5-180 所示。

Note

为保证打印效果及减少后续支撑的处理，可将模型绕 X 轴旋转 270° 放置。单击图形编辑工具栏中的“旋转”按钮，弹出“旋转”对话框，将 X 轴改为 270°，单击“应用”按钮即可实现对模型绕 X 轴旋转 270°，旋转后如图 5-181 所示。

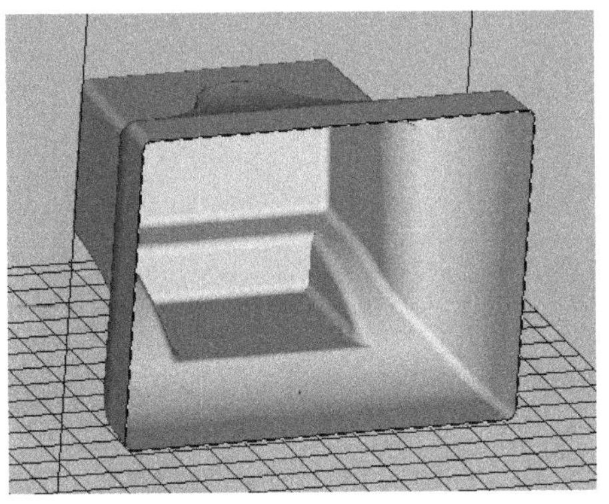

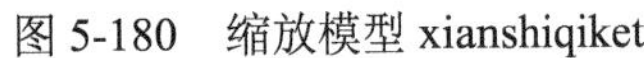
图 5-180　缩放模型 xianshiqiketi

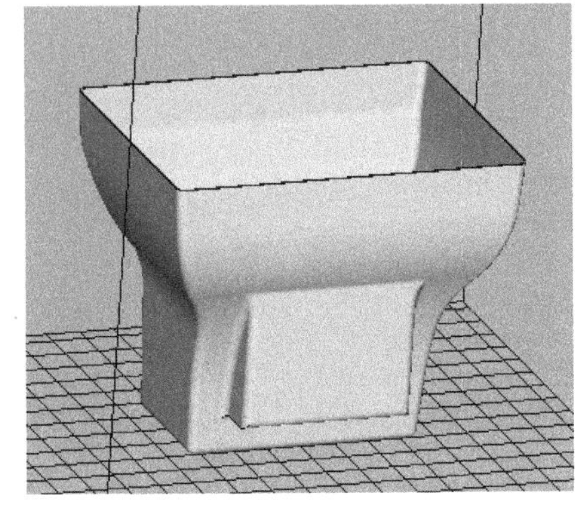

图 5-181　旋转模型 xianshiqiketi

剩余步骤可参考 5.1.2 节步骤 4～8 操作，即可完成打印。

5.7.3　处理打印模型

处理打印模型有以下 3 个步骤：

（1）取出模型。取出后的显示器壳体模型如图 5-182 所示。

（2）去除支撑。

（3）打磨模型。打磨完毕的模型如图 5-183 所示。

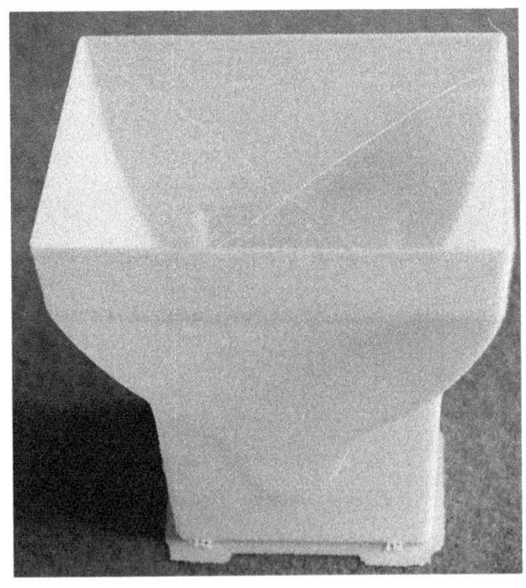

图 5-182　打印完毕的显示器壳体模型

图 5-183　处理完毕的显示器壳体模型

第6章 电器产品造型与打印

3D 打印机最近在全球范围内迅速普及。该技术可高效生产为客户量身定制的产品和部件。不过，与使用模具量产树脂等产品的传统方法相比，3D 打印机的生产效率比较低，所以一直以来在家电和汽车等产品生产领域的应用不被看好。由于 3D 打印机可生产出一种能够缩短树脂冷却时间的特殊结构的模具，所以可提高部件生产效率、降低生产成本，这一技术未来将应用于家电产品。

本章主要介绍常见几款电器用品，如插头、电源插座、台灯等模型的建立及 3D 打印过程。通过本章的学习，可以使读者掌握如何从 SolidWorks 中创建模型并导入到 RPdata 软件打印出模型。

任务驱动&项目案例

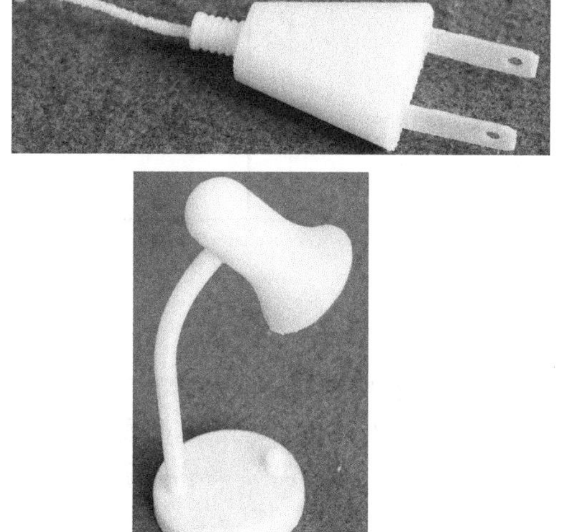

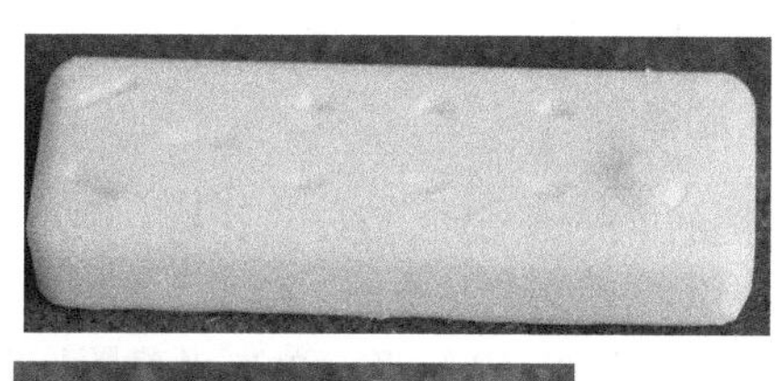

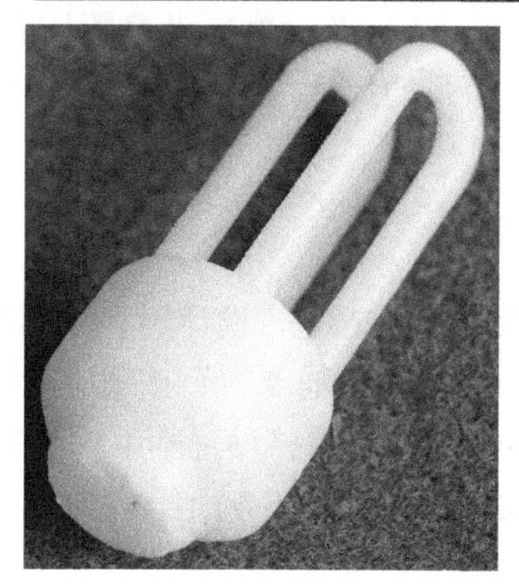

6.1 插　　头

本例创建电源插头，首先利用 SolidWorks 软件创建电源插头模型，再利用 RPdata 软件打印电源插头的 3D 模型，最后对打印出来的电源插头模型进行去支撑和毛刺处理，流程图如图 6-1 所示。

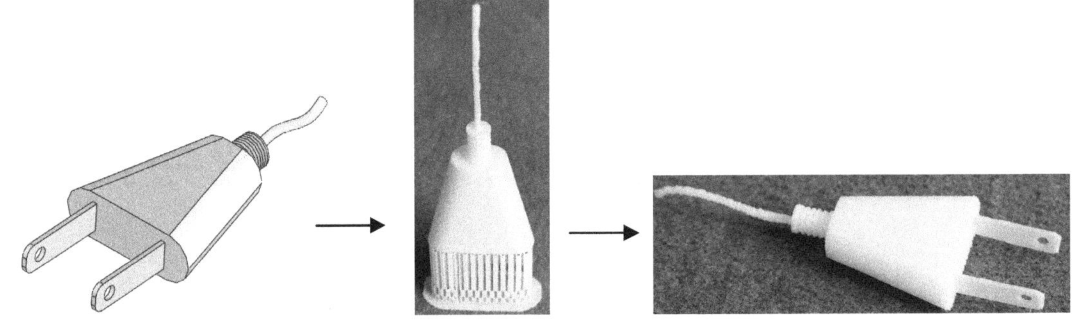

图 6-1　电源插头创建流程图

6.1.1　创建模型

首先绘制电源插座的主体草图并放样实体，然后在小端运用“扫描”和“旋转”命令绘制进线部分，最后在大端绘制插头。

1．新建文件

选择“文件”→“新建”命令，或者单击快速访问工具栏中的“新建”按钮，在弹出的“新建 SOLIDWORKS 文件”对话框中先单击“零件”按钮，再单击“确定”按钮，创建一个新的零件文件。

2．绘制草图

在左侧的“FeatureManager 设计树”中用鼠标选择“前视基准面”作为绘制图形的基准面。单击“草图”面板中的“边角矩形”按钮，绘制一个矩形。单击“草图”面板中的“智能尺寸”按钮，标注矩形的尺寸，结果如图 6-2 所示。然后退出草图绘制状态。

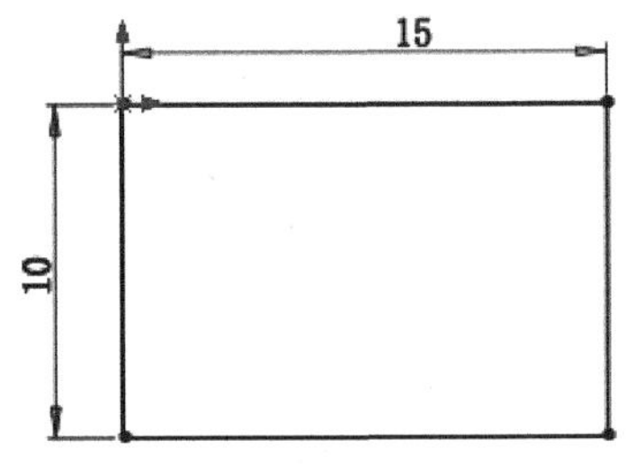

图 6-2　标注的图形

3．添加基准面

在左侧的“FeatureManager 设计树”中用鼠标选择“前视基准面”，然后单击“特征”面板“参考几何体”下拉列表中的“基准面”按钮，此时系统弹出如图 6-3 所示的“基准面”属性管理器。输入等距距离值 30mm，并调整设置基准面的方向。按照图示进行设置后，单击“确定”按钮，添加一个新的基准面。结果如图 6-4 所示。

4．绘制草图

用鼠标选择步骤 3 添加的基准面，单击“正视于”按钮，使基准面平行于屏幕，然后单击“草图绘制”按钮，进入草图绘制环境。单击“草图”面板中的“边角矩形”按钮，在设置的基准面上绘制一个矩形。单击“草图”面板中的“智能尺寸”按钮，标注矩形各边的尺寸。结果如图 6-5 所示，然后退出草图绘制状态。

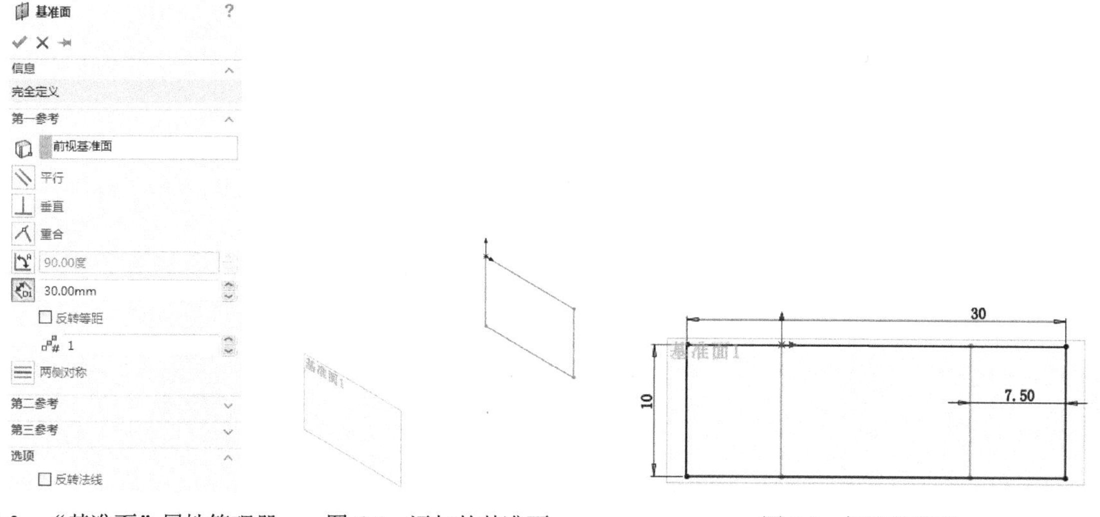

图 6-3　“基准面”属性管理器　　图 6-4　添加的基准面　　图 6-5　标注的草图

5．放样实体

单击“特征”面板中的“放样凸台/基体”按钮，此时系统弹出如图 6-6 所示的“放样”属性管理器。依次选择大矩形草图和小矩形草图放样轮廓。按照图示进行设置后，单击“确定”按钮。结果如图 6-7 所示。

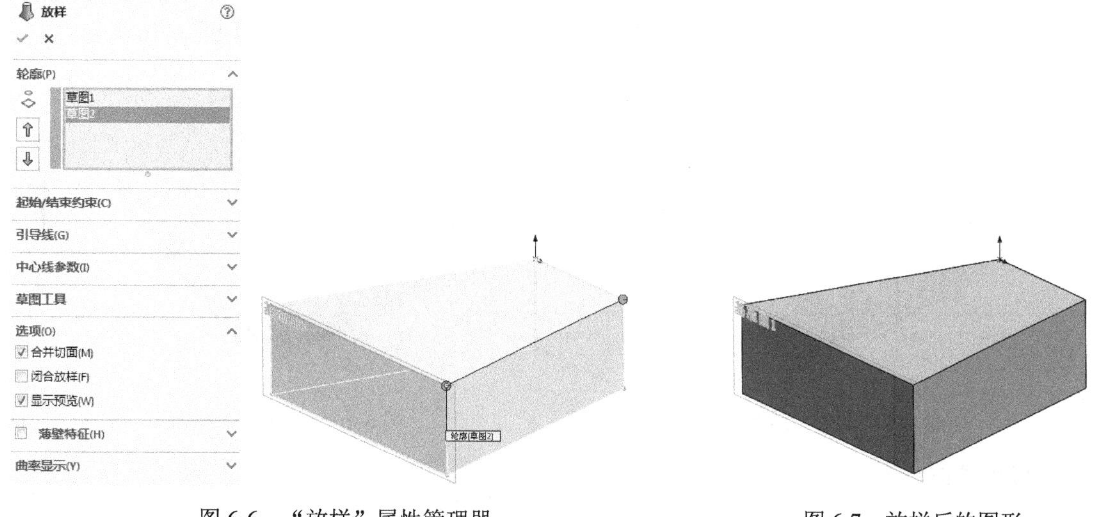

图 6-6　“放样”属性管理器　　图 6-7　放样后的图形

注意：在选择放样的轮廓时，要先选择大端草图，然后选择小端草图，注意顺序不要改变，读者可以反选，观测放样的效果。

Note

6. 圆角实体

单击“特征”面板中的“圆角”按钮，此时系统弹出“圆角”属性管理器框。输入半径值为5mm，然后用鼠标选择图6-8中的4条斜边线。单击“确定”按钮，结果如图6-9所示。

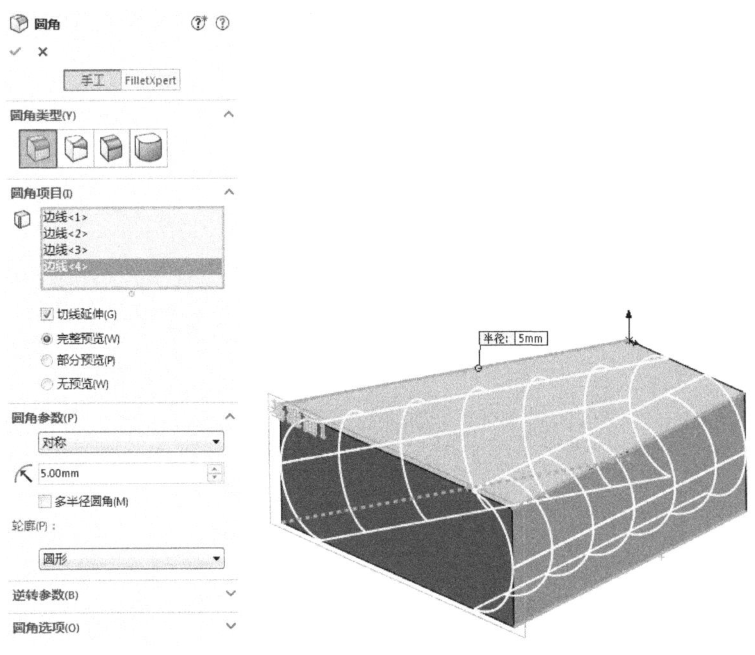

图6-8　选取边线

7. 添加基准面

在左侧的“FeatureManager设计树”中用鼠标选择“右视基准面”，然后单击“特征”面板“参考几何体”下拉列表中的“基准面”按钮，此时系统弹出“基准面”属性管理器。输入等距距离值7.5mm，并调整设置基准面的方向。单击“确定”按钮，添加一个新的基准面。结果如图6-10所示。

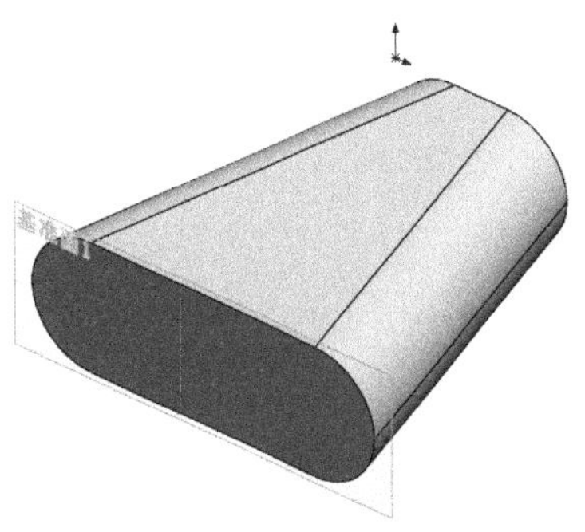

图6-9　圆角后的图形

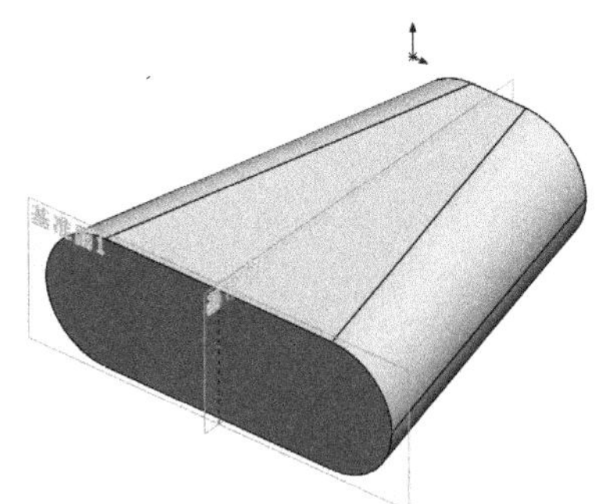

图6-10　添加的基准面

8. 绘制草图

用鼠标选择步骤7添加的基准面，单击“正视于”按钮，使基准面平行于屏幕，然后单击“草图绘制”按钮，进入草图绘制环境。单击“草图”面板中的“直线”按钮，绘制一系列的直线段。结果如图6-11所示。

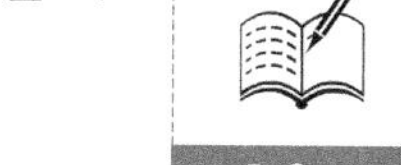

9. 旋转实体

单击“特征”面板中的“旋转凸台/基体”按钮，此时系统弹出如图 6-12 所示的“旋转”属性管理器。选择步骤 8 绘制草图中的水平直线为旋转轴。按照图示进行设置后，单击“确定”按钮，旋转生成实体。结果如图 6-13 所示。

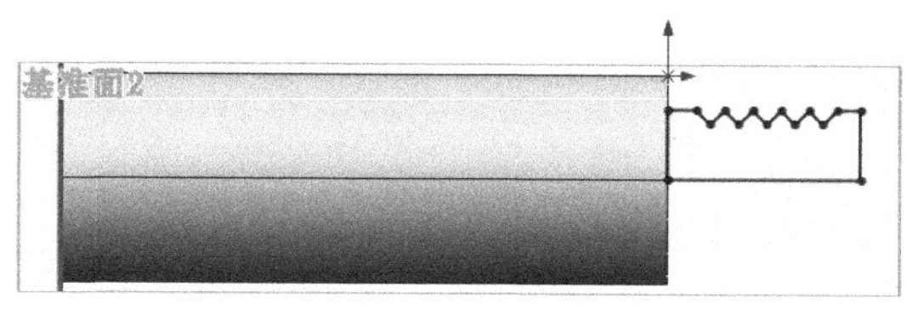

图 6-11 绘制的草图

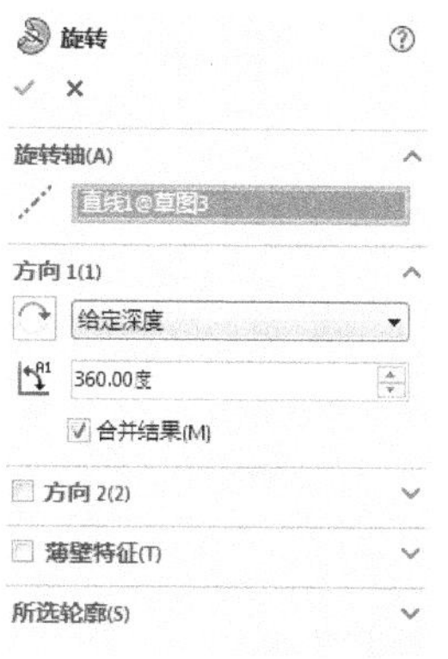

图 6-12 “旋转”属性管理器

10. 绘制引导线草图

用鼠标选择步骤 7 设置的“基准面 2”，单击“正视于”按钮，使基准面平行于屏幕，然后单击“草图绘制”按钮，进入草图绘制环境。单击“草图”面板中的“样条曲线”按钮，绘制一条曲线。结果如图 6-14 所示，然后退出草图绘制状态。

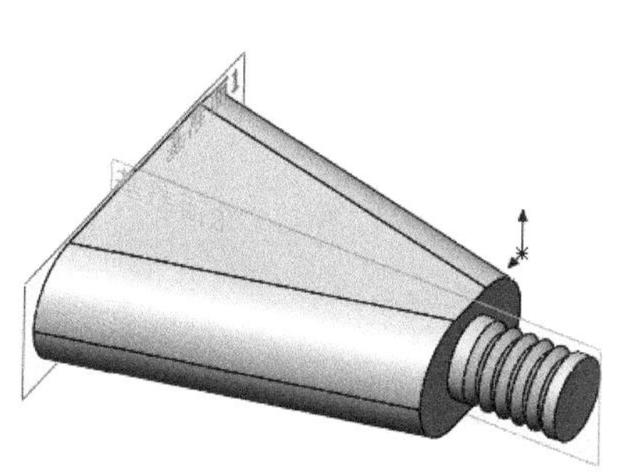

图 6-13 旋转后的图形

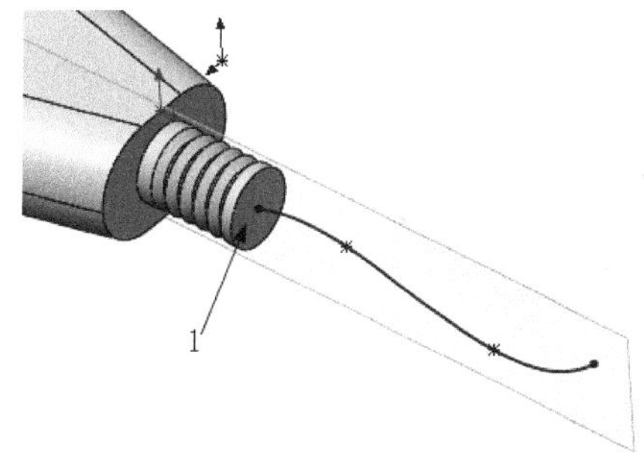

图 6-14 绘制的草图

11. 绘制截面草图

用鼠标选择图 6-14 中所示的表面 1，单击“正视于”按钮，使基准面平行于屏幕，然后单击“草图绘制”按钮，进入草图绘制环境。单击“草图”面板中的“圆”按钮，在步骤 10 设置的基准面上绘制一个圆。单击“草图”面板中的“智能尺寸”按钮，标注圆的直径。结果如图 6-15 所示，然后退出草图绘制状态。

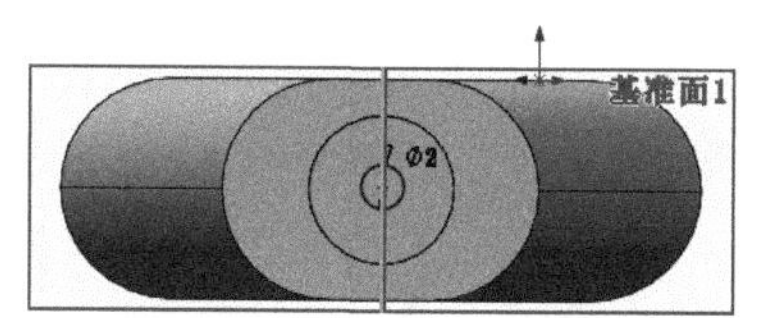

图 6-15 标注的草图

12. 扫描实体

单击“特征”面板中的“扫描”按钮，此时系统弹出如图 6-16 所示的“扫描”属性管理器。用鼠标选择图 6-15

中的圆为扫描轮廓；选择图 6-14 中绘制的样条曲线为扫描路径。单击“确定”按钮✔。结果如图 6-17 所示。

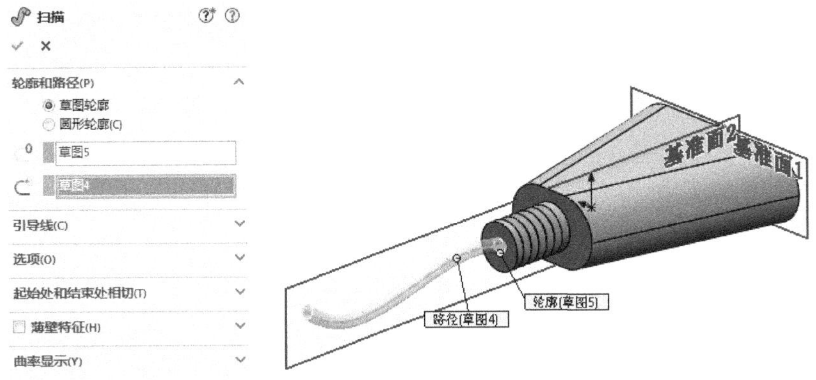

图 6-16　“扫描”属性管理器

13. 绘制草图

选择图 6-17 中所示的表面 2，单击“正视于”按钮，使基准面平行于屏幕，然后单击“草图绘制”按钮，进入草图绘制环境。单击“草图”面板中的“边角矩形”按钮，在设置的基准面上绘制一个矩形。单击“草图”面板中的“智能尺寸”按钮，标注矩形各边的尺寸及其定位尺寸。结果如图 6-18 所示。

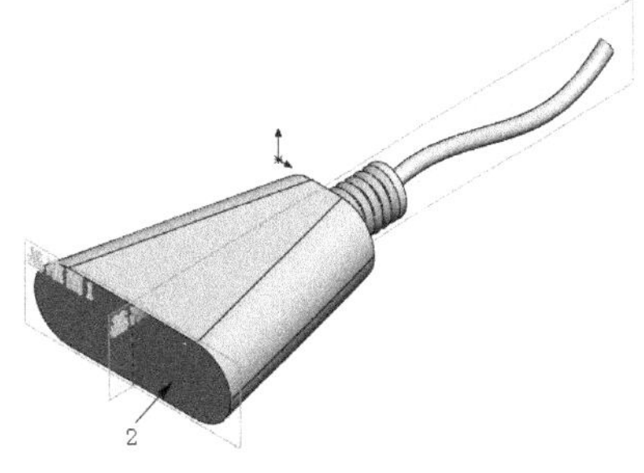

图 6-17　扫描后的图形

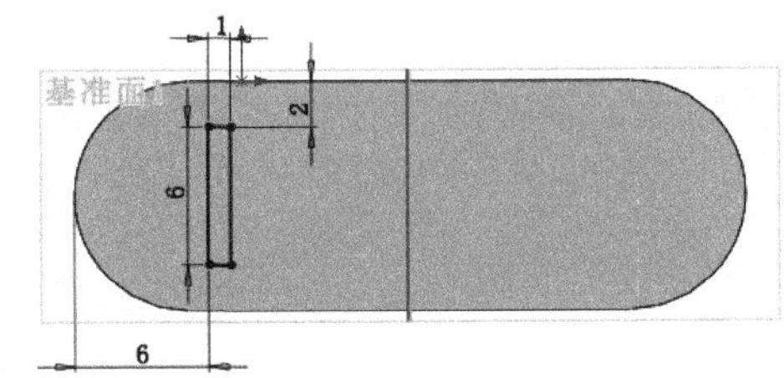

图 6-18　标注的草图

14. 拉伸实体

单击“特征”面板中的“拉伸凸台/基体”按钮，此时系统弹出“凸台-拉伸”属性管理器。输入拉伸深度为 20mm。单击“确定”按钮✔，结果如图 6-19 所示。

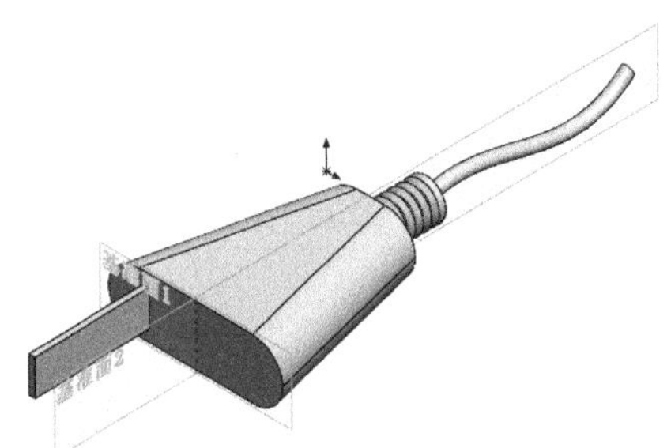

图 6-19　拉伸后的图形

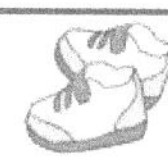

Note

15. 圆角实体

单击“特征”面板中的“圆角”按钮，此时系统弹出“圆角”属性管理器。输入半径为 2mm，然后选择图 6-20 中拉伸长方体的边线。单击“确定”按钮，结果如图 6-21 所示。

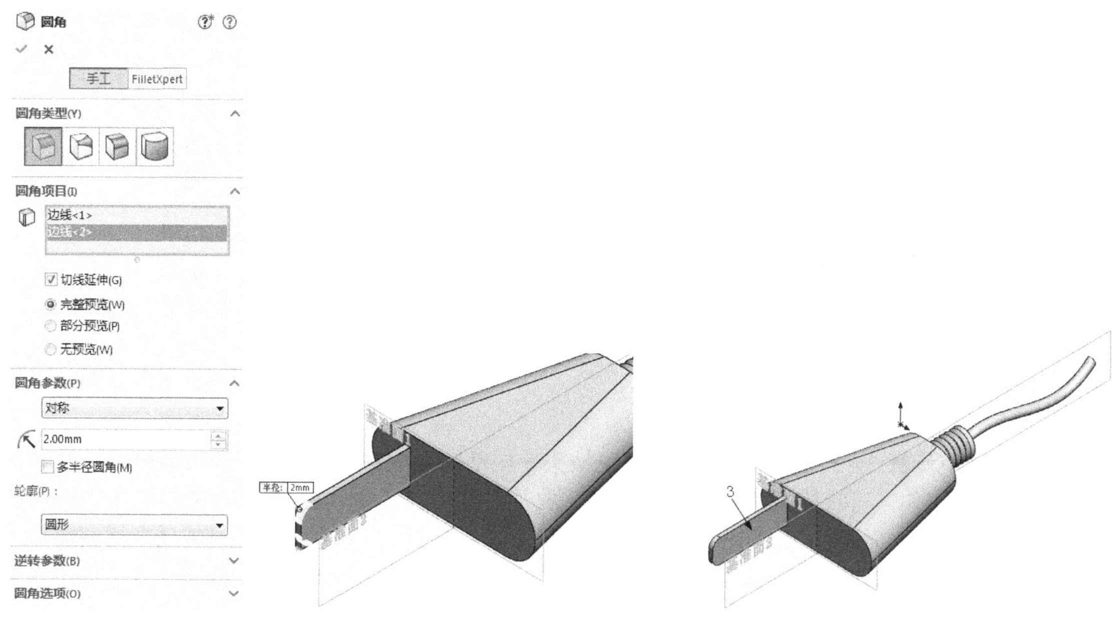

图 6-20　选取圆角边线　　图 6-21　圆角后的图形

16. 绘制草图

用鼠标选择图 6-21 中所示的表面 3，单击“正视于”按钮，使基准面平行于屏幕，然后单击“草图绘制”按钮，进入草图绘制环境。单击“草图”面板中的“圆”按钮，在设置的基准面上绘制一个圆。单击“草图”面板中的“智能尺寸”按钮，标注圆的直径及其定位尺寸。结果如图 6-22 所示。

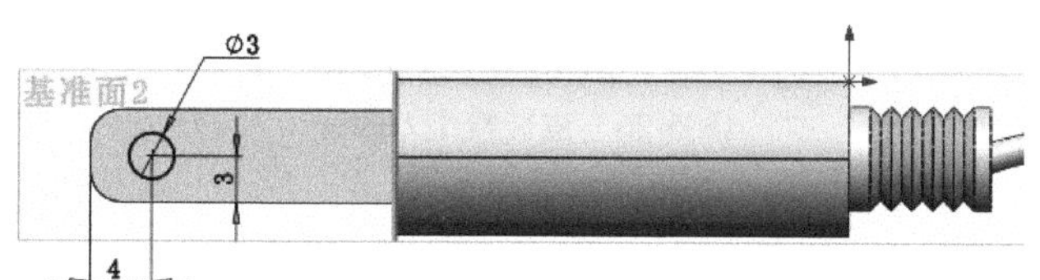

图 6-22　标注的草图

17. 拉伸切除实体

单击“特征”面板中的“拉伸切除”按钮，此时系统弹出“切除-拉伸”属性管理器。输入拉伸深度为 1mm，然后单击“确定”按钮。结果如图 6-23 所示。

18. 镜像实体

单击“特征”面板中的“镜像”按钮，此时系统弹出如图 6-24 所示的“镜像”属性管理器。选择基准面 2 为镜像平面；选择绘制的插针为要镜像的特征，包括 3 个特征。按照图示进行设置后，单击“确定”按钮。结果如图 6-25 所示。

Note

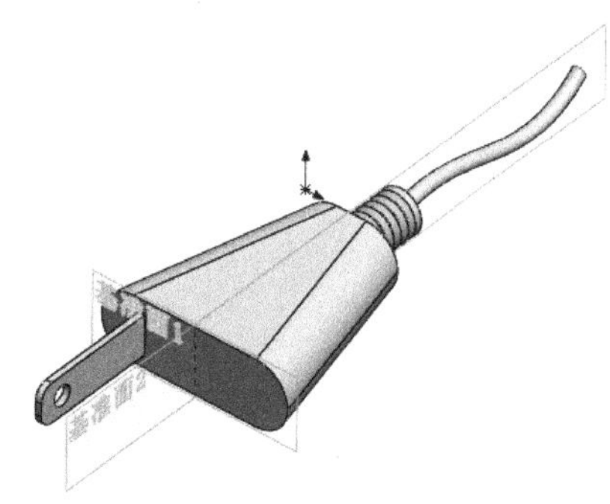

图 6-23　拉伸切除后的图形

图 6-24　“镜像”属性管理器

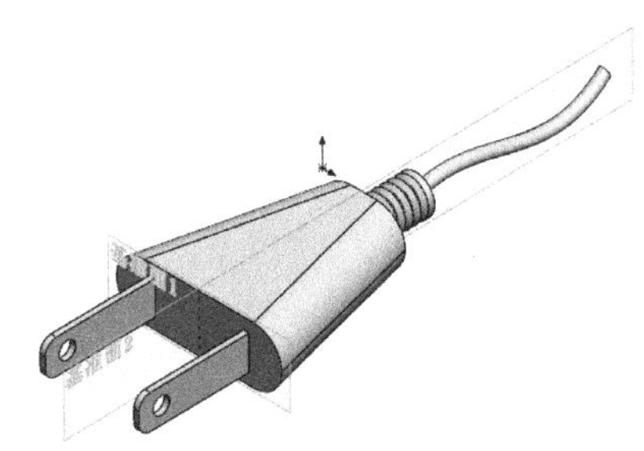

图 6-25　镜像后的图形

6.1.2　打印模型

执行 5.1.2 节步骤 2、3 的相应操作后，发现插头的尾部向上放置，为减少后期对该接口以及其他部位支撑的去除工作，可将模型绕 X 轴旋转 180° 放置。按步骤 4 中（2）的相应操作，单击图形编辑工具栏中的“旋转”按钮，弹出“旋转”对话框，将 X 轴改为 180°，单击“应用”按钮即可实现对模型绕 X 轴旋转 180°，旋转后如图 6-26 所示。

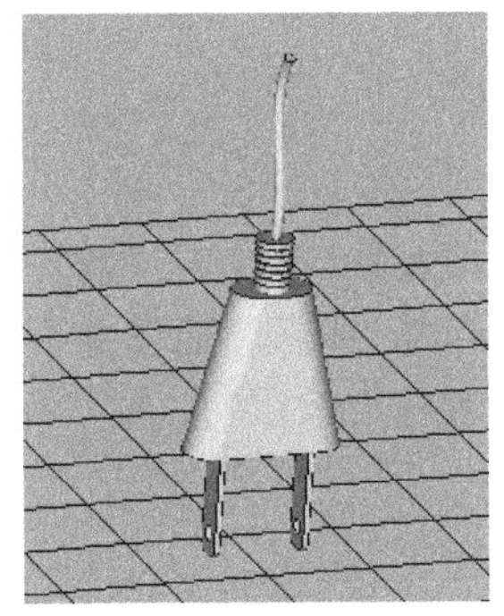

图 6-26　旋转模型 chatou

剩余步骤可参考 5.1.2 节中步骤 4～8，即可完成打印。

6.1.3　处理打印模型

处理打印模型有以下 3 个步骤：

（1）取出模型。打印完毕后，将工作台调整至液态树脂平面之上，用平铲等工具将模型底部与平台底部撬开，以便于取出模型。取出后的电源插头模型如图 6-27 所示。

注意： 取出模型时，请注意不要损坏模型比较薄弱的地方，如果不方便撬动模型，可适当除去部分支撑，以便于模型的顺利取出。

（2）去除支撑。如图 6-27 所示，取出后的电源插头模型存在一些打印过程中生成的支撑，使用尖嘴钳、刀片、钢丝钳、镊子等工具，将电源插头模型的支撑去除。

（3）打磨模型。根据去除支撑后的模型粗糙程度，可先用锉刀、粗砂纸等工具对支撑与模型接触的部位进行粗磨，然后用较细粒度的砂纸对模型进一步打磨。打磨完毕的模型如图 6-28 所示。

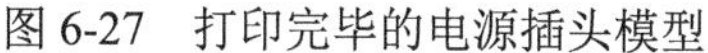

图 6-27　打印完毕的电源插头模型

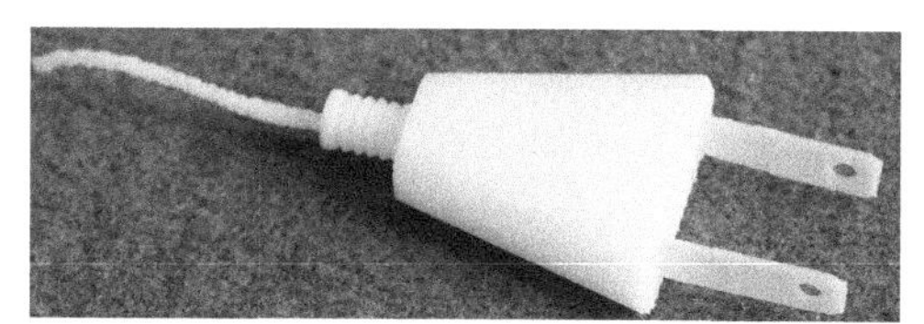

图 6-28　处理完毕的电源插头模型

6.2　电　源　插　座

本例创建电源插座，首先利用 SolidWorks 软件创建电源插座模型，再利用 RPdata 软件打印电源插座的 3D 模型，最后对打印出来的电源插座模型进行去支撑和毛刺处理，流程图如图 6-29 所示。

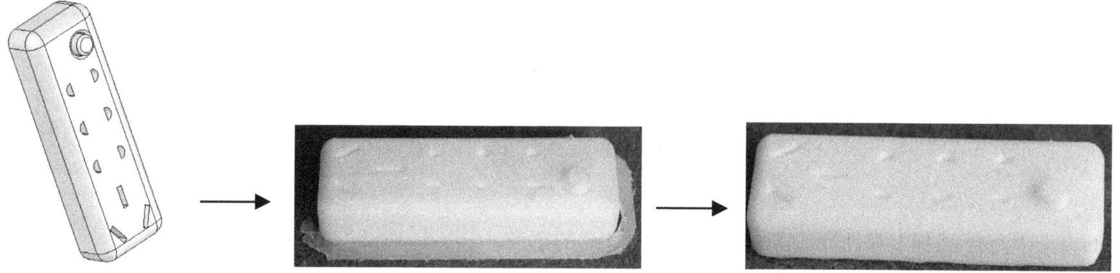

图 6-29　电源插座创建流程图

6.2.1　创建模型

首先绘制电源插座的底座草图并拉伸，然后以底座的上表面为基准面，绘制开关的按钮以及按钮孔，最后在基准面上绘制电源插头的插孔。

1. 新建文件

选择“文件”→“新建”命令，或者单击快速访问工具栏中的“新建”按钮，在弹出的“新建 SOLIDWORKS 文件”对话框中先单击“零件”按钮，再单击“确定”按钮，创建一个新的零件文件。

2. 绘制草图

在左侧的“FeatureManager 设计树”中用鼠标选择“前视基准面”作为绘制图形的基准面，单击

Note

“草图绘制”按钮，进入草图绘制环境。单击“草图”面板中的“边角矩形”按钮，绘制一个矩形。单击“草图”面板中的“智能尺寸”按钮，标注矩形各边的尺寸。结果如图6-30所示。

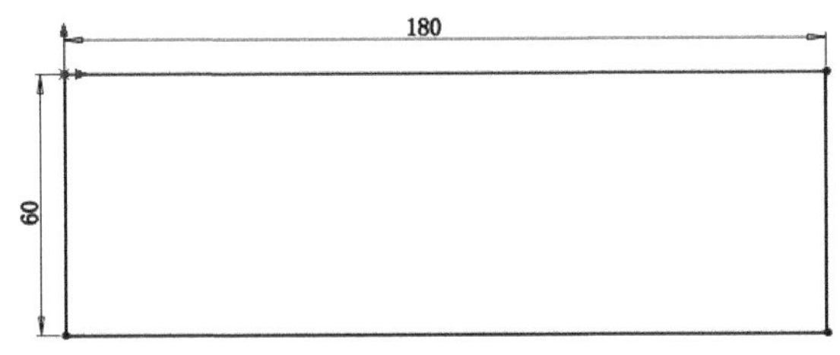

图6-30 绘制的草图

3. 拉伸实体

单击“特征”面板中的“拉伸凸台/基体”按钮，此时系统弹出如图6-31所示的“凸台-拉伸”属性管理器。输入拉伸深度为30mm。按照图示进行设置后，单击“确定”按钮。结果如图6-32所示。

4. 绘制草图

选择图6-32中实体的前表面，单击“正视于”按钮，将该表面作为绘制图形的基准面，然后单击“草图绘制”按钮，进入草图绘制环境。单击“草图”面板中的“圆”按钮，在设置的基准面上绘制一个圆。单击“草图”面板中的“智能尺寸”按钮，标注圆的直径及其定位尺寸，结果如图6-33所示。

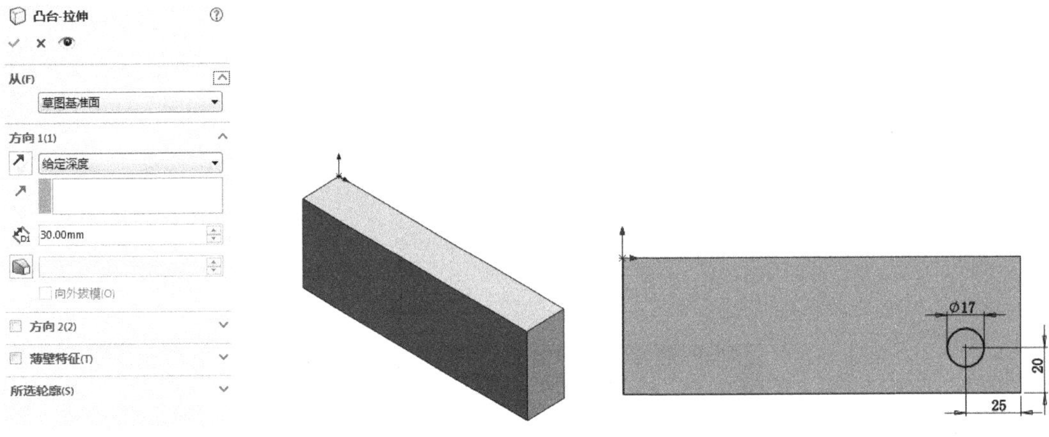

图6-31 “凸台-拉伸”属性管理器　图6-32 拉伸后的图形　图6-33 标注的草图

5. 拉伸切除实体

单击“特征”面板中的“拉伸切除”按钮，此时系统弹出“切除-拉伸”属性管理器。输入切除深度为10mm，按照图示进行设置后，单击“确定”按钮。结果如图6-34所示。

6. 绘制草图

用鼠标选择图6-33中的表面1，单击“正视于”按钮，将该表面作为绘制图形的基准面，然后单击“草图绘制”按钮，进入草图绘制环境。单击“草图”面板中的“圆”按钮，在设置的基准面上绘制一个圆，并且要求圆心在步骤5中拉伸切除实体的轴心上。单击“草图”面板中的“智能尺寸”按钮，标注圆的直径。结果如图6-35所示。

7. 拉伸实体

单击“特征”面板中的“拉伸凸台/基体”按钮，此时系统弹出“凸台-拉伸”属性管理器。输入拉伸深度为16mm，然后单击“确定”按钮。结果如图6-36所示。

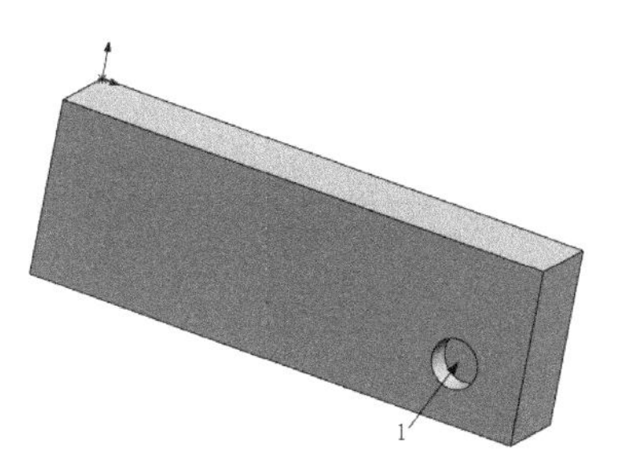

图 6-34　拉伸切除后的图形

图 6-35　标注的草图

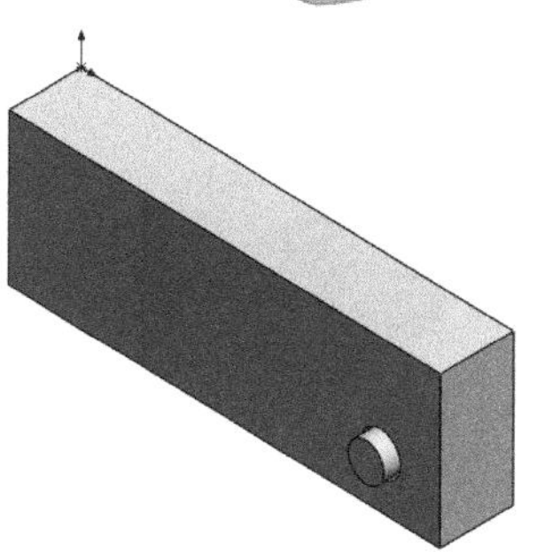

图 6-36　拉伸后的图形

8. 圆角实体

单击“特征”面板中的“圆角”按钮，此时系统弹出如图 6-37 所示的“圆角”属性管理器。输入半径值 2mm，然后用鼠标选择图 6-37 中的边线。单击“确定”按钮，结果如图 6-38 所示。

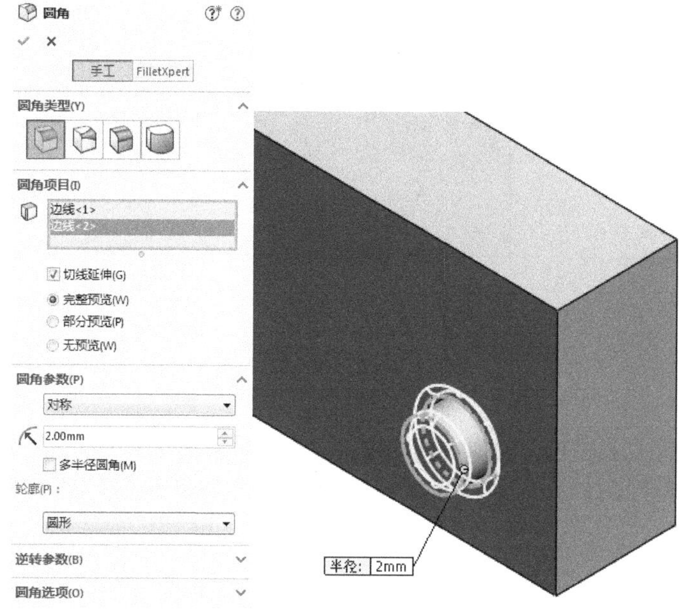

图 6-37　“圆角”属性管理器

9. 绘制草图

（1）选择图 6-38 中实体的前表面，单击“正视于”按钮，将该表面作为绘制图形的基准面，然后单击“草图绘制”按钮，进入草图绘制环境。

（2）单击“草图”面板中的“中心线”按钮，绘制一条位于实体中间位置的中心线；单击“草图”面板中的“3 点圆弧”按钮，绘制一个半圆弧；单击“草图”面板中的“直线”按钮，用直线将圆弧封闭；单击“草图”面板中的“3 点边角矩形”按钮，绘制一个斜的矩形。

（3）单击“草图”面板中的“智能尺寸”按钮，标注步骤（2）绘制草图的尺寸。结果如图 6-39 所示。

（4）单击“草图”面板中的“线性草图阵列制”按钮，此时系统弹出如图 6-40 所示的“线性阵列”属性管理器。选择圆弧和直线为要阵列的实体，按照图示进行设置，并调整阵列草图的方向，复制的项目为步骤（3）标注的圆弧及其封闭直线。单击“确定”按钮，结果如图 6-41 所示。

Note

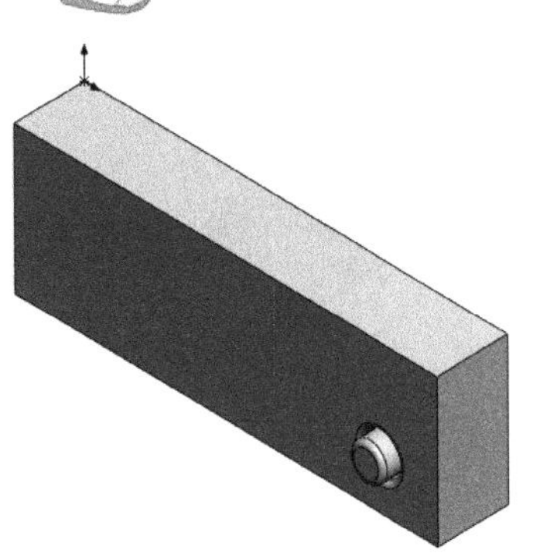

图 6-38　圆角后的图形

图 6-39　标注的草图

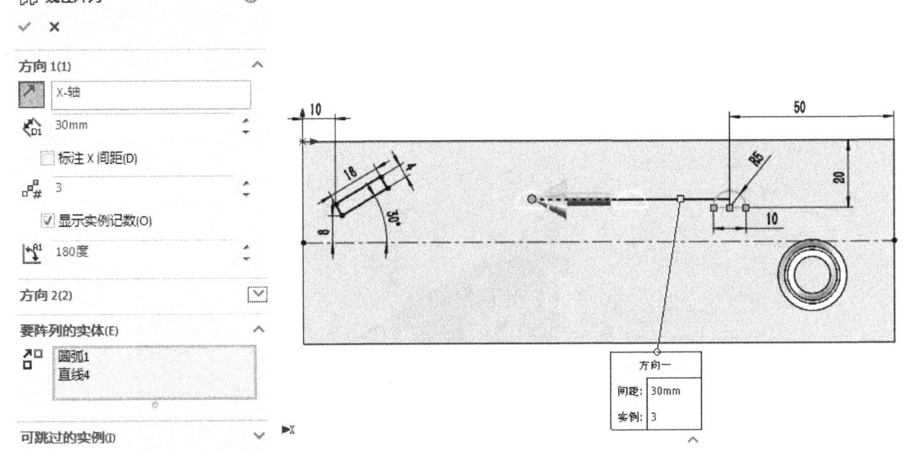

图 6-40　“线性阵列”属性管理器

（5）单击“草图”面板中的“镜像实体”按钮，此时系统弹出“镜像”属性管理器。依次选择所有绘制的草图和水平中心线，注意选择的顺序不能错，然后单击“确定”按钮。结果如图 6-42 所示。

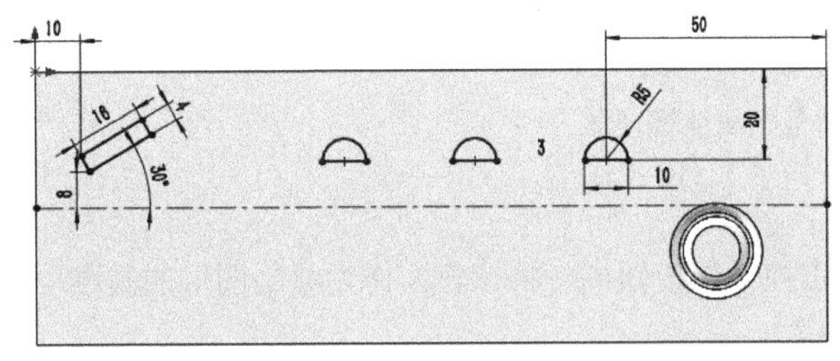

图 6-41　阵列后的草图

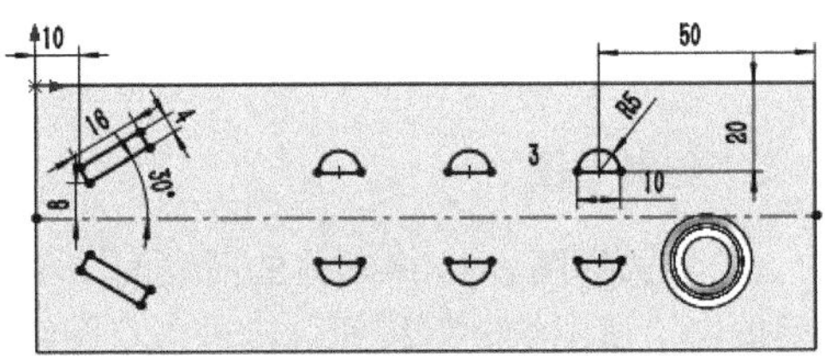

图 6-42　镜像后的草图

（6）单击“草图”面板中的“边角矩形”按钮，绘制一个矩形。

（7）单击“草图”面板中的“智能尺寸”按钮，然后标注步骤（6）绘制的矩形的尺寸及其定位尺寸。

（8）单击“草图”面板中的“添加几何关系”按钮，此时系统弹出如图 6-43 所示的“添加几何关系”属性管理器。选择矩形的上下两条边线及水平中心线，然后单击“对称”按钮。设置好几何关系后，单击“确定”按钮，结果如图 6-44 所示。

10. 拉伸切除实体

单击“特征”面板中的“拉伸切除”按钮，此时系统弹出“切除-拉伸”属性管理器。输入切除深度为 15mm，然后单击“确定”按钮。结果如图 6-45 所示。

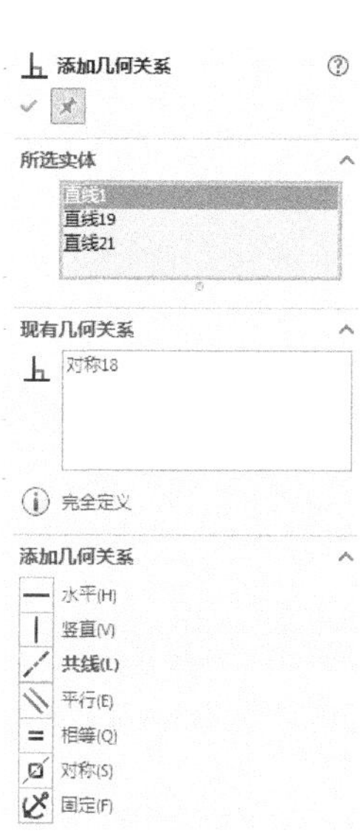

图 6-43 “添加几何关系”属性管理器

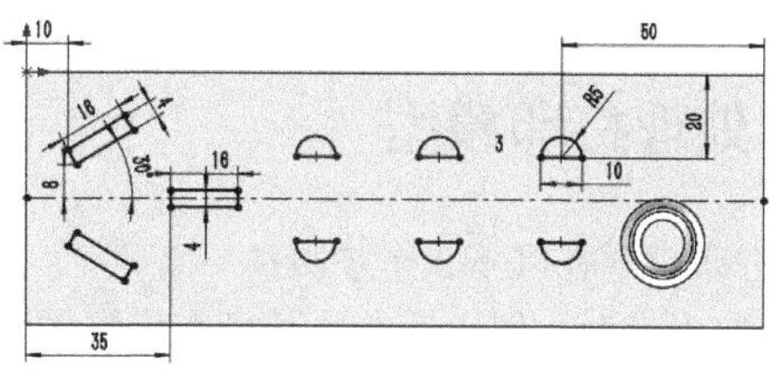

图 6-44 添加几何关系后的图形

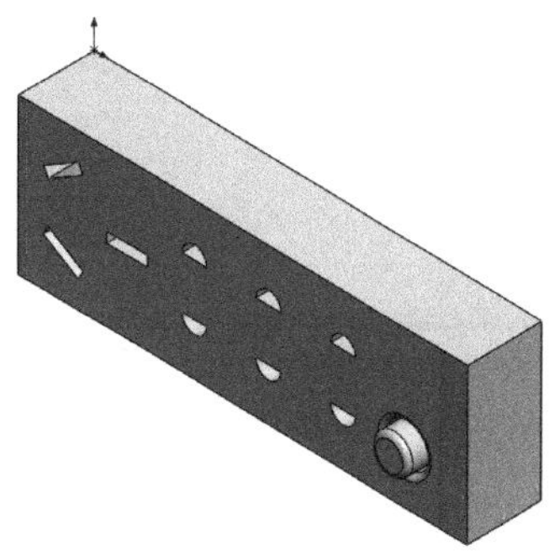

图 6-45 拉伸切除后的图形

11. 圆角实体

单击“特征”面板中的“圆角”按钮，此时弹出如图 6-46 所示的“圆角”属性管理器。输入半径为 10mm，然后用鼠标选择图 6-46 中的“边线<1>”至“边线<8>”，按照图示进行设置后单击“确定”按钮。结果如图 6-47 所示。

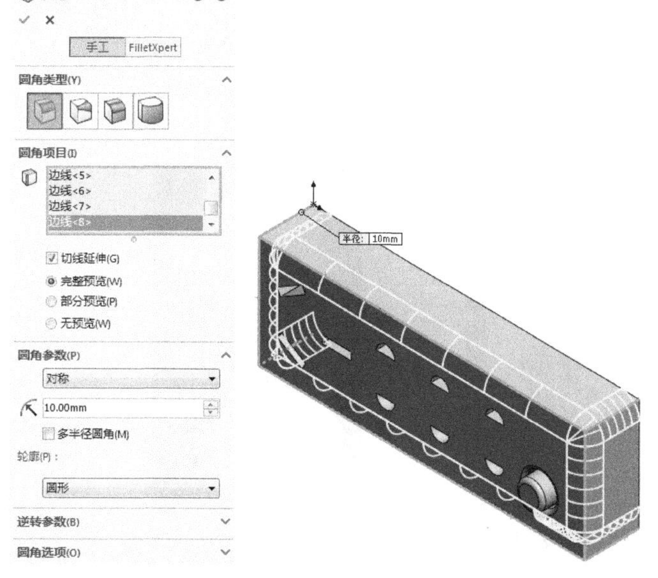

图 6-46 “圆角”属性管理器

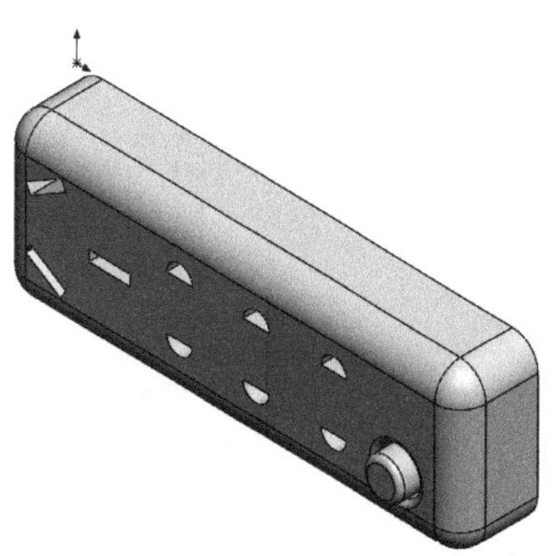

图 6-47 圆角后的图形

Note

6.2.2 打印模型

根据 5.1.2 节步骤 2～8 中相应操作即可完成打印。

6.2.3 处理打印模型

处理打印模型有以下 3 个步骤：

（1）取出模型。取出后的电源插座模型如图 6-48 所示。

（2）去除支撑。

（3）打磨模型。打磨完毕的模型如图 6-49 所示。

图 6-48 打印完毕的电源插座模型

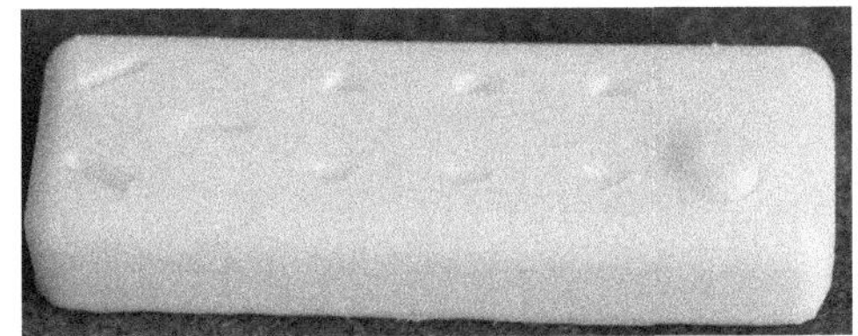

图 6-49 处理完毕的电源插座模型

6.3 台 灯

台灯由支架和灯泡组成，下面分别介绍支架和灯炮的创建过程。

扫码看视频

6.3.1 支架

6.3.1 支架

本例创建台灯支架，首先利用 SolidWorks 软件创建台灯支架模型，再利用 RPdata 软件打印台灯支架的 3D 模型，最后对打印出来的台灯支架模型进行去支撑和毛刺处理，流程图如图 6-50 所示。

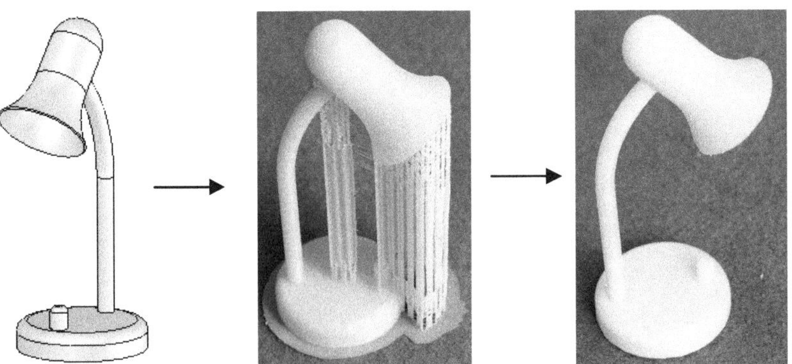

图 6-50 台灯支架创建流程图

1. 创建模型

首先绘制台灯支架底座的外形草图，并拉伸为实体；然后扫描支架的支柱部分；最后使用旋转实体命令绘制灯罩。

（1）新建文件。选择“文件”→“新建”命令，或者单击快速访问工具栏中的“新建”按钮，在弹出的“新建 SOLIDWORKS 文件”对话框中先单击“零件”按钮，再单击“确定”按钮，创建一个新的零件文件。

（2）绘制支架底座。

① 绘制草图。在左侧的“FeatureManager 设计树”中用鼠标选择“前视基准面”作为绘制图形的基准面。单击“草图”面板中的“圆”按钮，以原点为圆心绘制一个圆。

② 标注尺寸。单击“草图”面板中的“智能尺寸”按钮，标注圆的直径。结果如图 6-51 所示。

③ 拉伸实体。单击“特征”面板中的“拉伸凸台/基体”按钮，此时系统弹出“凸台-拉伸”属性管理器。输入拉伸深度为 30mm。单击“确定”按钮，结果如图 6-52 所示。

（3）绘制开关旋钮。

① 设置基准面。用鼠标单击图 6-52 中的表面 1，单击“正视于”按钮，将该表面作为绘制图形的基准面，然后单击“草图绘制”按钮，进入草图绘制环境。

② 绘制草图。单击“草图”面板中的“中心线”按钮，绘制一条通过原点的水平中心线；单击“草图”面板中的“圆”按钮，在中心线上绘制一个圆。

③ 标注尺寸。单击“草图”面板中的“智能尺寸”按钮，标注步骤②中圆的直径及其定位尺寸。结果如图 6-53 所示。

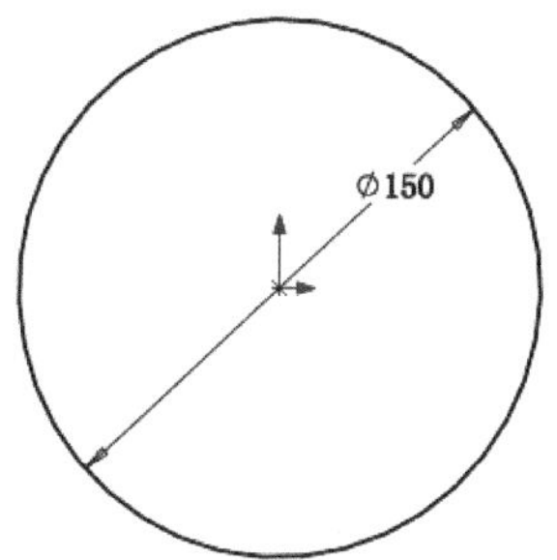

图 6-51　标注的草图

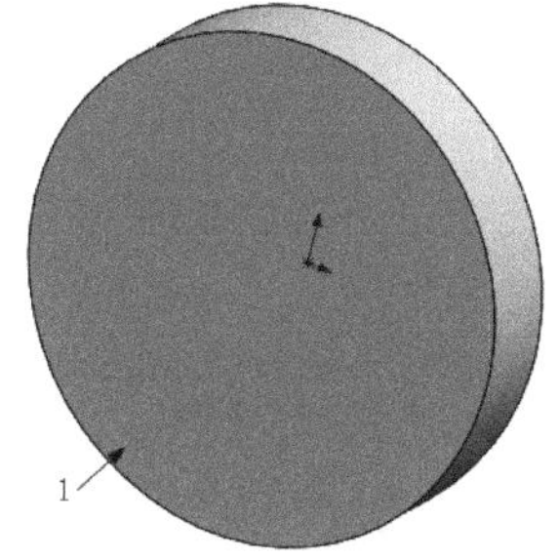

图 6-52　拉伸后的图形

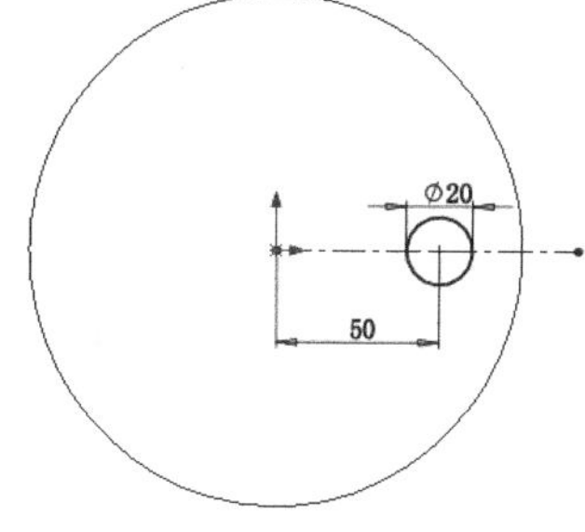

图 6-53　标注的图形

④ 拉伸实体。单击“特征”面板中的“拉伸凸台/基体”按钮，此时系统弹出“凸台-拉伸”属性管理器。输入拉伸深度为 25mm，然后单击“确定”按钮。结果如图 6-54 所示。

（4）绘制支架部分。

① 设置基准面。单击图 6-54 中的表面 1，单击“正视于”按钮，将该表面作为绘制图形的基准面，然后单击“草图绘制”按钮，进入草图绘制环境。

② 绘制草图。单击“草图”面板中的“中心线”按钮，绘制一条通过原点的水平中心线；单击“草图”面板中的“圆”按钮，在中心线上绘制一个圆。

③ 标注尺寸。单击“草图”面板中的“智能尺寸”按钮，标注图中的尺寸。结果如图 6-55 所示，然后退出草图绘制状态。

④ 设置基准面。在左侧的“FeatureManager 设计树”中用鼠标选择“上视基准面”作为绘制图形的基准面。单击“下视”按钮，调整基准面方向。

⑤ 绘制草图。单击“草图”面板中的“直线”按钮，绘制一条直线，起点在直径为 250 的圆

心处，然后单击“草图”面板中的“切线弧”按钮，绘制一条通过绘制直线的圆弧。

⑥ 标注尺寸。单击“草图”面板中的“智能尺寸”按钮，标注图中的尺寸，结果如图6-56所示。然后退出草图绘制。结果如图6-57所示。

Note

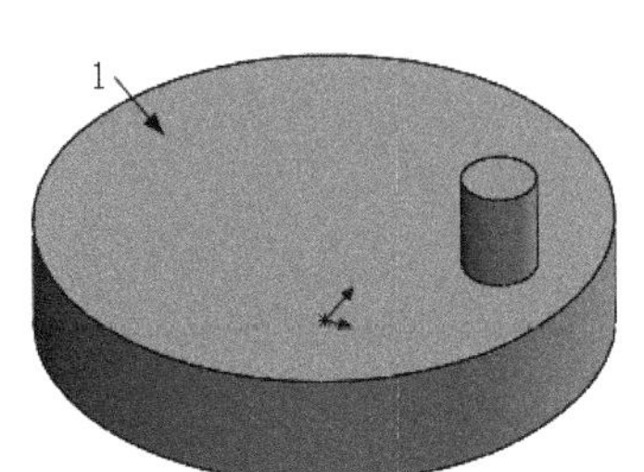

图6-54 拉伸后的图形

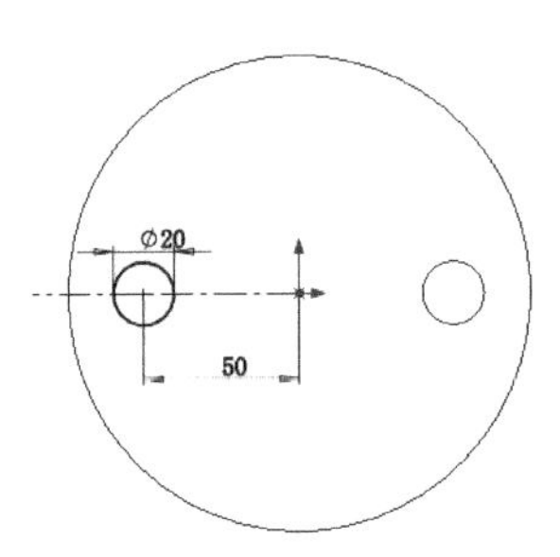

图6-55 标注的图形

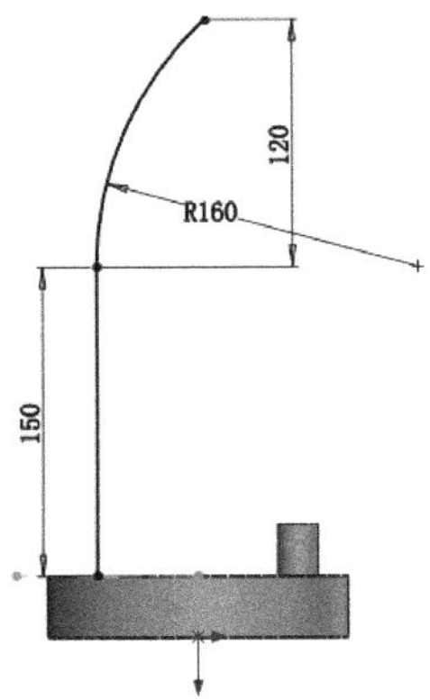

图6-56 标注的图形

⑦ 扫描实体。单击“特征”面板中的“扫描”按钮，此时系统弹出如图6-58所示的“扫描”属性管理器。选择图6-58中的圆为扫描轮廓，草图为扫描路径。按照图示进行设置后，单击“确定”按钮。结果如图6-59所示。

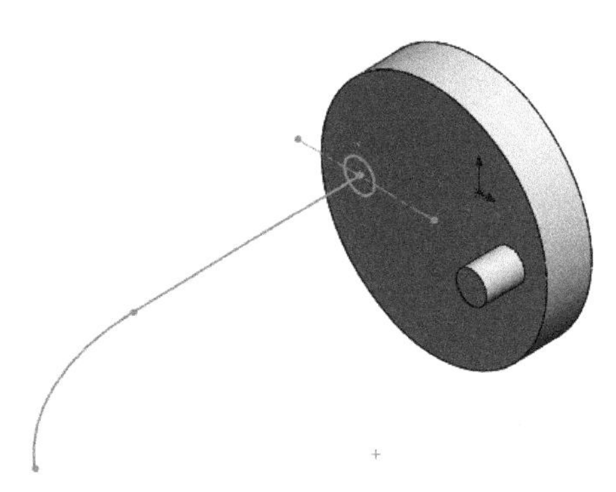

图6-57 等轴测视图

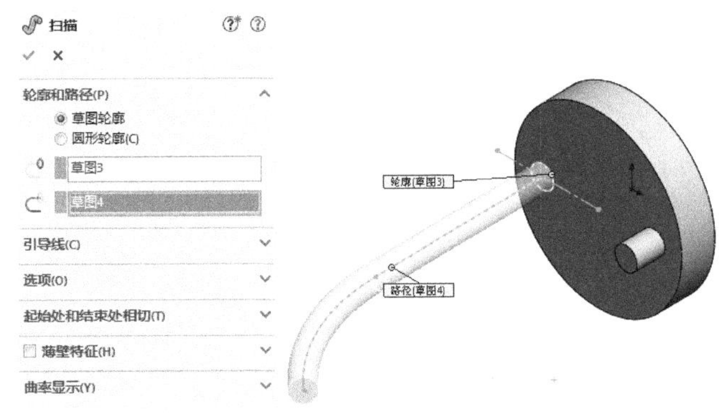

图6-58 “扫描”属性管理器

（5）绘制台灯灯罩。

① 设置基准面。在左侧的“FeatureManager设计树”中选择“上视基准面”作为绘制图形的基准面。单击“下视”按钮，调整基准面方向。

② 绘制草图。单击“草图”面板中的“中心线”按钮，绘制一条中心线；单击“草图”面板中的“直线”按钮，绘制一条直线；单击“草图”面板中的“切线弧”按钮，绘制两条切线弧。结果如图6-60所示。

③ 添加几何关系。单击“草图”面板中的“添加几何关系”按钮，将图6-60中的直线1和直线2添加为“重合”几何关系。然后重复此命令，将直线1和中心线3添加为“平行”几何关系。

注意： 在设置几何关系中，可以先设置直线1和中心线3平行，然后再设置直线1和直线2重合，要灵活应用。

④ 标注尺寸。单击“草图”面板中的“智能尺寸”按钮，标注图6-60中的尺寸。结果如图6-61

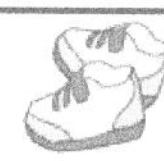

所示。

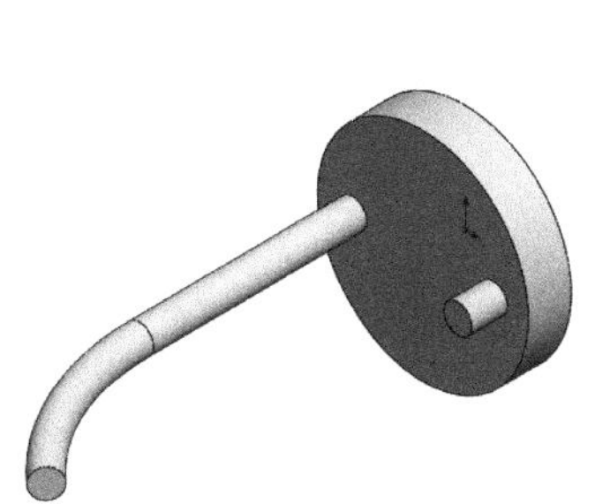

图 6-59　扫描后的图形

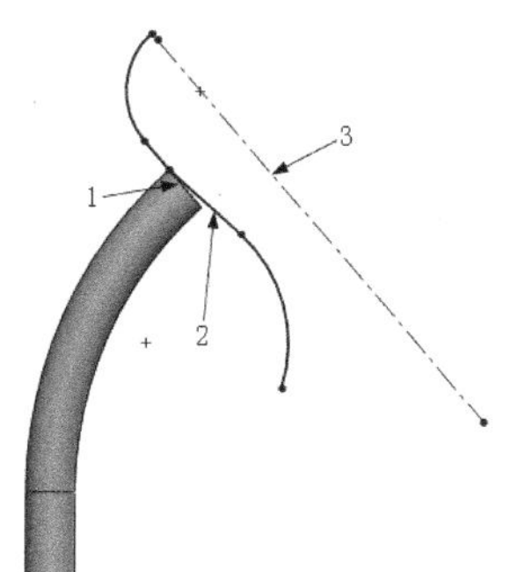

图 6-60　绘制的草图

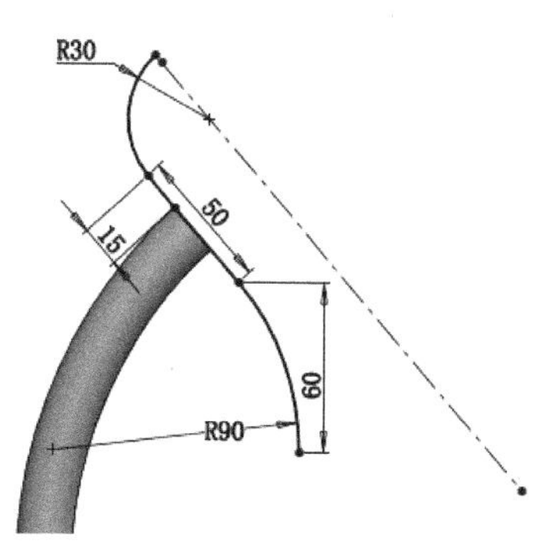

图 6-61　标注的图形

⑤ 旋转实体。单击“特征”面板中的“旋转凸台/基体”按钮，此时系统弹出系统提示框。单击“否”按钮，旋转为一个薄壁实体。此时系统弹出如图 6-62 所示的“旋转”属性管理器。按照图 6-62 所示进行设置，单击“确定”按钮，旋转生成实体。结果如图 6-63 所示。

⑥ 圆角实体。单击“特征”面板中的“圆角”按钮，此时系统弹出如图 6-64 所示的“圆角”属性管理器。输入半径为 12mm，选择图 6-63 中的边线，然后单击“确定”按钮。重复执行“圆角”命令，选择旋钮的上边线进行圆角，半径为 6mm。结果如图 6-65 所示。

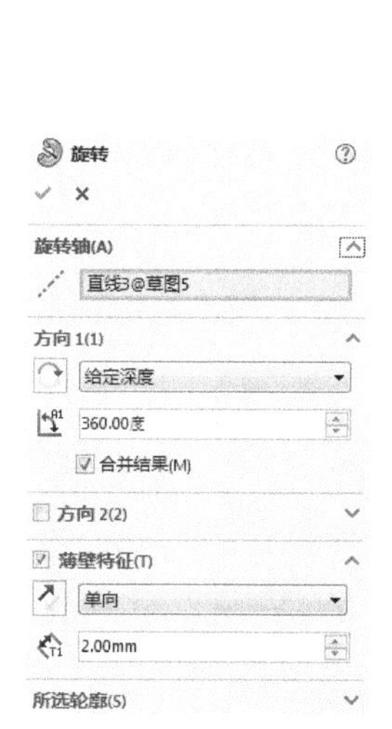

图 6-62　“旋转”属性管理器

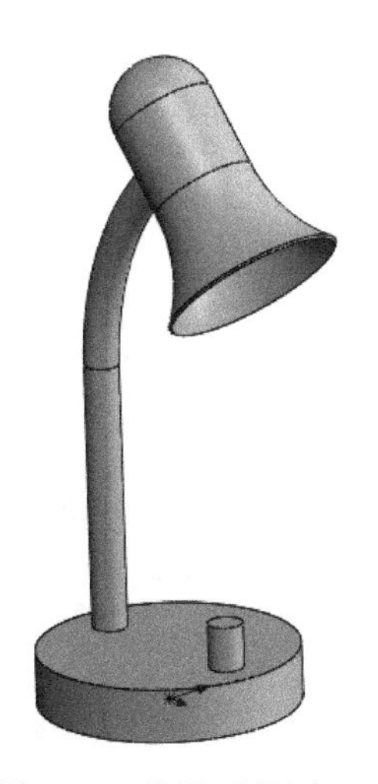

图 6-63　旋转后的图形

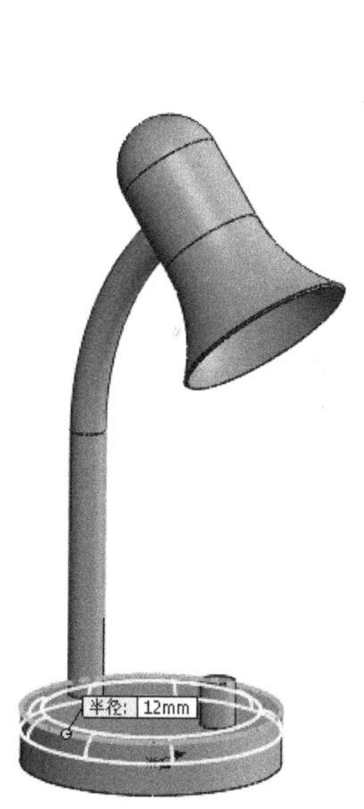

图 6-64　“圆角”属性管理器

2. 打印模型

执行 5.1.2 节步骤 2、3 的相应操作后，发现模型较大，已经超过本书所选择机器的打印范围，需要将其缩小至合理尺寸。单击图形编辑工具栏上的“比例放大/缩小”按钮，将出现“比例放大/缩小”对话框，选中“统一”复选框，并将数值改为 0.5，单击“应用”按钮，模型将被缩小为原来的 1/2，缩小后如图 6-66 所示。

继续按 5.1.2 节步骤 4～6 进行操作后，分层查看数据时，发现模型 taideng 的灯罩与台灯体连接部位和灯座外边缘有可能处于悬空位置，为确保打印顺利进行，可在此两个部分手动添加支撑。单击

图形显示操作工具栏上的“显示三角面数据”按钮，将模型以三角面片显示，单击视图操作/显示选项工具栏上的“底部视图”按钮，将模型以底部视图模式显示，在“模型/支撑/分层”列表窗口中单击1号支撑数据，将编辑面选定为最底层，在图形编辑工具栏上单击“选择支撑数据”按钮，在模型底部选择一个三角面，被选中的三角面将以绿色高亮显示，如图6-67所示。

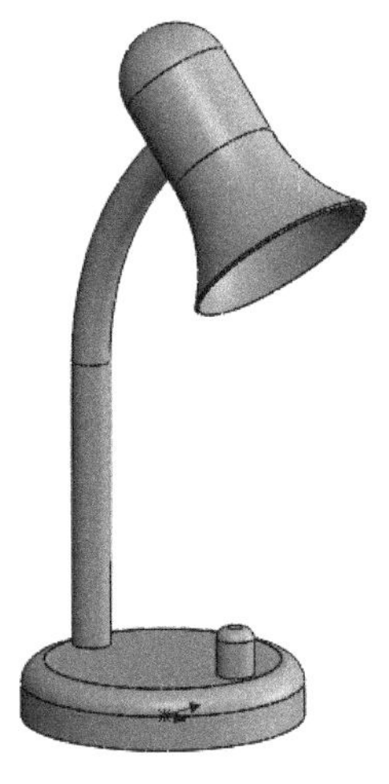

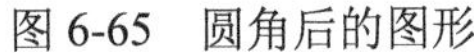

图6-65　圆角后的图形

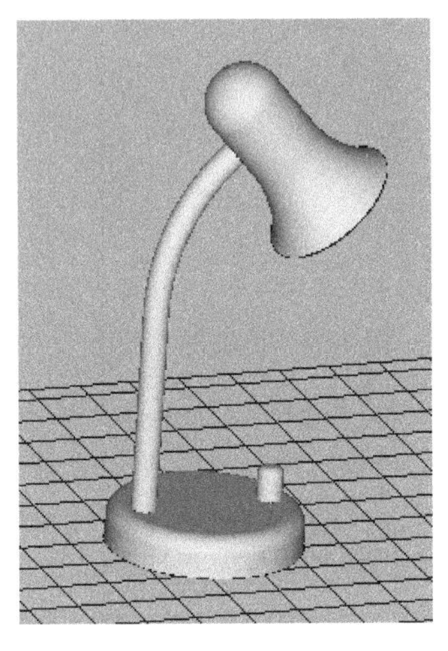

图6-66　缩小模型taideng

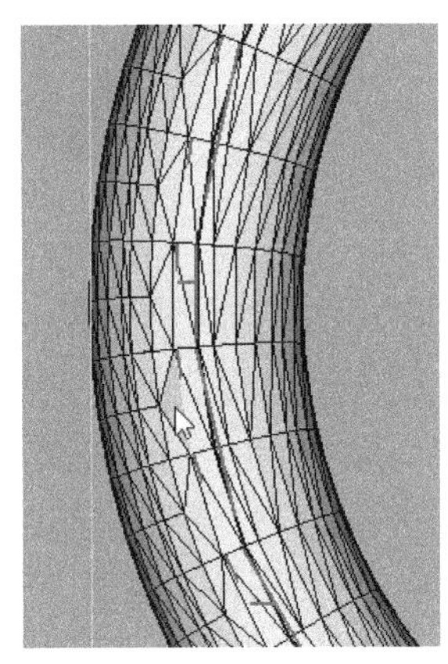

图6-67　选择三角面

然后右击，将弹出快捷菜单，如图6-68所示，选择“应用”命令将弹出“生成支撑”对话框，如图6-69所示，单击“应用”按钮即可生成相应支撑。

重新在图形编辑工具栏上单击“选择支撑数据”按钮，即退出支撑编辑功能。取消三角面片显示模式，编辑后的模型支撑如图6-70所示。

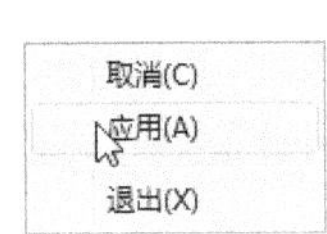

图6-68　右键快捷菜单

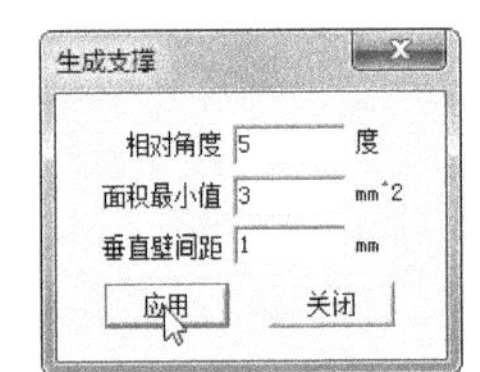

图6-69　“生成支撑”对话框

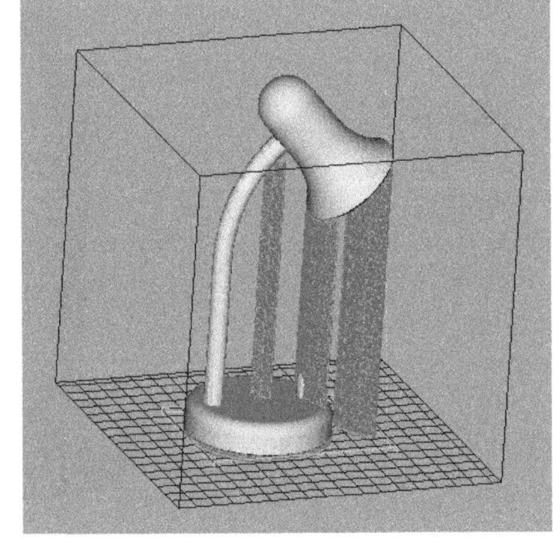

图6-70　编辑后的支撑

剩余操作可参考5.1.2节步骤6～8，即可完成打印。

3. 处理打印模型

处理打印模型有以下3个步骤：

（1）取出模型。取出后的台灯支架模型如图6-71所示。

（2）去除支撑。

（3）打磨模型。打磨完毕的模型如图6-72所示。

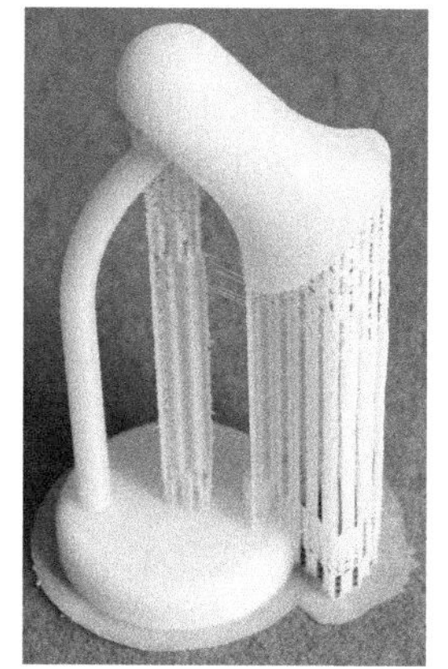

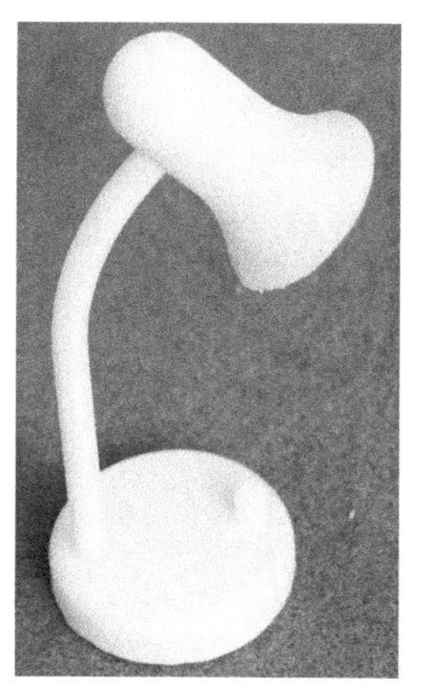

图 6-71　打印完毕的台灯支架模型　　图 6-72　处理完毕的台灯支架模型

6.3.2　灯泡

本例创建台灯灯泡，首先利用 SolidWorks 软件创建灯泡模型，再利用 RPdata 软件打印灯泡的 3D 模型，最后对打印出来的灯泡模型进行去支撑和毛刺处理，流程图如图 6-73 所示。

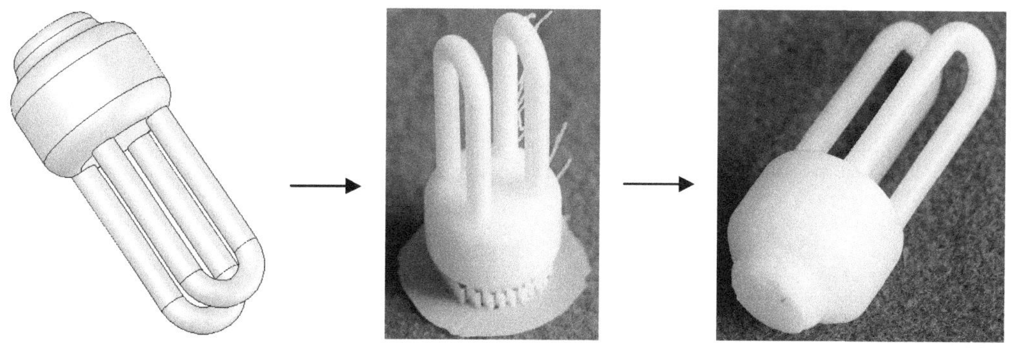

图 6-73　台灯灯泡创建流程图

1. 创建模型

首先绘制灯泡底座的外形草图，拉伸为实体轮廓；然后绘制灯管草图，扫描为实体；最后绘制灯尾。

（1）新建文件。选择“文件”→“新建”命令，或者单击快速访问工具栏中的“新建”按钮，在弹出的“新建 SOLIDWORKS 文件”对话框中先单击“零件”按钮，再单击“确定”按钮，创建一个新的零件文件。

（2）绘制底座。

① 绘制草图。在左侧的“FeatureManager 设计树”中选择“前视基准面”作为绘制图形的基准面。单击“草图”面板中的“圆”按钮，绘制一个圆心在原点的圆。

② 标注尺寸。单击“草图”面板中的“智能尺寸”按钮，标注圆的直径，结果如图 6-74 所示。

③ 拉伸实体。单击“特征”面板中的“拉伸凸台/基体”按钮，此时系统弹出“凸台-拉伸”属性管理器。输入拉伸深度为 40mm，然后单击“确定”按钮。结果如图 6-75 所示。

（3）绘制灯管。

① 设置基准面。用鼠标单击图 6-75 中的外表面，单击“正视于”按钮，将该表面作为绘制图

形的基准面，然后单击“草图绘制”按钮，进入草图绘制环境。

② 绘制草图。单击“草图”面板中的“圆”按钮，在步骤①设置的基准面上绘制一个圆。

③ 标注尺寸。单击“草图”面板中的“智能尺寸”按钮，标注步骤②绘制圆的直径及其定位尺寸，结果如图 6-76 所示。然后退出草图绘制。

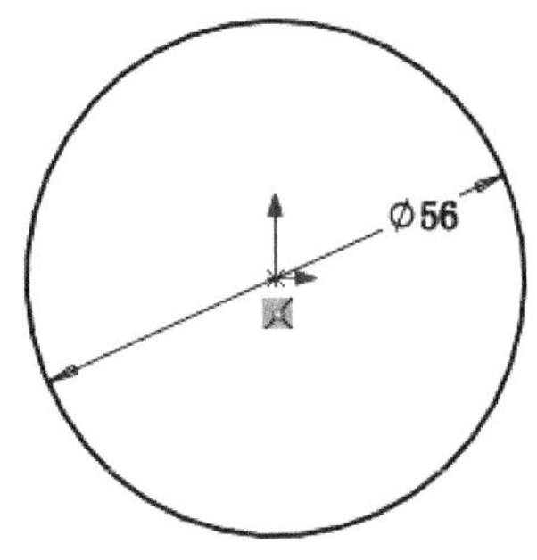

图 6-74　绘制的草图

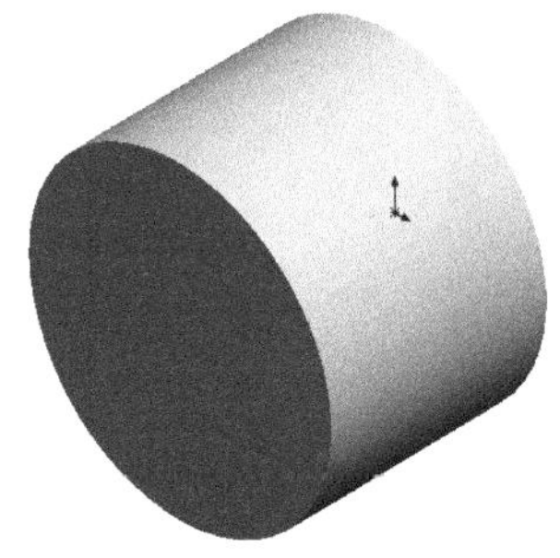

图 6-75　拉伸后的图形

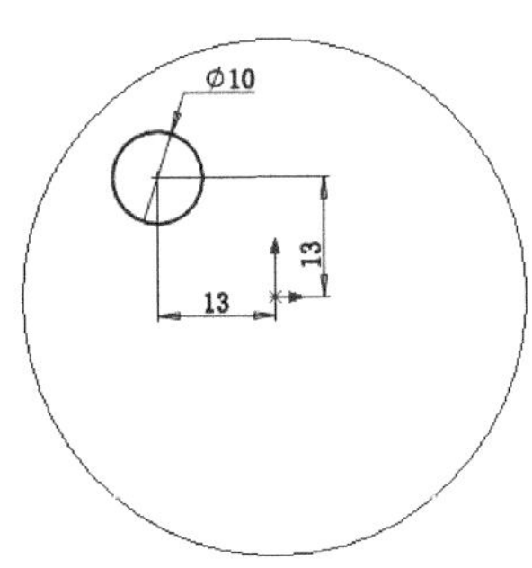

图 6-76　标注的图形

④ 添加基准面。在左侧的“FeatureManager 设计树”中用鼠标选择“右视基准面”作为参考基准面，添加新的基准面。单击“特征”面板“参考几何体”下拉列表中的“基准面”按钮，此时系统弹出如图 6-77 所示的“基准面”属性管理器。选择绘制的圆心为第二参考。按照图示进行设置后，单击“确定”按钮，结果如图 6-78 所示。

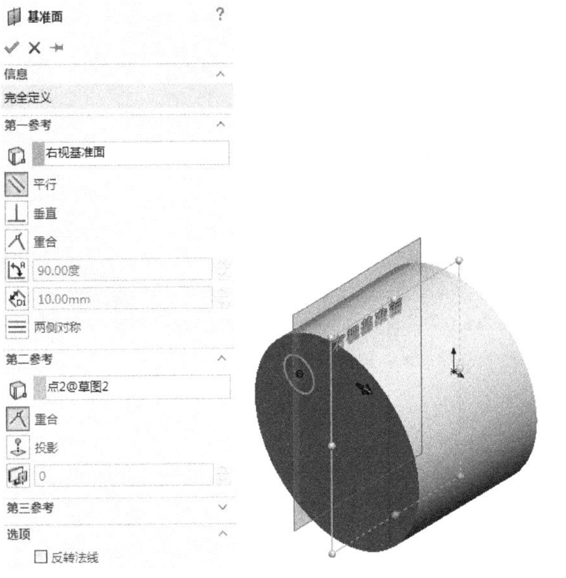

图 6-77　“基准面”属性管理器

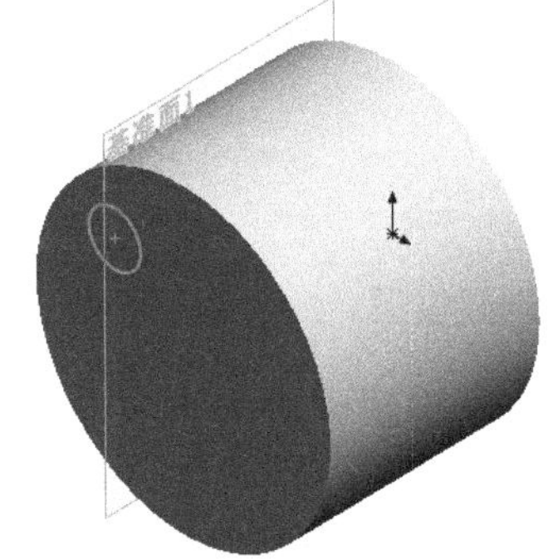

图 6-78　添加的基准面

⑤ 设置基准面。在左侧的“FeatureManager 设计树”中选择步骤④添加的基准面，单击“正视于”按钮，将该基准面作为绘制图形的基准面，然后单击“草图绘制”按钮，进入草图绘制环境。

⑥ 绘制草图。单击“草图”面板中的“直线”按钮，绘制起点在图 6-76 中小圆圆心的直线，单击“草图”面板中的“中心线”按钮，绘制一条通过原点的水平中心线。结果如图 6-79 所示。

⑦ 镜像实体。单击“草图”面板中的“镜像实体”按钮，此时系统弹出“镜像”属性管理器。选择步骤⑥绘制的直线为要镜像的实体；选择步骤⑥绘制的水平中心线为镜像线。单击“确定”按钮，

结果如图 6-80 所示。

⑧ 绘制草图。单击“草图”面板中的“切线弧”按钮，绘制一个端点为两条直线端点的圆弧。结果如图 6-81 所示。

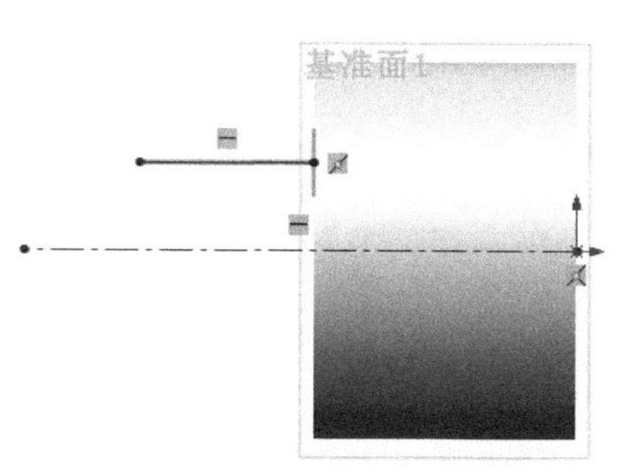

图 6-79　绘制的草图

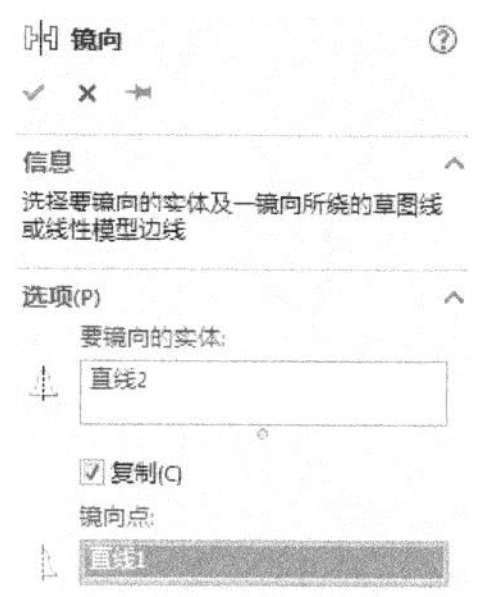

图 6-80　“镜像”属性管理器

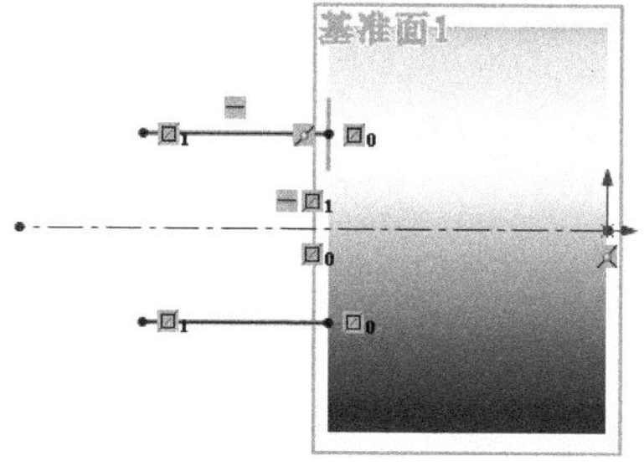

图 6-81　镜像后的图形

⑨ 标注尺寸。单击“草图”面板中的“智能尺寸”按钮，标注图 6-82 中的尺寸，结果如图 6-83 所示，然后退出草图绘制。

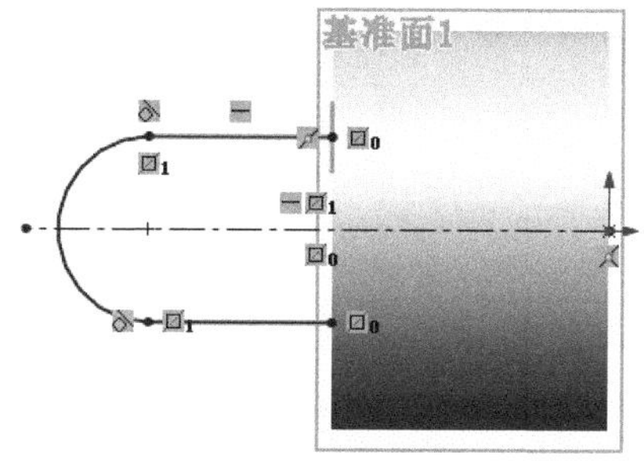

图 6-82　绘制的草图

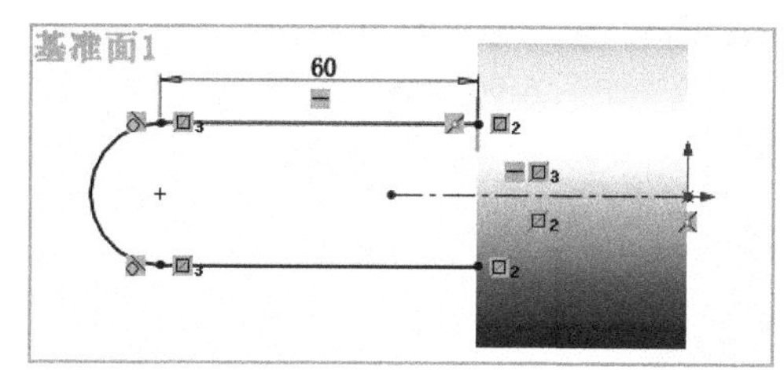

图 6-83　标注的草图

⑩ 设置视图方向。单击“视图（前导）”面板中的“等轴测”按钮，将视图以等轴测方向显示。结果如图 6-84 所示。

⑪ 扫描实体。单击“特征”面板中的“扫描”按钮，此时系统弹出如图 6-85 所示的“扫描”属性管理器。选择图 6-85 中的圆为扫描轮廓，草图为扫描路径。单击“确定”按钮。

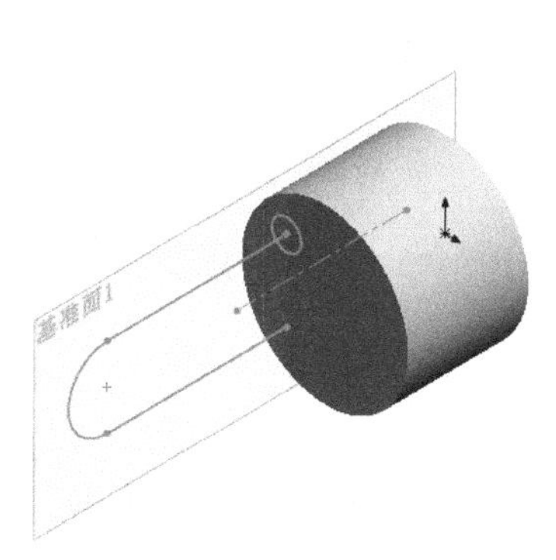

图 6-84　等轴测视图

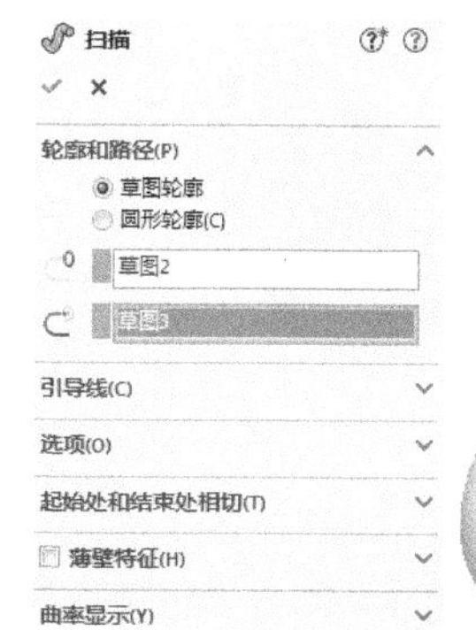

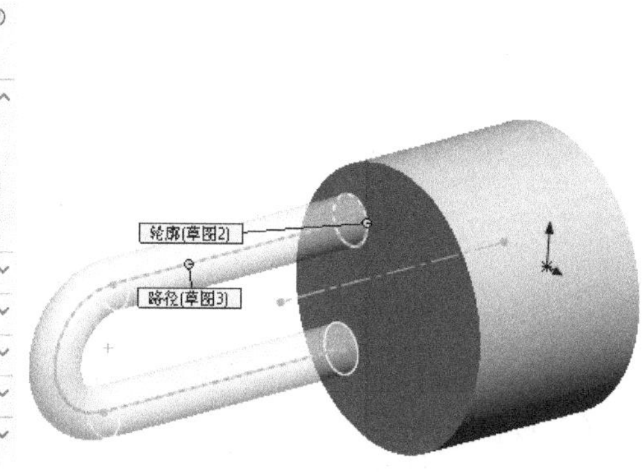

图 6-85　“扫描”属性管理器

⑫ 隐藏基准面。选择“视图”→“基准面”命令，视图中就不会显示基准面。结果如图 6-86

所示。

⑬ 镜像实体。单击“特征”面板中的“镜像”按钮，此时系统弹出如图 6-87 所示的“镜像”属性管理器。选择“右视基准面”为镜像面；选择扫描的实体为要镜像的特征。单击“确定”按钮，结果如图 6-88 所示。

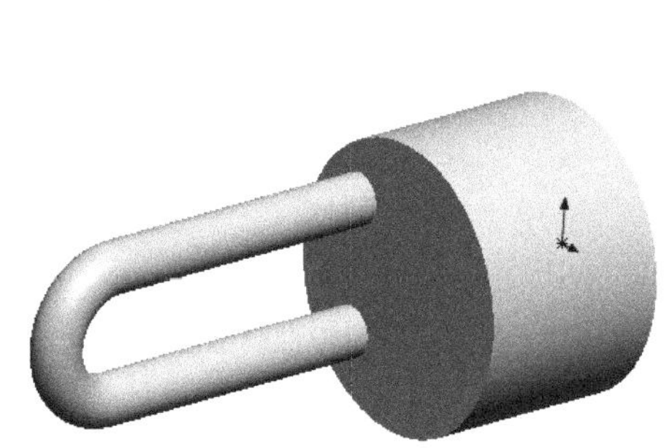

图 6-86 扫描后的图形

图 6-87 “镜像”属性管理器

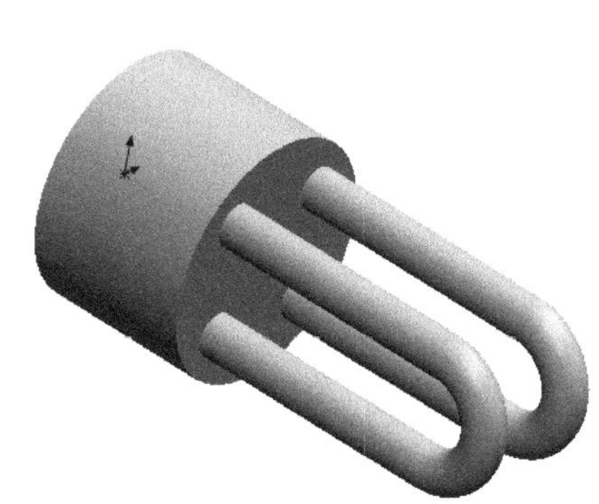

图 6-88 镜像后的图形

（4）绘制灯尾 1。单击“特征”面板中的“圆角”按钮，此时系统弹出如图 6-89 所示的“圆角”属性管理器。输入半径值为 10mm，然后选取图 6-89 中的边线。调整视图方向，将视图以合适的方向显示。结果如图 6-90 所示。

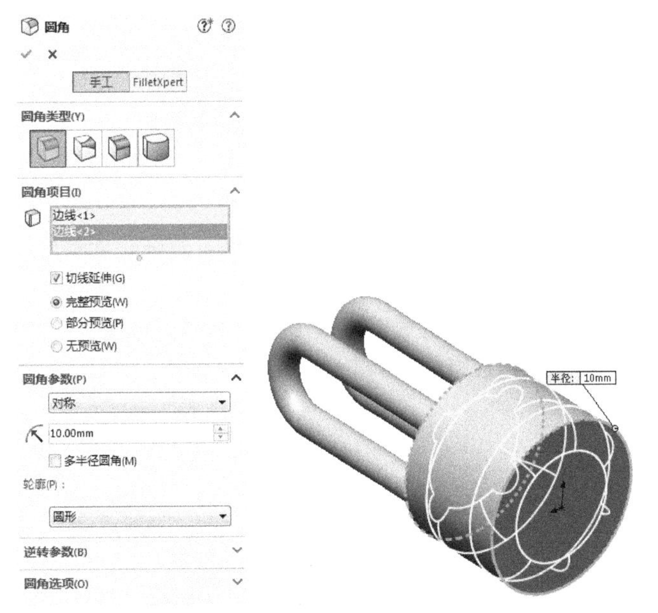

图 6-89 “圆角”属性管理器

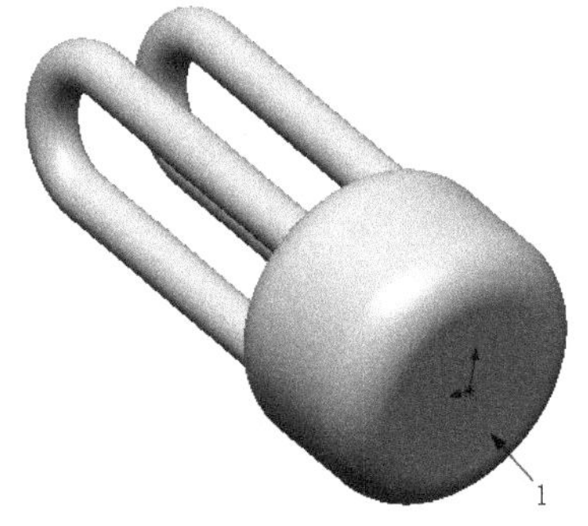

图 6-90 圆角后的图形

（5）绘制灯尾 2。

① 设置基准面。选择图 6-90 所示的表面 1，单击“正视于”按钮，将该表面作为绘制图形的基准面，然后单击“草图绘制”按钮，进入草图绘制环境。

② 绘制草图。单击“草图”面板中的“圆”按钮，以原点为圆心绘制一个圆。

③ 标注尺寸。单击“草图”面板中的“智能尺寸”按钮，标注步骤②绘制的圆的直径，结果

如图 6-91 所示。

④ 拉伸实体。单击“特征”面板中的“拉伸凸台/基体”按钮，此时系统弹出如图 6-92 所示的“凸台-拉伸”属性管理器。输入拉伸深度为 10mm。按照图示进行设置后，单击“确定”按钮。结果如图 6-93 所示。

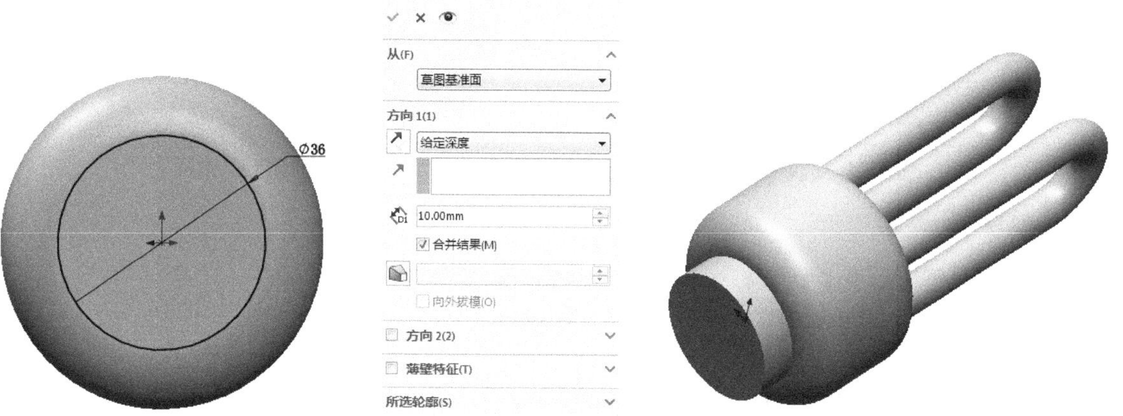

图 6-91　标注的草图　　图 6-92　“凸台-拉伸”属性管理器　　图 6-93　拉伸后的图形

⑤ 圆角实体。单击“特征”面板中的“圆角”按钮，此时系统弹出如图 6-94 所示的“圆角”属性管理器。输入半径值为 6mm，然后选取图 6-95 中的边线。按照图示进行设置后，单击“确定”按钮。重复“圆角”命令，采用相同的参数，选取如图 6-95 所示的边线进行圆角处理，结果如图 6-96 所示。

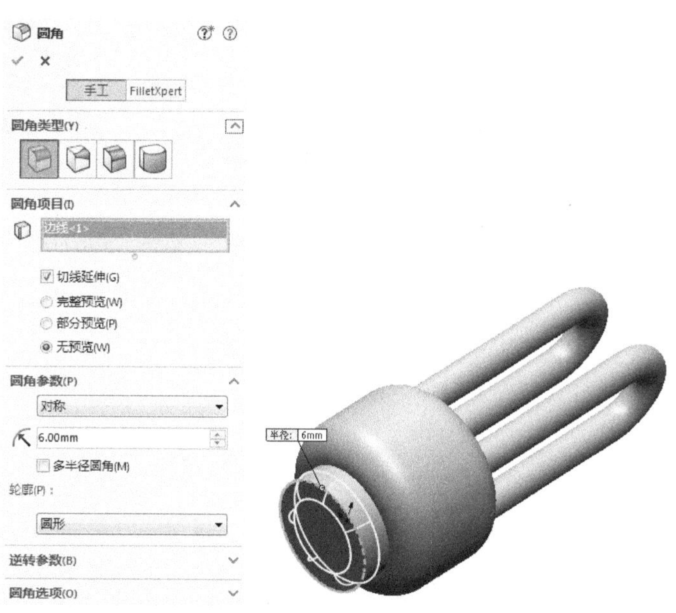

图 6-94　“圆角”属性管理器

2. 打印模型

根据 5.1.2 节步骤 2～8 中相应内容操作即可完成打印。

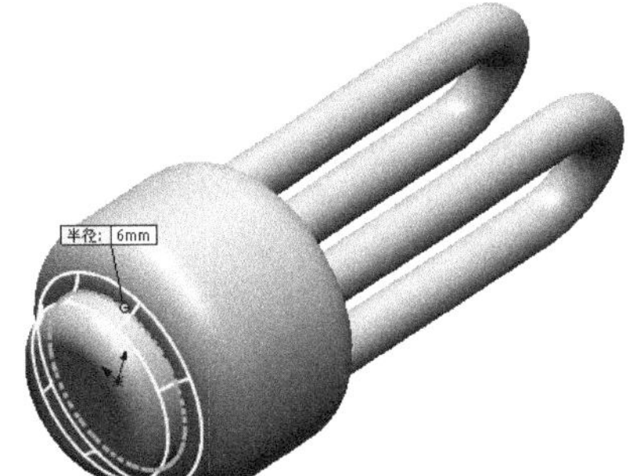

图 6-95　选取边线

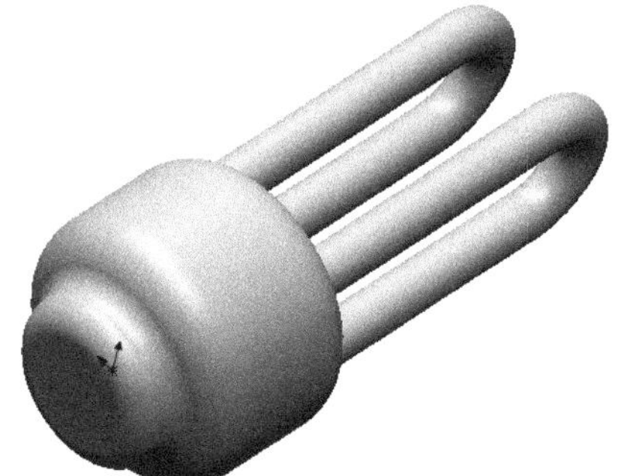
图 6-96　圆角后的图形

3. 处理打印模型

处理打印模型有以下 3 个步骤：

（1）取出模型。取出后的灯泡模型如图 6-97 所示。

（2）去除支撑。

（3）打磨模型。打磨完毕的模型如图 6-98 所示。

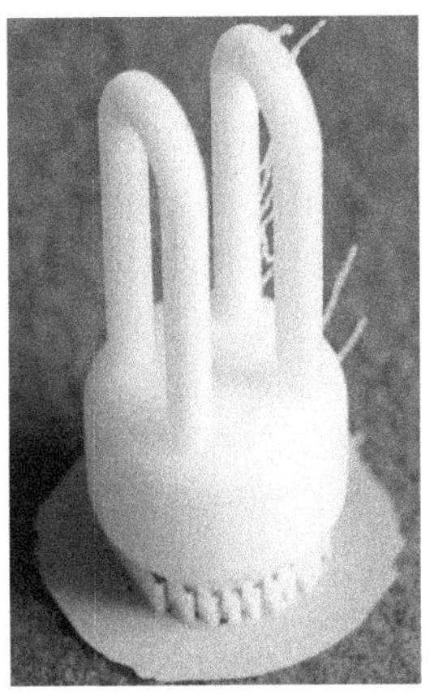
图 6-97　打印完毕的灯泡模型

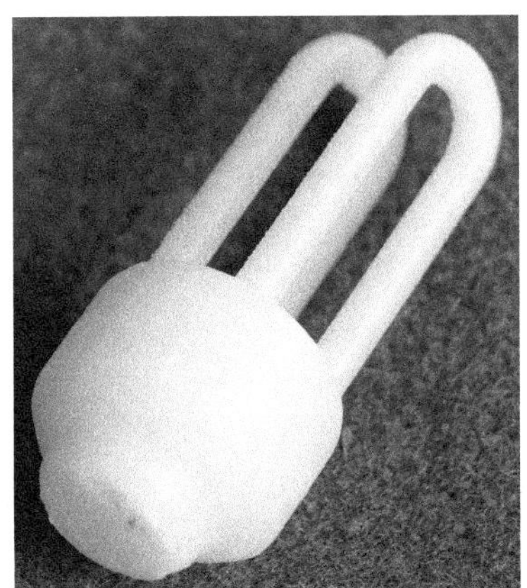
图 6-98　处理完毕的灯泡模型

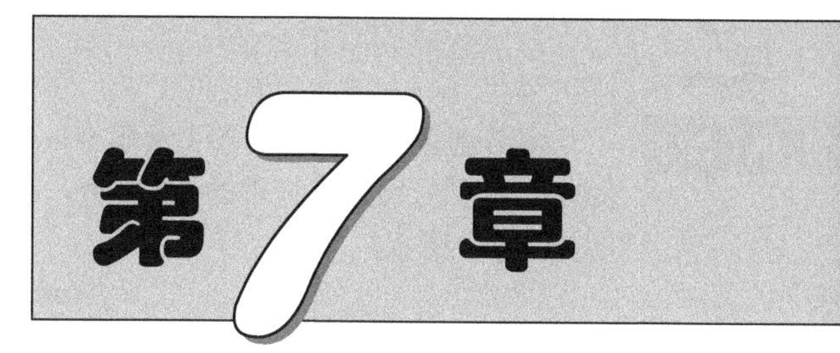

第7章 曲面造型与打印

曲面造型是每一款主流的三维设计软件都会设计到的，SolidWorks 也不例外。SolidWorks 在曲面造型方面的功能还是很强大的，但是在 3D 打印中不能直接打印“纯曲面”的模型，必须要有一定厚度的模型才能打印出来。由于 3D 打印材料的限制，最好将模型的厚度都设置在 5mm 以上，不然打印出来的模型容易变形。

本章主要介绍几款曲面造型，如卫浴把手、菜刀、烧杯、熨斗等模型的建立及 3D 打印过程。通过本章的学习，可以使读者掌握如何创建曲面模型并导入到 Cura 软件打印出模型。

任务驱动&项目案例

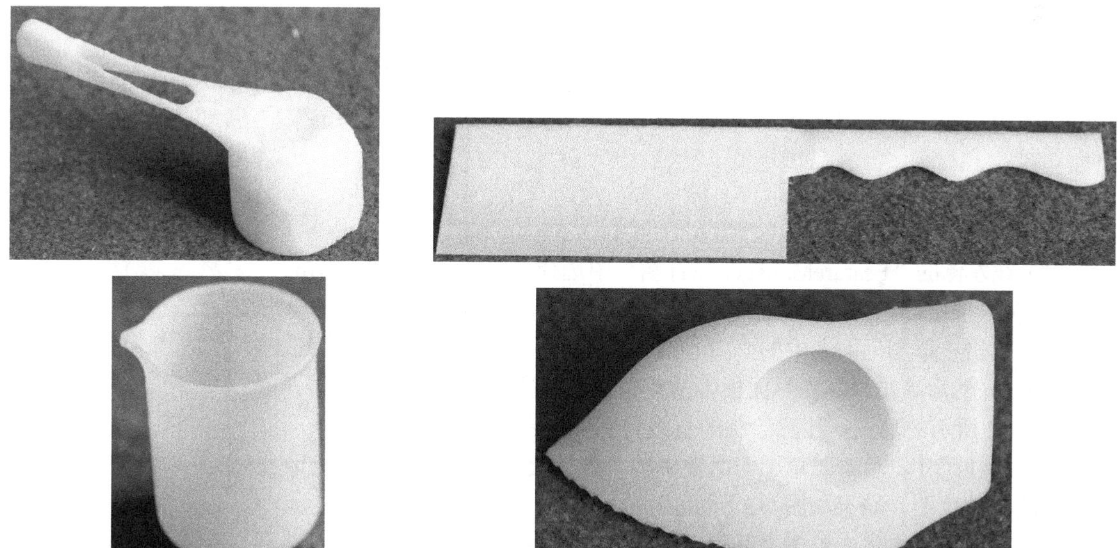

Note

7.1 卫浴把手

本节创建卫浴把手，首先利用 SolidWorks 软件创建卫浴把手模型，再利用 RPdata 软件打印卫浴把手的 3D 模型，最后对打印出来的卫浴把手模型进行去支撑和毛刺处理，流程图如图 7-1 所示。

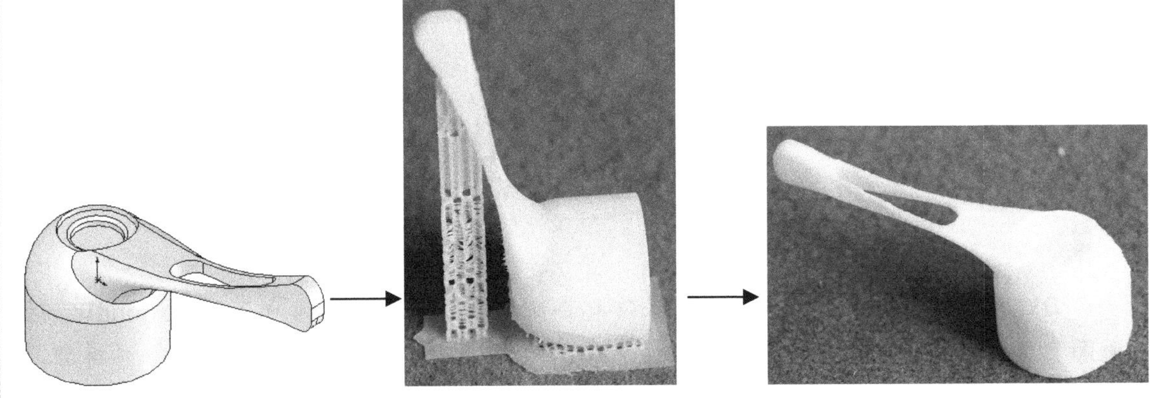
图 7-1　卫浴把手模型创建流程图

7.1.1 创建模型

卫浴把手模型由卫浴把手主体和手柄两部分组成。绘制该模型的命令主要有旋转曲面、加厚、拉伸切除实体、添加基准面和圆角等。

1. 创建零件文件

选择“文件”→“新建”命令，或者单击快速访问工具栏中的“新建”按钮，在弹出的“新建 SOLIDWORKS 文件”对话框中单击“零件”按钮，然后单击“确定”按钮，创建一个新的零件文件。

2. 绘制草图

（1）在左侧的“FeatureManager 设计树”中选择“前视基准面”，单击“草图绘制”按钮，进入草图绘制环境。

（2）单击“草图”面板中的“中心线”按钮，绘制一条通过原点的竖直中心线，然后单击“草图”面板中的“直线”按钮和“圆”按钮，绘制如图 7-2 所示的草图。注意绘制的直线与圆弧的左侧的点相切。

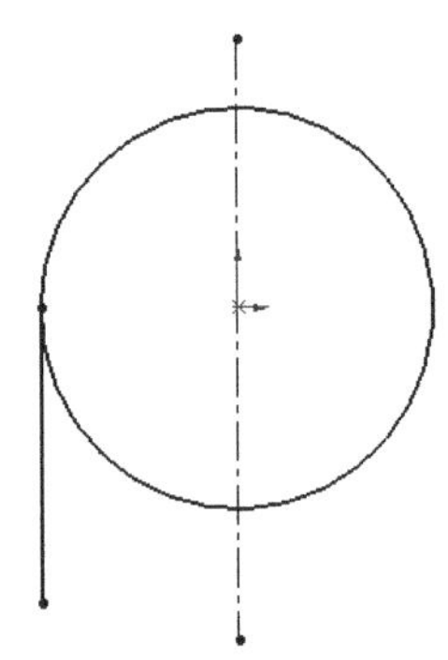
图 7-2　绘制的草图

（3）标注尺寸。单击“草图”面板中的“智能尺寸”按钮，标注步骤（2）绘制的草图，结果如图 7-3 所示。

（4）剪裁草图实体。单击“草图”面板中的“剪裁实体”按钮，此时系统弹出如图 7-4 所示的“剪裁”属性管理器。单击“剪裁到最近端”按钮，然后剪裁图 7-3 中的圆弧，结果如图 7-5 所示。

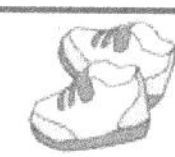

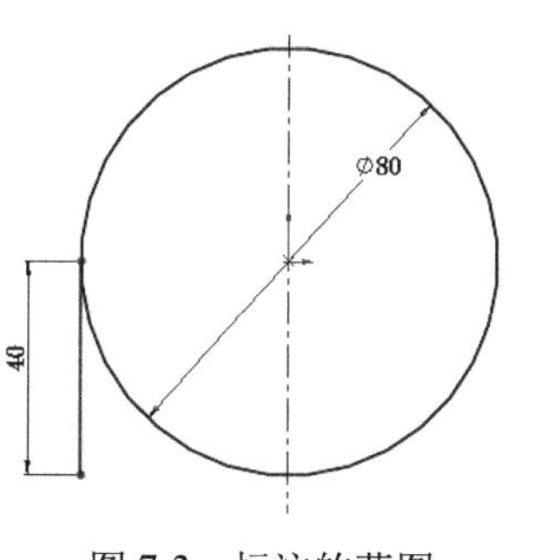

图 7-3　标注的草图

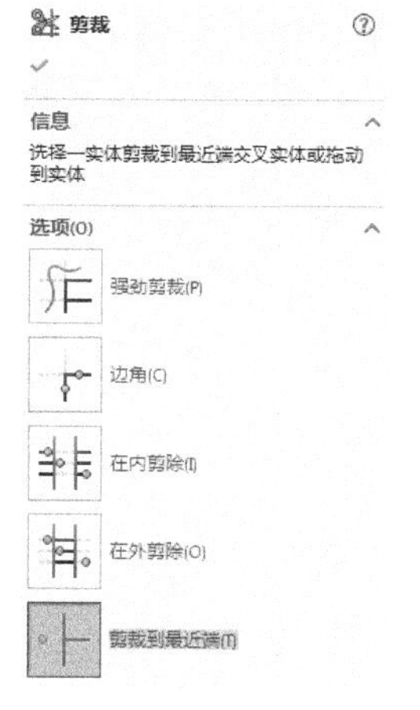

图 7-4　“剪裁”属性管理器

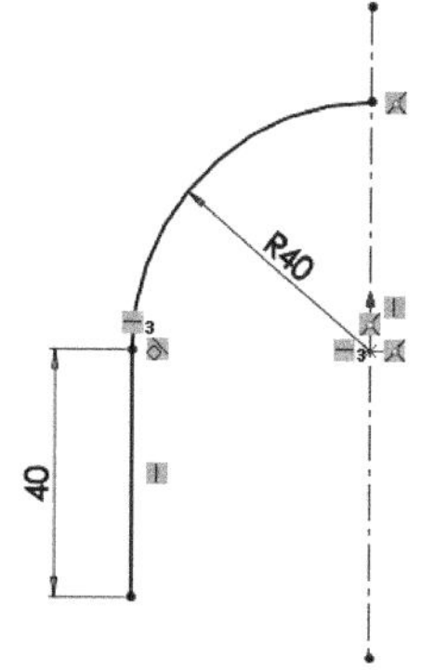

图 7-5　剪裁草图后的图形

3. 旋转曲面

单击“曲面”面板中的“旋转曲面”按钮，此时系统弹出如图 7-6 所示的“曲面-旋转”属性管理器。选择图 7-5 中的竖直中心线为旋转轴，其他设置参考图 7-6。单击“确定”按钮，完成曲面旋转。结果如图 7-7 所示。

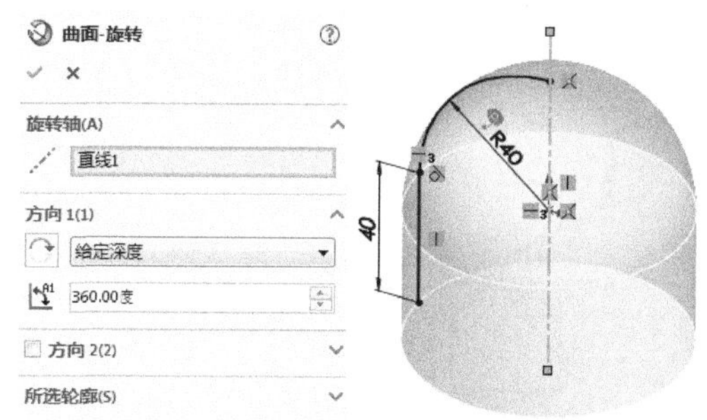

图 7-6　“曲面-旋转”属性管理器

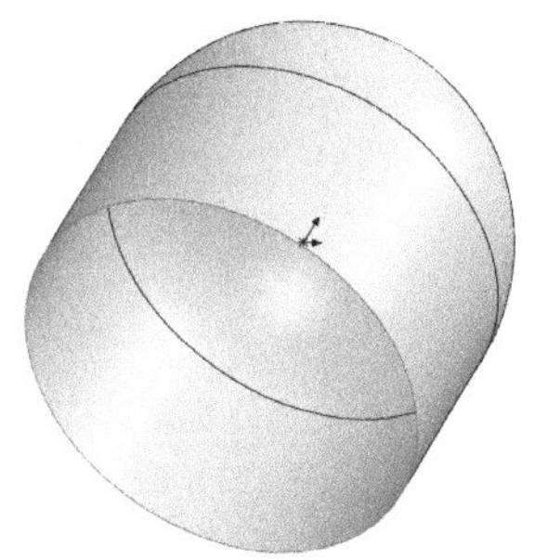

图 7-7　旋转曲面后的图形

知识点——旋转曲面

下面将介绍不同旋转类型的旋转效果。

（1）给定深度。从草图基准面以给定深度生成旋转曲面。图 7-8 所示为旋转类型为“给定深度”，旋转角度为 200° 时的属性管理器及其预览效果。

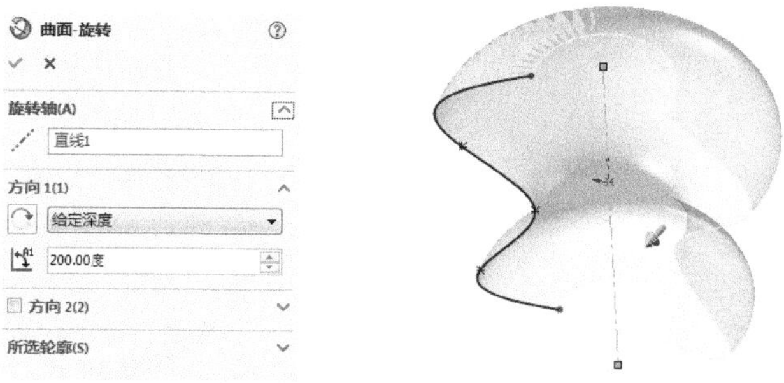

图 7-8　旋转类型为“给定深度”及其预览效果

（2）两侧对称。从草图基准面以顺时针和逆时针两个方向生成旋转曲面，两个方向的旋转角度相同，旋转轮廓草图位于旋转角度的中央。图 7-9 所示为旋转类型为“两侧对称”，旋转角度为 200° 时的属性管理器及其预览效果。

Note

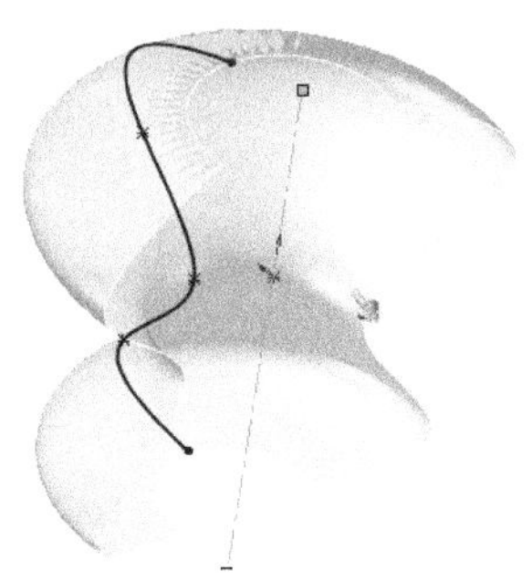

图 7-9　旋转类型为“两侧对称”及其预览效果

（3）两个方向。从草图基准面以顺时针和逆时针两个方向生成旋转曲面，两个方向旋转角度为属性管理器中设定的值。图 7-10 所示“方向 1”的旋转角度为 200°，“方向 2”的旋转角度为 45° 时的属性管理器及其预览效果。

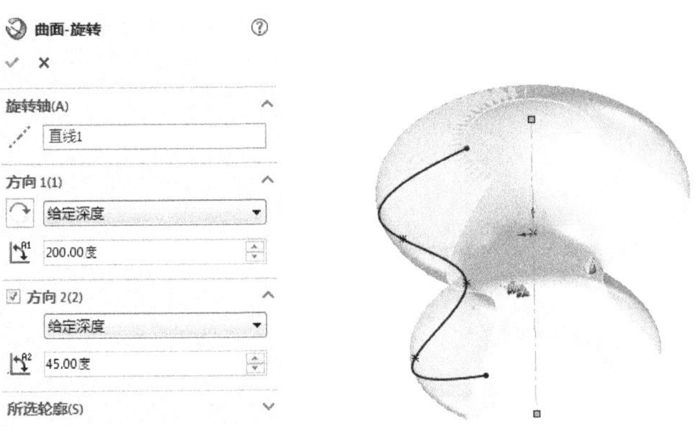

图 7-10　“两个方向”旋转及其预览效果

4. 加厚曲面实体

单击“曲面”面板中的“加厚”按钮，此时系统弹出如图 7-11 所示的“加厚”属性管理器。选择“FeatureManager 设计树”中的“曲面-旋转 1”，即步骤 3 旋转生成的曲面实体为要加厚的面；输入厚度为 6mm，其他设置参考图 7-11 所示的属性管理器。单击“确定”按钮，将曲面实体加厚，结果如图 7-12 所示。

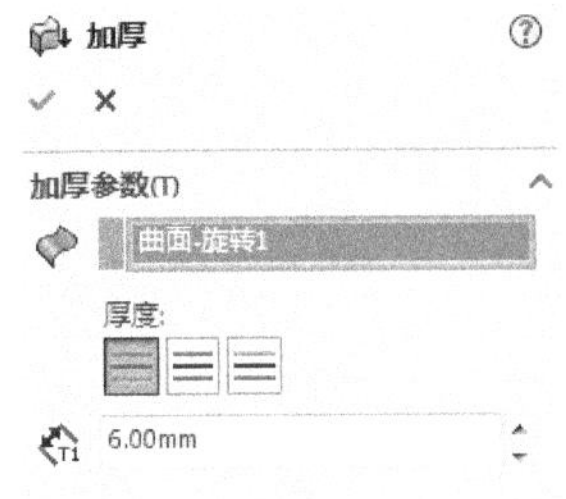

图 7-11　“加厚”属性管理器

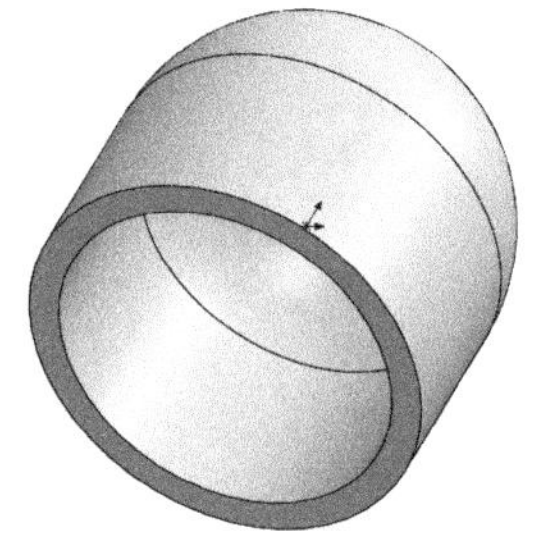

图 7-12　加厚实体后的图形

5. 绘制草图 1

在左侧的“FeatureManager 设计树”中选择“前视基准面”，单击“正视于”按钮，将该基准面作为绘制图形的基准面，然后单击“草图绘制”按钮，进入草图绘制环境。单击“草图”面板中的“样条曲线”按钮，绘制如图 7-13 所示的草图并标注尺寸，然后退出草图绘制状态。

6. 绘制草图 2

在左侧的“FeatureManager 设计树”中选择“前视基准面”，然后单击“正视于”按钮，将该基准面作为绘制图形的基准面。单击“草图”面板中的“样条曲线”按钮，绘制如图 7-14 所示的草图并标注尺寸，然后退出草图绘制状态。

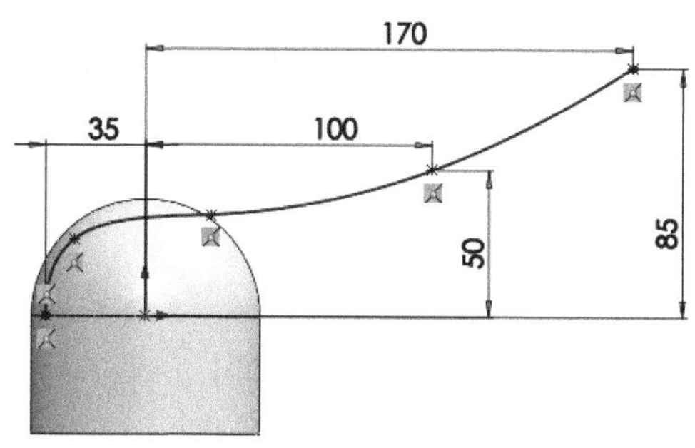

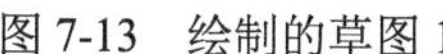

图 7-13　绘制的草图 1

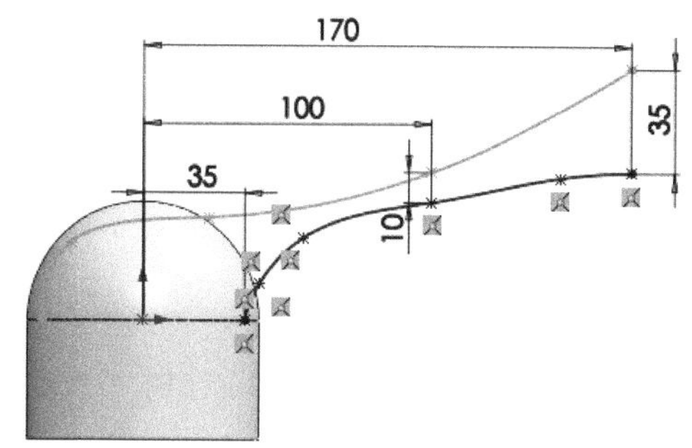

图 7-14　绘制的草图 2

注意：虽然上面绘制的两个草图在同一基准面上，但是不能一步操作完成，因为绘制的两个草图分别作为下面放样实体的两条引导线。

7. 绘制草图 3

在左侧的“FeatureManager 设计树”中选择“上视基准面”，单击“正视于”按钮，将该基准面作为绘制图形的基准面，然后单击“草图绘制”按钮，进入草图绘制环境。单击“草图”面板中的“圆”按钮，以原点为圆心绘制直径为 70 的圆，结果如图 7-15 所示，然后退出草图绘制状态。

8. 添加基准面

单击“特征”面板“参考几何体”下拉列表中的“基准面”按钮，此时系统弹出如图 7-16 所示的“基准面”属性管理器。选择“FeatureManager 设计树”中的“右视基准面”为参考面；输入偏移距离为 100mm，注意添加基准面的方向。单击属性管理器中的“确定”按钮，添加一个基准面。结果如图 7-17 所示。

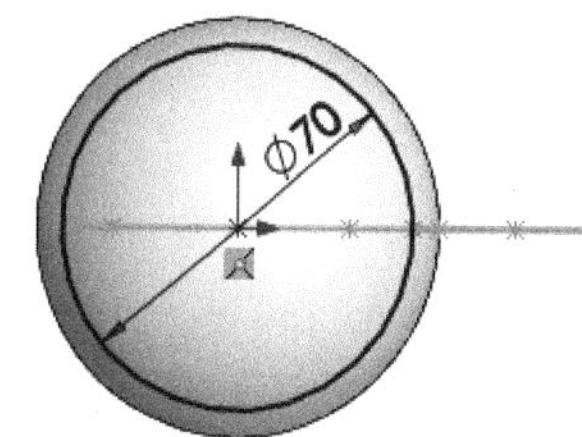

图 7-15　绘制的草图 3

9. 绘制草图 4

在左侧的“FeatureManager 设计树”中选择“基准面 1”，单击“正视于”按钮，将该基准面作为绘制图形的基准面，然后单击“草图绘制”按钮，进入草图绘制环境。单击“草图”面板中的“边角矩形”按钮，绘制如图 7-18 所示的草图并标注尺寸。

10. 添加基准面

单击“特征”面板“参考几何体”下拉列表中的“基准面”按钮，此时系统弹出如图 7-19 所示

Note

的“基准面”属性管理器。选择“FeatureManager 设计树”中的“右视基准面”为参考；输入等距距离为 170mm，注意添加基准面的方向。单击“确定”按钮✓，添加一个基准面。结果如图 7-20 所示。

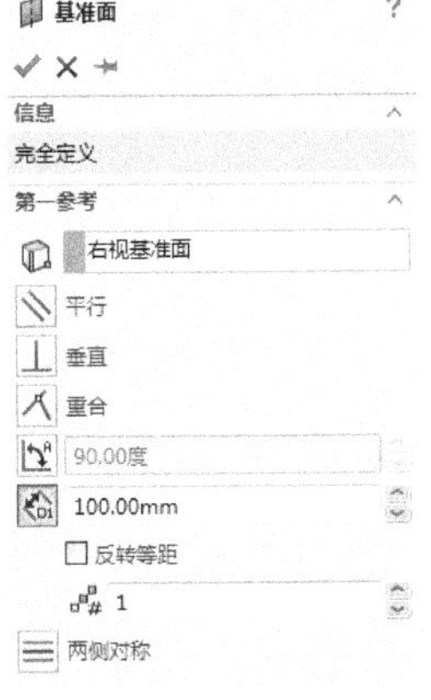

图 7-16 “基准面”属性管理器

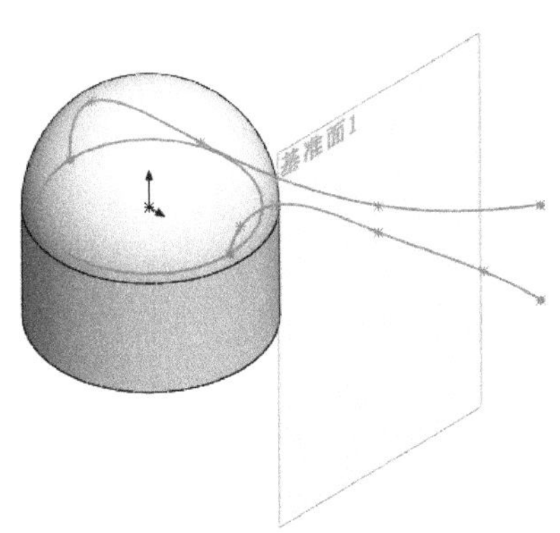

图 7-17 添加基准面后的图形

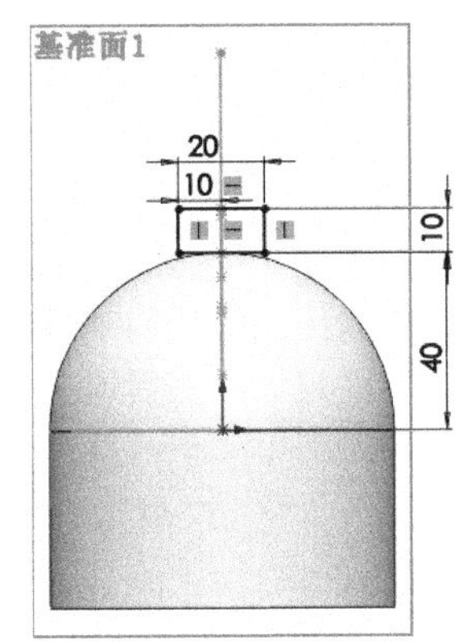

图 7-18 绘制的草图 4

11. 绘制草图 5

在左侧的“FeatureManager 设计树”中选择“基准面 2”，单击“正视于”按钮，将该基准面作为绘制图形的基准面，然后单击“草图绘制”按钮，进入草图绘制环境。单击“草图”面板中的“边角矩形”按钮，绘制草图并标注尺寸，结果如图 7-21 所示。结果如图 7-22 所示。

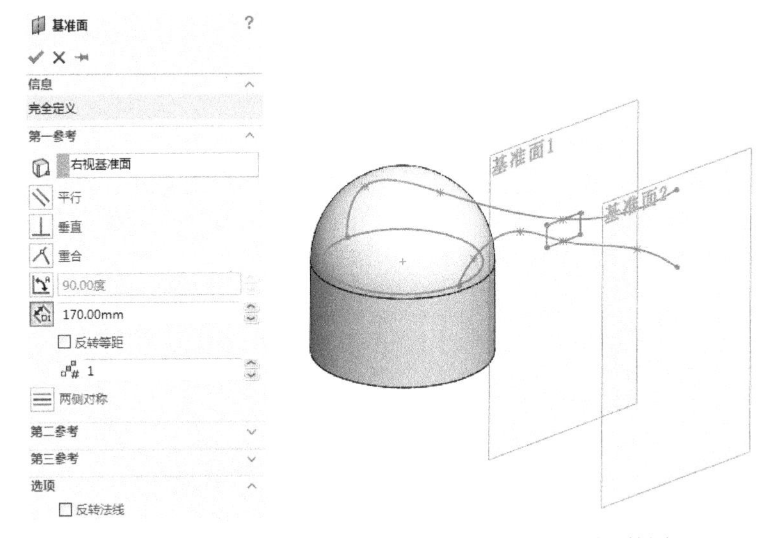

图 7-19 “基准面”属性管理器　　图 7-20 添加基准面后的图形

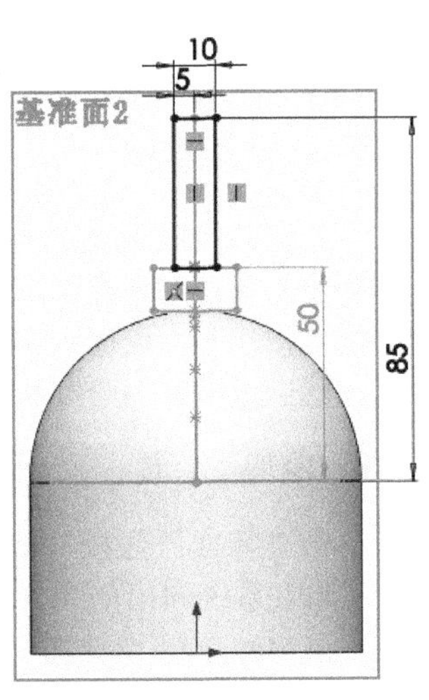

图 7-21 绘制的草图 5

12. 放样实体

单击“特征”面板中的“放样凸台/基体”按钮，此时系统弹出如图 7-23 所示的“放样”属性管理器。选择图 7-22 中的草图 1、草图 2 和草图 3 为放样轮廓；依次选择图 7-22 中的草图 4 和草图 6 为引导线。单击“确定”按钮✓，完成实体放样，结果如图 7-24 所示。

13. 绘制草图 6

在左侧的“FeatureManager 设计树”中选择“上视基准面”，单击“正视于”按钮，将该基准

面作为绘制图形的基准面，然后单击“草图绘制”按钮，进入草图绘制环境。单击“草图”面板中的“中心线”按钮、“3 点圆弧”按钮和“直线”按钮，绘制如图 7-25 所示的草图并标注尺寸。

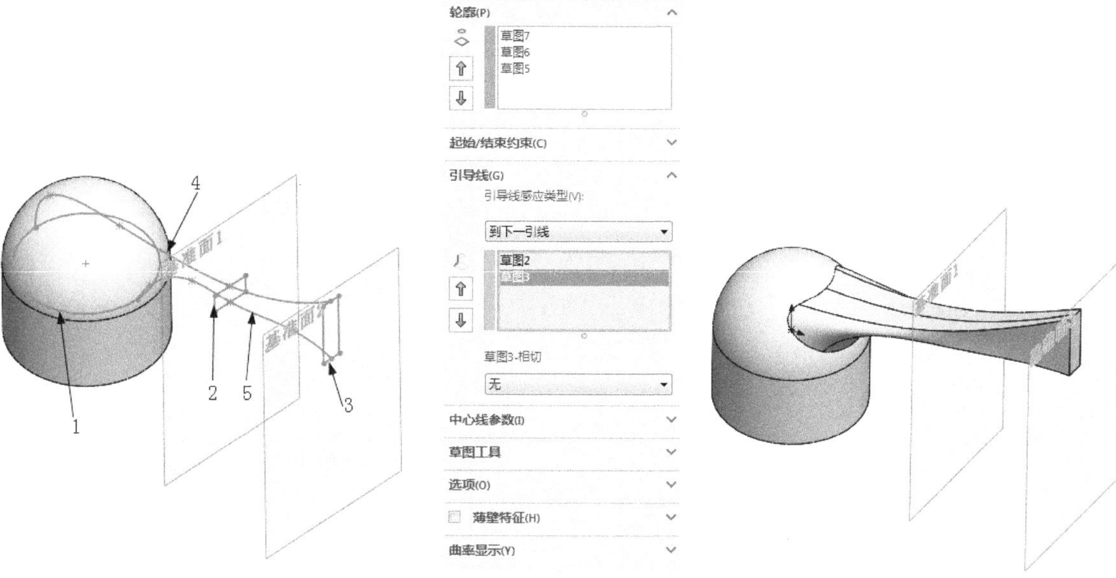

图 7-22　设置视图方向后的图形　　图 7-23　“放样”属性管理器　　图 7-24　放样实体后的图形

14. 拉伸切除实体

单击“特征”面板中的“拉伸切除”按钮，此时系统弹出如图 7-26 所示的“切除-拉伸”属性管理器。设置终止条件为“完全贯穿”，注意拉伸切除的方向。单击“确定”按钮，完成拉伸切除实体。结果如图 7-27 所示。

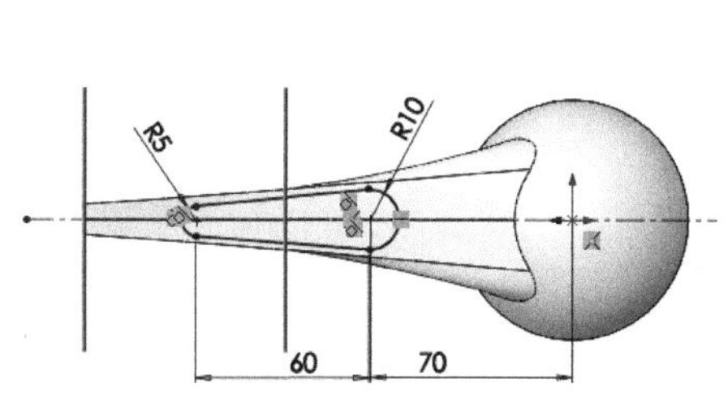

图 7-25　绘制的草图 6

图 7-26　“切除-拉伸”属性管理器

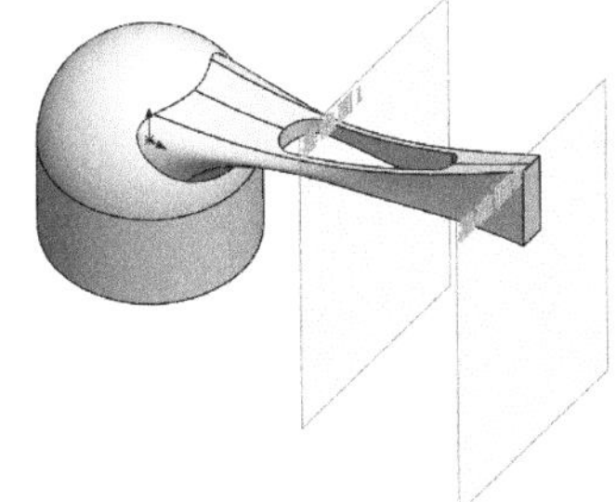

图 7-27　拉伸切除实体后的图形

15. 添加基准面

单击“特征”面板“参考几何体”下拉列表中的“基准面”按钮，此时系统弹出如图 7-28 所示的“基准面”属性管理器。选择“FeatureManager 设计树”中的“上视基准面”为第一参考；输入偏移

距离为 30mm，注意添加基准面的方向。单击“确定”按钮✓，添加一个基准面，结果如图 7-29 所示。

16. 绘制草图 7

在左侧的“FeatureManager 设计树”中选择“基准面 3”，单击“正视于”按钮，将该基准面作为绘制图形的基准面，然后单击“草图绘制”按钮，进入草图绘制环境。单击“草图”面板中的“圆”按钮，以原点为圆心绘制直径为 45mm 的圆，结果如图 7-30 所示。

图 7-28 “基准面”属性管理器

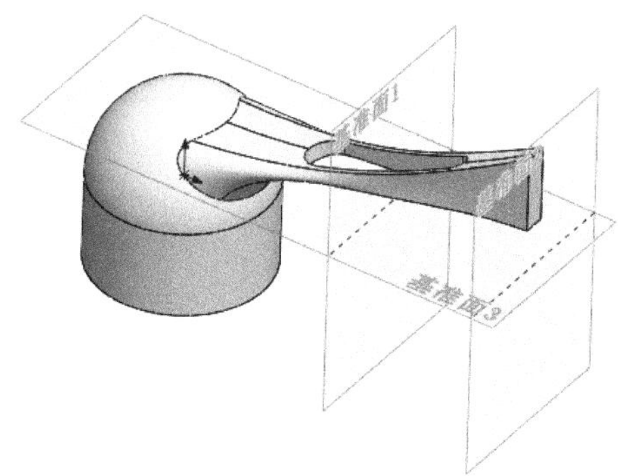

图 7-29 添加基准面后的图形

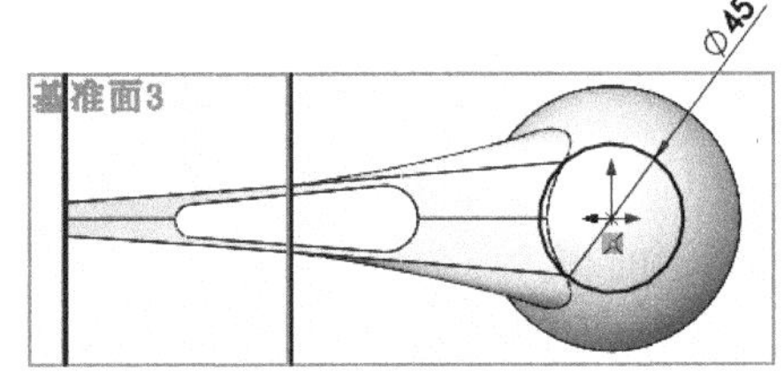

图 7-30 绘制的草图 7

17. 拉伸切除实体

单击“特征”面板中的“拉伸切除”按钮，此时系统弹出如图 7-31 所示的“切除-拉伸”属性管理器。设置终止条件为“完全贯穿”，注意拉伸切除的方向。单击“确定”按钮✓，完成拉伸切除实体。结果如图 7-32 所示。

图 7-31 “切除-拉伸”属性管理器

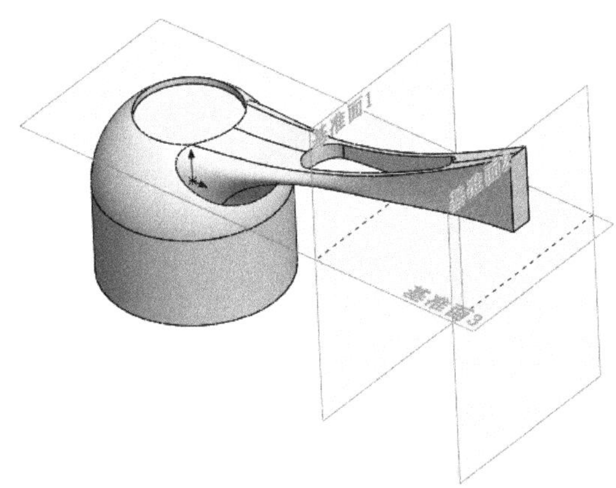

图 7-32 拉伸切除后的图形

18. 绘制草图 8

在左侧的“FeatureManager 设计树”中选择“基准面 3”，单击“正视于”按钮，将该基准面作为绘制图形的基准面，然后单击“草图绘制”按钮，进入草图绘制环境。单击“草图”面板中的“圆”按钮，以原点为圆心绘制直径为 30 的圆，结果如图 7-33 所示。

19. 拉伸切除实体

单击“特征”面板中的“拉伸切除”按钮，此时系统弹出“切除-拉伸”属性管理器。输入切除深度为 5mm。单击“确定”按钮，完成拉伸切除实体。结果如图 7-34 所示。

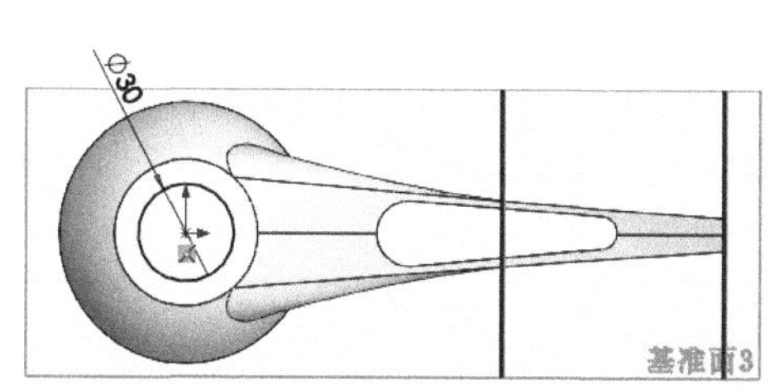

图 7-33　绘制的草图 8

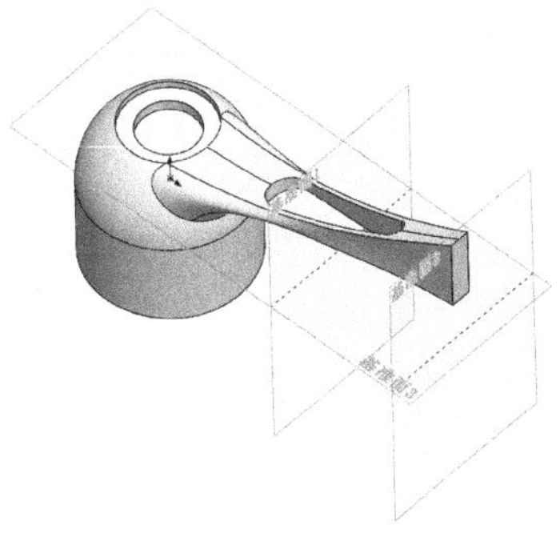

图 7-34　设置视图方向后的图形

注意：进行拉伸切除实体时，一定要注意调节拉伸切除的方向，否则系统会提示，所进行的切除不与模型相交，或者切除的实体与所需要的切除相反。

20. 圆角实体

单击“特征”面板中的“圆角”按钮，此时系统弹出“圆角”属性管理器。输入半径为 10mm；选择图 7-35 中的边线<1>和边线<2>。单击“确定”按钮，完成圆角实体。

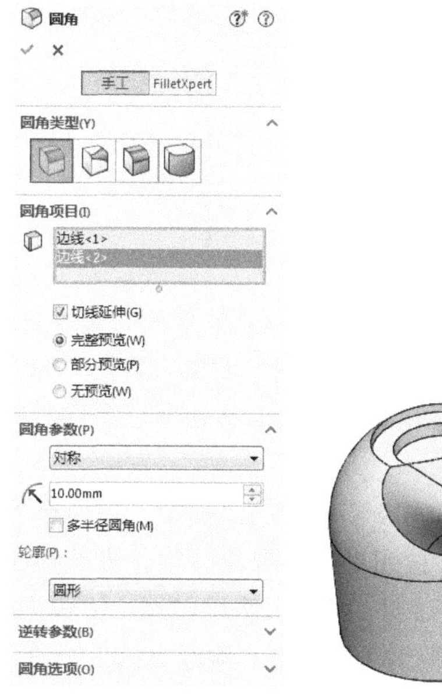

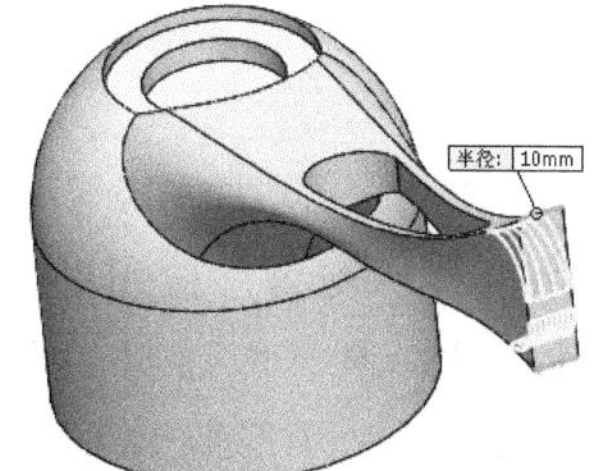

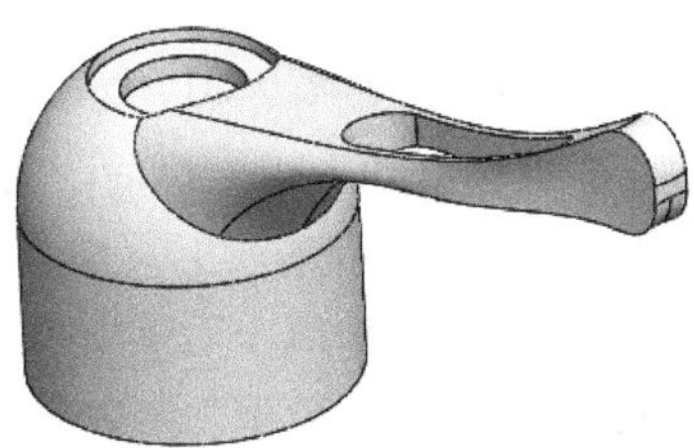

图 7-35　圆角实体后的图形

重复“圆角”命令，选择图 7-36 中的边线进行圆角处理，半径为 2，结果如图 7-37 所示。

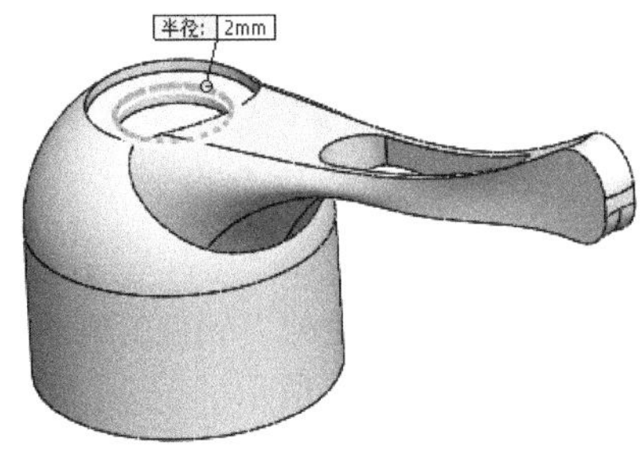

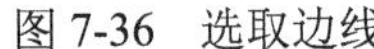

图 7-36　选取边线

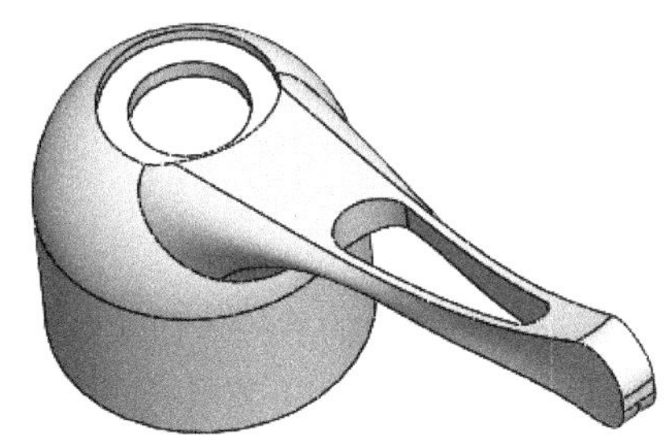

图 7-37　圆角实体后的图形

21. 倒角实体

单击“特征”面板中的“倒角”按钮，此时系统弹出如图 7-38 所示的“倒角”属性管理器。选择图 7-38 中的边线；选中“角度距离”单选按钮，输入距离为 2mm；输入角度为 45°。单击“确定”按钮，完成倒角实体，卫浴把手模型如图 7-39 所示。

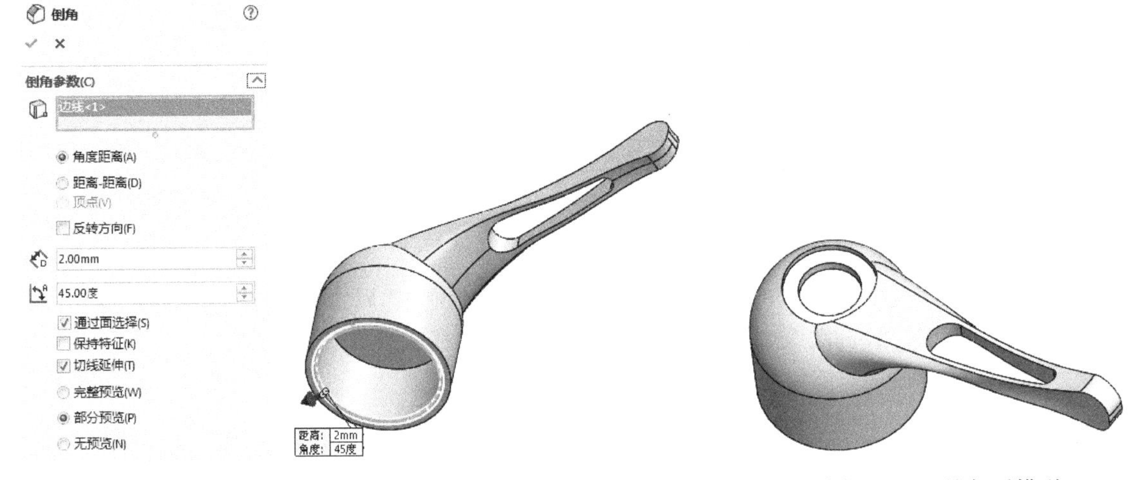

图 7-38　“倒角”属性管理器

图 7-39　卫浴把手模型

7.1.2　打印模型

执行 5.1.2 节步骤 2、3 的相应操作后，为减少后期对该把手手柄以及其他部位的支撑去除工作，可将模型绕 Y 轴旋转 270° 放置。按步骤 4 中（2）的相应操作，单击图形编辑工具栏中的“旋转”按钮，弹出如图 7-40 所示的对话框，将 Y 轴改为 270°，单击“应用”按钮即可实现对模型绕 X 轴旋转 270°，旋转后如图 7-40 所示。

按步骤 5 进行自动生成支撑后，将“模型/支撑/分层”列表窗口中的“模型”切换至“支撑数据”，单击视图操作/显示选项工具栏上的“切换显示支撑”按钮，发现模型圆孔内部存在支撑，如图 7-41（a）所示，为减少后续支撑的去除工作，圆孔内部的支撑可以去除，选中“模型/支撑/分层”列表窗口中的“支撑数据”中 3 号支撑数据，单击图形编辑工具栏上“删除支撑”按钮 ×，将 3 号支撑删除，如图 7-41（b）所示。

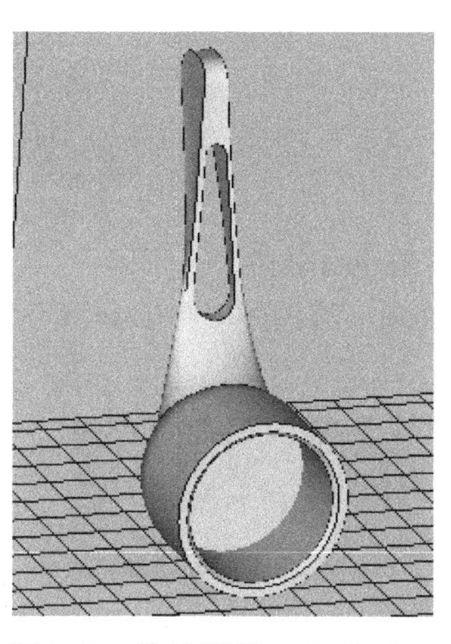

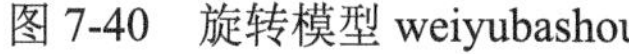

图 7-40　旋转模型 weiyubashou

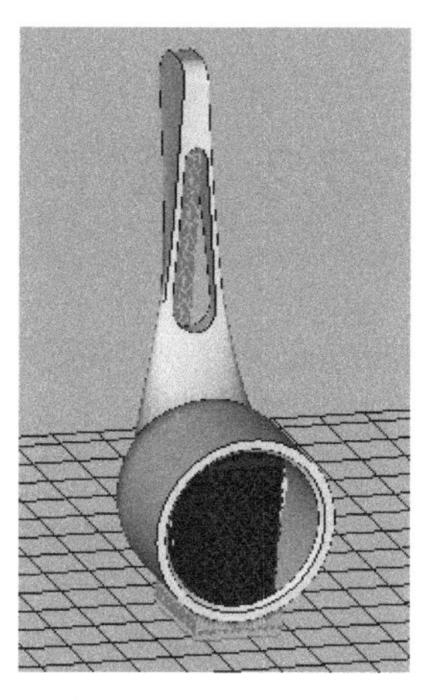

（a）未删除 3 号支撑数据前

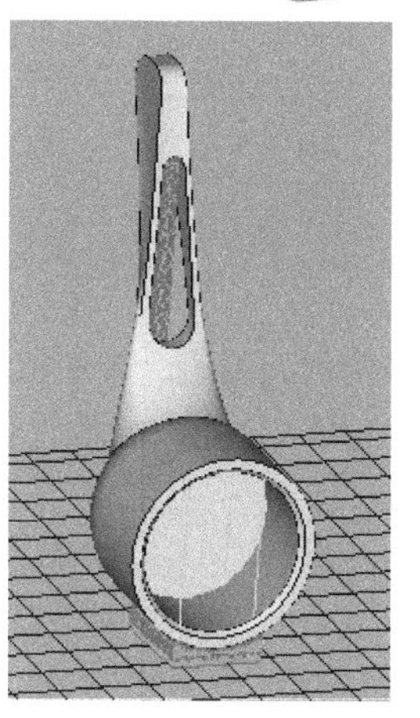

（b）删除 3 号支撑数据后

图 7-41　编辑模型 weiyubashou 的支撑数据

剩余步骤可参考 5.1.2 节步骤 6～8，即可完成打印。

7.1.3　处理打印模型

处理打印模型有以下 3 个步骤：

（1）取出模型。打印完毕后，将工作台调整至液态树脂平面之上，用平铲等工具将模型底部与平台底部撬开，以便于取出模型。取出后的卫浴把手模型如图 7-42 所示。

注意：取出模型时，请注意不要损坏模型比较薄弱的地方，如果不方便撬动模型，可适当除去部分支撑，以便于模型的顺利取出。

（2）去除支撑。如图 7-42 所示，取出后的卫浴把手模型存在一些打印过程中生成的支撑，使用尖嘴钳、刀片、钢丝钳、镊子等工具，将卫浴把手模型的支撑去除。

（3）打磨模型。根据去除支撑后的模型粗糙程度，可先用锉刀、粗砂纸等工具对支撑与模型接触的部位进行粗磨，然后用较细粒度的砂纸对模型进一步打磨。打磨完毕的模型如图 7-43 所示。

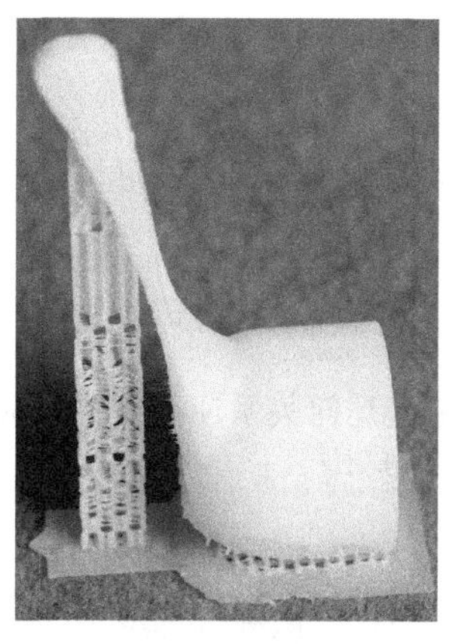

图 7-42　打印完毕的卫浴把手模型

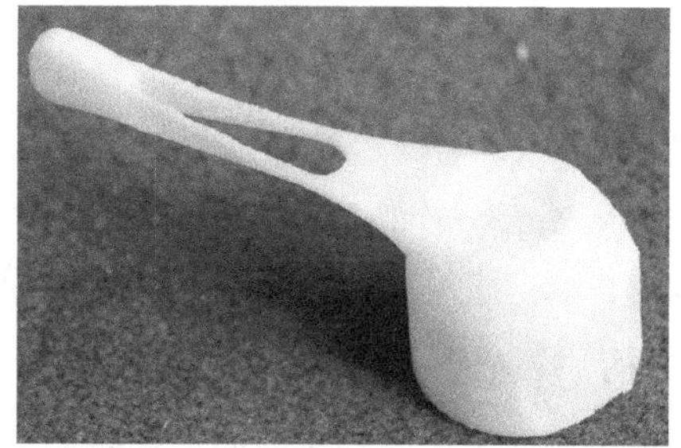

图 7-43　处理完毕的卫浴把手模型

7.2 菜　　刀

本例创建菜刀，首先利用 SolidWorks 软件创建菜刀模型，再利用 RPdata 软件打印菜刀的 3D 模型，最后对打印出来的菜刀模型进行去支撑和毛刺处理，流程图如图 7-44 所示。

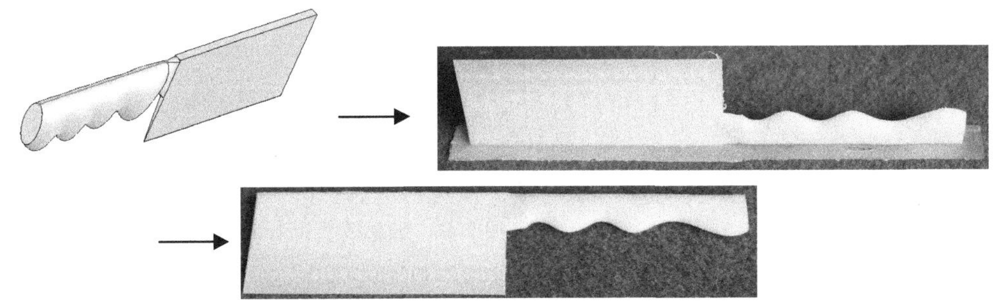

图 7-44　菜刀模型创建流程图

7.2.1　创建模型

本例是制作一个利用曲线、曲面工具绘制的薄刀模型，综合运用了定义基准面、3D 草图绘制、曲面-扫描、放样曲面、平面区域等功能。

1. 新建文件

选择“文件”→“新建”命令，或者单击快速访问工具栏中的“新建”按钮，在弹出的“新建 SOLIDWORKS 文件”对话框中单击“零件”按钮，然后单击“确定”按钮，创建一个新的零件文件。

2. 绘制直线

在左侧“FeatureManager 设计树”中选择“右视基准面”，单击“草图绘制”按钮，进入草图绘制界面。单击“草图”面板中的“直线”按钮，绘制一端在原点，长为 170mm 的直线，如图 7-45 所示。退出草图环境。

3. 绘制样条曲线

选择右视图插入草绘平面，单击“草图”面板中的“样条曲线”按钮，绘制如图 7-45 所示的刀柄波纹线。退出草图环境。

4. 绘制椭圆

选择前视图插入草绘平面，并选择椭圆工具绘制椭圆形，定义几何关系使得椭圆长轴端点分别与直线及样条曲线相交，生成如图 7-46 所示的草图特征。退出草图环境。

5. 扫描刀柄

单击“曲面”面板中的“扫描曲面”按钮，弹出“曲面-扫描”属性管理器，选择椭圆为扫描轮廓，选择直线为扫描路径，选择波纹线为引导线，各参数设置如图 7-47 所示，单击“确定”按钮，创建刀柄主体，如图 7-48 所示。

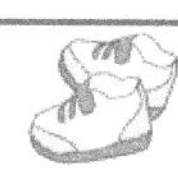

Note

图 7-45　绘制刀柄波纹线草图

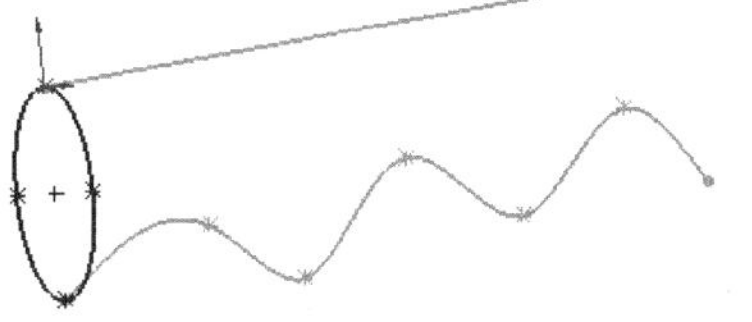

图 7-46　新增基准面绘制椭圆

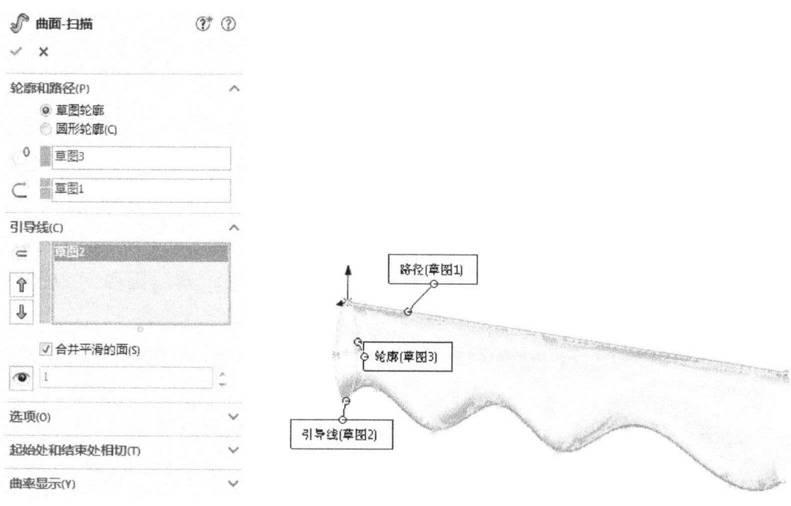

图 7-47　“曲面-扫描”属性管理器

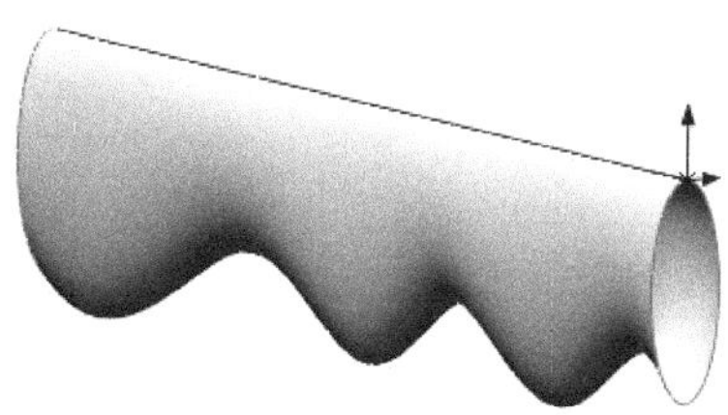

图 7-48　刀柄主体

知识点——扫描曲面

扫描曲面的方法同扫描特征的生成方法十分类似，也可以通过引导线扫描。在扫描曲面中最重要的一点，就是引导线的端点必须贯穿轮廓图元。通常必须产生一个几何关系，强迫引导线贯穿轮廓曲线。

“曲面-扫描”属性管理器中部分选项说明如下：

1. “轮廓和路径”选项组

（1）“轮廓”：设定用来生成扫描的草图轮廓（截面）。曲面扫描特征的轮廓可为开环或闭环。

（2）“路径”：设定轮廓扫描的路径。在图形区域或“FeatureManager 设计树”中选取路径草图。路径可以是开环或闭合、包含在草图中的一组绘制的曲线、一条曲线或一组模型边线。路径的起点必须位于轮廓的基准面上。

2. “选项”选项组

（1）轮廓方位：控制轮廓和路径扫描时的方向。

☑　随路径变化：草图轮廓随着路径的变化变换方向，其法线与路径相切。

Note

☑ 保持法线不变：草图轮廓保持法线方向不变。

☑ 沿路径扭转：沿路径扭转截面。在定义方式下按度数、弧度或旋转定义扭转。

☑ 以法向不变沿路径扭曲：将截面在沿路径扭曲时保持与开始截面平行。

（2）轮廓扭转：当路径上出现少许波动和不均匀波动，使轮廓不能对齐时，可以将轮廓稳定下来。

☑ 无：垂直于轮廓而对齐轮廓。

☑ 最小扭转：阻止轮廓在随路径变化时自我相交，只对于3D路径有效。

☑ 随路径和第一引导线变化：如果引导线不只一条，选择该项将使扫描随第一条引导线变化。

☑ 随第一和第二引导线变化：如果引导线不只一条，选择该项将使扫描随第一条和第二条引导线同时变化。

☑ 指定扭转角度：沿路径定义轮廓扭转。对于闭合路径，扭转值必须与多重完整反转对等。

☑ 指定方向向量：选择一基准面、平面、直线、边线、圆柱、轴、特征上顶点组等来设定方向向量。

（3）合并切面：如果扫描轮廓具有相切线段，可使所产生的扫描中的相应曲面相切。保持相切的面可以是基准面、圆柱面或锥面。其他相邻面被合并，轮廓被近似处理。草图圆弧可以转换为样条曲线。

3. “引导线”选项组

（1）引导线：在轮廓沿路径扫描时加以引导。单击“上移”按钮和“下移”按钮来调整引导线的顺序。

（2）合并平滑的面：选中“合并平滑的面”复选框，以改进带引导线扫描的性能，并在引导线或路径不是曲率连续的所有点处分割扫描。

4. “起始处/结束处相切”选项组

（1）无：没应用相切。

（2）路径相切：垂直于开始点路径而生成扫描。

6. 创建平面区域

单击“曲面”面板中的“平面区域”按钮，弹出“平面”属性管理器，如图7-49所示。选择刚生成扫描曲面原点的另一端的椭圆形边线，单击“确定”按钮，生成刀柄的端面，如图7-50所示。采用相同的方法，在另一端创建平面。

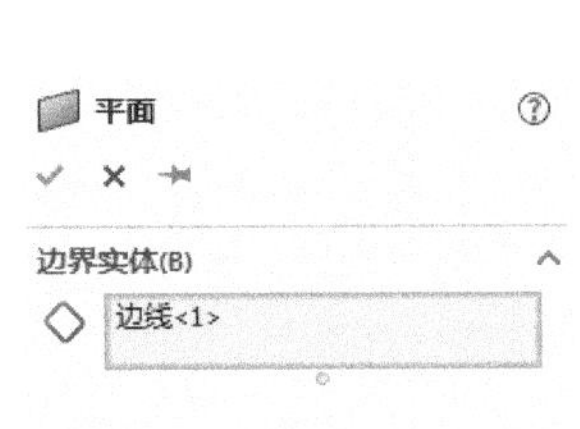

图7-49 “平面”属性管理器

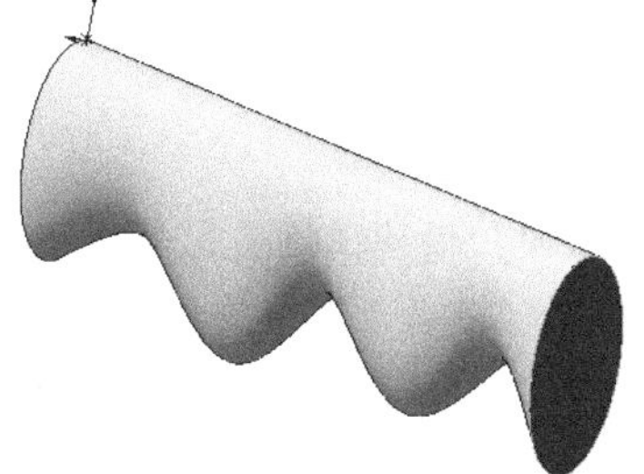

图7-50 刀柄端面

知识点——平面

用户可以选择非相交闭合草图、一组闭合边线、多条共有平面分型线来创建平面。

7. 绘制草图

在左侧的“FeatureManager 设计树”中选择“上视基准面”，单击“正视于”按钮，使基准面平行于屏幕，然后单击“草图绘制”按钮，进入草图绘制环境。单击“草图”面板中的“边角矩形”按钮，绘制一个矩形。单击“草图”面板中的“智能尺寸”按钮，标注矩形的尺寸，结果如图 7-51 所示。然后退出草图绘制状态。

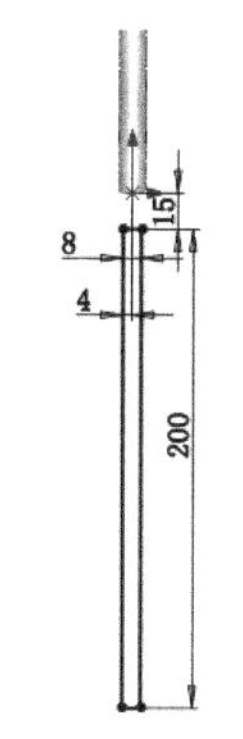

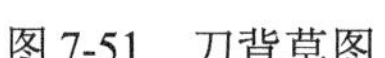

图 7-51　刀背草图

Note

8. 创建基准平面

单击“特征”面板“参考几何体”下拉列表中的“基准面”按钮，弹出“基准面”属性管理器，选择“上视基准面”为参考面，输入偏移距离为 100mm，选中“反转等距”复选框，参数设置如图 7-52 所示，单击“确定”按钮，如图 7-53 所示。

9. 绘制草图

在左侧的“FeatureManager 设计树”中选择“基准面 1”，单击“正视于”按钮，使基准面平行于屏幕，然后单击“草图绘制”按钮，进入草图绘制环境。单击“草图”面板中的“边角矩形”按钮，绘制一个矩形。单击“草图”面板中的“智能尺寸”按钮，标注矩形的尺寸，结果如图 7-54 所示。然后退出草图绘制状态。

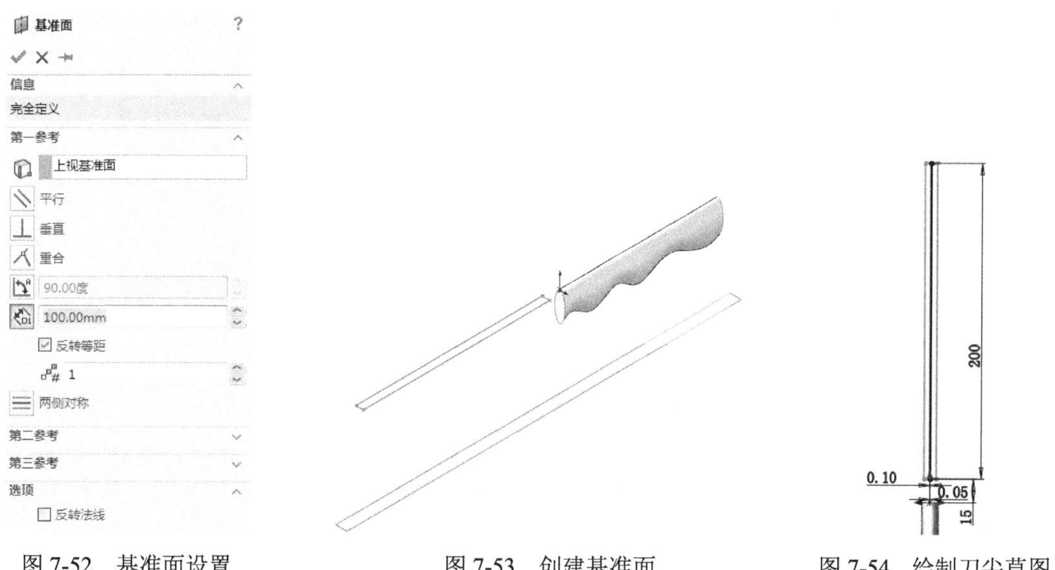

图 7-52　基准面设置　　图 7-53　创建基准面　　图 7-54　绘制刀尖草图

10. 放样刀面

单击“特征”面板中的“放样”按钮，弹出如图 7-55 所示的“放样”属性管理器，选择图 7-51 所示的草图和图 7-54 所示的草图为放样轮廓，单击“确定”按钮，即可得到刀体的放样效果图，如图 7-56 所示。

11. 绘制草图

选中刀柄端部平面，单击“草图绘制”按钮，插入草绘平面。选择端部的边线，单击“草图”面板中的“转换实体引用”按钮。

12. 分割曲线

单击“曲线”工具栏中的“分割线”按钮，在出现的“分割线”属性管理器中设置各参数，如

Note

图 7-57 所示，这时在图形编辑窗口会出现如图 7-58 所示的预览状态，将椭圆草图投影到刀端面。单击“确定”按钮✓，即可得到刀柄的投影分割线效果图，如图 7-59 中的区域所示。

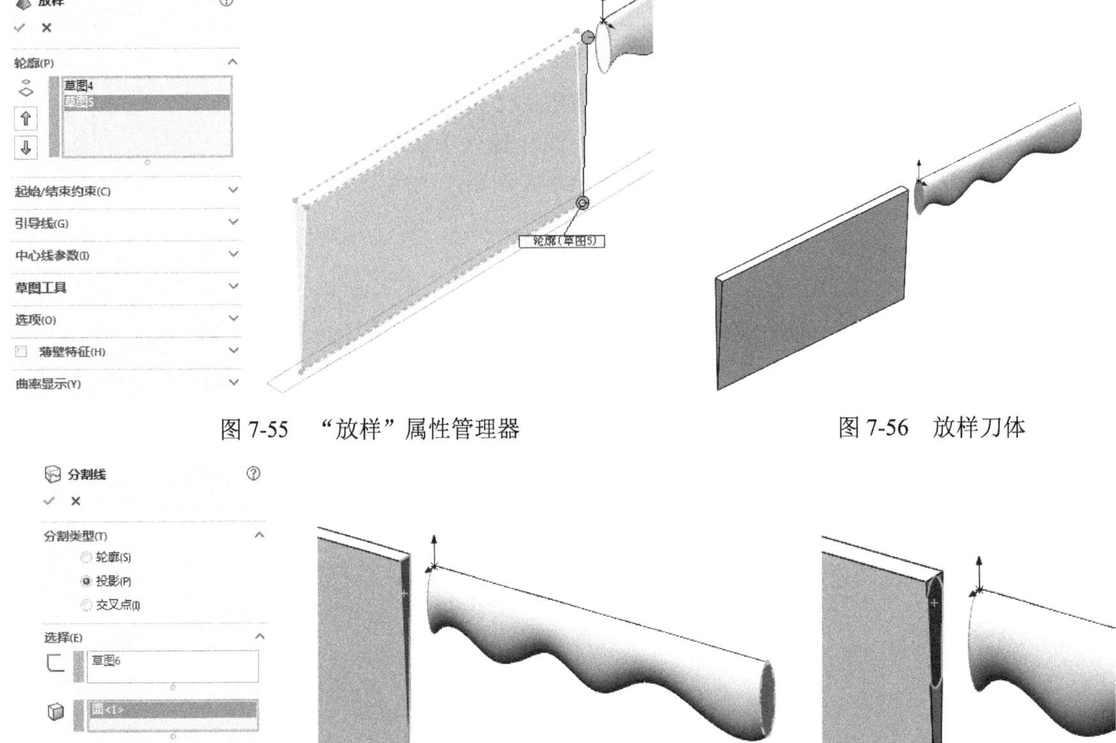

图 7-55 “放样”属性管理器

图 7-56 放样刀体

图 7-57 “分割线”属性管理器

图 7-58 投影分割线预览

图 7-59 投影分割线效果

13. 放样曲面

单击“曲面”面板中的“放样曲面”按钮，在出现的“曲面-放样”属性管理器中设置各参数，如图 7-59 所示，这时在图形编辑窗口会出现如图 7-60 所示的预览状态，单击“确定”按钮✓，即可得到如图 7-61 所示的刀柄与刀面连接处的放样效果图。

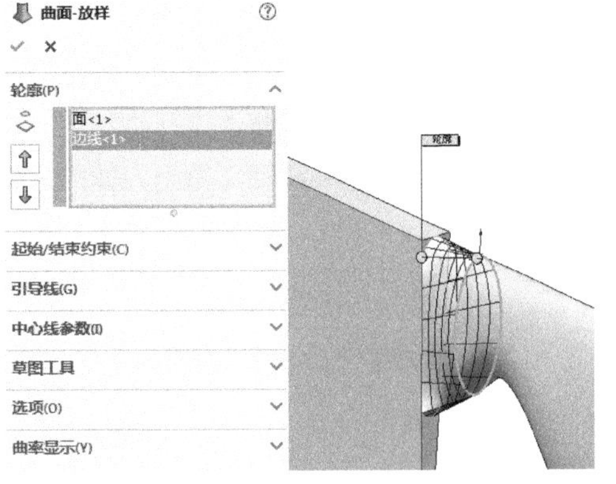

图 7-60 “曲面-放样”属性管理器

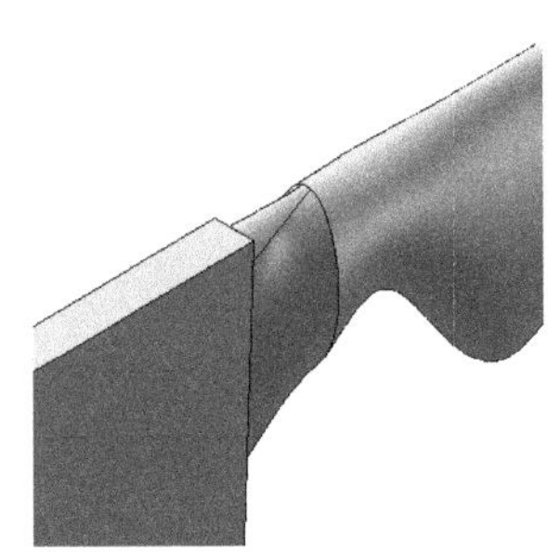

图 7-61 连接处的放样效果图

Note

知识点——放样曲面

放样曲面是通过曲线之间进行过渡而生成曲面的方法。放样曲面与扫描曲面不同，它可以有多个草图截面，截面之间的特征形状按照“非均匀有理 B 样条”算法实现光顺。

（1）“轮廓”选项组：决定用来生成放样的轮廓。

①　“轮廓”：选择要连接的草图轮廓、面或边线。放样根据轮廓选择的顺序而生成，对于每个轮廓，都需要选择想要放样路径经过的点。

②　“移动”：单击“上移”按钮和“下移”按钮来调整轮廓的顺序。

（2）“起始/结束约束”选项组：对轮廓草图的光顺过程应用约束以控制开始和结束轮廓的相切。

☑　开始约束和结束约束：应用约束以控制开始和结束轮廓的相切。

☑　无：不应用相切。

☑　垂直于轮廓：放样在起始和终止处与轮廓的草图基准面垂直。

☑　方向向量：放样与所选的边线或轴相切，或与所选基准面的法线相切。

（3）“引导线”选项组：设置放样引导线，从而使轮廓截面依照引导线的方向进行放样。

①　“引导线”：选择引导线来控制放样。

②　“移动”：单击“上移”按钮和“下移”按钮来调整引导线的顺序。

（4）“中心线参数”选项组：设置放样引导线，从而使轮廓截面依照引导线的方向进行放样。

①　“中心线”：使用中心线引导放样形状。在图形区域中选择一个草图。

② 截面数：在轮廓之间并绕中心线添加截面。移动滑杆来调整截面数。

（5）“草图工具”选项组：使用 SelectionManager 以帮助选取草图实体。

拖动草图：激活拖动模式。当编辑放样特征时，可从任何已为放样定义了轮廓线的 3D 草图中拖动任何 3D 草图线段、点、或基准面。3D 草图在拖动时更新。也可编辑 3D 草图以使用尺寸标注工具来标注轮廓线的尺寸。

（6）“选项”选项组：控制放样的显示形式。

① 合并切面：选中“合并切面”复选框，如果对应的线段相切，则使在所生成的放样中的曲面合并。

② 闭合放样：沿放样方向生成一个闭合实体。选中“合并切面”复选框，会自动连接最后一个和第一个草图。

7.2.2　打印模型

执行 5.1.2 节步骤 2、3 的相应操作后，发现模型较大，已经超过本书所选择机器的打印范围，需要将其缩小至合理尺寸。单击图形编辑工具栏上的“比例放大/缩小”按钮，将出现比例对话框，选中“统一”复选框，并将数值改为 0.5，单击“应用”按钮，模型将被缩小为原来的 1/2，如图 7-62 所示。

为保证打印效果及减少后续支撑的处理，可将模型绕 X 轴旋转 270° 放置。单击图形编辑工具栏中的“旋转”按钮，弹出“旋转”对话框，将 X 轴改为 270°，单击“应用”按钮即可实现对模型绕 X 轴旋转 270°，旋转后如图 7-63 所示。

剩余步骤可参考 5.1.2 节步骤 4～8，即可完成打印。

Note

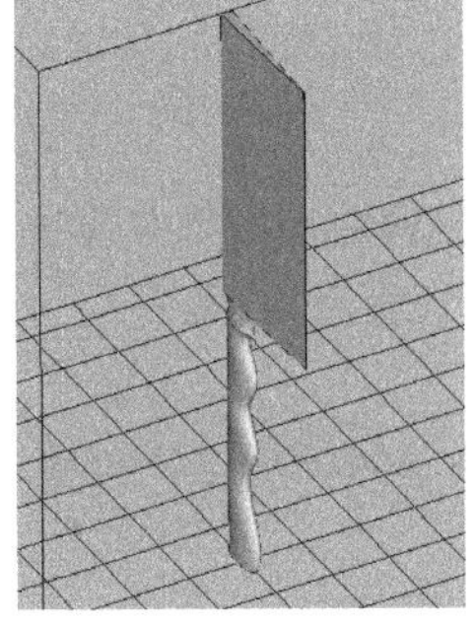

图 7-62　缩放模型 caidao

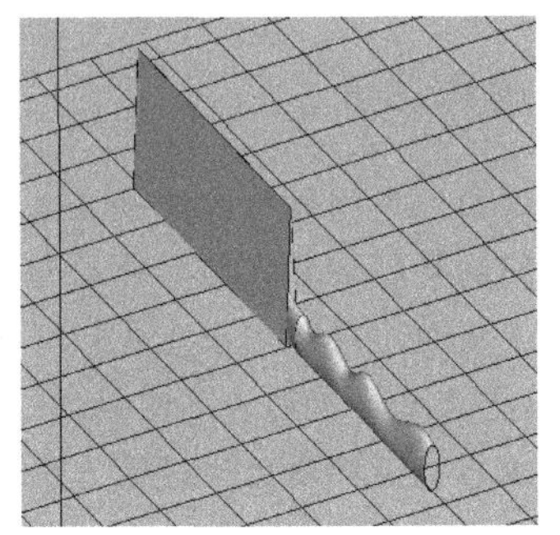

图 7-63　旋转模型 caidao

7.2.3　处理打印模型

处理打印模型有以下 3 个步骤：

（1）取出模型。取出后的菜刀模型如图 7-64 所示。

图 7-64　打印完毕的菜刀模型

（2）去除支撑。

（3）打磨模型。打磨完毕的模型如图 7-65 所示。

图 7-65　处理完毕的菜刀模型

7.3　烧　　杯

扫码看视频

7.3　烧杯

本例创建烧杯，首先利用 SolidWorks 软件创建烧杯模型，再利用 RPdata 软件打印烧杯的 3D 模型，最后对打印出来的烧杯模型进行去支撑和毛刺处理，流程图如图 7-66 所示。

图 7-66　烧杯模型创建流程图

7.3.1　创建模型

1. 创建零件文件

选择“文件”→“新建”命令，或者单击快速访问工具栏中的“新建”按钮，此时系统弹出“新建 SOLIDWORKS 文件”对话框，在其中单击“零件”按钮，然后单击“确定”按钮，创建一个新的零件文件。

2. 绘制烧杯杯体

（1）设置基准面。在左侧“FeatureManager 设计树”中选择“前视基准面”，然后单击“草图绘制”按钮，进入草图绘制环境。

（2）绘制草图。单击“草图”面板中的“中心线”按钮，绘制一条通过原点的竖直中心线，然后单击“草图”面板中的“直线”按钮、“3 点圆弧”按钮和“绘制圆角”按钮，绘制如图 7-67 所示的草图并标注尺寸。

（3）旋转曲面。单击“曲面”面板中的“旋转曲面”按钮，此时系统弹出如图 7-68 所示的“曲面-旋转”属性管理器，选择图 7-67 中的竖直中心线为旋转轴，其他参数设置参考图 7-68。单击“确定”按钮，完成曲面旋转，结果如图 7-69 所示。

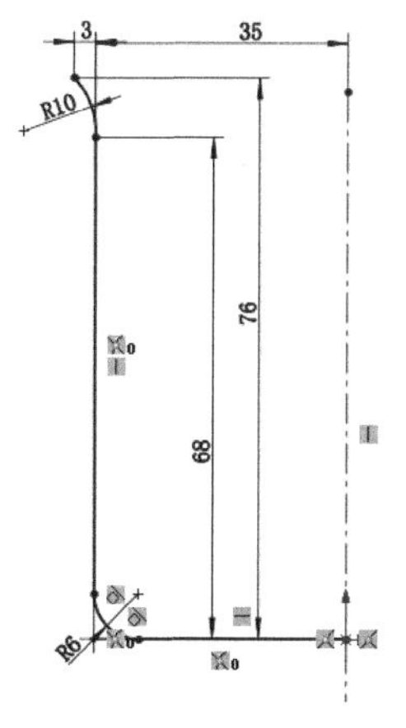

图 7-67　绘制的草图

图 7-68　“曲面-旋转”属性管理器

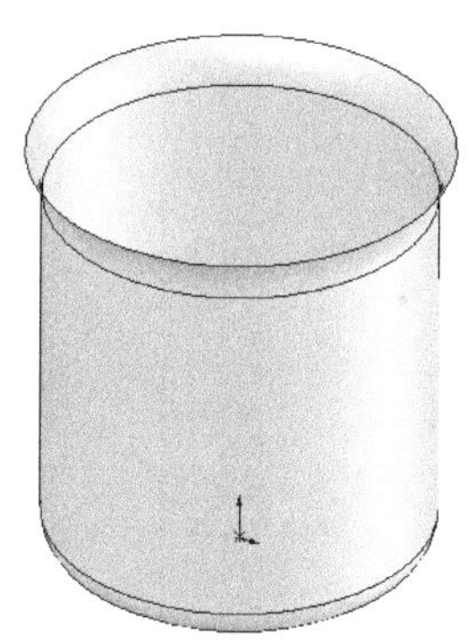

图 7-69　旋转曲面后的图形

（4）添加基准面。在左侧的“FeatureManager 设计树”中选择“上视基准面”，然后单击“特征”面板“参考几何体”下拉列表中的“基准面”按钮，此时系统弹出如图 7-70 所示的“基准面”属性管理器。输入偏离距离为 63mm，并调整添加基准面的方向，然后单击“确定”按钮，添加一个新的基准面。结果如图 7-71 所示。

（5）添加基准面。重复步骤（4），在距离上视基准面上方 76mm 处添加一个基准面。结果如图 7-72 所示。

（6）显示临时轴。选择“视图”→“隐藏/显示”→“临时轴”命令，显示旋转曲面的临时轴，结果如图 7-73 所示。

（7）添加基准面。单击“特征”面板“参考几何体”下拉列表中的“基准面”按钮，此时系统弹出“基准面”属性管理器。选择图 7-73 中的临时轴线和“FeatureManager 设计树”中的“前视基

准面”为第一参考和第二参考；输入两面夹角为 20°，此时属性管理器如图 7-74 所示。单击“确定”按钮✔，添加一个新的基准面。结果如图 7-75 所示。

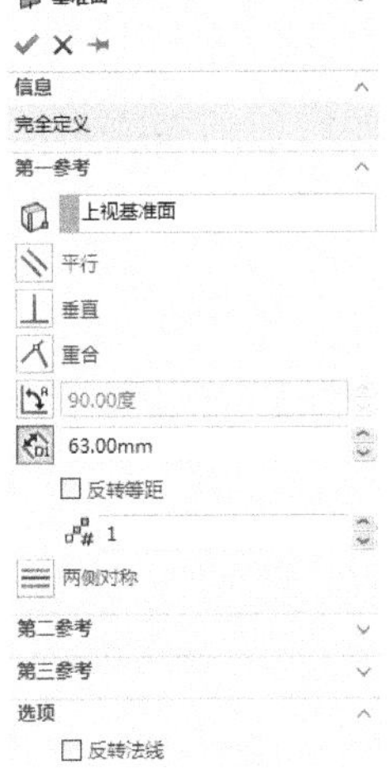

图 7-70 “基准面”属性管理器

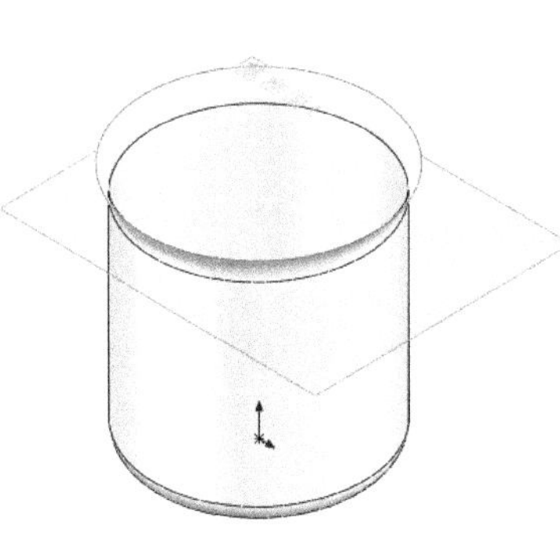

图 7-71 添加基准面后的图形

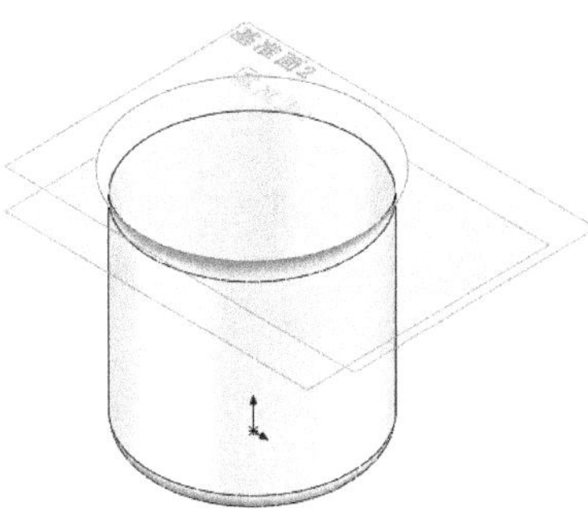

图 7-72 再次添加基准面后的图形

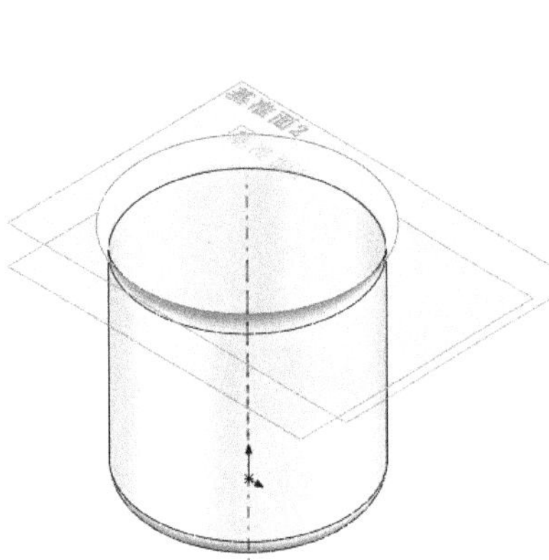

图 7-73 显示轴线后的图形

图 7-74 “基准面”属性管理器

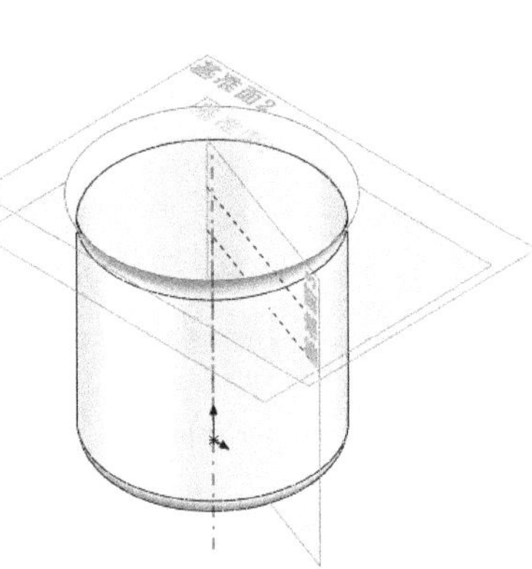

图 7-75 添加基准面后的图形

（8）添加基准面。重复步骤（7），在与前视基准面夹角为 20°，并通过临时轴线的另一个方向添加一个基准面。结果如图 7-76 所示。

3. 绘制烧杯滴嘴

（1）生成交叉曲线。单击“草图”面板中的“3D 草图”按钮，然后选择“工具”→“草图工具”→“交叉曲线”命令，用光标单击烧杯杯体轮廓和视图中的“基准面 1”，生成交叉曲线。图 7-77 中的曲线 1 为生成的交叉曲线。单击“草图”面板中的“3D 草图”按钮，退出 3D 草图绘制状态。

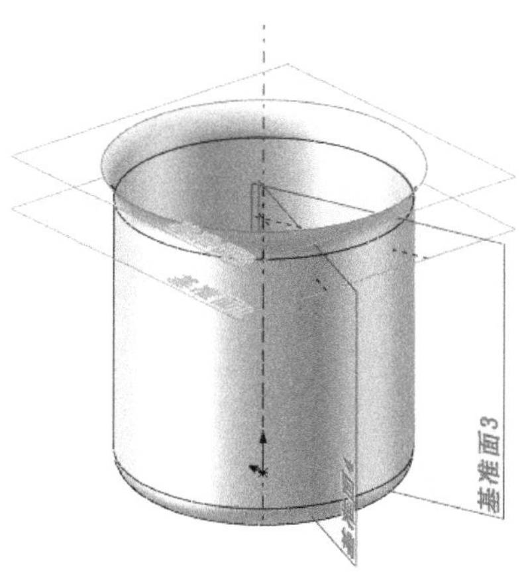

图 7-76　再次添加基准面后的图形

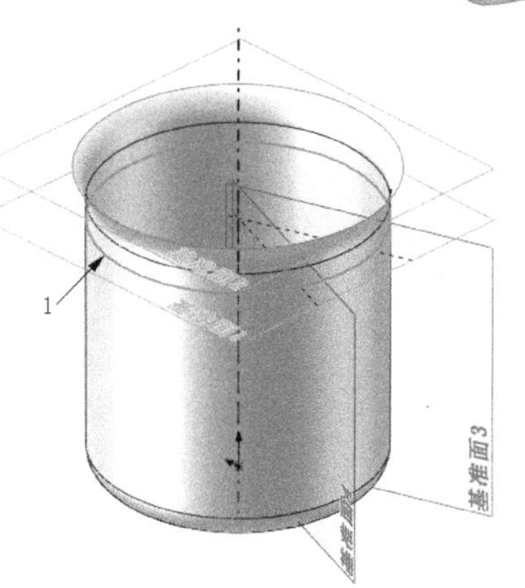

图 7-77　生成的交叉曲线

知识点——3D 草图

SolidWorks 可以直接在基准面上或者在三维空间的任意点绘制三维草图实体，绘制的三维草图可以作为扫描路径、扫描的引导线，也可以作为放样路径、放样中心线等。

在绘制 3D 草图时按 Tab 键，会改变绘制的基准面，依次为 XY、YZ、ZX 基准面。在绘制三维草图时，绘制的基准面要以控标显示为准，不要人为主观判断，要注意实时按 Tab 键，变换视图的基准面。

在绘制三维草图时，除了使用系统默认的坐标系外，用户还可以定义自己的坐标系， 此坐标系将同测量、质量特性等工具一起使用。

（2）设置基准面。选择图 7-77 中的“基准面 2”，然后单击“正视于”按钮，将该基准面作为绘制图形的基准面。

（3）转换实体引用。单击“草图绘制”按钮，进入草图绘制状态。单击杯体上边线，然后单击“草图”面板中的“转换实体引用”按钮，将边线转换为草图，结果如图 7-78 所示。

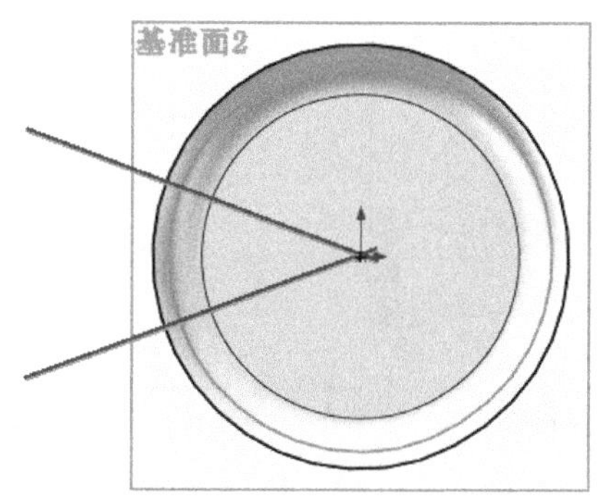

图 7-78　转换实体引用的草图

（4）绘制草图。单击“草图”面板中的“中心线”按钮、“直线”按钮、“3 点圆弧”按钮、“绘制圆角”按钮和“镜像实体”按钮，并修剪多余曲线，绘制如图 7-79 所示草图并标注尺寸，然后退出草图绘制状态。

（5）设置基准面。在左侧的“FeatureManager 设计树”中选择“前视基准面”，单击“正视于”按钮，将该基准面作为绘制图形的基准面，然后单击“草图绘制”按钮，进入草图绘制环境。

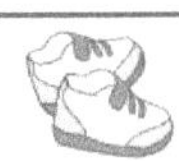

Note

（6）绘制草图。单击“草图”面板中“3 点圆弧”按钮，绘制如图 7-80 所示的草图，然后退出草图绘制状态。

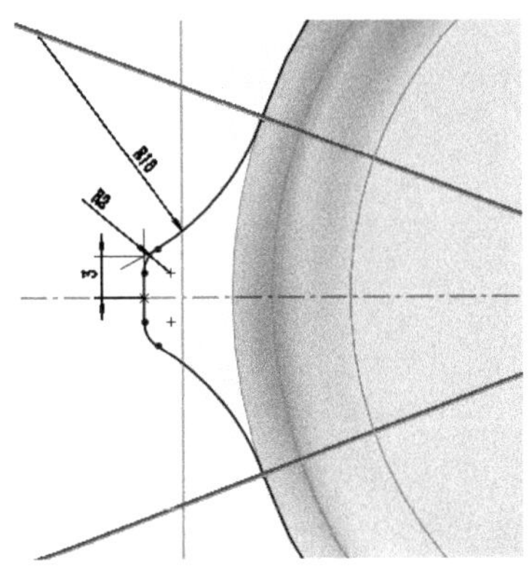

图 7-79　绘制的草图 1

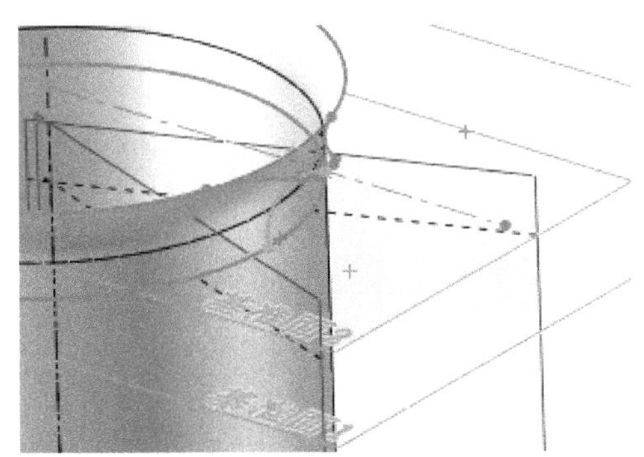

图 7-80　绘制的草图 2

注意：绘制圆弧的端点和草图 1、草图 2 的端点是穿透几何关系。

（7）设置基准面。在左侧“FeatureManager 设计树”中选择“基准面 3”，单击“正视于”按钮，将该基准面作为绘制图形的基准面，然后单击“草图绘制”按钮，进入草图绘制环境。

（8）生成交叉曲线。按住 Ctrl 键，在左侧的“FeatureManager 设计树”中选择“基准面 3”和“曲面旋转 1”，然后选择“工具”→“草图工具”→“交叉曲线”命令，生成如图 7-81 所示的曲线。

（9）删除多余曲线。选择曲线 1 的右侧线段、杯底直线及圆弧端，然后按 Delete 键删除，结果如图 7-82 所示，然后退出草图绘制状态。

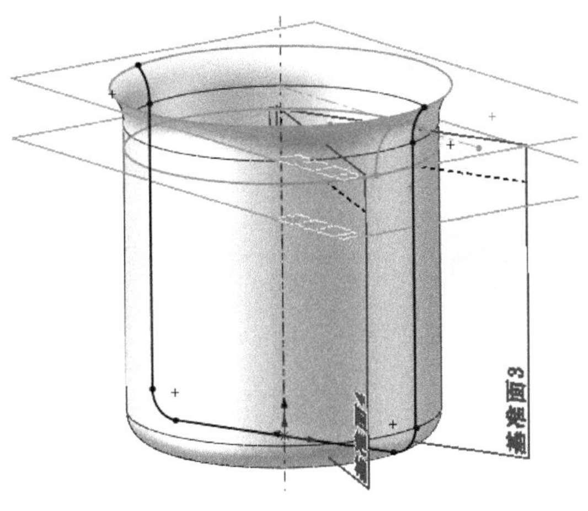

图 7-81　生成的交叉曲线

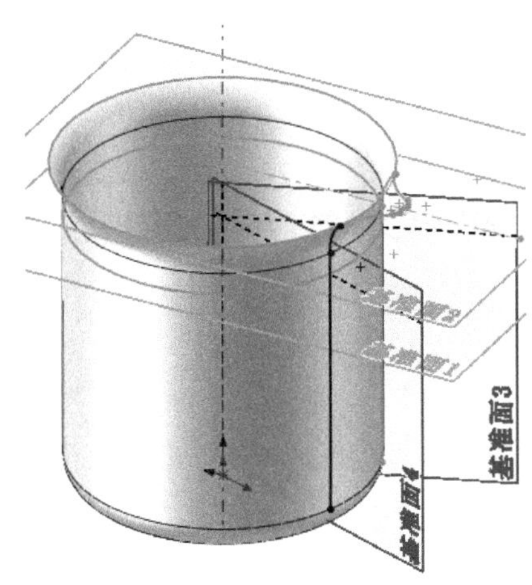

图 7-82　删除后的图形

（10）生成其他曲线。重复步骤（8）～（9），生成其他 3 条曲线，其中一条为“基准面 3”和“曲面旋转 1”的交叉曲线，另外两条为“基准面 4”和“曲面旋转 1”的交叉曲线。结果如图 7-83 所示。

（11）剪裁曲面。单击“曲面”面板中的“剪裁曲面”按钮，此时系统弹出如图 7-84 所示的“剪裁曲面”属性管理器。选择视图中的“基准面 1”为剪裁工具；选择视图中基准面 1 下面的旋转曲面部分为保留部分。单击“确定”按钮，曲面剪裁完毕，结果如图 7-85 所示。

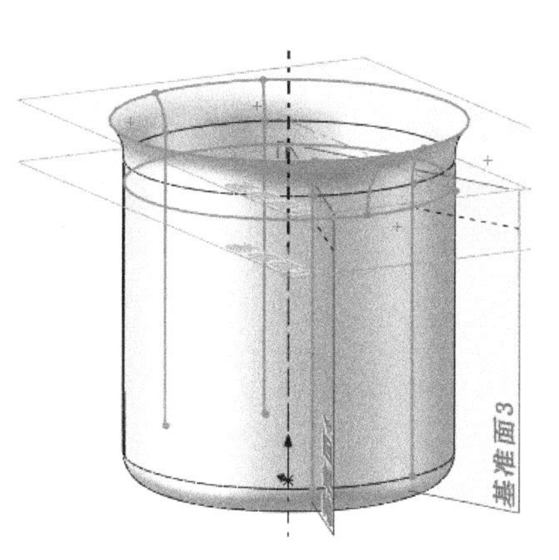

图 7-83 生成曲线后的图形

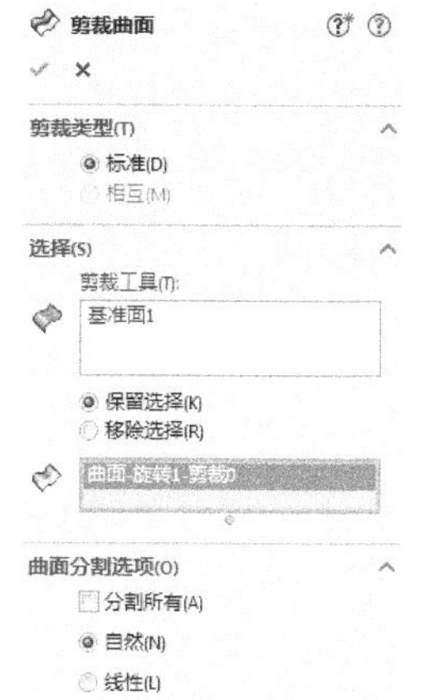

图 7-84 “剪裁曲面”属性管理器

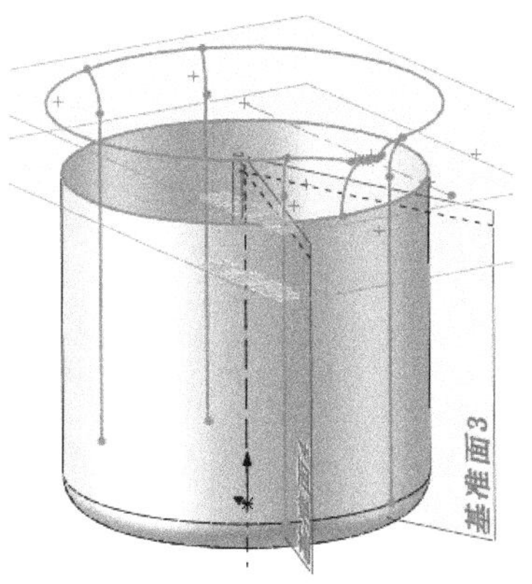

图 7-85 剪裁曲面后的图形

知识点——剪裁曲面

剪裁曲面主要有两种方式，第一种是将两个曲面互相剪裁，第二种是以线性图元修剪曲面。

☑ 标准：使用曲面作为剪裁工具，在曲面相交处剪裁其他曲面。

☑ 相互：将两个曲面作为互相剪裁的工具。

（12）设置视图显示。选择“视图”→“隐藏/显示”→“基准面”和“临时轴”命令，取消视图中所选项的显示。结果如图 7-86 所示。

（13）执行放样曲面操作。单击“曲面”面板中的“放样曲面”按钮，此时系统弹出如图 7-87 所示的“曲面-放样”属性管理器。选择图 7-86 中的草图 1 和杯体轮廓的边线 3 为放样轮廓；选择图 7-86 中 3、4、5、6 和 7 所指示的草图为放样引导线。单击“确定”按钮，生成放样曲面，结果如图 7-88 所示。

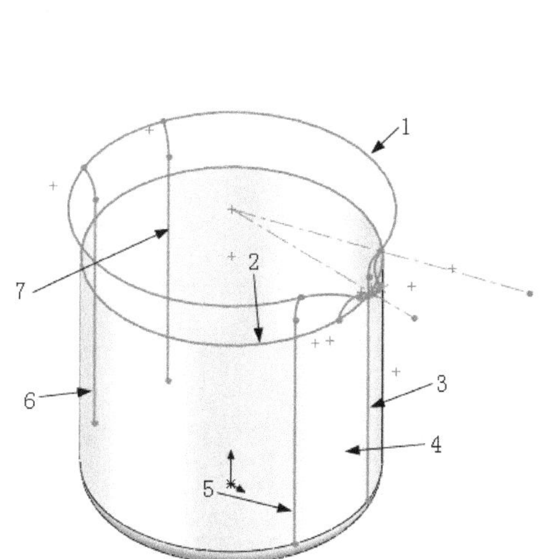

图 7-86 设置视图显示后的图形

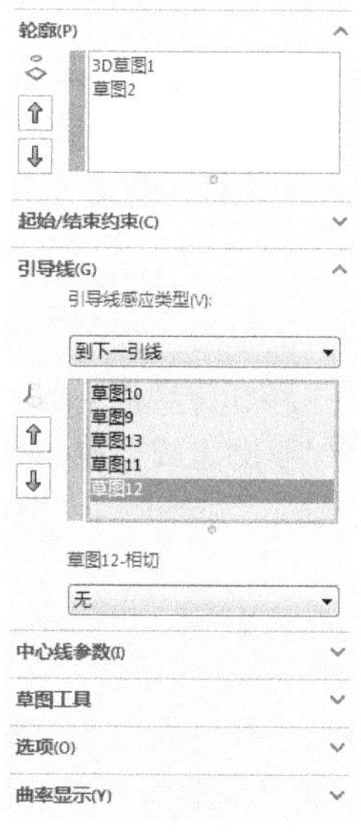

图 7-87 “曲面-放样”属性管理器

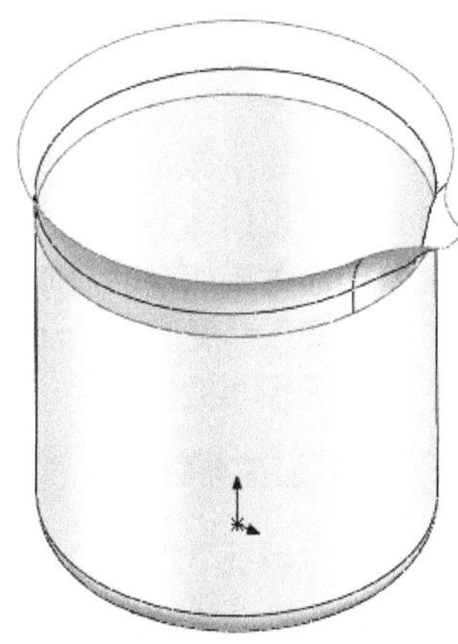

图 7-88 放样曲面后的图形

Note

（14）缝合曲面。单击“曲面”面板中的“缝合曲面”按钮，此时系统弹出如图 7-89 所示的“缝合曲面”属性管理器。选择放样的杯沿和旋转的杯体为要缝合的曲面。单击“确定”按钮✔，将上下曲面缝合，结果如图 7-90 所示。注意观测在图 7-88 中两面的交接处是虚线，缝合后虚线消失。

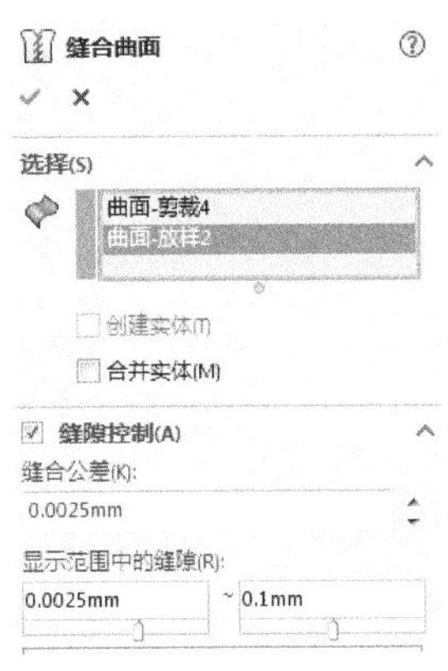

图 7-89 “缝合曲面”属性管理器

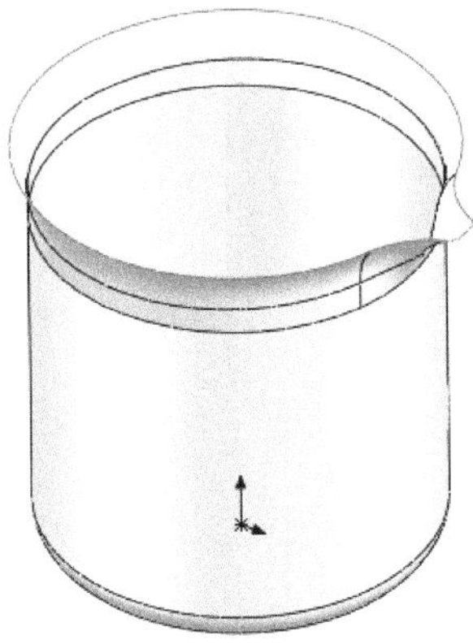

图 7-90 缝合曲面后的图形

知识点——缝合曲面

缝合曲面是将相连的两个或多个面和曲面连接成一体。缝合曲面需要注意以下方面。

（1）曲面的边线必须相邻并且不重叠。

（2）要缝合的曲面不必处于同一基准面上。

（3）可以选择整个曲面实体或选择一个或多个相邻曲面实体。

（4）缝合曲面不吸收用于生成它们的曲面。

（5）空间曲面经过剪裁、拉伸和圆角等操作后，可以自动缝合，而不需要进行缝合曲面操作。

选项说明如下。

（1）“选择”选项组。

① 要缝合的曲面和面：在视图中选择面和曲面。

② 创建实体：选中此复选框，从闭合的曲面生成一实体模型。

③ 合并实体：选中此复选框，将面与相同的内在几何体进行合并。

（2）“缝隙控制”复选框：选中此复选框，查看可引发缝隙问题的边线对组，并查看或编辑缝合公差或缝隙范围。

（15）加厚曲面。单击“曲面”面板中的“加厚”按钮，此时系统弹出如图 7-91 所示的“加厚”属性管理器。选择图 7-90 中缝合曲面为要加厚的曲面；单击“加厚侧边 2”按钮，即外侧加厚；输入厚度值为 2mm。单击“确定”按钮✔，完成曲面加厚。结果如图 7-92 所示。

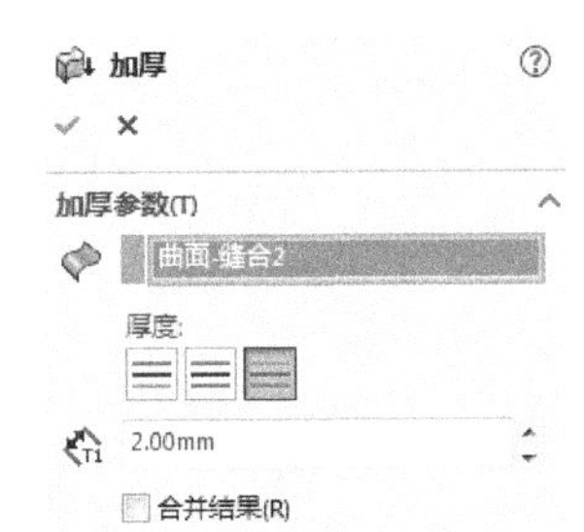

图 7-91 “加厚”属性管理器

4. 添加基准面

单击“特征”面板“参考几何体”下拉列表中的“基准面”按钮，此时系统弹出如图 7-93 所示的“基准面”属性管理器。在“参考实体”一栏中，选择“FeatureManager 设计树”中的“前

视基准面”；在“等距距离”一栏中输入值 38mm。单击属性管理器中的“确定”按钮✔，添加一个新的基准面。结果如图 7-94 所示。

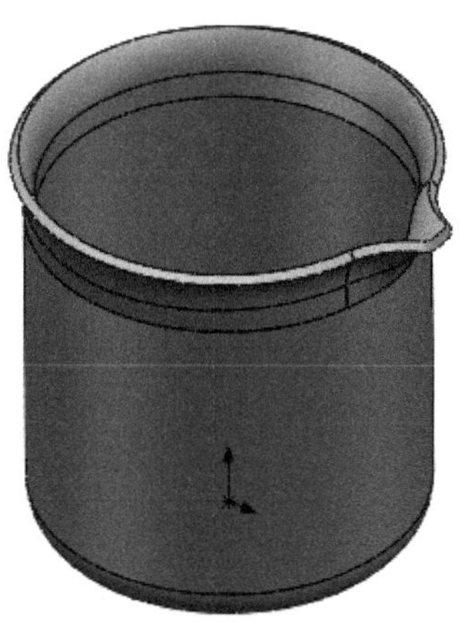

图 7-92　加厚曲面后的图形

图 7-93　“基准面”属性管理器

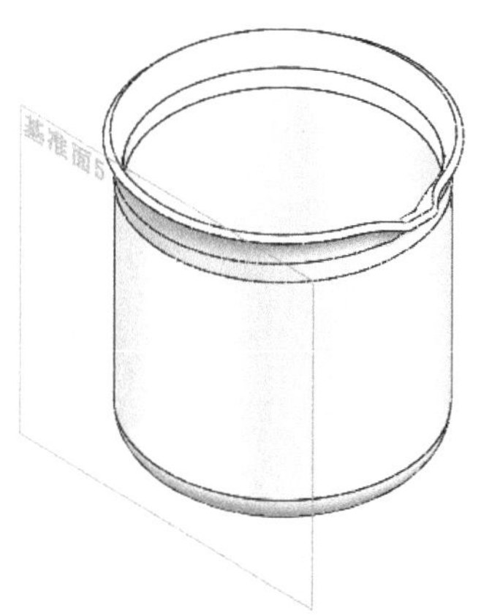

图 7-94　添加基准面后的图形

5. 等距曲面

单击“曲面”面板中的“等距曲面”按钮，此时系统弹出如图 7-95 所示的“曲面-等距”属性管理器。在“要等距的曲面和面”一栏中，选择图 7-94 中烧杯的内壁表面；在“等距距离”一栏中输入值 1，注意等距的方向为向外等距。单击属性管理器中的“确定”按钮✔，完成等距曲面。结果如图 7-96 所示。

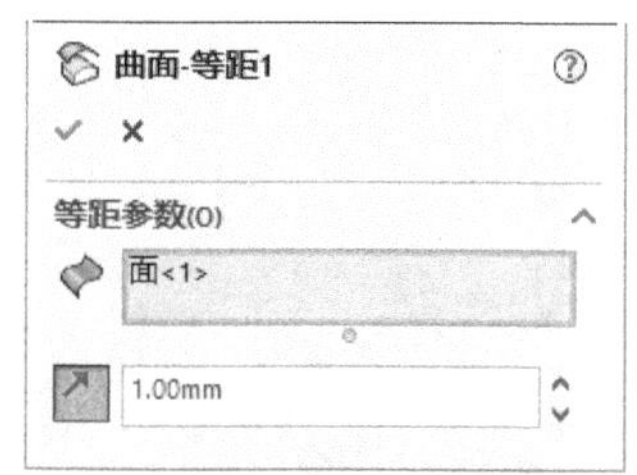

图 7-95　“曲面-等距”属性管理器

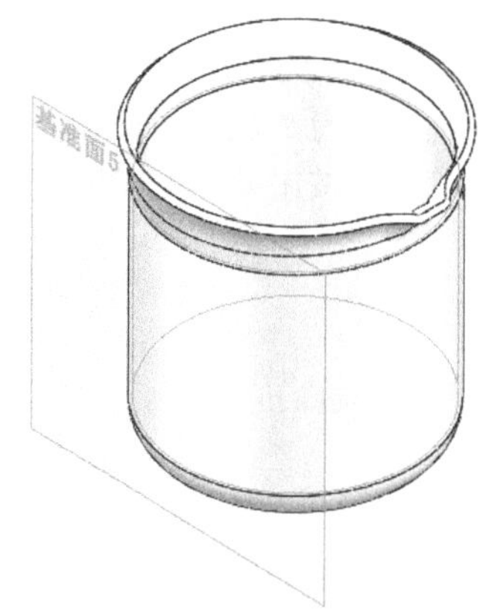

图 7-96　等距曲面后的图形

6. 设置基准面

在左侧的“FeatureManager 设计树”中选择“基准面 5”，然后单击“正视于”按钮，将该基准面作为绘图的基准面。

7. 绘制草图文字

单击“草图”面板中的“文字”按钮，此时弹出如图 7-97 所示的“草图文字”属性管理器。

Note

在“草图文字”一栏中输入 MADE IN CHINA，并设置文字的大小为 10mm，单击属性管理器中的“确定”按钮✔。然后用鼠标调整文字在基准面上的位置。重复该命令，在基准面 5 上输入草图文字 500ML。结果如图 7-98 所示。

8. 设置视图方向

单击“视图（前导）”面板中的“等轴测”按钮，将视图以等轴测方向显示，结果如图 7-99 所示。

图 7-97 “草图文字”属性管理器

图 7-98 绘制草图文字后的图形

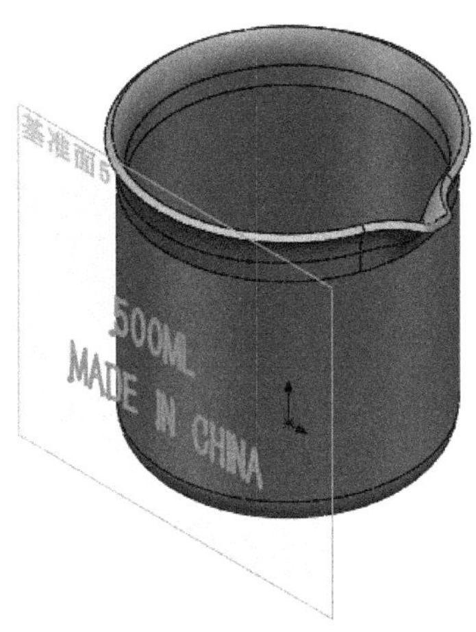

图 7-99 设置视图方向后的图形

9. 拉伸切除草图文字

单击“特征”面板中的“拉伸切除”按钮，此时系统弹出如图 7-100 所示的“切除-拉伸”属性管理器。设置终止条件为“成形到一面”；在“面/平面”一栏中，选择图 7-99 中等距的曲面。单击属性管理器中的“确定”按钮✔，生成凹进的文字，结果如图 7-101 所示。

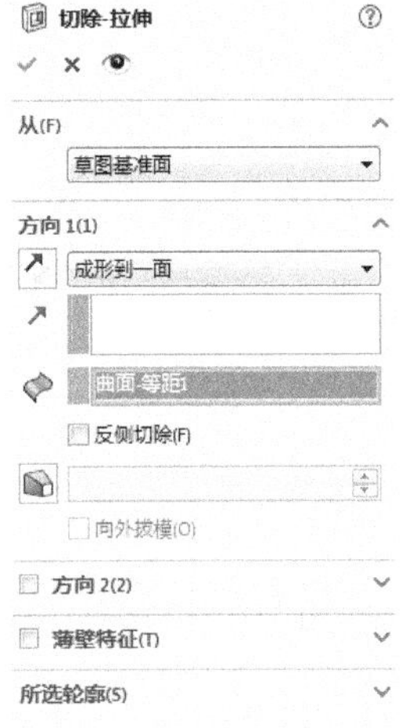

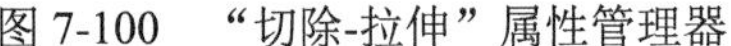

图 7-100 “切除-拉伸”属性管理器

图 7-101 拉伸切除后的图形

7.3.2　打印模型

根据 5.1.2 节步骤 2～8 中相应操作即可完成打印。

7.3.3　处理打印模型

处理打印模型有以下 3 个步骤：

（1）取出模型。取出后的烧杯模型如图 7-102 所示。

（2）去除支撑。

（3）打磨模型。打磨完毕的模型如图 7-103 所示。

图 7-102　打印完毕的烧杯模型

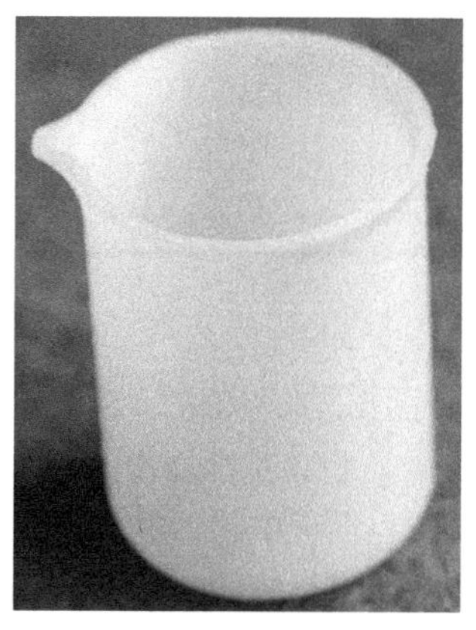

图 7-103　处理完毕的烧杯模型

7.4　熨　斗

本例创建熨斗，首先利用 SolidWorks 软件创建熨斗模型，再利用 RPdata 软件打印熨斗的 3D 模型，最后对打印出来的熨斗模型进行去支撑和毛刺处理，流程图如图 7-104 所示。

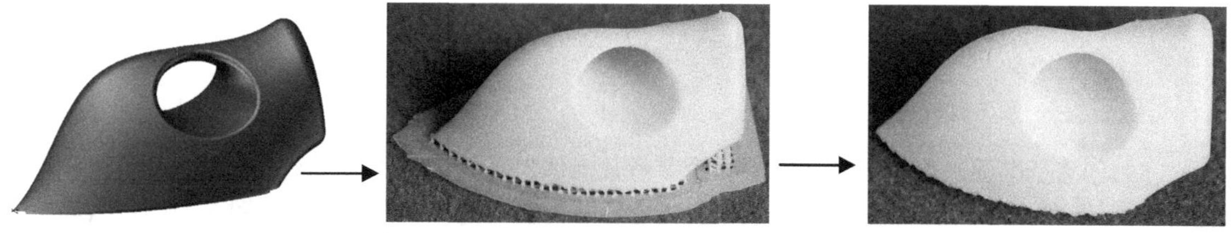

图 7-104　熨斗模型创建流程图

7.4.1　创建模型

首先通过放样绘制熨斗模型的基础曲面，然后创建平面区域并将其与放样曲面进行缝合，再做拉伸曲面裁剪修饰烫斗尾部；然后切割曲面生成孔，并通过放样创建把手部位的曲面。最后拉伸底部的

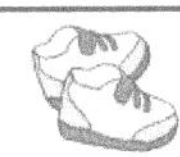

底板。

1. 创建主体曲面

Note

（1）新建文件。单击快速访问工具栏中的“新建”按钮，或选择“文件”→“新建”命令，在弹出的“新建 SOLIDWORKS 文件”对话框中单击“零件”按钮，然后单击“确定”按钮，新建一个零件文件。

（2）绘制草图 1。在左侧的“FeatureManager 设计树”中用鼠标选择“前视基准面”，然后单击“草图绘制”按钮，进入草图绘制状态。单击“草图”面板中的“样条曲线”按钮，绘制如图 7-105 所示的草图并标注尺寸。单击“退出草图”按钮，退出草图。

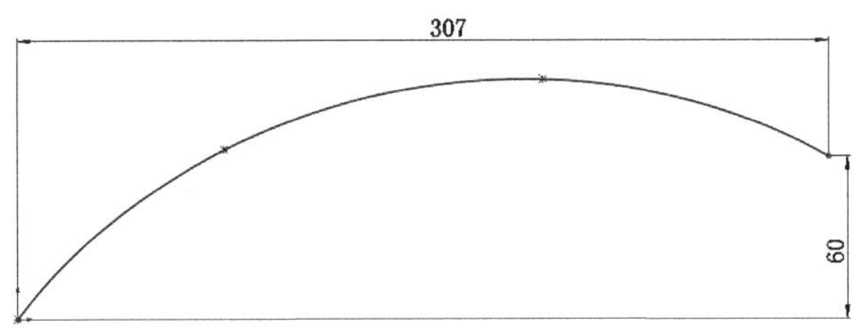

图 7-105　绘制草图 1

（3）绘制草图 2。在左侧的“FeatureManager 设计树”中用鼠标选择“前视基准面”，然后单击“正视于”按钮，将该基准面作为绘制图形的基准面。单击“草图绘制”按钮，进入草图绘制状态。单击“草图”面板中的“中心线”按钮、“转换实体引用”按钮和“镜像实体”按钮，将草图沿水平中心线进行镜像，如图 7-106 所示。单击“退出草图”按钮，退出草图。

（4）绘制草图 3。在左侧的“FeatureManager 设计树”中用鼠标选择“上视基准面”，然后单击“正视于”按钮，将该基准面作为绘制图形的基准面。单击“草图绘制”按钮，进入草图绘制状态。单击“草图”面板中的“样条曲线”按钮，绘制如图 7-107 所示的草图并标注尺寸。单击“退出草图”按钮，退出草图。

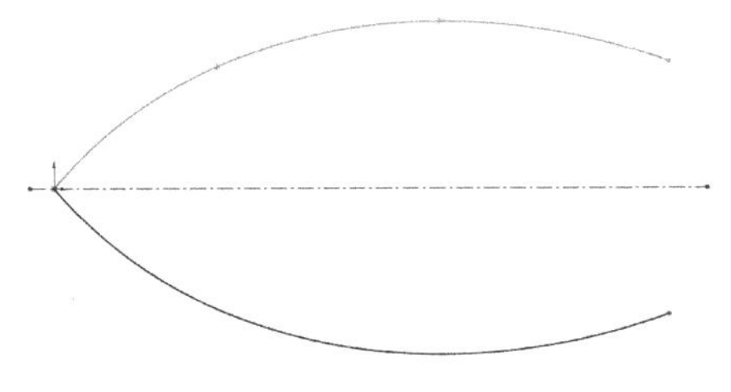

图 7-106　绘制草图 2

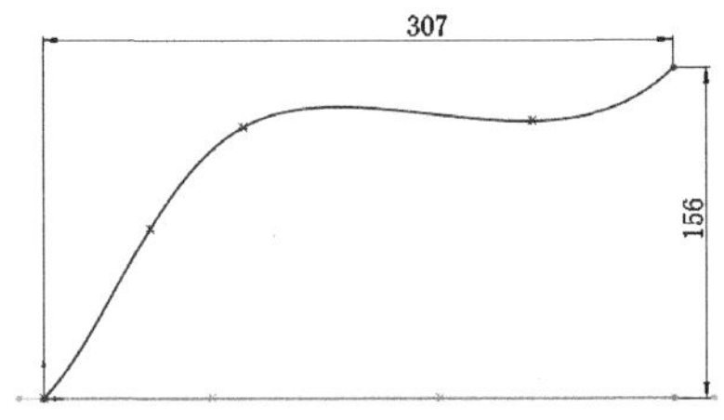

图 7-107　绘制草图 3

（5）创建基准面。单击“特征”面板“参考几何体”下拉列表中的“基准面”按钮，弹出如图 7-108 所示的“基准面”属性管理器。选择“右视基准面”为参考面，选择草图 3 的端点为第二参考，单击“确定”按钮，完成基准面 1 的创建。结果如图 7-109 所示。

（6）绘制草图 4。在左侧的“FeatureManager 设计树”中用鼠标选择“基准面 1”，然后单击“正视于”按钮，将该基准面作为绘制图形的基准面。单击“草图绘制”按钮，进入草图绘制状态。单击“草图”面板中的“中心线”按钮、“直线”按钮和“样条曲线”按钮，绘制如图 7-110 所示的草图。单击“退出草图”按钮，退出草图。

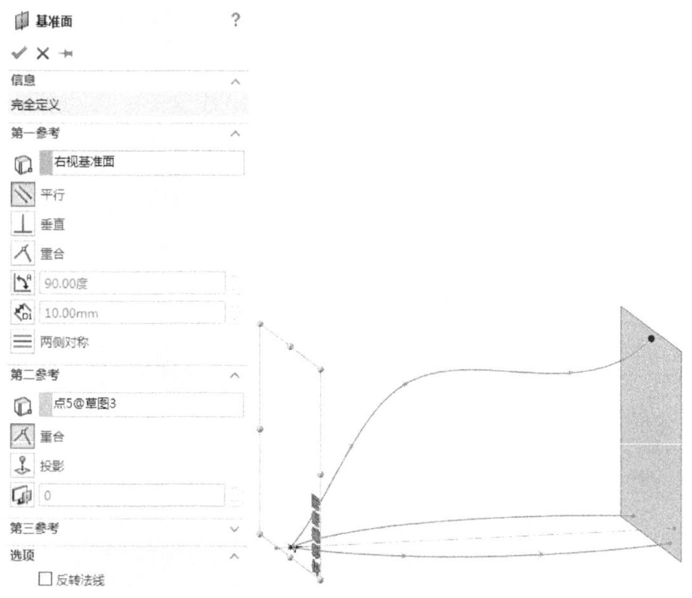

图 7-108　“基准面”属性管理器　　　　图 7-109　创建基准面 1

Note

（7）放样曲面。单击“曲面”面板中的“放样曲面”按钮，系统弹出“曲面-放样”属性管理器；如图 7-111 所示，在“轮廓”选项框中，依次选择图 7-111 中的端点和草图 4，在“引导线”选项框中，依次选择草图 1、草图 2 和草图 3，单击“确定”按钮，生成放样曲面，效果如图 7-112 所示。

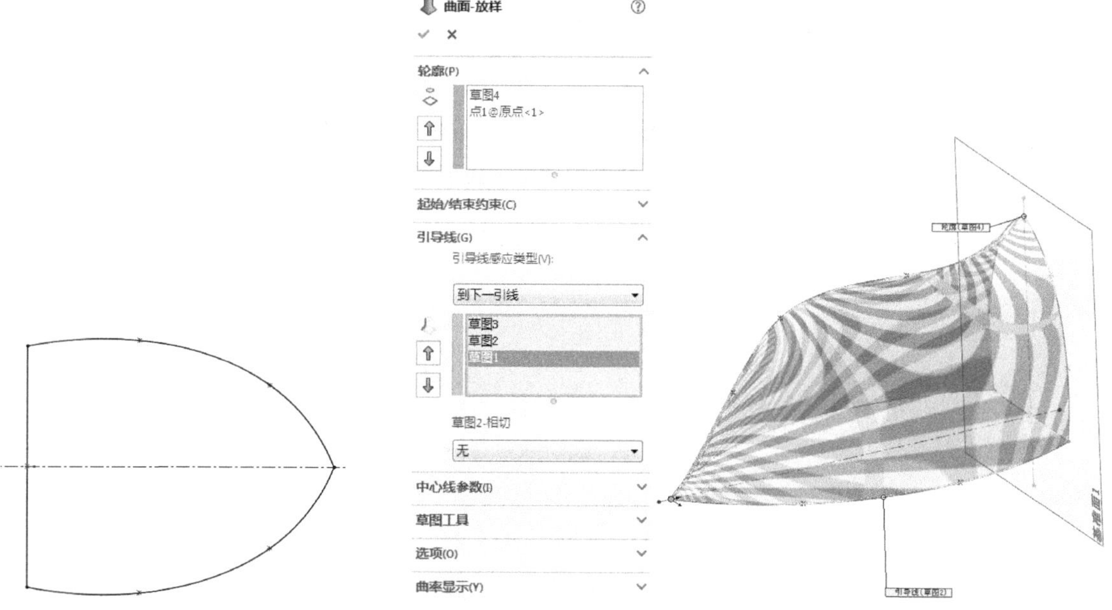

图 7-110　绘制草图 4　　　　图 7-111　“曲面-放样”属性管理器

2. 主体细节处理

（1）曲面圆角。单击“曲面”面板中的“圆角”按钮，此时系统弹出如图 7-113 所示的“圆角”属性管理器。选择“变半径”圆角类型，选择最上端边线，输入顶点半径为 0mm，中点和终点

半径为 20mm，单击“确定”按钮✓。结果如图 7-114 所示。

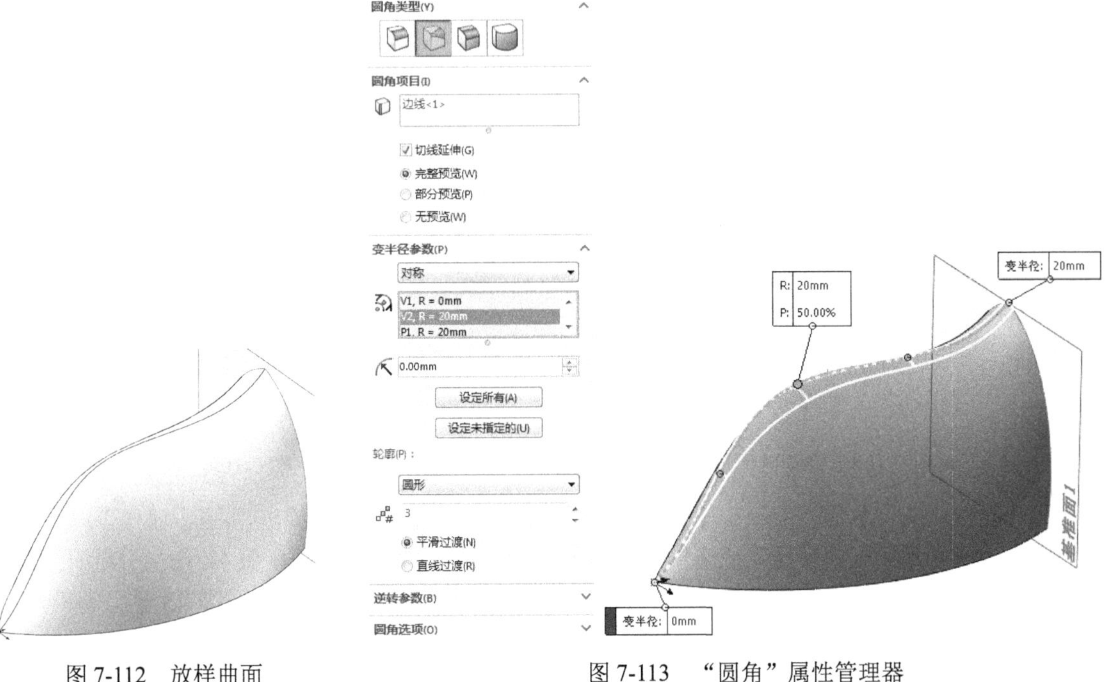

图 7-112　放样曲面　　　　图 7-113　“圆角”属性管理器

（2）绘制草图 5。在左侧的“FeatureManager 设计树”中用鼠标选择“基准面 1”，然后单击“正视于”按钮，将该基准面作为绘制图形的基准面。单击“草图绘制”按钮，进入草图绘制状态。单击“草图”面板中的“实体转换引用”按钮，将放样曲面的边线转换为草图，如图 7-115 所示。

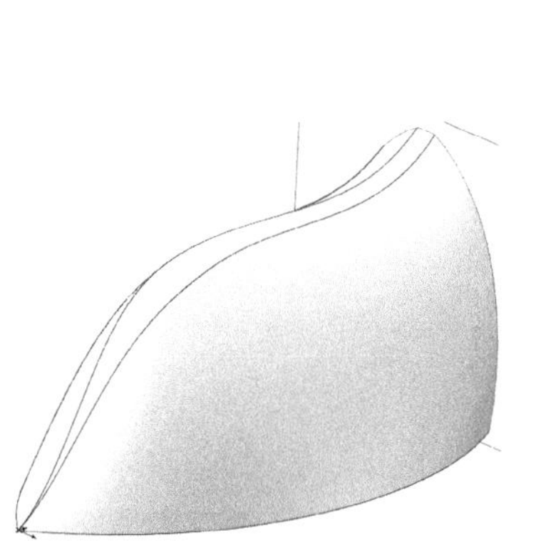

图 7-114　圆角处理

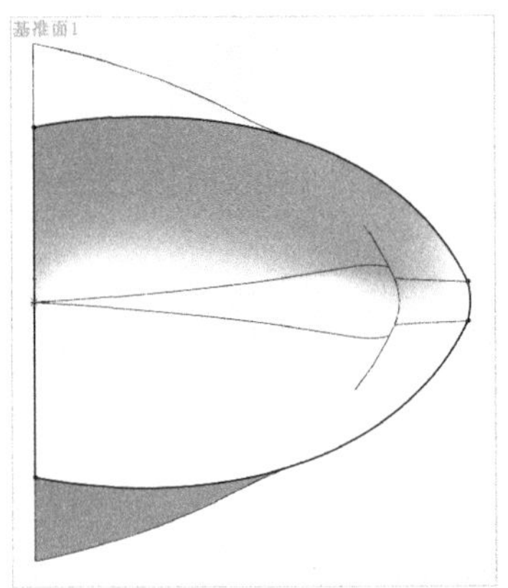

图 7-115　绘制草图 5

（3）平面曲面。单击“曲面”面板中的“平面曲面”按钮，此时系统弹出如图 7-116 所示的“平面”属性管理器。选择步骤（2）创建的草图为边界，单击“确定”按钮✓，结果如图 7-117 所示。

（4）缝合曲面。单击“曲面”面板中的“缝合曲面”按钮，此时系统弹出如图 7-118 所示的“缝合曲面”属性管理器。选择放样曲面和平面曲面，单击“确定”按钮。

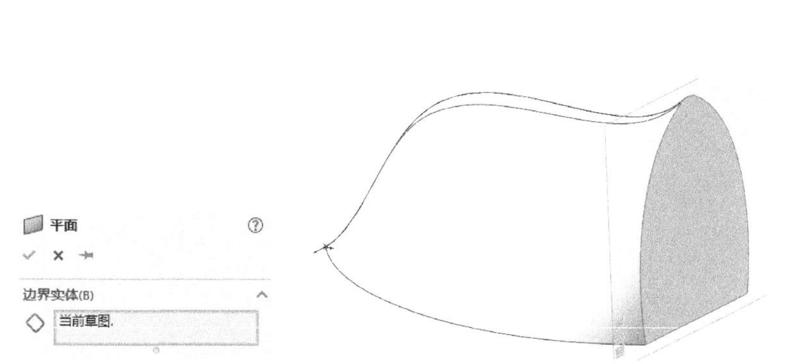

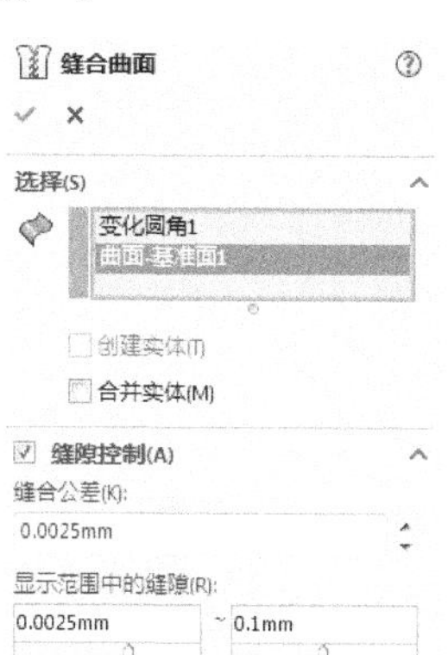

图 7-116　“平面”属性管理器　　图 7-117　创建平面　　图 7-118　“缝合曲面”属性管理器

（5）曲面圆角。单击“曲面”面板中的“圆角”按钮，此时系统弹出如图 7-119 所示的“圆角”属性管理器。选择“等半径”圆角类型，输入半径为 15mm，选择如图 7-119 所示边线，单击“确定”按钮。结果如图 7-120 所示。

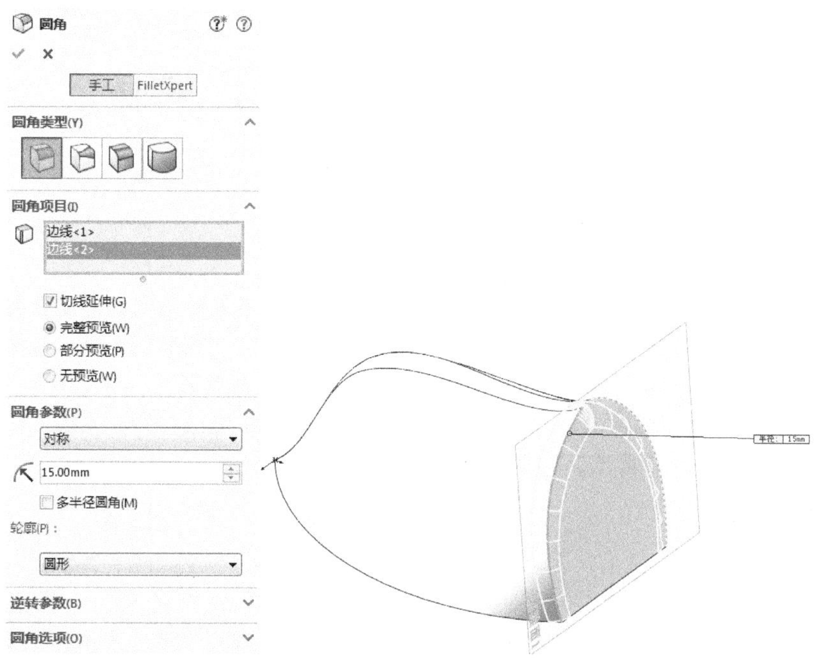

图 7-119　“圆角”属性管理器

（6）绘制草图 6。在左侧的“FeatureManager 设计树”中用鼠标选择“上视基准面”，然后单击“正视于”按钮，将该基准面作为绘制图形的基准面。单击“草图绘制”按钮，进入草图绘制状态。单击“草图”面板中的“3 点圆弧”按钮，绘制如图 7-121 所示的草图并标注尺寸。

（7）拉伸曲面。单击“曲面”面板中的“拉伸曲面”按钮，此时系统弹出如图 7-122 所示的“曲面-拉伸”属性管理器。选择步骤（6）创建的草图，设置终止条件为“两侧对称”，输入拉伸距离为 200mm，单击“确定”按钮，结果如图 7-123 所示。

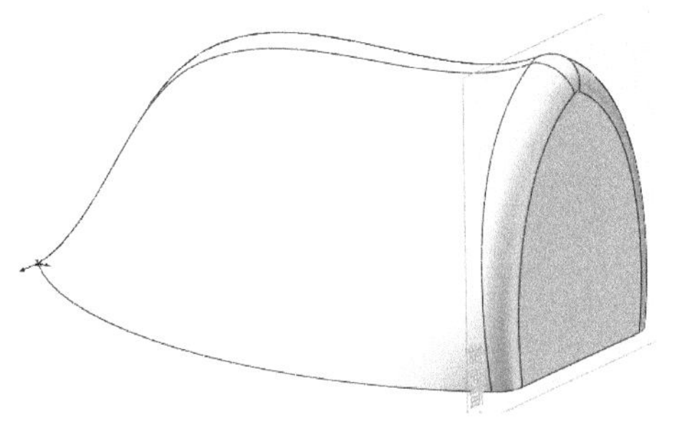

图 7-120　圆角处理

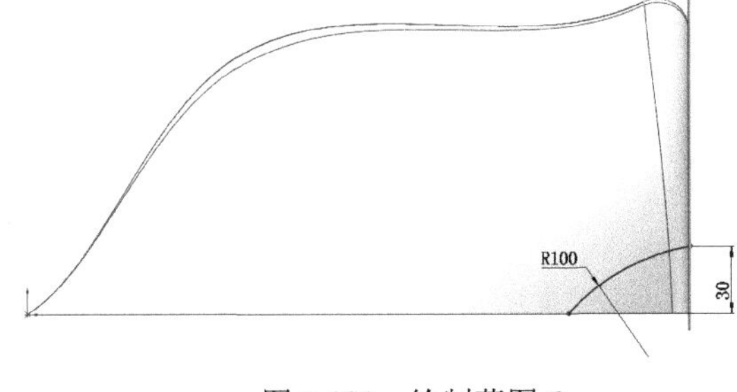

图 7-121　绘制草图 6

图 7-122　“曲面-拉伸”属性管理器

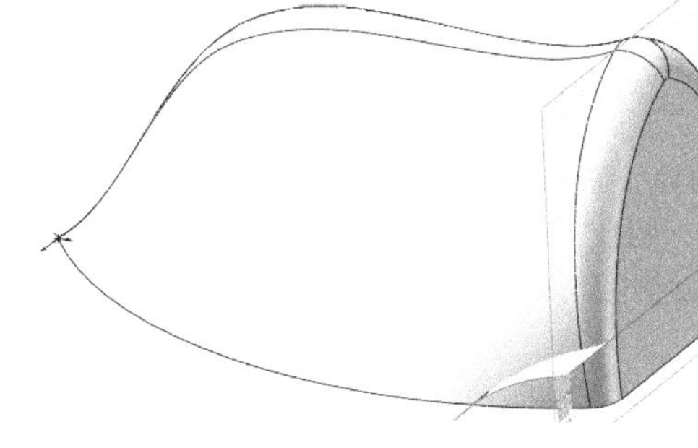

图 7-123　拉伸曲面

知识点——拉伸曲面

“曲面-拉伸”属性管理器选项说明如下。

1. 拉伸终止条件

对于不同的终止条件，拉伸效果是不同的。SolidWorks 提供了 6 种形式的终止条件，在“终止条件”一栏的下拉列表中可以选用需要的拉伸类型，分别是给定深度、成形到一面、到离指定面指定的距离、成形到实体与两侧对称。下面将介绍不同终止条件下的拉伸效果。

（1）给定深度。从草图的基准面以指定的距离拉伸曲面。图 7-124 所示为终止条件为“给定深度”，拉伸深度为 100mm 时的属性管理器及其预览效果。

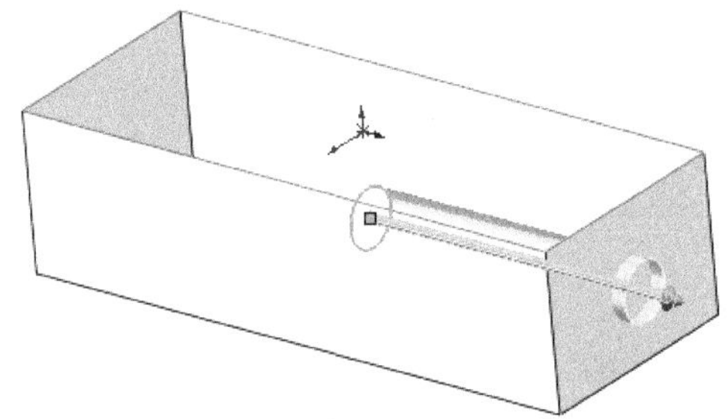

图 7-124　终止条件为“给定深度”及其预览效果

（2）成形到一面。从草图的基准面拉伸特征到所选的面以生成曲面，该面既可以是平面也可以是曲面。图 7-125 所示为终止条件为“成形到一面”时的属性管理器及其预览效果。

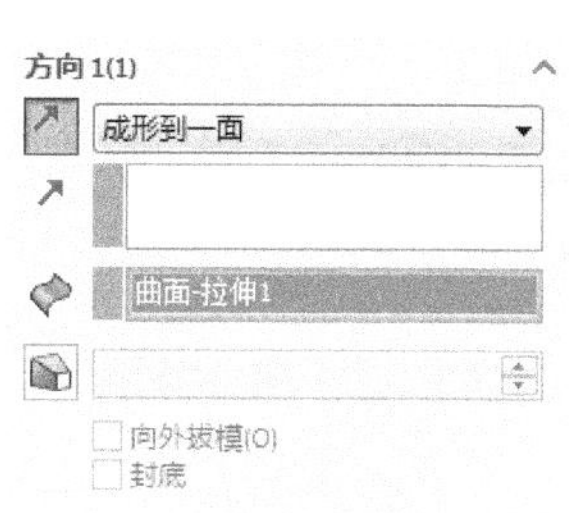

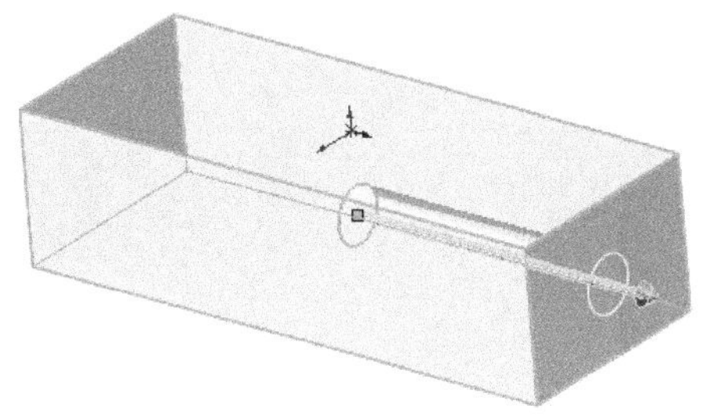

图 7-125　终止条件为“成形到一面”及其预览效果

（3）到离指定面指定的距离。从草图的基准面拉伸特征到距离某面特定距离处以生成曲面，该面既可以是平面也可以是曲面。图 7-126 所示为终止条件为“到离指定面指定的距离”时的属性管理器及其预览效果，指定面为图 7-126 中的面 1。

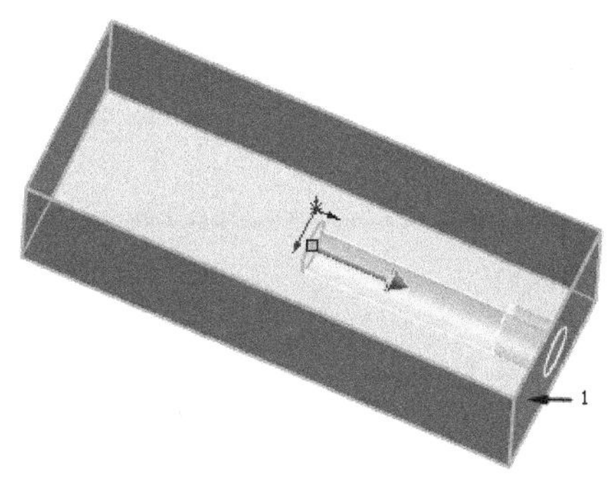

图 7-126　终止条件为“到离指定面指定的距离”及其预览效果

（4）成形到实体。从草图的基准面拉伸曲面到指定的实体。图 7-127 所示为终止条件为“成形到实体”时的属性管理器及其预览效果，所选实体为图中绘制的整体。

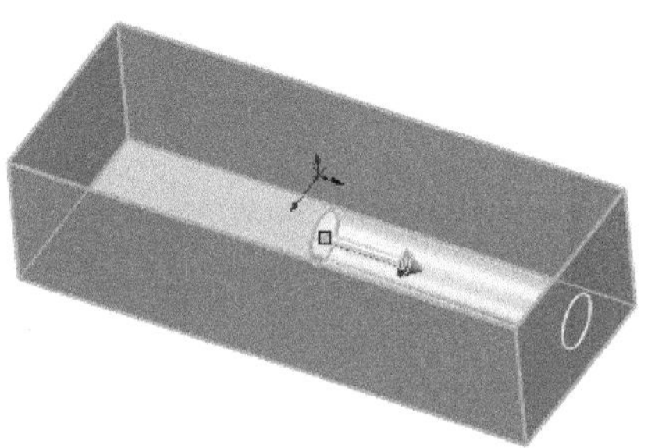

图 7-127　终止条件为“成形到实体”及其预览效果

（5）两侧对称。从草图的基准面向两个方向对称拉伸曲面。图 7-128 所示为终止条件为“两侧对称”时的属性管理器及其预览效果。

2. 拔模拉伸

在拉伸形成曲面时，SolidWorks 提供了拉伸为拔模特征的功能。单击“拔模开关”按钮，在“拔模角度”一栏中输入需要的拔模角度。还可以利用“向外拔模”复选框，选择是向外拔模还是向内拔模。

图 7-129（a）所示为未拔模的拉伸曲面；图 7-129（b）所示为向内拔模拉伸的图形；图 7-129（c）所示为向外拔模拉伸的图形。

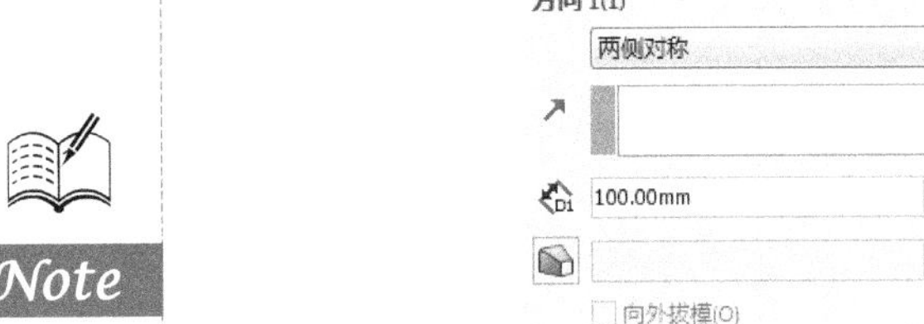

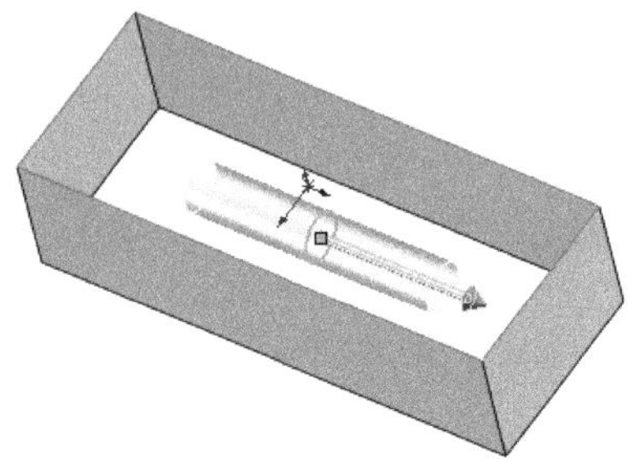

图 7-128 终止条件为“两侧对称”及其预览效果

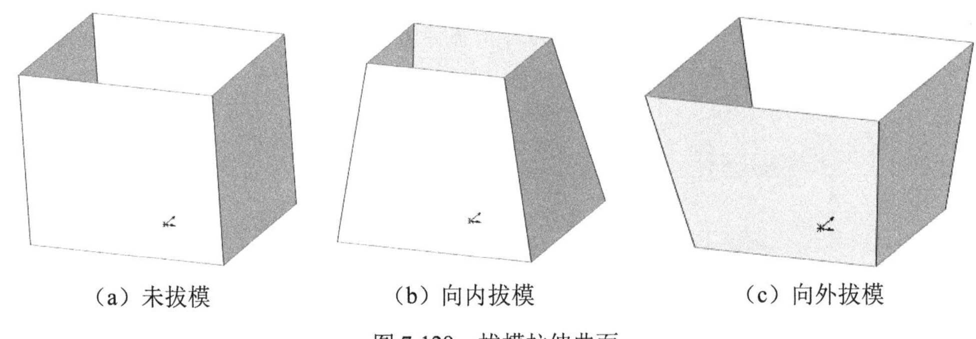

（a）未拔模　　（b）向内拔模　　（c）向外拔模

图 7-129 拔模拉伸曲面

3. 封底

选中“封底”复选框，在拉伸曲面的底端加盖，如图 7-130 所示。若在“方向 2”中也选中“封底”复选框，封闭拉伸另一端。当拉伸两端都加盖后定义出封闭的体积时，将自动创建一个实体。

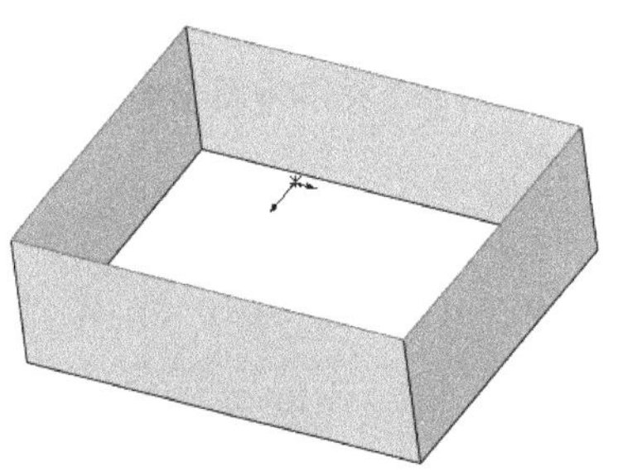

图 7-130 拉伸曲面封底

（8）剪裁曲面。单击“曲面”面板中的“剪裁曲面”按钮，此时系统弹出如图 7-131 所示的“剪裁曲面”属性管理器。选中“相互”单选按钮，选择拉伸曲面和缝合后的曲面为剪裁曲面，选中“移除选择”单选按钮，选择图 7-131 所示的两个曲面为要移除的面，单击“确定”按钮，结果如图 7-132 所示。

（9）曲面圆角。单击“曲面”面板中的“圆角”按钮，此时系统弹出如图 7-133 所示的“圆角”属性管理器。选择“等半径”圆角类型，输入半径为 15mm，选择如图 7-133 所示的边线，单击“确定”按钮。结果如图 7-134 所示。

3. 创建把手

（1）绘制草图 7。在左侧的“FeatureManager 设计树”中用鼠标选择“上视基准面”，然后单击“正视于”按钮，将该基准面作为绘制图形的基准面。单击“草图绘制”按钮，进入草图绘制状

态。单击“草图”面板中的“椭圆”按钮⊙，绘制如图 7-135 所示的草图并标注尺寸。单击“退出草图”按钮，退出草图。

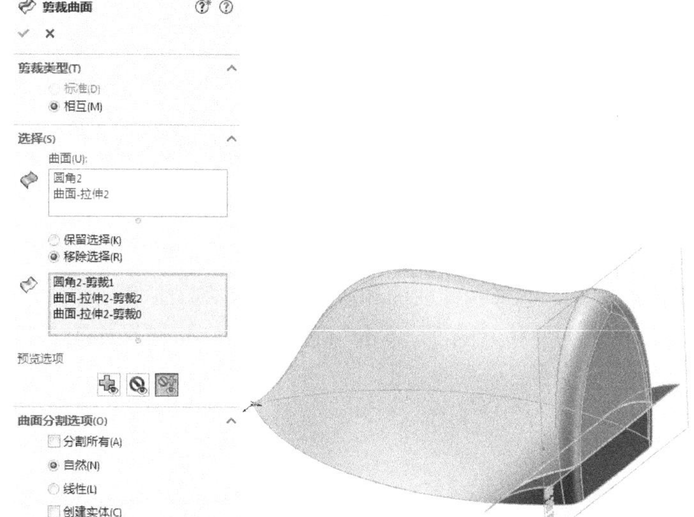

图 7-131　“剪裁曲面”属性管理器

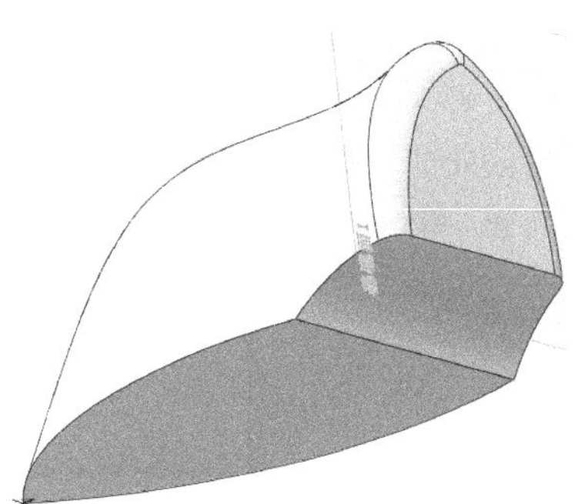

图 7-132　剪裁曲面

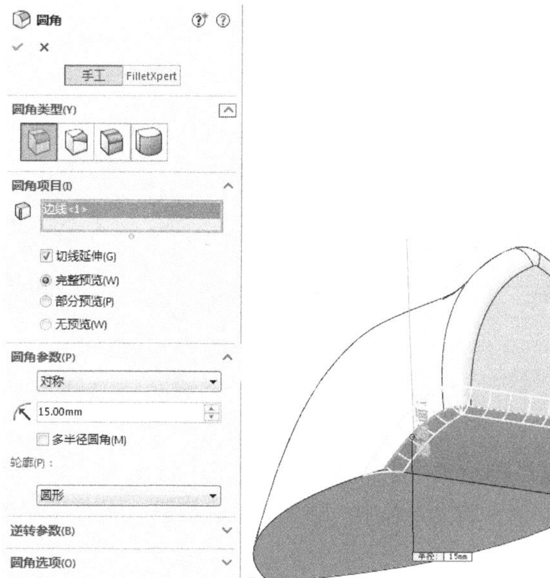

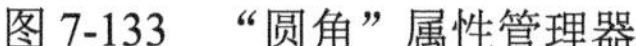

图 7-133　“圆角”属性管理器

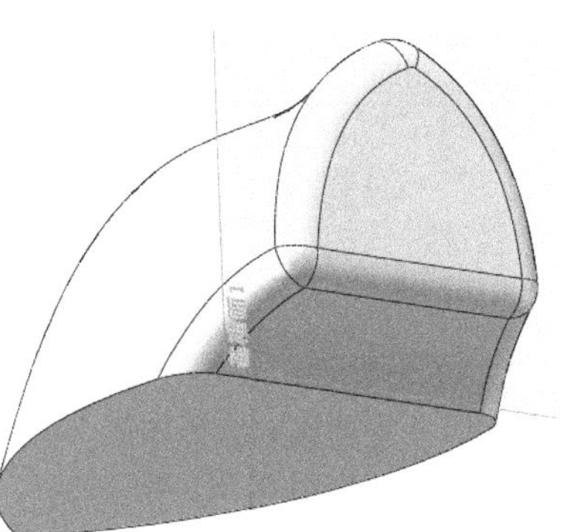

图 7-134　圆角处理

（2）绘制草图 8。在左侧的“FeatureManager 设计树”中用鼠标选择“上视基准面”，然后单击“正视于”按钮，将该基准面作为绘制图形的基准面。单击“草图绘制”按钮，进入草图绘制状态。单击“草图”面板中的“转换实体引用”按钮，将草图 7 转换为图素，然后单击“草图”面板中的“等距实体”按钮，将转换后的图素向外偏移，偏移距离为 10mm，如图 7-136 所示。

（3）拉伸曲面。单击“曲面”面板中的“拉伸曲面”按钮，此时系统弹出“曲面-拉伸”属性管理器。选择步骤（2）创建的草图，设置拉伸终止条件为“两侧对称”，输入拉伸距离为 200mm，单击“确定”按钮，结果如图 7-137 所示。

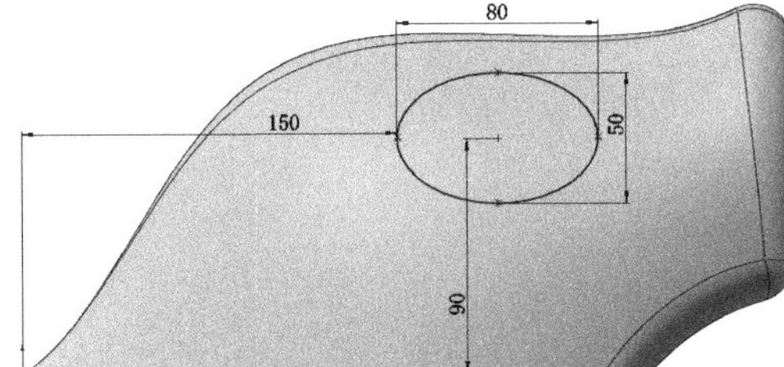

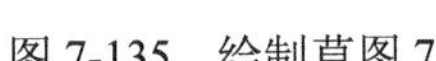
图 7-135　绘制草图 7

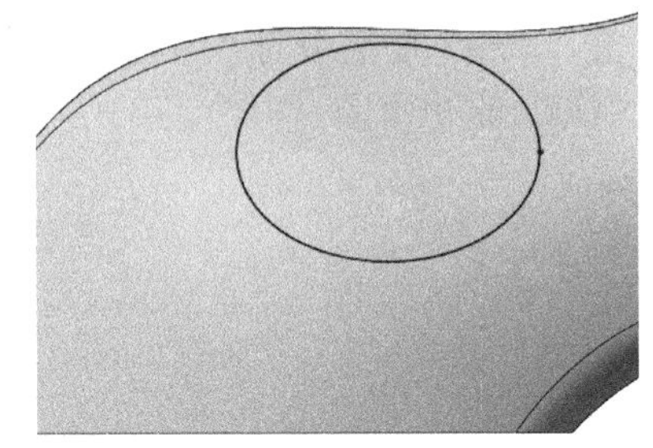
图 7-136　绘制草图 8

（4）剪裁曲面。单击“曲面”面板中的“剪裁曲面”按钮，此时系统弹出如图 7-138 所示的“剪裁曲面”属性管理器。选中“相互”单选按钮，选择拉伸曲面和放样曲面为裁剪曲面，选中“移除选择”单选按钮，选择图 7-138 所示的 4 个曲面为要移除的面，单击“确定”按钮，结果如图 7-139 所示。

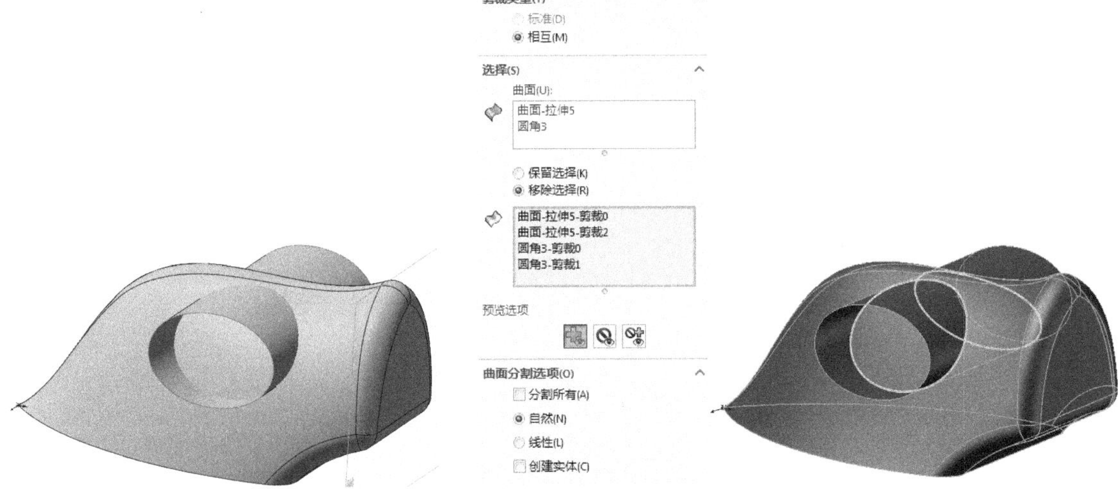

图 7-137　拉伸曲面

图 7-138　“剪裁曲面”属性管理器

（5）删除面。单击“曲面”面板中的“删除面”按钮，此时系统弹出如图 7-140 所示的“删除面”属性管理器。选择如图 7-139 所示的面 1 为要删除的面，选中“删除”单选按钮，单击“确定”按钮，结果如图 7-141 所示。

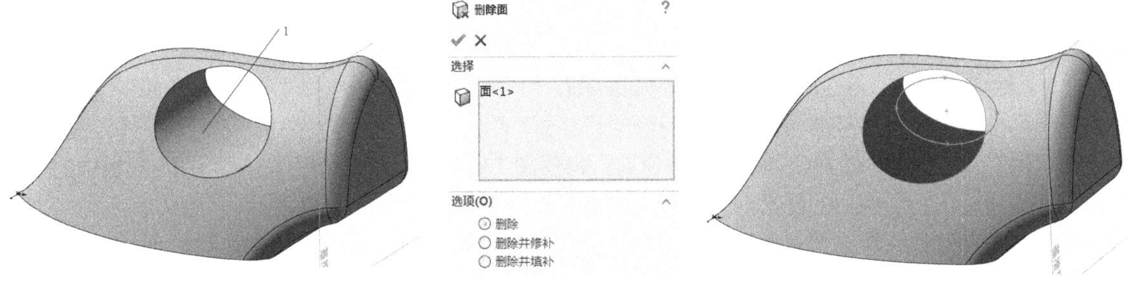

图 7-139　剪裁曲面　　图 7-140　“删除面”属性管理器　　图 7-141　删除面

知识点——删除曲面

用户可以从曲面实体中删除一个面，并能对实体中的面进行删除和自动修补，未删除的面如图 7-142（a）所示。

（1）删除：从曲面实体删除面，或从实体中删除一个或多个面来生成曲面，如图 7-142（b）所示。

（2）删除并修补：从曲面实体或实体中删除一个面，并自动对实体进行修补和剪裁，如图 7-142（c）所示。

（3）删除并填补：删除面并生成单一面，将任何缝隙填补起来，如图 7-142（d）所示。

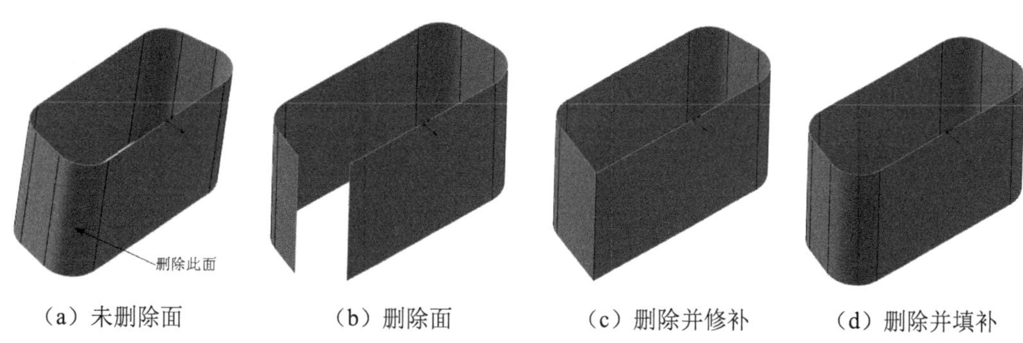

（a）未删除面　（b）删除面　（c）删除并修补　（d）删除并填补

图 7-142　删除选项

（6）放样曲面。单击“曲面”面板中的“放样曲面”按钮，系统弹出“曲面-放样”属性管理器；依次选择图 7-143 中的边线和椭圆草图为放样轮廓，单击“确定”按钮，生成放样曲面，效果如图 7-144 所示。

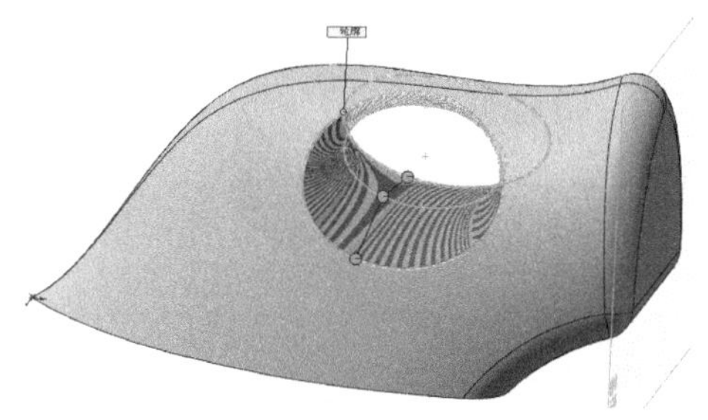

图 7-143　选择放样曲线

图 7-144　创建放样曲面

（7）缝合曲面。单击“曲面”面板中的“缝合曲面”按钮，此时系统弹出如图 7-145 所示的“缝合曲面”属性管理器。选择视图中的所有曲面，选中“创建实体”和“合并实体”复选框，将曲面创建为实体，单击“确定”按钮，如图 7-146 所示。

（8）圆角处理。单击“曲面”面板中的“圆角”按钮，此时系统弹出如图 7-147 所示的“圆角”属性管理器。选择“等半径”圆角类型，输入半径为 5mm，选择如图 7-147 所示的边线，单击“确定”按钮。结果如图 7-148 所示。

4. 创建底部

（1）绘制草图 9。在视图中选择如图 7-148 所示的面 2 作为草图基准面，然后单击“正视于”按钮，将该基准面作为绘制图形的基准面。单击“草图绘制”按钮，进入草图绘制状态。单击“草图”面板中的“转换实体引用”按钮，将草图绘制面转换为图素，然后单击“草图”面板中的“等

Note

距实体”按钮⊏，将转换后的图素向内偏移，偏移距离为 10mm，如图 7-149 所示。

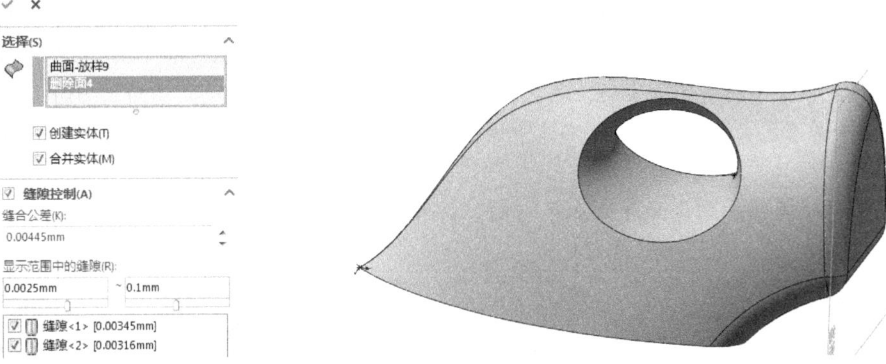

图 7-145 “缝合曲面”属性管理器　　　　图 7-146 缝合曲面

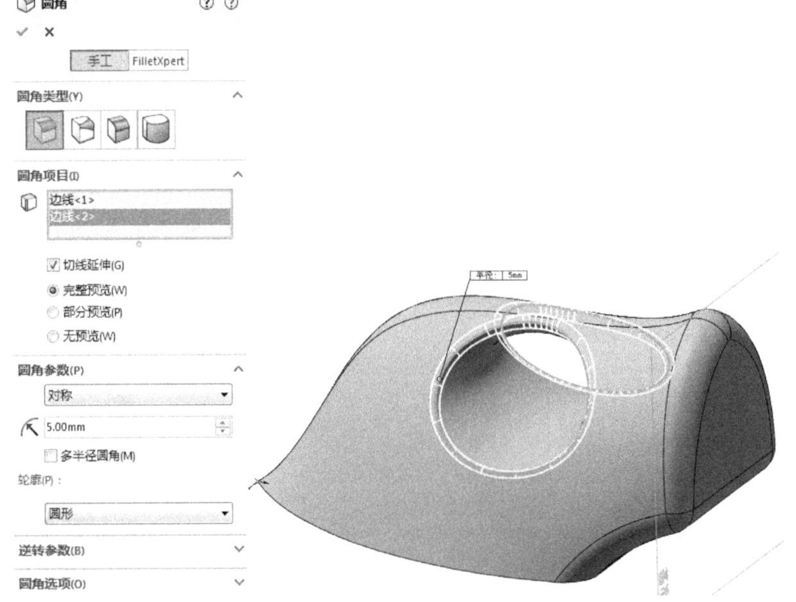

图 7-147 “圆角”属性管理器

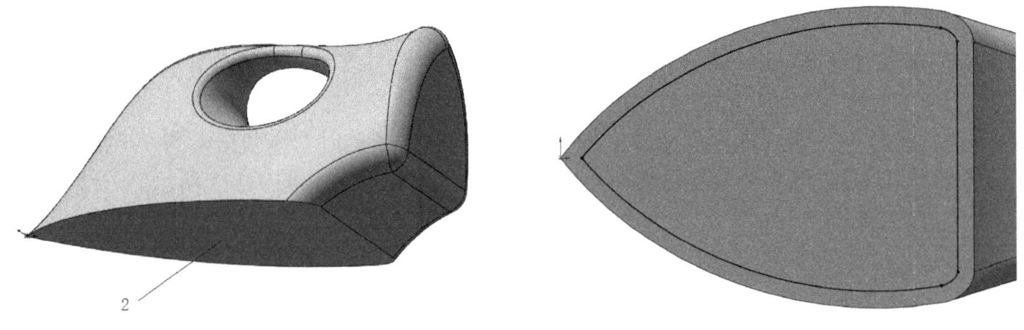

图 7-148 圆角处理　　　　图 7-149 绘制草图 9

（2）凸台拉伸实体。单击“特征”面板中的“拉伸凸台/基体”按钮，系统弹出“凸台-拉伸”

属性管理器；如图 7-150 所示，设置拉伸终止条件为“给定深度”，输入拉伸距离为 5mm，单击“确定”按钮✓，完成凸台拉伸操作，效果如图 7-151 所示。

图 7-150　“凸台-拉伸”属性管理器

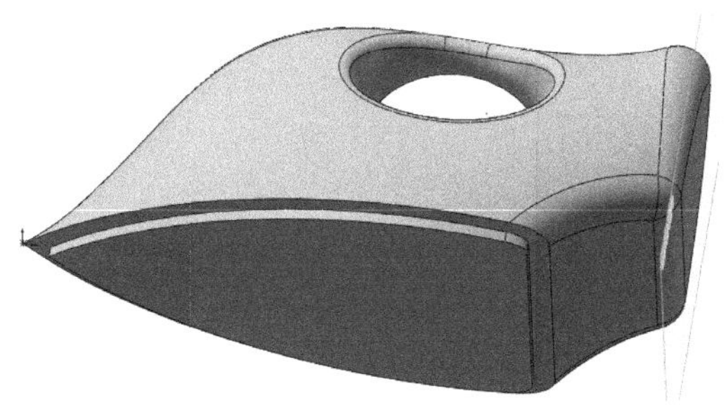

图 7-151　拉伸实体

7.4.2　打印模型

根据 5.1.2 节步骤 2～8 中相应操作即可完成打印。

7.4.3　处理打印模型

处理打印模型有以下 3 个步骤：

（1）取出模型。取出后的熨斗模型如图 7-152 所示。

（2）去除支撑。

（3）打磨模型。打磨完毕的模型如图 7-153 所示。

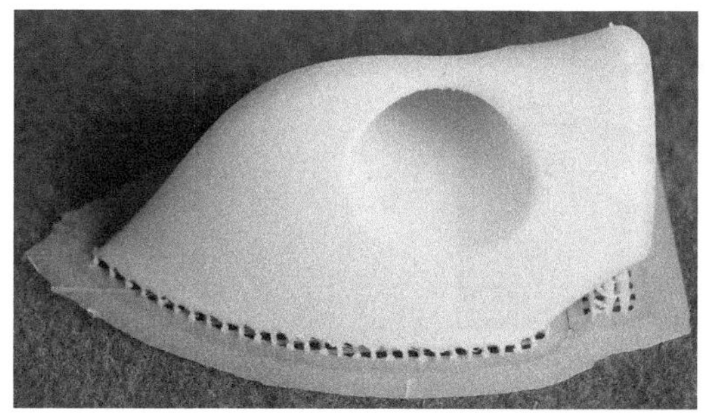

图 7-152　打印完毕的熨斗模型

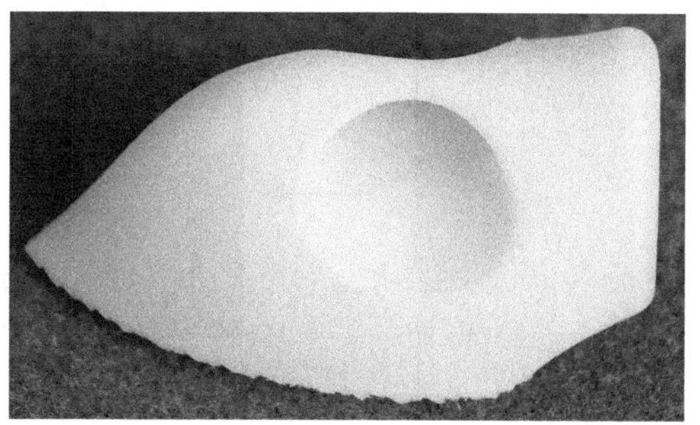

图 7-153　处理完毕的熨斗模型

第8章 飞机曲面造型与打印

本章通过飞机模型的绘制，再次熟悉 SolidWorks 的一些基本操作，快速地按照设计思想绘制出草图，并运用曲面与尺寸绘制模型实体，最后渲染出图，完整地绘制出飞机模型。

首先利用 SolidWorks 软件创建飞机模型，再利用 Magics 软件打印飞机的 3D 模型，最后对打印出来的飞机模型进行清洗、去支撑和毛刺处理，流程图如图 8-1 所示。

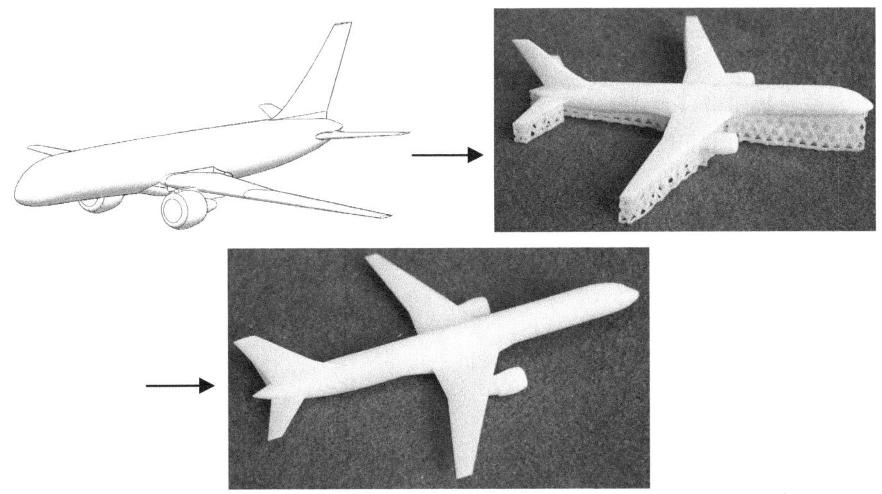

图 8-1　飞机模型创建流程图

8.1 创建模型

飞机主要是由机身、机翼、尾翼、发动机等组成，通过本章的学习，使读者掌握通过曲线创建曲面从而完成模型的创建。

扫码看视频

8.1.1 机身

8.1.1 机身

首先绘制各个截面草图，然后通过放样曲面创建机身主体曲面，再绘制草图创建拉伸曲面并对拉伸曲面进行拔模和倒圆角处理。

1. 绘制草图

（1）新建文件。单击快速访问工具栏中的“新建”按钮，或选择“文件”→“新建”命令，在弹出的“新建 SOLIDWORKS 文件”对话框中单击“零件”按钮，然后单击“确定”按钮，新建一个零件文件。

（2）设置基准面。在左侧的“FeatureManager 设计树”中用鼠标选择“前视基准面”，单击“草图绘制”按钮，进入草图绘制状态。

（3）绘制草图 1。单击“草图”面板中的“点”按钮，在坐标原点处绘制一点，单击“退出草图”按钮，退出草图绘制环境，完成草图 1 的绘制。

（4）创建基准面 1。单击“特征”面板“参考几何体”下拉列表中的“基准面”按钮，弹出如图 8-2 所示的“基准面”属性管理器。选择“前视基准面”为参考面，输入偏移距离为 20mm，选中“反转等距”复选框。单击“确定”按钮，完成基准面 1 的创建。

图 8-2 “基准面”属性管理器

（5）设置基准面。在左侧的“FeatureManager 设计树”中用鼠标选择“基准面 1”，然后单击“正视于”按钮，将该基准面作为绘制图形的基准面。单击“草图绘制”按钮，进入草图绘制状态。

（6）绘制草图 2。单击“草图”面板中的“样条曲线”按钮，绘制如图 8-3 所示的草图并标注尺寸，单击“退出草图”按钮，退出草图绘制环境，完成草图 2 的绘制。

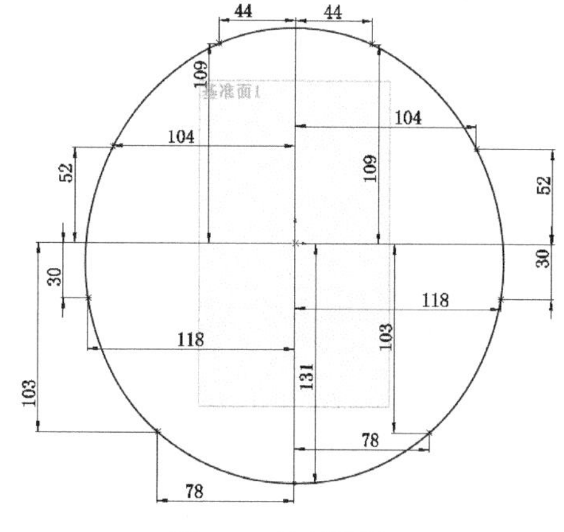

图 8-3 绘制草图 2

（7）重复步骤（4）～（6），创建距离前视基准面为 100mm 的基准面 2，并在基准面 2 上利用“样条曲线”命令，创建如图 8-4 所示的草图 3。

（8）重复步骤（4）～（6），创建距离前视基准面为 300mm 的基准面 3，并在基准面 3 上利用“样条曲

Note

线”命令，创建如图 8-5 所示的草图 4。

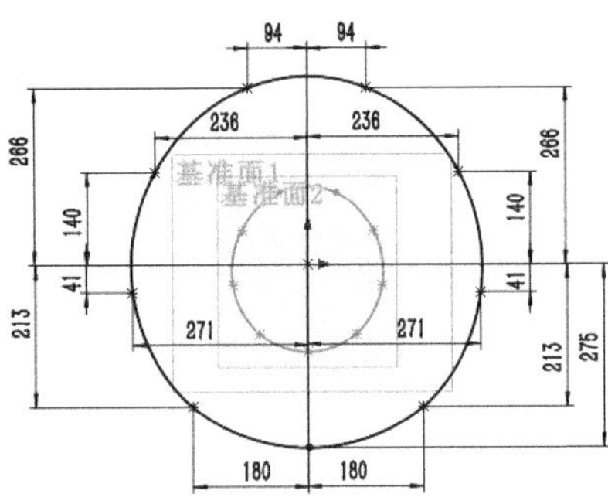

图 8-4　绘制草图 3

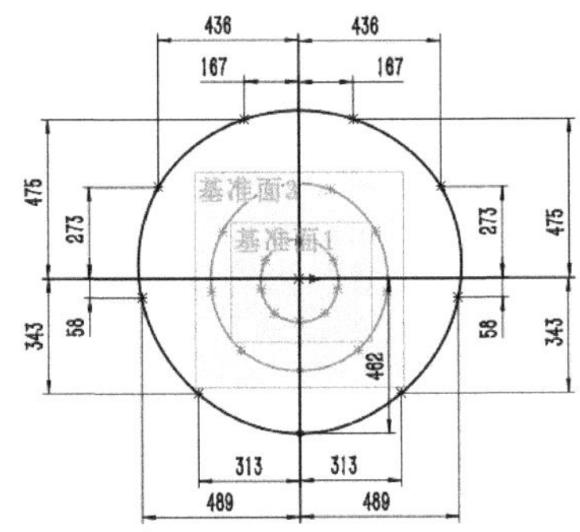

图 8-5　绘制草图 4

（9）重复步骤（4）～（6），创建距离前视基准面为 600mm 的基准面 4，并在基准面 4 上利用“样条曲线”命令，创建如图 8-6 所示的草图 5。

（10）重复步骤（4）～（6），创建距离前视基准面为 850mm 的基准面 5，并在基准面 5 上利用“样条曲线”命令，创建如图 8-7 所示的草图 6。

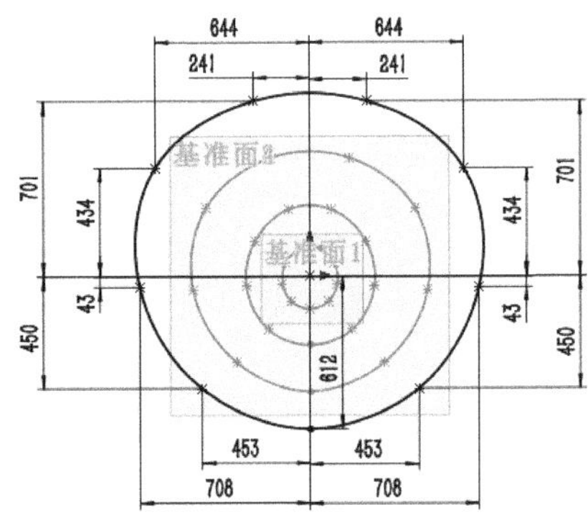

图 8-6　绘制草图 5

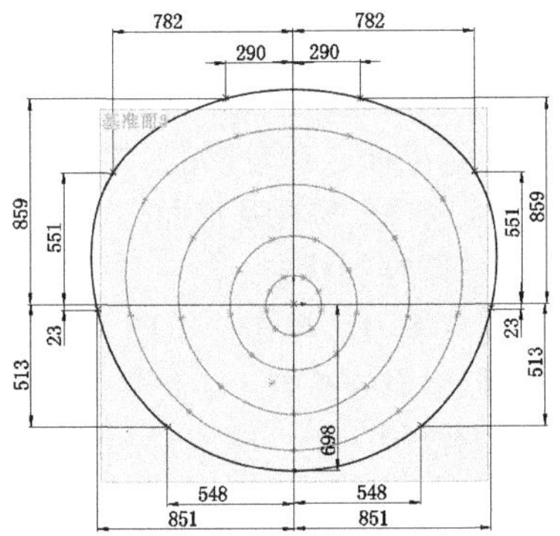

图 8-7　绘制草图 6

（11）重复步骤（4）～（6），创建距离前视基准面为 1100mm 的基准面 6，并在基准面 6 上利用“样条曲线”命令，创建如图 8-8 所示的草图 7。

（12）重复步骤（4）～（6），创建距离前视基准面为 1410mm 的基准面 7，并在基准面 7 上利用“样条曲线”命令，创建如图 8-9 所示的草图 8。

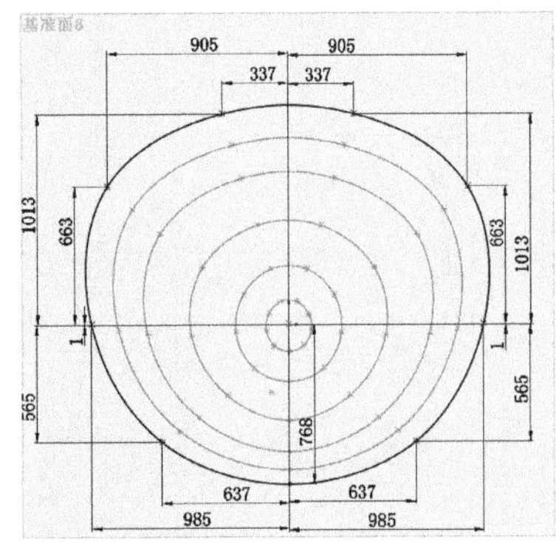

图 8-8　绘制草图 7

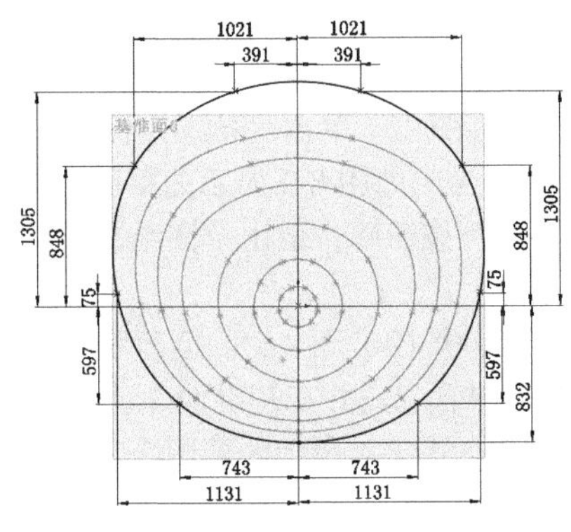

图 8-9　绘制草图 8

（13）重复步骤（4）～（6），创建距离前视基准面为 1710mm 的基准面 8，并在基准面 8 上利用“样条曲线”命令，创建如图 8-10 所示的草图 9。

（14）重复步骤（4）～（6），创建距离前视基准面为 2210mm 的基准面 9，并在基准面 9 上利用“样条曲线”命令，创建如图 8-11 所示的草图 10。

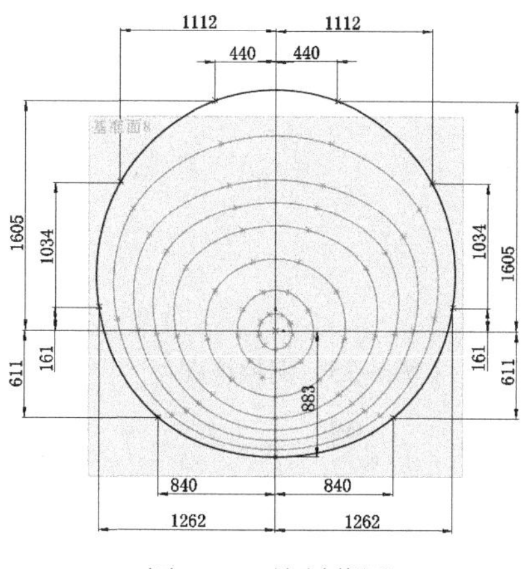

图 8-10　绘制草图 9

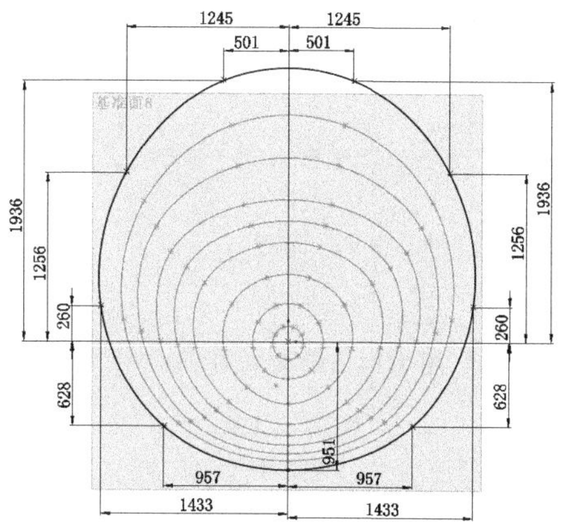

图 8-11　绘制草图 10

（15）重复步骤（4）～（6），创建距离前视基准面为 3210mm 的基准面 10，并在基准面 10 上利用“样条曲线”命令，创建如图 8-12 所示的草图 11。

（16）重复步骤（4）～（6），创建距离前视基准面为 4710mm 的基准面 11，并在基准面 11 上利用“样条曲线”命令，创建如图 8-13 所示的草图 12。

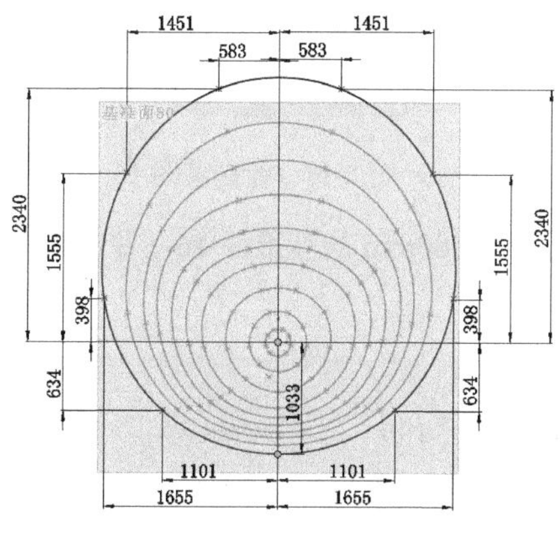

图 8-12　绘制草图 11

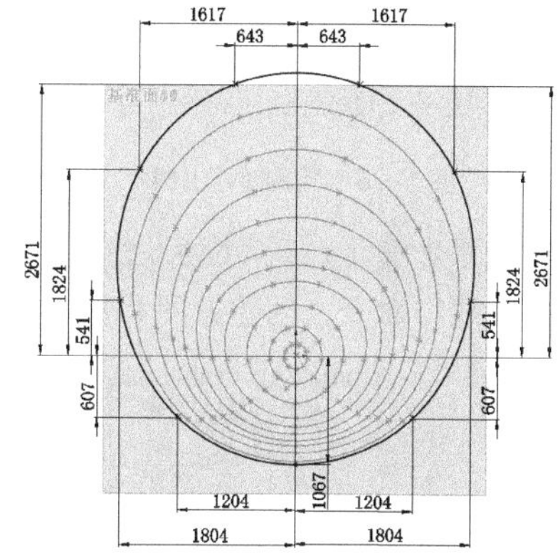

图 8-13　绘制草图 12

（17）重复步骤（4）～（6），创建距离前视基准面为 7100mm 的基准面 12，并在基准面 12 上利用“样条曲线”命令，创建如图 8-14 所示的草图 13。

（18）切换视图。在视图中按住鼠标中键不放，当出现“旋转”按钮时，拖动鼠标将视图旋转到合适位置观察，如图 8-15 所示。

（19）重复步骤（4）～（6），创建距离前视基准面为 35200mm 的基准面 13，并在基准面 13 上利用“样条曲线”命令，创建如图 8-16 所示的草图 14。

（20）重复步骤（4）～（6），创建距离前视基准面为 36700mm 的基准面 14，并在基准面 14 上利用“样条曲线”命令，创建如图 8-17 所示的草图 15。

（21）重复步骤（4）～（6），创建距离前视基准面为 38200mm 的基准面 15，并在基准面 15 上利用“样条曲线”命令，创建如图 8-18 所示的草图 16。

Note

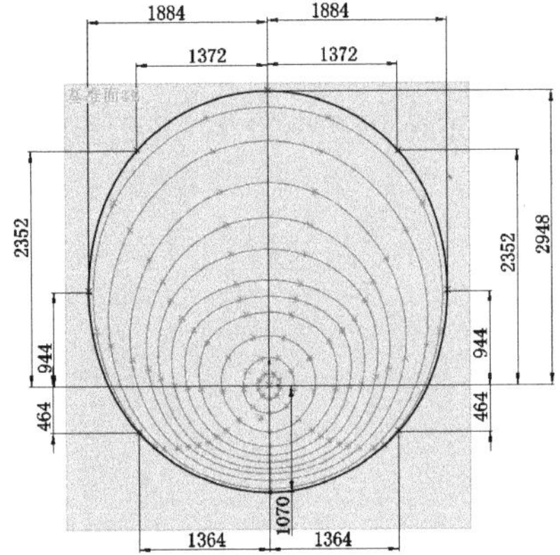

图 8-14　绘制草图 13

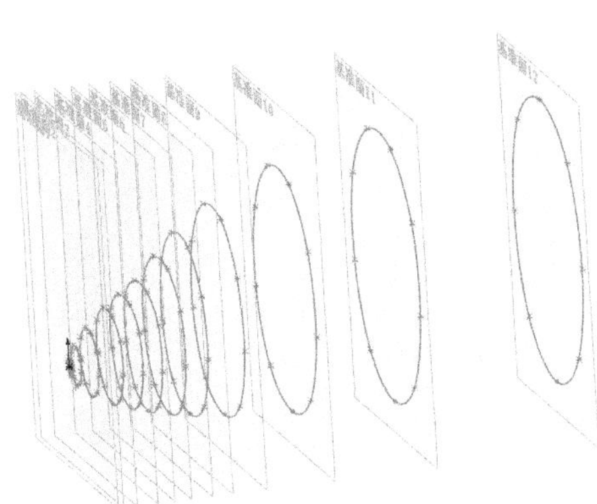

图 8-15　切换视图

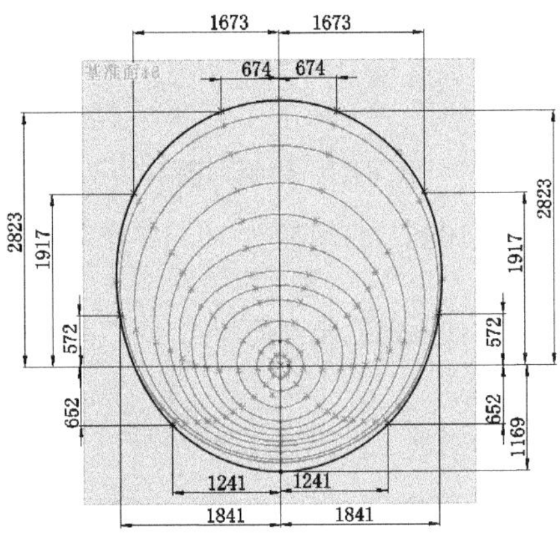

图 8-16　绘制草图 14

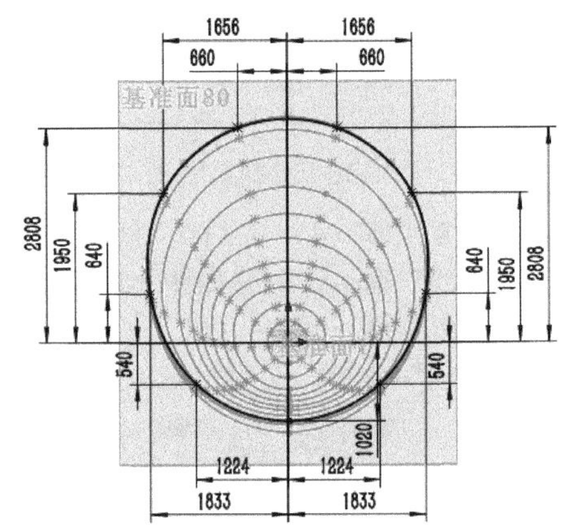

图 8-17　绘制草图 15

（22）重复步骤（4）～（6），创建距离前视基准面为 39700mm 的基准面 16，并在基准面 16 上利用“样条曲线”命令，创建如图 8-19 所示的草图 17。

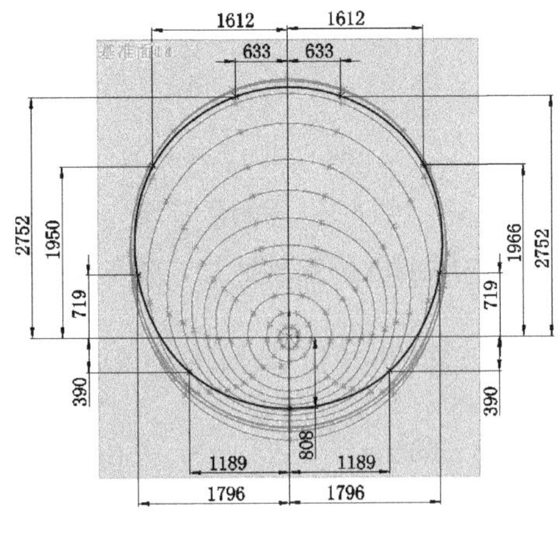

图 8-18　绘制草图 16

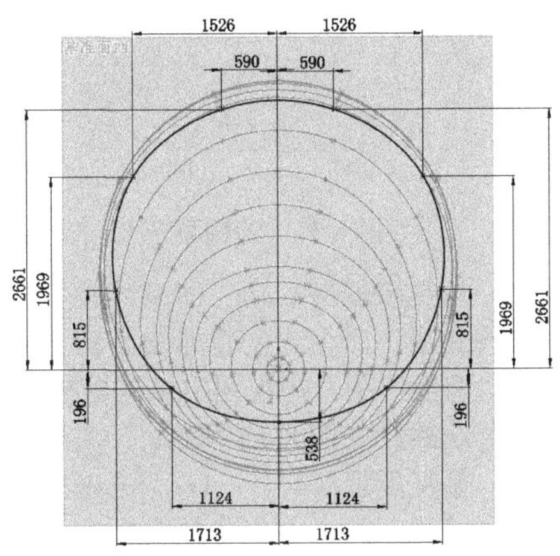

图 8-19　绘制草图 17

（23）重复步骤（4）～（6），创建距离前视基准面为 41200mm 的基准面 17，并在基准面 17 上利用“样条曲线”命令，创建如图 8-20 所示的草图 18。

（24）重复步骤（4）～（6），创建距离前视基准面为 42700mm 的基准面 18，并在基准面 18 上利用“样条曲线 ”命令，创建如图 8-21 所示的草图 19。

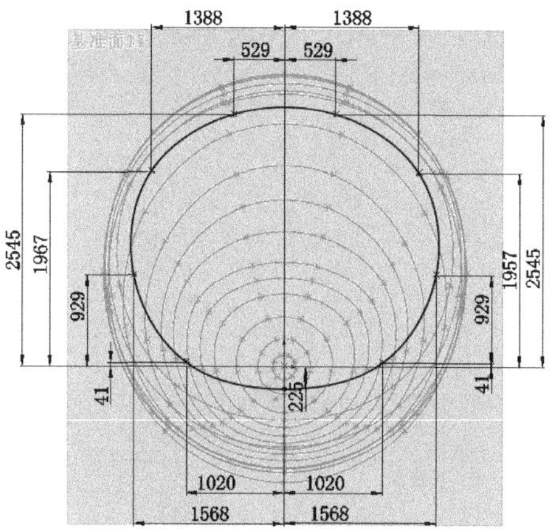

图 8-20 绘制草图 18

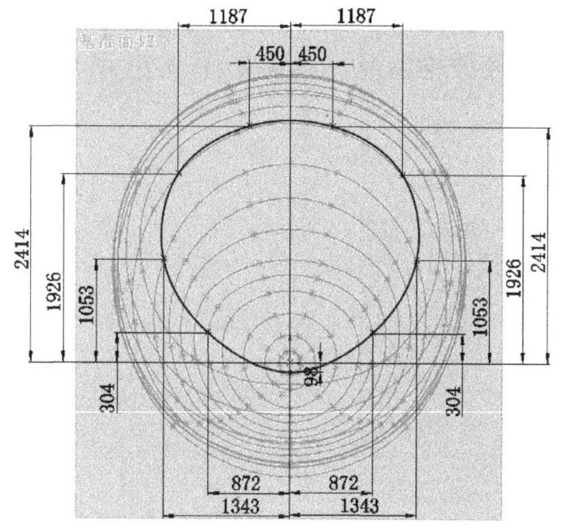

图 8-21 绘制草图 19

（25）重复步骤（4）～（6），创建距离前视基准面为 44200mm 的基准面 19，并在基准面 19 上利用“样条曲线”命令，创建如图 8-22 所示的草图 20。

（26）重复步骤（4）～（6），创建距离前视基准面为 46965mm 的基准面 20，并在基准面 20 上利用“样条曲线”命令，创建如图 8-23 所示的草图 21。

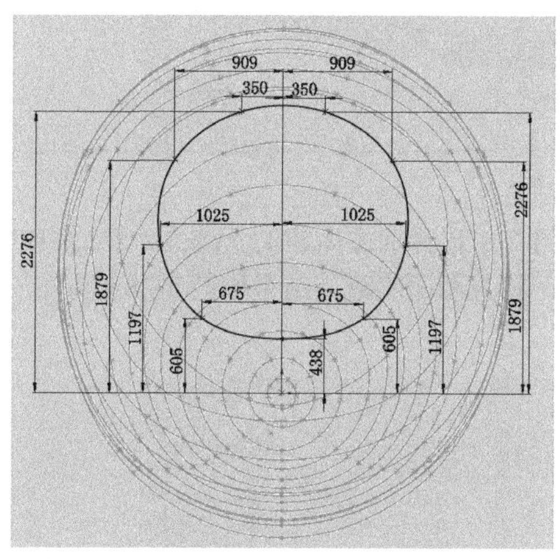

图 8-22 绘制草图 20

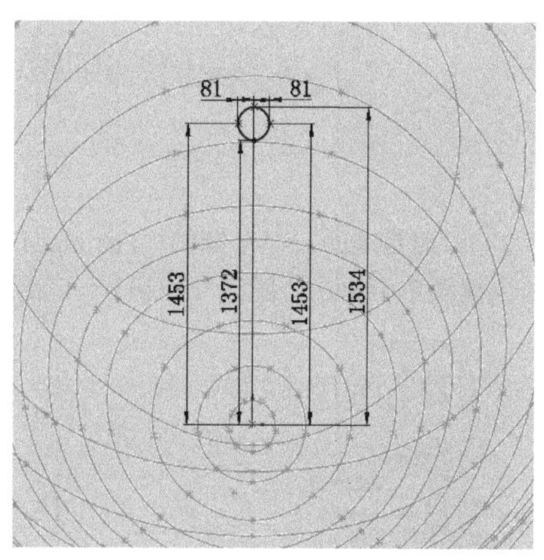

图 8-23 绘制草图 21

（27）切换视图。在视图中按住鼠标中键不放，当出现“旋转”按钮时，拖动鼠标将视图旋转到合适位置观察，如图 8-24 所示。

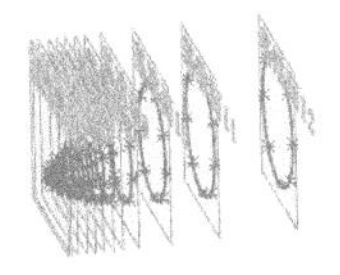

图 8-24 绘制草图 22

Note

2. 创建机身主体

Note

（1）放样曲面。单击“曲面”面板中的“放样曲面”按钮，系统弹出“曲面-放样”属性管理器；如图 8-25 所示，在“轮廓”选项框中，依次选择图 8-24 中的草图 1～草图 21，单击“确定”按钮✓，生成放样曲面，效果如图 8-26 所示。

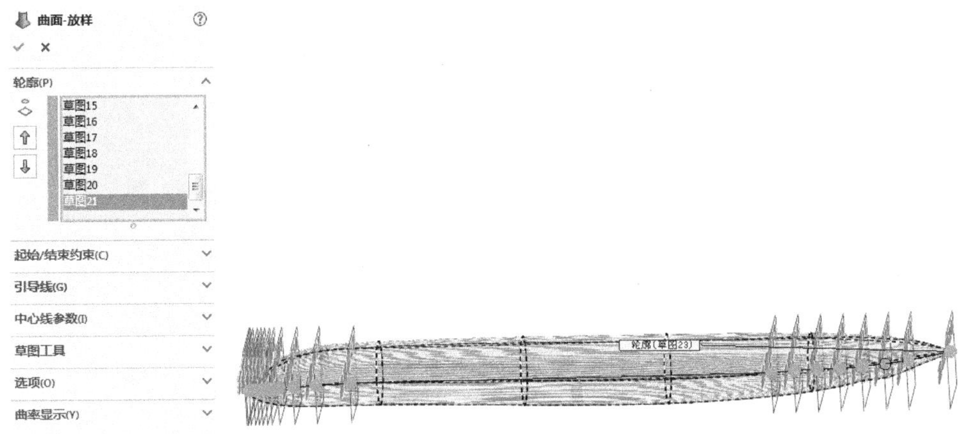

图 8-25 “曲面-放样”属性管理器

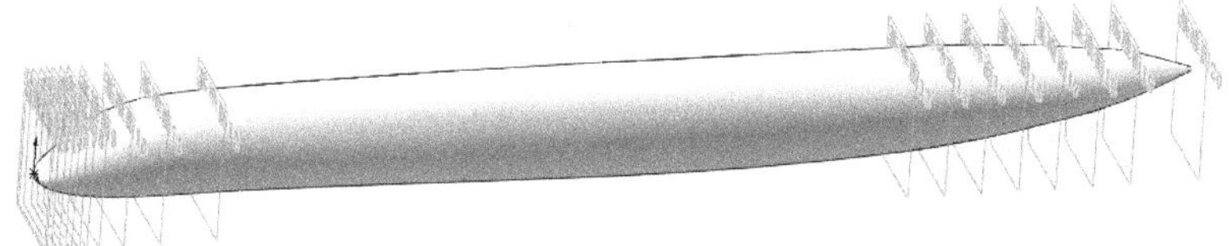

图 8-26 放样曲面

（2）隐藏基准面。在左侧的“FeatureManager 设计树”中选择前面所建的基准面，然后右击，在弹出的快捷菜单中单击“隐藏”按钮，如图 8-27 所示；将基准面隐藏，结果如图 8-28 所示。

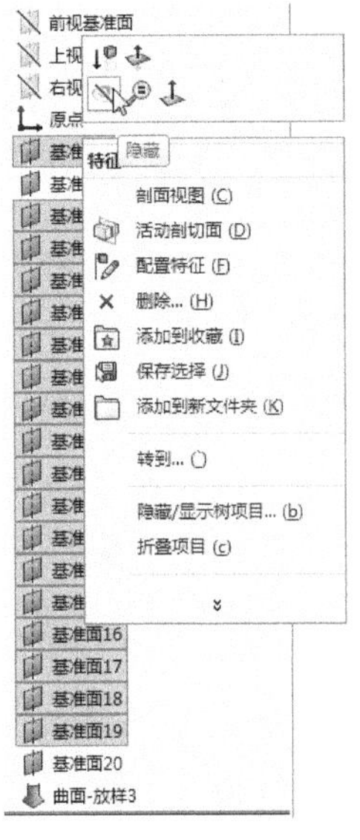

图 8-27 快捷菜单

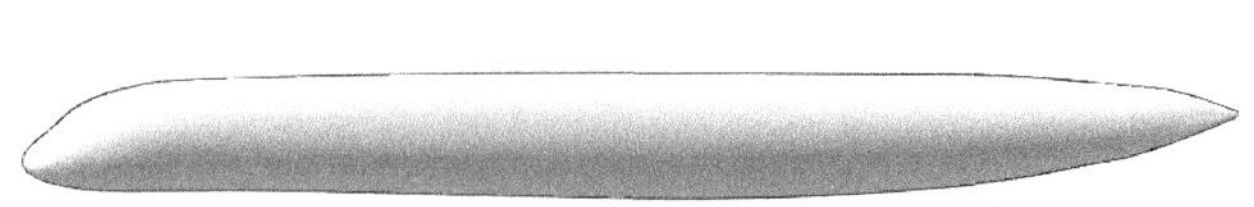

图 8-28 隐藏基准面

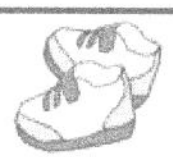

Note

（3）设置基准面。在左侧的“FeatureManager 设计树”中用鼠标选择“上视基准面”，然后单击“正视于”按钮，将该基准面作为绘制图形的基准面。单击“草图绘制”按钮，进入草图绘制状态。

（4）绘制草图 23。单击“草图”面板中的“边角矩形”按钮和“绘制倒角”按钮，绘制如图 8-29 所示的草图并标注尺寸。

（5）拉伸曲面。单击“曲面”面板中的“拉伸曲面”按钮，此时系统弹出如图 8-30 所示的“曲面-拉伸”属性管理器。选择步骤（4）创建的草图，在“方向 1”中输入拉伸距离为 607mm，在“方向 2”中输入拉伸距离为 1520mm，并选中“封底”复选框，单击属性管理器中的“确定”按钮，结果如图 8-31 所示。

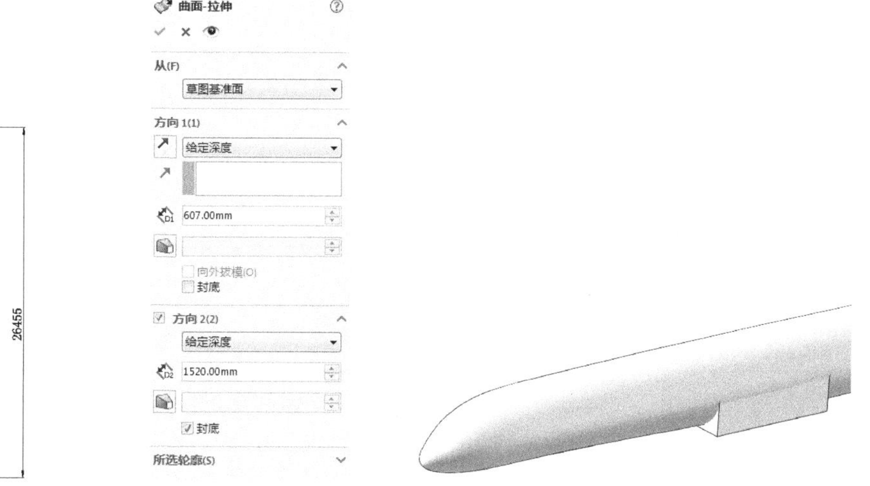

图 8-29 绘制草图 23　　图 8-30 “曲面-拉伸”属性管理器　　图 8-31 拉伸曲面

（6）剪裁曲面。单击“曲面”面板中的“剪裁曲面”按钮，此时系统弹出如图 8-32 所示的“剪裁曲面”属性管理器。选中“相互”单选按钮，选择放样曲面和拉伸曲面为裁剪曲面，选中“保留选择”单选按钮，选择图 8-32 所示的两个曲面为要保留的面，单击属性管理器中的“确定”按钮，结果如图 8-33 所示。

图 8-32 “剪裁曲面”属性管理器

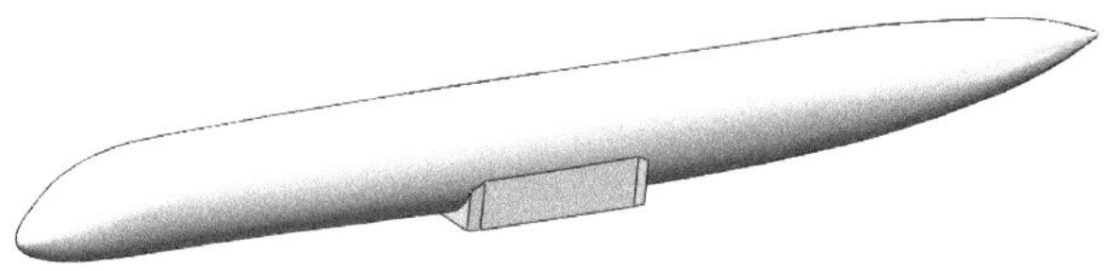

图 8-33　剪裁曲面

（7）拔模处理。单击“特征”面板中的“拔模”按钮，此时系统弹出如图 8-34 所示的“拔模”属性管理器，选择“中性面”拔模类型，输入拔模角度为 80°，选择图 8-34 所示的拉伸曲面前端面为拔模面，底面为中性面，单击属性管理器中的“确定”按钮，完成前端面的拔模；重复“拔模”命令，对拉伸曲面的后端面进行拔模处理，拔模角度为 85°，结果如图 8-35 所示。

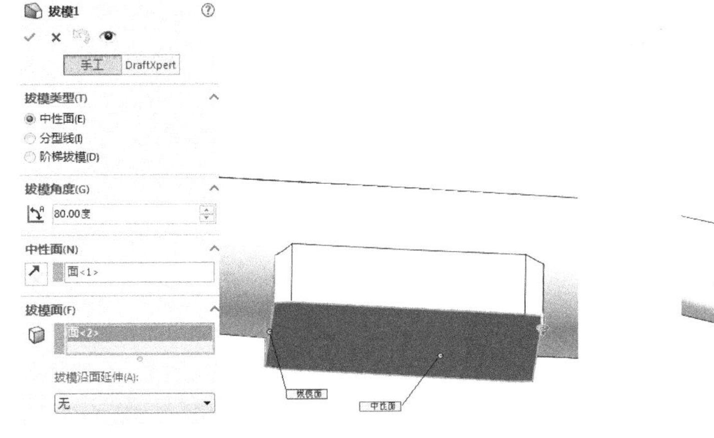

图 8-34　“拔模”属性管理器　　图 8-35　拔模曲面

（8）曲面圆角。单击“特征”面板中的“圆角”按钮，此时系统弹出如图 8-36 所示的“圆角”属性管理器。输入圆角半径为 800mm，选择如图 8-36 所示的两条边线，单击属性管理器中的“确定”按钮。

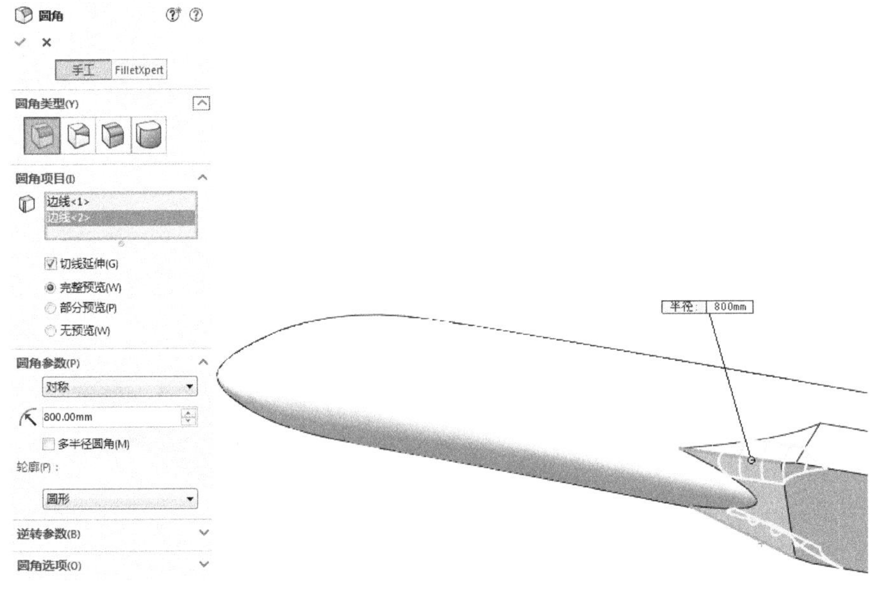

图 8-36　“圆角”属性管理器

（9）曲面圆角。单击“特征”面板中的“圆角”按钮，此时系统弹出如图 8-37 所示的“圆角”属性管理器。输入圆角半径为 400mm，选择如图 8-37 所示的两条边线，单击属性管理器中的“确定”按钮✓。

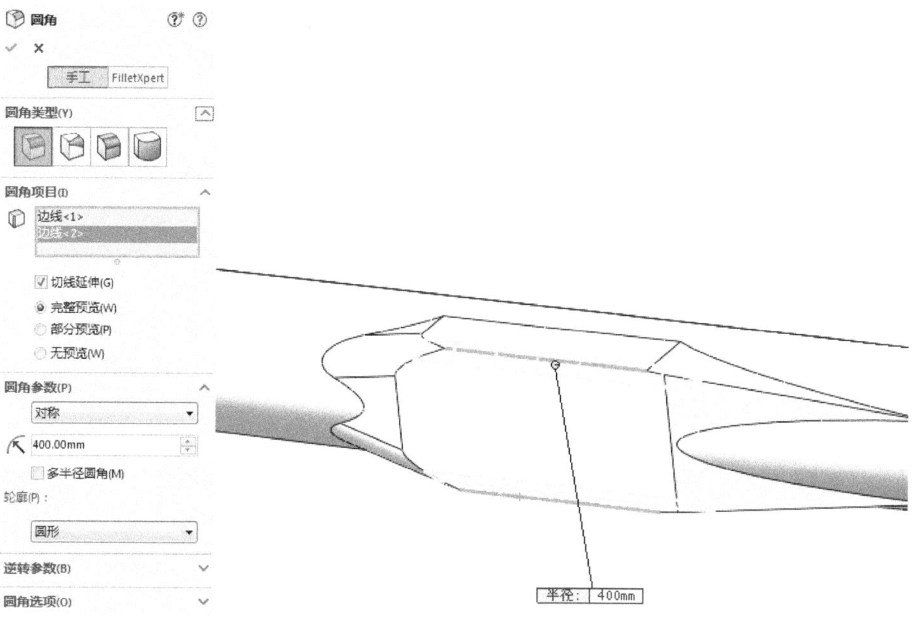

图 8-37 “圆角”属性管理器

（10）曲面圆角。单击“特征”面板中的“圆角”按钮，此时系统弹出如图 8-38 所示的“圆角”属性管理器。输入圆角半径为 1000mm，选择如图 8-38 所示的两条边线，单击属性管理器中的“确定”按钮✓。结果如图 8-39 所示。

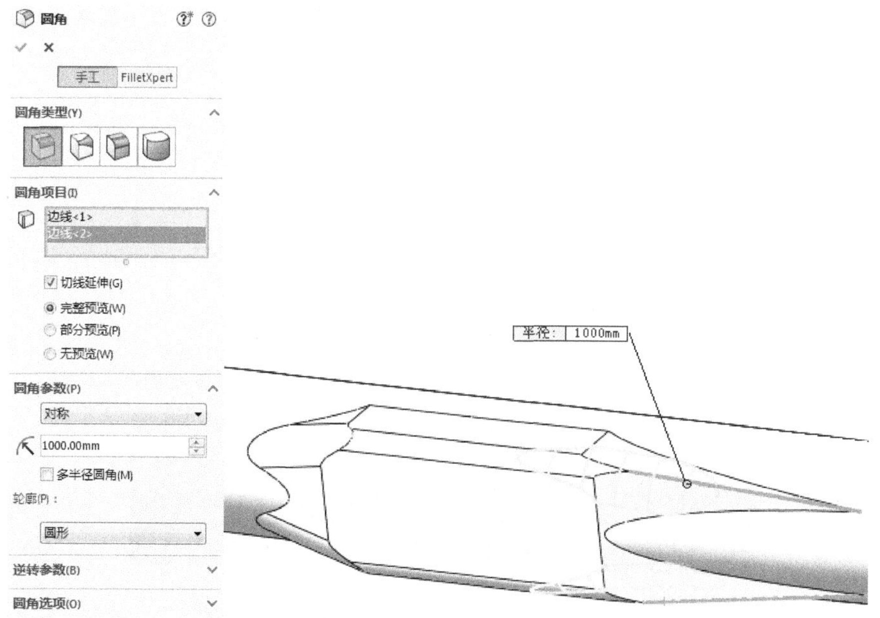

图 8-38 “圆角”属性管理器

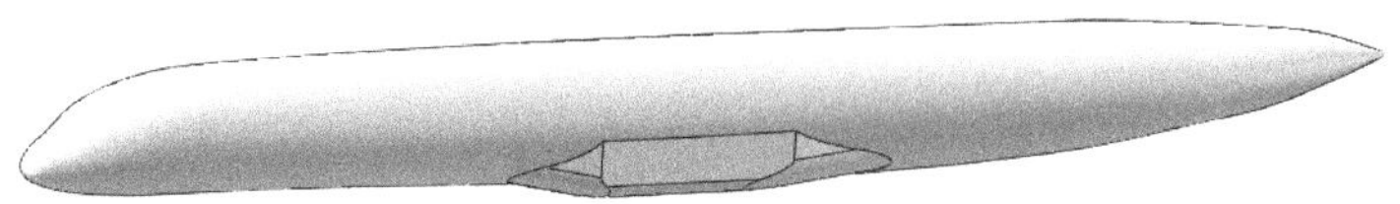

图 8-39　圆角处理

Note

8.1.2　机翼

首先绘制放样轮廓线，然后创建引导线，再通过放样、拉伸创建一侧机翼，最后镜像创建另一侧机翼。

1. 创建曲线

（1）创建基准面 21。单击“特征”面板“参考几何体”下拉列表中的“基准面”按钮，弹出如图 8-40 所示的“基准面”属性管理器。选择“右视基准面”为参考面，输入偏移距离为 18740mm。单击“确定”按钮，完成基准面 21 的创建。

（2）设置基准面。在左侧的“FeatureManager 设计树”中用鼠标选择“基准面 21”，然后单击“正视于”按钮，将该基准面作为绘制图形的基准面。单击“草图绘制”按钮，进入草图绘制状态。

（3）绘制草图。单击“草图”面板中的“点”按钮，在视图中绘制一点，弹出“点”属性管理器，输入坐标点（29015，-1359），如图 8-41 所示。单击“确定”按钮，完成点的创建。重复“点”命令，在视图中创建其他点，如图 8-42 所示。点坐标如表 8-1 所示。

图 8-40　“基准面”属性管理器　　　图 8-41　“点”属性管理器

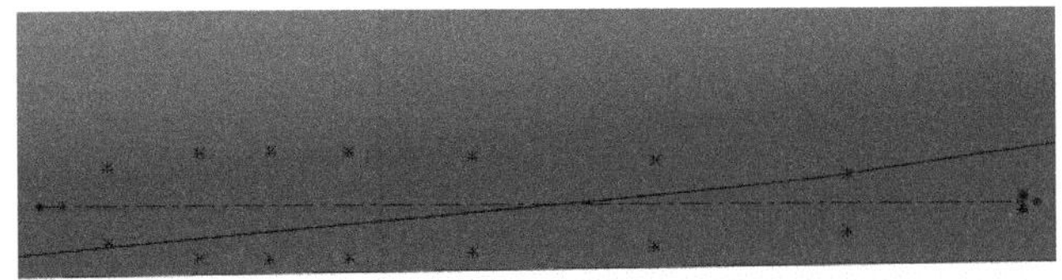

图 8-42　绘制点

表 8-1　点坐标

点	坐　　标	点	坐　　标
点 1	29015，-1359	点 6	27607，-1274
点 2	28689，-1319	点 7	27471，-1276
点 3	28329，-1294	点 8	27301，-1303
点 4	27990，-1286	点 9	27213，-1372
点 5	27756，-1275		

（4）单击“草图”面板中的“中心线”按钮，绘制一条穿过点 9 的水平中心线。

（5）单击“草图”面板中的“镜像实体”按钮，将点 1～点 8 以水平中心线进行镜像。

（6）单击“草图”面板中的“样条曲线”按钮和“直线“按钮，连接视图中所有点，单击“退出草图”按钮，完成样条曲线的绘制，如图 8-43 所示。

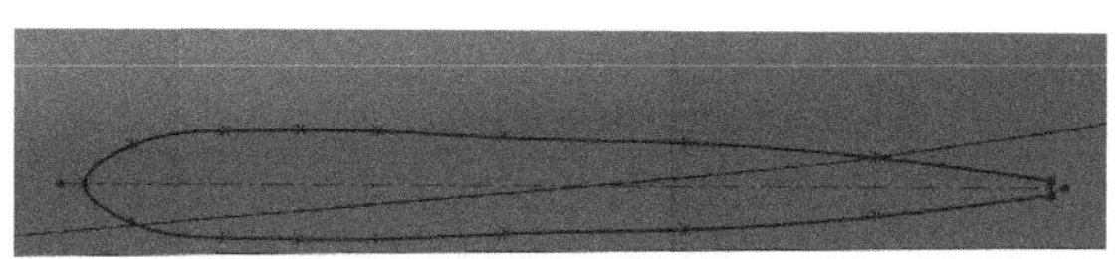

图 8-43　绘制样条曲线

用户也可以直接绘制样条曲线，然后标注尺寸来完成草图的绘制，还可以直接绘制样条后分别拾取样条上各个关键点，更改坐标值。

（7）创建基准面 22。单击“特征”面板“参考几何体”下拉列表中的“基准面”按钮，弹出“基准面”属性管理器。选择“右视基准面”为参考面，输入偏移距离为 2300mm。单击“确定”按钮，完成基准面 22 的创建。

（8）设置基准面。在左侧的“FeatureManager 设计树”中用鼠标选择“基准面 22”，然后单击“正视于”按钮，将该基准面作为绘制图形的基准面。单击“草图绘制”按钮，进入草图绘制状态。

（9）绘制草图。单击“草图”面板中的“点”按钮，在视图中绘制一点，弹出“点”属性管理器，输入坐标点，单击“确定”按钮，完成点的创建。重复“点”命令，在视图中创建其他点。点坐标如表 8-2 所示。

表 8-2　点坐标

点	坐　　标	点	坐　　标
点 1	26241，-146	点 7	18863，263
点 2	24203，59	点 8	18723，213
点 3	23272，157	点 9	18581，140
点 4	22021，268	点 10	18434，35
点 5	21137，325	点 11	18320，-159
点 6	19836，361		

（10）单击“草图”面板中的“中心线”按钮，绘制一条穿过点 11 的水平中心线。

（11）单击“草图”面板中的“镜像实体”按钮，将点 1～点 10 以水平中心线进行镜像。

（12）单击“草图”面板中的“样条曲线”按钮和“直线“按钮，连接视图中所有点，单击“退出草图”按钮，完成样条曲线的绘制，如图 8-44 所示。

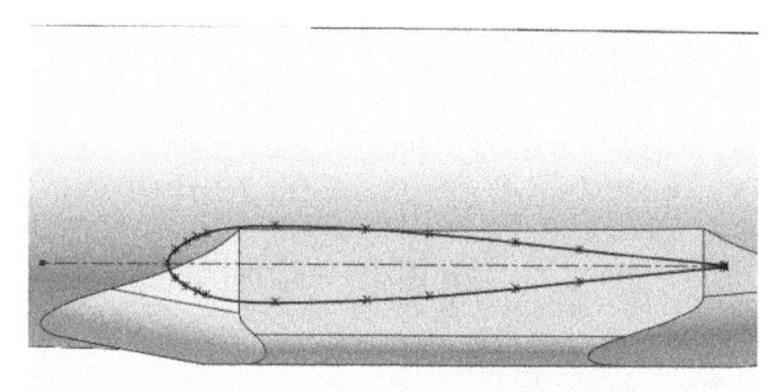

图 8-44　绘制样条曲线

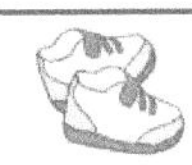

Note

（13）创建基准面 23。单击"特征"面板"参考几何体"下拉列表中的"基准面"按钮，弹出如图 8-45 所示的"基准面"属性管理器。在视图中选择两个草图的中心线。单击"确定"按钮，完成基准面 23 的创建。

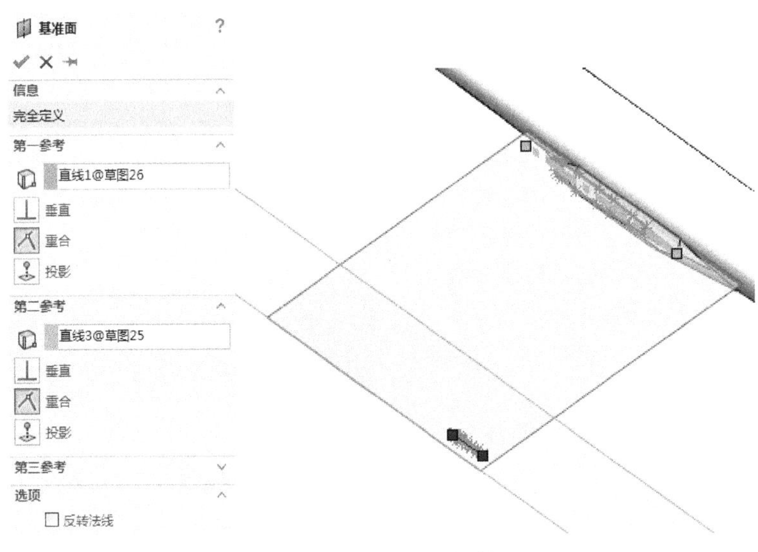

图 8-45 "基准面"属性管理器

（14）设置基准面。在左侧的"FeatureManager 设计树"中用鼠标选择"基准面 23"，然后单击"正视于"按钮，将该基准面作为绘制图形的基准面。单击"草图绘制"按钮，进入草图绘制状态。

（15）绘制草图。单击"草图"面板中的"直线"按钮，绘制如图 8-46 所示的草图，单击"退出草图"按钮，退出草图绘制环境。

（16）设置基准面。在左侧的"FeatureManager 设计树"中用鼠标选择"基准面 23"，然后单击"正视于"按钮，将该基准面作为绘制图形的基准面。单击"草图绘制"按钮，进入草图绘制状态。

（17）绘制草图。单击"草图"面板中的"直线"按钮，绘制如图 8-47 所示的草图并标注尺寸，单击"退出草图"按钮，退出草图绘制环境。

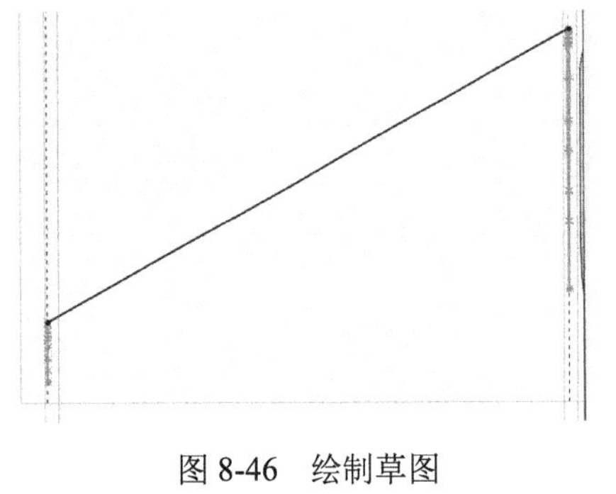

图 8-46 绘制草图

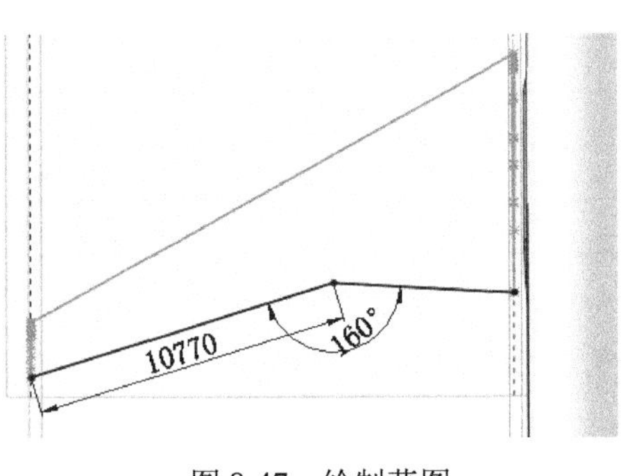

图 8-47 绘制草图

2. 创建曲面

（1）放样曲面。单击"曲面"面板中的"放样曲面"按钮，系统弹出"曲面-放样"属性管理

Note

器；如图 8-48 所示，依次选择图 8-43 和图 8-44 中的样条曲线为轮廓，再依次选择图 8-46 和图 8-47 中的线段为引导线，单击“确定”按钮✔，生成放样曲面，隐藏基准面后效果如图 8-49 所示。

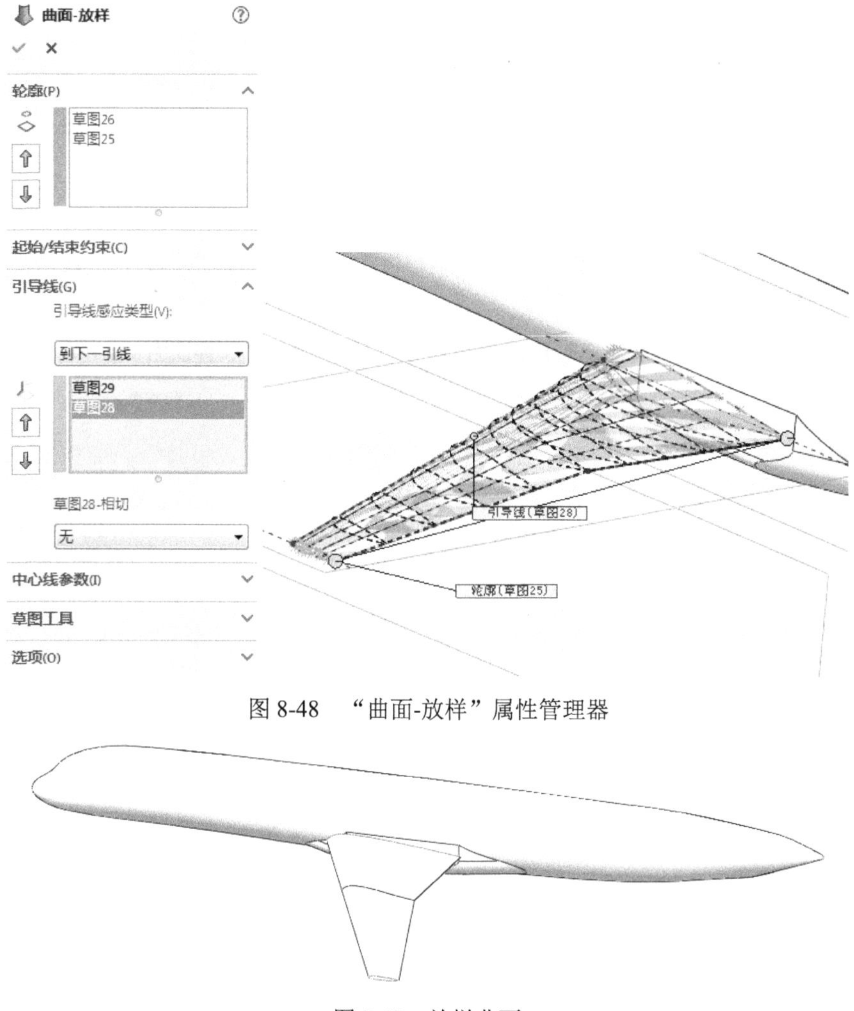

图 8-48　“曲面-放样”属性管理器

图 8-49　放样曲面

（2）设置基准面。在左侧的“FeatureManager 设计树”中用鼠标选择“基准面 22”，然后单击“正视于”按钮，将该基准面作为绘制图形的基准面。单击“草图绘制”按钮，进入草图绘制状态。

（3）绘制草图。单击“草图”面板中的“转换实体引用”按钮，将放样曲面在基准面 22 上的边线转换为图素。

（4）拉伸曲面。单击“曲面”面板中的“拉伸曲面”按钮，此时系统弹出如图 8-50 所示的“曲面-拉伸”属性管理器。选择步骤（3）创建的草图，设置终止条件为“给定深度”，输入拉伸距离为 600mm，单击属性管理器中的“确定”按钮✔，结果如图 8-51 所示。

（5）平面曲面。单击“曲面”面板中的“平面曲面”按钮，此时系统弹出如图 8-52 所示的“平面”属性管理器。选择边线为边界，单击属性管理器中的“确定”按钮✔。

（6）缝合曲面。单击“曲面”面板中的“缝合曲面”按钮，此时系统弹出如图 8-53 所示的“缝合曲面”属性管理器。选择放样曲面、拉伸曲面和平面区域，单击属性管理器中的“确定”按钮✔。

Note

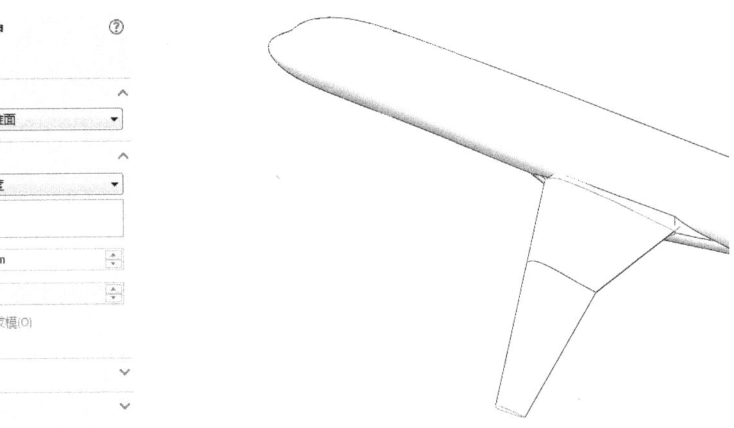

图 8-50 “曲面-拉伸”属性管理器

图 8-51 拉伸曲面

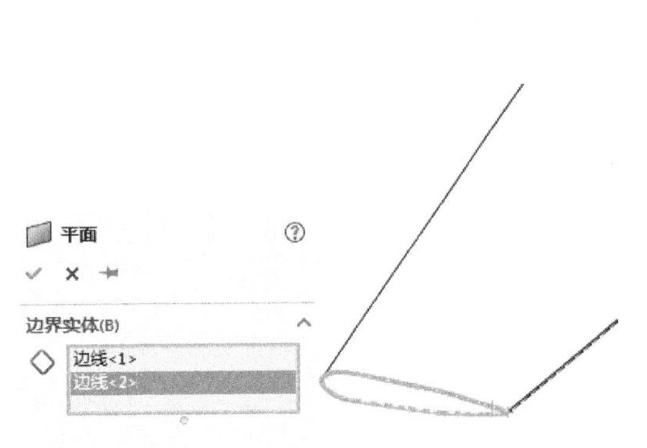

图 8-52 “平面”属性管理器

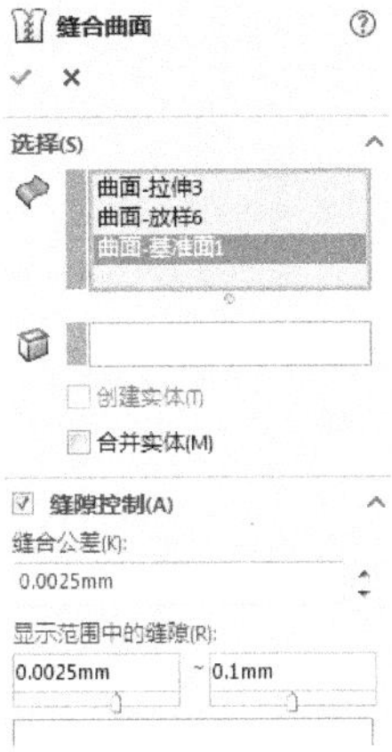

图 8-53 “缝合曲面”属性管理器

（7）剪裁曲面。单击“曲面”面板中的“剪裁曲面”按钮，此时系统弹出如图 8-54 所示的“剪裁曲面”属性管理器。选中“标准”单选按钮，选择机身为剪裁曲面，选中“保留选择”单选按钮，选择机翼为要保留的面，单击属性管理器中的“确定”按钮，结果如图 8-55 所示。

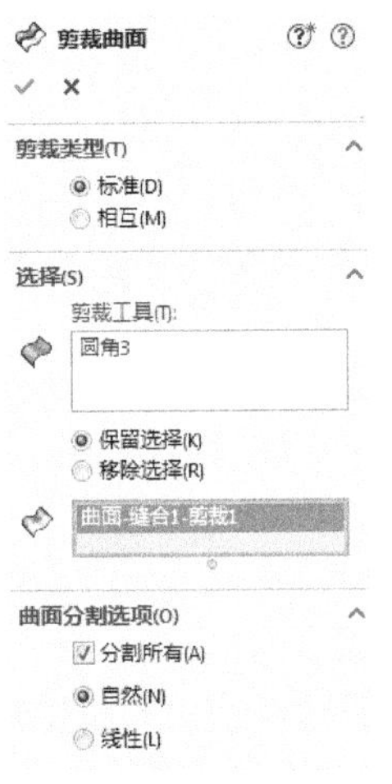

图 8-54 “剪裁曲面”属性管理器

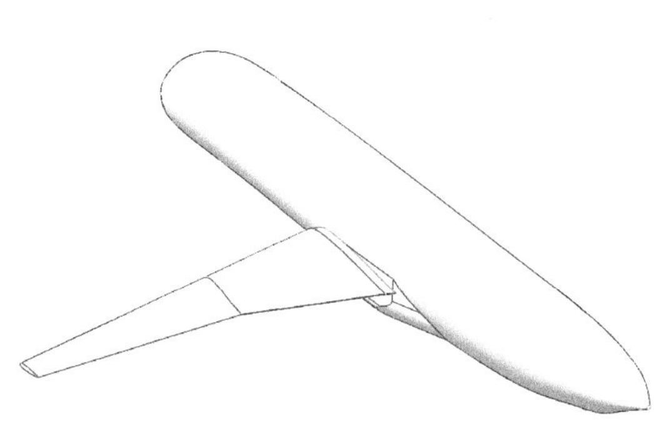

图 8-55 剪裁曲面

（8）镜像机翼。单击“特征”面板中的“镜像”按钮，此时系统弹出如图 8-56 所示的“镜像”属性管理器。选择“右视基准面”为镜像基准面，选择机翼为要镜像的实体，单击属性管理器中的“确定”按钮✓，结果如图 8-57 所示。

图 8-56　“镜像”属性管理器

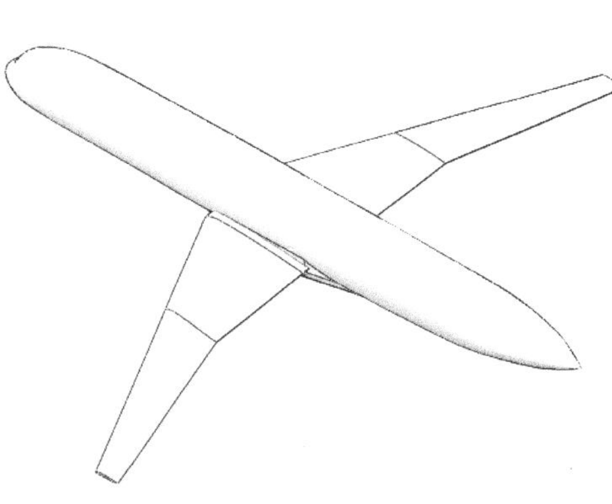

图 8-57　镜像机翼

8.1.3　水平尾翼

首先绘制放样轮廓线，再通过放样、拉伸创建一侧水平尾翼，最后镜像创建另一侧水平尾翼。

1. 创建曲线

（1）创建基准面 24。单击“特征”面板“参考几何体”下拉列表中的“基准面”按钮，弹出“基准面”属性管理器。选择“右视基准面”为参考面，输入偏移距离为 7540mm。单击“确定”按钮✓，完成基准面 24 的创建。

（2）设置基准面。在左侧的“FeatureManager 设计树”中用鼠标选择“基准面 24”，然后单击“正视于”按钮，将该基准面作为绘制图形的基准面。单击“草图绘制”按钮，进入草图绘制状态。

（3）绘制草图。单击“草图”面板中的“点”按钮，在视图中绘制一点，弹出“点”属性管理器，输入坐标点，单击“确定”按钮✓，完成点的创建。重复“点”命令，在视图中创建其他点。点坐标如表 8-3 所示。

表 8-3　点坐标

点	坐　标	点	坐　标
点 1	46637，2139	点 6	45111，2198
点 2	46495，2151	点 7	45012，2177
点 3	45867，2191	点 8	44919，2147
点 4	45462，2205	点 9	44897，2126
点 5	45207，2206		

（4）单击“草图”面板中的“中心线”按钮，绘制一条穿过点9的水平中心线。

（5）单击“草图”面板中的“镜像实体”按钮，将点1～点8以水平中心线进行镜像。

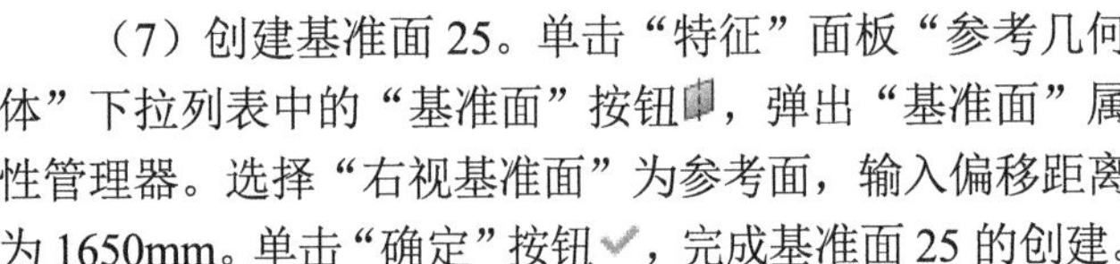

（6）单击“草图”面板中的“样条曲线”按钮和“直线“按钮，连接视图中所有点，单击“退出草图”按钮，完成样条曲线的绘制，如图8-58所示。

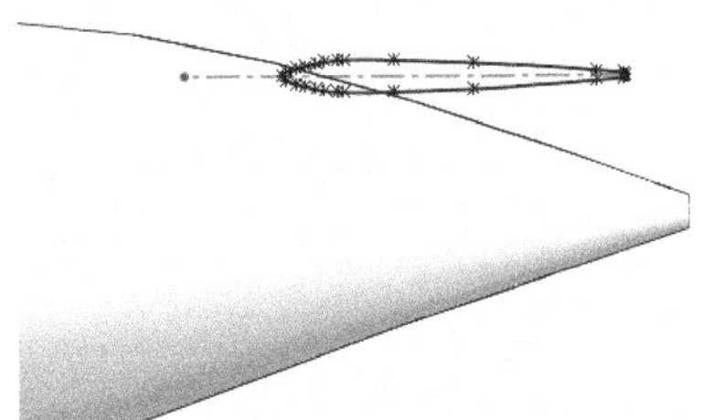

图8-58　绘制样条曲线

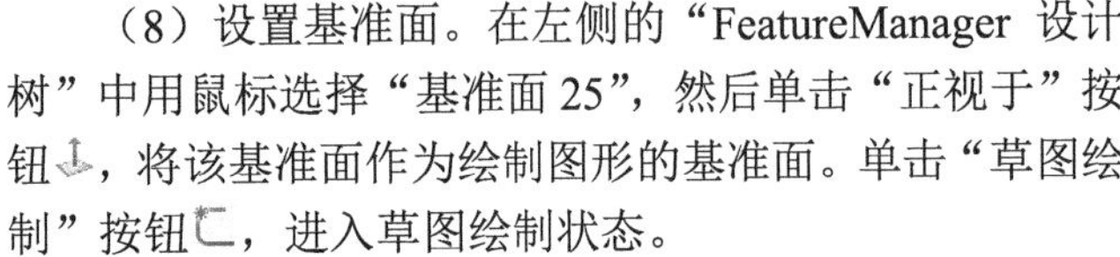

（7）创建基准面25。单击“特征”面板“参考几何体”下拉列表中的“基准面”按钮，弹出“基准面”属性管理器。选择“右视基准面”为参考面，输入偏移距离为1650mm。单击“确定”按钮，完成基准面25的创建。

（8）设置基准面。在左侧的“FeatureManager 设计树”中用鼠标选择“基准面25”，然后单击“正视于”按钮，将该基准面作为绘制图形的基准面。单击“草图绘制”按钮，进入草图绘制状态。

（9）绘制草图。单击“草图”面板中的“点”按钮，在视图中绘制一点，弹出“点”属性管理器，输入坐标点，单击“确定”按钮，完成点的创建。重复“点”命令，在视图中创建其他点。点坐标如表8-4所示。

表8-4　点坐标

点	坐　　标	点	坐　　标
点1	45186，1332	点7	41396，1560
点2	44262，1431	点8	41263，1533
点3	43321，1516	点9	41071，1480
点4	42671，1561	点10	40919，1414
点5	41879，1587	点11	40870，1332
点6	41634，1584		

（10）单击“草图”面板中的“中心线”按钮，绘制一条穿过点1和点11的水平中心线。

（11）单击“草图”面板中的“镜像实体”按钮，将点2～点10以水平中心线进行镜像。

（12）单击“草图”面板中的“样条曲线”按钮，连接视图中所有点，单击“退出草图”按钮，完成样条曲线的绘制，如图8-59所示。

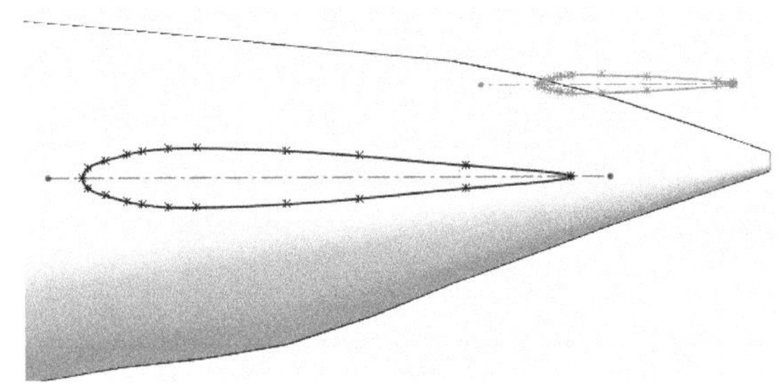

图8-59　绘制样条曲线

2. 创建曲面

（1）放样曲面。单击“曲面”面板中的“放样曲面”按钮，系统弹出“曲面-放样”属性管理器；如图8-60所示，依次选择图8-58和图8-59中的样条曲线为轮廓，单击“确定”按钮，生成放样曲面，效果如图8-61所示。

（2）设置基准面。在左侧的“FeatureManager 设计树”中用鼠标选择“基准面25”，然后单击“正视于”按钮，将该基准面作为绘制图形的基准面。单击“草图绘制”按钮，进入草图绘制状态。

（3）绘制草图。单击“草图”面板中的“转换实体引用”按钮，将放样曲面在基准面25上的边线转换为图素。

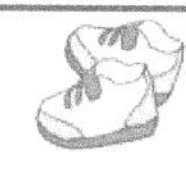

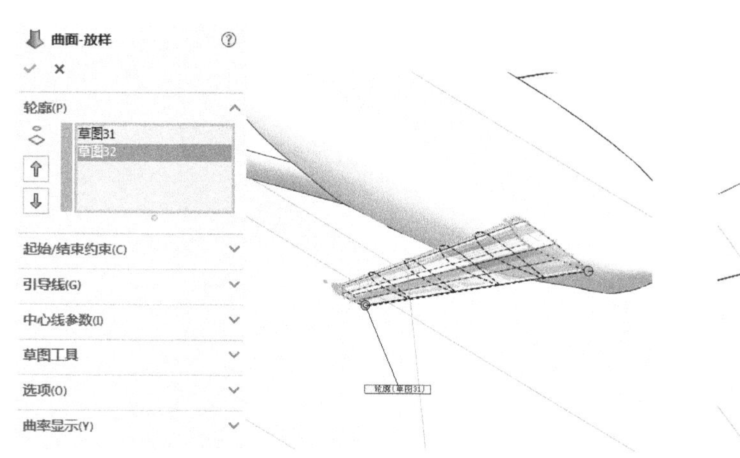

图 8-60　“曲面-放样”属性管理器

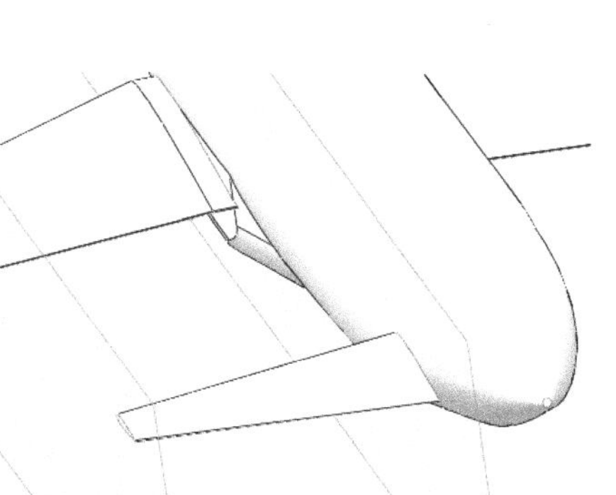

图 8-61　放样曲面

（4）拉伸曲面。单击“曲面”面板中的“拉伸曲面”按钮，此时系统弹出如图 8-62 所示的“曲面-拉伸”属性管理器。选择步骤（3）创建的草图，设置终止条件为“给定深度”，输入拉伸距离为 1000mm，单击属性管理器中的“确定”按钮✓，结果如图 8-63 所示。

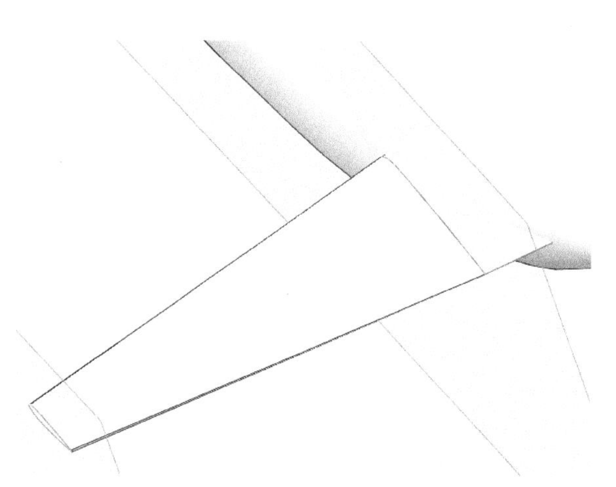

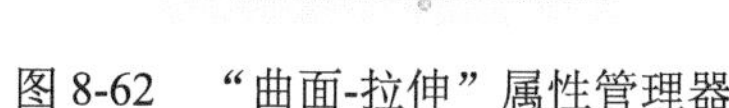

图 8-62　“曲面-拉伸”属性管理器

图 8-63　拉伸曲面

（5）平面曲面。单击“曲面”面板中的“平面曲面”按钮，此时系统弹出如图 8-64 所示的“平面”属性管理器。选择图 8-64 中边线为边界，单击属性管理器中的“确定”按钮✓。

（6）缝合曲面。单击“曲面”面板中的“缝合曲面”按钮，此时系统弹出如图 8-65 所示的“缝合曲面”属性管理器。选择放样曲面、拉伸曲面和平面区域，单击属性管理器中的“确定”按钮✓。

（7）剪裁曲面。单击“曲面”面板中的“剪裁曲面”按钮，此时系统弹出如图 8-66 所示的“剪裁曲面”属性管理器。选中“相互”单选按钮，选择机身和水平尾翼为裁剪曲面，选中“保留选择”单选按钮，选择如图 8-66 所示的水平尾翼和机身为要保留的面，单击属性管理器中的“确定”按钮✓，结果如图 8-67 所示。

（8）镜像机翼。单击“特征”面板中的“镜像”按钮，此时系统弹出如图 8-68 所示的“镜像”属性管理器。选择“右视基准面”为镜像基准面，选择水平尾翼为要镜像的实体，单击属性管理器中

Note

的“确定”按钮✓，结果如图 8-69 所示。

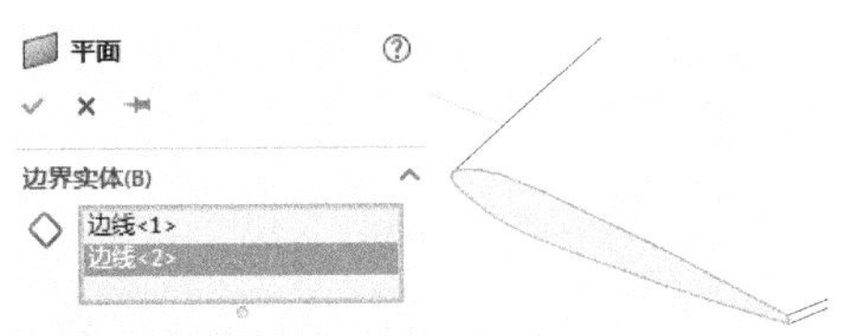

图 8-64 “平面”属性管理器

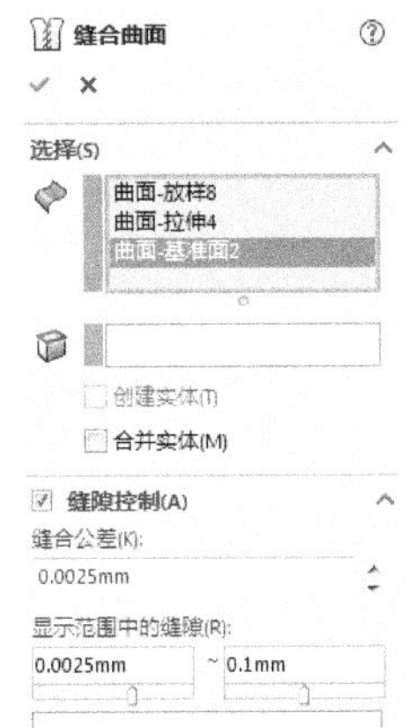

图 8-65 “缝合曲面”属性管理器

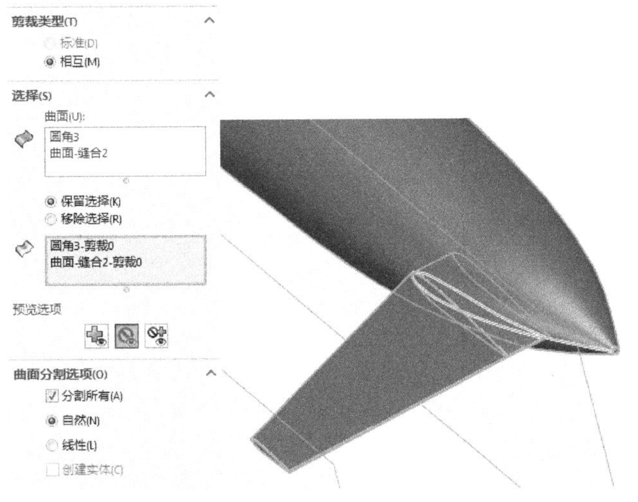

图 8-66 “剪裁曲面”属性管理器

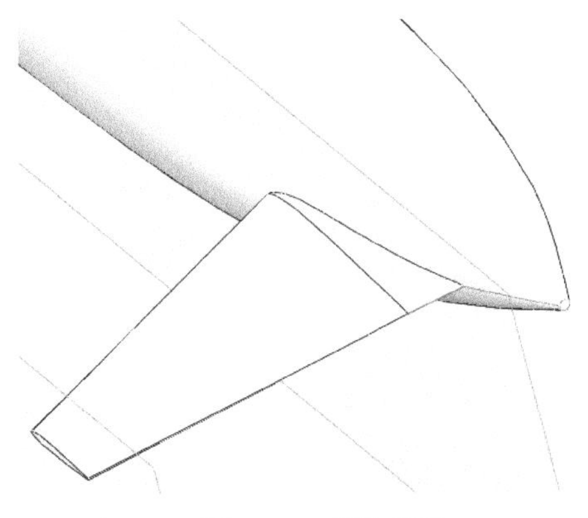

图 8-67 剪裁曲面

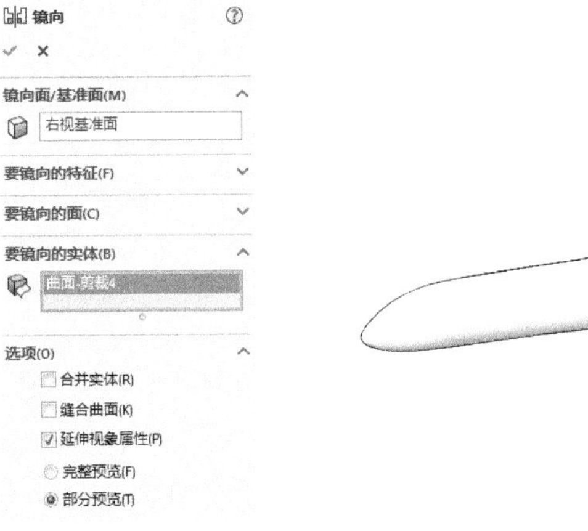

图 8-68 “镜像”属性管理器

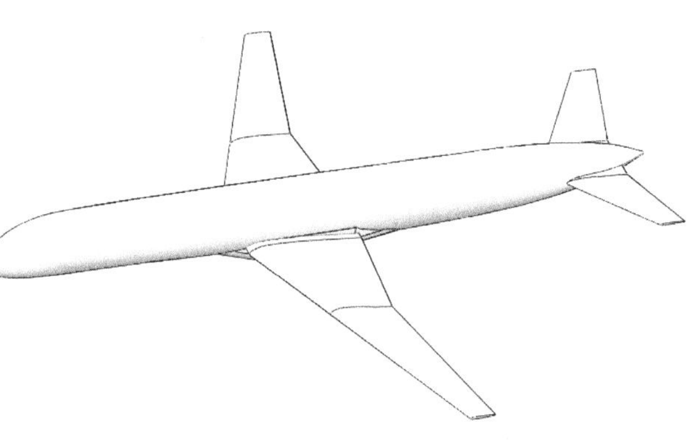

图 8-69 镜像水平尾翼

8.1.4　竖直尾翼

扫码看视频

8.1..4　竖直尾翼

首先绘制放样轮廓线，然后创建引导线，再通过放样、拉伸创建竖直尾翼。

1. 创建曲线

（1）创建基准面 26。单击“特征”面板“参考几何体”下拉列表中的“基准面”按钮，弹出“基准面”属性管理器。选择“上视基准面”为参考面，输入偏移距离为 10034mm。单击“确定”按钮，完成基准面 26 的创建。

（2）设置基准面。在左侧的“FeatureManager 设计树”中用鼠标选择“基准面 26”，然后单击“正视于”按钮，将该基准面作为绘制图形的基准面。单击“草图绘制”按钮，进入草图绘制状态。

（3）绘制草图。单击“草图”面板中的“点”按钮，在视图中绘制一点，弹出“点”属性管理器，输入坐标点，单击“确定”按钮，完成点的创建。重复“点”命令，在视图中创建其他点。点坐标如表 8-5 所示。

表 8-5　点坐标

点	坐　标	点	坐　标
点 1	0，47316	点 6	178，45432
点 2	46，47004	点 7	175，45275
点 3	93，46691	点 8	163，45117
点 4	134，46377	点 9	123，44965
点 5	162，46063	点 10	0，44880

（4）单击“草图”面板中的“中心线”按钮，绘制一条穿过点 1 和点 10 的水平中心线。

（5）单击“草图”面板中的“镜像实体”按钮，将点 2～点 9 以水平中心线进行镜像。

（6）单击“草图”面板中的“样条曲线”按钮，连接视图中所有点，单击“退出草图”按钮，完成样条曲线的绘制，如图 8-70 所示。

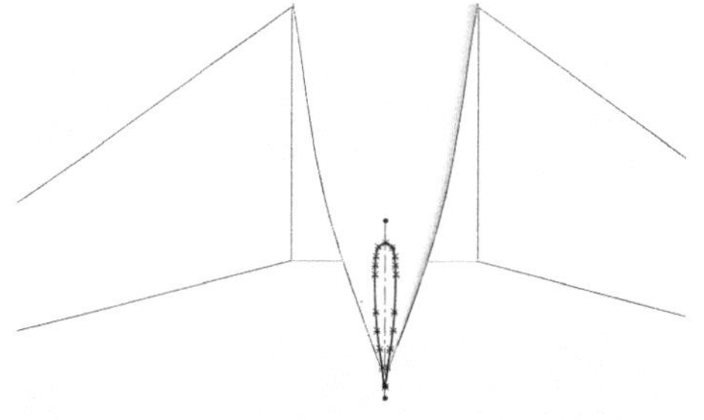

图 8-70　绘制样条曲线

（7）创建基准面 27。单击“特征”面板“参考几何体”中的“基准面”按钮，弹出“基准面”属性管理器。选择“上视基准面”为参考面，输入偏移距离为 2942mm。单击“确定”按钮，完成基准面 27 的创建。

（8）设置基准面。在左侧的“FeatureManager 设计树”中用鼠标选择“基准面 27”，然后单击“正视于”按钮，将该基准面作为绘制图形的基准面。单击“草图绘制”按钮，进入草图绘制状态。

（9）绘制草图。单击“草图”面板中的“点”按钮，在视图中绘制一点，弹出“点”属性管理器，输入坐标点，单击“确定”按钮，完成点的创建。重复“点”命令，在视图中创建其他点。点坐标如表 8-6 所示。

Note

表 8-6　点坐标

点	坐　标	点	坐　标
点 1	0，44567	点 7	200，38079
点 2	126，43492	点 8	178，36860
点 3	203，42411	点 9	147，36252
点 4	234，41328	点 10	97，36056
点 5	234，40245	点 11	0，35973
点 6	219，39162		

（10）单击“草图”面板中的“中心线”按钮，绘制一条穿过点 1 和点 10 的水平中心线。

（11）单击“草图”面板中的“镜像实体”按钮，将点 2～点 10 以水平中心线进行镜像。

（12）单击“草图”面板中的“样条曲线”按钮，连接视图中所有点，单击“退出草图”按钮，完成样条曲线的绘制，如图 8-71 所示。

（13）设置基准面。在左侧的“FeatureManager 设计树”中用鼠标选择“右视基准面”，然后单击“正视于”按钮，将该基准面作为绘制图形的基准面。单击“草图绘制”按钮，进入草图绘制状态。

（14）单击“草图”面板中的“直线”按钮，绘制如图 8-72 所示的草图。单击“退出草图”按钮，完成草图绘制。

（15）设置基准面。在左侧的“FeatureManager 设计树”中用鼠标选择“右视基准面”，然后单击“正视于”按钮，将该基准面作为绘制图形的基准面。单击“草图绘制”按钮，进入草图绘制状态。

（16）单击“草图”面板中的“样条曲线”按钮，绘制如图 8-73 所示的草图。单击“退出草图”按钮，完成草图绘制。

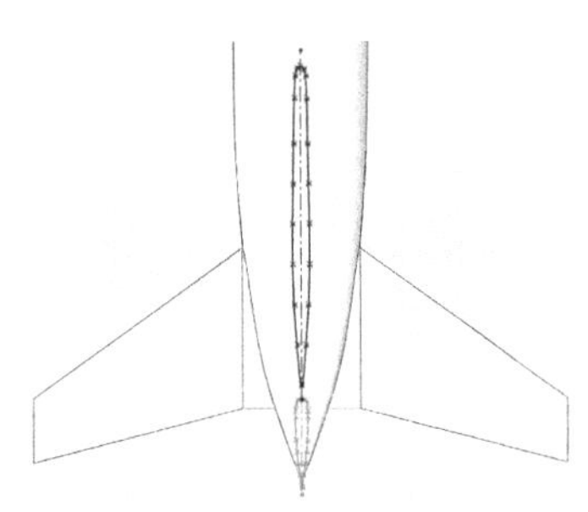
图 8-71　绘制样条曲线

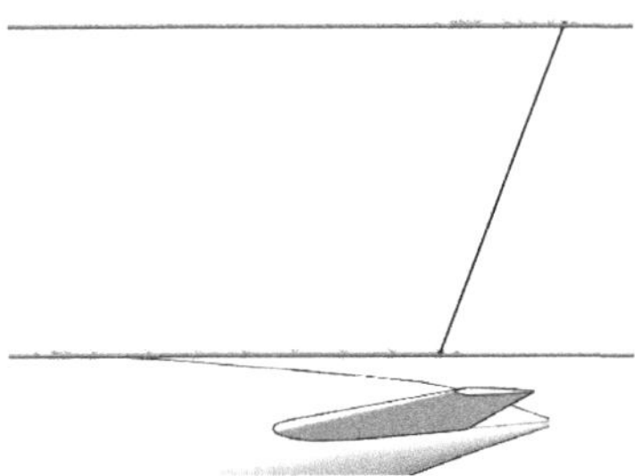
图 8-72　绘制草图

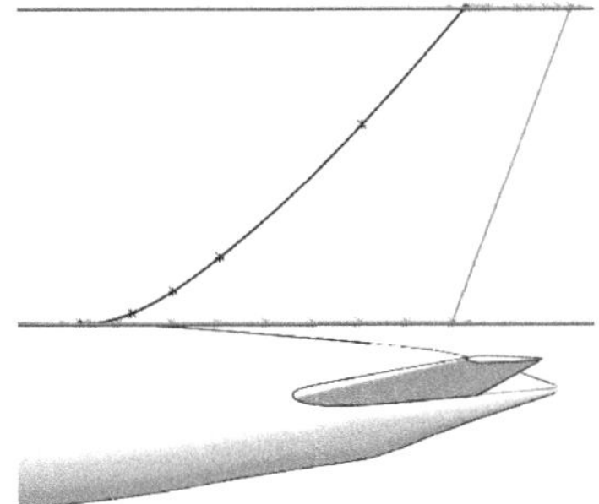
图 8-73　绘制草图

2. 创建曲面

（1）放样曲面。单击“曲面”面板中的“放样曲面”按钮，系统弹出“曲面-放样”属性管理器；如图 8-74 所示，依次选择图 8-70 和图 8-71 中的样条曲线为轮廓，依次选择图 8-72 和图 8-73 中的线段为引导线，单击“确定”按钮，生成放样曲面，效果如图 8-75 所示。

（2）设置基准面。在左侧的“FeatureManager 设计树”中用鼠标选择“基准面 27”，然后单击“正视于”按钮，将该基准面作为绘制图形的基准面。单击“草图绘制”按钮，进入草图绘制状态。

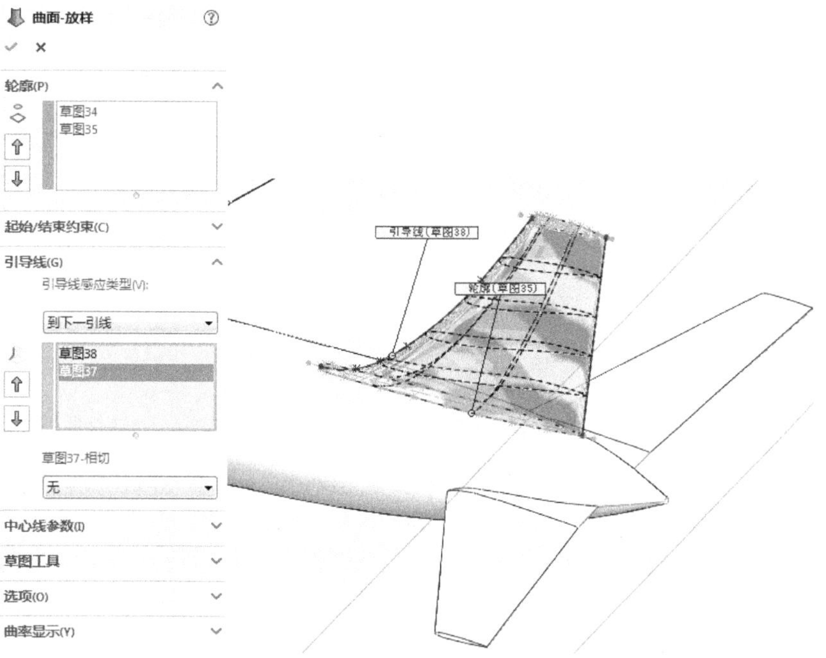

图 8-74　“曲面-放样”属性管理器

（3）绘制草图 2。单击“草图”面板中的“转换实体引用”按钮，将放样曲面上端边线转换为图素。

（4）拉伸曲面。单击“曲面”面板中的“拉伸曲面”按钮，此时系统弹出如图 8-76 所示的“曲面-拉伸”属性管理器。选择步骤（3）创建的草图，设置终止条件为“给定深度”，输入拉伸距离为 1000mm，单击属性管理器中的“确定”按钮，结果如图 8-77 所示。

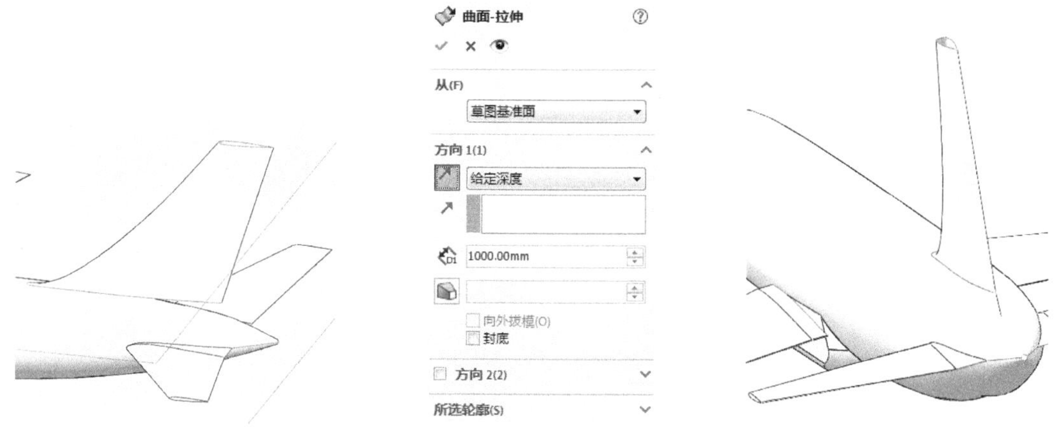

图 8-75　放样曲面　　图 8-76　“曲面-拉伸”属性管理器　　图 8-77　拉伸曲面

（5）平面曲面。单击“曲面”面板中的“平面曲面”按钮，此时系统弹出如图 8-78 所示的“平面”属性管理器。选择如图 8-78 所示的边线为边界，单击属性管理器中的“确定”按钮。

（6）缝合曲面。单击“曲面”面板中的“缝合曲面”按钮，此时系统弹出如图 8-79 所示的“缝合曲面”属性管理器。选择放样曲面、拉伸曲面和平面区域，单击属性管理器中的“确定”按钮，结果如图 8-80 所示。

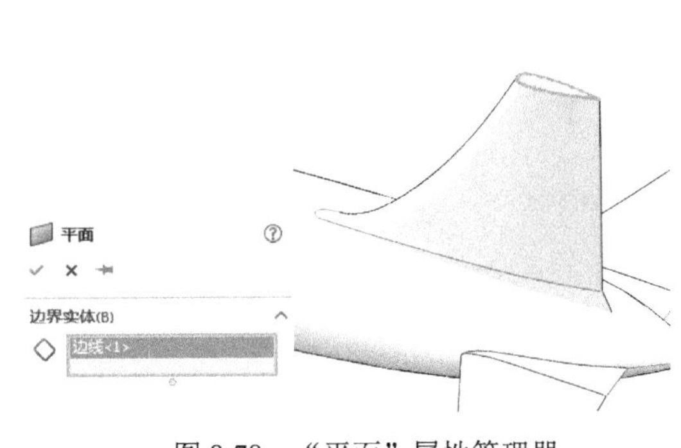

图 8-78 “平面”属性管理器

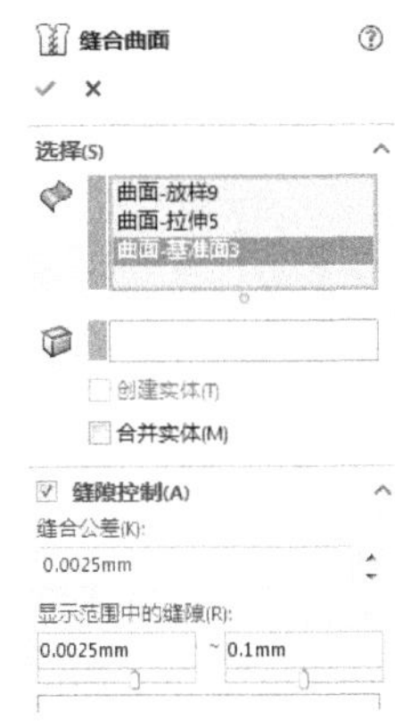

图 8-79 “缝合曲面”属性管理器

（7）剪裁曲面。单击“曲面”面板中的“剪裁曲面”按钮，此时系统弹出如图 8-81 所示的“剪裁曲面”属性管理器。选中“相互”单选按钮，选择机身和竖直尾翼为裁剪曲面，选中“保留选择”单选按钮，选择如图 8-81 所示的竖直尾翼和机身为要保留的面，单击属性管理器中的“确定”按钮，结果如图 8-82 所示。

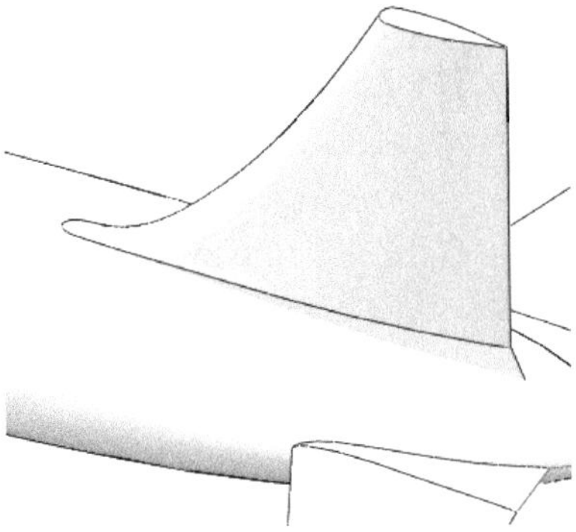

图 8-80 缝合曲面

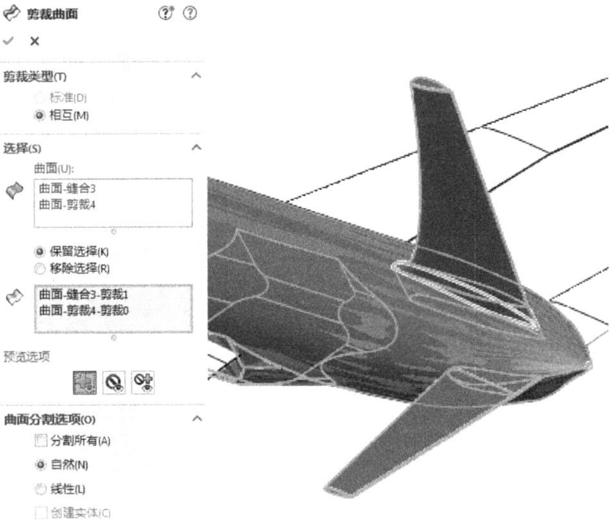

图 8-81 “剪裁曲面”属性管理器

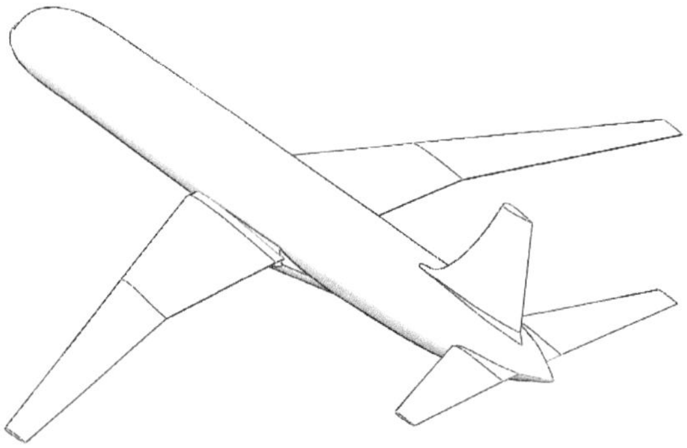

图 8-82 剪裁曲面

8.1.5　发动机

Note

首先绘制草图，通过拉伸、旋转创建发动机主体，然后通过倒角、圆角、拔模等对发动机进行细节处理，完成一侧发动机的创建，最后通过镜像创建另一侧发动机。

（1）创建基准面 28。单击“特征”面板“参考几何体”下拉列表中的“基准面”按钮，弹出“基准面”属性管理器。选择“上视基准面”为参考面，输入偏移距离为 300mm，选中“反转”复选框，单击“确定”按钮，完成基准面 28 的创建。

（2）设置基准面。在左侧的“FeatureManager 设计树”中用鼠标选择“基准面 28”，然后单击“正视于”按钮，将该基准面作为绘制图形的基准面。单击“草图绘制”按钮，进入草图绘制状态。

（3）绘制草图 2。单击“草图”面板中的“边角矩形”按钮，绘制如图 8-83 所示的草图并标注尺寸。

（4）拉伸实体。单击“特征”面板中的“拉伸凸台/基体”按钮，此时系统弹出如图 8-84 所示的“凸台-拉伸”属性管理器。设置终止条件为“给定深度”，输入拉伸距离为 1200mm，单击属性管理器中的“确定”按钮，结果如图 8-85 所示。

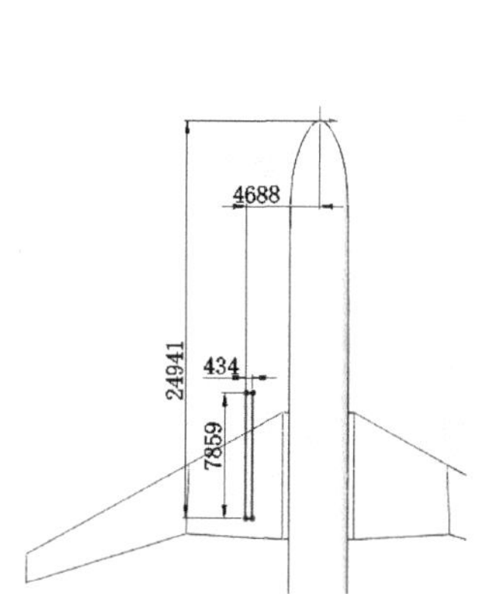

图 8-83　绘制草图

图 8-84　“凸台-拉伸”属性管理器

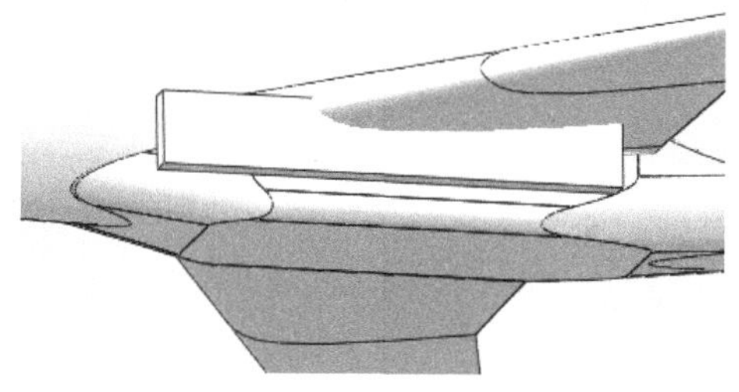

图 8-85　拉伸实体

（5）倒角处理。单击“特征”面板中的“倒角”按钮，此时系统弹出如图 8-86 所示的“倒角”属性管理器。选择如图 8-86 所示的长方体下边线，输入距离 1 为 4700mm，输入距离 2 为 850mm，单击属性管理器中的“确定”按钮。重复“倒角”命令，选择如图 8-87 所示的长方体下边线，输入距离 1 为 1200mm，输入距离 2 为 1000mm。

（6）创建基准面 29。单击“特征”面板“参考几何体”下拉列表中的“基准面”按钮，弹出“基准面”属性管理器。选择“右视基准面”为参考面，输入偏移距离为 4471mm，选中“反转”复选框，单击“确定”按钮，完成基准面 29 的创建。

（7）设置基准面。在左侧的“FeatureManager 设计树”中用鼠标选择“基准面 29”，然后单击“正视于”按钮，将该基准面作为绘制图形的基准面。单击“草图绘制”按钮，进入草图绘制状态。

（8）绘制草图 2。单击“草图”面板中的“直线”按钮和“样条曲线”按钮，绘制如图 8-88 所示的草图并标注尺寸。

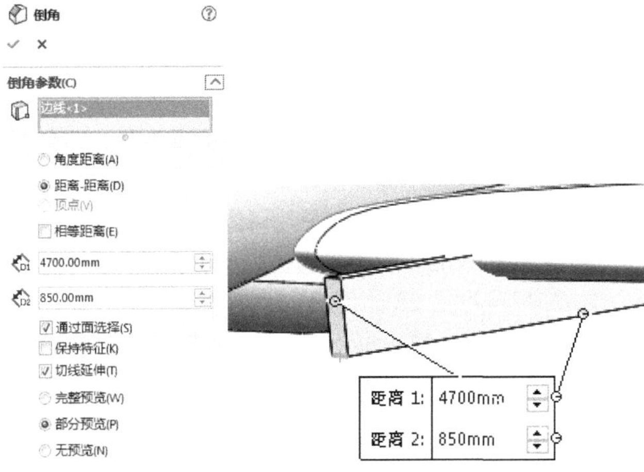

图 8-86 “倒角”属性管理器

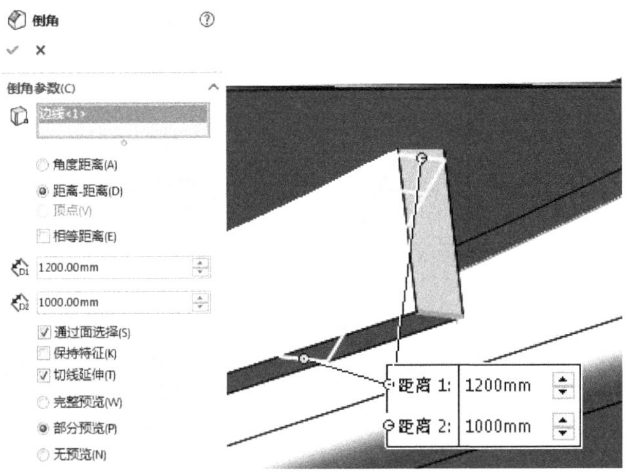

图 8-87 选择倒角边线

（9）旋转实体。单击“特征”面板中的“旋转凸台/基体”按钮，此时系统弹出如图 8-89 所示的“旋转”属性管理器。选择草图中的水平直线为旋转轴，输入旋转角度为 360°，单击属性管理器中的“确定”按钮✓，结果如图 8-90 所示。

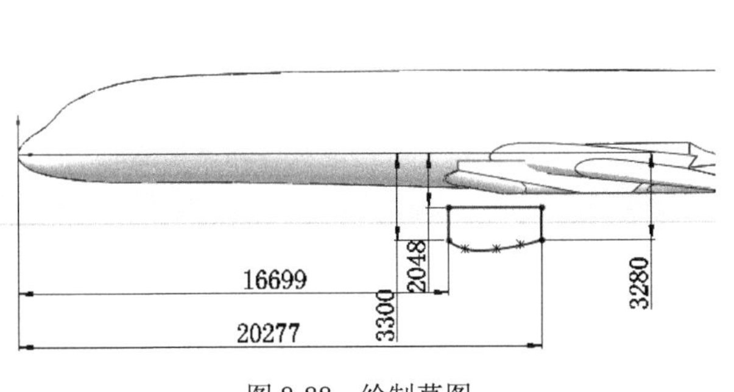

图 8-88 绘制草图

图 8-89 “旋转”属性管理器

（10）设置基准面。在视图中选择如图 8-90 所示的面 1 作为草图绘制面，然后单击“正视于”按钮，将该基准面作为绘制图形的基准面。单击“草图绘制”按钮，进入草图绘制状态。

（11）绘制草图 2。单击“草图”面板中的“圆”按钮，绘制如图 8-91 所示的草图并标注尺寸。

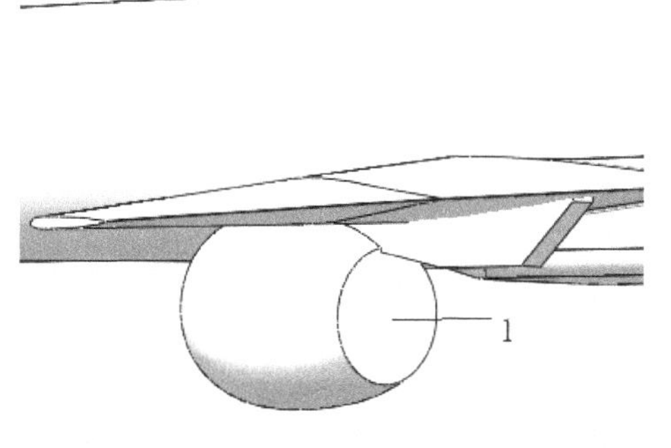

图 8-90　旋转实体

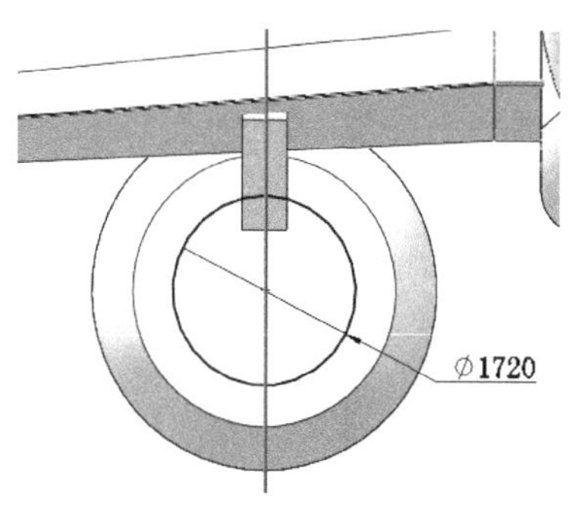

图 8-91　绘制草图

（12）拉伸实体。单击“特征”面板中的“拉伸凸台/基体”按钮，此时系统弹出如图 8-92 所示的“凸台-拉伸”属性管理器。设置终止条件为“给定深度”，输入拉伸距离为 2322mm，单击“拔模开/关”按钮，输入拔模角度为 12°，单击属性管理器中的“确定”按钮，结果如图 8-93 所示。

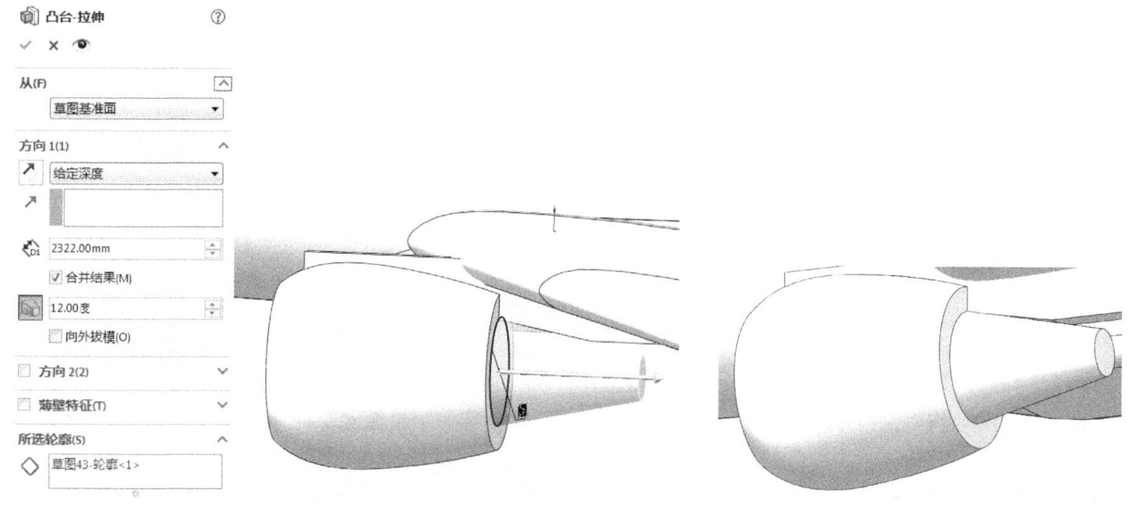

图 8-92　“凸台-拉伸”属性管理器

图 8-93　拉伸拔模实体

（13）曲面圆角。单击“曲面”面板中的“圆角”按钮，此时系统弹出如图 8-94 所示的“圆角”属性管理器。输入圆角半径为 500，选择旋转体的两条边线，单击属性管理器中的“确定”按钮。结果如图 8-95 所示。

（14）镜像发动机。单击“特征”面板中的“镜像”按钮，此时系统弹出如图 8-96 所示的“镜像”属性管理器。选择“右视基准面”为镜像基准面，在视图中选择创建的发动机为要镜像的实体，单击属性管理器中的“确定”按钮，结果如图 8-97 所示。

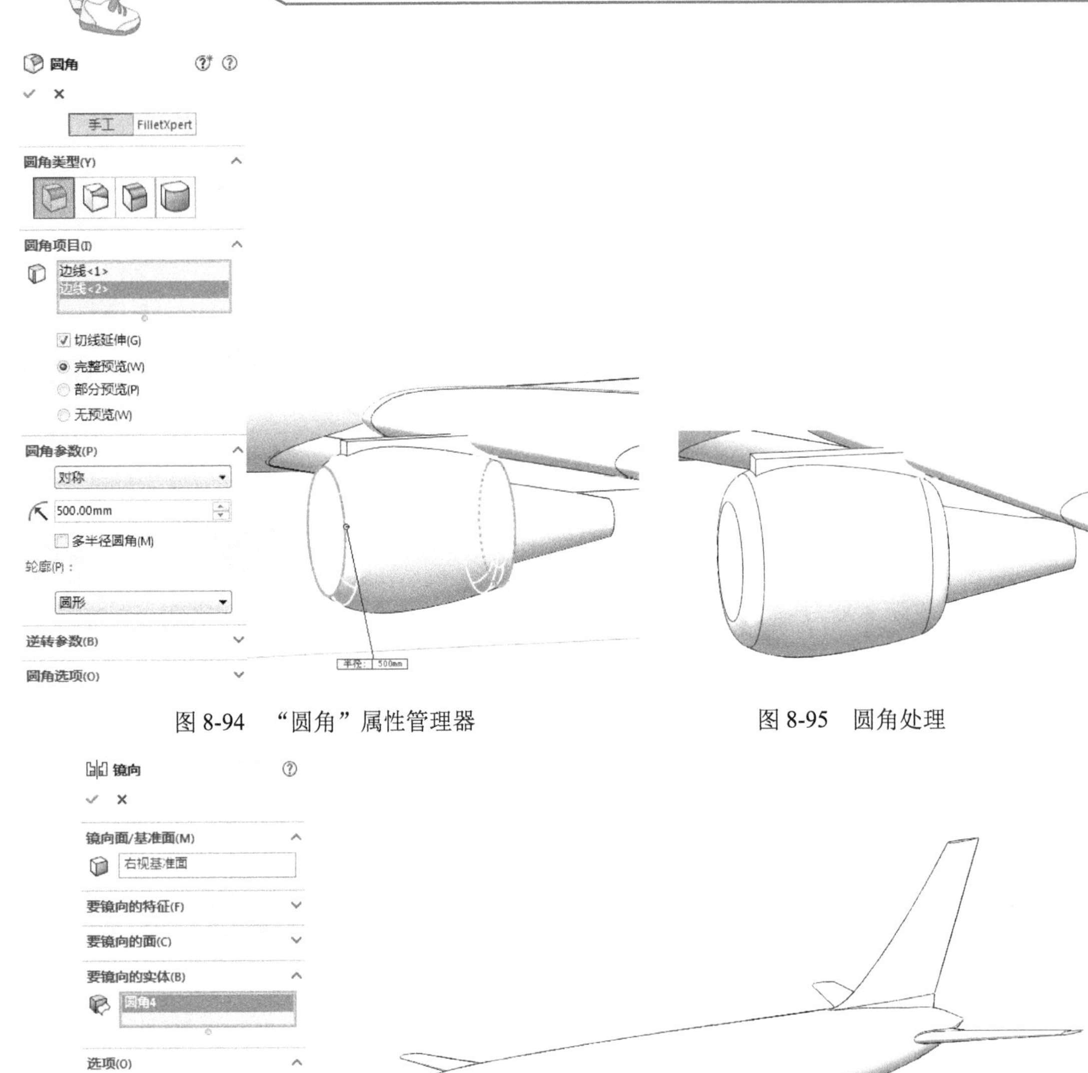

图 8-94 “圆角”属性管理器

图 8-95 圆角处理

图 8-96 “镜像”属性管理器

图 8-97 镜像发动机

8.2 打印模型

Magics 是一个能很好满足快速成型工艺要求和特点的软件，此软件可提供在一个表面上同时生成几种不同支撑类型，以及不同支撑结构的组合支撑类型，并可以快速地对含有各种错误的 STL 文件进行修复，使文件格式转换过程中产生的损坏三角面片得以修复，除此之外，Magics 软件兼容所有主要的 CAD 文件格式，例如 IGES、VDA 和 STL，结合 STL 修改器，Magics 可以让用户输出任何文件给快速成型系统。

Note

1. 打开 Magics 软件

双击 Magics 软件图标，打开 Magics 软件界面，如图 8-98 所示。

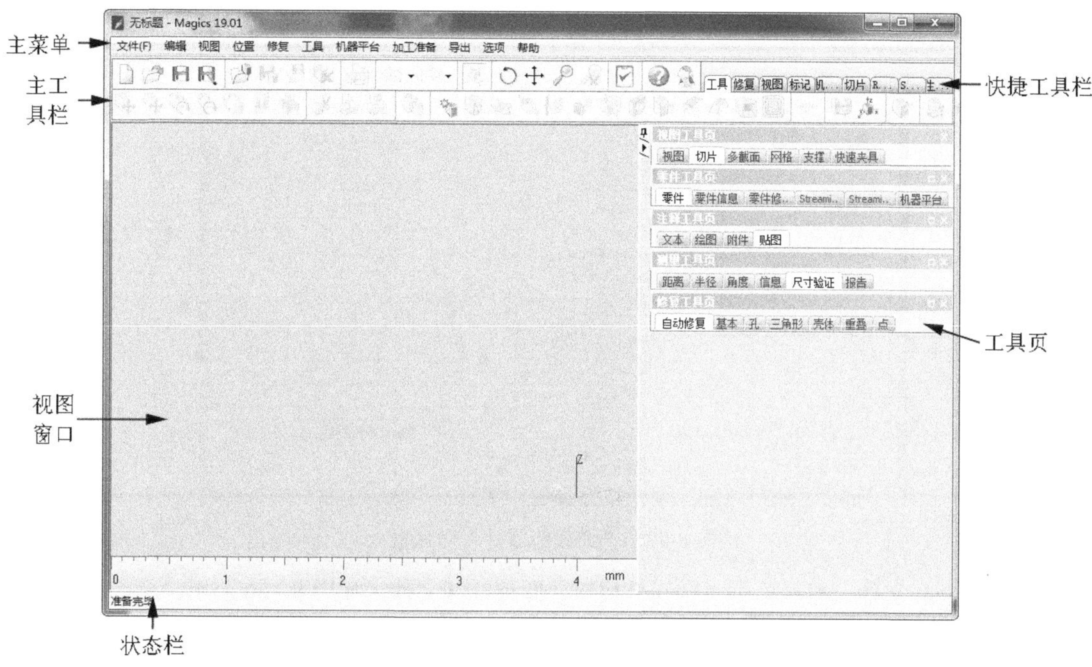

图 8-98　Magics 软件界面

知识点——Magics 软件界面

Magics 软件界面中各部分简单介绍如下。

（1）主菜单：软件的各项具体操作命令。

（2）主工具栏：可对模型进行加载、保存、打印、撤销等操作。

（3）快捷工具栏：可快速调出工具、修复、视图、标记、机器平台、切片、RM 切片、Streamics 和生成支撑所对应的工具条，右击此工具栏，可选择关闭不需要的工具栏。

（4）工具页：可选择视图、零件、注释、测量和修复工具页，并根据模型的操作要求选择工具页中具体的参数。

（5）视图窗口：显示当前对模型操作的结果。

（6）状态栏：显示正在进行的操作。

2. 基本操作

（1）加载新零件。选择主菜单中的“文件”→“加载新零件”命令，弹出如图 8-99 所示的“加载新零件”对话框，选择相应零件后，单击“打开”按钮即可加载零件，或者单击主工具栏上的“导入零件”按钮，也可以加载新零件。

注意：Magics 软件除了支持*.stl 类型文件，还支持很多其他格式的文件，用户可根据自己需求选择相应类型文件，本书主要以*.stl 类型文件为例进行介绍。

Note

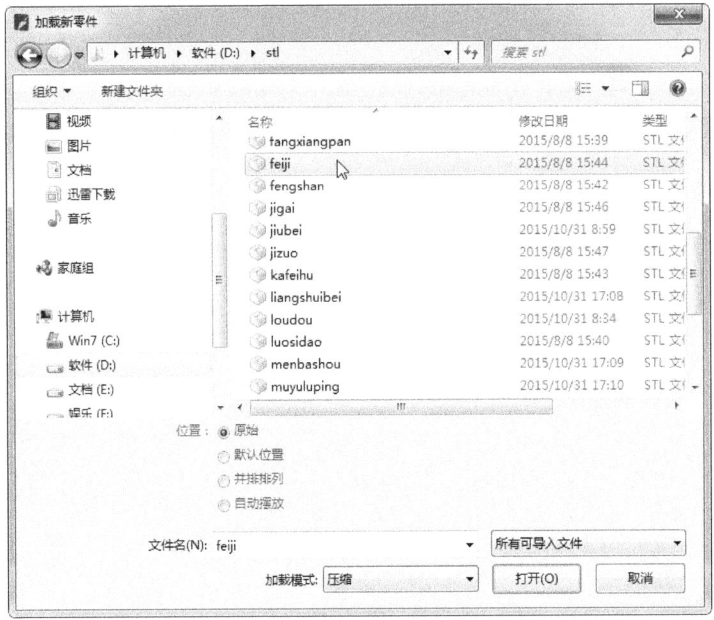

图 8-99 “加载新零件”对话框

首先选中 feiji 文件，然后单击“打开”按钮，即可打开文件，如图 8-100 所示。

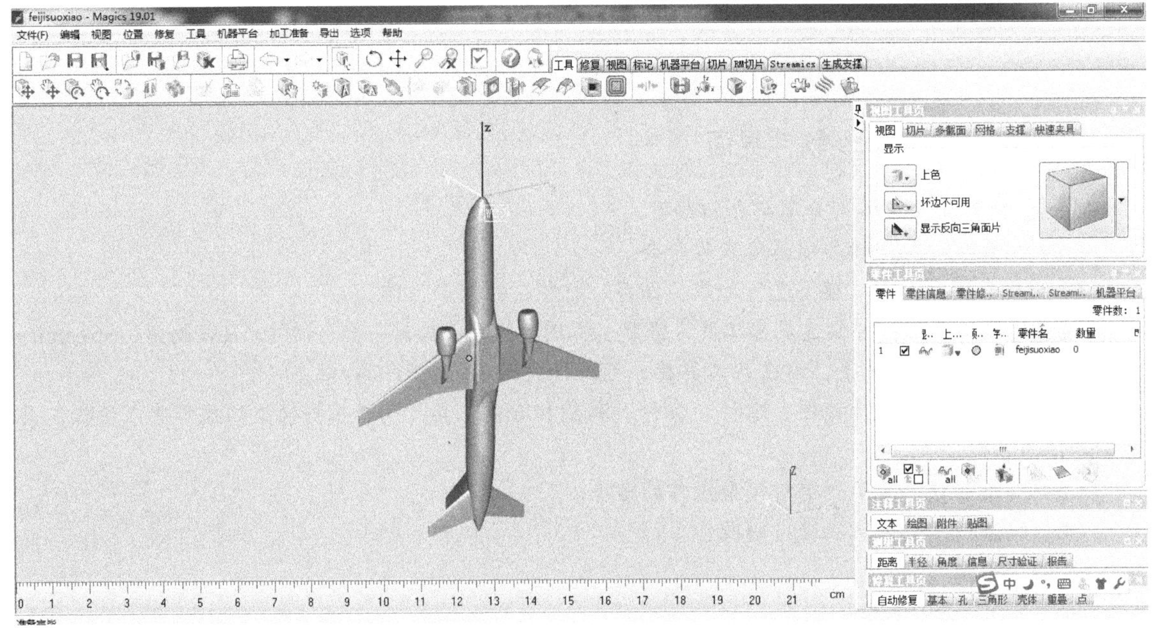

图 8-100 打开 feiji 模型

（2）载入平台。Magics 中的平台是指一个虚拟的加工机器，用户可根据自己的快速成型设备选择适合于自己的平台。

① 添加机器。选择主菜单中的“机器平台”→“机器库”命令，弹出“添加机器”对话框，如图 8-101 所示。

选中 mm-settings，根据自己的机器类型选择相应类型，单击中间的“添加”按钮 >> ，将其加入

到“我的机器”中，本书以 Object Eden 250 为例，如图 8-102 所示。

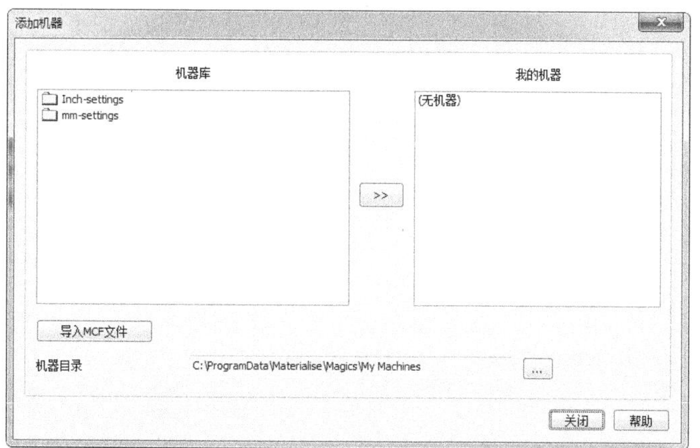

图 8-101 “添加机器”对话框

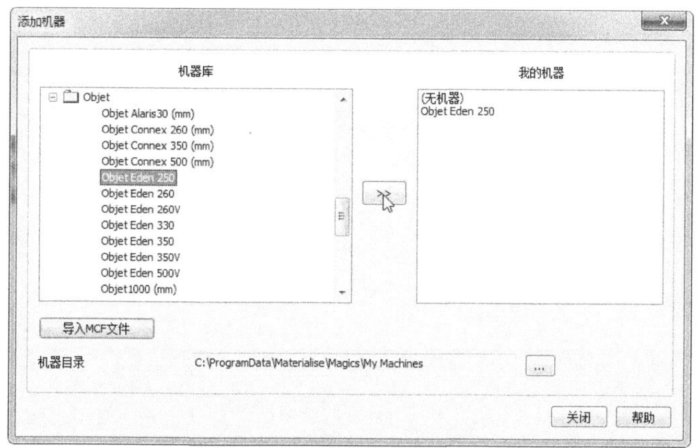

图 8-102 添加机器 Object Eden 250

单击“关闭”按钮，弹出“机器库”对话框，选中 Object Eden 250，单击“关闭”按钮退出“添加机器”对话框，单击“添加机器”按钮可继续添加相应机器，如图 8-103 所示，如果想在每次启动软件后就存在机器平台，可选中相应机器并将其添加到收藏夹。

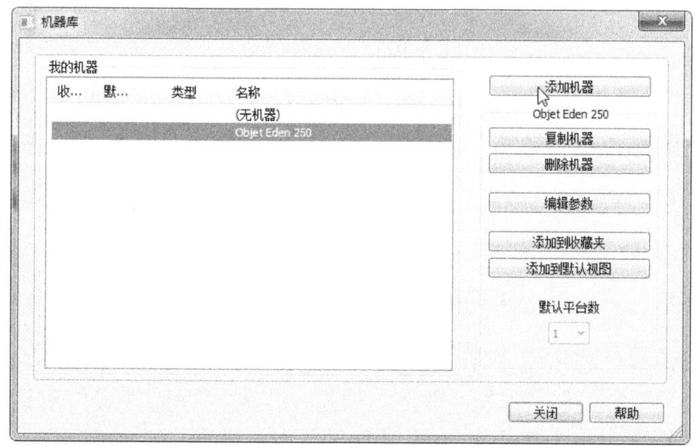

图 8-103 在机器库中选择机器

② 生成平台。选择主菜单中“机器平台”→“从设计者视图创建平台”命令，弹出“选择机器”对话框，选择相应机器，如图 8-104 所示，单击“确认”按钮，则完成生成平台，如图 8-105 所示。

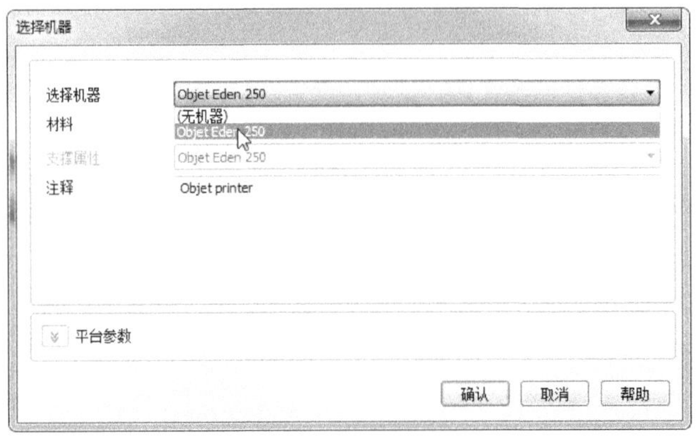

图 8-104　选择机器

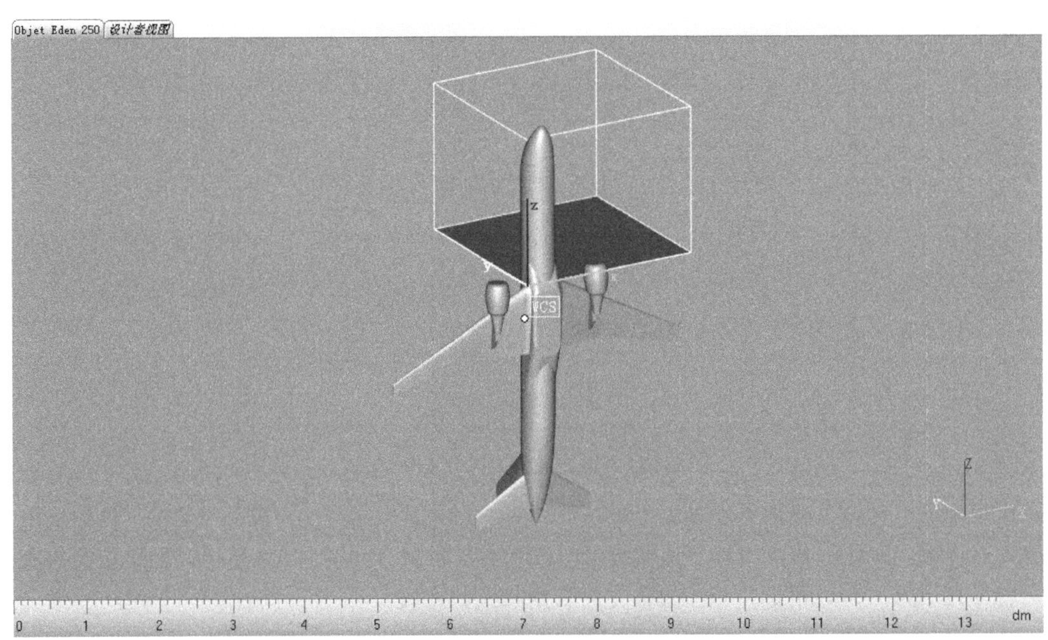

图 8-105　生成平台

（3）模型的缩放。由于本书所选择的平台为 Object Eden 250，而模型的实际尺寸已经超过平台所能打印的最大尺寸，需要将模型缩小。单击快捷工具栏上的“工具”选项后，将出现“模型编辑”工具栏，如图 8-106 所示。

图 8-106　“模型编辑”工具栏

单击“重缩放”按钮，将出现“零件缩放”对话框，如图 8-107 所示，选中“统一缩放”复选框，将“缩放系数”改为 0.3，然后单击“确定”按钮，出现“存储模式”对话框，如图 8-108 所示，单击“是”按钮，模型将被缩小为原来的 30%，如图 8-109 所示。

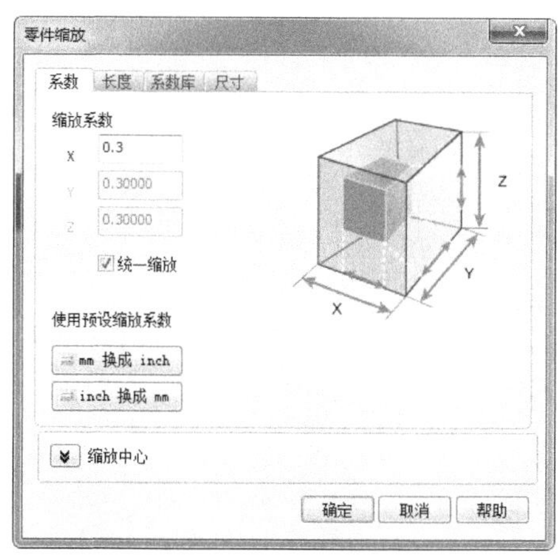

图 8-107　“零件缩放”对话框

图 8-108　“存储模式”对话框

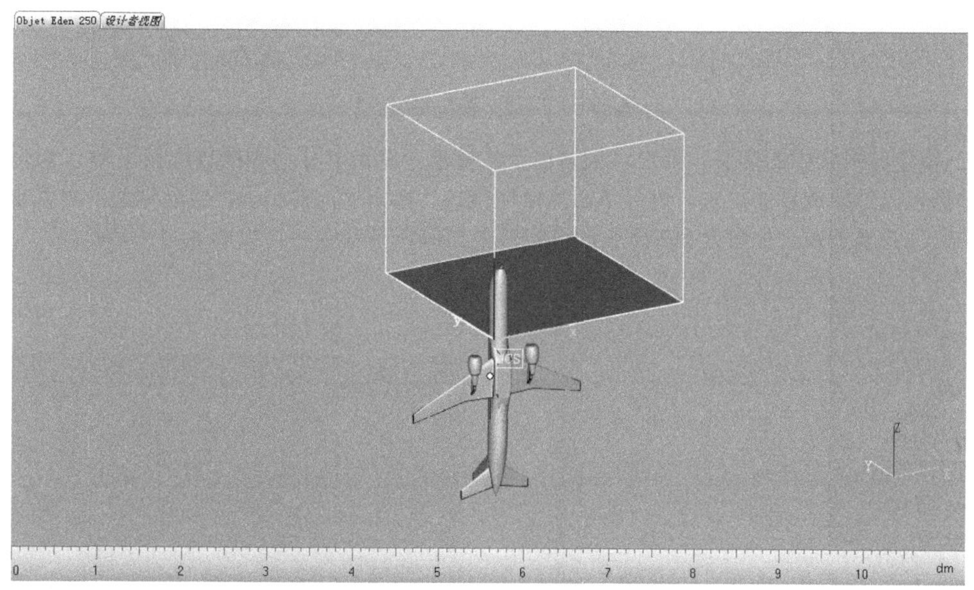

图 8-109　模型缩小为原来的 30%

3. 模型的放置

模型的放置方向决定着支撑的生成方向，而生成支撑会对表面质量带来影响，在立体光固化中尤为明显，模型加工完后，需要对与支撑面相接触的模型底面进行打磨，所以在满足加工质量的前提下，应合理选择模型的摆放方向，以便尽量减少后期对模型底面的打磨工作。

（1）模型的旋转。为减少支撑，需要将模型旋转至合适位置。单击“旋转零件”按钮，将弹出“旋转零件”对话框，将 X 轴所对应数值改为 90，也就是绕 X 轴旋转 90°，如图 8-110 所示，单击“确定”按钮，模型旋转完毕，如图 8-111 所示。

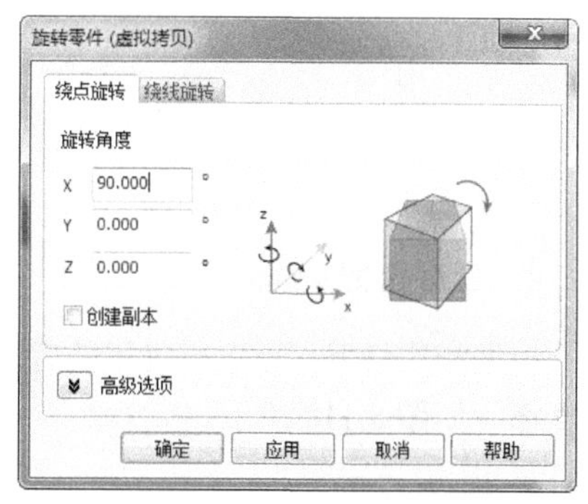

图 8-110　“旋转零件”对话框

Note

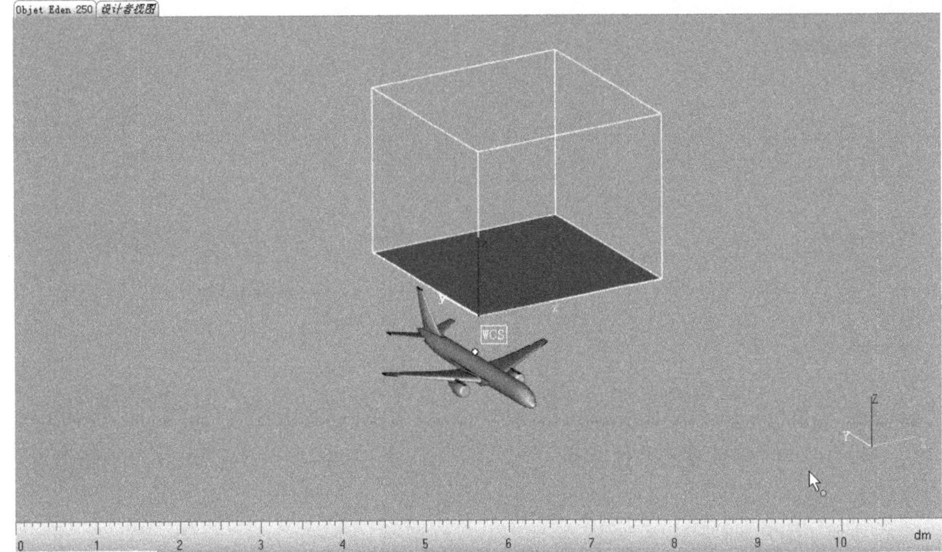

图 8-111 模型绕 X 轴旋转 90°

（2）模型在平台中的摆放。用户可根据自己的要求，单击“移动和摆放”按钮，然后移动和旋转零件到自己想要放置的位置，也可单击“自动摆放”按钮，将出现“自动摆放”对话框，选中“平台中心”单选按钮，如图 8-112 所示，可将模型摆放在平台中心，如图 8-113 所示。

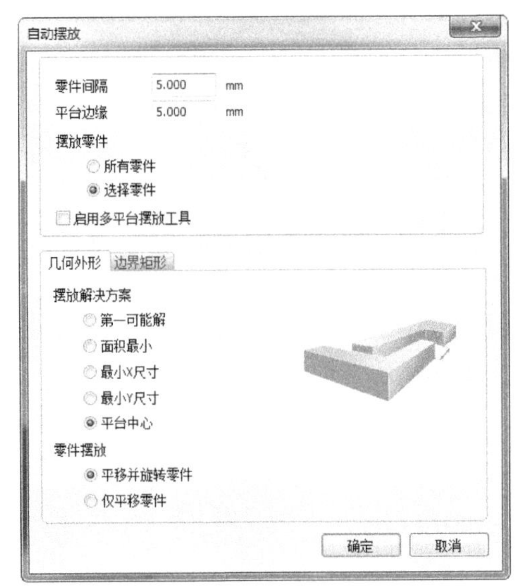

图 8-112 “自动摆放”对话框

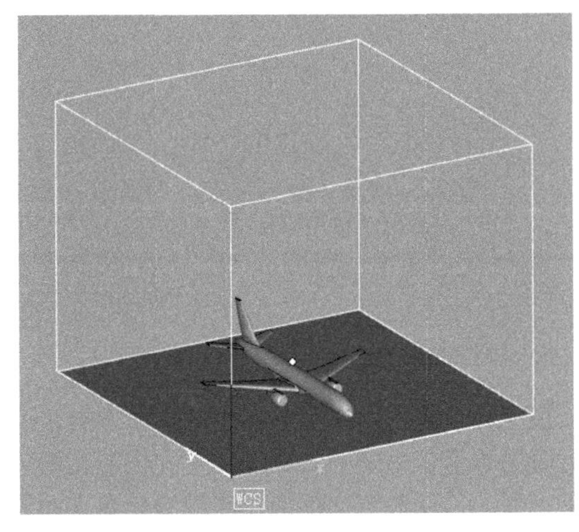

图 8-113 将模型摆放在平台中心

4. 生成模型支撑

根据相应机器，设置机器属性后，单击快捷工具栏上的“生成支撑”按钮，即可生成模型对应的支撑，如图 8-114 所示。

5. 输出模型

按照上述步骤操作后，单击主工具栏中的“退出支撑生成模式”按钮，将弹出“平台文件”

对话框，单击“是”按钮，则保存支撑并退出生成支撑界面，如图 8-115 所示。

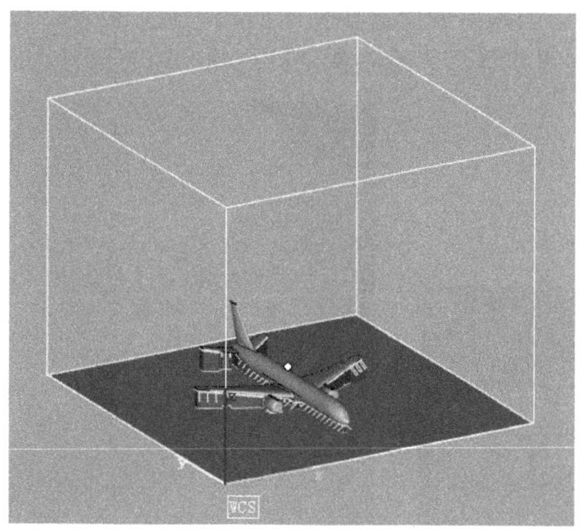

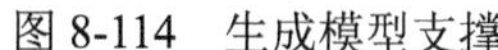

图 8-114　生成模型支撑

单击快捷工具栏中的“切片”按钮，对所有零件进行切片后输出，弹出“切片属性”对话框，如图 8-116 所示。

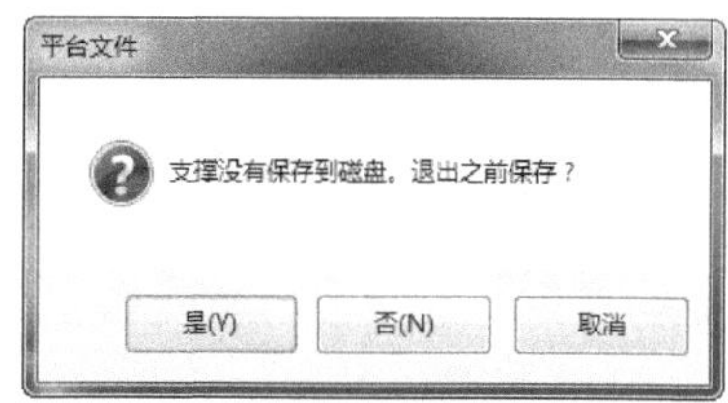

图 8-115　“平台文件”对话框

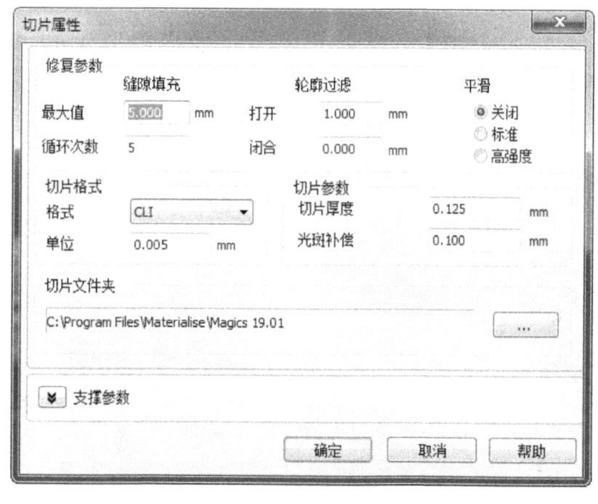

图 8-116　“切片属性”对话框

按图 8-116 所示设定相应属性数值，切片格式选择为 SLC 模式，支撑参数格式同样选择 SLC 格式，选择需要保存的切片文件夹，就可以将切片后的模型文件输出。将输出的模型导入到相应机器中，便可以开始打印。

8.3　处理打印模型

使用 Magics 软件对模型进行分层处理，并使用相应打印机器进行打印，打印完毕后需要将模型从打印平台中取下，并对模型清洗并去除支撑，模型与支撑接触的部分还需要进行打磨处理等，才能得到理想的打印模型。处理打印模型有以下 4 个步骤：

（1）取出模型。打印完毕后，将工作台调整至液态树脂平面之上，用平铲等工具将模型底部与

平台底部撬开，以便于取出模型。取出后的飞机模型如图 8-117 所示。

（2）清洗模型。打印完毕的模型表面需要使用酒精等溶剂清洗，以防止影响模型表面质量。将适量酒精倒入盆内，用毛刷对飞机模型表面残留的液态树脂进行清洗，如图 8-118 所示。

Note

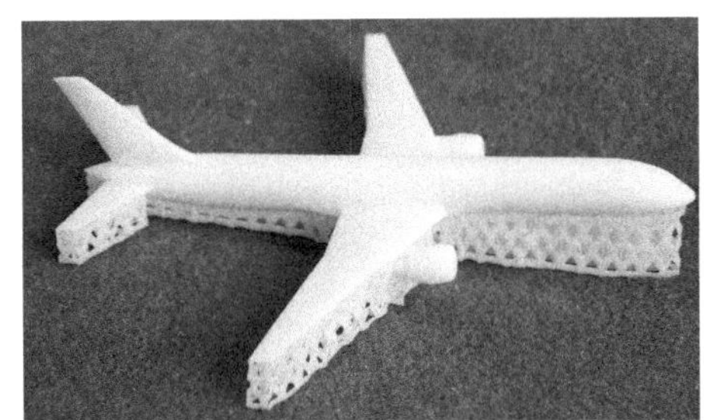

图 8-117　打印完毕的飞机模型

图 8-118　清洗飞机模型

（3）去除支撑。如图 8-118 所示，取出后的飞机模型存在一些打印过程中生成的支撑，使用尖嘴钳、刀片、钢丝钳、镊子等工具，将飞机模型的支撑去除，如图 8-119 所示。

（4）打磨模型。根据去除支撑后的模型粗糙程度，可先用锉刀、粗砂纸等对支撑与模型接触的部位进行粗磨，然后用较细粒度的砂纸对模型进一步打磨。处理后的飞机模型如图 8-120 所示。

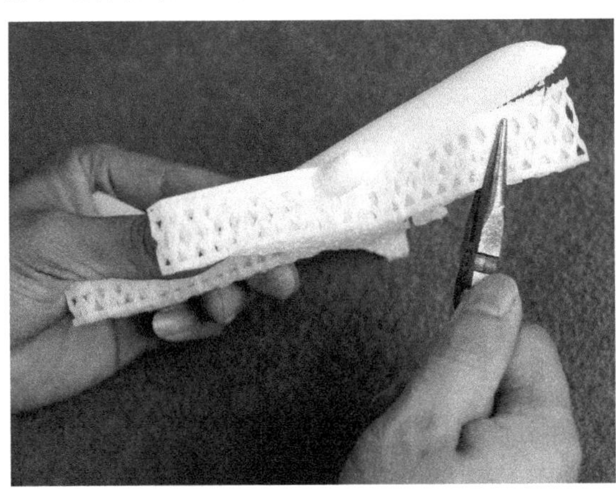

图 8-119　去除飞机模型的支撑

图 8-120　处理后的飞机模型

第9章 柱塞泵造型与打印

柱塞泵由泵体、填料压盖、柱塞、阀体、阀盖以及上、下阀瓣等组成。

本章主要介绍柱塞泵各个零件在 SolidWorks 软件中的建模过程以及如何利用 Magics 软件打印出 3D 模型。

任务驱动&项目案例

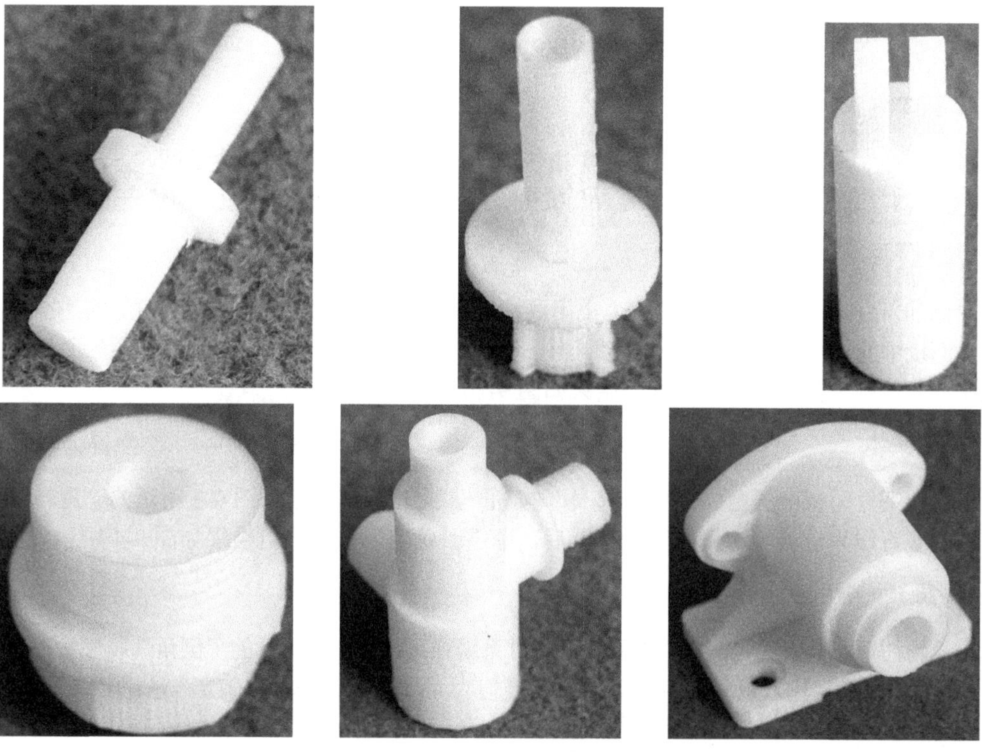

9.1 下 阀 瓣

首先利用 SolidWorks 软件创建下阀瓣模型，再利用 Magics 软件打印下阀瓣的 3D 模型，最后对打印出来的下阀瓣模型进行清洗、去支撑和毛刺处理，流程图如图 9-1 所示。

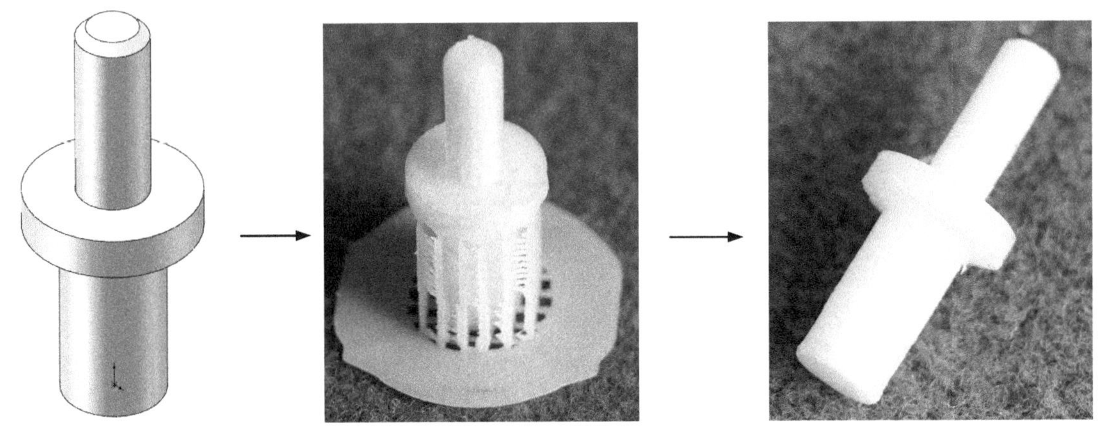

图 9-1　下阀瓣模型创建流程图

9.1.1　创建模型

首先绘制下阀瓣的外形轮廓草图，然后旋转成为下阀瓣主体轮廓，最后进行倒角处理。

1. 新建文件

选择“文件”→“新建”命令，或者单击快速访问工具栏中的“新建”按钮，在弹出的“新建 SOLIDWORKS 文件”对话框中单击“零件”按钮，然后单击“确定”按钮，创建一个新的零件文件。

2. 绘制草图

在左侧的“FeatureManager 设计树”中用鼠标选择“前视基准面”作为绘制图形的基准面。单击“草图”面板中的“中心线”按钮，绘制一条通过原点的竖直中心线；单击“草图”面板中的“直线”按钮，绘制下阀瓣的草图轮廓。结果如图 9-2 所示。

3. 旋转实体

单击“特征”面板中的“旋转凸台/基体”按钮，此时系统弹出如图 9-3 所示的“旋转”属性管理器。选择竖直线为旋转轴，按照图示设置后，单击“确定”按钮。结果如图 9-4 所示。

4. 倒角

单击“特征”面板中的“倒角”按钮，此时系统弹出如图 9-5 所示的“倒角”属性管理器。选择如图 9-5 所示的边线，输入距离为 1mm，输入角度值为 45°，然后单击“确定”按钮，结果如图 9-6 所示。

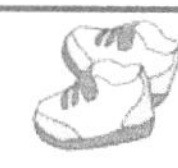

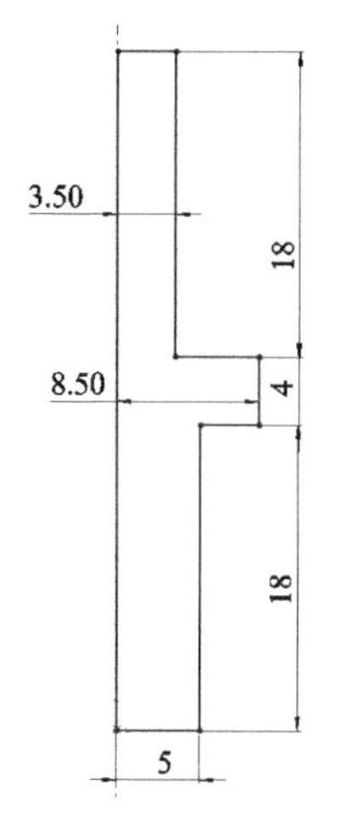

图 9-2　绘制草图

图 9-3　“旋转”属性管理器

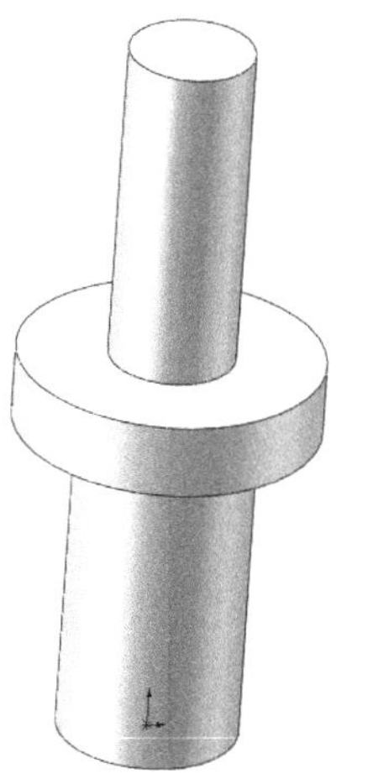

图 9-4　旋转后的图形

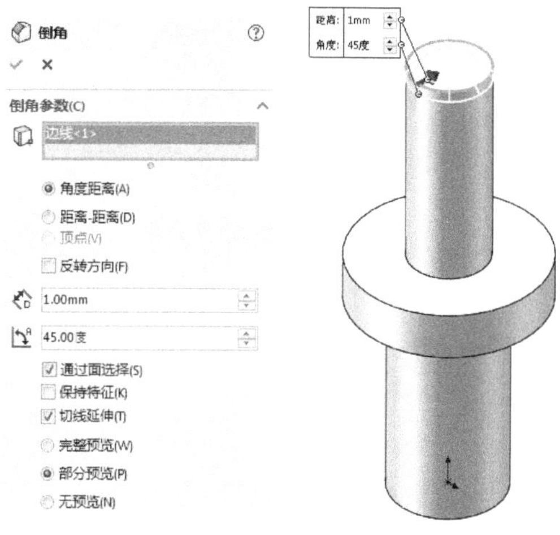

图 9-5　“倒角”属性管理器

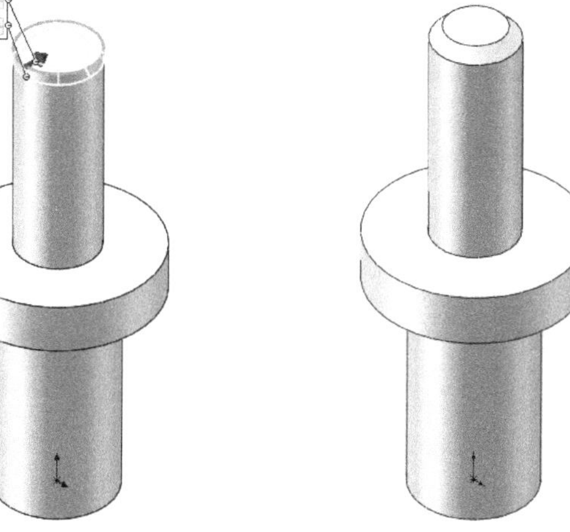

图 9-6　倒角

9.1.2　打印模型

根据 8.2 节操作步骤 1～4 进行操作，为减少支撑，需要将模型旋转至合适位置。单击“旋转零件”按钮，将出现“旋转零件”对话框，将 X 轴所对应数值改为 90，也就是绕 X 轴旋转 90°，单击“确定”按钮，模型旋转完毕，如图 9-7 所示。然后按步骤 5 对生成支撑后的模型进行切片处理，并导入至相应快速成型机器中，即可打印。

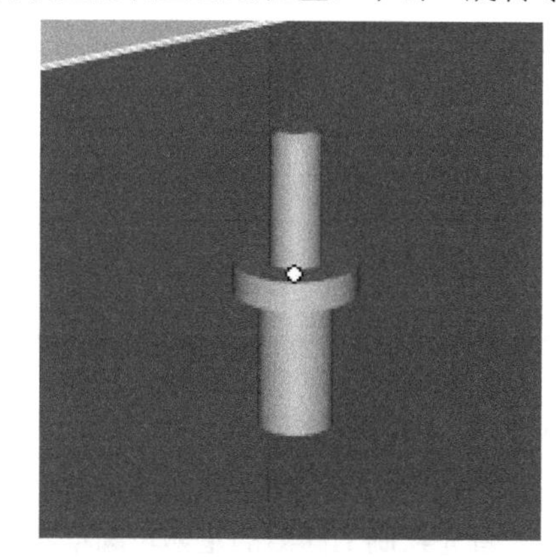

图 9-7　旋转模型 xiafaban

9.1.3　处理打印模型

处理打印模型有以下 4 个步骤：

（1）取出模型。打印完毕后，将工作台调整至液态树脂平面之上，用平铲等工具将模型底部与平台底部撬开，以便于取出模型。取出后的下阀瓣模型如图9-8所示。

（2）清洗模型。打印完毕的模型表面需要使用酒精等溶剂进行清洗，以防止影响模型表面质量。将适量酒精倒入盆内，用毛刷对下阀瓣模型表面残留的液态树脂进行清洗。

（3）去除支撑。如图9-8所示，取出后的下阀瓣模型存在一些打印过程中生成的支撑，使用尖嘴钳、刀片、钢丝钳、镊子等工具，将下阀瓣模型的支撑去除。

（4）打磨模型。根据去除支撑后的模型粗糙程度，可先用锉刀、粗砂纸等对支撑与模型接触的部位进行粗磨，然后用较细粒度的砂纸对模型进一步打磨。处理后的下阀瓣模型如图9-9所示。

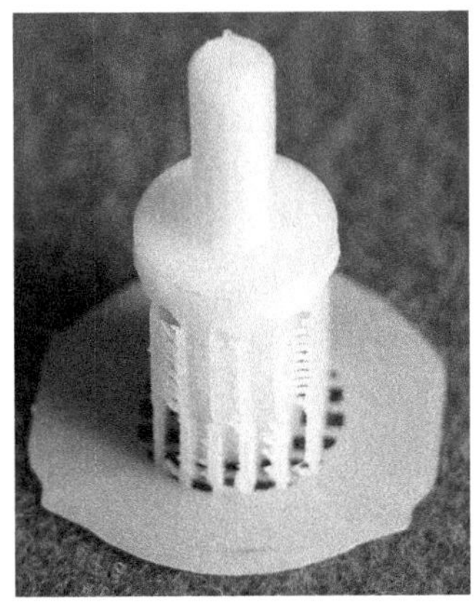

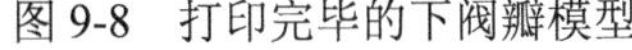

图9-8　打印完毕的下阀瓣模型

图9-9　处理后的下阀瓣模型

9.2　上　阀　瓣

首先利用SolidWorks软件创建上阀瓣模型，再利用Magics软件打印上阀瓣的3D模型，最后对打印出来的上阀瓣模型进行清洗、去支撑和毛刺处理，流程图如图9-10所示。

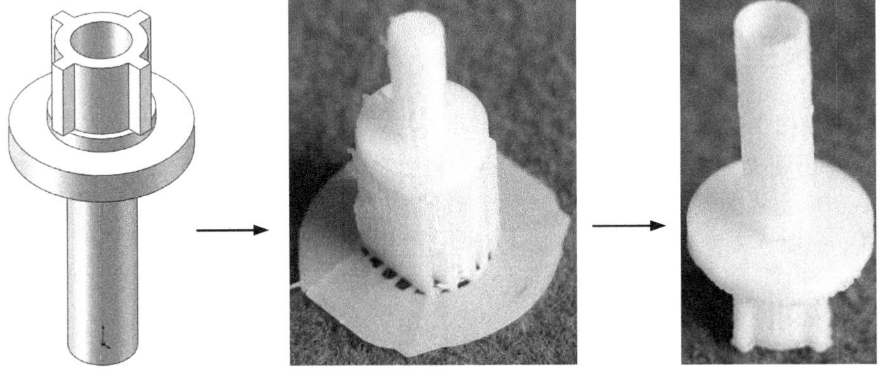

图9-10　上阀瓣模型创建流程图

9.2.1　创建模型

首先绘制上阀瓣的主体轮廓草图，然后旋转成为上阀瓣主体轮廓，再通过拉伸创建阀瓣，最后通

过拉伸切除创建孔。

Note

1. 新建文件

选择“文件”→“新建”命令，或者单击快速访问工具栏中的“新建”按钮，在弹出的“新建 SOLIDWORKS 文件”对话框中单击“零件”按钮，然后单击“确定”按钮，创建一个新的零件文件。

2. 绘制草图 1

在左侧的“FeatureManager 设计树”中用鼠标选择“前视基准面”作为绘制图形的基准面。单击“草图”面板中的“中心线”按钮，绘制一条通过原点的竖直中心线；单击“草图”面板中的“直线”按钮，绘制压紧套的草图轮廓。结果如图 9-11 所示。

3. 旋转实体

单击“特征”面板中的“旋转凸台/基体”按钮，此时系统弹出如图 9-12 所示的“旋转”属性管理器。选择长竖直线为旋转轴，按照图示设置后，单击“确定”按钮。结果如图 9-13 所示。

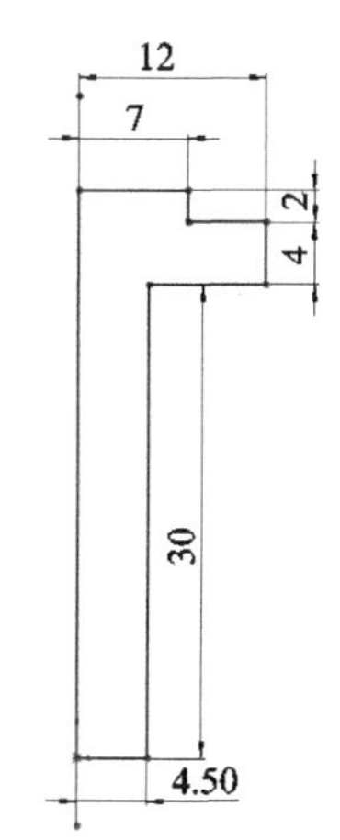

图 9-11 绘制草图

图 9-12 “旋转”属性管理器

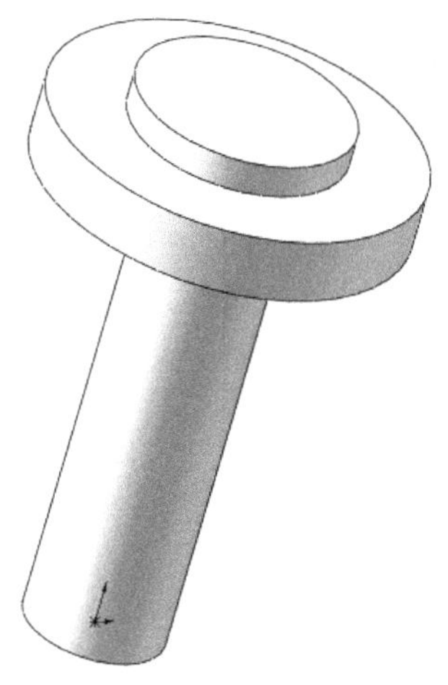

图 9-13 旋转后的图形

4. 绘制草图 2

选择图 9-14 中上表平面作为基准面，单击“正视于”按钮，使基准面平行于屏幕，然后单击“草图绘制”按钮，进入草图绘制环境。单击“草图”面板中的“边角矩形”按钮、“圆周阵列”按钮和“剪裁实体”按钮，绘制草图。单击“草图”面板中的“智能尺寸”按钮，标注结果如图 9-14 所示。

5. 拉伸实体

单击“特征”面板中的“拉伸凸台/基体”按钮，此时系统弹出如图 9-15 所示的“凸台-拉伸”属性管理器。输入拉伸深度为 10mm，其他选项按照图示设置后，单击“确定”按钮。结果如图 9-16 所示。

6. 绘制草图 3

选择图 9-16 中下底平面作为基准面，单击“正视于”按钮，使基准面平行于屏幕，然后单击“草

图绘制”按钮，进入草图绘制环境。单击“草图”面板中的“圆”按钮和“智能尺寸”按钮，绘制直径为 8 的圆。

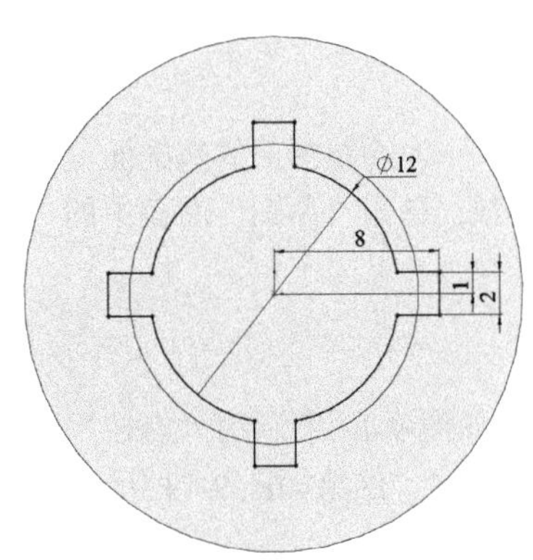

图 9-14　绘制草图

图 9-15　“凸台-拉伸”属性管理器

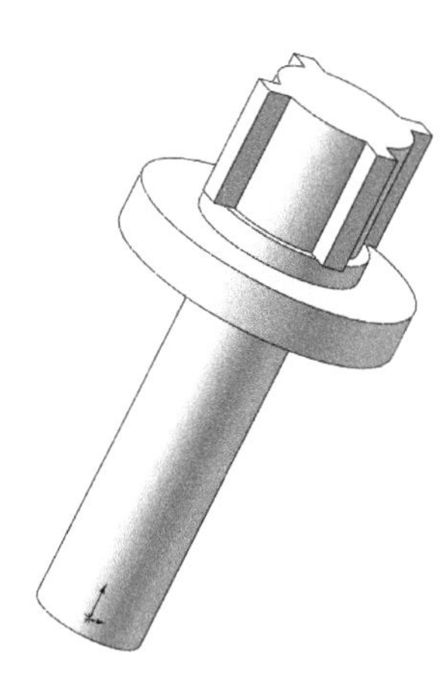

图 9-16　拉伸实体

7. 切除拉伸实体

单击“特征”面板中的“拉伸切除”按钮，此时系统弹出如图 9-17 所示的“切除-拉伸”属性管理器。设置终止条件为“完全贯穿”，然后单击“确定”按钮。结果如图 9-18 所示。

图 9-17　“切除-拉伸”属性管理器

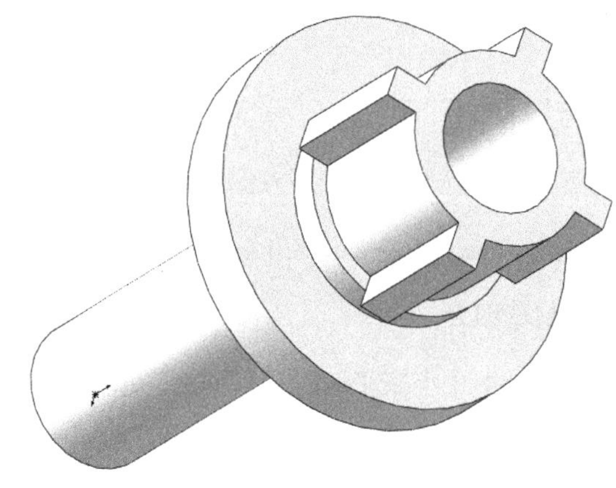

图 9-18　切除拉伸实体

9.2.2　打印模型

根据 8.2 节操作步骤 1～4 进行操作，为减少支撑，需要将模型旋转至合适位置。单击“旋转零件”按钮，将出现“旋转零件”对话框，将 X 轴所对应数值改为 270，也就是绕 X 轴旋转 270°，单击“确定”按钮，模型旋转完毕，如图 9-19 所示。然后按步骤 5 对生成支撑后的模型进行切片处理，并导入至相应快速成型机器中，即可打印。

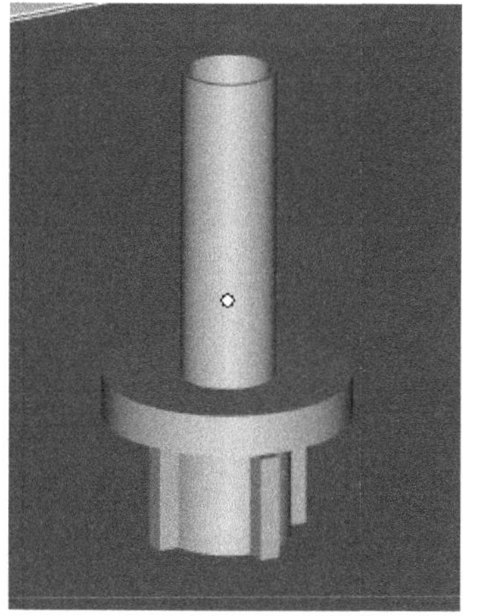

图 9-19　旋转模型 shangfaban

9.2.3　处理打印模型

处理打印模型有以下 4 个步骤：

（1）取出模型。取出后的上阀瓣模型如图 9-20 所示。

（2）清洗模型。

（3）去除支撑。

（4）打磨模型。处理后的上阀瓣模型如图 9-21 所示。

图 9-20　打印完毕的上阀瓣模型

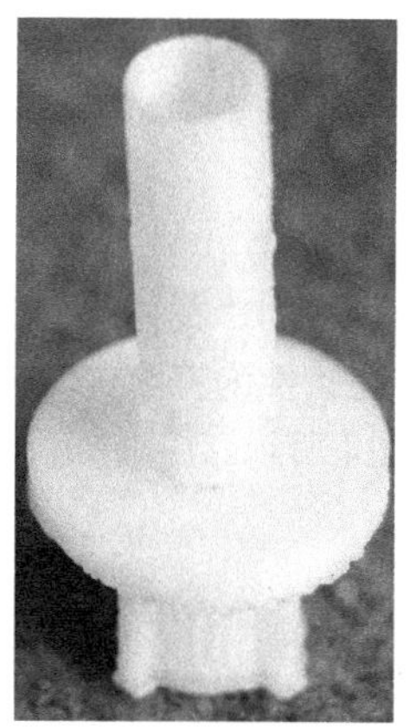

图 9-21　处理后的上阀瓣模型

扫码看视频

9.3　柱塞

9.3　柱　　塞

首先利用 SolidWorks 软件创建柱塞模型，再利用 Magics 软件打印柱塞的 3D 模型，最后对打印出的柱塞模型进行清洗、去支撑和毛刺处理，流程图如图 9-22 所示。

Note

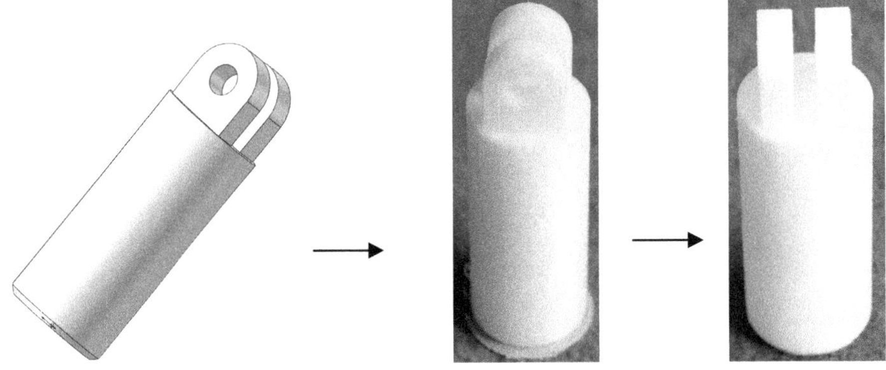

图 9-22 柱塞模型创建流程图

9.3.1 创建模型

首先绘制柱塞杆，然后通过拉伸创建连接凸台，再通过拉伸切除创建型腔和通孔，最后进行倒角处理。

1. 新建文件

选择“文件”→“新建”命令，或者单击快速访问工具栏中的“新建”按钮，在弹出的“新建SOLIDWORKS 文件”对话框中单击“零件”按钮，然后单击“确定”按钮，创建一个新的零件文件。

2. 绘制草图 1

在左侧的“FeatureManager 设计树”中用鼠标选择“前视基准面”作为绘制图形的基准面。单击“草图”面板中的“圆”按钮和“智能尺寸”按钮，绘制直径为 36 的圆。

3. 拉伸实体 1

单击“特征”面板中的“拉伸凸台/基体”按钮，此时系统弹出如图 9-23 所示的“凸台-拉伸”属性管理器。设置终止条件为“给定深度”，输入拉伸深度为 80mm，按照图示设置后，单击“确定”按钮。结果如图 9-24 所示。

图 9-23 “凸台-拉伸”属性管理器

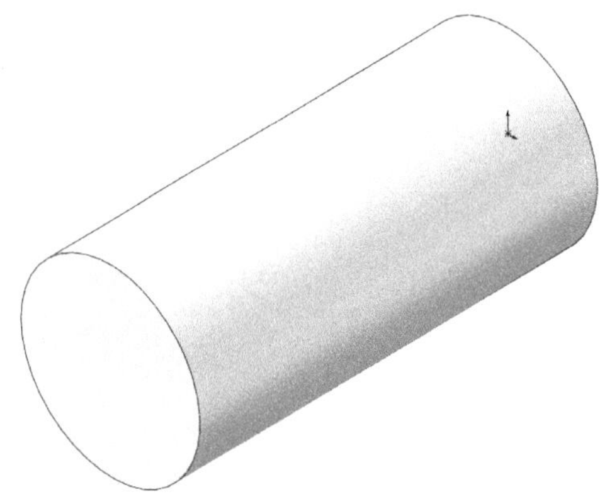

图 9-24 拉伸实体

4. 绘制草图 2

在左侧的“FeatureManager 设计树”中用鼠标选择“右视基准面”作为绘制图形的基准面。单击“正视于”按钮，使基准面平行于屏幕，然后单击“草图绘制”按钮，进入草图绘制环境。单击“草图”面板中的“边角矩形”按钮、“3 点圆弧”按钮和“剪裁实体”按钮，绘制草图，单击“草图”面板中的“智能尺寸”按钮，标注尺寸如图 9-25 所示。

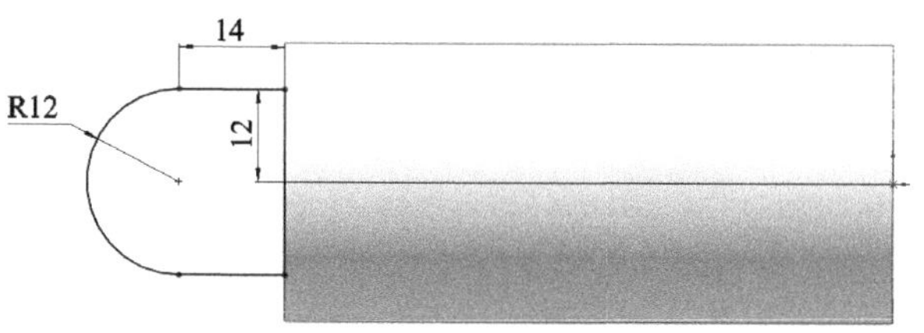

图 9-25　绘制草图

5. 拉伸实体 2

单击“特征”面板中的“拉伸凸台/基体”按钮，此时系统弹出如图 9-26 所示的“凸台-拉伸”属性管理器。设置终止条件为“两侧对称”，输入拉伸深度为 24mm，然后单击“确定”按钮。结果如图 9-27 所示。

图 9-26　“凸台-拉伸”属性管理器

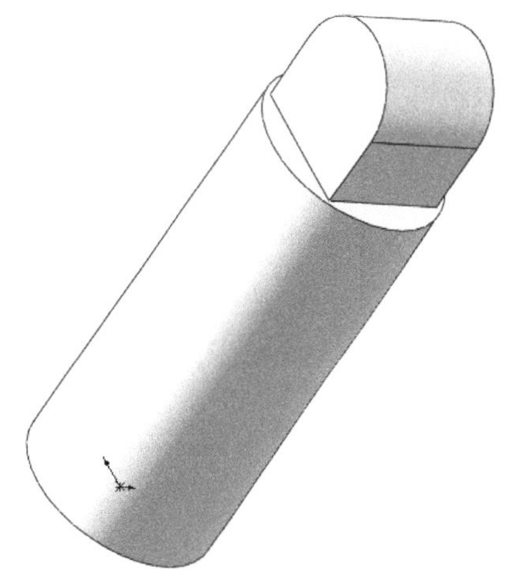

图 9-27　拉伸实体

6. 绘制草图 3

在左侧的“FeatureManager 设计树”中用鼠标选择“上视基准面”作为绘制图形的基准面。单击“正视于”按钮，使基准面平行于屏幕，然后单击“草图绘制”按钮，进入草图绘制环境。单击“草图”面板中的“边角矩形”按钮和“智能尺寸”按钮，绘制草图，如图 9-28 所示。

7. 切除拉伸实体 1

单击“特征”面板中的“拉伸切除”按钮，此时系统弹出如图 9-29 所示的“切除-拉伸”属性管理器。设置终止条件为“两侧对称”，输入切除深度为 24mm，然后单击“确定”按钮。

8. 绘制草图 4

选择图 9-30 中的面 1 为基准面。单击“正视于”按钮，使基准面平行于屏幕，然后单击“草图绘制”按钮，进入草图绘制环境。单击“草图”面板中的“圆”按钮和“智能尺寸”按钮，在步骤 7 中的拉伸体圆心处绘制直径为 10 的圆。

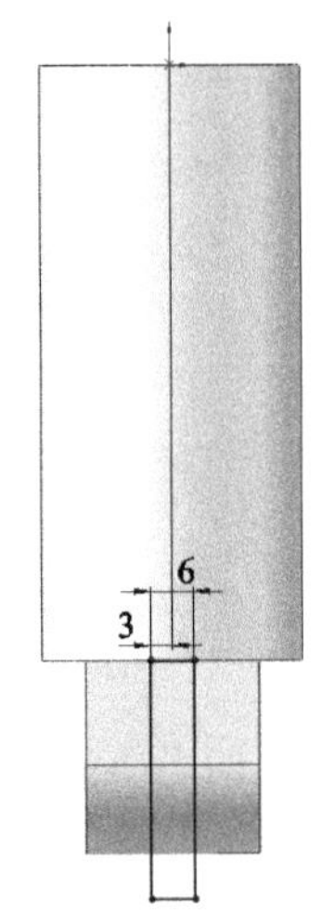

图 9-28 绘制草图

图 9-29 “切除-拉伸”属性管理器

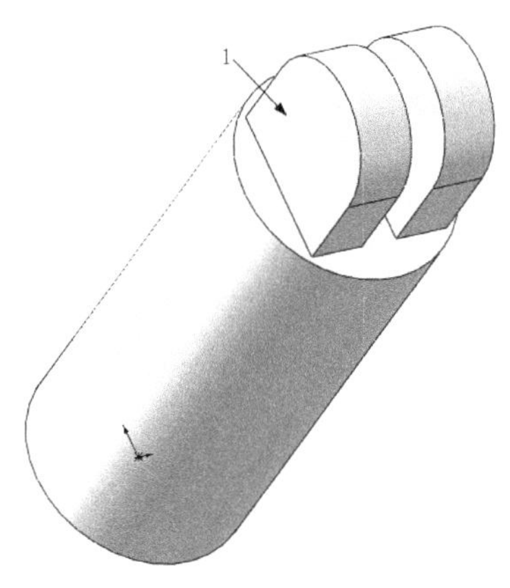

图 9-30 切除拉伸实体

9. 切除拉伸实体 2

单击“特征”面板中的“拉伸切除”按钮，此时系统弹出如图 9-31 所示的“切除-拉伸”属性管理器。设置终止条件为“完全贯穿”，然后单击“确定”按钮。结果如图 9-32 所示。

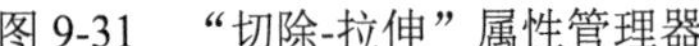

图 9-31 “切除-拉伸”属性管理器

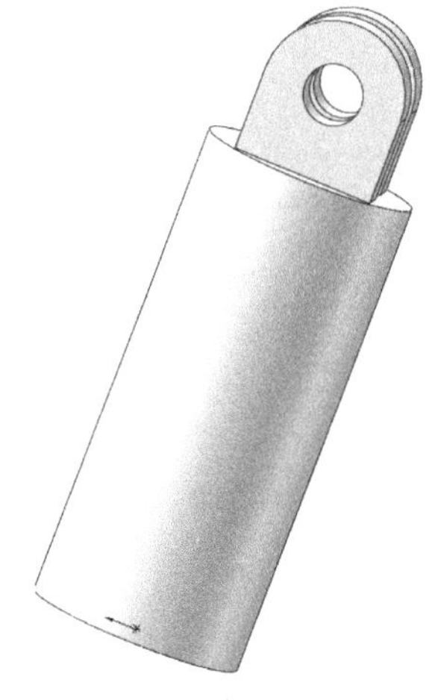

图 9-32 切除拉伸实体

10. 倒角

单击“特征”面板中的“倒角”按钮，此时系统弹出如图 9-33 所示的“倒角”属性管理器。选择如图 9-33 所示的边，输入距离为 2mm，输入角度值为 45°，然后单击“确定”按钮，结果如图 9-34 所示。

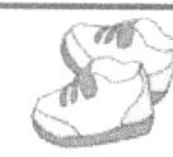

Note

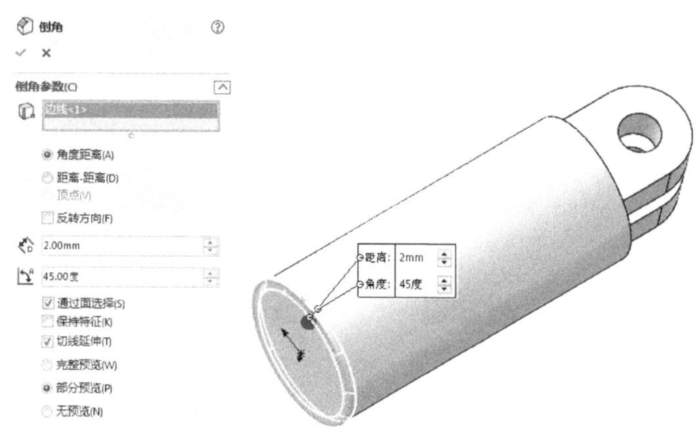

图 9-33　“倒角”属性管理器

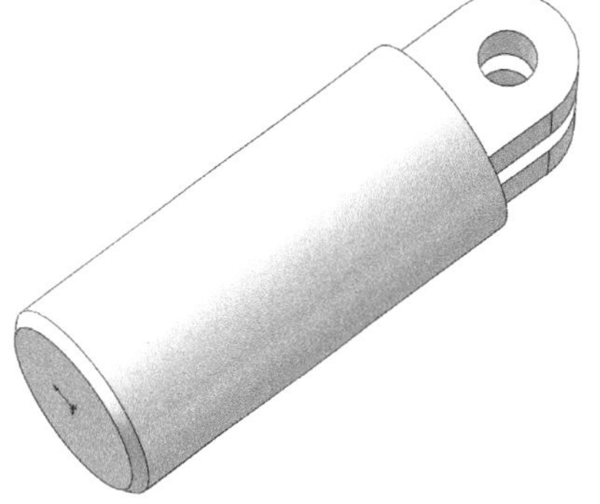

图 9-34　倒角

9.3.2　打印模型

根据 8.2 节操作步骤 1～4 进行操作，然后按步骤 5 对生成支撑后的模型进行切片处理，并导入至相应快速成型机器中，即可打印。

9.3.3　处理打印模型

处理打印模型有以下 4 个步骤：

（1）取出模型。取出后的柱塞模型如图 9-35 所示。

（2）清洗模型。

（3）去除支撑。

（4）打磨模型。打磨处理后的柱塞模型如图 9-36 所示。

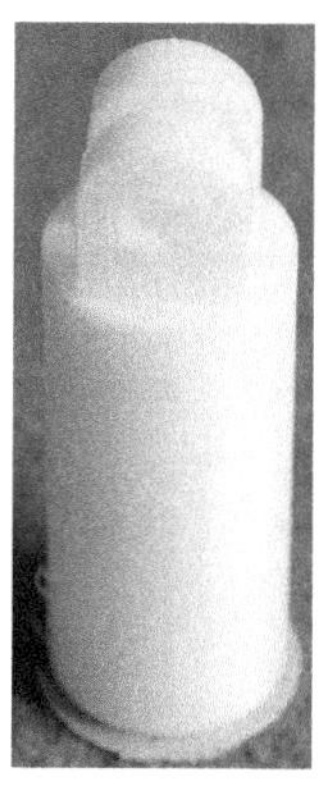

图 9-35　打印完毕的柱塞模型

图 9-36　处理后的柱塞模型

9.4　填料压盖

扫码看视频

9.4　填料压盖

首先利用 SolidWorks 软件创建填料压盖模型，再利用 Magics 软件打印填料

压盖的 3D 模型，最后对打印出来的填料压盖模型进行清洗、去支撑和毛刺处理，流程图如图 9-37 所示。

图 9-37　填料压盖模型创建流程图

9.4.1　创建模型

首先通过拉伸创建安装板，然后通过拉伸和拉伸切除创建用于安装螺栓的凸台和安装通孔。

1. 新建文件

选择“文件”→“新建”命令，或者单击快速访问工具栏中的“新建”按钮，在弹出的“新建 SOLIDWORKS 文件”对话框中单击“零件”按钮，然后单击“确定”按钮，创建一个新的零件文件。

2. 绘制草图 1

在左侧的“FeatureManager 设计树”中用鼠标选择“前视基准面”作为绘制图形的基准面。单击“草图”面板中的“圆”按钮、“剪裁实体”按钮和“倒圆角”按钮，绘制草图；单击“草图”面板中的“智能尺寸”按钮，标注尺寸如图 9-38 所示。

3. 拉伸实体 1

单击“特征”面板中的“拉伸凸台/基体”按钮，此时系统弹出如图 9-39 所示的“凸台-拉伸”属性管理器。设置终止条件为“给定深度”，输入拉伸深度为 12mm，然后单击“确定”按钮。结果如图 9-40 所示。

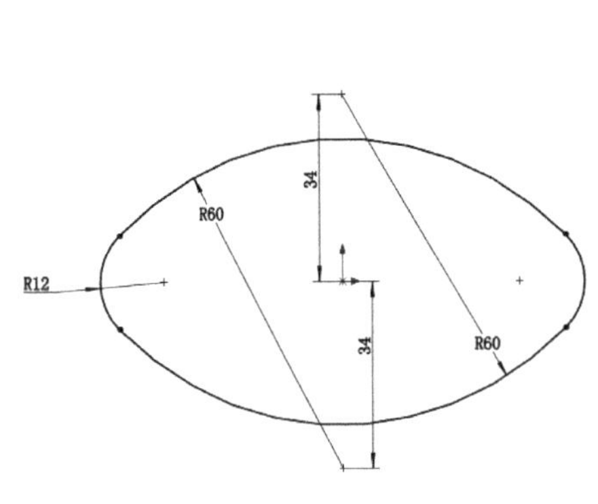

图 9-38　绘制草图

图 9-39　“凸台-拉伸”属性管理器

4. 绘制草图 2

选择如图 9-40 所示的后表面为基准面。单击“正视于”按钮，使基准面平行于屏幕，然后单

击“草图绘制”按钮，进入草图绘制环境。单击“草图”面板中的“圆”按钮和“智能尺寸”按钮，在坐标原点处绘制直径为 46 的圆。

5. 拉伸实体 2

单击“特征”面板中的“拉伸凸台/基体”按钮，此时系统弹出如图 9-41 所示的“凸台-拉伸”属性管理器。设置终止条件为“给定深度”，输入拉伸深度为 3mm，然后单击“确定”按钮。结果如图 9-42 所示。

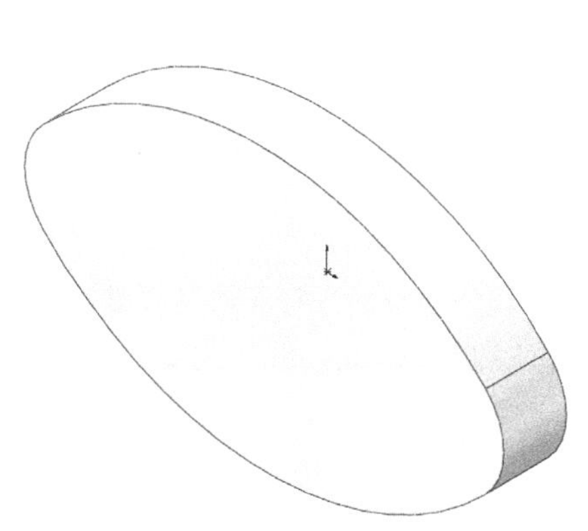

图 9-40 拉伸实体

图 9-41 “凸台-拉伸”属性管理器

6. 绘制草图 3

选择如图 9-42 所示的面 1。单击“正视于”按钮，使基准面平行于屏幕，然后单击“草图绘制”按钮，进入草图绘制环境。单击“草图”面板中的“圆”按钮和“智能尺寸”按钮，在坐标原点处绘制直径为 44 的圆。

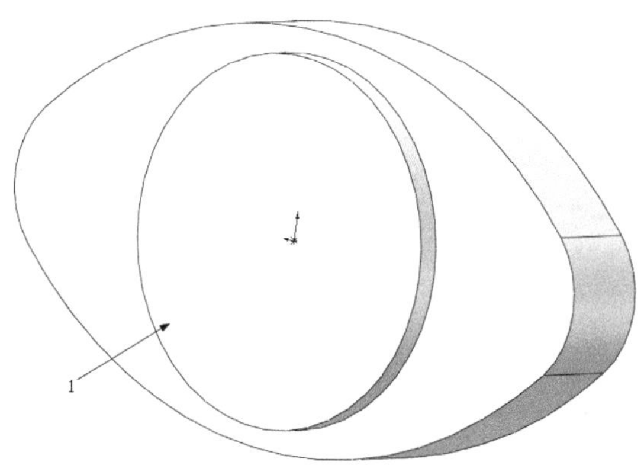

图 9-42 拉伸实体

7. 拉伸实体 3

单击“特征”面板中的“拉伸凸台/基体”按钮，此时系统弹出如图 9-43 所示的“凸台-拉伸”属性管理器。设置终止条件为“给定深度”，输入拉伸深度为 20mm，然后单击“确定”按钮。结果如图 9-44 所示。

Note

图 9-43 "凸台-拉伸"属性管理器

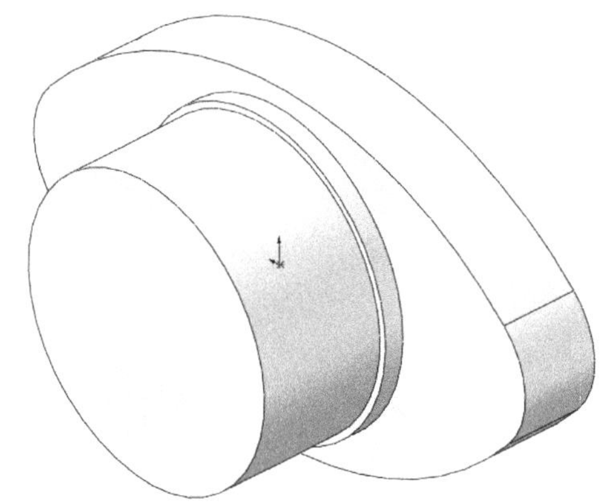

图 9-44 拉伸实体

8. 绘制草图 4

选择如图 9-44 所示的背面。单击"正视于"按钮，使基准面平行于屏幕，然后单击"草图绘制"按钮，进入草图绘制环境。单击"草图"面板中的"圆"按钮和"智能尺寸"按钮，绘制的草图如图 9-45 所示。

9. 拉伸实体 4

单击"特征"面板中的"拉伸凸台/基体"按钮，此时系统弹出如图 9-46 所示的"凸台-拉伸"属性管理器。设置终止条件为"给定深度"，输入拉伸深度为 2mm，然后单击"确定"按钮。结果如图 9-47 所示。

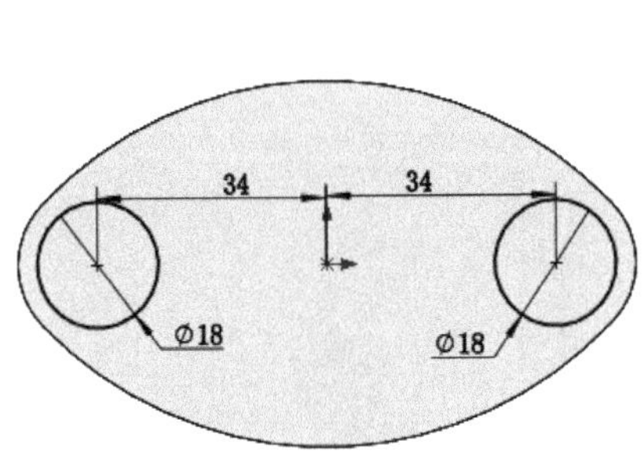

图 9-45 绘制草图

图 9-46 "凸台-拉伸"属性管理器

10. 绘制草图 5

选择如图 9-47 所示的面 1 为基准面。单击"正视于"按钮，使基准面平行于屏幕，然后单击"草图绘制"按钮，进入草图绘制环境。单击"草图"面板中的"圆"按钮和"智能尺寸"按钮，在原点处绘制直径为 36 的圆，如图 9-48 所示。

11. 切除拉伸实体 1

单击"特征"面板中的"拉伸切除"按钮，此时系统弹出如图 9-49 所示的"切除-拉伸"属性

管理器。设置终止条件为“完全贯穿”，然后单击“确定”按钮✔。结果如图 9-50 所示。

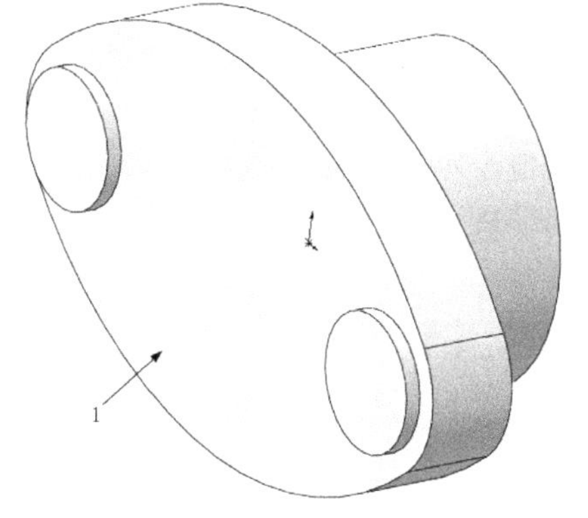

图 9-47　拉伸实体

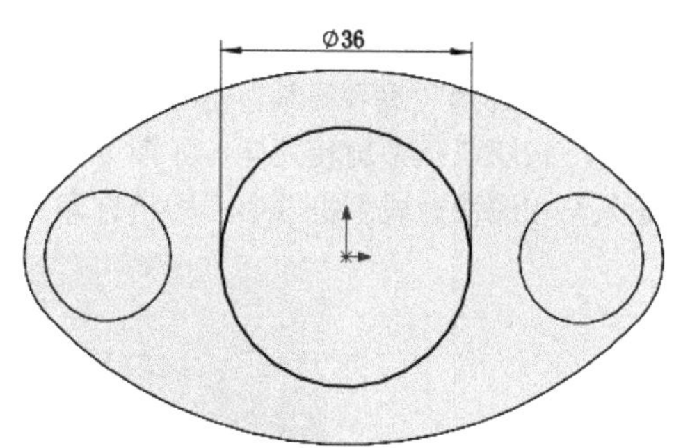

图 9-48　绘制草图

12. 绘制草图 6

选择如图 9-50 所示的小凸台的上表面为基准面。单击“正视于”按钮，使基准面平行于屏幕，然后单击“草图绘制”按钮，进入草图绘制环境。单击“草图”面板中的“圆”按钮和“智能尺寸”按钮，在两个小凸台的圆心处绘制两个直径为 9 的圆，如图 9-51 所示。

图 9-49　“切除-拉伸”属性管理器

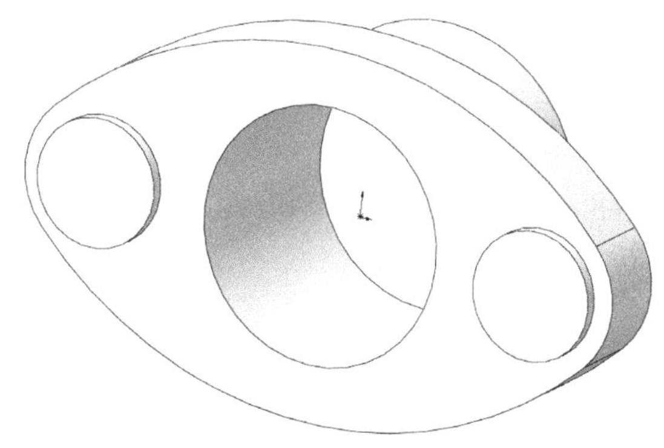

图 9-50　切除拉伸实体

13. 切除拉伸实体 2

单击“特征”面板中的“拉伸切除”按钮，此时系统弹出“切除-拉伸”属性管理器。设置终止条件为“完全贯穿”，然后单击“确定”按钮✔。结果如图 9-52 所示。

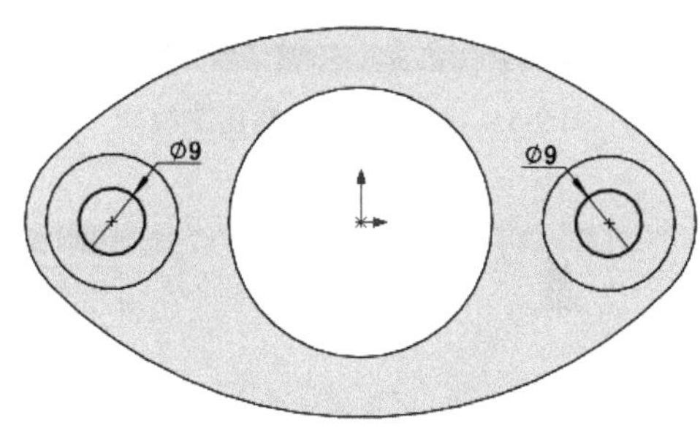

图 9-51　绘制草图

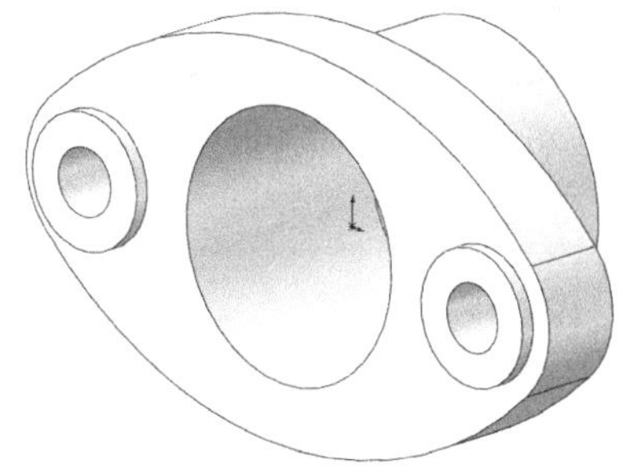

图 9-52　切除拉伸实体

9.4.2 打印模型

根据 8.2 节操作步骤 1～4 进行操作，为减少支撑，需要将模型旋转至合适位置。单击“旋转零件”按钮，将弹出“旋转零件”对话框，将 X 轴所对应数值改为 180，也就是绕 X 轴旋转 180°，单击“确定”按钮，模型旋转完毕，如图 9-53 所示。然后按步骤 5 对生成支撑后的模型进行切片处理，并导入至相应快速成型机器中，即可打印。

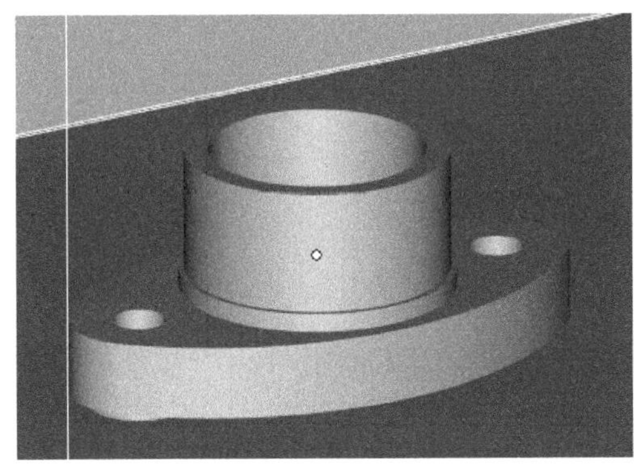

图 9-53　旋转模型 tianliaoyagai

9.4.3 处理打印模型

处理打印模型有以下 4 个步骤：

（1）取出模型。取出后的填料压盖模型如图 9-54 所示。

（2）清洗模型。

（3）去除支撑。

（4）打磨模型。打磨处理后的填料压盖模型如图 9-55 所示。

图 9-54　打印完毕的填料压盖模型

图 9-55　处理后的填料压盖模型

9.5 阀　　盖

扫码看视频

9.5　阀盖

首先利用 SolidWorks 软件创建阀盖模型，再利用 Magics 软件打印阀盖的

3D 模型，最后对打印出来的阀盖模型进行清洗、去支撑和毛刺处理，流程图如图 9-56 所示。

图 9-56　阀盖模型创建流程图

9.5.1　创建模型

首先创建六棱柱体，然后通过旋转切除创建螺帽，再通过旋转创建主体，最后通过扫描切除创建外螺纹。

1. 新建文件

选择“文件”→“新建”命令，或者单击快速访问工具栏中的“新建”按钮，在弹出的“新建 SOLIDWORKS 文件”对话框中单击“零件”按钮，然后单击“确定”按钮，创建一个新的零件文件。

2. 绘制草图 1

在左侧的“FeatureManager 设计树”中用鼠标选择“前视基准面”作为绘制图形的基准面。单击“草图”面板中的“多边形”按钮，弹出如图 9-57 所示的“多边形”属性管理器，输入边数为 6，选中“外接圆”单选按钮，输入外接圆直径为 32，单击“确定”按钮，在原点处绘制外接圆直径为 32 的多边形，如图 9-58 所示。

图 9-57　“多边形”属性管理器

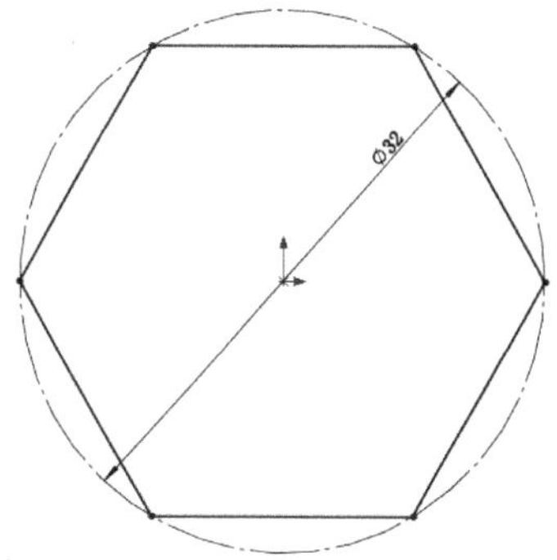

图 9-58　绘制多边形

3. 拉伸实体

单击“特征”面板中的“拉伸凸台/基体”按钮，此时系统弹出如图 9-59 所示的“凸台-拉伸”属性管理器。设置终止条件为“给定深度”，输入拉伸距离为 15mm，然后单击“确定”按钮。结

Note

果如图 9-60 所示。

图 9-59 “凸台-拉伸”属性管理器

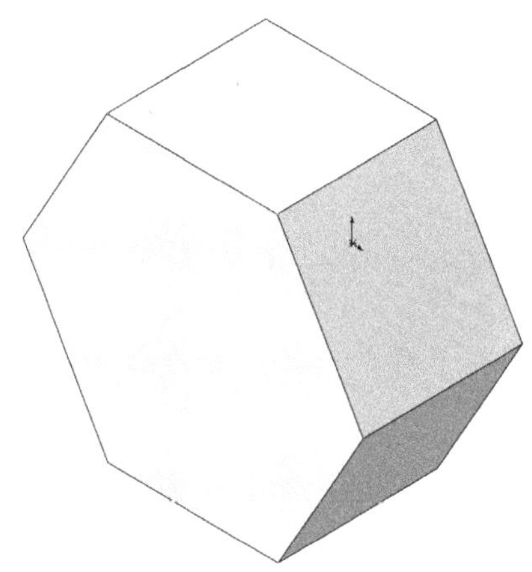

图 9-60 拉伸实体

4. 绘制倒角草图

在“FeatureManager 设计树”中选择“上视基准面”，单击“正视于”按钮，使基准面平行于屏幕，然后单击“草图绘制”按钮，新建一张草图。单击“草图”面板中的“中心线”按钮和“直线”按钮，绘制直线轮廓；单击“草图”面板中的“智能尺寸”按钮，标注如图 9-61 所示的草图。

5. 切除旋转实体

单击“特征”面板中的“旋转切除”按钮。在出现的提示对话框中单击“是”按钮，如图 9-62 所示。弹出“切除-旋转”属性管理器，选择竖直中心线为旋转轴，其他采用默认设置，即为“给定深度”；旋转角度为 360°；单击“确定”按钮，生成切除-旋转特征。参数设置如图 9-63 所示。

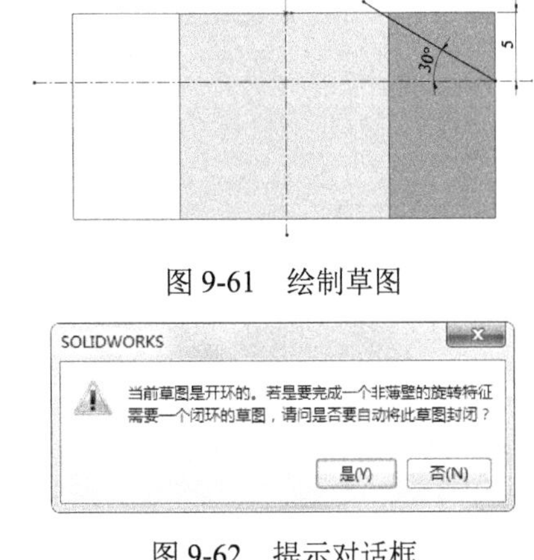

图 9-61 绘制草图

图 9-62 提示对话框

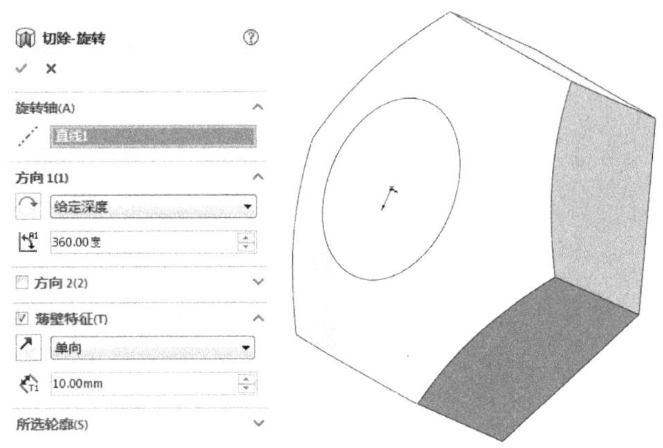

图 9-63 旋转切除实体

6. 绘制草图 2

在左侧的“FeatureManager 设计树”中用鼠标选择“上视基准面”，单击“正视于”按钮，使基准面平行于屏幕，然后单击“草图绘制”按钮，进入草图绘制环境。单击“草图”面板中的“中心线”按钮，绘制一条通过原点的垂直中心线；单击“草图”面板中的“直线”按钮，绘制压紧套的草图轮廓。单击“草图”面板中的“智能尺寸”按钮，标注结果如图 9-64 所示。

7. 旋转实体

单击“特征”面板中的“旋转凸台/基体”按钮，此时系统弹出如图 9-65 所示的“旋转”属性管理器。选择垂直中心线为旋转轴，按照图示设置后，单击“确定”按钮✓。结果如图 9-66 所示。

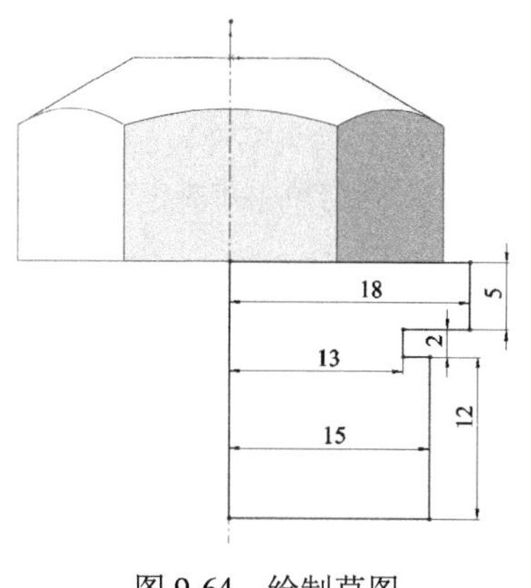

图 9-64 绘制草图

图 9-65 “旋转”属性管理器

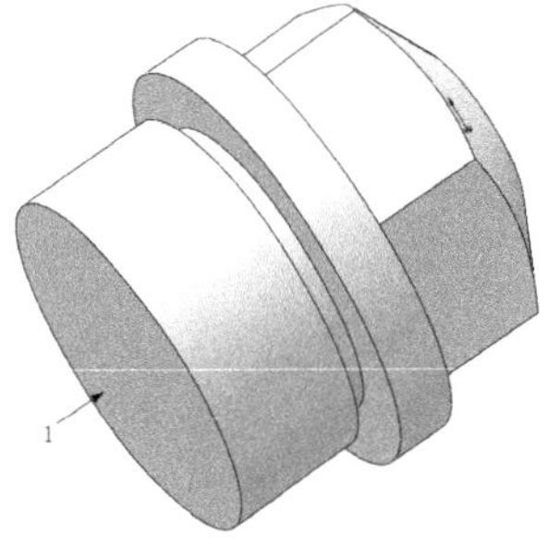

图 9-66 旋转后的图形

8. 添加孔

单击“特征”面板中的“异型孔向导”按钮，弹出“孔规格”属性管理器，在“大小”栏中选择 M12 规格，“终止条件”栏中选择“给定深度”，输入孔的深度为 30。其他设置如图 9-67 所示。选择“孔规格”属性管理器中的“位置”选项卡，单击“3D 草图”按钮，捕捉圆柱体的圆心，确定螺纹孔的位置，如图 9-68 所示，最后单击“确定”按钮✓。最终结果如图 9-69 所示。

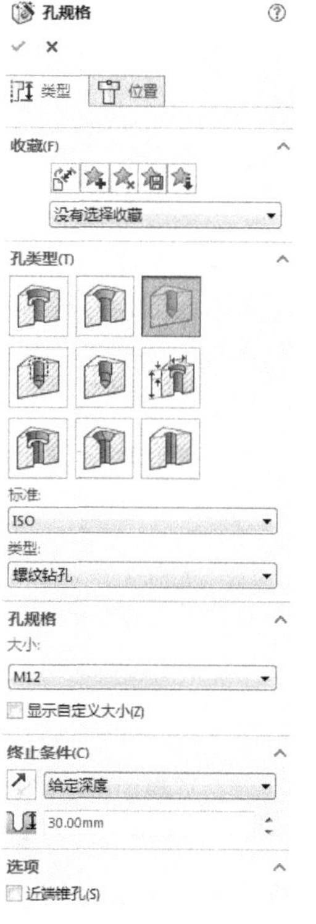

图 9-67 “孔规格”属性管理器

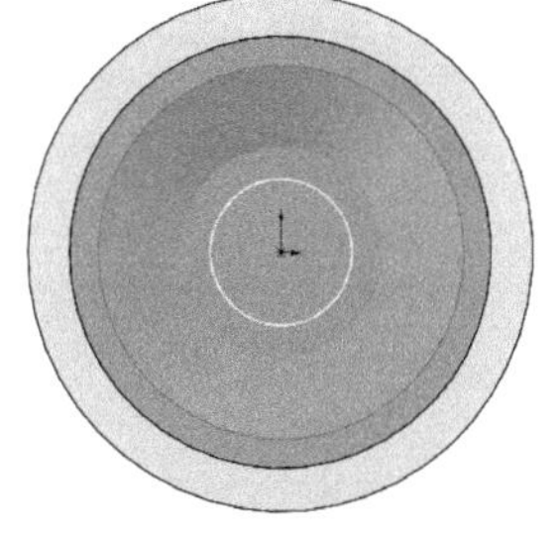

图 9-68 孔位置

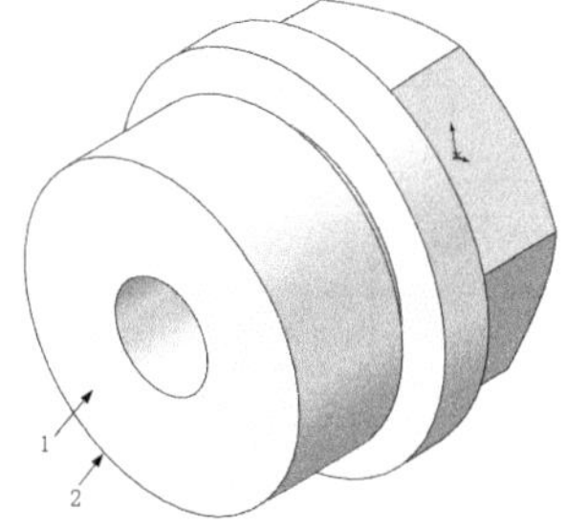

图 9-69 创建孔

9. 绘制螺纹

（1）绘制草图。单击图 9-69 中的表面 1，单击“正视于”按钮，使基准面平行于屏幕，将该表面作为绘制图形的基准面，然后单击“草图绘制”按钮，进入草图绘制环境。单击“草图”面板中的“转换实体引用”按钮，将边线 2 转换为草图实体。

（2）绘制螺旋线。单击“特征”面板“曲线”下拉列表中的“螺旋线/涡状线”按钮，弹出“螺旋线/涡状线”属性管理器，如图 9-70 所示。选择定义方式为“高度和螺距”，输入高度为 13mm，螺距为 2mm，选中“反向”复选框，起始角度为 0°，选择方向为“顺时针”，然后单击“确定”按钮。生成的螺旋线如图 9-71 所示。

图 9-70 “螺旋线/涡状线”属性管理器

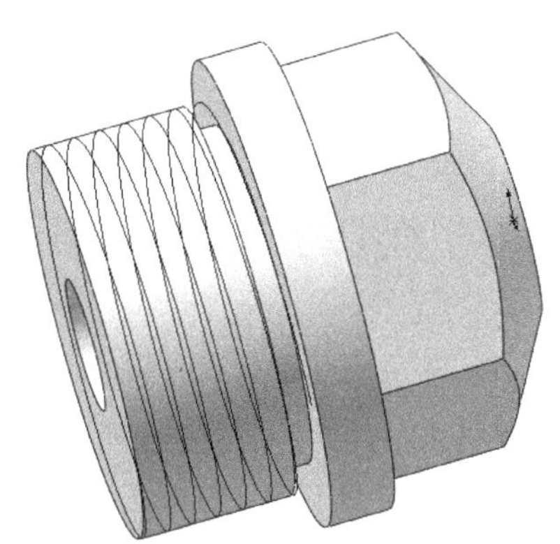

图 9-71 生成螺旋线

（3）绘制截面草图。在左侧的“FeatureMannger 设计树”中选择“上视基准面”，单击“正视于”按钮，使基准面平行于屏幕，然后单击“草图绘制”按钮，进入草图绘制环境。单击“草图”面板中的“直线”按钮，绘制螺纹牙型草图；单击“草图”面板中的“智能尺寸”按钮，尺寸如图 9-72 所示。

（4）绘制螺纹。单击“特征”面板中的“扫描切除”按钮，弹出“切除-扫描”属性管理器，如图 9-73 所示。选择图形区域中的牙型草图为扫描轮廓；然后选择螺旋线作为扫描路径，单击“确定”按钮。结果如图 9-74 所示。

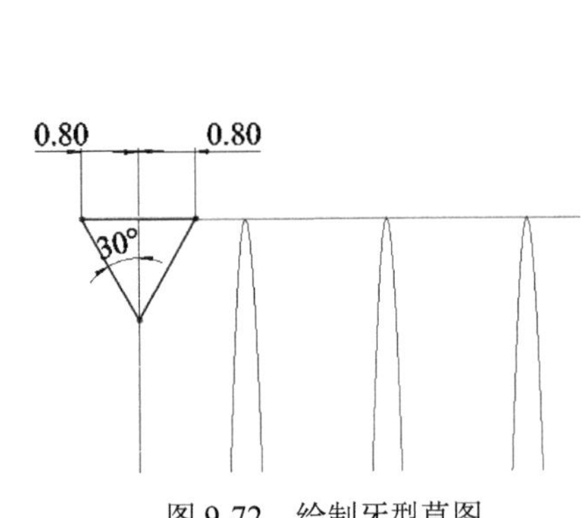

图 9-72 绘制牙型草图

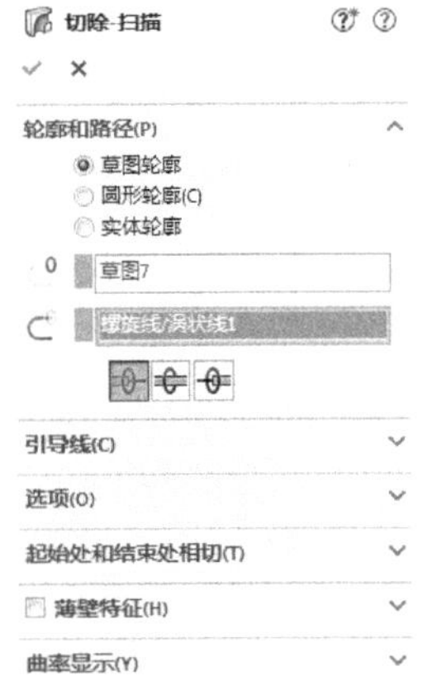

图 9-73 “切除-扫描”属性管理器

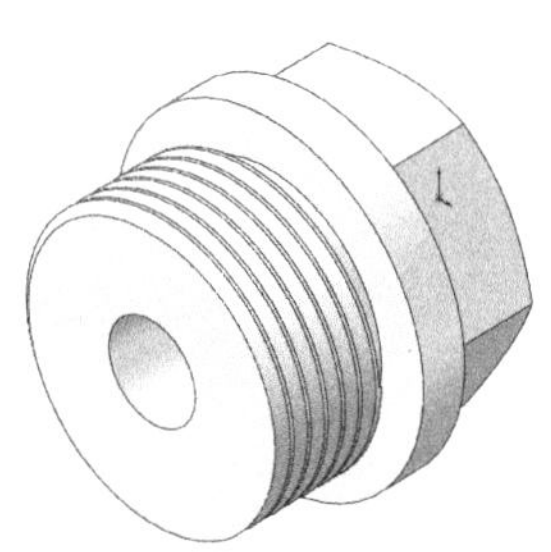

图 9-74 生成螺纹

9.5.2 打印模型

根据 8.2 节操作步骤 1～4 进行操作，然后按步骤 5 对生成支撑后的模型进行切片处理，并导入至相应快速成型机器中，即可打印。

Note

9.5.3 处理打印模型

处理打印模型有以下 4 个步骤：

（1）取出模型。取出后的阀盖模型如图 9-75 所示。

（2）清洗模型。

（3）去除支撑。

（4）打磨模型。打磨处理后的阀盖模型如图 9-76 所示。

图 9-75 打印完毕的阀盖模型

图 9-76 处理后的阀盖模型

9.6 阀 体

首先利用 SolidWorks 软件创建阀体模型，再利用 Magics 软件打印阀体的 3D 模型，最后对打印出的阀体模型进行清洗、去支撑和毛刺处理，流程图如图 9-77 所示。

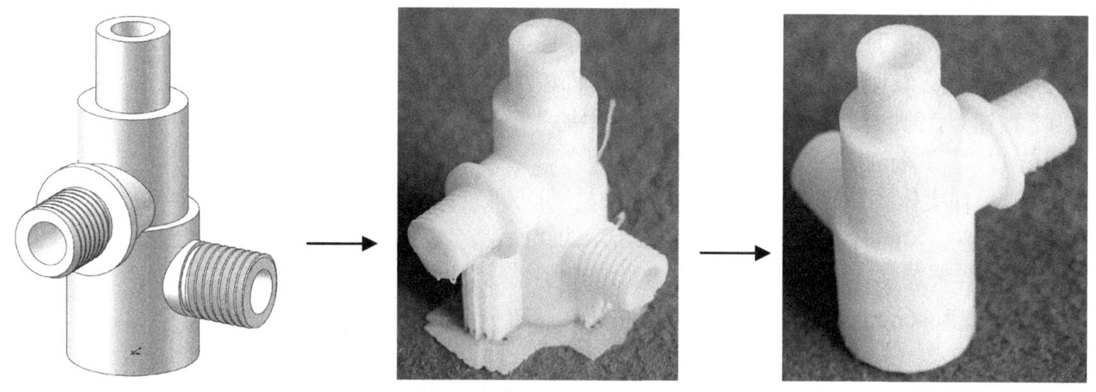

图 9-77 阀体模型创建流程图

9.6.1 创建模型

Note

首先通过拉伸创建阀体的三叉外轮廓，然后通过拉伸切除创建三叉实体上的孔系，最后通过扫描切除创建3个连接外螺纹和内螺纹。

1. 创建阀体主体

（1）新建文件。选择“文件”→“新建”命令，或者单击快速访问工具栏中的“新建”按钮，在弹出的“新建 SOLIDWORKS 文件”对话框中单击“零件”按钮，然后单击“确定”按钮，创建一个新的零件文件。

（2）绘制草图。在左侧的“FeatureManager 设计树”中用鼠标选择“前视基准面”作为绘制图形的基准面，单击“草图绘制”按钮，进入草图绘制环境。单击“草图”面板中的“圆”按钮，绘制直径为36的圆。

（3）拉伸实体。单击“特征”面板中的“拉伸凸台/基体”按钮，此时系统弹出如图9-78所示的“凸台-拉伸”属性管理器。设置终止条件为“给定深度”，输入拉伸深度为40mm，然后单击“确定”按钮。结果如图9-79所示。

（4）创建凸台。在圆台上表面上连续创建Ø30×30和Ø20×20的凸台，结果如图9-80所示。

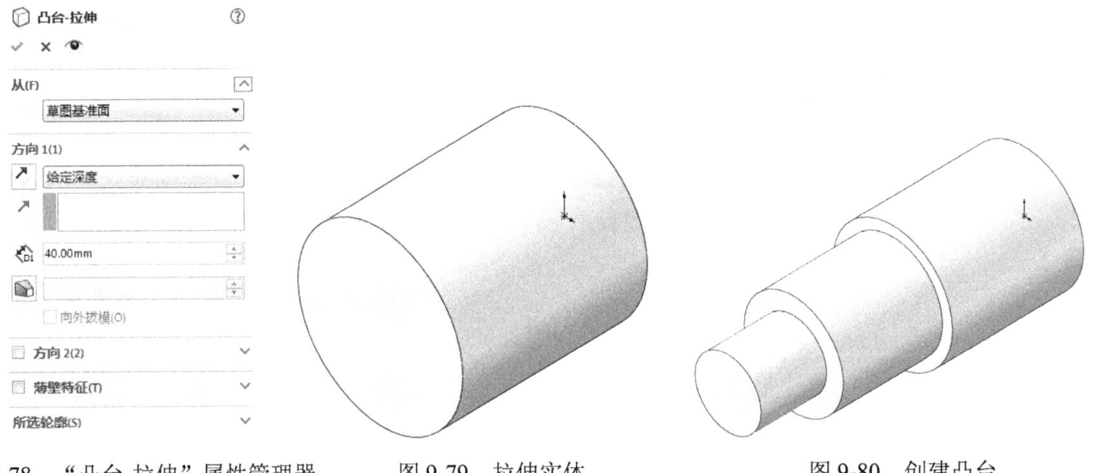

图9-78 “凸台-拉伸”属性管理器　　图9-79 拉伸实体　　图9-80 创建凸台

（5）绘制草图。在左侧的“FeatureManager 设计树”中用鼠标选择“右视基准面”，单击“正视于”按钮，使基准面平行于屏幕，然后单击“草图绘制”按钮，进入草图绘制环境。单击“草图”面板中的“圆”按钮，绘制草图；单击“草图”面板中的“智能尺寸”按钮，标注尺寸，如图9-81所示。

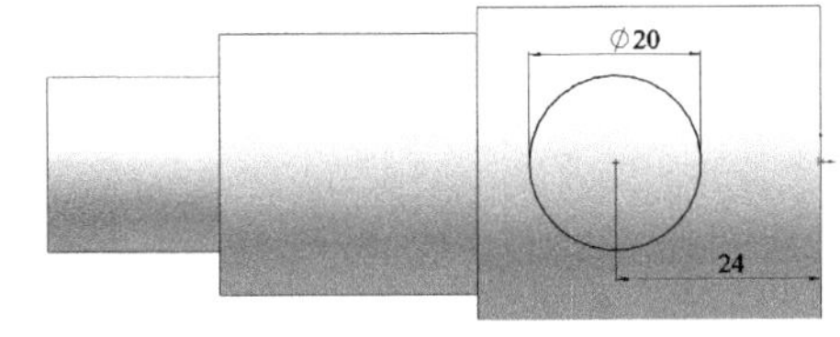

图9-81 绘制草图

（6）拉伸实体。单击“特征”面板中的“拉伸凸台/基体”按钮，此时系统弹出如图9-82所示的“凸台-拉伸”属性管理器。设置终止条件为“给定深度”，输入拉伸深度为40mm，然后单击“确定”按钮。结果如图9-83所示。

（7）绘制草图。在左侧的“FeatureManager 设计树”中用鼠标选择“上视基准面”，单击“正视

于”按钮，使基准面平行于屏幕，然后单击“草图绘制”按钮，进入草图绘制环境。单击“草图”面板中的“圆”按钮，绘制草图。单击“草图”面板中的“智能尺寸”按钮，标注尺寸，如图 9-84 所示。

图 9-82　“凸台-拉伸”属性管理器

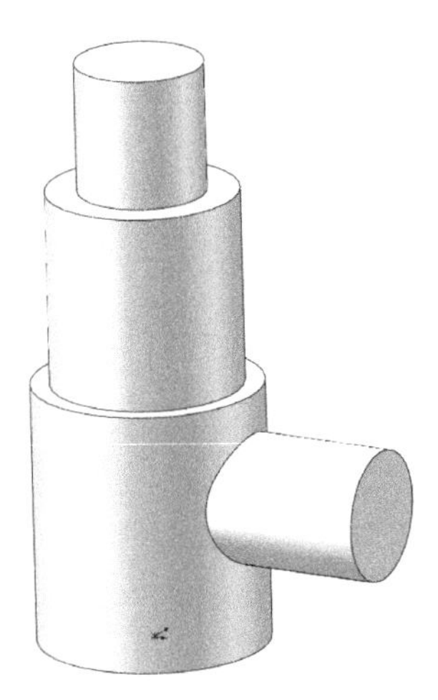

图 9-83　拉伸实体

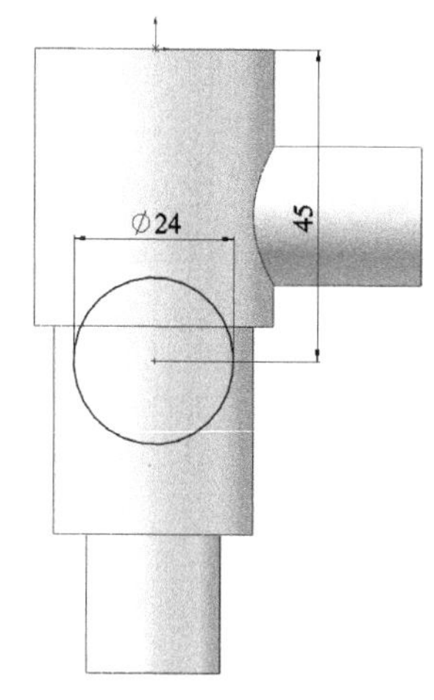

图 9-84　绘制草图

（8）拉伸实体。单击“特征”面板中的“拉伸凸台/基体”按钮，此时系统弹出如图 9-85 所示的“凸台-拉伸”属性管理器。设置终止条件为“给定深度”，输入拉伸深度为 24mm，然后单击“确定”按钮。结果如图 9-86 所示。

重复“拉伸”命令，在绘制的表面上创建 Ø30×3 和 Ø20×20 的圆柱，结果如图 9-87 所示。

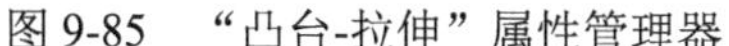

图 9-85　“凸台-拉伸”属性管理器

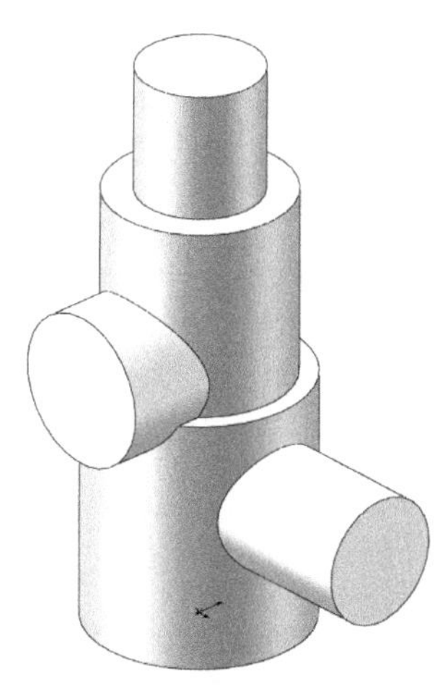

图 9-86　拉伸实体

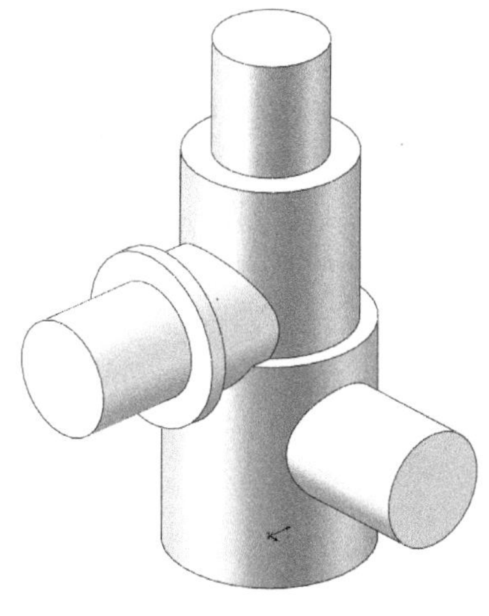

图 9-87　绘制凸台

2. 创建内孔

（1）绘制草图。在左侧的“FeatureMannger 设计树”中选择“上视基准面”，单击“正视于”按钮，使基准面平行于屏幕，然后单击“草图绘制”按钮，进入草图绘制环境，然后单击“草图”面板中的“中心线”按钮和“直线”按钮，绘制草图。单击“草图”面板中的“智能尺寸”按钮，对草图进行尺寸标注，调整草图尺寸，结果如图 9-88 所示。

Note

（2）旋转切除生成实体。单击“特征”面板中的“旋转切除”按钮，系统弹出“切除-旋转”属性管理器，如图 9-89 所示。拾取草图中心线为旋转轴；选择“给定深度”，输入旋转角度为 360°，然后单击“确定”按钮。结果如图 9-90 所示。

图 9-88　绘制草图　　图 9-89　“切除-旋转”属性管理器　　图 9-90　旋转切除实体

（3）绘制草图。选择图 9-90 中面 1 作为基准面，单击“正视于”按钮，使基准面平行于屏幕，然后单击“草图绘制”按钮，进入草图绘制环境。单击“草图”面板中的“圆”按钮和“智能尺寸”按钮，绘制直径为 12 的圆。

（4）切除拉伸实体。单击“特征”面板中的“拉伸切除”按钮，此时系统弹出如图 9-91 所示的“切除-拉伸”属性管理器。设置终止条件为“成形到下一面”，然后单击“确定”按钮。结果如图 9-92 所示。

（5）绘制草图。选择图 9-93 中面 1 作为基准面，单击“正视于”按钮，使基准面平行于屏幕，然后单击“草图绘制”按钮，进入草图绘制环境。单击“草图”面板中的“圆”按钮和“智能尺寸”按钮，绘制直径为 12 的圆。

图 9-91　“切除-拉伸”属性管理器

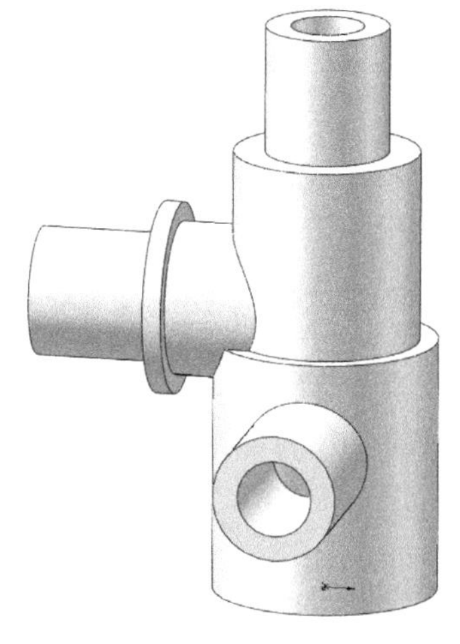

图 9-92　切除拉伸实体

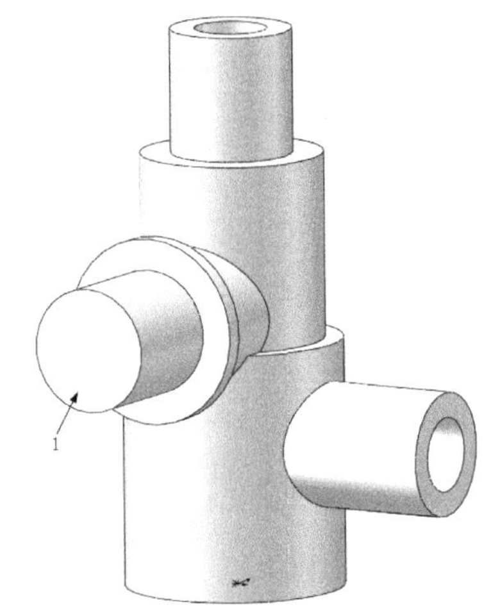

图 9-93　选择基准面

（6）切除拉伸实体。单击“特征”面板中的“拉伸切除”按钮，此时系统弹出如图 9-94 所示

的“切除-拉伸”属性管理器。设置终止条件为“成形到下一面”，然后单击“确定”按钮✔。结果如图 9-95 所示。

（7）创建基准平面。在左侧的“FeatureManager 设计树”中用鼠标选择“前视基准面”作为绘制图形的基准面。单击“特征”面板“参考几何体”下拉列表中的“基准面”按钮，弹出“基准面”属性管理器，输入偏移距离为 45mm，如图 9-96 所示；单击“确定”按钮✔，生成基准面，如图 9-97 所示。

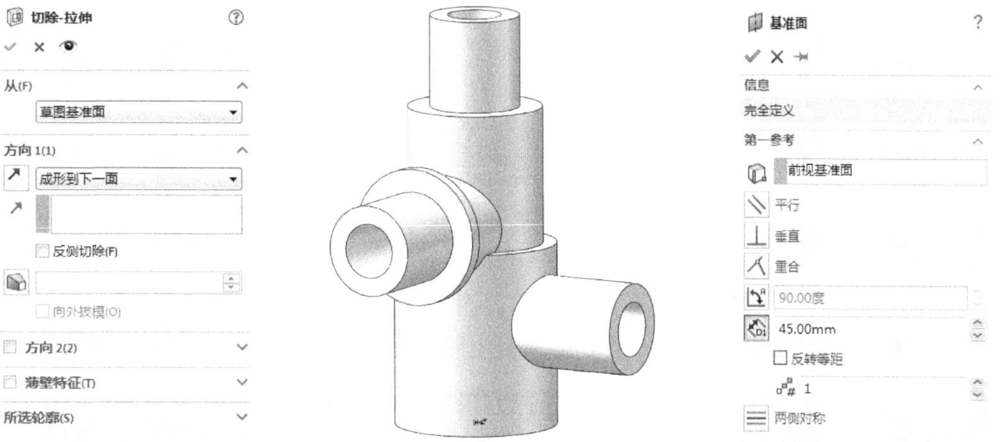

图 9-94　“切除-拉伸”属性管理器　　图 9-95　切除拉伸实体　　图 9-96　“基准面”属性管理器

3. 创建退刀槽

（1）绘制草图。在左侧的“FeatureMannger 设计树”中选择“基准面 1”作为绘图基准面。单击“正视于”按钮，使基准面平行于屏幕，然后单击“草图绘制”按钮，进入草图绘制环境。单击“草图”面板中的“中心线”按钮和“边角矩形”按钮，绘制草图轮廓；单击“草图”面板中的“智能尺寸”按钮，标注结果如图 9-98 所示。

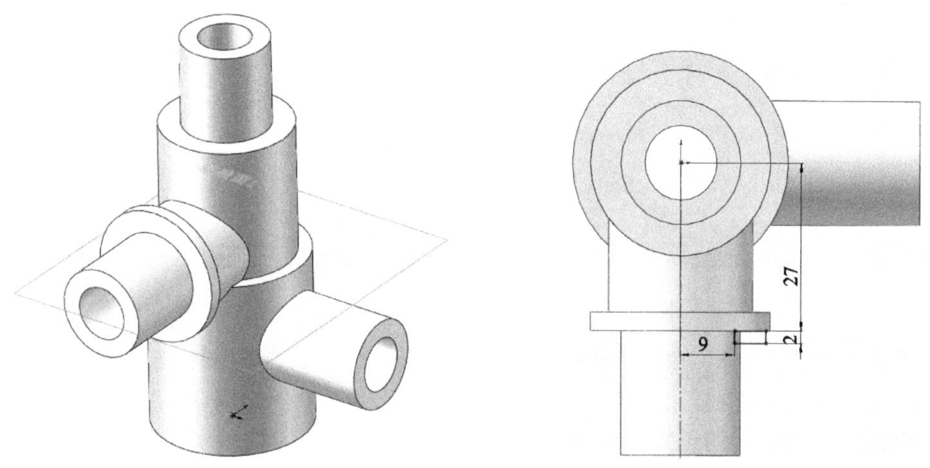

图 9-97　基准面　　图 9-98　绘制草图

（2）旋转切除生成实体。单击“特征”面板中的“旋转切除”按钮，系统弹出“切除-旋转”属性管理器，如图 9-99 所示。拾取草图中心线为旋转轴；选择“给定深度”，输入旋转角度 360°，然后单击“确定”按钮✔。结果如图 9-100 所示。

（3）创建基准平面。在左侧的“FeatureManager 设计树”中用鼠标选择“前视基准面”作为绘制图

形的基准面。单击“特征”面板“参考几何体”下拉列表中的“基准面”按钮，弹出“基准面”属性管理器，输入偏移距离为 24mm，如图 9-101 所示；单击“确定”按钮，生成基准面，如图 9-102 所示。

图 9-99　“切除-旋转”属性管理器

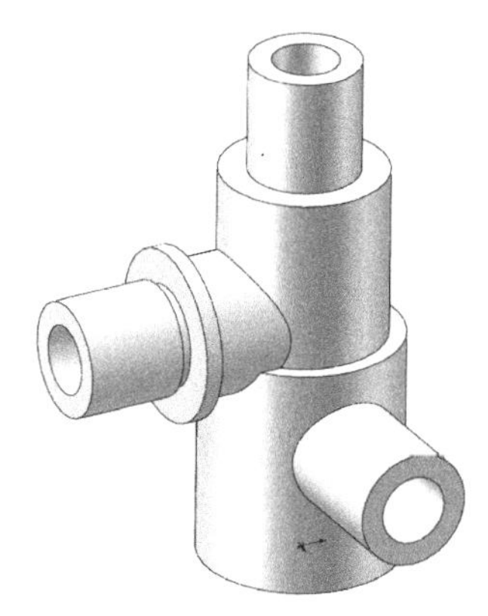

图 9-100　旋转切除实体

图 9-101　“基准面”属性管理器

（4）绘制草图。在左侧的“FeatureManager 设计树”中选择“基准面 1”作为绘图基准面。单击“正视于”按钮，使基准面平行于屏幕，然后单击“草图绘制”按钮，进入草图绘制环境。单击“草图”面板中的“中心线”按钮和“边角矩形”按钮，绘制草图轮廓；单击“草图”面板中的“智能尺寸”按钮，标注结果如图 9-103 所示。

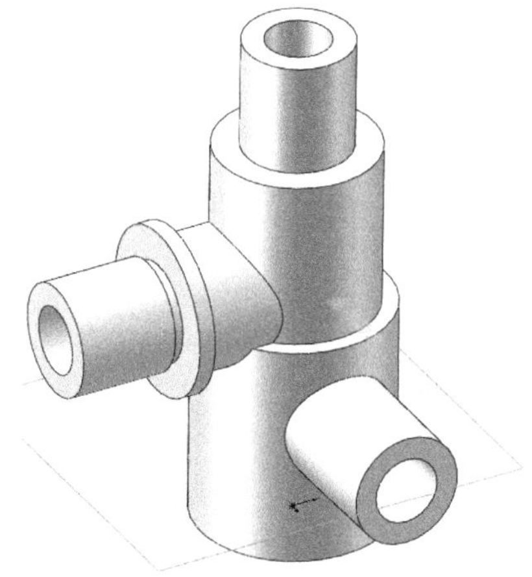

图 9-102　基准面

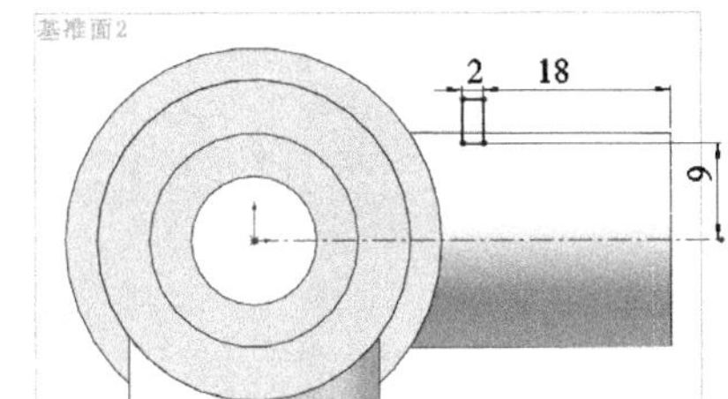

图 9-103　绘制草图

（5）旋转切除生成实体。单击“特征”面板中的“旋转切除”按钮，系统弹出“切除-旋转”属性管理器，如图 9-104 所示。拾取草图中心线为旋转轴；选择“给定深度”，输入旋转角度 360°，然后单击“确定”按钮。结果如图 9-105 所示。

4. 创建外螺纹

（1）绘制草图。在左侧的“FeatureManager 设计树”中选择“基准面 1”作为绘图基准面，单击“正视于”按钮，使基准面平行于屏幕，然后单击“草图绘制”按钮，进入草图绘制环境。单击“草图”面板中的“直线”按钮，绘制螺纹牙型草图；单击“草图”面板中的“智能尺寸”按钮，尺寸如图 9-106 所示。退出草图环境。

图 9-104　“切除-旋转”属性管理器

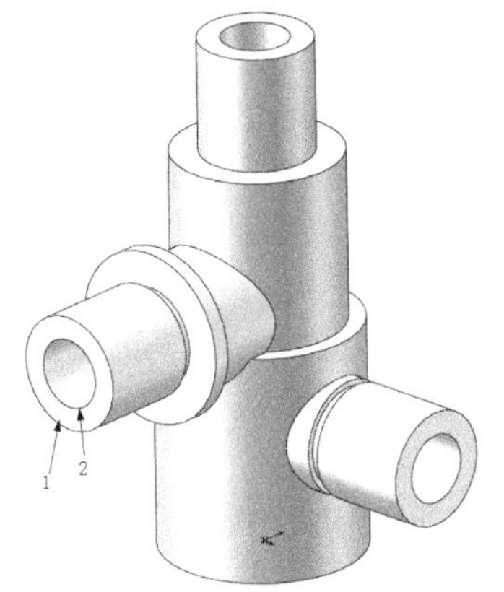

图 9-105　旋转切除实体

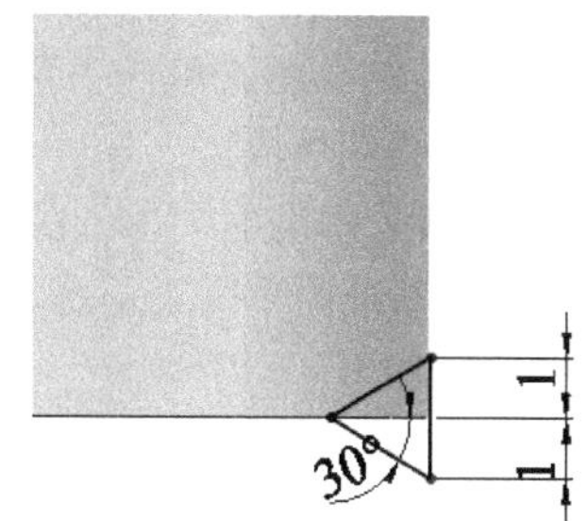

图 9-106　绘制螺纹牙型草图

（2）转换实体引用。单击图 9-105 中的面 1 为基准面，单击“正视于”按钮，使基准面平行于屏幕，然后单击“草图绘制”按钮，进入草图绘制环境。单击“草图”面板中的“转换实体引用”按钮，将边线 2 转换为草图实体。

（3）绘制螺旋线。单击“特征”面板“曲线”下拉列表中的“螺旋线/涡状线”按钮，弹出“螺旋线/涡状线”属性管理器，如图 9-107 所示。选择定义方式为“高度和螺距”，输入高度为 19mm，螺距为 2.5mm，选中“反向”复选框，输入起始角度为 90°，选择方向为“顺时针”，然后单击“确定”按钮。生成的螺旋线如图 9-108 所示。

（4）绘制螺纹。单击“特征”面板中的“扫描切除”按钮，弹出“切除-扫描”属性管理器，选择图形区域中的牙型草图为扫描轮廓；然后选择螺旋线作为扫描路径，单击“确定”按钮。结果如图 9-109 所示。

（5）创建螺纹。重复步骤（1）～（4），在另一侧创建参数相同的螺纹，结果如图 9-110 所示。

图 9-107　“螺旋线/涡状线”属性管理器

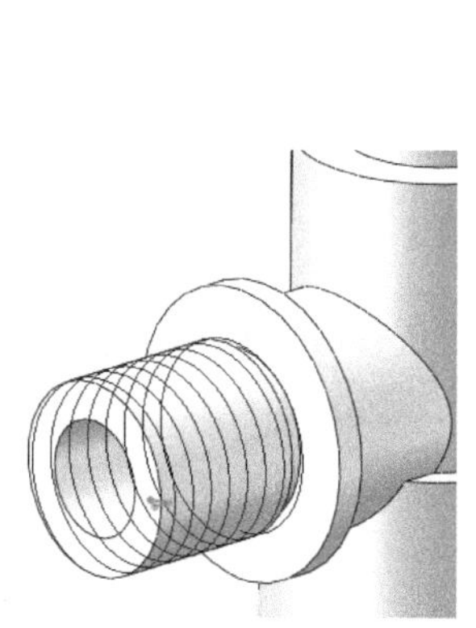

图 9-108　生成螺旋线

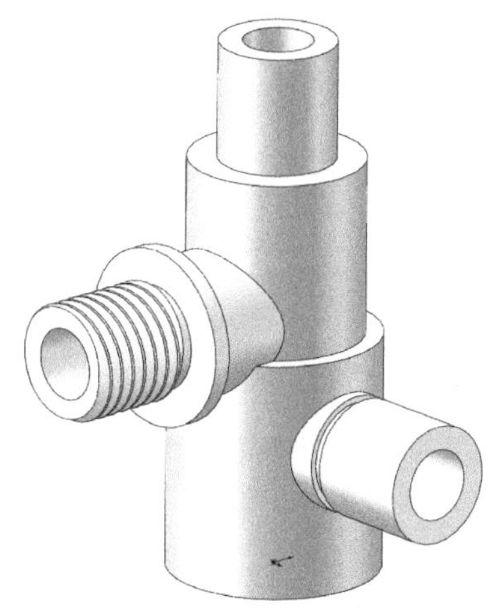

图 9-109　绘制螺纹实体

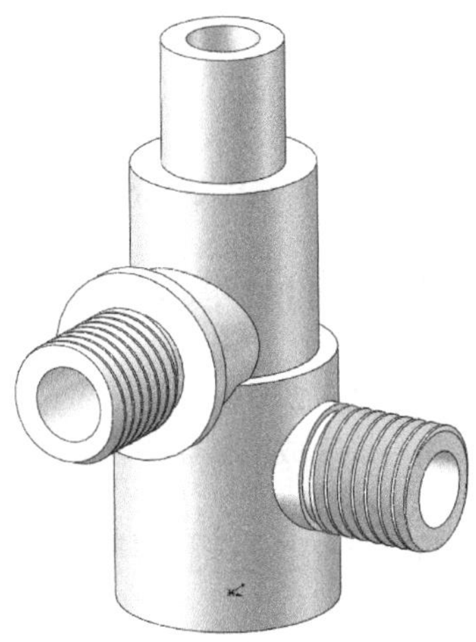

图 9-110　创建螺纹实体

5. 绘制内螺纹

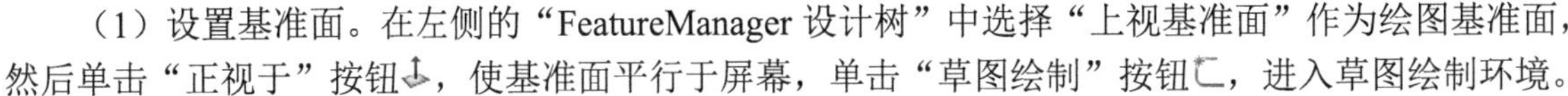

（1）设置基准面。在左侧的“FeatureManager 设计树”中选择“上视基准面”作为绘图基准面，然后单击“正视于”按钮，使基准面平行于屏幕，单击“草图绘制”按钮，进入草图绘制环境。

（2）绘制草图。单击“草图”面板中的“直线”按钮，绘制螺纹牙型草图，尺寸如图 9-111 所示。退出草图环境。

（3）设置基准面。单击图 9-110 中的下底面，单击“正视于”按钮，使基准面平行于屏幕，然后单击“草图绘制”按钮，进入草图绘制环境。

（4）转换实体引用。单击“草图”面板中的“转换实体引用”按钮，将孔边线转换为草图实体。

0.80
30°
0.80

图 9-111　绘制牙型草图

（5）绘制螺旋线。单击“特征”面板“曲线”下拉列表中的“螺旋线/涡状线”按钮，弹出“螺旋线/涡状线”属性管理器，如图 9-112 所示。选择定义方式为“高度和螺距”，输入高度为 15mm，螺距为 2mm，选中“反向”复选框，输入起始角度为 180°，选择方向为“顺时针”，然后单击“确定”按钮。生成螺旋线，如图 9-113 所示。

（6）绘制螺纹。单击“特征”面板中的“扫描切除”按钮，弹出“切除-扫描”属性管理器，选择图形区域中的牙型草图为扫描轮廓；然后选择螺旋线作为扫描路径，单击“确定”按钮。结果如图 9-114 所示。

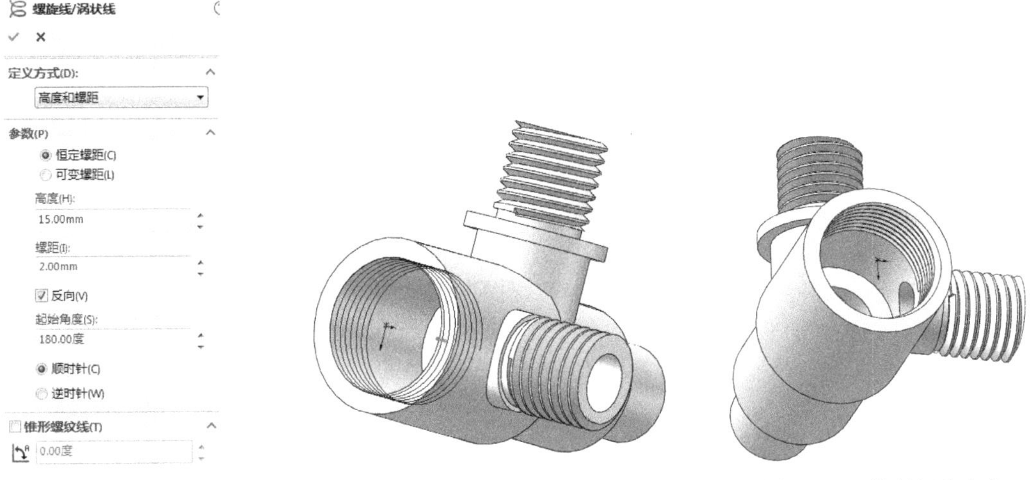

图 9-112　“螺旋线/涡状线”属性管理器　　图 9-113　生成螺旋线　　图 9-114　绘制螺纹实体

9.6.2　打印模型

根据 8.2 节操作步骤 1～4 进行操作，然后按步骤 5 对生成支撑后的模型进行切片处理，并导入至相应快速成型机器中，即可打印。

9.6.3　处理打印模型

处理打印模型有以下 4 个步骤：

（1）取出模型。取出后的阀体模型如图 9-115 所示。

（2）清洗模型。

（3）去除支撑。

（4）打磨模型。打磨处理后的阀体模型如图 9-116 所示。

Note

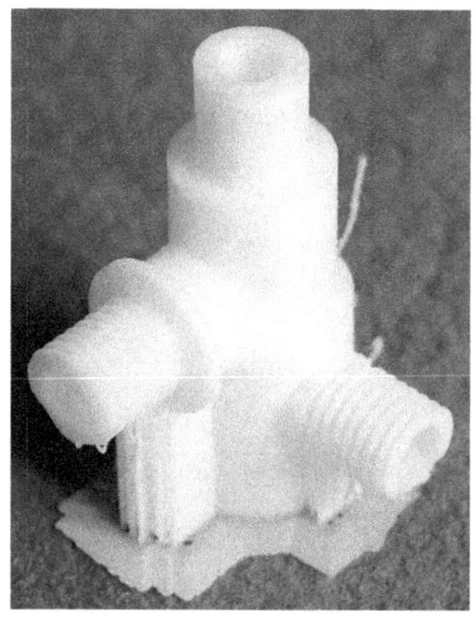

图 9-115 打印完毕的阀体模型

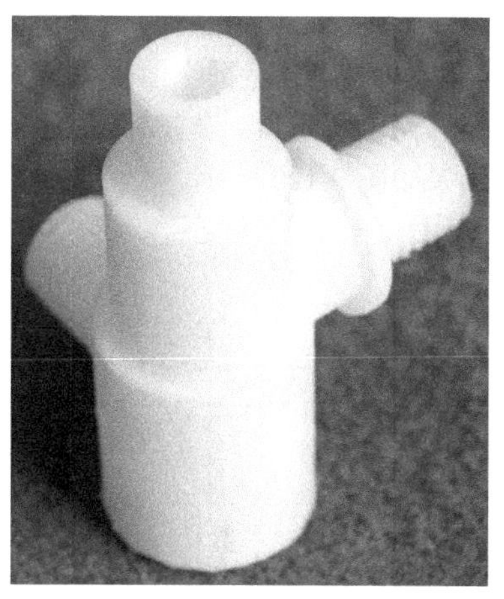

图 9-116 处理后的阀体模型

9.7 泵 体

首先利用 SolidWorks 软件创建泵体模型，再利用 Magics 软件打印泵体的 3D 模型，最后对打印出的泵体模型进行清洗、去支撑和毛刺处理，流程图如图 9-117 所示。

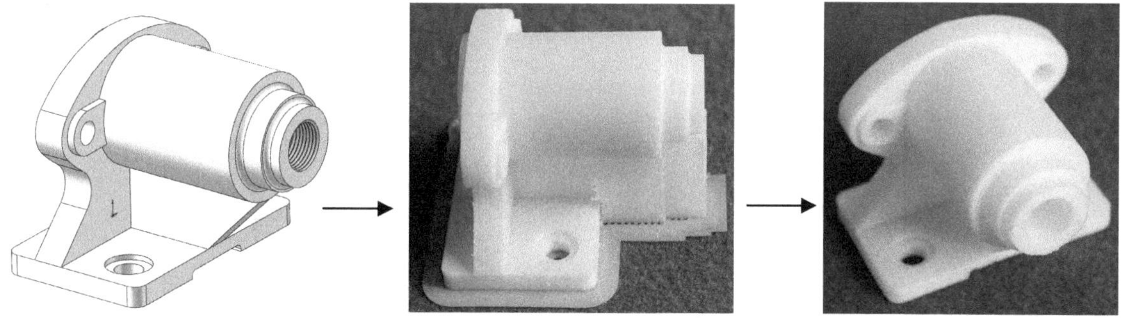

图 9-117 泵体模型创建流程图

9.7.1 创建模型

首先创建安装板，然后通过拉伸创建腔体和底板，再通过筋命令创建肋板，通过旋转切除和拉伸切除创建孔系，最后创建螺纹。

1. 创建泵体主体

（1）新建文件。选择“文件”→“新建”命令，或者单击快速访问工具栏中的“新建”按钮，

Note

在弹出的“新建 SolidWorks 文件”对话框中单击“零件”按钮，然后单击“确定”按钮，创建一个新的零件文件。

（2）绘制草图。在左侧的“FeatureManager 设计树”中用鼠标选择“前视基准面”作为绘制图形的基准面，单击“草图绘制”按钮，进入草图绘制环境。单击“草图”面板中的“圆”按钮和“直线”按钮，绘制草图。单击“草图”面板中的“智能尺寸”按钮，标注尺寸如图 9-118 所示。

（3）拉伸实体。单击“特征”面板中的“拉伸凸台/基体”按钮，此时系统弹出如图 9-119 所示的“凸台-拉伸”属性管理器。设置终止条件为“给定深度”，输入拉伸深度为 12mm，然后单击“确定”按钮。结果如图 9-120 所示。

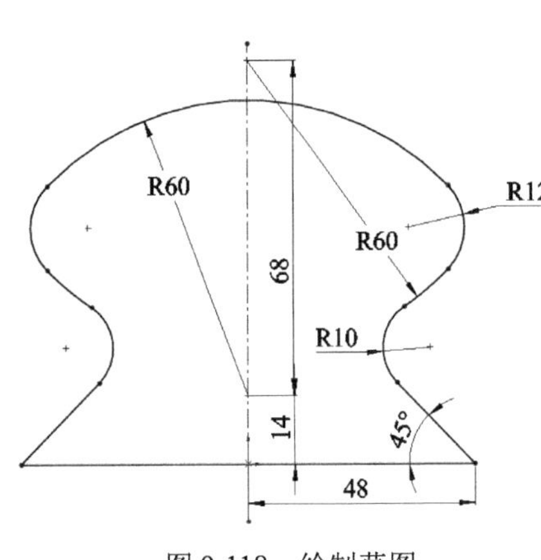

图 9-118　绘制草图

图 9-119　“凸台-拉伸”属性管理器

（4）绘制草图。选择图 9-120 中的面 1 为基准面，单击“正视于”按钮，使基准面平行于屏幕，然后单击“草图绘制”按钮，进入草图绘制环境。单击“草图”面板中的“圆”按钮和“直线”按钮，绘制草图。单击“草图”面板中的“智能尺寸”按钮，标注尺寸，如图 9-121 所示。

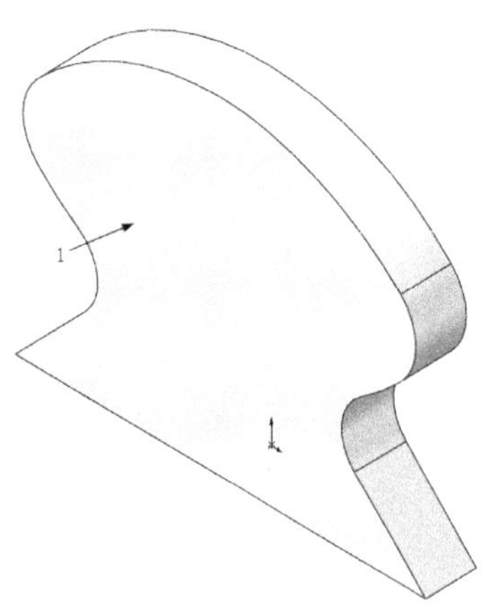

图 9-120　拉伸实体

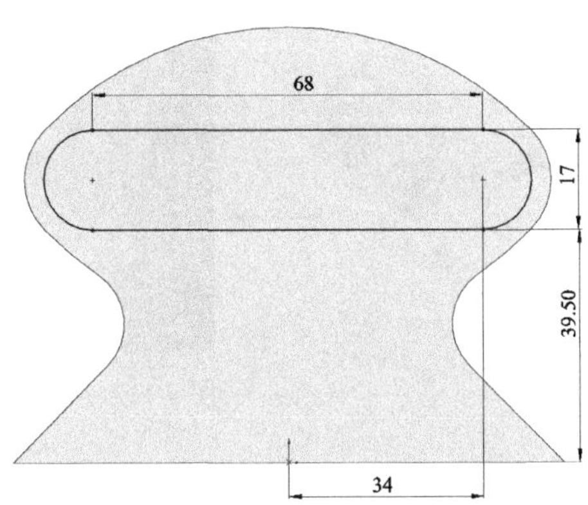

图 9-121　绘制草图

（5）拉伸实体。单击“特征”面板中的“拉伸凸台/基体”按钮，此时系统弹出如图 9-122 所示的“凸台-拉伸”属性管理器。设置终止条件为“给定深度”，输入拉伸深度为 3mm，然后单击“确定”按钮。结果如图 9-123 所示。

（6）绘制草图。选择图 9-120 中的面 1 为基准面，单击“正视于”按钮，使基准面平行于屏

幕，然后单击“草图绘制”按钮，进入草图绘制环境。单击“草图”面板中的“圆”按钮和“智能尺寸”按钮，绘制草图，如图 9-124 所示。

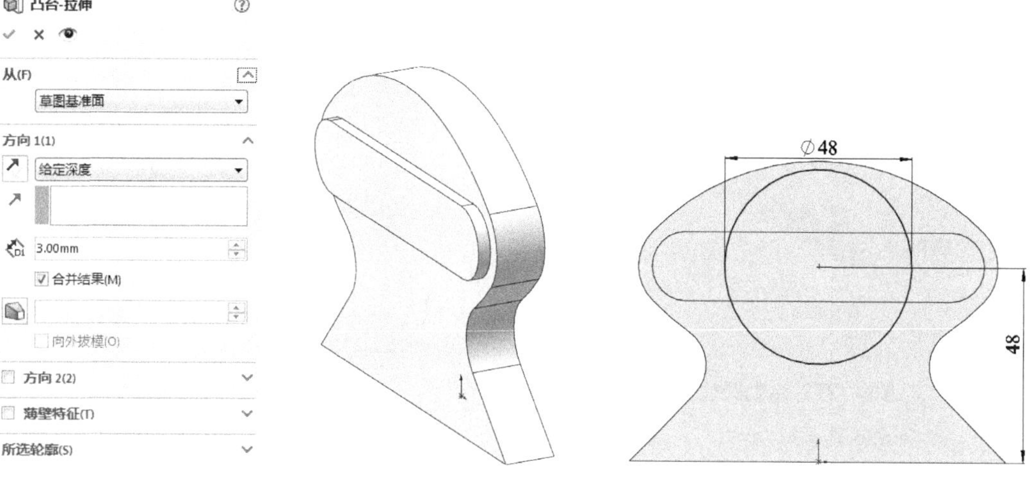

图 9-122　“凸台-拉伸”属性管理器　图 9-123　拉伸实体　图 9-124　绘制草图

（7）拉伸实体。单击“特征”面板中的“拉伸凸台/基体”按钮，此时系统弹出如图 9-125 所示的“凸台-拉伸”属性管理器。设置终止条件为“给定深度”，输入拉伸深度为 60mm，然后单击“确定”按钮。结果如图 9-126 所示。

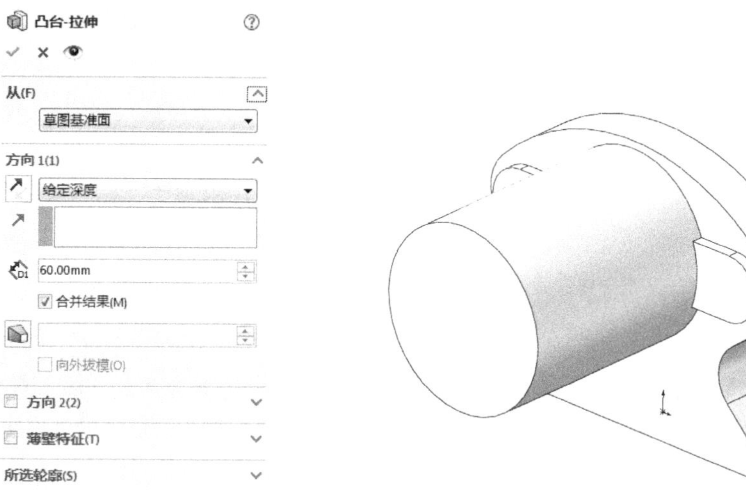

图 9-125　“凸台-拉伸”属性管理器　图 9-126　拉伸实体

（8）绘制圆柱体。在之前绘制的上表面上依次绘制 Ø36×10 和 Ø30×6 的圆柱体，结果如图 9-127 所示。

（9）绘制草图。选择图 9-127 中的后表面为基准面，单击“正视于”按钮，使基准面平行于屏幕，然后单击“草图绘制”按钮，进入草图绘制环境。单击“草图”面板中的“圆”按钮和“智能尺寸”按钮，绘制草图，如图 9-128 所示。

（10）拉伸实体。单击“特征”面板中的“拉伸凸台/基体”按钮，此时系统弹出如图 9-129 所示的“凸台-拉伸”属性管理器。设置终止条件为“给定深度”，输入拉伸深度为 3mm，然后单击“确

Note

定”按钮✓。结果如图 9-130 所示。

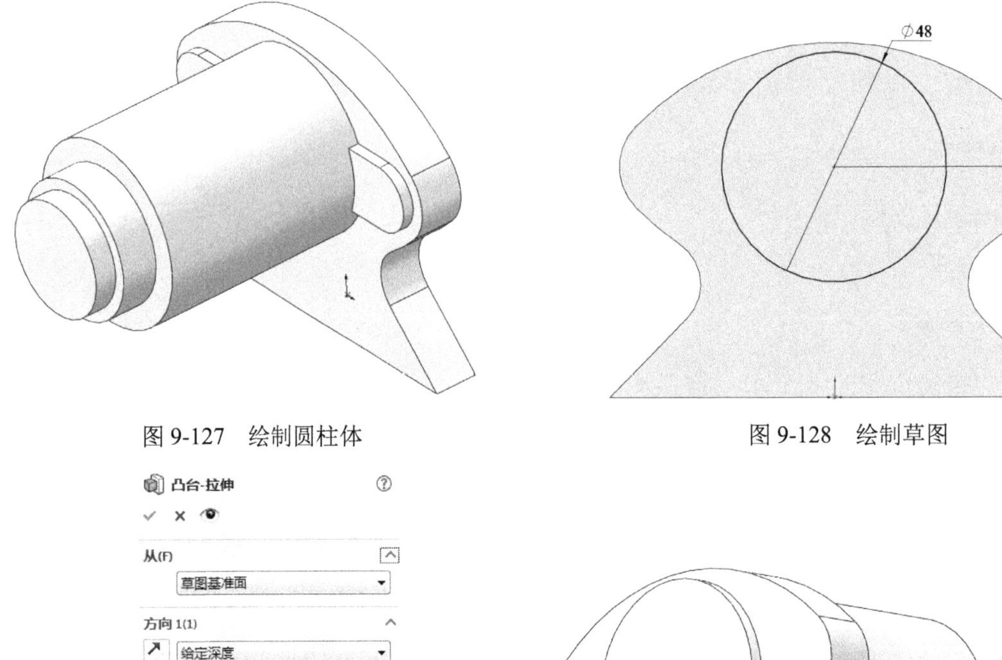

图 9-127 绘制圆柱体　　　　图 9-128 绘制草图

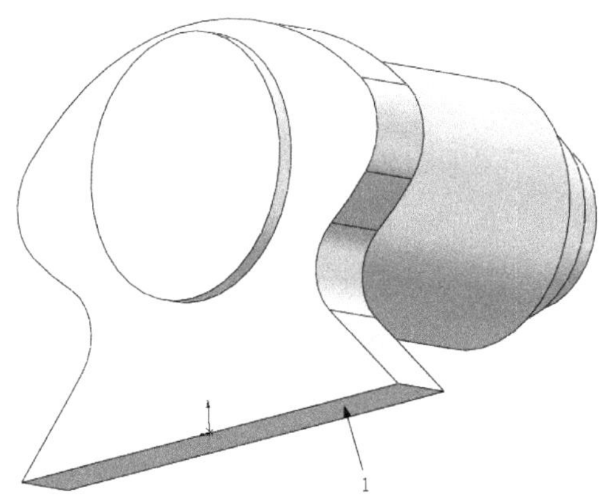

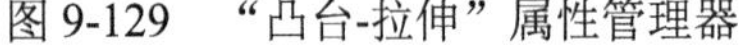

图 9-129 “凸台-拉伸”属性管理器　　　　图 9-130 拉伸实体

2. 创建底座

（1）绘制草图。选择图 9-130 中的面 1 为基准面，单击“正视于”按钮，使基准面平行于屏幕，然后单击“草图绘制”按钮，进入草图绘制环境。单击“草图”面板中的“直线”按钮和“智能尺寸”按钮，绘制草图，如图 9-131 所示。

（2）拉伸实体。单击“特征”面板中的“拉伸凸台/基体”按钮，此时系统弹出如图 9-132 所示的“凸台-拉伸”属性管理器。设置终止条件为“给定深度”，输入拉伸深度为 8mm，然后单击“确定”按钮✓。结果如图 9-133 所示。

（3）绘制草图。在左侧的“FeatureManager 设计树”中用鼠标选择“右视基准面”作为绘制图形的基准面，单击“正视于”按钮，使基准面平行于屏幕，然后单击“草图绘制”按钮，进入草图绘制环境。单击“草图”面板中的“直线”按钮和“智能尺寸”按钮，绘制草图，如图 9-134 所示。

（4）创建筋。单击“特征”面板中的“筋”按钮，此时系统弹出如图 9-135 所示的“筋”属性管理器。设置厚度为“两侧”，输入拉伸距离为 10mm，选中“反转材料方向”复选框，然后单

击“确定”按钮✓。同理创建另一侧的筋，结果如图 9-136 所示。

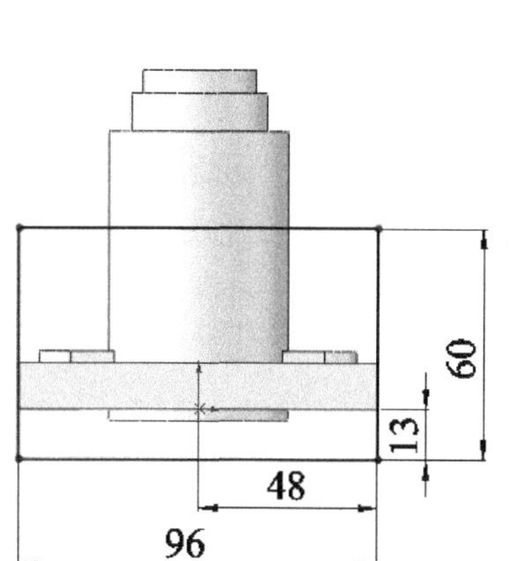

图 9-131　绘制草图

图 9-132　“凸台-拉伸”属性管理器

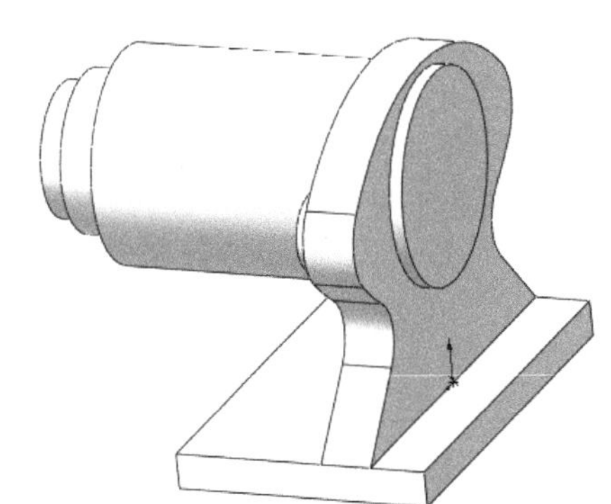

图 9-133　拉伸实体

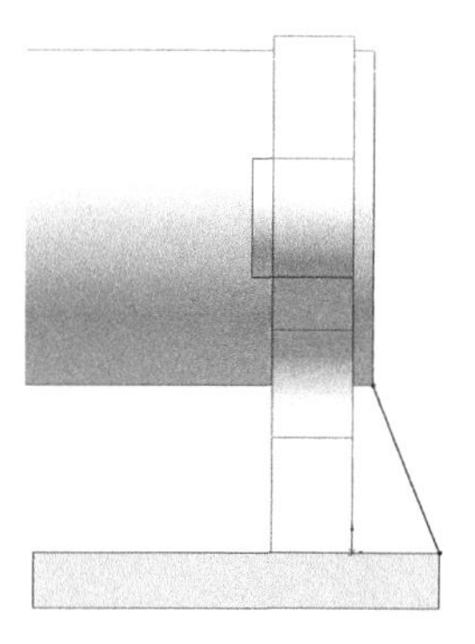

图 9-134　绘制草图

图 9-135　“筋”属性管理器

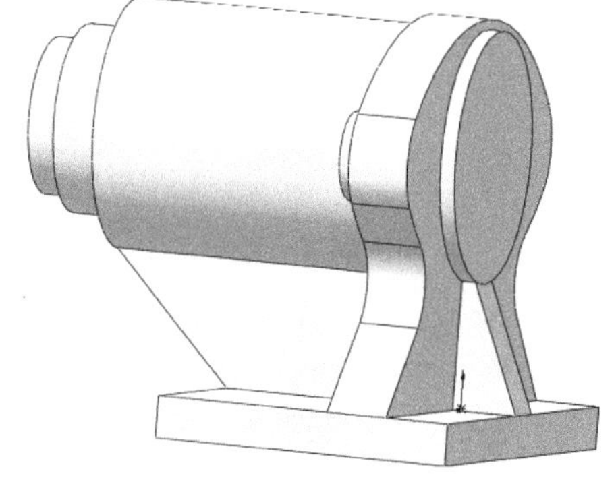

图 9-136　创建筋

知识点——筋

筋是零件上增加强度的部分，它是一种从开环或闭环草图轮廓生成的特殊拉伸实体，它在草图轮廓与现有零件之间添加指定方向和厚度的材料。

（1）“参数”选项组：用于为筋特征指定新的参数。

① 厚度：可添加厚度到所选草图边上。

② 拉伸方向：设置筋的拉伸方向。

③ “反转材料方向”复选框：更改拉伸的方向。

④ “拔模”：选中“向外拔模”复选框，表示生成一个向外拔模角度，如取消选中，则将生成一个向内拔模角度。

（2）“所选轮廓”选项组：可以为草图中的多个线条分别设置筋拉伸参数，如图 9-137 所示。

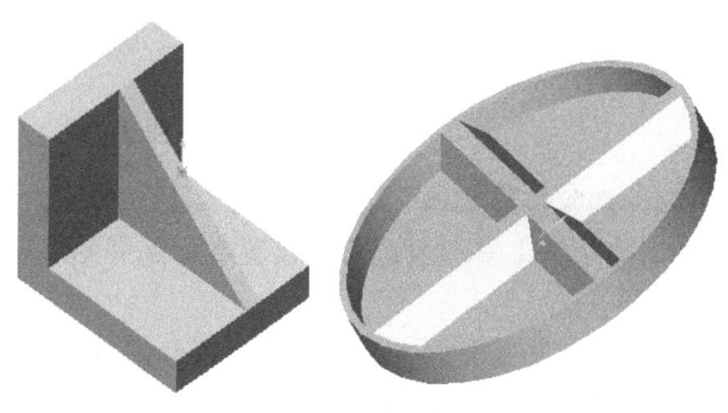

图 9-137　筋特征

Note

3. 创建孔

（1）绘制草图。在左侧的“FeatureManager 设计树”中用鼠标选择“右视基准面”作为绘制图形的基准面，单击“正视于”按钮，使基准面平行于屏幕，然后单击“草图绘制”按钮，进入草图绘制环境。单击“草图”面板中的“中心线”按钮和“直线”按钮，绘制草图。单击“草图”面板中的“智能尺寸”按钮，标注尺寸，如图 9-138 所示。

（2）创建内孔。单击“特征”面板中的“旋转切除”按钮，此时系统弹出“切除-旋转”属性管理器。拾取草图中心线为旋转轴；选择“给定深度”，输入旋转角度 360°，然后单击“确定”按钮。结果如图 9-139 所示。

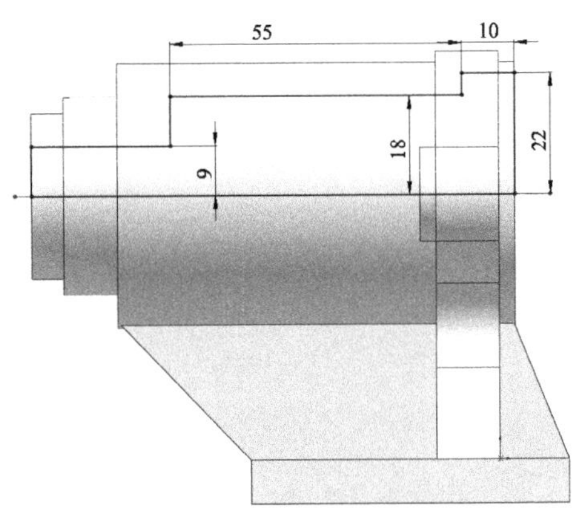

图 9-138　绘制草图

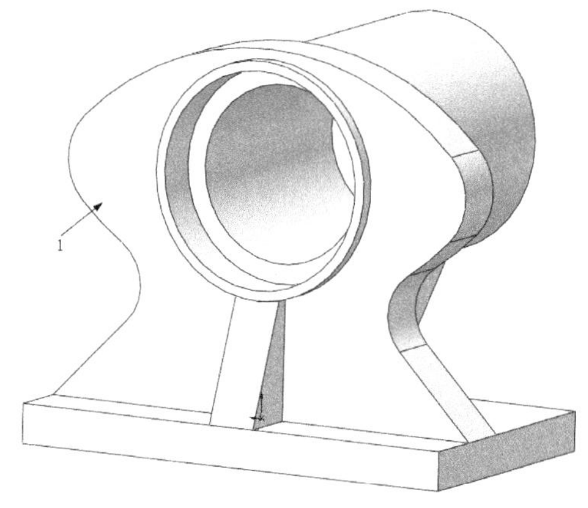

图 9-139　旋转切除实体

（3）绘制草图。选择图 9-139 中的面 1 为基准面，单击“正视于”按钮，使基准面平行于屏幕，然后单击“草图绘制”按钮，进入草图绘制环境。单击“草图”面板中的“圆”按钮和“智能尺寸”按钮，绘制草图，如图 9-140 所示。

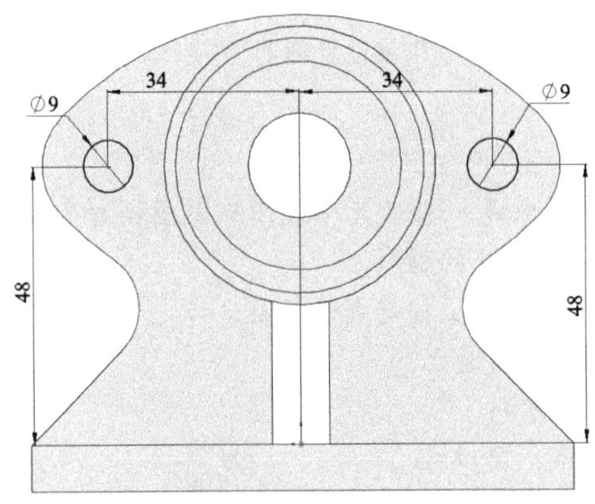

图 9-140　绘制草图

（4）切除拉伸实体。单击“特征”面板中的“切除拉伸”按钮，此时系统弹出如图 9-141 所示的“切除-拉伸”属性管理器。设置终止条件为“完全贯穿”，然后单击“确定”按钮，如图 9-142 所示。

（5）创建基准平面。在左侧的“FeatureManager 设计树”中用鼠标选择“前视基准面”作为绘制图形的基准面。单击“特征”面板“参考几何体”下拉列表中的“基准面”按钮，弹出“基准

面”属性管理器，输入偏移距离为 31mm，如图 9-143 所示；单击“确定”按钮✓，生成基准面，如图 9-144 所示。

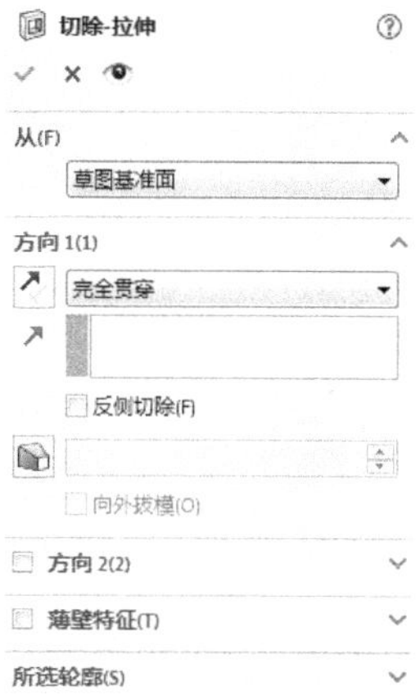

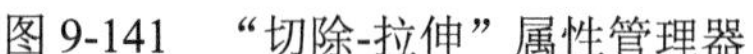

图 9-141　“切除-拉伸”属性管理器

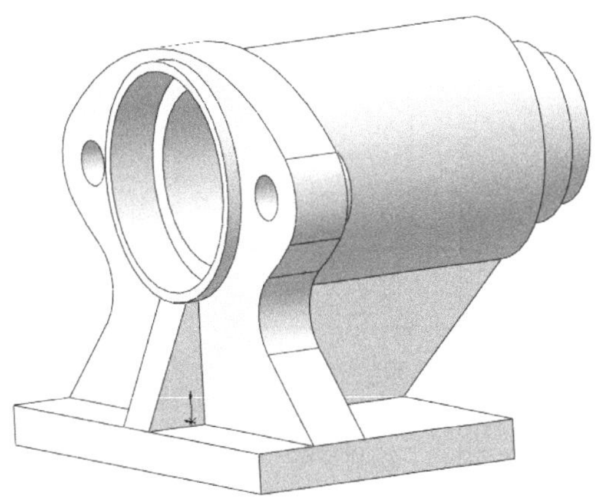

图 9-142　创建孔

图 9-143　“基准面”属性管理器

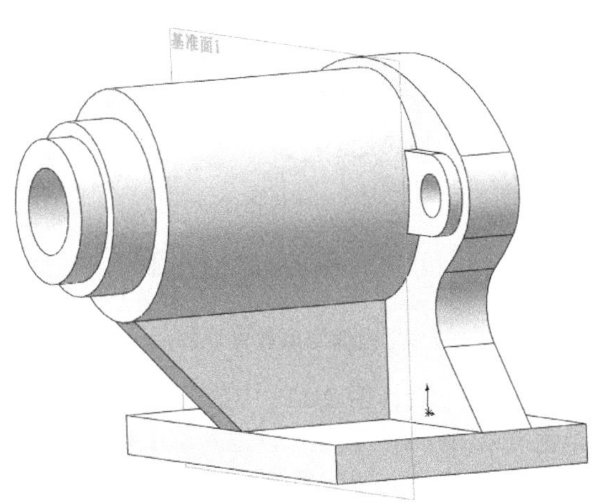

图 9-144　基准面

（6）绘制草图。在左侧的“FeatureManager 设计树”中用鼠标选择步骤（5）创建的“基准面 1”作为绘制图形的基准面，单击“正视于”按钮，使基准面平行于屏幕，然后单击“草图绘制”按钮，进入草图绘制环境。单击“草图”面板中的“中心线”按钮和“直线”按钮，绘制草图。单击“草图”面板中的“智能尺寸”按钮，标注尺寸，如图 9-145 所示。

（7）创建沉头孔。单击“特征”面板中的“旋转切除”按钮，此时系统弹出“切除-旋转”属性管理器。拾取草图中心线为旋转轴；设置终止条件为“给定深度”，输入旋转角度 360°，然后单击“确定”按钮✓。隐藏基准面 1，结果如图 9-146 所示。

（8）镜像沉头孔。单击“特征”面板中的“镜像”按钮，此时系统弹出如图 9-147 所示的“镜像”属性管理器。选择“右视基准面”为镜像面，选择步骤（7）创建的沉头孔为要镜像的特征，然后单击“确定”按钮✓。隐藏基准面 1，结果如图 9-148 所示。

Note

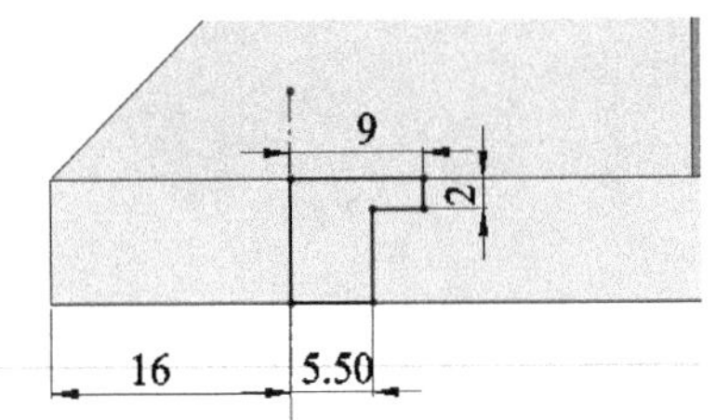

图 9-145　绘制草图

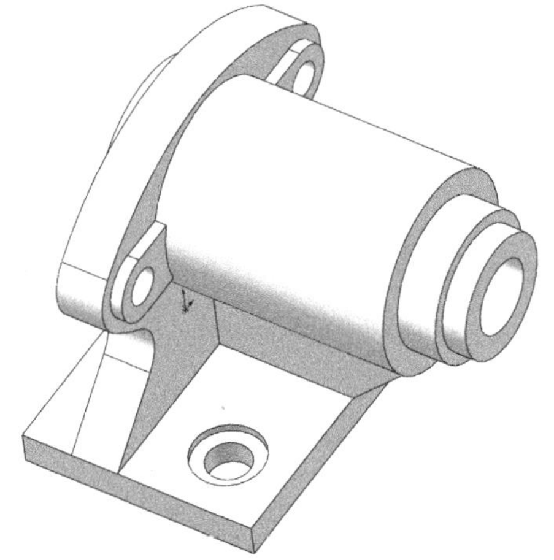

图 9-146　旋转切除实体

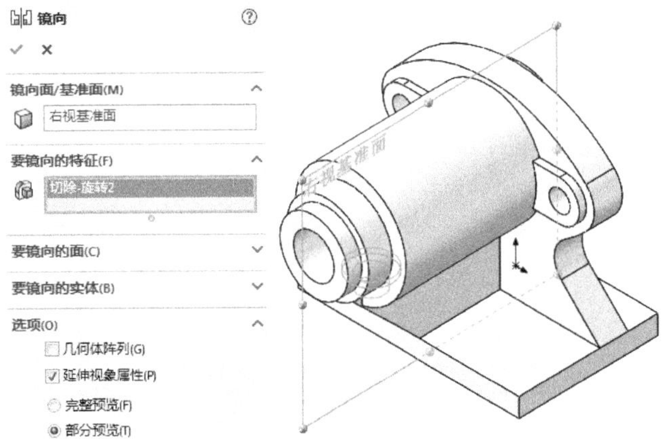

图 9-147　“镜像”属性管理器

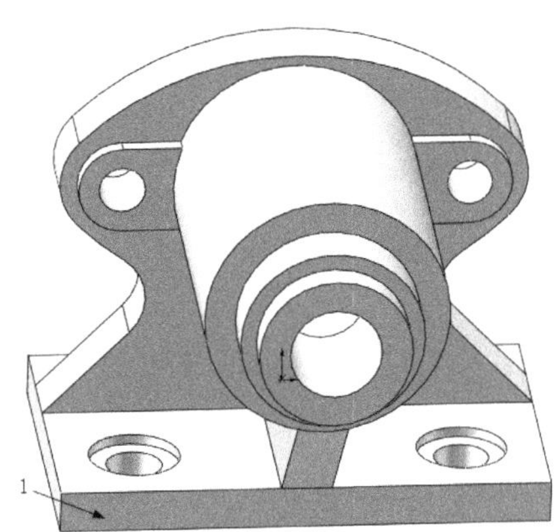

图 9-148　镜像孔

（9）绘制草图。选择图 9-148 中的面 1 为基准面，单击“正视于”按钮，使基准面平行于屏幕，然后单击“草图绘制”按钮，进入草图绘制环境。单击“草图”面板中的“边角矩形”按钮和“绘制圆角”按钮，绘制草图。单击“草图”面板中的“智能尺寸”按钮，标注尺寸，如图 9-149 所示。

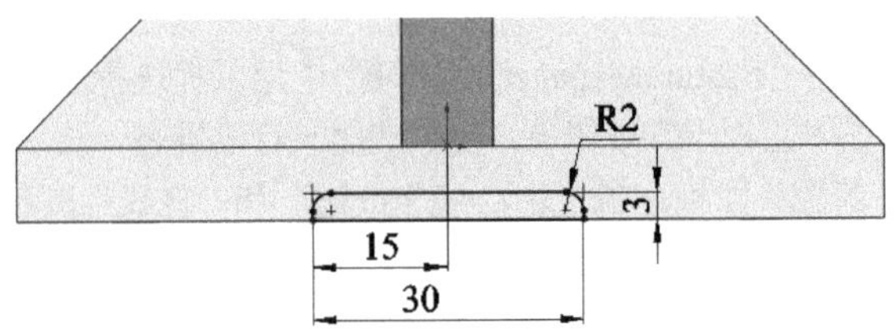

图 9-149　绘制草图

（10）切除拉伸实体。单击“特征”面板中的“拉伸切除”按钮，此时系统弹出如图 9-150 所示的“切除-拉伸”属性管理器。设置终止条件为“完全贯穿”，然后单击“确定”按钮，结果如图 9-151 所示。

Note

4. 创建螺纹

（1）绘制草图。在左侧的“FeatureManager 设计树”中选择“右视基准面”作为绘图基准面，单击“正视于”按钮，使基准面平行于屏幕，然后单击“草图绘制”按钮，进入草图绘制环境。单击“草图”面板中的“直线”按钮，绘制螺纹牙型草图。单击“草图”面板中的“智能尺寸”按钮，标注尺寸，如图 9-152 所示。完成后退出草图环境。

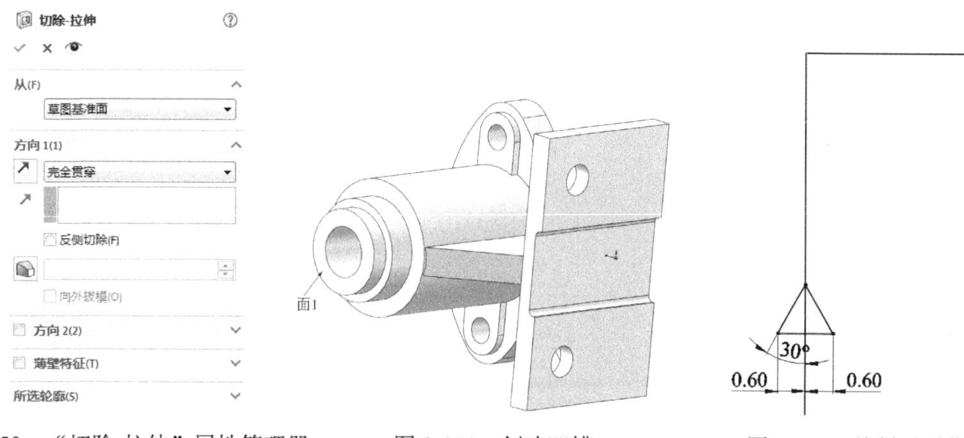

图 9-150 “切除-拉伸”属性管理器　　图 9-151 创建凹槽　　图 9-152 绘制牙型草图

（2）转换实体引用。单击图 9-151 中的面 1，单击“正视于”按钮，使基准面平行于屏幕，然后单击“草图绘制”按钮，进入草图绘制环境。单击“草图”面板中的“转换实体引用”按钮，将孔边线转换为草图实体。

（3）绘制螺旋线。单击“特征”面板“曲线”下拉列表中的“螺旋线/涡状线”按钮，弹出“螺旋线/涡状线”属性管理器，如图 9-153 所示。选择定义方式为“高度和螺距”，输入高度为 28mm，螺距为 1.5mm，选中“反向”复选框，设置起始角度为 90°，选择方向为“顺时针”，然后单击“确定”按钮。生成的螺旋线如图 9-154 所示。

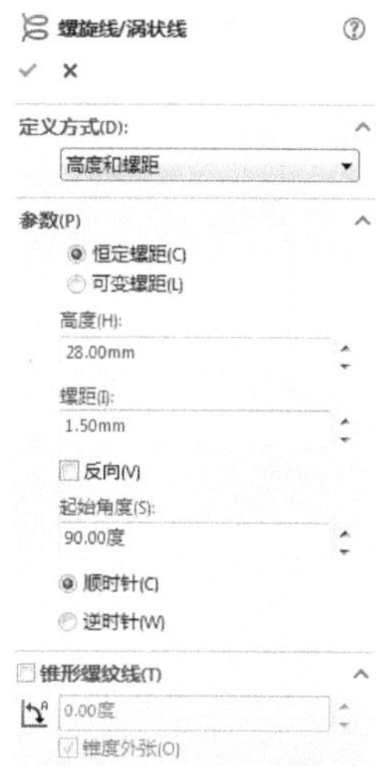

图 9-153 “螺旋线/涡状线”属性管理器

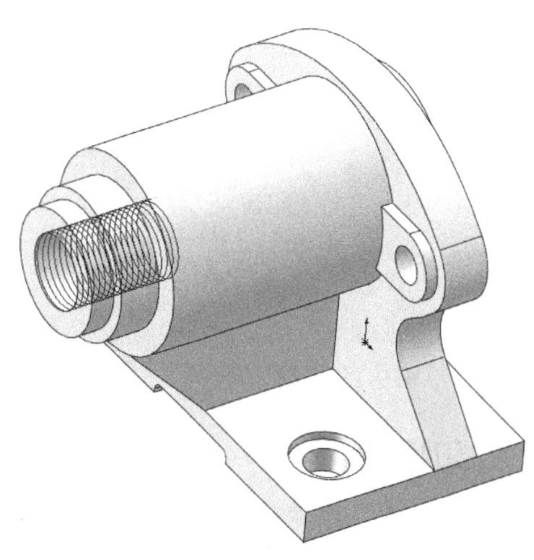

图 9-154 生成螺旋线

（4）绘制螺纹。单击“特征”面板中的“扫描切除”按钮，弹出“切除-扫描”属性管理器，选择图形区域中的牙型草图为扫描轮廓；然后选择螺旋线作为扫描路径，单击“确定”按钮。结

果如图 9-155 所示。

5. 圆角实体

单击“特征”面板中的“圆角”按钮，此时系统弹出如图 9-156 所示的“圆角”属性管理器。输入半径为 2mm，然后选取图 9-155 中的边线。单击“确定”按钮，结果如图 9-157 所示。

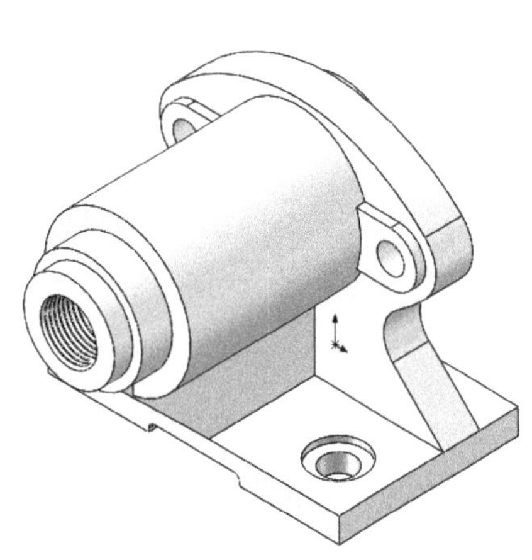

图 9-155 绘制螺纹实体

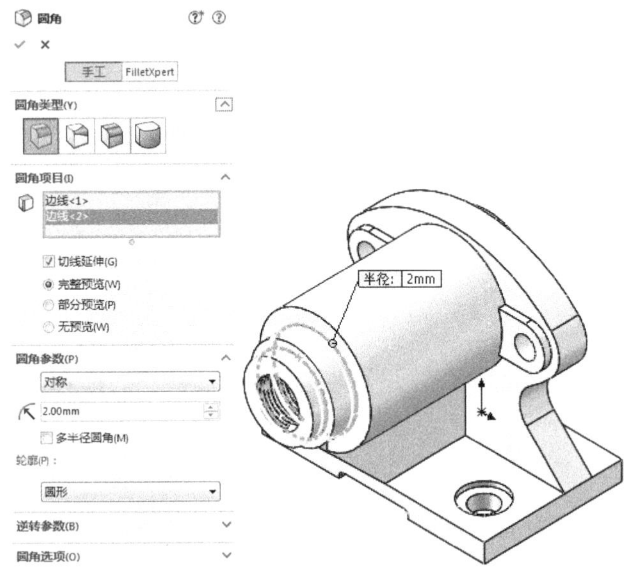

图 9-156 “圆角”属性管理器

重复“圆角”命令，对底部长方体的 4 条棱边进行圆角处理，圆角半径为 5，结果如图 9-158 所示。

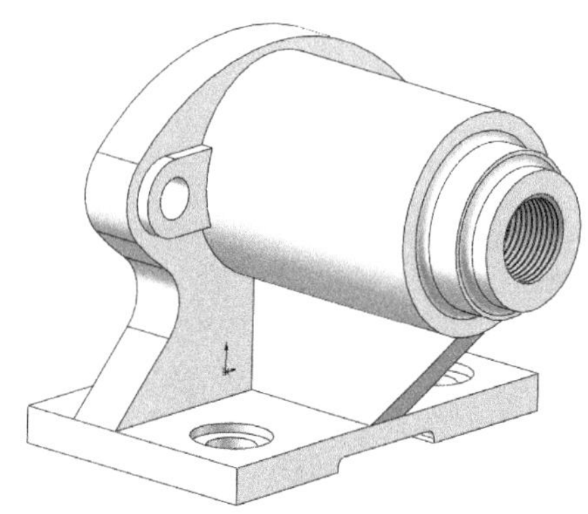

图 9-157 创建圆角

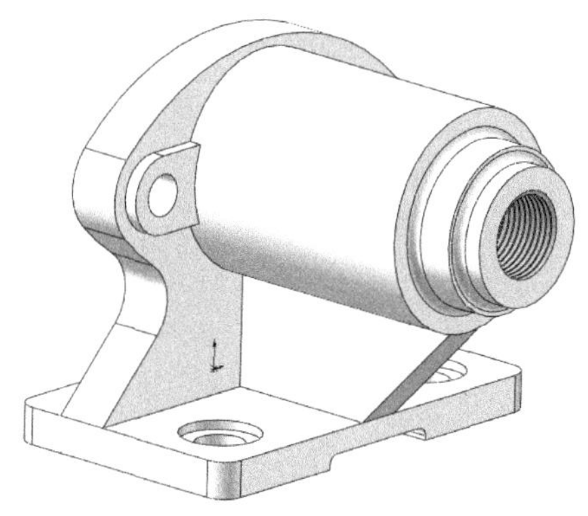

图 9-158 圆角处理

9.7.2 打印模型

根据 8.2 节操作步骤 1～4 进行操作，为减少支撑，需要将模型旋转至合适位置。单击“旋转零件”按钮，将出现“旋转零件”对话框，将 X 轴所对应数值改为 90，也就是绕 X 轴旋转 90°，单击“确定”按钮，模型旋转完毕，如图 9-159 所示。然后按步骤 5 对生成支撑后的模型进行切片处理，并导入至相应快速成型机器中，即可打印。

图 9-159　旋转模型 bengti

9.7.3 处理打印模型

处理打印模型有以下 4 个步骤：

（1）取出模型。取出后的泵体模型如图 9-160 所示。

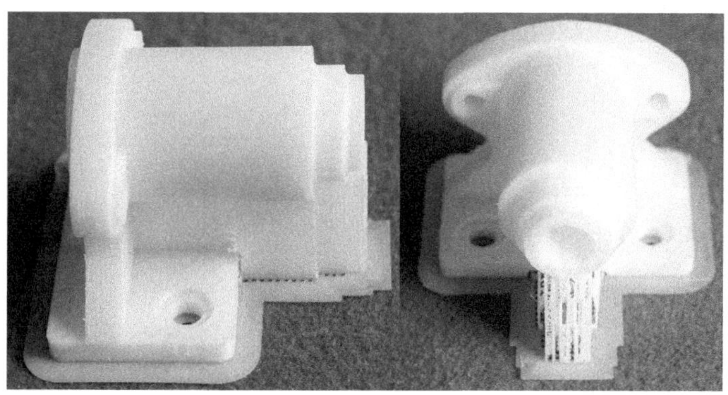

图 9-160　打印完毕的泵体模型

（2）清洗模型。

（3）去除支撑。

（4）打磨模型。打磨处理后的泵体模型如图 9-161 所示。

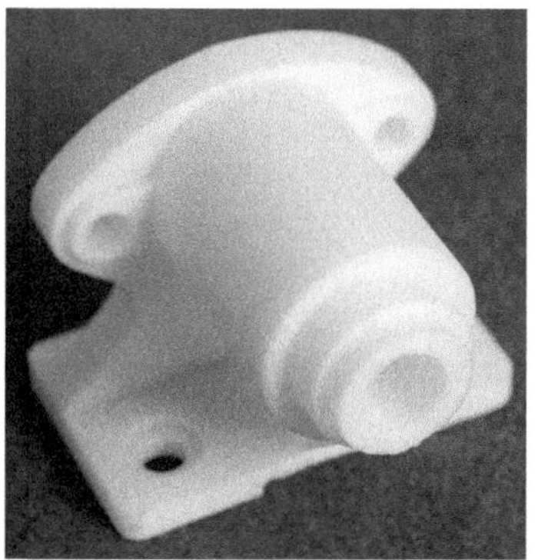

图 9-161　处理后的泵体模型